개정증보판 1쇄 인쇄 | 2025년 1월 1일
개정증보판 1쇄 발행 | 2025년 1월 1일

지은이 | 이정기, 타블라라사 편집팀
펴낸곳 | (주)타블라라사
컨텐츠 담당 | 홍경진, 김수경, 윤지혜, 엄연희, 전해림, 김희선, 이경미, 고혜경, 김아름, 김지영, 변계숙,
우예진, 윤강희, 이다희
편집디자인 | 홍경진
표지디자인 | KUSH

출판등록 | 2016년 8월 10일(제 2019-000011호)
이메일 | quiz94@naver.com
홈페이지 | http://aidenmapstore.com

*값과 ISBN은 뒤표지에 있습니다.
*잘못된 책은 구입한 서점에서 바꾸어 드립니다.
*본 도서에 대한 문의사항은 이메일을 통해 받고 있습니다.

에이든 인스타 핫플
국내여행 가이드북

Hot place ───────

들어가며...

가볼 만한 곳을 찾는 일은 디지털-모바일 시대가 왔다 하더라도 쉽지 않은 일이다. 이곳에 실린 여행지들은 과거의 전통적인 여행지가 아니다. 예전에는 숙박업소나 카페가 목적지인 경우는 별로 없었다. 그러나 시대는 변해 여행에서 행복감을 만족시켜 주는 곳이라면 어디라도 여행지나 나들이 장소로 훌륭하게 소화되는 시대가 되었다. 그야말로 여행 목적지가 다채롭고 개인화되는 시대가 된 것이다.

내가 좋아하는 '공간'에서 멋진 사진을 찍어 인스타그램에 올리는 재미는 우리 일상에서 너무 중요한 부분이 되었다. 일부 미디어에서는 인스타그램용 사진 찍는 장면을 희화화하기도 하고, 부정적인 이야기들을 하기도 하지만 SNS에 사진을 올리는 행위는 단순한 트렌드가 아닌 삶이 되었다. 누가 어떤 이유로 남의 삶을 비판할 자격이 있겠는가.

이제는 주말 나들이 장소를 찾을 때도 포털서비스 검색과 더불어 인스타그램 검색을 많이 활용하고 있다. 도시명 + '가볼 만한 곳'으로 검색하면 매우 많은 곳이 추천된다. 지역명+'카페'로 검색해도 괜찮은 곳들이 많이 추천된다.

다만, 인스타그램도 광고 플랫폼으로 사용돼서 수많은 광고 이미지가 섞여 있다. 또한 다양한 인플루언서들이 본인 게시물을 더 노출하기 위해 노력한다. 이와 같은 상업적인 이유로 인하여 태그 검색의 퀄리티는 점점 나빠지고 있는 것이 현실이다. 또한 체계적으로 여행지를 찾기 위해서는 지역명이나 여행 태그를 정리해 원하는 곳을 찾아야 하는 번거로움이 생긴다.

결국 전체를 한 번에 둘러보는 데에는 아날로그 방식이 가장 효율적이다. 전국을 지역별로 나누고 테마별로 나눠서 최근 뜨고 있는 인스타그램 핫플레이스를 찾았다. 그리고 해당하는 핫플레이스에 사진을 올린 인플루언서들을 일일이 찾아 허락 받았다. 인스타그램의 핫플레이스는 가장 '최신'의 가볼 만한 곳을 찾을 수 있는 아주 좋은 방법이다. 그래서 이 책을 통해서 최근 뜨는 핫플레이스를 쉽게 찾을 수 있다.

본 가이드북에는 총 1,791개의 핫플레이스가 담겨있다. 타블라라사 출판사에서 전국 수천 개의 핫플레이스를 조사해 목록화한 다음 자체적인 기준과 전문가들의 의견을 더해 최종 선정하였다. '에이든 인스타 핫플 국내여행 가이드북'은 가장 최신의 트렌드를 반영한 '따끈따끈한 핫스팟' 가이드북이라 할 수 있다. 타블라라사 출판사에서는 저자 1명을 섭외하여 그 저자를 통해 출판을 진행하지 않는다. 타블라라사는 출판사 이전에 여행콘텐츠, 여행지도 제작회사다. 그래서 대표 포함 총 15명가량의 인력이 컨텐츠를 만들고 구조화하는 작업을 하고 있다. 그래서 저자에 따라 콘텐츠의 퀄리티가 달라지지 않고 매번 양질의 컨텐츠로 지속적인 업데이트를 하며 도서를 만들어내고 있다.

수천 개의 여행지에서 최종 1,791개의 여행지와 사진을 골라냈다. 도서 집필 작업은 많은 수고를 필요로 했고 최대한 편리하고 설득력있게 여행지를 추천해 드리기 위해 노력했다. 다시 한번 사진을 도서에 사용할 수 있도록 허락해 준 인플루언서 여러분께 진심으로 감사의 말씀을 드린다. 맨 뒷장에 사진을 제공해 주신 인스타그램 아이디 목록을 첨부해 두었다.

디지털정보를 스마트하게, 아날로그 방법으로 찾는 이 방법은 여러분이 핫한 가볼 만한 곳을 찾는 데 큰 도움이 될 것이다.

2024년 11월 타블라라사 이정기

JK.lee

가이드북 사용법

01 테마 핫플레이스

1) 인스타그램 사진용으로 많이 사용되는 **테마 태그**를 대표 사진으로 묶어놓아서 참고가 가능하다.

2) #건축 #거리 #꽃 #꽃밭 #프레임샷 #감성숙소 #자연 #폭포 #바다 #독특한 #전망 #카페 #핫플레이스 태그로 정리되어 있다.

02 핫플 고르기

1) 가이드북을 쭉 훑어 보다가 맘에 드는 사진을 보고 **어떤 사진을 찍을 수 있는지** 확인한다.

2) 예를 들어 "해피베어데이 카페"를 골랐다면 해당 장소가 **어떻게 셋팅**되어 있는지 **어떻게 사진을 찍어야 하는지** 설명을 통해 알 수 있다.

3) 이 곳을 가고자 한다면 맨 마지막에 지도 좌표 P98 C:2 로 지도를 찾아갈 수 있다. **98페이지에 C:2** 위치를 찾으면 된다.

4) 또는 맨 마지막에 **주소**가 있으니 네이버 지도에서 찾으면 된다.

파우스디멘션 카페 신문 포토존

해피베어데이 카페 알록달록 건물 입구
"알록달록 동화 감성 카페"

이국적인 느낌이 물씬 풍기는 루프탑 수영장이 이곳의 시그니처 포토 스팟. 알록달록한 색감의 타아불과 의자, 감각적인 수영장이 조화를 이루고 있어 감성 넘치는 사진을 찍을 수 있다. 숙박뿐만 아니라 12시간, 24시간 스테이 플랜이 가능하며, 호텔 내 오픈사무공간인 비즈니스 센터가 있다. 투숙객 공용 놀이 공간에서 오목, 바둑, 포켓볼 등을 즐길 수 있다. (p98 C:2)
■ 서울 마포구 양화로 141
■ #루프탑수영장 #서울감성비호텔 #홍대호텔추천

알록달록한 건물 외관이 메인 포토존. 마치 동화속 곰돌이마을에 놀러 온 기분이 든다. 카페 내부도 동화 속에 나올 것 같은 아기자기한 인테리어가 눈에 띈다. 귀여운 소품들이 가득하다. 곰돌이 쿠키가 유명한 곳으로 다양한 종류의 쿠키를 판매하고 있다. 예건 동반 카페로 루프탑은 작은 운동장처럼 강아지 사진을 찍어주기도 좋다. (p98 C:2)
■ 서울 마포구 양화로12길 16-6 1층

해 사진을 찍기 좋다. 특히 4층에서는 유니폼을 입고사진을 찍을 수 있다. (p98 B:1)
■ 서울 마포구 양화로16길 24 1층~4층
■ 홍대 #해리포터카페 #이색카페

산리오 러버스 클럽 카페 캐릭터월
"산리오캐릭터가 가득한 벽 앞에서"

헬로키티, 샤나모루, 폼폼푸린 등 산리오 캐릭터를 테마로 한 테마카페. 각 캐릭터별 포토존으로 꾸며진 카페 완성도는 그 외 포토

03 지도에서 고르기

타블라라사 출판사가 여행 지도를 만드는 곳인 만큼 **충분한 지도**를 중간중간 삽입해 두었다.

책에 실린 핫플레이스가 지도 위에 모두 올라가 있어서 **지도를 보면서 가볼 만한 곳**을 찾을 수 있다.

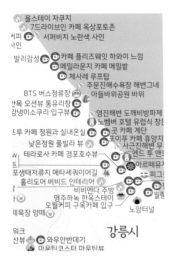

(주)타블라라사는 2020년 한국관광공사 관광벤처에 선정된 여행 콘텐츠 및 여행 지도 **전문가 그룹 입니다.**

국내여행 관련 가이드북을 에세이처럼 처음부터 끝까지 정독하시는 분들은 아마도 많지 않으시리라 생각이 됩니다. '에이든 인스타 핫플 국내여행 가이드북'은 해당 여행지를 소개해드리기 위해서 긴 이야기를 하지 않습니다. 간단하게 요점만 집어서 어디에 가서 어떤 사진을 찍으면 좋은지 목록과 지도로 알려드리니 그냥 넘겨가면서 보시면 됩니다. 총 1667개의 핫플레이스를 알차게 담았습니다. 모바일 인스타그램으로 지역별로 힘들게 찾지마시고

고르고 -> 체크하고 -> 지도위 확인해서 여행계획을 빠르게 시간 낭비하지 말고 찾으시길 바랍니다.

목 차

011
핫플레이스MAP

035
테마 핫플레이스

097
서울

133
경기도·인천

01

핫플레이스 MAP

공유용 구글지도

서 울

레레플레이 카페 입구(중구 황학동)
몰또이탈리안에스프레소바 카페 루프탑 명동성당뷰(중구 명동)
L7 명동 남산타워뷰(중구 충무로)
낙원역 카페 철길 입구(종로구 익선동)
그린마일커피 카페 한옥뷰 루프탑(종로구 가회동)
청수당 카페 입구(종로구 익선동)
델픽카페 외관 모던한 건물(종로구 계동)
리틀버틀러 카페 영국 느낌 외관(종로구 재동)
텅 카페 창덕궁뷰(종로구 운니동)
하이웨스트익선 카페 북유럽 상점 분위기(종로구 돈의동)
르프랑 카페 루프탑(종로구 관운동)
나인트리 프리미어 호텔 조계사뷰(종로구 관훈동)
담쟁이집 카페 덩굴 외관(종로구 견지동)
헤민당 카페 경성 약방 인테리어(중구 을지로)
여느날 한옥 소나무 분재(종로구 필운동)
인사동 안녕인사동 조형물(종로구 관훈동)
조계사 연꽃축제(종로구 수송동)

챔프커피 제3작업실 카페 야외(중구 을지로)
알렉스룸 카페 내부 인테리어(중구 을지로)
선셋레코드 카페 80년대 레코드 팝 인테리어(중구 을지로)
을지다방 카페 옛스러운 내부 인테리어(중구 을지로)
공간갑 카페 만달라키 조명(중구 을지로)
943킹스크로스 카페 외관 빗자루포토존(마포구 서교동)
월영당 서울 카페 달 조형물(종로구 소격동)
제이히든하우스 카페 외관 거울(종로구 종로)
노띵커피 카페 유럽풍 외관(중구 묵정동)
신세계백화점 본점 크리스마스 미디어 파사드(중구 충무로1가)
이도림 블로트커피 퍼 베이크 서촌 본점(종로구 통인동)
청운문학도서관 정자 폭포뷰(종로구 청운동)
용산어린이정원 온화(용산구)

*공간상 지도 위
표시되지 못한 스팟
고양시

1.대충유원지 카페 인왕산뷰 루프탑
2.스타픽스 카페 은행나무

마실길근린공원
은행나무숲

1인1잔 카페 루프탑
북한산 한옥뷰

은평구

은평한옥마을 골목길

종○

북한
진흥
비

청와대 본관 배경
더숲초소책방 카페 시티뷰 테라스
경복궁 향원정

부트 카페 CORDONNERIE 파란문

홍제천 홍제유연 터널길

서대문형무소역사관 앞 태극기
1.돈의문박물관마을 체험지원실 한옥거리
2.돈의문박물관마을 리어카 목마
연흥스 연희 카페 외관 수영장

인왕산
덕수궁석조전
포비브라이
카페 통인

서소문성지역사박물◯
붉은 벽돌 외◯
약현성당
붉은벽돌외관◯

서울식물원 열기구 포토존
마가렛 카페 유럽가정집 분위기 외관
어나더사이드 카페 액자뷰
벌스가든 카페 휴양지 느낌 내부 인테리어
L7 홍대루프탑 수영장

강서구

하늘공원 억새축제 산책로
물결한강 카페
월드컵대교뷰
불광천

마포구

서대문구

포티드 카페
해리포터
컨셉 외관

서로피R
카페 남산당뷰외
서울역뷰

스몰럭케이크 카페 통창
코코넛박스 대나무 터널
해피베어데이 알록달록 건물 입구
파우스드메션 카페 신문 포토존
양화한강공원 장미터널

롯데시티호텔
시티뷰 창문

콩콩오락
실입구

타이프
한강점 한강뷰

노들섬
달 포토존

채그로 카페 창 일몰뷰

맨홀커피 영국감성
포토존

노보텔스위트앰배서더
서울용산 시티뷰
올댓새 카페 동굴벽
스카이스위트

겟댓샷 카페 세탁실
포토존

영등포구

도토리카페 일본감성 외관
전쟁기념관 신전 느낌 외관
반포 무지개분수 수변광장 앞 도◯

베르데 커피
빈티지 외관

진을림 카페
빈티지 외관

보라매공원 에어파크 걸벚꽃

행운동◯
고백갈벽

구로구

푸른수목원
향동철길

목감천

양천구

부천시

디자이너리
카페 루프탑

도림천

도림천

남서울미술◯

키치커피 카페
외관 미성세탁

관악구

금천구

광명시
역곡천

시흥시

목감천

안양시

012

관악산
(632.

안양시

D
E
F

외정부시

도봉산
(740m)

중랑천

수락산
(638m)

1

아래 카페 내부
인테리어

로로옴 카페
루프탑 기찻길뷰

우이천
도봉구

불암산
(508m)

중랑천

남양주시

각산
336.5m)

우어천

중랑천

불암산나비정원 철쭉동산

왕숙천

선운각

노원구

몽브루 은행나무 뷰

강북구

초한산
(114m)

상드마루스 카페
루프탑 천국의계단

화랑대 철도공원

북한산
(837m)

샤오린카페
외관 대만느낌

로한스 카페 정원 통창뷰

성북구

봉화산
159.8m

구리시

오버스토리 카페 삼각형 외관
수연산방 카페 한옥 외관

퍼먼트 카페
유럽느낌 간판

오페라 카페

중랑구

창덕궁 낙선재 앞 홍매화

동남아느낌 내부인테리어

망우산
(282m)

덕궁 공원

유즈리스어덜트 카페 불상

삼원샌카페 능소화 [툇마루]

동대문구

용마산
(348m)

테르트르 카페 시티뷰

2

롤리 카페 야외 오두막

스테이셔닉 외관 한옥느낌

동대문디자인플라자 계단

광진구

4F카페 대형 포스터 인테리어

성동구

섬세이테리라리움
계단 포토존

안다즈커피 카페
루프탑 옥련뷰

아차산
(295.7m)

얼 본점뷰

중구

살곳이
다리길

카페&팝

연무장 루프탑

광진숲나루 전망대 외관

응봉산
개나리공원 정상

어더스페이스
우주느낌 조형물

안다즈커피 카페 루프탑 목련뷰

서울숲
겨울연못

커먼그라운드 외관 컨테이너

달맞이근린공원전망대
강변북로 야경

1.포어플랜 카페 건축가 테이블

오프커피 카페 스마일 벽 포토존

강동구

2.블루보틀 성수 카페 간판

세르클 한남
카페 유럽풍 외관

디옴성수 유럽느낌 외관

3.백야드빌더 성수점 입구

시그니엘 한강 시티뷰

하남시

핑크멜로운 카페
핑크청류장

4.서울앵무새 성수 카페 알록달록 외관

호텔엔트라
시티뷰 통창

서울스카이 전망대

부베트 카페 레드
인테리어 입구

롯데월드 회전목마

호텔인나인
시티뷰 창문

호이안로스터리 카페 베트남 느낌 내외부인테리어

마시안 카페 꽃분수

올림픽공원
들꽃마루결

esc 카페 우주 포토존

서울리즘 카페 서울 이니셜 조형물

빠니드엠무니

문화실험공간 호수

조선팰리스 강남
시티뷰 창문

광주시

스매싱볼 청담점

어그리커피

틴틴카페 핑크 외관

사당 시티뷰 옥조

서초구

강남구

송파구

* 공간상 지도 위
표시되지 못한 스팟

콘하스 한남 카페 수영장뷰(용산구 한남동)

구룡산
(307.7m)

커피한남 카페 입구(용산구 한남동)

3

원인어밀리 핑크 외관(용산구 한남동)

오랑오랑 카페 옥상(용산구 용산동)

빌라커피바 남산타워뷰 루프탑(용산구 용산동)

쉘터 서울 카페 남산타워뷰 루프탑(용산구 용산동)

S.caf 카페 루프탑(용산구 용산동)

더로열푸드앤드링크 카페 노을시티뷰 창문(용산구 후암동)

갖가지북스테이 침실(용산구 이태원)

과천시

청계산
(618m)

성남시

래미안 갤러리 연못 반영샷

꾸에바마테라 카페 입구(용산구 용산동)

스타벅스 카페 웨이브아트센터 들어가는 길(서초구 잠원로)

013

수도권 남부

김포시

고양시

북한산

A

B

C

1

신도

인천항

오프닝포트 카페 한옥 입구

로즈스텔라정원 카페 수국

연희자연마당 버드나무 피크닉

모네정원 데이지 꽃밭

부천호수식물원 수피아

부천시

백만송이장미원 사각 포토존

무릉도원수목원 풍차

인천광역시

시흥시

광명시

드블랑카페 인스타 감성 인테리어

하이도나 카페 토끼 조형물 벤치

한강

하우

안양시

광명동굴 빛의 공간 포토존

과천시

수수가든 카페 플라워 인테리어

대무의도

소래습지 생태공원 풍차

소무의도

1.배곧한울공원 액자존 천국의 계단
2.배곧한울공원 해수풀체험장 해외 휴양지 느낌

월곶포구

관곡지 연꽃테마파크

물왕호수 둘레길

타임빌라스 잔디

의왕시

모소부가 밖으로 나

갯골생태공원 흔들전망대

철쭉동산 산책로

의왕레일파크 레일바이크

1.오이도 생명의나무 전망대
2.오이도 빨간등대 전경

카페피크닉 제주 감성 인테리어

웨이브파크 도심 속 워터파크

화랑유원지 벚꽃

속달로 카페 입구 양옆 창문

코올러 카페 연노란색 외관

홍종흔베이커리 카페 소나무

안산시

성호공원 겹벚꽃

군포시

왕송호수 코스모스

방화수류정 용연

2

하이바다 카페 야외 의자 포토존

영흥도

고양이역 카페 야외 분홍색 문

방아머리항

발리다 카페 글자 조형물

왐왐커피 오션뷰 통창

라라랜드 카페 컵 조형물

갈대습지공원 산책로

장안문 입구

왕송호수점 호수뷰

막시 카페

플라잉수원

수원

선재도

대부도

측도

미스터와이 인피니티풀

뿔다방 카페 그네

카페폰테 산토리니 느낌 외부

화림원 카페 한옥 평상

1.헤올커피로스터즈
2.팔레센트 카페 장안문뷰 테라스
3.몽테드 <선재 업고 튀어> 촬영지

화서공원 억새밭

화성행궁 야간개장 달 조형물

월화원 자촌 정원 어반리 온실

루소홈 카 앤티크 인

탄도항 바닷길 일몰

대부광산퇴적암층 잔디광장

별마당도서관 스타필드수원점(수원시 정자동)

1.행궁8½.2 카페 파란색 문
2.버터북 카페 버터를 연상시키는 노란 인테리어
3.카페그리트 아기자기 보라색 인테리어

아스달 연맹궁

제부도

로얄엑스클럽카페 욕실인테리어

더포레 카페 온실과 농장인테리어

이도앳 카페 중세시대 유럽 느낌 인테리어

화성시

독산성 세마대

고인돌공원 장미터널

블랙풀 카페 노란 외관

처핑 카페 노란 외관

라효카페 거울앞 그네

육도

입파도

미육도

난지도

소난지도

옷다리문화촌 레트로 인테리어

평택시

칠

농업생태원 튤립정원

바람시 핑크볼

카페아고 래빗체어

당진시

메인스트리트 카페 뉴욕건물

텐독스 카페 식물인테리어

서해안

평택호

A

B

C

남양주시

하남나무고아원 숲길

하남위례강변길
연꽃 데크로드

서후리숲 BTS
화보촬영지
자작나무숲

벗고개 터널 야경

연화도감 나무뷰 창문

남양주한강공원 삼패지구

카페소풍 대형
바구니 포토존

경정공원 겹벚꽃
과 빈티지 인테리어

미사장 카페 상들리에 오브제와 숲뷰

당정뜰
메타세콰이어길 단풍

덕풍천
벗꽃터널

세미원 연꽃

유명산

용문산

청춘뮤지엄 경성에서 제일 잇쁜 애 벽

카페웨더 동남아
휴양지 분위기

두물머리 사각 포토존

별담하늘담 집모양 창문

양평양떼목장 풍차

하남시

율봉사찰원
수국 포토존

더그림 정원 벤치

구버울 카페 1층 야외 좌석

길조호텔 전경

양평군

개울테라스

남시

카페새오개길39
한옥마을 전경

머메이드레시피 카페
하이틴 감성 인테리어

카이브 초대형 그래피티

로잉 카페
양 외벽

외관

스멜츠 카페 통창 숲 뷰

레몬하우스 입술 모양 창문

보정동카페거리 메인 길

구성커피로스터스 카페
나무 조형물

우스 카페 유럽풍 외관

경기도박물관 입구 계단 의자

민속촌 목교
원 실내오실

오뜨아르

카페 야외 정원

고매커피 카페
정원 나무

대학교 국제캠퍼스

노천극장 겹벚꽃

네이처스케이프 플러스
사막 포토존

바스타미

전경

동탄호수공원
야경

용인시

묘리459 카페
내부 통창

린이농장 담쟁이벽 앞 할로윈

스펜션 나무집 과 숲속 온수풀장

추도식 돌담

I 카페
스 벤치

모스트417 카페 에펠탑

카이로스 카페

반제호수뷰 통창

간벽돌건물앞
큰인테리어

런던그라운드

피다2 카페 마당

안성팜랜드
블루애로우 가로수길

풍물기행
한옥카페

전안시

어로프슬라이스피스
퇴촌 카페 야외 테라스

산온 툇마루

칸트의마을
한옥 외관

그랑아치 전경

구둔역 기찻길

광주시

경안천변 메타세콰이어 숲

이천산수유마을
산수유 군락지

여주시

남한강

화담숲 단풍

설봉폭포 야경

안흥지 벚꽃

티하우스에덴 카페
엔젤하우스뷰

인디어라운드
카페 캠핑카

트로이 카페 목마

칼리오페 카페 내부 인테리어 통창

별빛정원우주 로맨틱가든

기로띠 카페 통창

어바웃네이처 삼각 포토존

바하리야 카페
사막 느낌 모래 정원

강천섬유원지
은행나무길

데일리아트
스토리

은이성지
김가항성당

농도원목장 간판

용담저수지 둘레길

이천 메타세콰이어길
산책로

와우정사 불두

앙그랑 카페 통창 앞 벤치

시몬스테라스
외부 전경

중부내륙

미리내성지
건물 옆쪽 포토존

앤드모안 카페 유리텐트

대장금파크 인정전

안성목장 전경

이천시

죽주산성 아치형 석문

삼은40 카페 고삼호수뷰 노란문

안성시

웬디의하루 카페 야외 벽돌 포토존

청류재커피 카페 입구 포토존

무대베이커리카페 연못과 커피바

음성군

진천군

강원특별자치도

A　　　　　B　　　　　C

1

철원군

고석정 꽃밭

두류산

양구군

화천군

파로호

명성산

산정호수

백운산

아름테마수목원 사랑나무

사명산

소양호

포천시

명지산

연인산

카페 오월학교 입구

이와림 료칸

유기농카페 사계절 정원카페

해피초원목장 춘천호뷰

유포리나의집 숲속 한옥 독채

카페 감자밭 오두막

소양강스카이워크 소양강뷰

카페 소울로스터리 슬밭

카페 산토리니 하얀종탑

어반그린 카페 천국의계단 포토존

카페 어트러스 입구

피그멜리온이펙트 통창 한강뷰

카페드220볼트 내부

제이드가든 벽돌건물과 정원

손흥민 벽화

카페그린보드 식물원카페

2

가평군

남이섬 메타세쿼이아길

김유정역폐역포토존

카페 베이크포레스트

알파카월드 알파카와사진

춘천시

기차역

남양주시

청평호

카페 분덕스 아치문

홍천무궁화수목원

소토보체 수로와 투명카

포토존 무궁화의 집

공작산

북한강

구리시

팔봉산 정산 홍천강뷰

리버트리

홍천강뷰 풀빌라

테사로바

공작산생태숲 불두화

카페 파란문

카페러스틱라이프

유명산

카페위켄드74 클래식 카

유리온실 툇마루

횡성군

하남시

용문산

올라운드원 모던한 원형건물

횡성호

횡성호수길 5구간 코스

성남시

광주시

양평군

풍수원성당

노랑공장 카페 빈티지 트램

모모의다락방 파노라마 숲

남한강

1765삽교

뮤지엄산 물 위 조형물

호수길133 카페 야외 정원

카페사진정원 샤스타데이지

광주시

스톤크릭 카페 마운틴뷰

원주시

치악산

3

용인시

이천시

반계리은행나무 초대형은행나무

원주 용소폭포 하트폭포

젊은달와이파크 붉은

보보

여주시

제천시

A　　　　　B　　　　　C

🏖 백섬해상전망대 해상데크

1

고성군

🏕 카페 테일 피크닉카페

더팜 라벤더밭 🏕
🏛 왕곡마을 북방식전통가옥
카페 빨간머리앤감성 초록집 🏕　🏖 능파대 기암괴석 BTS촬영지
온더버튼 카페 물반사 바다뷰 🏕　🏖 카페오엔씨 통창 바다뷰
카페스위밍터틀 오션뷰 루프탑 🏕　🏖 아야진 해수욕장 무지개해안도로
카페아야트 통창 아야진뷰 🏕　🏕 노메드 카페 라탄 인테리어
ㄷ바이브클럽 카페 자에이카누낌 🏕　🏕 태시트 카페 오션뷰
ㅌ리조트설악비치 러브의자포토존 🏕　　　칠성조선소 카페 옛조선소
지움조각미술관 물의정원 🏕　🏕 속초역카페 속초역포토존
속초시립박물관 속초역 🏕　🏕 카페브릭스블럭482 호수뷰
ㄷ밭뷰 🏕　🎡 속초아이 대관람차　　　카페메리고라운드 회전목마
커피 🏕　권금성 금강굴 🏔　🏕 외옹진바다향기로 산책로
속초시　카페 알쉬미커피 🏕　🏕 카페 코코넛그루브 실내풀
설악산　벽돌건물 🏕　🏖 정암해변 노란배
용소폭포 폭포 🏖　🏖 정암해변 바다그네
　　　　　🏛 낙산사 홍련암

군

2

양양군

🏖 동호해수욕장 야간조명
🏕 율스테이 자쿠지
🏕 7드라이브인 카페 옥상포토존
🏖 서퍼비치 노란색 사인
카페 하조대커피 🏕　ㅎㅈㄷ사인
카페 레이크지움 🏕
호수뷰 🏕　🏕 카페 두둥실 발리감성
카페 플리즈웨잇 하와이 느낌 🏕
🏕 메밀라운지 카페 메밀밭
🏕 채사레 루프탑
🏖 주문진해수욕장 해변그네
BTS 버스정류장 🏕　🏔 아들바위공원 바위
당신의안목 오션뷰 통유리창 🏕
카페 강냉이소쿠리 입구뷰 🏕　🏖 영진해변 도깨비방파제
🏕 노벰버 호텔 유럽식 창문
뒷뜨루 카페 정원과 실내온실 🏕　🏕 곳 카페 계단
　　　　　🏕 포이푸 카페 휴양지 초록인테리어　1.스카이베이호텔경포 인피니티풀 오션뷰
낮은정원 풀빌라 뷰 🏕　🏖 사근진해변 무지개 방파제　2.카페 뤼미에르
1.1938slow 🏕　🏕 엔드 투 앤드
테라로사 카페 경포호수뷰 🏕
2.체크이스트 🏕　🏕 아르떼뮤지엄 강릉 미디어아트
경포생태저류지 메타세쿼이어길 🏕　🏕 피그놀리아커피 캠핑카 포토존
월정사 전나무숲길 🏔　　　홀리도어 비비드 인테리어　🏕 펩시카페, 안목살롱 외부　애시당초 카페 입구
초당커피정미소 카페 담벼락 🏕　　비비엔다 주방　🏕 월량화 카페 입구 문과 창문
대관령삼양목장 풍차 🏕　명주하녹 한옥스테이 🏕　🏕 스테이인터뷰 카페 오두막 포토존
대관령양떼목장 양떼 🏕　오월커피 구옥카페 입구 🏕　　노암터널
발왕산스카이워크 🏕　　　　　　🏖 하슬라아트월드 오션뷰 둥지샷
발왕산뷰 🏕　🏖 와우안반데기　🏖 정동심곡바다부채길
　　　마운틴코스터 마운틴뷰
계방산　　　　　　　　　강릉시
계산장 노천탕

밀브릿지 창문뷰 🏕

3

청태산자연휴양림 산책로 🏔

보타닉가든 정원 🏕
ㄷ두막 풀숲 뷰 🏕
작너머 언덕 🏕
카페이화에월백하고 🏕
산장느낌 인테리어
럽폰정원 🏕　산너미목장
청태산　　산장뷰 🏕
영월군

섶다리마을 섶다리 🏖

이어길
로수길
영월선돌 강뷰 🏕
ㅣ형전망대
ㅣ반도지형

정선군

🏕 카페 나전역 기차역느낌 레트로

덕산터게스트하우스 🏕
티벳 느낌 인테리어 🏕
🏛 로미지안가든 가시버시성
청옥산 육백마지기 ❄
샤스타데이지

동강

🏔 화암동굴
미디어아트

🏔 민둥산 돌리네
별마로천문대 🏕　🏔 민둥산
전망대 동강뷰
ㄷ위트리펜션 투명카약 🏕　카페 백번의봄 🏕
하이원리조트 🏕　　포토존
운암정 한옥카페
하이원리조트 마운틴 🏕
허브 데이지꽃밭
타임캡슐공원 🏕
달 조형물 야경
몽토랑산양목장 ❄
흰양과 언덕

평창군

무릉별유천지 라벤더정원의자 🏕

죽서루 용문바위 🏛

도경리역 아날로그감성 🏛

강원종합박물관 종유석포토존 🏛

맹방해변 BTS앨범재킷촬영지 파라솔체어
맹방해변 BTS앨범재킷촬영지 서핑보드
맹방해변 BTS앨범재킷촬영지 영어사인

🏖 망상해수욕장 나인비치37pub
카페 현상소 유럽느낌 🏕　🏖 어쩌다어달 오션뷰　어달항 무지개 방파제
논골담길 전망대 🏕　🏕 도째비골스카이밸리 오션뷰
한섬빛터널 🏕　🏖 한섬해변 리드미컬게이트
🏖 쏠비치 산토리니
동해시　🏖 삼척해수욕장 거인의자
🏕 사유의숲 풀빌라
🏕 나릿골감성마을 핑크뮬리 언덕 바다뷰
🏕 삼척 한재 통유리창 오션뷰
🏕 덕봉산해안생태탐방로
외나무다리
🏖 부남해수욕장
헤어질결심촬영지
🏕 카페파로라
테라스 오션뷰
삼척시　　　갈남항 등대뷰

🏔 무거리이끼계곡
이끼폭포
태백시
🏔 바람의언덕 풍력발전기 뷰　미인폭포 한국판그랜드캐년

🏕 통리탄탄파크
갱도미디어아트　향초목원 통나무숙소

구문소 터널

충청북도

1

2

3

영월군

동강

영주시

소백산

단양군

제천시

치악산

원주시

여주시

월악산

문경시

충주시

음성군

괴산군

증평군

이천시

진천군

청주시

안성시

남한강

중부내륙

중부고속

온달관광지 등군굴

온달관광지 전망대

구름위의산책 카페 탑 트인 전망부
만천하스카이워크 전망대
단양 패러글라이딩 빨간 안장 야경부

카페 패러글라이딩부 주황색 벤치

소금정공원 장미터널
예천 800m 장미터널

단양진드리 리버뷰 산책로
1.0미터테 초록 이개부
2.수양개빛터널 빛 타벨

다우리 카페 계곡부 창문

시촌부 카페 남한강부
아베제하우스 목조 창문

아브리에세르도 카페
초록 중이입구

이림지 용추폭포부

카페 1929 한옥 입구

카페리마리 정홍호수 슈퍼 테라스

카페 하건리
마얀틥뷰 동아

수페23 0인
수양장 조형물

도담삼봉
도담정봉

새한시청

안식암 전경

착장 사이 포토존
새한시카페 화이색 야자 포토존

옥순봉 충원다리 뷰
월악산 어래봉

타지리카페 귀인안자 포토존

포레스트리슴 카페
헤브나인스마 야외 노천탕

삼도전터널
호벨롯나 촬영지

배론 성지
연못 다리

서우숙펜션 한옥부

장미라인 충주시내부

활옥동굴 고래 포토존

수주펠봉 충원다리 위

수옥포포 전경

중앙탑공원 달 조형물 야경

하방마을 벚꽃터널

감곡매괴성모
순레지성당 전경

감곡매곡성당 목조부
순레지성당 변기

라벤크 카페 앙로록부

라벤크 카페 울 정원다리

카페 이목 과수원부

카페 트리스로 카페 동간부
야외 테라스

카페 미몽 2층 창문

트리하우스카드 카페 빨강부

벨포레동정 목조부
블랙스톤별포레 빨간 야자 포토존

증평좌안미루숲 홍차부 꽃밭
문광저수지 저수지뷰 포토존

저전거공원 미니어처마을 버스정류장

203 COFFEE STUDIO

진천보다리 위

하그도 카페 엔드리 입구 전경

배티성지 전경

카페 가옥 엔드리 인테리어

오창호수공원 작약

청주천미락나무숲 꽃밭
문광천미락나무 숲

조청가지연화림 구름다리
초청216 핑크라번

프레이밍

020

A   B   C

군위군

칠곡군

1

구미시

금오산
성주군

상주시

김천시

추풍령역
금수탕공원 기차

2
월류봉광장
월류봉 전경

노근리평화공원 장미

영동 와인터널
무지개 터널

속리산

영동군

법주사 팔상전

무주군

엄티재 고부랑길
상신선성 선착길
보은군

옥천군
시장에머물다
한옥 일루

하얀산봉옥장 메티세퀘이어
카페 호반풍경
대청호뷰 아외 테라스
교통저수지 벚꽃

경부고속

스테이인터뷰
옥천금강수변
진수공원 위새뜻
옥계폭포 전경
천태산

송호국민관광지
강변 포토존

옥천성당 전경
옥천군
카페라농 카페 야외 테라스

대청호
청남대 메티세퀘이어 숲
수생식물학습원
이국적인 건물뷰

방아실카페뷰
대청호뷰

금산군
통영대전

다이닝카페
여관 부위 노을
드라이빙 실내전경

용담호

위드프레스틱
온심느낌 실내

대둔산

블루체어란오기 카페
건강부 야외 포토존

D   E   F   021

A   B   C

1

단지도

소난지도

장고항 용천굴 동굴 액자샷

황금산 코끼리바위

당진시

카페로우

미광다방 포토존

거울 포토존

웅도

유기방가옥 수선화

아미미술관

고파도

복도 포토존

용장천

신두리해안사구
모래언덕

아그랜드

태신목장 수레국화

신
언

고남저수지 벚꽃

천주교태안교회 전경

관매도 해식동굴

태안군

서산시

카페 백설농부 오두막 앞

파도리해식동굴 오션뷰 포토존

해피준 카페 물멍 출입문 좌석

쉼이있는정원 영산홍

도

가의도

팜카밀레 허브농원 수국

청산수목원 팜파스

옹도

2

트레블브레이크커피 분홍색 외벽

나문재 카페 수국

삼봉해수욕장 갱지동굴

홍성군

안면암 일몰

바보카페 천국의계단

비츠카페 노란캠핑카

꽃지해수욕장 할미할아비바위 일몰

안면도

청보리 창고

카페 앞 보리밭

천북폐목장 보리밭

맨삽지 공룡조형물

보령 충청 수영성 아치문

청소역 기차

천장

멜로우데이즈 카페

할머니집 하늘색 기둥 입구

야자수뷰 창문

문효원 펜션 나무전망대

장고도

고대도

효자도

카페블루레이크 강뷰 벤치

원산도커피 계단포토존

카페바이더오 그네

갱스커피 건물사이

스테이오봉 한옥문 스파

원산도

대천항

거북이한옥 소나무뷰 창문

삽시도

대천스카이바이크위
오션뷰

개화예술공원 포토

바다들루프탑카페 달포토존

상화원 오션뷰

호도

녹도

보령시

외연도

횡견도

서천군

3

어청도

연도

개야도

장항송림산림욕장 맥문동

유부도

대죽도

십이동파도

군산항

경상북도·대구

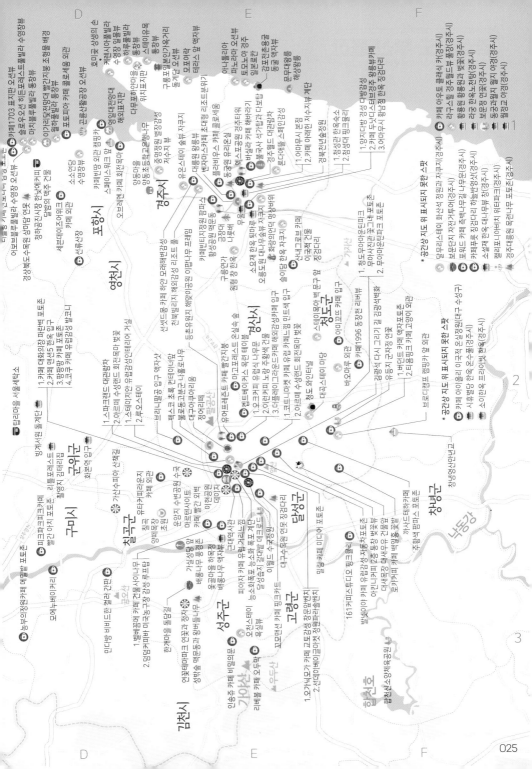

025

경상남도·부산·울산

A **B** **C**

거창군

대장경테마파크 미디어아트

우두산

벚꽃마을 카페 한옥과 단풍
우두산 Y자 출렁다리
수승대거북바위

고령군

달성군

의동마을 은행나무
거창허브빌리지 라벤더

거창 덕천서원 벚꽃터널 아래 다리
창포원 꽃창포
감악산풍력단지
아스타국화와 일몰

합천호 합천군

핫둥생태공원
합천영상테마파크
경성감성거리

창녕군

그로

감악산
월여산
로우풀

황매산

낙동강

연지못 수양벚

장수군

함양군

1

지리산

산청군

의령군

악양생태공원 핑크뮬리
악양뚝방길 양귀비
카페 뜬 루프탑

강주마을
해바라기와 빨간풍차

진주시

카페1946 한옥카페

함

유로제다
녹차밭뷰
삼성궁 성곽
도심다원 카페 녹차밭뷰

합안연꽃테마파크

말이산고분군
식목일카페 무전정 액자뷰

무진정
낙화놀

고려

대산

쌍계사
십리 벚꽃길
하늘호수차밭쉼터 산장분위기
최참판댁 사랑채

진양호

아소록 카페
하얀 벤치

진주성 달 포토존
남가람별빛길

문산성당 하늘빛 성당

고유커피 한옥과 파라솔
악수터산장 숲뷰

평사리의아침카페 목향장미
스타웨이하동 스카이워크
매암제다원 녹차밭 뷰
동정호 목수국

경상남도수목원
메타세콰이어길

하우요카

창원시

구재봉활공장 섬진강뷰
패러글라이딩
박악양동정호 나룻배
묘향민박 숲속 한옥

봉명산

강주연못 연꽃단지

고성군

통영대전

2

백운산

하동군

사천시

카페녹습 녹차밭 뷰
민트색의자

커피팀버사천포레스트
숲속 나무문

경남고성.
송학동고분군 고분배경

맹종

광양시

섬진강

사천 무지개해안도로
그림움이물들면 얼굴포토존
바두키 애견펜션 애견동반 오션뷰 스파

갤러리&
카페라안
백저수지뷰

상리연꽃공원 연꽃

고성고분군
언덕길 고분뷰

수갤러리카페 오션뷰
천국의 계단

가

남해고속

송포1357 카페 글자조형물

나인뷰커피 천국의 그녀와 천국의 계단
선상카페 씨맨스 썬셋

경남고성. 소을비포
성지 동쪽출입문

아르세
드레피인펜션 투명카누

연인나무

동부

상상양떼목장
바다뷰 양떼목장

청널공원 풍차

상족암군립공원 동굴포토존

카페 네르하21 오션뷰 발코니 물정원

통영시

동피랑벽화마을

동부

영취산

호텔치유
일본식 건물과
노천온천

양모리학교 바다뷰
양떼체험 목장

포지티브즈카페 유럽 시골정원 감성
수우도
해골바위

브라운스테이 우드톤 실내와 오션뷰스파
서피랑야솔 99게단

상도

3

여수시

망운산

이제남해 오션뷰 히노끼온천
원예예술촌 풍차
남해의숲 대나무대문

사량도
하도

서피랑공원 서포루 액자뷰
디피랑 빛정원

세자크라술 생태탐방 산책길

스트라이프S남해 스트라이프색감의 오션뷰 풀
웨이포인트 오션뷰 풀빌라
적정온도 오션뷰 노천온천

남해군

삼칭이해안길 해안길 라이딩
산유골수목공원 아이리스 꽃길
남해보물섬전망대 스카이워크

하도 서피랑공원 서포루 액자뷰

당포성지 성곽 위 오션뷰
미스틱 카페 오션뷰

한산도

고운재 남해
기와지붕과 오션뷰 통창

섬이정원 반영샷
카페샌드 초록잔디
다랭이마을 바다뷰 계단식 논
설흘산 정상 바다뷰
원천마을 나무프레임
두모마을 유채꽃과 다랭이논
보리암 한려해상국립공원 바다뷰

금산

내산분교 카페
하트포토존

울미헤안
전망대 스카이워크

미래사 편백나무숲

거제식물원 호빗의정원
거제식물원 정글동굴 새동지포토존

용초도
비진도

까사드발리 풀빌라
디풀빌라 넓은 풀장과 자쿠지

두미도

비진도 에메랄드빛 바다와 해변

한국

한려해상
국립공원

설리스카이워크
스카이워크와 그네
상주은모래비치
바다뷰 언덕

상노대도

저구항 수국동산

백야도

돌산도

A

용지도

연화도

B

026

전북특별자치도

A   B   C

서천군

연도

1

개야도

대죽도 해망굴 입구
유부도   신흥동
군산항   일본식 가옥
            히로쓰가옥
옥녀교차로 청보리밭 ✻

십이동파도

은파호수공원   카페산타로사
물빛다리   호수뷰

공감선유 카페
연못 포토존

심포항

고군산 군도

말도   명도   야미도
카페라파르 이국적   방축도   야미도 꽃게바위
파라솔 오션뷰
관리도   무녀2구마을버스카페 스쿨버스
대장봉 정상 바다 전망   무녀도
옥돌해수욕장 해안데크길   선유도

비안도

2

부안군

상왕등도

변산

변산마실길2코스 샤스타데이지 ✻
하왕등도   ▲

채석강 한반도모양 해식동굴   곰소염전 반영샷
        마르
스테이변산바람꽃 유럽풍 외관

디온실 컨서버토리
팜카페이솔 이국적인 건물   아르메리아 카페 뒤
선운산도립공원 진흥굴   꽃객프로젝트 핑크뮬리
연다원 카페 호수 핑크뮬리 포토존   땅스덕 베헤
                            카페 사막
상하농원 초원 울타리

고창군   고창읍성

선운산   농부의 카페
                    사랑새봄 파란 외관
무장읍성
나룻배

3

안마도   학원농장 메밀꽃 도깨비나무 ✻✻
청농원 라벤더   들꽃연가 촌캉스

송이도

영광군

A   B   C

전라남도·광주

대석만도
상낙월도
대각이도
대신등대 라라랜드 조명
송이도
제비동굴
해식동굴 일몰
백제불교최초도래지 아치형 사원
백양사 쌍
고창군
장성댐 출
아우
퍼프슈 카페
주평 카페 유
보리 카페 징검다리
백수해안도로 날개조형물
우앤유 카페 목장 잔디 광장
영광군
장성군
1 영광백수풍력발전소
평야 풍력발전기
어의도
따뜻한섬온도 카페 한옥 통창
수완호수공원 달 도
불갑사 꽃무릇
임자도
신안군
커프커프하우스 카
빅브로 카페 네
이이남스
함평군
시옥도
포베오커피 원형건물
돌머리해수욕장 일몰
아르티오 카페
3917마중 한옥고택
나주학생운동독립기념관
구)나주역
영산강둔치
체육공원 유
선도
무안낙지공원 낙지전망대
종도 병풍도
대기점도 고이도
마산도
매화도
무안군
인루트 카페
이국적 표지판
애모시옹풀빌라 오션뷰 수영장
나주
2 자은도
암태도
추포도
느러지전망대 수국
영산강
영
신안 동백나무 파마머리 벽화
마샤 카페 캠핑오두막
카페델마르 목포대교 오션뷰
백련지 백련카페뷰
목포근대역사관 1관
호텔델루나 촬영지
왕인박사
유적지 벚꽃
새실오브앰비언스 카
피크니처 카페 월
팔금도
목포스카이워크 목포대교뷰
목포시
목포항
목포
갓바위
월출산 구름다리
월출산
비금도 하트해변
안좌도
고하도전망대
페어링 카페
빨간벽돌 외관
못난이미술관
못난이조형물
영암호
흑산도 방향
도초도
시화골목길 연희네슈퍼
퍼플섬 퍼플교
자라도
옥도
해남군
금호호
문가든 카페 하얀보트
강진
다도해 해상
국립공원
장산도
상태도
하의도
트윈브릿지 카페 진도대교뷰
진도대교 진도타워
두륜산
가거도
가시도
운림산방 운림지 반영샷
첨찰산
유선관 한옥 숲뷰
가거도등대
액자 프레임
진도군
포레스트수목원 우드 트라이앵글
벙커 카페 오션뷰 그
흑산도·가거도
74Km 거리
3 진도쏠비치 오션뷰 아치
가계해변 액자포토존
상조도
접도
모도
금호도
달마산
완도수목원 온실
하조도
대마도
다도해 해상 국립공원
완도군
완도항
서거차도
죽도 동거차도
관매도 해식동굴
관매도
다도해 해상

030

A B C

A B C

1

앙뚜아네트 비행기뷰 돌하르방

용마을 버스정류장 비행기샷
용두암 비행기샷

도두동 무지개해안도로
도두봉 키세스존

핑크해안도로 이국적 핑크 도로
이호테우목마등대

용연계곡

삼성혈

구엄리돌염전 하늘반영샷

하가이스케이프 파노라마통창 침실

스테이연가 자쿠지

정취한가
발리감성 자쿠지

수산봉 그네나무
안목스테이 갤러리창

카페콜라 미국뉴트로감성카페
플라이무드 액자뷰 우드톤 침실
집머무는 유리천장 침실

더럭분교 무지개벽

앤디앤라라홈
유럽시골집 분위기

코삿살로로카 건물앞 수국

사진놀이터 포토존

오드씽 카페 풀장 가운

제주시

항몽유적지 백일홍

답다나언덕집 야외 창문

플로웨이브

상가리 야자숲

한라산소주공장 박스
카페호텔샌드 휴양지 감성 파라솔
협재해수욕장 해변

소테이아하 제주돌담 풀장

마중펜션 통창 파노라마 오션뷰
월령포구 데크길 선인장

소못소랑 초가집

애월읍

마미호시 통창 비양도뷰

카페하와 오션뷰 갤러리창

한림읍

판포2060 숲 액자뷰 자쿠지

금오름 정상

클랭블루 카페
오션뷰 액자샷

제주 돌창고 그네포토존

성이시돌
목장 초원

새별오름 나홀로나무

조수리플로어 돌담테라스

성이사동
목장 테쉬폰

신창풍차해안도로
싱계물공원 밀물샷

꽃신민박 오두막

텔레스코프 갤러리창

행기소 그네 포토존

자구내포구 동굴

한경면

화우재 거실 통창뷰

안덕면

픽스포도호텔 건축

디어마이프렌즈 노란문
청수리아파트 돌담침대

방주교회 징검다리

서귀포시

엉알해안 산책로 절벽뷰

산양큰엉곶 기찻길 포토존

소인국테마파크
미니어처 유럽풍경

돈내

트믐

서울 앵무새 제주점 무지개벽

춤추는달 귤밭뷰 창가 조식

대정읍

벨진밧 카페 야외

마노르블랑 카페 동백숲 포토존

아미고라운드
카페 회전목마

시절인연 귤나무뷰
창가 자쿠지

호근모루

엘파소 카페 노랑 건물

월라봉
동굴프레임

제주 그믐 야외 자쿠지

버드프렌즈 플래닛 깃털숲

용머리해안 해안절벽

황

서툰가족 산방산뷰 통창

사계해변
기암괴석 돌틈

휴일로 하트돌담
유리바닥보트

수모루공원 야자나무숲

선니

1.하라
2.카페

3

사일리커피 하모방파제 뷰

어반정글 그레이밤부 카페
휴양지 해변감성 액자뷰
모알보알 카페 빈백 테라스
W728 오션뷰 갤러리창
북촌에가면 카페 장미
오저여 썬셋
고난해변 풍력발전기 뷰 해변
함덕해수욕장 무지개도로
제주드루앙
새물깍깍지개도로
청굴물 돌길 1236점
동굴느낌 자쿠지
조천늦잠 하귤나무
한동안제주 돌담
차와무드별채
스테이무드인디고
창꿈바위
돌담뷰 동그란 창
제주돌담뷰 욕조
해안 데크길
스테이빌레
카페록록 이국적 선인장포토존
우도망루등대 등대
빈도롱이 야외
통창 자쿠지
토끼썸 카페
하고수동해변
화목난로 자쿠지
나즌 숙소 입구
수선화민박
오션뷰 피크닉
인어동상
스위스마을 스위스풍
만장굴
통창뷰
스테이서화우도
알록달록한 거리
카페 자드부팡 프랑스풍건물
카페라라라 액자포토존
종달리 고망난돌
올실 온수풀
카페레콘테나 귤박스 앞
선흘의자동굴 의자포토존
카페한라산 TV액자샷
꼬스뗀뇨 카페
우도정원
훈데르트바서파크
조천읍
구름의하루 야외수영장
야자수
야자수
이국적인 건물
메이즈랜드 미로숲
구좌읍
검멀레동굴
에코랜드 풍차
브라보비치 카페 야외배드
안돌오름 비밀의숲
민트 카라반
스누피가든 스누피 포토존
오조포구 돌다리
호랑호랑 카페 배 포토존
송당무끈모루 나무 프레임
백약이오름 나무계단
이스틀리 카페
드르쿰다in성산 유럽성 스튜디오
나무아래 수국
성산읍
샤이니숲길
아쿠아플라넷 제주 메인 수조
섭지코지 그랜드스윙
사려니숲길
표선면
혼인지 수국
오늘은녹차한잔 동굴
제주 토끼나무존
남원읍
덴드리 카페 파란대문
스테이삼달오름 외부
효명사 천국의문
고살리숲길 속괴 계곡풍경
호빗집(요정의 집)
책계일주 책장 문
위미리동백
군락지 동백
소노캄 제주 하트나무
하귤당 현무암
인테리어
물개우영 인테리어
베케
큰엉해안경승지
시류객잔 빈티지 인테리어
한반도포토존
보목포구 바다계단
지 포토존

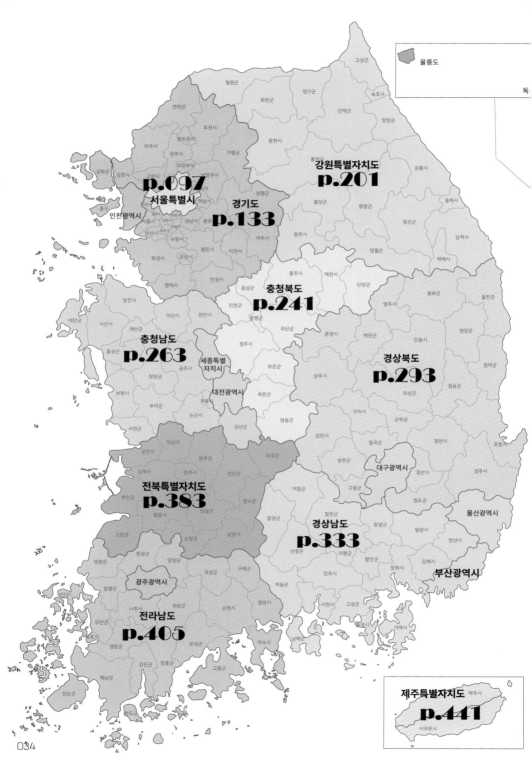

울릉도

독

고성군

철원군

화천군
양구군

연천군
속초시

인제군
양양군

포천시
파주시
둔두천시
양주시
춘천시
강원특별자치도
p.201

강화군
고양시
의정부시
남양주시
양평군
홍천군
횡성군
강릉시

김포시
중구
부천시
서울특별시
성남시
광주
경기도
p.133
동해시

인천광역시
안산시
수원시
여주시
원주시
평창군
정선군

화성시
오산시
용인시
이천시
삼척시

평택시
안성시
충주시
제천시
단양군
영월군
태백시

당진시
음성군
충청북도
p.241
봉화군
울진군

태안군
서산시
아산시
천안시
진천군
괴산군
문경시
예천군
안동시
영양군

예산군
충청남도
p.263
증평군
청주시
상주시
의성군
청송군
영덕군

홍성군
공주시
세종특별
자치시
보은군
경상북도
p.293

청양군
대전광역시
옥천군
구미시
군위군

보령군
부여군
계룡시
논산시
영동군
김천시
칠곡군
영천시
포항시

서천군
금산군
성주군
경산시
경주시

익산시
무주군
거창군
고령군
대구광역시
청도군

군산시
완주군
전주시
진안군
합천군
창녕군
울산광역시

김제시
전북특별자치도
p.383
장수군
함양군
경상남도
p.333
밀양시

부안군
임실군
산청군
의령군
함안군
창원시
양산시

정읍시
남원시
김해시

고창군
순창군
진주시
부산광역시

장성군
담양군
곡성군
구례군
하동군
고성군
거제시

영광군
광주광역시
사천시

함평군
나주시
화순군
순천시
광양시
남해군

전라남도
p.405
무안군
여수시

영암군
보성군

신안군
해남군
강진군
장흥군
고흥군

제주특별자치도
제주시
p.441

진도군
완도군
서귀포시

02

테마 핫플레이스

#건축 #거리
#Architecture

추천 게시물

#미리내성지 #P170
@ji_yeon_1.20
@jinny__0.0

#홍제유연터널 #P109
@_hyes
@pinkdoll_

#시몬스더테라스 #P187

#안성목장 #P169

#캘리포니아비치 #P306

@u_ks2
@2_harry_potter

부산롯데월드 #P338

@nn_and_yy
@_ji._.0o

온수리성당 #P138

#합천영상테마파크 #P381

037

#카실성당 #P328

@byulingya

@beautyella_j

@5

038 #천은사수홍루 #P412

#덕수궁돌담길 #P129

천드리마촬영장 #P424
@byeonbohyeon_

#덕수궁석조전 #P129
@aalso.o

목포근대역사관 #P420
@hisuya_98

#내동시장 #P138
@y0u_support1
@w_b612

BTS Day

130613
오주나

19장휴장 #P207

#위봉산성 #P396
@_wjoio
@e.zzzzzzzi

#소인국테마파크 #P449
@h_yera
@rui_v.

#수생식물학습원 #P249

#창경궁대온실 외관 #P127

천국립수목원 #P196   @travel__gwang

#더스테어힐링파크 #P179   @eunma_emma
@nawusmik

난다비스튜디오 #P161

041

#꽃 #꽃밭
#flowers

추천 게시물

#하늬라벤더팜 #P210

@c1apmini
@day_jooo

#난정저수지 #P138

@m
@ju

#바람새마을 #P194

#미사경정공원 #P199

!몽유적지 #P462

@sehwio
@hyuxlee

#저구항 #P352

@yyuna__
@hiwoohihi

!농원 #P386

#팜카밀레 #P289

043

#옥천금강주변공원 #P249
@c_by.dy

#영도분홍집 #P344
@__sson.j
@mji._.iii

#마을까니카페 #P140
@le
@nam.

#이슬러카페 #P446

#아흐때물들이다 #P260

트리팜 #P352

@hair_waxing

@hahagunj
@shinn.kk

들어가 #P392

#바실라카페 #P313

045

#프레임샷
#frame

추천 게시물

#하슬라아트월드 #P204

@sa

@habom0714
@kwonjihyae

046 #색현터널 #P150

#권금성금강굴 #P220

굴암터널 #P205

@_h_i_ss

@nuh_snag
@chatoyer__eun

근포동굴 #P352

#흰여울해안터널 #P344

047

#병산서원 #P320

@whswjc
@ji s

#상족암군립공원 #P358

@jin2zzzang
@_maji._0

#선성수상길다리 #P318

#원천마을 #P363

048

광정 #P322

@evywrx

#관음도 #P322

@evelina_70
@joy__neo

장안문 #P164

049

#분산성 #P359

@naryblossom

@na
@i

#백제불교최초도래지 #P434

#제비동굴 #P434

#관매도해식동굴 #P438

@mar__tial
@exunxxeo

2동도바람골 #P431

@dohee_2
@chaebinn_l

1흥굴 #D098

#포레스트수목원길 #P439

051

#한벽굴 #P400

@kkyynn_luv
@heoni.s

#구문소터널 #P233

@kwor
@da

052

#검멀레동굴 #P462

#도두봉 #P459

자구내포구동굴 #P472

녕류굴 #P323

#수영성 #P278
@bona.1022
@hanjoung.lee

#큰엉해안경승지 #P444
@da.h
@by_chae

#갱지등굴 #P291

#파도리해식동굴 #P290

청흥산성사랑나무 #P281

@ban_ddobagi

@heezvely
@1eehs__

도전터널 #P252

카페
탄지리

#탄지리카페 #P254

#감성숙소
#stay

추천 게시물

#어쩌다어달 #P214

@bora.331_kk
@yeseul__eee

#사유의숲 #P218

@mi
@_hy_

#별들의거침 #P226

056

#드위트리펜션 #P227

#제주 그믐 야외 자쿠지 #P453
@hongsung.gu

세종카누네 #P226
@hj_makeup17
@lovelife.bk

#스테이오안 #P271
@min_dley
@dlom_mild

경산더게스트하우스 #P228

#피그말리온이펙트 #P231

057

#밀브릿지 #P235
@eun___8

#스테이보다 #P158
@victo___

#파슬스 #P158
@o___ssh
@for_eunjung9775

#그랑아지 #P174
@iam___
@s___s

#모티프원 #P194

#트리하우스 #P195

#운재남해 #P362
@h._.tak

#바다작업실 #P345
@_.ah.yoon._

그레피안 #P375
@evilmeenie
@no.1cow

#슬이담 #P305
@ssong_sweety
@re___miya

유온스테이 #P311

#스테이지안 #R302

059

#무울 #P313
@younee

#돌꽃연가 #P386
@jy

#프렌치페이퍼 #P325
@loa_haru
@1.5_59

#조선팰리스 #P101
@d_sr
@s

060 #호텔인나인 #P101

#휴휴가 #P423

스테이사계 #P395　　　　　　　　@hrj_hye

서일로 #P346　　　　　　　　　@zzi_333
　　　　　　　　　　　　　　@yungyung_ee

#알마게스트 #P283　　　　　　@ddrueluv
　　　　　　　　　　　　　@jihoraengyi

샬레트가든 #P402

#꽃신민박 #P467　　　　　　　061

#자연 #폭포 #바다
#nature

추천 게시물

@haedeu

#무건리이끼계곡 #P217

@review_traveler
@ansunset

#인제자작나무숲 #P227

#미인폭포 #P217

#쎄짜뜨라숲 #375
@ heee_jiin

#마시안해변 #P144
@dailyoo.n
@so_yeorning

#동부저수지 #P351

#금장대 #P308

@q.u.erencia

@h.
@g.na

#대릉원 #P314

#대한다원 #P322

장골저수지 #P271

@si_nyong.j
@gold_ka0

#악양동정호 #P377

@b.bo__o
@amour_97

강물결농원 #P318

#용머리해안 #P449

065

#닭머르해안 #P465

@_like.sunday
@min_ing1018

#한국도로공사전주수목원 #P399

#연기소 #P448

#문광저수지 #P244

온빛자연휴양림 #P275

꽃지해수욕장 #P291

067

#재미 #독특한
#funny

추천 게시물

#탐라마을 #P325
@hi_jheeya33
@yeonhee319

#바래봉 #P393
@sashasas
@suhyun_ch

#오늘은녹차한잔동굴 #P452

#선사인랜드 #P276

거력분교 #P462
@wonluv

#추억의골목 #P416
@jia_siu_ya

래미안갤러리 #P114
@nohvely56
@angang_a

콤콤오락실
#콤콤오락실 #P118
@adorable_u2
@bodong_s

돈의문박물관마을 #P124

#이호테우등대 #P463

069

#전망
#view

추천 게시물

@mmm.in

#감악산풍력단지 #P357

@pure
@sihos

#바람의 언덕 #P283

#별마로천문대 #P224

해보물섬전망대 #P364
@jstt_.7

#애뜨락카페 #P398
@golfjoa_

머너미목장 #P235
@mermaid_mountains

@jyejye_travel
@m._.niy

북한산진흥왕순수비 #P121

#영월한반도지형 #P225

071

#파주DMZ곤돌라 #P190

#화랑의언덕 #P308

@arial_
@ju

@s_in__p
@2_ghyun

#오산활공장 #P413

#상주은모래비치 #P361

청사포스카이캡슐 #P348
@twinkle_2yu

#대왕암공원 #P348
@santa_hatwo
@ladylady_loveyourself

용소웰빙공원 #P337

#모사금해수욕장 #P432

@a2.9

#국사봉전망대 #P398

@marine_o_o
@skyhillscafe

#사성암 #P413

@ki_mae
@deepwhite

#구름위의산책카페 #P245

#갱스커피 #P280

NAMPORI

포리카페 #P365
@dk.jeong
@mermaid_mountains

#아일드블루카페 #P342
@luv_mean

#채그로카페 #P105
@yxxnniebebe
@cgy03970628

#잠봉 #P391

#카페하늘만큼 #P267

#카페
#cafe

추천 게시물

#플라비우스카페 #P306

@from.yomi
@imsooo_

#트윈브릿지카페 #P439

@
@s1

#오스갤러리 #P396

#카페자드부팡 #P464

리 창고 카페 #P279

@yeoni_p_

#오월커피 #P204

@__jjoongs
@hyuna043

시콜라 #P208

@min_____31
@___belle_mer

드라이브인 #P222

#칠성조선소 #P221

#카페감자밭 #P232

@suin2_
@_4.14p

#선류사장 #P302

@s

#카페드220볼트 #P230

@solhi
@maa

078 #노랑공장 #P240

#연카페 #P156

멜츠카페 #P154

@tongtong_ss

#카페새오개길39 #P153

@luvly_jian
@wanyoung.j

알롱드팔당 #P159

@mimiclx
@821512_9

#페피크닉 #P166

#트로이카페 #P177

079

#카훈더카페 #P182

@ 4.14p
@tj_lifelog

#고매커피 #P180

@p_

080 #코울러카페 #P181

#윈디어라운드 #P188

#오송웨이브 #P353

@h.__.rin2

#히트렁크 #P▢▢1

@imnot_res
@97_05.28

#1919봄카페 #P365

@ejlovevn
@y_da._.ae

조양방직 #P138

#케이슨24 #P142

081

#카페 뤼미에르 #P210

@z___chuuuu

#카페빈땅 #P332

@ccccs
@mis

#더로열푸드앤드링크 #P118

@__qhdud
@hae__miiiii

MOLTO

#몰또이탈리안에스프레소바 #P128

#청수당 #P426

양한옥티롤 #P396 @q_o_o_p_jjj

#모알보알 #P454 @chayucha_u @whis.tle_

천산문화창고 #P276 @yurt.s274 @u_ks2

가우리카페 #P245

#후마니타스카페 #P259

083

#추천 #핫플레이스
#hotplaces

추천 게시물

#강원종합박물관 #P218

@ssssm_oki
@soooongram

#맹방해수욕장 #P216

@_ji
@lucyyy

#반계리은행나무 #P225

2,500L

#대새목장 #P297

여는 곳 ▶

대새우유

084

츠콜라박물관 #P192

#영종도하늘정원 #P146

붉은달와이파크 #P225

#금서당백곡재 #P366

#국립중앙박물관 #P116
@ik_50n

#고하도전망대 #P
@mish

#신안동백나무파마머리 #P426
@_oh__ej
@1304___h

#생일도 #P436
@___jlo
@min._

086 #경암동철길마을 #P389

#섭지코지 #P446

청녀2구마을버스카페 #P390
@anyeaheun12

초원사진관 #P389
@yepick_closet

#천관산진죽봉 #P437
@__sweet_mk
@ye__riny

구엄리돌염전 #P460

#도르룸다 in 성산 #P447
@ji_sunnny
@sezero_ov

#산양큰엉곶 #P468
@ge

#선흘의자동굴 #P471
@
@s2_tj

088 #한라산소주공장 #P470

#오저여 #P457

한서점 #P247
@hyejunnnnn

#피그놀리아커피 #P205
@jisuly_
@pearl1__21

물오름비밀의숲 #P456
@becca_yelim
@jjuvelyee

페어반그린 #P231

#용마마을버스정류장 #P459

089

#카페어트러스 #P233
@cheri_shit

#청킹에쏘카페 #P152
@ssssson

#뽈더빙 #P143
@hiiiiimjjjjj
@kkeeemmmmm

#말똥도넛 #P191
@
@hyeon

#슬로피타운 #P193

#55깔런 #P156

성고반지하 #P373

@and_nbeauty

#수갤러리 #P353

@amy_yumvely
@zyun.nie

흑철책빵서커스점 #P359

@mi._nam129

스파이어 엔터테인먼트 #P146

#카페헤이튼 #P338

091

#SD카페 #P372
@sung__da.ye

#오크커피 #P300
@mar

#청운문학도서관 #P128
@hong__g_

#발넷이야기카페 #P297
@han_
@bellwest

#이도림 블로트커피 #P127

블루어프레즌트카페 #P299

@ryuzln

#블루보틀성수 #P111

@kxgubn
@imericasol

SHINSEGAE

신세계백화점 본점 #P132

#서울리즘 #P.113

@golfwang_zzithree

#별마당도서관 스타필드수원점 #165

@ure

#아우터베이크하우스 #P.417

@chae_yomi.i
@se1tree

#앵무카페 #P.425

@aluv_ey
@05.

094   #카페산타로사 #P.392

#카페푸르던 #P.389

트리카페 #P211
@azirang2_

#비비카페 #P401
@eunhye.son.87
@hongjida_un

백장정미소 #P401

#선셋레코드 #P130

@cindyyy
@sol

BlackCUBA Freedom

#일파소카페 #P450

@carolinesuesue
@yhka_1208

096 #리바그로카페 #P251

#블랙쿠바프리덤 #P283

03

서울

서 울

- 레레플레이 카페 입구(중구 황학동)
- 올또이탈리안에스프레소바 카페 루프탑 명동성당뷰(중구 명동)
- L7 명동 남산타워뷰(중구 충무로)
- 낙원역 카페 철길 입구(종로구 익선동)
- 그린마일커피 카페 한옥뷰 루프탑(종로구 가회동)
- 청수당 카페 입구(종로구 익선동)
- 델픽카페 외관 모던한 건물(종로구 계동)
- 리틀버틀러 카페 영국 느낌 외관(종로구 재동)
- 텅 카페 창덕궁뷰(종로구 운니동)
- 하이웨스트믹선 카페 북유럽 상점 분위기(종로구 돈의동)
- 르프랑 카페 루프탑(종로구 관훈동)
- 나인트리 프리미어 호텔 조계사뷰(종로구 관훈동)
- 담쟁이집 카페 덩쿨 외관(종로구 견지동)
- 헤밍당 카페 경성 약방 인테리어(중구 을지로)
- 어느날 한옥 소나무 분재(종로구 필운동)
- 인사동 안녕인사동 조형물(종로구 관훈동)
- 조계사 연꽃축제(종로구 수송동)

- 챔프커피 제3작업실 카페 야외(중구 을지로)
- 알렉스룸 카페 내부 인테리어(중구 을지로)
- 선셋레코드 카페 80년대 레코드 팝 인테리어(중구 을지로)
- 을지다방 카페 옛스러운 내부 인테리어(중구 을지로)
- 공간갑 카페 만달라키 조명(중구 을지로)
- 943킹스크로스 카페 외관 빗자루포토존(마포구 서교동)
- 월영당 서울 카페 달 조형물(종로구 소격동)
- 제이히든하우스 카페 외관 거울(종로구 종로)
- 노띵커피 카페 유럽풍 외관(종로구 묵정동)
- 신세계백화점 본점 크리스마스 미디어 파사드(중구 충무로1가)
- 이도림 블로트커피 X 베이크 서촌 본점(종로구 통인동)
- 청운문학도서관 정자 폭포뷰(종로구 청운동)
- 용산어린이정원 온화(용산구)

* 공간상 지도 위
표시되지 못한 스팟
고양시

1.대충유원지 카페 인왕산뷰 루프탑
2.스태픽스 카페 은행나무

마실길근린공원
은행나무숲

1인1잔 카페 루프탑
북한산 한옥뷰

은평한옥마을 골목길

은평구

북한산
진흥왕
비봉

종로

청와대 본관 배경
더숲초소책방 카페 시티뷰 테라스
경복궁 향원정
부트 카페 CORDONNERIE 파란문
홍제천 홍제유연 터널길

서대문형무소역사관 앞 태극기
1.돈의문박물관마을 체험지원실 한옥거리
2.돈의문박물관마을 리어어 목마
콘하스 연희 카페 외관 수영장

알산자락길 전망
인왕산
덕수궁석조전
포비브라운
서소문성지역사박물관
붉은 벽돌 외관
약현성당
붉은벽돌외관
안산

서울로H
카페 남산타워뷰
서울역뷰

콩콩오락
실입구

서대문

하늘공원 억새축제 산책로
불광천
마포구

서울결한강 카페
월드컵대교뷰

스몰럭케이크 카페 통창

포티든카페
해리포터
컨셉 외관

롯데시티호텔
시티뷰 창문

서울식물원 열기구 포토존
마가렛 카페 유럽가정집 분위기 외관
어나더사이드 카페 액자뷰
발스가든 카페 휴양지 느낌 내부 인테리어
L7 홍대루프탑 수영장

강서구

코코넛박스 대나무 터널
해피베어데이 알록달록 건물 입구
파우스디멘션 카페 신문 포토존
양화한강공원 장미터널

타이프
한강정 환강뷰
재그로 카페 창 일몰뷰

맨홀커피 영국감성
포토존

겟댓샷 카페 세탁실
포토존

노보텔스위트앰배서더
서울용산 시티뷰
올댓재즈 카페 동굴벽
스카이스위트

노블섬
달 포토존

도토리카페 일본감성 외관
전쟁기념관 신전 느낌 외관
반포 무지개분수 수변광장 앞 둔치

베르데 커피
빈티지 외관

진윙림 카페
빈티지 외관

영등포구

보라매공원 에어파크 겹벚꽃

디자이너리
카페 루프탑

행운동
고삐길벽화

도림천

키치커피 카페
외관 미성세탁

남서울미술관

부천시

양천구

구로구

푸른수목원
항동철길

목감천

광명시

역곡천

금천구

관악구

시흥시

목감천

안양천

도림천

안양시

관악산
(632.2)

인천시

경인아라뱃길

굴포천

굴포천

외정부시

도봉산
(740m)

중랑천

수락산
(638m)

산아래 카페 내부
인테리어

로로옴 카페
루프탑 기차길뷰

우이천

도봉구

중랑천

불암산나비정원 철쭉동산

불암산
(508m)

노원구

삼각산
(836.5m)

선운각

우이천

몽브루 은행나무 뷰

강북구

초안산
(114m)

남양주시

북한산
(837m)

상도마르스 카페
루프탑 천국의계단

샤오린카페
외관 대만느낌

화랑대 철도공원

왕숙천

성북구

봉화산
(159.8m)

르한스 카페 정원 통창뷰
오버스토리 카페 삼각형 외관
수연산방 카페 한옥 외관
퍼먼트 카페
유럽느낌 간판
오페라 카페
동남아느낌 내부인테리어
창덕궁 낙선재 앞 홍매화
유즈리스어덜트 카페 봉상
삼원샌카페능소화 (퇴마루)
테르트르 카페 시티뷰
올키 카페 야외 오두막
스테이너닉 외관 한옥느낌

중랑구

망우산
(282m)

구리시

동대문구

용마산
(348m)

동대문디자인플라자 계단
4카페 대형 포스터 인테리어

광진구

아차산
(295.7m)

강동구

하남시

서울
개본점뷰

중구

응봉산
개나리공원 정상

살곶이
다리길

남산타워
전망대

달맞이근린공원전망대
강변북로 여경

섬세이테리리움
계단 포토존

카페&펍
연무장 루프탑

안다즈커피 카페
루프탑 목련뷰

아더스페이스
우주느낌 조형물

광진숲나루 전망대 외관

안다즈커피 카페 루프탑 목련뷰

커먼그라운드 외관 컨테이너

서울숲
겨울연못

1. 포어플랜 카페 건축가 테이블
2. 블루보틀 성수 카페 간판
3. 백야드빌더 성수점 입구
4. 서울앵무새 성수 카페 알록달록 외관

올림픽공원
들꽃마루길

세르클 한남
카페 유럽풍 외관

핑크멜로우 카페
핑크청류장뷰

호텔엔트라
시티뷰 통창

오프커피 카페 스마일 벽 포토존

디올성수 유럽느낌 외관

호텔인나인
시티뷰 창문

시그니엘 한강 시티뷰

서울스카이 전망대

롯데월드 회전목마

호이안로스터리 카페 베트남 느낌 내외부인테리어

서울리즘 카페 서울 미니셜 조형물

광주시

부베트 카페 레드
인테리어 입구

달마시안 카페 꽃분수
빠니드엠무니
스매싱불 청담점

esc 카페 우주 포토존

조선팰리스 강남
시티뷰 창문

어그리커피

문화실험공간 호수

틴틴카페 핑크 외관

송파구

사당 시티뷰 옥조

서초구

강남구

래미안 갤러리 연못 반영샷

구룡산
(307.7m)

여의도

성남시

청계산
(618m)

과천시

* 공간상 지도 위
표시되지 못한 스팟

콘하스 한남 카페 수영장뷰(용산구 한남동)
커피한남 카페 입구(용산구 한남동)
원인어밀리언 핑크 외관(용산구 한남동)
오랑오랑 카페 옥상(용산구 용산동)
빌라커피바 남산타워뷰 루프탑(용산구 용산동)
쉘터 서울 카페 남산타워뷰 루프탑(용산구 용산동)
S.caf 카페 루프탑(용산구 용산동)
더브열푸드앤드링크 카페 노을시티뷰 창문(용산구 후암동)
갖가지북스테이 침실(용산구 이태원)
꾸에바마테라 카페 입구(용산구 용산동)
스타벅스 카페 웨이브아트센터 들어가는 길(서초구 잠원로)

핑크멜로우 카페 핑크정류장
"핑크 천국의 이국적인 포토존"

@dyoni_24

카페 외관을 핑크색 버스 정거장으로 꾸며놓았다. 핑크 덕후라면 꼭 한 번 방문해봐야하는 카페다. 자리마다 눈길을 사로잡는 핑크 인테리어로 꾸며져, 그 자체로 인생사진을 얻을 수 있는 포토존이라 할 수 있다. 2층의 네온사인 조명이 있는 공간에서는 몽환적인 느낌의 사진을 찍을 수 있다. 귀여운 초들과 파티용품을 판매하고 있어 기념일에 방문해도 좋겠다. (p99 D:2)
- 서울 강남구 강남대로158길 27 지상1층, 2층
- #가로수길 #핑크감성 #디저트맛집

부베트 카페 레드 인테리어 입구
"프랑스 무드 레드 차광막 카페"

@kimjihyoni

블랙의 외관에 부베트 게스트로텍 로고와 빨간색 차양이 드리워진 입구가 멋스럽다. 캐주얼한 분위기의 매장이다. 마치 프랑스

에 온 듯한 내부 인테리어와 눈을 사로잡는 메뉴들을 판매하고 있다. 프렌치와 아메리칸을 믹스한 요리가 인상적이다. 뉴욕, 도쿄, 런던 등의 부베트가 그립다면 방문해보도록 하자. 캐치테이블을 통해 예약이 가능하다. (p99 D:2)
- 서울 강남구 논현로 854 안다즈 서울 강남 상업시설 건물 1층
- #압구정 #안다즈호텔 #브런치카페

호텔엔트라 시티뷰 통창
"파티룸으로 인기있는 도시전망 호텔"

@sung_ha_94

도시 전망을 가진 코너룸으로 불리는 그랜드리버 킹 룸이 이곳의 메인 포토 스팟. 벽을 사이에 두고 양쪽에 있는 통창으로 강남 시티뷰를 감상하며 사진을 찍을 수 있다. 예약 시코너룸 배정을 요청해야 하며, 방은 선착순으로 배정된다. 시티뷰가 뛰어나고 가성비가 좋아 친구, 연인들 파티 장소로도 추천할만한 곳. (p99 D:3)
- 서울 강남구 도산대로 508
- #뷰맛집 #서울시티뷰호텔 #코너룸

틴틴 강남점 핑크 외관
"핑크빛 담벼락 화이트톤 인테리어"

@m._.2na

팝한 컬러감이 살아있는 핑크색 벽 사이로난 길이 사랑스럽다. 하늘이 푸른 날 찍으면인생 사진을 찍을 수 있다. 1층은 화이트톤에 밝은색으로 포인트를 주어 화사하다. 2층은 실내 테라스처럼 꾸며져 있다. 더운 여름에도 시원한 에어컨 밑에서 테라스 감성을느낄 수 있다. 미리 예약을 한다면 원하는 자리에서 식사가 가능하다. (p99 E:3)
- 서울 강남구 봉은사로2길 19
- #강남역 #브런치카페 #테라스

달마시안 카페 꽃분수
"야외 테라스와 분수가 인상적"

@hongzzzi

꽃잎으로 가득한 분수가 유럽의 카페에 온듯한 느낌이 든다. 카페 외관부터 유럽 느낌이 물씬 풍긴다. 입구는 동화 속에서 본 듯하다. 콘크리트를 그대로 노출 시킨 상태라 달마시안 아트 벽화가 더욱 돋보인다. 야자나무들이 곳곳에 있어 이국적인 느낌이다. 야

외테라스가 유명한 곳으로 테라스에서 브런치를 즐겨보자. (p99 D:2)
- ■ 서울 강남구 압구정로42길 42
- ■ #도산공원 #유럽풍 #꽃분수

빠니드엠무니 검정리본 포토존
"예쁜 인테리어 루프탑 카페"

@alotof_present

루프탑의 핑크문은 동화 속에 나오는 공간 같다. 조명이 켜지면 더욱 근사한 사진을 찍을 수 있다. 이국적인 외관과 예쁜 인테리어로 SNS에서 핫한 곳이다. 루프탑까지 4층으로 이뤄진 대형 카페로 층별로 보는 색다른 재미가 있다. 스마일 모양의 얼음이 올라간 아이스아메리카노가 이곳의 대표 메뉴다. 주차장이 없어 인근 유료 주차장을 이용해야 한다. (p99 D:2)
- ■ 서울 강남구 압구정로56길 16
- ■ #압구정 #루프탑 #대형카페

esc 카페 우주 포토존
"우주 느낌 감성 카페"

@b_wonha

전광판에서 우주 이미지가 지속적으로 나와 마음에 드는 이미지를 배경으로 사진을 찍을 수 있다. 문부터 이색적인 느낌을 풍긴다. 실내에 들어가면 마치 우주선 안에 들어온 느낌이다. 인테리어가 유니크하다. 메뉴판도 우주 느낌을 잘 살리고 있다. 시그니처 음료를 커스텀해서 마실 수 있다. 직접 갈 수 없는 우주, 카페에서 우주 감성을 느껴보자. (p99 D:3)
- ■ 서울 강남구 언주로93길 28-2 1층
- ■ #역삼역 #우주콘셉트 #이색카페

호텔인나인 시티뷰 창문
"봉은사와 강남 시내 전망"

@1.5_59

봉은사와 강남 도심을 한꺼번에 조망할 수 있는 뷰를 바라보며 사진을 찍어보는 것은 어떨까. 가성비가 뛰어난 비즈니스호텔로, 객실 규모도 아담해 친구, 연인과 함께 호캉스 호텔로 추천할만한 곳. 코엑스, 편의점 등과 인접해있어 편의시설을 이용하기 좋으며, 봉은사역 3번 출구 바로 앞에 있어 접근성도 좋은 편. (p99 D:3)
- ■ 서울 강남구 영동대로 618
- ■ #서울호캉스추천 #가성비호텔 #봉은사뷰

조선팰리스 강남 시티뷰 창문
"강남 시티뷰 고층 호텔"

@d_sr__d_

강남의 아름다운 시티뷰를 한눈에 담을 수 있는 호텔에서 인증 사진을 남겨보자. 27층부터 35층까지 객실이 고층에 있어 시야에 가리는 것 없이 사진을 찍을 수 있다. 특히 반짝이는 조명과 럭셔리 인테리어로 꾸며진 수영장이 큰 인기를 얻고 있는 곳. 지하철 2호선 역삼역에서 도보로 이동할 수 있어 대중교통을 이용해 쉽게 방문할 수 있다. (p99 D:3)
- ■ 서울 강남구 테헤란로 231
- ■ #서울호캉스추천 #시티뷰호텔 #예쁜수영장

스매싱볼 청담점
"럭셔리한 분위기의 볼링 라운지 펍"

@yolo_myong_ee

볼링핀이 빙글빙글 도는 황금색 문을 열면 나타나는 럭셔리한 볼링 라운지 펍. 호텔 라운지 같은 고급스러운 분위기로, 2인석, 다인석, 프라이빗 룸 등 다양한 좌석이 마련되어 있다. 여느 볼링장과 다르게 고급스러운 분위기에서 게임을 즐길 수 있으며, 내부가 화려한 만큼 특별한 사진을 찍기도 좋다. 볼링핀 모양의 잔에 담겨 나오는 맥주 등 시그니처 메뉴도 즐겨보자. (p099 D:3)
- ■ 서울 강남구 선릉로 818 지하2층 스매싱볼 청담점
- ■ #이색경험 #볼링장 #럭셔리

몽브루 은행나무 뷰
"테라스에서 즐기는 은행나무 뷰"

@w._.vin

북한산 인근 4.19 카페거리에 위치한 은행나무 뷰로 유명한 곳. 카페 맞은편에 커다란 은행나무가 있어 10월 말~11월 초가 되면 노랗게 물든 은행잎을 배경으로 인생 사진을 찍을 수 있다. 은행나무를 가장 잘 볼 수 있는 곳은 3층 테라스. 유리 난간으로 되어 있어서 나무를 가리지 않으며, 가장 인기 있는 포토 스팟인 만큼 워낙 자리 경쟁이 치열하니 참고하자. (p99 D:1)
- ■ 서울 강북구 4.19로 105 몽브루
- ■ #가을 #은행나무 #테라스

선운각
"사계절 아름다운 한옥 스팟"

@s_e_lee

봄에는 벚꽃이, 가을에는 단풍이 수놓는 한옥 카페. 서울에서 가장 큰 민간 한옥인 만큼 넓은 공간에 다양한 좌석으로 이루어져 있다. 본관, 한옥, 뒷뜰, 루프탑 등 포토존이 다양하니 곳곳에서 사진을 남겨볼 것. 특히 루프탑에서 바라보는 풍경이 아름답다. 평소 결혼식 등 행사 대관이 있어 이용이 제한될 때도 있으니 네이버지도 공지를 확인 후 방문하자. (p099 D:1)
- ■ 서울 강북구 삼양로173길 223 선운각
- ■ #벚꽃 #단풍 #한옥카페

서울식물원 온실 지중해관
"서핑보드와 야자수가 만든 열대 느낌"

@wedne_day_

서울식물원 온실은 계절이나 날씨와 상관없이 항상 아름다운 꽃이 가득한 곳이라 사진 찍기 좋다. 그중에서도 추천하고 싶은 공간은 바다 느낌 일러스트와 실제 서핑 보드로

장식된 구간인데, 보드 뒤로 솟은 높은 야자수 마치 열대바다에 온 듯한 느낌을 준다. 야자수가 끝까지 잘 보이도록 조금 멀리 떨어져서 인물 사진을 찍어보자. (p98 B:2)
- ■ 서울 강서구 가양1동 619-1
- ■ #지중해느낌 #가족여행 #초록초록

어나더사이드 카페 액자뷰
"도심 속 숲 테마 카페"

@j0o__on

통창을 통해 보이는 울창한 나무들이 서울이 아닌 숲에 온 듯하다. 하얀색 자갈과 은은한 조명이 운치 있다. 숲을 연상케 하는 내부 인테리어가 인상적인 곳이다. 작은 인공폭포도 조성하고 연못도 만들어 놓았다. 키가 큰 나무들도 있어 숲속에 온 듯한 사진을 찍을 수 있다. 도심 속 정원 같은 카페에서 힐링하는 시간을 가져보자. (p98 C:2)
- ■ 서울 강서구 강서로 318 1층
- ■ #우장산 #발산역카페 #실내숲

디자이너리 카페 루프탑
"도림천을 한눈에 루프탑 카페"

푸른 하늘과 씨티뷰를 한 프레임에 담을 수 있는 루프탑이 매력적이다. 선베드와 캠핑 의자 등을 비치해 힐링의 시간을 보낼 수 있다. 대리석 바닥, 화이트와 우드톤의 가구를 배치해 고급스럽고 화사한 분위기의 카페다. 카페 중앙의 유리문을 열고 나가면 백 자갈을 깔아놓은 정원이 있다. 정원을 둘러싼 ㅁ자 형태로 테이블을 배치해 정원을 배경으로 사진을 찍을 수 있다. (p98 C:3)
- 서울 관악구 관천로 71-1 4F
- #신림 #루프탑카페 #도림천뷰

남서울미술관 외관
"1900년대 건축된 벨기에 영사관"

미술관 외관을 배경으로 입구에 서서 사진 찍는 것이 유명하다. 이곳은 1900년대 근대 건축양식을 가진 곳으로, 이국적인 느낌의 사진을 얻을 수 있다. 대한제국 시절 벨기에 영사관으로 사용된 건물이며, 사당역 도심에서 홀로 시간이 멈춘 듯한 느낌을 받을 수 있다. 외부뿐만 아니라 내부도 복도를 가운데에 두고 양옆으로 자유롭게 배치된 두개 층의 방들이 있는 독특한 구조를 가진 곳이다. (p98 C:3)
- 서울 관악구 남부순환로 2076 서울시립미술관
- #서울데이트코스 #서울미술관추천 #무료전시회

행운동 벽화거리 고백길벽화
"레트로풍 커플 벽화로 가득한 고백길"

봉천6동이라고도 불리는 행운동에는 사진 찍기 좋은 벽화 거리가 이어진다. 그 중 '고백길' 구간이 요즘 커플 사진으로 주목받고 있다. 교과서에 나오는 철수와 영희를 닮은 레트로풍 커플 벽화와 함께 살짝 닭살 돋는 멘트 구간이 독특하다. 캐릭터와 같은 포즈로 커플 사진을 남겨보자. (p98 C:3)
- 서울 관악구 남부순환로237길 60
- #커플사진 #고백사진 #교과서

키치커피 카페 외관 미성세탁
"세탁소의 힙한 변신"

'미성 콤퓨터 세탁' 간판이 레트로 감성을 자극한다. 간판, 창문에 적힌 메뉴 등이 키치하다. 미성아파트 입구 경비실 왼쪽에 위치해 있다. 테이크아웃 매장으로 음료 마실 수 있는 공간이 없다. 재개발 예정으로 서둘러 방문할 것을 추천한다. (p98 C:3)
- 서울 관악구 조원로2길 7 미성아파트 정문 세탁소 카페
- #구로 #세탁소카페 #키치

커먼그라운드 외관 컨테이너
"인상적인 컨테이너 박스 외관"

건대 입구에서 가장 핫한 쇼핑몰 커먼그라운드는 커다란 컨테이너 박스 모양의 건축물 또한 인상적인 곳이다. 푸른색으로 칠해진 컨테이너 모양 벽면이나 초록색 이정표가 설치된 공간이 사진이 예쁘게 나온다. 실내에도 스트리트 감성 물씬 나는 소품들이 전시, 판매되고 있으니 한 번 방문해보자. (p99 D:2)
- 서울 광진구 아차산로 200
- #감성소품 #컨테이너 #힙스터

푸른수목원 항동철길
"폐철길 위 산책"

@jye_0312

폐철로 위를 직접 걸을 수 있어 감성 사진 찍기 좋은 곳이다. 철길 중간에 삐뚤삐뚤하게 '항동철길역'이라고 쓰인 플랫폼과 표지판이 설치된 공간이 주요 포토존이다. 이 플랫폼 아래 서서 간판까지 잘 나오도록 살짝 멀리 떨어져서 인물 사진을 찍어보자. (p98 B:3)
- 서울 구로구 오류2동 223-10
- #기찻길 #플랫폼 #간판

샤오린카페 외관 대만느낌
"대만 느낌 아늑한 브런치 카페"

@hyun_38

대만 느낌이 물씬 풍기는 카페 외관에서 여행하는 듯한 사진을 찍을 수 있다. 대만을 테마로 한 카페로 대만 디저트와 맥주, 차가 준비되어 있다. 내부는 아늑하고 차분한 느낌이다. 통창에 달린 하얀 커튼이 감성적이다. 대만 안내 소책자도 있어 차를 마시며 여행을 계획하는 것도 좋을 것 같다. (p99 E:1)
- 서울 노원구 공릉로20길 28

- #태능입구 #대만감성 #테마카페

불암산나비정원 철쭉동산
"진분홍 철쭉으로 덮힌 동산"

@jiddosan

사계절 내내 나비를 구경할 수 있는 불암산 나비 정원은 매년 4월 말부터 5월까지 진분홍 철쭉꽃이 만개한다. 8,400 제곱미터 규모의 넓은 산책로를 철쭉이 온전히 뒤덮어 꽃밭 사이로 분홍빛 인증 사진을 남겨 갈 수 있다. 이 시기에는 철쭉 축제도 열리고 다양한 포토존도 마련되니 축제 시즌에 맞추어 방문해보자. (p99 E:1)
- 서울 노원구 중계동 산45
- #늦봄 #철쭉 #진분홍색

화랑대 철도공원
"빨간 레트로 트램과 벚꽃 조합"

@0r_jeong

경춘선숲길 마지막 구간에 위치한 곳으로, 서울의 마지막 간이역이었던 화랑대역을 공원으로 만들었다. 실제 운행되었던 기차들이 전시되어 있으며 특히 체코에서 온 빨간색 트램은 대표적인 포토존이다. 트램 내부는 도서관으로 운영 중이며, 봄에는 트램 주변으로 벚꽃이 펴서 사진 찍으러 방문하기도 좋다. 공원 내에 미니 기차가 음료를 배달해주는 카페도 있으니 함께 방문해볼 것. (p099 E:1)
- 서울 노원구 공릉동 29-51
- #트램 #벚꽃 #공원

로로옴 카페 루프탑 기찻길뷰
"도봉역 전망 낭만카페"

@yisluvluv

도봉역 근처에 위치한 카페로 전철이 지나가는 낭만적인 사진을 찍을 수 있다. 외관은 통유리로 주택을 개조한 듯한 느낌이 든다. 통유리 거울, 통창 거울로 사진 찍기 좋은 1층, 통창으로 자연을 바라볼 수 있는 2층, 2층에서 3층으로 올라가는 화이트 계단까지 포토존으로 가득한 카페다. (p99 D:1)
- 서울 도봉구 도봉로152가길 152
- #도봉역 #지하철뷰 #루프탑

스테이넉넉 외관 한옥느낌
"서울 도심 속 한옥 스테이"

@yk.brownie

도심 속에서 한옥의 정취를 느끼며 방 입구

에 앉아 감성 넘치는 사진을 찍어보자. 한옥을 현대식으로 개조해 만든 곳으로, 숙소 곳곳에서 한옥 감성 가득한 사진을 담을 수 있다. 신설동역에서 3분 거리에 있으며, 낮부터 밤까지 아름다운 하늘을 마음껏 볼 수 있는 것이 큰 장점. 숙소 규모가 꽤 커 최대 5명이 묵을 수 있고, 취사 공간이 별도로 마련되어 있다. (p99 D:2)

■ 서울 동대문구 왕산로5길 13-7 한옥주택
■ #서울한옥스테이 #서울감성숙소 #서울한옥독채

에스알 호텔 사당 시티뷰 욕조
"서울 시티뷰 반신욕 공간"

@sm.___.yi

욕조에서 반신욕을 즐기며 서울의 시티뷰를 배경으로 감성 사진을 남겨보자. 일몰 시각 때와 해가 진 후 야경은 또 다른 느낌의 사진을 얻을 수 있다. 프리미엄 테라스 객실의 경우, 캠핑존이 마련되어 있어 캠핑 감성 사진도 찍을 수 있다. 사당역 7번 출구 바로 앞에 자리하고 있으며, 룸서비스 조식을 이용할 수 있다. (p98 C:3)

■ 서울 동작구 동작대로1길 15
■ #서울자쿠지호텔 #시티뷰맛집 #접근성최고

보라매공원 에어파크 겹벚꽃
"탐스러운 벚꽃과 비행기"

@___ej

매년 4월 중순, 벚꽃잎이 질 무렵이 되면 벚꽃보다 더 탐스러운 겹벚꽃이 보라매공원 에어파크 일원에 꽃잎을 틔운다. 에어파크는 옛 공군사관학교가 있던 자리에 마련된 기념공원으로 공원 안에 공군이 사용했던 비행기도 마련되어 있는데, 이 비행기 앞에서 도사진을 찍어가는 이들이 많다. (p98 C:3)

■ 서울 동작구 신대방동 395
■ #4월 #겹벚꽃 #비행기

물결한강 카페 월드컵대교뷰
"한강 전망 노을 맛집"

@3hwan.m

2층 야외에는 물결 모양을 형상화한 의자와 한강을 한 프레임에 담을 수 있다. 배 선착장처럼 생긴 건물과 물결이 흐르는 것처럼 구불구불 쓰여진 글씨가 인상적이다. 전면이 창으로 되어 있어 한강을 보며 물멍을 할 수 있다. 창가 바로 앞 테이블은 햇빛이 강해 뒤쪽 테이블이 물멍하기 좋다. 노을 지는 시간에 방문하면 노을멍을 할 수 있다. (p98 B:2)

■ 서울 마포구 마포나루길 296
■ #마포카페 #한강뷰 #물멍

롯데시티호텔 시티뷰 창문
"침대에서 누워 바라보는 서울 시티뷰"

@choi_ee__

서울의 도심을 바라보며 힐링할 수 있는 침대가 메인 포토존. 거품 입욕제를 사용해 반신욕을 즐길 수 있는 욕조에서 바라보는 시티뷰도 멋지다. 호텔 내 마트, 식당, 카페 등이 있어 다양한 부대시설을 이용할 수 있고, 특히 실내 수영장이 인기가 좋다. 공덕역 지하철역과 호텔이 연결되어 있어 접근성이 뛰어난 곳. (p98 C:2)

■ 서울 마포구 마포대로 109
■ #서울호캉스 #시티뷰 #공덕역호텔추천

채그로 카페 창 일몰뷰
"한강 바라보며 독서를"

@yxxnniebebe

9층 창가에 앉아 탁 트인 한강뷰를 배경으로 사진을 찍어보자. 노을 진 한강뷰 서재 느낌을 담을 수 있다. 마포대교 바로 앞에 위치해 한강뷰가 멋지다. 통창으로 들어오는 햇살과 책장 가득한 책이 마치 외국의 도서관에 온 느낌이다. 매대에 있는 책을 마음대로 골라 읽을 수 있다. 책을 읽을 수 있는 공간과 대화를 나눌 수 있는 공간이 분리되어 있어 조용히 책 읽기 좋다.(p98 C:2)
- 서울 마포구 마포대로4다길 31
- #한강뷰 #북카페 #일몰맛집

하늘공원 억새축제 산책로
"은빛 억새 물결의 산책로"

@sseoyoung.s2

매년 10월 중순이 되면 월드컵공원 하늘공원 산책로를 따라 은빛 억새 물결이 드넓게 펼쳐진다. 억새 산책로 사이로 걸어가는 사람을 길이 잘 보이도록 산책로 방향으로 찍어도 좋고, 억새 풍경이 카메라에 모두 담기도록 하늘공원 건너편 상단에서 공원 전경을 찍어가도 좋다. 10월 중 억새 축제도 개최되고, 붉은 꽃이 매력적인 댑싸리 밭도 마련되니 이 시기에 맞춰 하늘공원에 방문해보자.(p98 B:2)
- 서울 마포구 상암동 482
- #10월 #억새축제 #댑싸리

벌스가든 카페 식물 인테리어
"동남아 휴양지 느낌 식물카페"

@hongssi_0.0

식물이 가득하고 우드톤의 인테리어가 동남아 휴양지에서 사진을 찍은 듯하다. 대나무, 라탄, 평상, 커다란 나무들이 가득한 1층 테라스는 이국적인 느낌이 든다. 식물과 꽃, 우드 가구, 소품이나 러그들이 자연 친화적이고 아늑한 느낌을 준다. 다육식물과 같은 식물류, 다양한 꽃들을 판매한다. 주차하기 힘든 연남동에 위치해 공유 주차장을 이용하면 좋다. (p98 C:2)
- 서울 마포구 성미산로23길 44 벌스가든
- #연남동카페 #플라워카페 #휴양지느낌

마가렛연남 카페 가정집 분위기 외관
"연남동 파스텔톤 주택 카페"

@eun.ai

연남동 주택을 개조한 파스텔톤의 카페로 외국 감성이 물씬 묻어나는 건물의 외관을 사진으로 담을 수 있다. 햇빛이 좋은 날에 방문하는 걸 추천한다. 실내 공간이 굉장히 깔끔하고, 모던하고 아기자기한 소품이 많아 보

는 즐거움이 있다. 특히 2층은 채광이 좋아 카페 곳곳에서 예쁜 사진을 찍을 수 있다. 디저트 맛집답게 다양하고 예쁜 디저트가 준비되어 있다. (p98 C:2)
- 서울 마포구 성미산로29길 10 1층
- #연남동카페 #디저트맛집 #유럽풍

스몰럭케이크 카페 통창
"통창 너머 싱그러운 식물들"

@whswjd_love

통창을 통해 자연광과 초록 가득한 뷰, 파란 하늘이 마치 휴양지에 온 듯한 느낌이다. 테이블마다 가구 컬러와 디자인이 달라 더 조화롭다. 규모는 작지만, 창이 사방에 있어 답답하지 않고 뷰를 감상하기 좋다. 해가 질 때 가면 창가에 앉아 여유롭게 노을을 즐길 수 있다. 레터링케이크 전문점답게 예쁜 케이크가 많다. 이용 시간은 2시간이다. (p98 C:2)
- 서울 마포구 성미산로29길 14 201호
- #연남동카페 #뷰맛집 #레터링케이크

L7 홍대 루프탑 수영장
"이국적인 루프탑 수영장"

@ding_pupuding

이국적인 느낌이 물씬 풍기는 루프탑 수영장
이 이곳의 시그니처 포토 스팟. 알록달록한
색감의 테이블과 의자, 감각적인 수영장이
조화를 이루고 있어 감성 넘치는 사진을 찍
을 수 있다. 숙박뿐만 아니라 12시간, 24시
간 스테이 플랜이 가능하며, 호텔 내 오픈 사
무공간인 비즈니스 센터가 있다. 투숙객 공
용 놀이 공간에서 오목, 바둑, 포켓볼 등을
즐길 수 있다. (p98 C:2)
- 서울 마포구 양화로 141
- #루프탑수영장 #서울가성비호텔 #홍대
호텔추천

파우스디멘션 카페 신문 포토존
"영자신문 벽면과 모던한 인테리어"

@armvely

영자신문으로 둘러싸인 벽면이 메인 포토
존. 흰색 의자에 앉아 사진을 찍으면 제대로
힙한 사진이 된다. 미드 센추리 모던 인테리
어가 핫하다. 아기자기한 소품들도 많아 구
경하는 재미가 있다. 패브릭 포스터 앞, 스테

레오 스피커 앞 등 곳곳이 포토존이다. 조명
과 소품이 감성을 더해줘 카페 어느 곳에서
도 예쁜 사진을 찍을 수 있다. (p98 C:2)
- 서울 마포구 양화로12길 16-12 1층
- #합정 #감성카페 #신문포토존

해피베어데이 카페 알록달록 건물 입구
"알록달록 동화 감성 카페"

@lizy_silver

알록달록한 건물 외관이 메인 포토존. 마치
동화 속 곰돌이 마을에 놀러 온 기분이 든다.
카페 내부도 동화 속에 나올 것 같은 아기자
기한 인테리어가 눈에 띈다. 귀여운 소품들
이 가득하다. 곰돌이 쿠키가 유명한 곳으로
다양한 종류의 쿠키를 판매하고 있다. 애견
동반 카페로 루프탑은 작은 운동장처럼 강
아지 사진을 찍어주기도 좋다. (p98 C:2)
- 서울 마포구 양화로12길 16-6 1층
- #합정역 #레터링케이크 #동화

943킹스크로스 카페 외관 빗자루포토존
"해리포터 유니폼 대여해주는 테마카페"

@imjanznd

빗자루에 앉아 마법사가 된 듯한 사진을 찍어
보자. 해리포터를 테마로 한 카페다. 해그리
드 오두막, 마법사 카페, 연회장, 기숙사 등 다
양한 콘셉트를 갖추고 있다. 지팡이 상점 벽,
영국 느낌의 소품들, 마법사 소품 등을 이용
해 사진을 찍기 좋다. 특히 4층에서는 유니폼
을 입고 사진을 찍을 수 있다. (p98 B:1)
- 서울 마포구 양화로16길 24 1층~4층
- #홍대 #해리포터카페 #이색카페

산리오 러버스 클럽 카페 캐릭터월
"산리오캐릭터가 가득한 벽 앞에서"

헬로키티, 시나모롤, 폼폼푸린 등 산리오 캐
릭터를 테마로 한 테마카페. 각 캐릭터별 포
토존으로 꾸며진 카페 좌석들과 그 외 포토
존이 가득한 곳. 산리오 캐릭터 테마 음료와
디저트도 귀여움이 가득하다. 산리오 굿즈도
구매 가능하다. 방문 전 사전예약은 필수.
- 서울 마포구 와우산로19길 18
- #홍대카페 #캐릭터카페 #산리오 #헬로
키티

타이프 한강점 한강뷰
"한강 전망 모던 인테리어 카페"

@bright_m.h

통창을 통해 한강뷰, 시티뷰를 배경으로 사진을 찍어보자. 통창을 통해 뻥 뚫린 한강뷰를 마음껏 즐길 수 있다. 내부는 모던한 인테리어, 조명의 연출을 통해 안락한 느낌이다. 커피 원두, 추출 방법을 고를 수 있고, 핸드 숍, 텀블러 등의 다양한 소품들도 판매하고 있다. 노을 질 때쯤 방문해 노을과 야경을 감상하는 걸 추천한다. (p98 C:2)
- 서울 마포구 토정로 128 서강8경빌딩 5층
- #상수역카페 #한강뷰 #노을

코코넛박스 대나무 터널
"발리 감성 대나무 터널"

@_9.26

코코넛 바 안에 있는 하얀 모래가 깔린 대나무 터널이 메인 포토존이다. 동남아 혹은 발리에 와 있는 듯한 콘셉트로 꾸며져 있는 이곳은 곳곳에 사진 찍을 수 있는 공간이 마련되어 있다. 약 700평 규모로 현실과 메타버스의 만남이 이루어진 곳으로, 가상 저작권을 뜻하는 NFT를 실물로 볼 수 있는 곳. 오후 4시부터 진행되는 3, 4부는 노키즈존으로 운영되며, 주차는 사전 예약 필수. (p98 C:2)
- 서울 마포구 홍익로3길 20 서교프라자 1층
- #서울가볼만한곳 #서울볼거리추천 #홍대데이트코스

포티드 카페 해리포터콘셉트 외관
"해리포터 콘셉트 카페"

@yeevly

해리포터 속 한 장면이 생각나게 하는 외관이다. 실내의 브라운 톤 가구와 건물 외벽의 담쟁이넝쿨이 빈티지 감성을 한껏 살려준다. 해리포터 계단 방, LED 벽난로, 마법사 화장대 등 해리포터 컨셉의 포토존이 가득하다. 해리포터를 좋아하는 분들은 방문하는 것을 추천한다. (p98 C:2)
- 서울 서대문구 명물길 36-3 1층
- #신촌 #해리포터 #쿠키맛집

콘하스 연희 카페 외관 수영장
"작은 수영장이 딸린 주택 개조 카페"

@toothless_0_

마당에 있는 작은 수영장이 메인 포토존. 수영장에 걸터앉아 시원하고 평온한 느낌을 담아보자. 주택을 개조한 건물로 정원이 잘 가꿔져 있다. 카페 내부 통창에서 보이는 정원뷰가 멋지다. 주택에 위치한 카페로 주차 공간이 매우 협소하다. 대중교통 이용을 추천한다. (p98 C:2)
- 서울 서대문구 연희로27길 99
- #연희동 #빈티지 #수영장

서대문형무소역사관 앞 태극기
"가슴이 뜨거워지는 웅장태극기"

@yeonhee319

서대문형무소는 일제강점기에 지어진 감옥을 개조한 역사박물관으로, 건물 앞에는 벽 한쪽을 가득 가릴 정도로 커다란 태극기가 걸려 있다. 태극기 앞에 서서 태극기가 가득 보이도록 멀리 떨어져서 방문 인증 사진을 찍는 이들이 많다. 정면에서 바로 선 포즈도 멋지지만, 만세 포즈를 취하고 사진을 찍어도 멋지다. (p98 C:2)
- 서울 서대문구 통일로 251
- #애국 #삼일절 #광복절

안산자락길 전망
"산책로에서 바라보는 서울 전망"

@monet.park

안산자락길은 산책로 대부분이 나무 데크 길로 되어 있어 휠체어나 유모차로 이동하기 좋은 관광명소다. 안산자락길을 따라 봉수대에 오르면 인왕산자락 앞으로 펼쳐진 서울 시내 전망이 드넓게 펼쳐진다. 서울 시내 전망 사진을 찍어도 예쁘고, 미니어쳐처럼 작게 보이는 도심 빌딩 숲을 배경으로 인물 사진 찍기도 좋다. 한성과학고, 안산천약수터, 무악정, 연흥약수터, 시범아파트철거지를 거쳐 다시 한성과학고로 돌아오는 코스로, 왕복하는데 도보로 약 2시간 정도가 걸린다. (p98 C:2)
■ 서울 서대문구 통일로 279-22
■ #서울시내전망 #나무데크 #유모차가능

홍제천 홍제유연 터널길
"사각기둥이 만든 터널길"

홍제유연은 유진상가 지하에 있는 사각 터널형 예술공간으로, 다양한 설치미술 작품이 전시되어 있다. 유진상가 뒤쪽 '유진상가 다리 앞' 버스정류장 간판 아래 있는 홍제교 지하 출입구로 이동한다. 미술품 중에는 조명이 달린 사각기둥이 늘어선 구간이 있는데(작품명:온기) 여기가 요즘 가장 핫한 포토스팟이다. 원근감이 잘 나타나도록 터널길을 정면에 두고 사진을 찍어보자. (p98 C:2)
■ 서울 서대문구 홍제3동 295-33
■ #지하동굴 #네모빛터널 #어두운

반포 무지개분수 수변광장 앞 둔치
"별빛 쏟아지듯 무지갯빛 분수"

@janet0231

반포대교에서 매시간 무지갯빛 분수 쇼가 펼쳐지는데, LED 조명을 사용해 다른 곳 무지개 쇼보다 조명이 더 밝고 화려하다. 대각선으로 맞은편에 있는 수변광장 쪽이 이 무지개 분수 사진을 가장 가까이, 가장 예쁘게 찍을 수 있는 촬영 포인트다. 달빛 무지개 쇼는 보통 매일 12:00, 19:30, 20:00, 20:30, 21:00부터 20분간 가동되지만 시기에 따라 운영 시간이 바뀔 수 있으니 정확한 운영 시간은 한강공원 홈페이지를 참고하는 것이 좋다. (p98 C:2)
■ 서울 서초구 반포동 649
■ #무지개분수쇼 #야경 #반짝반짝

세빛섬 반달 포토존
"해변 데크 너머 달 조형물"

@dani_unnie_

세빛섬은 산책로를 따라 곳곳에 분위기 있는 조명등이 설치되어 있어 야경 사진 촬영하러 오는 이들이 많다. 해변 데크를 따라 걷다 보면 노란 달 모양 조명이 나오는데 여기가 주요 야경 사진 촬영 포인트다. 달 조명이 밝아서 인물 사진도 잘 나오고, 뒤로 보이는 해변에 비친 조명 풍경도 멋진 곳이다. (p99 D:3)
■ 서울 서초구 올림픽대로 2085-14
■ #이색쇼핑몰 #별빛달빛 #조명

스타벅스 카페 웨이브아트센터 들어가는 길
"한강 분수 쇼 전망 스타벅스"

@ayajin9

건물로 들어가는 계단에서 스타벅스 로고를 보이도록 서서 한강을 담을 수 있다. 배를 타기 위해 선착장을 가는 듯한 분위기다. 통창을 통해 한강을 보며 물멍을 하기 좋다. 유람선을 탄 느낌을 받을 수도 있다. 1층 코너 쪽 자리에 앉아 따뜻한 햇살을 받으며 출렁이는 한강 물을 바라보는 운치가 있다. 분수 쇼 시간에 맞춰가면 통창을 통해 분수 쇼를 감상할 수 있다. (p99 D:3)
■ 서울 서초구 잠원로 145-35
■ #잠원카페 #서울웨이브 #한강

백야드빌더 성수점 카페 입구
"바이크 사진으로 꾸며진 곳"

무심해 보이는 외관 앞에서 바이크를 타고 사진을 찍는 것이 유명하다. 1층 카페는 바이크 사진과 관련 소품들로 가득 채워져 있다. 1층 인테리어만 봐도 왜 바이커들의 성지로 불리는지 알 수 있다. 벽돌 벽면에 그려진 2 wheel life 벽화 앞도 인기 포토존이다. 루프탑은 캠핑장 느낌으로 꾸며져 있다. 은은한 조명과 함께 캠핑 의자에 앉아 캠핑 감성을 느낄 수 있다. (p99 D:2)
- 서울 성동구 광나루로 152
- #성수 #바이크 #라이더성지

달맞이근린공원 전망대 강변북로 야경
"전망대에서 보는 강변북로 야경"

달맞이근린공원 전망대로 올라가면 강변북로를 끼고 한강과 롯데월드, 청계산, 관악산 등 서울 시내 주요 전망이 한 눈에 들어온다. 밤에 굽이치는 듯 노랗게 빛나는 강변북로가 사진의 반 정도를 차지하게 두고 야경 사진을 찍으면 예쁘다. 정월대보름에 방문하면 커다란 보름달을 구경할 수 있고, 해돋이나

해맞이 명소로도 유명하니 시기를 잘 맞추어 방문해보자. (p99 D:2)
- 서울 성동구 금호동4가 산27
- #정월대보름 #서울야경 #노을맛집

서울숲 거울연못
"서울숲을 담은 거울 연못"

거울연못은 서울숲에서 가장 유명한 공간 겸 사진 촬영지로, 그 이름에서 알 수 있듯이 사각 거울 모양의 연못 주변에 심어진 나무들이 연못에 그대로 반사되어 보인다. 연못 속 풍경이 아름다운 맑은 날 방문해서 연못이 사진 면적의 반 정도를 차지하도록 풍경 사진을 찍으면 예쁘다. (p99 D:2)
- 서울 성동구 뚝섬로 273
- #네모연못 #나무 #반영샷

퍼먼트 카페 파란 간판
"빵지순례의 필수코스 베이커리 카페"

파란색 간판과 벽면 통유리에 쓰인 카페 로고, 유럽의 카페 느낌이다. 빈티지한 소품들이 감각적인 곳으로 깔끔하면서도 유럽 느낌이 나는 인테리어에 여행 온 느낌이 든다. 지하 한쪽에 있는 거울 포토존이 인기다. 베이

커리가 유명한 카페로 다양한 제품을 판매하고 있다. (p99 D:2)
- 서울 성동구 서울숲2길 37 1층 , 지하
- #서울숲 #베이크샵 #빵지순례

섬세이테라리움 계단 포토존
"신비의 숲에서 맨발 체험"

'Heart of Wind'의 신비로운 숲에 있는 듯한 느낌의 계단이 시그니처 포토존. 묘한 분위기의 사진을 얻을 수 있어 가장 인기 있는 곳이지만, 위층으로 올라가는 실제 계단이기 때문에 타이밍을 잘 맞춰 촬영해야 한다. 이곳은 맨발, 어두운 분위기, 은은한 향을 콘셉트로 한 공간으로, 시각이 아닌 다른 감각을 통해 이색 체험을 할 수 있는 곳이다. (p99 D:2)
- 서울 성동구 서울숲2길 44-1 섬세이 테라리움 (지하1층)
- #맨발체험전시회 #서울이색전시 #성수동전시회

서울앵무새 성수 카페 알록달록 외관

"알록달록 앵무새 인테리어"

알록달록한 외관이 앵무새를 연상케 한다. 힙한 의상이 잘 어울리는 이곳이 메인 포토존. 2층의 거울 포토존도 인기다. 나가는 길 쪽의 포토존에서는 손에 앵무새를 얹은 듯한 사진을 찍을 수 있다. 서울숲 근처에 있는 카페로 피크닉 세트도 판매하고, 퀸아망이 인기 메뉴다. 주차가 불가해 주변 뚝섬 유수지 주차장을 이용해야 한다. (p99 D:2)

- 서울 성동구 서울숲9길 3 B1~2F
- #성수핫플 #뚝섬카페 #퀸아망맛집

아더 성수 스페이스 우주느낌 조형물

"광활하고 신비로운 공간"

아더스페이스 2.0은 패션브랜드인 '아더에 러'가 홍대점에 이어 두 번째로 런칭한 우주 테마 전시 공간 겸 플래그십 스토어다. 패션

브랜드이지만 전시 공간 대부분이 메탈 소재의 우주선, 싱크홀, 도킹룸, 제로그래비티룸 등의 우주 테마 공간으로 꾸며져 사이버펑크 감성 사진 배경이 되어준다. (p99 D:2)

- 서울 성동구 성수이로 82
- #우주선 #무중력 #싱크홀

블루보틀 성수 카페 간판

"블루보틀 국내 1호점의 특별함"

빨간 벽돌의 외관 벽면에 설치된 블루보틀 간판 아래가 이곳의 메인 포토존. 노출 콘크리트의 천장과 벽면, 호두나무 원목의 의자와 테이블 등 이색적인 인테리어를 만날 수 있다. 좌석이 널찍한 공간 사이가 넓어 쾌적한 분위기다. 매장에 들어서면 원두를 로스팅하는 모습이 보이는데 커피 공장에 온 듯한 느낌이다. 주차 공간이 매우 협소해 주변 주차장을 이용해야 한다. (p99 D:2)

- 서울 성동구 아차산로 7 케이터링커스
- #성수 #뚝섬역카페 #스페셜티

디올성수 유리건물

"벽돌 건물 도심 속 유리 온실"

2022년 4월 개장한 디올의 플래그십 스토어 디올성수는 카페와 정원을 함께 운영하는 플래그십 스토어로, 유럽풍의 유리 온실을 연상케 하는 독특한 외관이 특징이다. 건물의 디올 간판이 장면에 보이도록 정원 앞에 서서 인물 사진을 찍으면 이국적인 인증사진을 남길 수 있다. 건물 내부의 카페에도 사진찍기 좋은 고급스러운 포토존이 많다. (p99 D:2)

- 서울 성동구 연무장5길 7
- #유럽감성 #유리온실 #럭셔리

카페&펍 연무장 루프탑

"성수동 시티뷰 화이트톤 카페"

성수에서 시티뷰를 즐길 수 있는 몇 안 되는 카페 중 하나다. 루프탑에서 성수동 시내를 한눈에 내려다볼 수 있다. 해 질 무렵이나 밤 시간대에 앉아 야경을 즐기기 좋다. 내부 인

테리어는 깔끔한 화이트톤으로 구성되어 있다. 안쪽의 벤치 좌석에서는 격자창과 나무들로 인해 숲속의 벤치에 앉아 있는 느낌이 든다.(p99 D:2)

- 서울 성동구 연무장길 36 연무장 8층
- #성수 #루프탑 #시티뷰

오프커피 카페 스마일 벽 포토존
"스마일 벽돌이 시그니처 포토존"

카페 외부 회색 벽돌에 노란색으로 스마일이 그려진 스마일 벽이 이곳의 메인 포토존이다. 노란색 스마일에 긍정적인 기운이 넘쳐난다. 천장에 걸린 커다란 노랑풍선, 벽면의 노란 포스트잇 등 노랑콘셉트의 발랄함이 느껴진다. 카페 한쪽에서는 귀여운 소품도 판매해 구매할 수 있다. 외부 음식 취식이 가능하다. (p99 D:2)

- 서울 성동구 연무장길 36 연무장 8층
- #성수 #스마일 #노랑콘셉트

응봉산 개나리공원 정상
"개나리가 만든 노란 터널"

@west._.seoul

응봉산 개나리공원은 응봉근린공원이라고도 불리며, 매년 3월 말부터 4월까지 노란 개나리꽃이 만개한다. 나무 데크로 된 산책로 곳곳에 개나리꽃이 만개하는데, 걷다 보면 나오는 노란 개나리 터널과 팔각정이 주요 사진 촬영 포인트다. 이 시기에는 개나리 축제도 열려 사생대회와 백일장 축제에 참여하는 시민들의 모습을 엿볼 수 있다. 4월 초쯤 분홍 벚꽃도 함께 피어나 산책길의 아름다움을 더한다.
(p99 D:2)

- 서울 성동구 응봉동 267-1
- #봄꽃 #개나리 #벚꽃

유즈리스어덜트 카페 불상
"한옥과 양옥이 섞인 독특한 분위기"

@loveyyeonnie

한옥과 양옥이 만난 카페 중정에 있는 커다란 부다상이 메인 포토존. 동상 앞 의자에 앉

아 오리엔탈 감성이 충만한 사진을 찍을 수 있다. 한옥 지붕의 뼈대 나무를 노출해 모던한 분위기가 느껴진다. 인테리어가 독특해 구경하는 재미가 있다. 독특한 분위기의 사진을 찍고 싶다면 방문해보자. (p99 D:2)

- 서울 성북구 보문로18길 25 1층
- #보문역카페 #오리엔탈풍 #불상

오버스토리 카페 삼각형 외관
"트라이앵글 액자 포토존"

@juu_hn

삼각형 형태의 아치가 매력적인 곳으로 외관이 메인 포토존이다. 아래쪽에서 입구에 선 모습을 찍으면 인생샷을 남길 수 있다. 화이트 외관과는 달리 우드와 식물의 조합으로 포근한 인테리어와 통창으로 보이는 시원한 뷰가 멋지다. 야외 공간에서는 시티뷰를 즐길 수 있다. 인스타 DM을 통해 사전 예약해야 하며 이용 시간은 1시간이다. (p99 D:2)

- 서울 성북구 선잠로2다길 13-13 지하1층
- #성북동 #뷰맛집 #사전예약

길상사 극락전 통하는 문
"아치형 쪽문 너머 사찰 풍경"

@daily_eun.i

길상사 일주문을 지나 극락전을 향하는 길에 아치형 쪽문이 있는데, 문밖의 소담스러운 풍경이 인물사진의 예쁜 배경이 되어준다. 인물을 문 가운데 세워두고 문밖 극락전이 살짝 보이도록 인물사진을 찍어보자. 매년 7~9월 무렵에는 문 주변에 주황빛 능소화가 만개해 더 예쁜 사진을 찍어갈 수 있으니 참고하자. (p99 D:2)
- 서울 성북구 선잠로5길 68
- #소박한 #여름 #능소화

수연산방 카페 한옥 외관
"고즈넉한 분위기의 한옥 찻집"

@collour

마당에 서서 본관의 한옥을 담아보자. 나무와 하늘이 어우러져 한옥 특유의 고즈넉한 분위기를 담을 수 있다. 카페 들어서는 입구, 툇마루, 장독대가 있는 정원의 테이블 등 포토존이 많다. 1930년대 가옥으로 현재는 전

통찻집으로 사용되고 있다. 고택이 주는 고전미가 아름답다. 놀면 뭐하니 촬영지로 유명하고, 단호박 빙수가 대표 메뉴다. (p99 D:2)
- 서울 성북구 성북로26길 8
- #성북동 #한옥카페 #전통찻집

서울리즘 카페 MARRY ME 조형물
"SEOUL 조형물과 야간조명"

@golfwang_zzithree

테라스의 'SEOUL' 조형물이 메인 포토존. 조형물과 함께 뒤로 보이는 시티뷰, 롯데타워를 담을 수 있다. 야경 사진이 특히 멋지다. 내부의 인테리어가 엔틱하고 고급스럽다. 서울리즘이 적힌 전신거울 포토존에서는 잠실 고층빌딩과 하늘을 함께 담을 수 있다. 간판이 없어 예스빌딩을 찾아가면 쉽다. (p99 E:3)
- 서울 송파구 백제고분로 435 예스빌딩 6층
- #송리단길 #롯데타워뷰 #루프탑

호이안로스터리 카페 베트남 느낌 내외부인테리어
"노란 건물 외벽과 베트남 전통 등"

@yeso_kim

알록달록한 농과 빨간 아오자이가 걸린 하얀 벽면이 메인 포토존. 샛노란 벽면과 알록달록한 등이 달린 외관 전체 샷도 찍어보자. 대문을 열고 들어가면 아기자기한 테이블이 가득한 마당이 예쁘다. 내부에는 베트남 관련 소품들이 가득하다. 호이안 여행을 온 기분을 느낄 수 있다. 2층 계단 끝에는 직접 써볼 수 있는 베트남 전통 모자인 농이 있어 소품으로 활용하여 사진 찍기 좋다. (p99 E:3)
- 서울 송파구 백제고분로45길 3-18
- #송리단길 #석촌호수 #베트남풍

올림픽공원 들꽃마루길
"들꽃이 만개한 꽃밭"

@ayoung_825

올림픽공원역 3번 출구로 나오면 들꽃마루길 구간이 나오는데, 가을이 시작되는 매년 10월부터 그 이름에 걸맞게 알록달록한 들

꽃들이 만개한다. 노란 황화 코스모스부터 주황빛 코스모스, 분크홍빛 핑크뮬리까지 사진 찍을만한 가을 꽃밭이 다양하게 마련되어있으며, 꽃밭 근처에 있는 나 홀로 나무도 유명한 포토존 중 하나다. (p99 E:3)

■ 서울 송파구 오륜동 올림픽로 424
■ #가을들꽃 #코스모스 #핑크뮬리

롯데월드 회전목마
"화려한 회적목마와 동화 속 풍경"

@jx_on.1

롯데월드 회전목마 앞에서 옛날 교복 입고 커플 사진 찍는 것이 요즘 트렌드다. 보석과 꽃 모양으로 화려하게 장식된 회전목마가 동화 속에 들어온 듯한 배경을 만들어준다. 남자가 여자 허리춤을 들어 안고, 여자는 무릎을 굽혀 올린 포즈를 측면에서 찍는 것이 포인트다. 인스타그램에 롯데월드 회전목마 해시태그로 검색하면 참고할만한 포즈 사진이 여럿 나오니 참고해보자. (p99 E:3)

■ 서울 송파구 올림픽로 240
■ #감성사진 #커플사진 #교복착용필수

서울스카이 전망대
"투명 강화유리에서 보는 아찔한 서울전망"

@forenooooon

우리나라에서 가장 높은 롯데월드타워 서울스카이 전망대 한쪽 끝에는 바닥이 투명 강화유리로 되어있어 500m, 118층 높이에서 바닥을 내려다볼 수 있는 구간이 있다. 이 위에 있는 인물을 찍으면 짜릿한 고층 전망대 인증사진이 완성된다. 바닥이 잘 보이도록 카메라를 최대한 위에서 아래쪽으로 기울여 사진 찍는 것이 포인트. 서 있기보다는 앉거나 누워야 바닥 전망을 최대한 많이 담아갈 수 있다. (p99 E:3)

■ 서울 송파구 올림픽로 300
■ #아찔한 #고층빌딩 #유리바닥

시그니엘 한강 시티뷰
"롯데월드타워 최고층 전망"

@ujjungg

서울의 전경을 한눈에 담을 수 있는 단연코 최고의 전망을 가진 호텔에서 사진을 촬영해보는 건 어떨까. 우리나라 최고층 건물인

롯데월드타워 76층부터 101층에 있는 만큼 파노라마 시티뷰를 볼 수 있다. 석촌호수가 바로 앞에 있어 호수를 산책하기도, 호수 풍경을 감상하기에도 좋은 곳. 바로 옆 롯데월드에서 짜릿한 추억을 만들 수 있으며, 롯데몰에서 쇼핑도 즐길 수 있다. (p99 E:3)

■ 서울 송파구 올림픽로 300
■ #서울럭셔리호텔 #서울호캉스추천 #전망맛집

래미안 갤러리 연못 반영샷
"연못에 비친 빨간머리앤"

@nohvely56

래미안 갤러리 건물 바로 앞에 연못과 돌다리가 놓여 있다. 건물 정면을 배경으로 돌다리 위에 서있는 인물을 찍어도 좋고, 건물 측면 방향의 호수 끝에 서서 돌다리길이 잘 나오도록 측면 사진을 찍어도 예쁘다. 갤러리 내부에도 사진찍기 좋은 콘셉트 공간들이 많다. 단, 평일에는 래미안 홈페이지에서 사전 예약해야지만 방문할 수 있으며, 월요일은 휴관한다. (p99 E:3)

■ 서울 송파구 충민로 17
■ #돌다리 #측면사진 #럭셔리

문화실험공간 호수
"무료로 즐기는 석촌호수 벚꽃 스팟"

@nk.kkk

롯데월드에 들어가지 않아도 동화 같은 벚꽃 사진을 남길 수 있는 포토스팟. 각종 문화 프로그램을 진행하는 복합문화공간으로, 2층과 3층 통창으로 석촌호수 벚꽃 뷰를 볼 수 있다. 특히 3층 스튜디오 테라스 쪽이 아름다워서 벚꽃 시즌이면 평일에도 붐비니 오전 10시 오픈런을 추천한다. 무료 입장이지만 스튜디오에서 클래스를 진행할 때는 입장이 제한될 수 있으니 참고. (p099 E:3)
■ 서울 송파구 송파나루길 256
■ #석촌호수 #벚꽃 #통창뷰

겟댓샷 카페 세탁실 포토존
"알록달록한 색감의 세탁실 등 8개 포토존"

@brow_by_taeri

세탁기 위에 앉아 감성 사진을 찍어보자. 코발트블루와 오렌지색 세탁기가 키치하다. 사진 찍기 좋은 컬러룸으로 꾸며진 이색카페다. 주방, 욕실, 침실 등 8가지 콘셉트로 화려한 컬러감과 독특한 디자인으로 사진찍기

좋다. 어느 장소든 카메라로 담으면 인스타 감성의 사진을 찍을 수 있다. (p98 C:2)
■ 서울 영등포구 경인로 846 롯데백화점영등포점 1층
■ #영등포카페 #컬러룸 #감성카페

양화한강공원 장미터널
"분홍빛 장미가 만든 터널"

@u___ne

매년 5월 말, 초여름부터 양화한강공원 장미원에 핑크빛 장미로 장식된 장미 터널이 생긴다. 터널 안쪽보다는 터널 바깥쪽에 분홍 장미가 잘 피어난 구간을 벽 삼아서 인물 사진을 찍으면 예쁘다. 장미원은 미니스톱 한강 양화 2점(당산동 32-2), 성수 하늘다리 근처에 있다. (p98 B:2)
■ 서울 영등포구 당산동 32-2
■ #연분홍 #장미터널 #로맨틱

베르데 커피 빈티지 외관
"삼각 지붕 창고형 빈티지 카페"

@___jung92

삼각형 지붕이 돋보이는 빈티지한 외관이 메인 포토존. 시원한 통창이 있어 카페 내부 모

습을 볼 수 있다. 창고형 카페 느낌이 나며 독특한 인테리어가 눈길을 끈다. 넓고 쾌적한 실내는 공간마다 인테리어 분위기가 다르다. 아치형 인테리어가 돋보인다. 벽을 뚫어 화분을 올려놓은 공간도 분위기 있다. 베르데 라떼가 대표 메뉴다. (p98 B:2)
■ 서울 영등포구 도림로139가길 5 1층
■ #문래창작촌카페 #빈티지감성 #브런치카페

진을림 카페 빈티지 외관
"빈티지한 외관과 대비되는 깔끔한 내부"

@kaje_j95

가정집을 연상케 하는 빈티지한 외관이 메인 포토존. 오래된 주택을 개조해 멋진 카페가 된 곳이다. 굉장히 깔끔하면서도 옛 주택의 감성이 살아 있다. 통창으로 개방감이 좋다. 2층 테라스 자리에는 큰 나무가 바로 앞에 있어 푸릇푸릇함을 느낄 수 있다. 입구 쪽 거울 앞도 인기 포토존이다. 진을림슈페너와 핑크솔티모카가 대표 메뉴다. (p98 C:3)
■ 서울 영등포구 신풍로 31-14
■ #신풍역 #애견동반 #디저트카페

맨홀커피 영국감성 포토존
"해리포터 세트장 느낌 콘셉트 카페"

@ddon99euli

해리포터 콘셉트로 꾸며진 공간이 메인 포토존. 흔들의자에 앉아 사진을 찍을 수 있다. 미러리스 카메라로 보다 근사한 사진을 남길 수 있다. 카페로 가는 길이 영화 세트장 느낌이다. 실제로 많은 방송을 촬영한 곳이다. 고급스럽고 이국적인 느낌이 드는 카운터, 해리포터 도서관을 연상케 하는 벽 쪽 좌석 등에서 영국 느낌이 물씬 풍긴다. 맨홀 크림이 대표 메뉴다. (p98 C:2)
- 서울 영등포구 영신로 247 B동상가 지하 1층
- #당산카페 #영국느낌 #해리포터콘셉트

남산타워 전망대
"전망대에서 보는 서울 전망"

@easyoh99

서울에서 가장 오래된 전망대인 남산타워(남산서울타워) 전망대에 오르면 명동 시가지를 중심으로 서울 시내 전망을 한 번에 담아갈 수 있다. 벽에 자물쇠가 달린 구간은 커플 사진 촬영 명소이기도 하다. 전망대 자판기에서 자물쇠를 판매하고 있지만, 미리 구매해 가는 것이 더 저렴하다. (p99 D:2)
- 서울 용산구 남산공원길 105
- #커플사진 #명동전망 #야경맛집

콤포트서울 카페 루프탑
"후암동뷰 복합문화공간"

@kmdngyn

테라스의 곡선형 벤치에 앉아 탁 트인 서울의 모습을 담을 수 있다. 복합문화공간으로 층마다 구경하는 재미가 있다. 통창을 통해 보이는 후암동 뷰가 멋지다. 제니가 찍었다는 엘리베이터 샷도 유명하다. 카페 투어 후 남산 둘레길을 걷기 좋다. (p98 C:2)
- 서울 용산구 두텁바위로60길 45
- #용산핫플 #복합문화공간 #후암동뷰

국립중앙박물관 실루엣샷
"남산타워를 담은 실루엣샷"

@ik_50n

국립중앙박물관 거울 못 왼쪽에 경사진 계단길이 있는데, 이 계단 끝 쪽에 서서 오른쪽 끝에 남산타워가 보이도록 카메라를 돌려 사진을 찍으면 계단과 인물에 역광이 드리워 멋진 실루엣 사진이 탄생한다. 한 사람만 세워서 찍어도 분위기 있지만, 사람이 약간 있어도 역광 느낌을 더해 멋진 사진이 완성된다. (p98 C:2)
- 서울 용산구 서빙고로 137
- #남산타워 #역광 #감성적인

용산공원 미군기지
"미군기지의 이국적인 풍경"

@_luvchaeyeon

해방 이후 미군이 주둔하던 용산 미군기지 일부를 일반인에게 개방하고 있다. 주택 문 앞이나 영어로 된 표지판 앞, 영문 장식이 달린 빨간 벤치에서 사진을 찍으면 해외여행 온 듯한 이국적인 사진을 찍어갈 수 있다. 매일 09~18시 운영하며 마지막 입장은 17시까지만 받고, 일, 월요일은 운영하지 않는다. 주차는 불가능하므로 대중교통 이용을 추천한다. (p99 D:2)
- 서울 용산구 서빙고로 235-5
- #이국적인 #미국식 #주택가

오랑오랑 카페 옥상
"남산타워 전망 빈티지 카페"

@eunjisdaily

서울 시티뷰와 남산타워 뷰를 한 프레임에 담을 수 있다. 신흥시장에 위치한 빈티지한 느낌의 카페다. 통창에 오랑우탄 LED가 있어 쉽게 찾을 수 있다. 노출 콘크리트에 빈티지한 가구가 인상적이다. 루프탑에서 보이는 풍경에서도 빈티지함이 느껴진다. 과거로 여행을 떠나온 기분이다. 계단이 가팔라서 주의가 필요하다. (p99 F:3)

- 서울 용산구 소월로20길 26-14
- #해방촌 #루프탑 #남산타워뷰

꾸에바마테라 카페 입구
"유럽 앤티크 옷장을 떠올리게 하는 입구"

@foodinlove99

앤틱한 유럽풍의 옷장을 연상시키는 입구가 메인 포토존. 옷장 속 동굴 카페가 콘셉트이다. 앤틱한 소품들과 찻잔들이 예쁘게 놓여져 있다. 카페 안쪽에는 대표 공간인 동굴 느낌의 공간이 나온다. 무드 등이 켜져 있어 우

아하고 로맨틱한 느낌의 사진을 찍을 수 있다. 화장대, 중세 느낌의 거울 샷 등 포토존이 가득하다.(p99 F:3)

- 서울 용산구 소월로20길 28-1 1층
- #해방촌 #옷장카페 #동굴카페

S.caf 카페 루프탑
"감성 루프탑 카페"

@ceruleanblue_2021

루프탑 빨간 벤치에 앉아 서울을 담아보자. 붉은 벽돌집과 교회 철탑에서 유럽 감성을 느낄 수 있다. 카페 내부의 창가 자리도 인스타 감성 샷을 찍기 좋다. 늦은 시간엔 유리에 반사돼서 야경이 잘 보이지 않으니 노을 질 때쯤 가보는 것을 추천한다. 솔티드카라멜 카푸치노가 대표 메뉴다. 새벽 2시까지 운영하는 곳으로 카페와 펍을 모두 즐길 수 있다. (p99 F:3)

- 서울 용산구 소월로26길 12 아르테소월 3층
- #후암동 #루프탑 #야경맛집

빌라커피바 남산타워뷰 루프탑
"해방촌 대표 남산타워뷰 카페"

@_haewonee.j

루프탑에 오르면 가리는 것 없이 뻥 뚫린 남산뷰를 볼 수 있다. 의자와 테이블에서는 캠핑장 느낌이 난다. 루프탑에는 포토존이 꽤 있어서 사진을 즐기기 좋다. 밤에 오면 야경이 멋진 시티뷰를 담을 수 있다. 실내는 깔끔하고 심플한 분위기다. LP판을 이용한 인테리어가 감성적이다. 통창을 통해 해방촌의 전경을 한눈에 볼 수 있다. (p99 F:3)

- 서울 용산구 신흥로 101-9 2층
- #해방촌카페 #루프탑 #남산타워뷰

쉘터 해방 카페 남산타워뷰 루프탑
"테라스에서 즐기는 남산타워"

@seu_nga

루프탑에서 바라보는 남산타워 뷰가 멋진 카페. 푸른 하늘과 남산타워, 숲을 한 장의 사진에 담을 수 있다. 늦은 저녁 방문해 야경을 담아도 멋지다. 루프탑은 캠핑 의자를 배치해 편안하게 앉아 뷰를 즐길 수 있다. 카페

의 내부는 캠핑 중에 마주한 캐빈처럼 러블리하다. (p99 F:3)
- ■ 서울 용산구 신흥로11길 49-12 3층
- ■ #해방촌카페 #남산뷰 #루프탑

더로열푸드앤드링크 카페 노을 시티뷰 창문
"창문 너머 용산 시내 전경"

용산을 한눈에 내려다볼 수 있는 메인 포토존. 의자에 앉아 뷰를 바라보는 사진을 찍어보자. 이용은 불가능하고 포토존으로 비워두게 되어 있다. 포토존 옆에도 비슷한 자리가 있는데 거울을 통해 뷰를 담을 수 있다. 뷰가 좋은 곳으로 루프탑에서는 남산타워를 가까이에서 볼 수 있다. 벽의 색감과 그늘에서 휴양지 느낌이 난다. (p99 F:3)
- ■ 서울 용산구 신흥로20길 37
- ■ #해방촌 #뷰맛집 #루프탑

갖가지북스테이 침실
"책으로 가득한 감성 침실"

책이 빼곡히 놓여 있어 따스함이 느껴지는 침실이 이곳의 시그니처 포토존. 책으로 가

득한 벽을 배경으로, 침대 위에 앉아 감성 사진을 찍을 수 있다. TV 대신 호스트가 마련해 놓은 책을 읽으며 휴식을 취할 수 있고, 책과 함께 힐링하기 좋은 곳이다. 숙소 이름처럼 갖가지 종류의 책이 손길 닿는 곳마다 있어 책을 좋아하는 사람에게 강력 추천하는 숙소. (p99 F:3)
- ■ 서울 용산구 신흥로26길 9-2
- ■ #북스테이추천 #서울힐링숙소 #해방촌숙소추천

노들섬 달 포토존
"거대한 달 조형물과 산책로"

노들섬 유람선 선착장에 가면 거대한 달 모양 조형물이 설치되어있는데, 달 조형물 대각선으로 맞은편에 있는 한강 산책로에서 거대한 달을 배경으로 두고 역광 사진을 찍어갈 수 있다. 달 모양 조형물은 저녁이 되면 노란 조명이 들어와 정말 거대한 달 같은 느낌을 준다. 달 외에도 전망데크를 따라 다양한 미술작품이 설치되어 있어 사진찍기 좋은 곳이다. (p98 C:2)
- ■ 서울 용산구 양녕로 445
- ■ #야경사진 #거대한달조명 #역광사진

콤콤오락실 입구
"옛 추억과 감성을 간직한 오락실"

드라마 '동백꽃 필 무렵'의 배경으로 등장해 입소문을 탄 콤콤오락실은 레트로 향수를 자극하는 90년대풍 오락실이다. 빛바랜 오락실 간판과 낡은 나무 문, 낙서로 꾸민 벽돌에서 옛날 감성이 물씬 묻어난다. 나무 문 앞은 독사진 찍기 좋고, 건물 앞 나무 벤치는 커플 사진을 찍기 좋다. (p98 C:2)
- ■ 서울 용산구 원효로1동 백범로87길 51
- ■ #레트로 #빛바랜간판 #게임기

세르클 한남 카페 붉은벽돌 외관
"프랑스에 온 듯한 기분좋은 착각"

붉은 벽돌과 크림색 차양막이 유럽의 분위기를 물씬 풍긴다. 차양막 아래에 서서 건물의 외관을 담아보자. 접시를 이용해 만든 간판이 독특하다. 실내의 분수 모양 조형물에서 유럽 감성을 느낄 수 있다. 라탄과 우드의 느낌이 조화로워서 고급스러운 실내 공간을

연출한다. 유럽 느낌의 소품이 곳곳에 배치되어 있어 사진으로 담기 좋다. (p99 D:2)
- 서울 용산구 이태원로 223-5 4F
- #한남동카페 #루프탑 #유럽감성

전쟁기념관 신전 느낌 외관
"웅장한 신전 느낌의 기둥"

@gaeun00231

용산 전쟁기념관은 알찬 전시 내용으로도 유명하지만, 그리스 신전을 닮은 건물로도 입소문이 났다. 전사자 추모비가 있는 건물 앞 복도에서 측면으로 서서 신전 느낌의 기둥이 줄지어 보이도록 사진을 찍으면 웅장한 그리스 신전 느낌이 제대로 산다. 인물 전신과 건물 천장까지 잘 보이도록 살짝 멀리서 사진 찍는 것을 추천한다.
 (p98 C:2)
- 서울 용산구 이태원로 29
- #그리스신전 #돌기둥 #네모프레임

원인어밀리언 카페 핑크 외관
"핑크 외벽과 화이트톤 실내 인테리어"

@sxuone

카페 왼쪽에 있는 핑크 포토존이 유명하다. 핑크색 벽면에 보라색 꽃, 핑크 의자로 꾸며

놓았다. 조명이 켜지는 저녁 시간에 찍으면 은은한 분위기를 담을 수 있다. 화이트톤 인테리어와 초록의 예쁜 식물들이 곳곳에 배치되어 있어 싱그럽다. 공간마다 식물들과 조명이 예쁘게 위치해 어디서 찍어도 인스타 감성 샷을 찍을 수 있다. (p99 F:3)
- 서울 용산구 이태원로54길 31
- #이태원 #한남동핫플 #핑크

콘하스 한남 카페 수영장뷰
"수영장과 노출 콘크리트 건물"

@yunnue._ee

입구에 들어서면 시원한 수영장이 보인다. 수영장 옆에 앉은 모습을 2층에서 찍으면 휴양지 느낌이 물씬 난다. 감각적인 소품들과 노출 콘크리트가 인상적이다. 3층은 통창을 통해 들어오는 채광이 좋고 프라이빗한 룸들이 있다. 야외로 나가면 한남동은 높은 건물이 많지 않아 뻥 뚫린 뷰를 볼 수 있다. 좀 더 아늑한 느낌을 원한다면 1~2층을 추천한다. (p99 F:3)
- 서울 용산구 이태원로55나길 22
- #한남동 #수영장뷰 #노출콘크리트

노보텔스위트앰배서더 서울용산 시티뷰
"파노라마창으로 보는 남산타워 전망"

@rounxsol

서울 N타워를 조망할 수 있는 파노라마 통유리창이 이곳의 메인 포토존이다. 낮과 밤, 모두가 아름답기로 잘 알려져서 눈 호강도 하고, 예쁜 사진도 얻을 수 있는 곳. 용산역과 인접해있어 접근성이 뛰어나고, 아이파크몰과 연결되어 있어서 쇼핑하기에도 좋다. 용산의 주요 관광지인 용리단길, 전쟁기념관, 용산공원 등도 가까워 관광하기에도 안성맞춤이다. (p98 C:2)
- 서울 용산구 청파로20길 95
- #서울호캉스추천 #남산타워뷰 #용산호텔추천

올딧세 카페 동굴벽
"돌벽 포토존이 유명한 한옥카페"

@jennyunnie_

마당에 있는 돌벽이 대표 포토존. 돌벽 옆에 서서 건물을 담아도 좋고, 내부에서 통창을 통해 돌벽을 담아도 좋다. 한옥을 개조해 만든 동굴 콘셉트의 카페다. 골목 깊숙한 곳에 위치해 찾기가 쉽지 않다. 골목 초입 간판을 찾아 화살표 방향으로 따라가면 된다. 카페 내부를 동굴 바위 느낌으로 꾸며놓아 이색적이다. 브루잉 커피가 유명하다. (p98 C:2)
- 서울 용산구 한강대로21길 29-16 1층
- #용산 #동굴카페 #제주감성

도토리카페 일본감성 외관
"지브리 분위기 카페"

@a_young_1.20

푸른빛이 감돌고, 지브리 스튜디오 분위기가 물씬 풍기는 외관에 앉아 사진을 찍으면 영화 속으로 들어온 듯한 기분이 든다. 짙은 색의 우드 테이블과 드라이 식물들이 천장에 매달려 있어 오두막 분위기가 난다. 오래된 다락방 느낌도 난다. 색다른 인테리어와 다채로운 베이커리를 맛볼 수 있는 카페다. (p98 C:2)
- 서울 용산구 한강대로52길 25-6 1층
- #용리단길 #지브리감성 #일본감성

베리베리베리머치 카페 입구 철길
"철길 포토존이 있는 남산전망 루프탑 카페"

@suhyun5263

카페의 입구에 있는 철길이 메인 포토존. 양 옆의 나무와 은은한 조명과 철길이 어우러져 분위기 있는 사진을 찍을 수 있다. 남산 대학교 식물학과라는 콘셉트답게 식물을 활용한 인테리어가 돋보이는 카페다. 수조로 만든 테이블, 실내의 작은 연못, 실험실 테이블 등 독특한 인테리어가 눈길을 끈다. 루프탑에서는 남산 뷰를 볼 수 있다. (p99 D:2)
- 서울 용산구 회나무로35길 5 B동
- #경리단길 #보태니컬카페 #남산뷰

스카이스위트
"한강 위에 떠 있는 감성 호텔"

@pickydahang

한강대교 북단에 있던 노들 직녀카페를 에어비앤비와 서울시가 협업해 호텔로 리모델링

한 곳. 다채로운 색감의 미드센츄리 모던 스타일의 가구와 소품들로 감각적인 인테리어가 눈에 띄며, 유리로 된 천장으로 도시 야경과 하늘을 올려다볼 수 있다. 노들섬에서 여의도로 이어지는 한강 전망 또한 즐길 수 있으니 낭만적인 사진을 찍어보자. 숙박 예약은 에어비앤비에서 가능하다. (p098 C:2)
- 서울 용산구 양녕로 495 노들직녀카페
- #한강 #감성숙소 #컬러맛집

용산어린이정원 온화
"빛으로 가득한 미디어아트"

@sundance_kr

용산어린이정원 전시관에서 만나볼 수 있는 라이팅 미디어 아트 전시. 1,500개의 한국 전통 창호 모양의 조명이 거울과 물에 반사되면서 황홀한 풍경을 자아낸다. 분위기 있는 몽환적인 사진을 찍고 싶다면 꼭 방문해야 할 곳. 월요일을 제외하고 매일 오전 9시부터 오후 5시 30분까지 무료로 관람할 수 있으며, 용산어린이정원 홈페이지에서 사전 예약은 필수. (p098 B:1)
- 서울 용산구 한강대로38길 21
- #미디어아트 #무료전시 #조명맛집

1인1잔 카페 루프탑 북한산 한옥마을 전망
"북한산 전망 한옥마을 카페"

@heyhy0

은평한옥마을에 있는 한옥 카페. 한옥마을과 북한산을 동시에 볼 수 있는 곳이다. 3층부터 북한산 뷰를 제대로 즐길 수 있다. 한옥마을과 북한산을 배경으로 한 멋스러운 사진을 찍을 수 있다. 층마다 분위기가 달라 모두 둘러보는 것이 좋다. 주차장이 협소해 만차 시 은평한옥마을 유료 주차장을 이용하는 것이 편하다. 버스정류장 바로 앞이라 대중교통을 이용하기도 좋다. (p98 C:1)
- 서울 은평구 연서로 534
- #은평한옥마을 #한옥카페 #북한산뷰

은평한옥마을 골목길
"기와집으로 가득한 골목"

@hyeon_.a_new

북한산이 병풍처럼 둘러싸고 있는 고즈넉한 한옥마을. 서촌과 북촌에 이은 서울의 세 번째 한옥마을로, 구석구석 숨은 골목길들이 모두 포토 스팟이다. 2014년에 조성된만큼 2층짜리 현대식 한옥이 많아 더욱 특별한 분위기의 사진을 남길 수 있다. 카페나 식당 등 상가도 있지만 실제로 사람이 거주하는 집이 있기도 하니 지나친 소음은 주의하도록 할 것. (p098 C:1)
- 서울 은평구 진관동 193-14
- #한옥 #골목길 #포토스팟

델픽카페 외관 모던한 건물
"그레이톤 모던한 다도 카페"

@sungeuny__

그레이톤의 자갈과 외관의 시멘트 조합이 모던하다. 1층은 전시장으로 사용하고 있다. 2층으로 올라가는 공간에 만든 창이 감각적이다. 2층 내부에는 다도 관련 제품을 진열해 놓고 있다. 알록달록한 도자기와 통창으로 보이는 한옥 지붕을 한 장에 담을 수 있다. 2층 야외테라스에서는 북촌의 아름다운 한옥을 한눈에 볼 수 있다. (p98 A:1)
- 서울 종로구 계동길 84-3 2층
- #북촌카페 #티카페 #밀크티맛집

북한산 진흥왕순수비 비봉
"진흥왕 순수비 너머 서울 도심 풍경"

@mermaid_mountains

북한산 비봉 정상까지 오르면 절벽 끝에 세워진 진흥왕 순수비를 만날 수 있는데, 아래로는 너른 산세 너머로 서울 도심의 풍경이 드넓게 펼쳐져 장관을 이룬다. 하늘과 도심이 맞닿는 지평선이 중심에 오도록 찍으면 도심 풍경과 산세를 사진에 모두 담아갈 수 있으니 참고하자. 비봉 산책로는 약 2시간 거리로, 등산에 난이도가 있으므로 편한 차림으로 방문하는 것이 좋다. (p98 C:1)
- 서울 종로구 구기동 산3-35
- #비석전망대 #산책길 #산중포토존

테르트르 카페 시티뷰
"통창에서 보는 종로의 풍경"

@youn_myoung

통창을 통해 시티뷰를 담을 수 있다. 한양도성부터 남산과 서울타워, 동대문 종합시장, 두산타워까지 한눈에 볼 수 있다. 테이블은 따로 없고 긴 의자에 앉아 통창을 바라보며 뷰를 즐기기 좋다. 화이트톤 외관과 붉은 벽돌이 멀리서도 눈에 띈다. 입구에서부터 뻥 뚫린 시티뷰를 즐길 수 있다. 루프탑도 인기 포토존이다. 바로 앞이 낙산공원이라 산책하기도 좋다. (p99 D:2)
- ■ 서울 종로구 낙산5길 46
- ■ #낙산공원카페 #시티뷰 #뷰맛집

삼원샌 카페 능소화
"능소화 가득한 한옥 마당"

마당의 징검다리에 서서 한옥을 배경으로 사진을 찍어보자. 능소화가 피는 계절에 방문하면 더욱 예쁜 사진을 찍을 수 있다. 빨강, 노랑, 파랑 기둥이 서 있는 기와집 모양의 카페 로고가 인상적이다. 콘셉트에 맞게 알록달록한 인테리어가 한옥과 조화롭다. 카페 입구, 붉은색으로 칠해진 벽면, 툇마루, 통창으로 보이는 정원 등 포토존이 가득하다. (pp99 D:2)
- ■ 서울 종로구 대학로11길 9-3
- ■ #혜화 #한옥카페 #베이커리카페

청수당 카페 입구
"일본식 목조주택과 연못"

대나무가 우거진 청수당 입구가 메인 포토존. 징검다리 양옆으로 우거진 대나무와 라탄 갓 조명이 일본 느낌을 물씬 풍긴다. 연못과 식물들의 조합이 싱그럽다. 정원 옆자리에 앉아 차를 마시며 자연을 즐길 수 있다. 일본콘셉트의 카페답게 다다미방이 있다. 일본 여행을 가고 싶다면 카페 청수당에 가보자. (p98 A:1)
- ■ 서울 종로구 돈화문로11나길 31-9
- ■ #익선동 #한옥카페 #일본콘셉트

하이웨스트익선 카페 소품 선반
"식료품과 그릇이 가득한 선반과 흰벽"

식료품이 가득한 선반과 소품들이 가득한 공간이 메인 포토존. 유럽의 가정집에 온 듯한 느낌이다. 유럽식의 예쁜 외관이 눈에 띈다. 자리마다 각기 다른 소품들로 포토존을 형성하고 있다. (p98 A:1)
- ■ 서울 종로구 돈화문로11다길 18
- ■ #익선동카페 #스콘맛집 #유럽감성

그린마일커피 카페 한옥뷰 루프탑
"북촌 한옥마을 전망 카페"

북촌 한옥 뷰가 멋진 루프탑 카페다. 루프탑에서 기와지붕을 배경으로 찍는 사진이 인기다. 푸른 하늘과 하얀 구름을 함께 담으면 더욱 멋진 사진이 된다. 옆쪽에서는 작지만, 남산타워를 담을 수 있다. 원목으로 된 인테리어가 깔끔하다. 채광이 좋은 통창을 통해 북촌의 대로변을 시원하게 볼 수 있다. 통창이 액자를 대신해 멋진 포토스팟이 된다. (p98 A:1)
- ■ 서울 종로구 북촌로 64 1층, 2층, 3층(루프탑)
- ■ #북촌 #한옥뷰 #루프탑

리틀버틀러 카페 영국 느낌 외관
"북촌 속 작은 영국"

영국 느낌의 외관이 메인 포토존. 초록 간판과 그 아래 놓인 라탄 테이블이 영국 어딘가를 떠오르게 한다. 유럽풍의 클래식한 인테리어로 핫한 카페다. 와인잔에 주는 버틀러 슈페너가 대표 메뉴다. (p98 A:1)

- 서울 종로구 북촌로 8
- #안국역카페 #영국풍 #유럽감성

월영당 서울 카페 달 조형물
"보름달 조형물과 한옥전망 테라스"

2층의 보름달 조형물이 메인 포토존. 조명이 켜지는 밤에 사진을 찍으면 멋진 야경과 함께 담을 수 있다. 조형물 앞에서 찍는 것도 예쁘지만, 한옥 건물 지붕 위에 빼꼼히 내밀고 있는 보름달을 담는 것도 멋지다. 통창을 통해 테라스와 거리의 모습을 볼 수 있다. 반려동물 동반이 가능하다. 안동 대마라떼가 대표 메뉴다. (p98 B:1)

- 서울 종로구 북촌로5길 62
- #북촌카페 #이진봉카페 #달조형물

경복궁 향원정
"취향과 누각이 비친 샘물"

경복궁 향원정은 열상 진원이라는 샘물 한가운데 놓인 정육각형 모양의 누각이다. 우리나라에서 처음으로 전기가 들어온 곳으로도 유명하다. 누각은 취향교라는 다리와 이어져 있는데, 이 다리 대각선 맞은편에서 누각, 다리, 호수가 모두 잘 나오도록 풍경 사진을 찍으면 예쁘다. 주변에는 단풍나무가 많이 심겨있어 11월이면 붉긋한 단풍나무 풍경이 펼쳐진다. (p98 C:2)

- 서울 종로구 사직로 161
- #호수전망 #전통누각 #단풍잎

경회루 앞
"연못 위로 비치는 아름다운 누각"

경회루는 서울시에서 선정한 야경명소 100선에 꼽힐 정도로 밤 풍경이 아름답다. 경복궁 야간 관람 입장권 예매에 성공하면 이곳 야경 사진을 찍어갈 수 있는데, 벚꽃 풍경이 아름다운 봄이나 푸른 나무가 울창한 여름에 특히 사진이 예쁘게 나온다. 경회루 앞 연못 앞쪽에서 수변 풍경까지 모두 담기도록 사진을 찍어보자. (p98 C:2)

- 서울 종로구 사직로 161
- #경복궁야간관람 #야간조명 #벚나무

스태픽스 카페 은행나무
"은행나무와 잔디밭에서 애견산책"

커다란 은행나무와 붉은 벽돌, 넓게 펼쳐진 잔디밭이 이국적이다. 나무 옆에 서서 외국에 온 듯한 느낌의 사진을 찍을 수 있다. 은행나무가 노랗게 변하는 가을, 초록초록한 봄 등 다양한 느낌을 담을 수 있다. 내부의 예쁜 소품들이 감성을 자극한다. 애견 동반 카페로 넓은 잔디밭에서 뛰어놀 수 있어 애견인들의 사랑을 받는 카페다.(p98 C:2)

- 서울 종로구 사직로9길 22 102호
- #서촌 #정원카페 #테라스카페

데우스카페 삼청점 한옥 외관
"한옥과 힙합의 힙한 만남"

한옥과 힙합이 합쳐진 듯한 느낌의 외관이 인상적이다. 중정을 둘러 ㅁ 모양으로 테이블이 위치한 구조. 한옥을 개조해 현대적인 인테리어를 더했다. 바이크들의 성지로 마당 한쪽에 있는 바이크가 인상적이다. 브

론즈 색의 테이블과 의자가 빛을 받으면 반짝거려 예쁘다. 한옥의 고즈넉함과 힙함을 함께 사진으로 담을 수 있는 곳이다. (p98 C:2)

- 서울 종로구 삼청로 134
- #종로 #한옥카페 #바이크성지

포비브라이트 카페 통창뷰
"FOURB 로고와 통창 숲뷰"

한쪽 벽면이 큰 창으로 되어 있고, 창에 박힌 FOURB로고가 잘 어울린다. 창밖으로 보이는 나무들이 울창해 숲속에 있는 듯한 느낌이 든다. 층고가 높아 답답한 느낌이 없다. 통창으로 쏟아지는 채광이 좋아 햇살 맛집으로 유명하다. 카페 곳곳 식물이 배치되어 있어 자연 친화적이다. 베이글과 카페라떼가 맛있다. (p98 C:2)

- 서울 종로구 새문안로 76 콘코디언 빌딩 1F
- #광화문 #베이글맛집 #햇살맛집

돈의문박물관마을 체험지원실 한옥거리
"청사초롱이 매달린 산책로"

@snowflower_song

돈의문박물관은 전통 소품을 만들 수 있는 한옥 건물의 공방을 함께 운영하는데, 개방형 한옥으로 되어있어 사진찍기 좋다. 돈의문박물관마을 사무실 뒤쪽, 돈의문 전시관 바로 옆에서 한옥 체험도 즐기고 사진도 찍어갈 수 있으니 참고하자. 산책로를 따라 청사초롱이 매달린 한옥 건물이 쭉 붙어있는데, 산책로가 잘 보이도록 길 한 가운데에서 사진을 찍으면 예쁘다. (p98 C:2)

- 서울 종로구 송월길 14-3
- #한옥 #공방체험 #청사초롱

돈의문박물관마을 리어카 목마
"레트로풍 목마"

@angang_a

돈의문박물관마을 새안문 극장 앞에 리어카를 개조해 만든 귀여운 목마가 놓여 있다.

목마 크기가 아담해서 아이 사진을 찍기 딱 좋은 곳이다. 단, 목마 탑승 시 꼭 보호자를 동반해야 하며 만 4세 이상 키 120cm 이상 어린이만 탑승 가능하다는 점을 참고하자. (p98 C:2)

- 서울 종로구 송월길 14-3
- #아이사진 #귀여운 #리어카목마

낙원역 카페 철길 입구
"철길 깔린 한옥카페"

@gonzu.nim

카페 내부에 있는 철길에 서서 한옥을 배경으로 사진을 찍으면 마치 작은 역에 와 있는 듯한 감성을 느낄 수 있다. 철길이 익선동의 레트로한 모습과 잘 어울린다. 철길과 기차 시간표 등 기차역 콘셉트를 살린 인테리어가 멋스럽다. 커피뿐만 아니라 맥주와 안주류도 판매한다. 석탄 커피가 시그니처 음료이다. 디저트들이 레일을 타고 움직여 마치 회전 초밥집에 와 있는 듯하다. (p98 A:1)

- 서울 종로구 수표로28길 33-5
- #익선동카페 # 한옥카페 #기찻길

조계사 연등축제 연등
"연등이 만든 아름다운 야경"

@clap.water_melon

조계사 입구의 하트 모양의 아치 연등 앞에서 사진을 찍어 보자. 연등 축제 기간 수많은 연등과 연꽃으로 낮에도 아름답지만, 연등에 불이 들어오는 밤에 특히 아름답다. 축제 기간은 6월 말부터 8월 31일까지이지만 연꽃의 절정 시기는 7월 중순이다. 주변에 주차 공간이 마련되어 있지 않아 대중교통을 이용하길 추천한다. (p98 A:1)

■ 서울 종로구 우정국로 55
■ #조계사 #BTS #연등축제

텅 카페 창덕궁뷰
"창덕궁 전망 텅카페 통창"

@d_noir

카페 이름이 적힌 통창이 메인 포토존. 창밖으로 창덕궁 뷰를 즐길 수 있다. 매장이 텅과

비어있는 삶으로 구분되어 있다. 반대편 비어있는 삶에서는 남산타워 뷰와 시티뷰를 즐길 수 있다. 늦은 시간에 방문하면 서울의 야경을 즐기기 좋다. (p98 A:1)

■ 서울 종로구 율곡로 82 701호
■ #안국역카페 #창덕궁뷰 #남산타워뷰

창덕궁 낙선재 앞 홍매화
"낙선재 앞 흐드러지게 핀 홍매화"

@imchicagom

한복을 입고 창덕궁의 낙선재 앞 홍매화 고목에서 흐드러지게 피어난 홍매화를 배경으로 사진을 찍어보자. 창덕궁 후원은 언제 가도 아름답지만, 특히 홍매화가 피는 시기는 팝콘처럼 피어나는 만첩 홍매화를 배경으로 인생 샷을 찍을 수 있다. 매화 절정 시기는 3월 말에서 4월 초이다. (p99 D:2)

■ 서울 종로구 율곡로 99 창덕궁
■ #창덕궁후원 #홍매화 #한복

담쟁이집 카페 덩쿨 외관
"담쟁이와 하얀 문 포토존"

@sieuuuun_

카페 외관을 덮은 담쟁이와 하얀 문이 조화롭다. 통창으로 자연광이 잘 들어 색감이 예쁜 사진을 찍을 수 있다. 창에 드리운 담쟁이가 마치 커튼 같다. 담쟁이 집이라는 이름에 맞게 곳곳에 담쟁이가 가득하다. 담쟁이덩굴과 앞마당이 보이는 자리에 앉아 액자 뷰를 담기도 좋다. 곳곳에 액자가 걸려 있어 갤러리 카페 느낌도 난다. (p98 A:1)

■ 서울 종로구 인사동11길 20
■ #인사동 #담쟁이 #루프탑

르프랑 카페 루프탑
"루프탑 하얀 배너 포토존"

@zzae__.rin

하얀색으로 된 카페 배너를 배경으로 사진을 찍어보자. 루프탑이 예쁘기로 유명한 곳이다. 루프탑에서 북악산과 청와대를 볼 수 있다. 탁 트인 뷰와 조경, 구조물들이 조화

롭게 배치되어 있다. 실내는 소파 테이블 앞/뒤로 블라인드가 내려와 프라이빗한 시간을 보낼 수 있다. 카페 공간에 작품이 전시되어 있다. 인테리어가 감각적이고 세련되었다. (p98 A:1)

■ 서울 종로구 인사동길 34-1 인사아트프라자 5층, 6층
■ #인사동카페 #북악산뷰 #루프탑

나인트리 프리미어 호텔 조계사뷰

"조계사와 단풍 전망 호텔"

낮과 밤, 언제 찍어도 아름다운 조계사를 뷰로 사진을 찍을 수 있는 곳이 주요 포토존. 특히 단풍 시즌에 방문하면 황홀한 단풍 풍경도 덤으로 구경할 수 있다. 이곳은 복합문화공간인 '안녕인사동'과 연결되어 있으며, 패밀리, 키즈룸이 따로 있어 가족 단위 여행객이 오기에도 좋은 곳. 탁 트인 도시 전망을 가진 라운지를 무료로 이용할 수 있고, 루프탑바도 마련되어 있다. (p98 A:1)

■ 서울 종로구 인사동길 49
■ #인사동호캉스 #인사동호텔추천 #조계사뷰호텔

더숲초소책방 카페 시티뷰 테라스

"인왕산 전망 2층 테라스"

서울이 내려다보이는 카페. 2층 야외테라스에 앉아 서울의 풍경을 담을 수 있다. 테라스에서는 일출부터 일몰까지 모두 볼 수 있다. 인왕산 가까이에 있어 인왕산 뷰는 볼 수 없지만 인왕산의 암벽과 암벽 사이로 자란 나무들을 가까이에서 볼 수 있다. 야외 테이블에 앉아 암벽을 배경으로 사진을 찍는 것도 인기다. (p98 C:2)

■ 서울 종로구 인왕산로 172
■ #서촌카페 #시티뷰 #인왕산

부트카페서촌 CORDONNERIE 파란문

"프랑스 감성 서촌 카페"

기와지붕 아래 프랑스 구둣방 간판, 파리에 있는 부트 카페 간판을 그대로 재현한 파란문을 배경으로 사진을 찍어보자. 멋스러운

한옥을 배경으로 파리의 감성이 묻어난다. 하얀색 벽에 파리 카페 간판을 벽화로 그린 외관과 카페 로고 그림도 인기 포토존이다. 서촌에서 파리를 느끼고 싶다면 방문해보자. (p98 C:2)

■ 서울 종로구 자하문로 46
■ #서촌 #한옥카페 #파리감성

여느날 한옥 소나무 분재

"소나무숲 한옥 호텔"

객실에 입실하자마자 보이는 소나무 분재가 숙소의 메인 포토 스팟. 우뚝 솟아있는 소나무와 한옥, 은은한 조명까지 조화를 이루어 인생 사진을 찍을 수 있다. 숙소 내부에 족욕탕이 따로 마련되어 있으며, 독채 한옥 숙소로 최대 6인까지 묵을 수 있다. 경복궁역 1번 출구에서 도보로 5분 거리에 있고, 주변에 먹자골목 있어 맛집 투어하기에도 좋은 곳. (p98 A:1)

■ 서울 종로구 자하문로1길 49-9
■ #서울한옥숙소 #서촌숙소추천 #서울한옥스테이

제이히든하우스 카페 외관 거울

"100년의 역사를 가진 한옥 카페"

야외의 커다란 전면 거울에 서서 거울에 비치는 한옥 카페를 담는 것이 메인 포토존이

다. 100년을 훌쩍 넘긴 한옥 카페다. 서까래를 그대로 잘 살려놓은 내부 인테리어가 멋스럽다. 한옥 전통의 느낌과 현대의 모던함이 조화롭게 어우러진다. 입구의 의자, 자갈이 가득 깔린 야외 자리의 대나무 등 포토존이 많다. (p98 B:1)
- 서울 종로구 종로 269-4
- #동대문 #한옥카페

창경궁대온실 외관
"유럽식 정원과 온실"

@rui_v.art

창경궁 온실 정문에 서서 외관 전체를 담아 보자. 안쪽에서 찍는 바깥 풍경도 멋지다. 우리나라 최초의 서양식 대온실로 일본인에 의해 세워졌다. 건물 양식이 독특하고 아름답다. 내부에는 우리나라 천연기념물, 야생화, 자생식물 등을 전시하고 있다. 외부의 유럽식 정원도 사진 찍기 좋다. 여유롭게 사진을 즐겨보자. (p99 D:2)
- 서울 종로구 창경궁로 185 창경궁
- #창경궁 #대온실 #유럽식정원

청와대 본관 배경
"초록 잔디와 푸른 기와 건물"

@jun_k_mo

청와대 푸른 기와 건물을 배경으로 사진을 찍어 보자. 본관 건물 앞은 수많은 관람객으로 사진 찍기가 쉽지 않으므로 청와대 본관 건물에서 내려와 대정원에서 찍으면 관람객이 없는 인생사진을 얻을 수 있다. 청와대로 들어가는 문은 3곳으로 본관으로 바로 가고 싶으면 정문을 이용하면 된다. 청와대는 무료 관람. 예약 필수. (p98 C:2)
- 서울 종로구 청와대로 1
- #영빈관 #상춘재 #녹지원 #대통령관저 #청와대사랑채

더피아노카페 암벽뷰
"북한산 전망 야외 테라스"

@naji_freediver

실내 라운지 창밖으로 북한산 암벽과 그 아래로 흐르는 물이 멋지다. 암벽을 배경으로 신비로운 풍경을 담을 수 있다. 야외 테라스로 나가면 계곡뷰와 북한산뷰를 즐길 수 있다. 북한산과 이어져 넓은 공간을 자랑한다. 뷰가 멋진 카페로 한양도성 순성길 성곽길이

보인다. 출입이 금지된 곳이 있어 주의가 필요하다. (p98 C:1)
- 서울 종로구 평창6길 71
- #평창동카페 #북한산 #암벽뷰

대충유원지 카페 인왕산뷰 루프탑
"인왕산과 한옥 지붕 전망"

@421yunyun

루프탑에 앉아 웅장한 인왕산과 고즈넉한 누하동 한옥 지붕을 한 장의 프레임에 담아 보자. 구름과 산, 한옥의 조화가 멋스럽다. 바 테이블이 있어 커피를 내리는 장면을 볼 수 있다. 해가 질 때가 가장 멋스러운 곳이다. 루프탑에서 보는 야경도 멋스럽다. (p98 C:2)
- 서울 종로구 필운대로 46 4층
- #서촌카페 #인왕산뷰 #루프탑

이도림 블로트커피 X 베이크 서촌 본점
"거대한 바위산이 있는 이색 카페"

@bellwest_9515

매장 중앙에 1층부터 2층까지 이어진 거대한 바위산이 특징인 카페. 바위산에는 물이

떨어지며 연기가 피어오르고, 실제로도 이끼가 자라고 있어 동양화 속 한 장면에 들어온 듯한 운치가 느껴진다. 2층의 원형 통로, 3층의 북악산 루프탑 등 눈길을 사로잡는 포토존도 다양해서 독특한 사진을 찍기 좋다. 전통 해치를 재해석한 굿즈도 판매하고 있는 요즘 힙한 핫플레이스. (p098 B:1)

■ 서울 종로구 자하문로 43 이도림 서촌 본점

■ #전통컨셉 #루프탑 #이색공간

청운문학도서관 정자 폭포뷰
"산 속 폭포가 흐르는 한옥 도서관"

@hong__g_

산 속에 자리한 한옥 도서관으로, 정자 창문 밖으로 폭포가 흐르는 모습이 아름다워서 인스타그램 핫플레이스로 떠오르고 있다. 폭포를 그냥 볼 때보다 정자 안에서 액자처럼 폭포를 담은 구도로 찍을 때 훨씬 멋지므로 꼭 사진을 남겨보자. 한옥 열람실과 더불어 지하에는 일반 열람실도 있으니 참고. 다만 도서관이기 때문에 지나친 소음은 자제하는 것이 좋다. (p098 B:1)

■ 서울 종로구 자하문로36길 40

■ #프레임샷 #한옥 #폭포

알로프트 명동 신세계본점뷰
"신세계백화점 일루미네이션 야경"

@mi_in7

낮에는 명동 거리의 시티뷰를, 밤에는 환상적인 신세계백화점 본점 일루미네이션을 배경으로 사진을 찍을 수 있는 곳. 연말 분위기가 물씬 풍기는 백화점의 일루미네이션을 보기 위한 투숙객들이 많으며, 백화점을 한눈에 조망할 수 있는 2, 3호 라인이 가장 인기가 좋다. 명동 거리, 백화점, 청계천, 남산, 종로 등과 가까워 관광하기에도 좋은 곳. (p99 D:2)

■ 서울 중구 남대문로 56

■ #야경맛집 #일루미네이션 #명동호캉스 추천

서울로PH 카페 남산타워와 서울역뷰
"남산타워 시티 뷰 카페"

@one.lucete

빌딩 숲과 도로 위의 차들, 기차, 남산타워 등

시티뷰를 한 프레임에 담을 수 있다. 대리석 벽면이 고급스럽고, 층고가 높아 개방감이 있다. 고층에 위치한 카페로 시원한 전망을 자랑한다. 시티뷰뿐만 아니라 서울로 7017의 나무들 덕분에 식물원 느낌도 든다. 저녁에는 와인을 판매해 서울의 야경을 보며 여유롭게 와인을 즐길 수 있다. (p98 C:2)

■ 서울 중구 만리재로 211 11층 1호

■ #서울역카페 #시티뷰 #루프탑

몰또이탈리안에스프레소바 카페 루프탑 명동성당뷰
"명동성당과 남산타워 전망"

@hae__miiiii

루프탑에서 명동성당을 등 뒤로 하고 사진을 찍으면 마치 로마에 와 있는 듯하다. 명동성당과 남산타워를 한 장에 담을 수 있다. 루프탑에 앉아 커피를 마치면 유럽의 노천카페 부럽지 않다. 실내는 스탠딩바로 아름다운 유선형이 돋보이는 바리스타 스테이션이 인상적이다. 주차는 인근 남산 공영주차장을 이용하면 된다. (p98 A:1)

■ 서울 중구 명동길 73 3층

■ #명동역카페 #명동성당뷰 #유럽감성

혜민당 카페 경성 약방 인테리어
"레트로풍 한약방 카페"

@hye_milk

서울의 대표적인 빈티지, 레트로한 느낌의 간판이 달린 입구가 메인 포토존. 인테리어는 물론 가구, 소품까지 모두 옛것 그대로다. 서울의 대표적인 빈티지, 레트로 카페로 실내에서 사진을 찍으며 놀기 좋다. 칠이 벗겨진 벽면과 자개장, 전축 등 오래된 소품들이 과거로의 시간여행을 온 듯한 기분이 들게한다. 커피한약방에서는 음료를, 혜민당에서는 디저트를 구입해 두 곳 어디에서든 먹을 수 있다. (p98 A:1)
- 서울 중구 삼일대로12길 16-9
- #종로카페 #빈티지 #레트로

덕수궁 돌담길 은행나무
"노란 은행잎으로 물든 돌담길"

@5._.5hm

덕수궁의 고즈넉한 돌담을 걸으며 인생 샷을 찍어 보자. 언제 가도 좋은 덕수궁 돌담길은 특히 가을에 단풍과 함께 찍으면 분위기있는 인생 샷을 찍을 수 있다. 덕수궁 돌담길은 조명이 비춰주는 야간에도 아름답다. 단풍이 절정인 시기는 10월 말에서 11월이다. (p98 C:2)
- 서울 중구 세종대로19길 24 영국대사관
- #덕수궁돌담길 #단풍명소 #가을

덕수궁 석조전
"등나무 포토 프레임과 석조전 건물"

@aalso.o

석조전 건물이 정면으로 보이는 분수대 앞에서 사진을 찍으면 유럽 여행을 하는듯한 사진을 찍을 수 있다. 석조전을 배경으로 더 멋진 사진을 찍고 싶다면 분수대 앞 등나무가 있는 벤치에 앉아 등나무를 액자 삼아 찍으면 인생 샷을 찍을 수 있다. 덕수궁 야간관람 시기에는 불 켜진 석조전의 야경도 아름답다. (p98 C:2)
- 서울 중구 세종대로19길 24 영국대사관
- #덕수궁 #석조전 #밤의석조전 #유럽

마뛰 카페 담쟁이
"남산전망 초록 담쟁이 넝쿨"

@jin_b01.08

담쟁이넝쿨이 가득한 초록 벽면을 배경으로 사진을 찍으면 초록초록한 여름 감성을 느낄 수 있다. 건물 내부의 통창을 통해 남산뷰를 볼 수 있다. 가끔 케이블카가 지나가는 것을 볼 수도 있다. 가을에 오면 은행나무가 멋지다. 테라스 자리로 가면 더 멋진 남산 풍경을 만날 수 있다. 자차 이용 시 카페 옆 유료 공영주차장을 이용하면 된다. (p98 C:2)
- 서울 중구 소파로 41
- #회현역카페 #남산뷰 #담쟁이넝쿨

공간갑 카페 만달라키 조명
"힙지로 감성 만달라키 조명"

@minn.kk

화장실 옆의 만달라키 조명이 메인 포토존. 인물사진이 잘 나오는 곳이다. 시멘트 벽면에 무지개색의 동그란 조명이 신비로운 느낌이다. 조명과 액자, 책더미 장식이 인스타 감성 가득한 포토존도 인기다. 빈티지한 외관 등 힙지로 감성을 담을 수 있는 공간이 많다. 카이막 디저트로 유명하다. (p98 B:1)
- 서울 중구 수표로 48-8 1, 2층
- #을지로카페 #카이막맛집 #디저트맛집

을지다방 카페 옛스러운 내부 인테리어
"7080 감성 을지다방"

레트로 감성이 물씬 풍긴다. 마치 70~80년대 다방에 온 듯한 기분이 든다. 아담한 가게, 밝고 따뜻한 조명, 친절한 사장님이 기분 좋아지는 다방이다. 상호는 다방이지만 인근 공구상가 노동자들에게 라면을 판매한다. 계란 노른자가 올라간 쌍화차가 시그니처 메뉴다. BTS 2021 시즌 그리팅 촬영지로 아미들의 성지다. (p98 B:1)
- 서울 중구 을지로 124-1 2층
- #레트로 #BTS성지 #다방에서라면

챔프커피 제3작업실 카페 야외
"우유상자 테이블과 철제의자"

우유 상자로 만든 테이블, 철제 의자로 꾸며진 야외에서 사진을 찍으면 힙지로 감성을 담을 수 있다. 내부가 굉장히 깔끔하고 심플한 인테리어로 꾸며져 있다. 야외테이블이 인기로 과거와 현재의 모습을 한눈에 보며 커피를 즐길 수 있다. 대림상가에는 많은 가게가 있기 때문에 열, 층, 호실을 알고 가야 헤매지 않는다. (p98 B:1)
- 서울 중구 을지로 157 라열 3층 381호
- #힙지로 #로스터리카페 #호랑이라떼

동대문디자인플라자 계단
"우주선 같은 건물 사이 계단샷"

우주선 같은 건물 사이에 있는 계단에서 올라가는 듯한 옆모습을 계단 아래에서 찍으면 모델처럼 키가 커 보이게 찍을 수 있다. 밤에는 조명이 켜진 계단에서 인생 샷도 찍을 수 있다. 동대문디자인플라자 계단은 해가 비치면 자연 반사광으로 사진이 잘 나오기로 유명하다. (p99 D:2)
- 서울 중구 을지로 281
- #동대문디자인플라자 #계단 #모델포즈

선셋레코드 카페 80년대 레코드 펍 인테리어
"벽을채운 LP판과 레트로풍 실내"

80년대 레트로풍의 인테리어가 인상적인 바를 배경으로 사진을 찍어 보자. 벽면을 가득 채운 액자와 LP판, 가운데의 분수 등 포토존이 가득하다. 3층은 불교를 콘셉트로 한 인테리어로 독특한 분위기를 연출한다. (p98 B:1)
- 서울 중구 을지로12길 11 2층
- #힙지로 #LP바 #칵테일바

알렉스룸 카페 내부 인테리어
"트렌디한 인테리어 갤러리 카페"

힙지로 감성이 가득한 내부 인테리어다. 무드 있는 조명으로 인스타 감성의 사진을 찍을 수 있다. 미술 작품이 전시된 전시 공간으로 미술작품을 보는 재미가 있다. 푸른색과 분홍색 조명이 신비로운 계단, 거울 포토존이 인기다. (p98 B:1)
- 서울 중구 을지로18길 8 2층
- #을지로카페 #힙지로 #루프탑

4f카페 대형 포스터 인테리어
"빈티지 느낌 무채색 카페"

@s.__naaaa

입구에 있는 대형 포스터를 뒤로 하고 대형 거울에 반영 샷을 찍는 것이 메인 포토존. 무채색 톤의 분위기 있는 카페다. 과거 인쇄 거리의 사진들이 걸려 있고, 입구에는 인쇄 기계가 있다. 공구들을 소품으로 활용한 벽면이 빈티지스럽고 힙하다. 방산카떼가 딸기 티라미수가 인기 메뉴다. (p99 D:2)
- 서울 중구 을지로35길 26-1 1층
- #을지로카페 #방산시장 #딸기티라미수

약현성당 붉은벽돌외관
"서양식 아름다운 교회 건물"

@roseline_bk

붉은색 벽돌의 아름다운 건물인 약현성당 앞에서 사진을 찍어보자. 성당 입구에서 건물 종탑까지 전체가 나오도록 찍으면 근사한 사진을 찍을 수 있다. 입구에서 사진을 찍었다면 건물 옆으로 돌아가서 나무 문 앞에서 건물 전체가 보이게 찍어도 좋은 사진을 찍을 수 있다. 건물 최초의 서양식 교회 건물인

약현 성당은 드라마에 자주 소개되는 아름다운 성당이다. (p98 C:2)
- 서울 중구 청파로 447-1
- #약현성당 #붉은벽돌 #드라마촬영지

서소문성지역사박물관 붉은 벽돌 외관
"강렬한 붉은색 벽돌벽 배경"

@cccclo2022

서소문 성지 역사박물관의 하늘광장에서 빨간 벽을 배경으로 사진을 찍어 보자. 붉은색 벽돌 외벽 앞에 서 있으면 붉은 큐브에 들어간 듯한 인생 샷을 남길 수 있다. 특히 맑은 날 파란 하늘과 함께 대조되는 붉은 벽돌 앞에서 사진을 찍으면 더욱 강렬한 사진을 남길 수 있다. 서소문 성지 역사박물관 내에는 전시와 함께 다른 포토존이 많다. (p98 C:2)
- 서울 중구 칠패로 5
- #서소문성지역사박물관 #붉은벽돌 #하늘길 #하늘정원

L7 명동 남산타워뷰
"남산타워 마운틴뷰 객실"

@borabora.bom

마운틴뷰를 예약하면 볼 수 있는 남산타워를 배경으로 사진을 남겨보자. 창문 앞에 앉아서도, 침대에 누워서도 객실 안 모든 공간에서 남산타워를 감상할 수 있다. 인력거를 타고 주변을 돌아볼 수 있는 트래블 컨시어지 서비스를 유료로 제공 중이며, 호텔 투숙객의 경우 풋스파를 무료로 이용할 수 있다. 주차장이 매우 협소해 사전 예약은 필수이며, 마감 시 주변 외부 주차장을 이용해야 한다. (p98 A:1)
- 서울 중구 퇴계로 137
- #남산타워전망 #명동호텔추천 #가성비 호캉스

레레플레이 카페 입구
"제주도 느낌 가득 빈티지 카페"

@chae_velyy

제주스러운 돌담 벽과 브라운색 문 쪽을 뒤로하고 사진을 찍으면 마치 제주도에 와있

는 기분을 느낄 수 있다. 빈티지한 인테리어와 레트로 감성의 소품이 많다. 창가 쪽으로 좌석 자리도 분위기가 좋다. 카페 중정에는 100년이 넘는 무화과 나무가 있다. 이곳의 시그니처 메뉴는 가래떡구이다. 함께 나오는 조청과 함께 찍어 먹으면 어릴 적 기억이 떠오른다. (p98 A:1)

■ 서울 중구 퇴계로81길 14-6 1, 2층
■ #신당동 카페 #제주감성 #가래떡맛집

신세계백화점 본점 크리스마스 미디어 파사드
"매년 크리스마스가 기대되는 장소"

@imericasol

매년 11월부터 1월까지 백화점 외관에 수만 개의 LED 조명으로 이뤄진 미디어 파사드가 설치되어 연말 분위기의 화려한 영상이 상영되는 크리스마스 필수 방문 스팟. 미디어 파사드를 가장 잘 감상할 수 있는 명당 자리는 회현지하쇼핑센터 1번과 2번 출구 사이이며, 사이에 차도가 있기 때문에 사진을 찍기 위해서는 차량이 지나가지 않을 때 타이밍을 잘 잡는 것이 중요하다. (p098 B:1)

■ 서울 중구 소공로 63 신세계백화점본점
■ #겨울 #크리스마스 #핫플레이스

04

경기도·인천

수도권 북부

개성

장풍군

1

연천호로
해바라기

감악산출

개풍군

평화랜드 회전목마
카페 포비DMZ, 철조망
소풍농월 카페 원형 프

임진각 평화누리공원 바람개비언덕
임진각 파주 DMZ 곤돌라
문지리535 카페 야자수나무 길
파주팜랜드 바람개비동산
슬로피타운 카페 CAFE SERVICE 조형물
파주영어마을 유럽거리
지노카페 이국적인 외관과 앤티크 소품
프로방스마을 유럽건물
파주프리미엄아울렛 야경
말똥도넛 카페 입구 아이스크림

마장호수 출렁다리 위
필무드카페 데이지 꽃밭 뷰
벽초지수목원
신화의 정원 분수

잇츠콜라박물관
전세계의 콜라

윈스터담 카페
독일 느낌 인테리어

교동도

대룡시장 레트로
느낌 표지판

2

연미정 아치형 문

난정저수지
해바라기정원

조양방직 카페 레트로 느낌 인테리어

더티트렁크 카페 2층 난간
레드파이프 카페 난간 포토존

모티프원 숲뷰 통창

마장호수
액자

강화군

님라이 카페 논뷰 미니 수영장
돈대카페 아웃포스트

아보고가 카페 이집트 느낌 적벽돌 외관
뱀부15_8 카페 대나무 인테리어
미메시스 아트 뮤지엄 정원 포토촌

앤드테라스 카페
2층 난간 포토존

카페 이즈바

파주 출판단지 나남출판담쟁이
파주 지혜의 숲 도서관
천장 높이의 책장

고양시

불음도

주문도

수산공원 카페 네모 스크린
더라두 카페 오션뷰 정원
메타포레스트
온수리성당 마당

연 카페 한옥
인테리어

일산가로수길 산토리니
느낌 2층 테라스

포레스트아웃팅스

디스케이프㈜

스페인마을 엘보스께
일리스테이 감성 충만 내부 인테리어

그린홀리데이 카페 분수

유리카페
투명의자

김포라베니체
베네치아 느낌
야경

김포시

청킹에쏘 카페 홍
일산호수공원 장

파스

마호가니 강화점 카페 데이지
케이131 카페 천국의 계단
아매네 카페 기울어진 건물 전경

호텔무무
자쿠지

장봉도

55갤런 카페 식물 포토존
그린공원 카페 공원 느낌 인테리어

연희자연마당
버드나무 피크닉

항주

파르코니도
파노라마뷰

신도

신시모도 Modo 조형물

로즈스텔라정원
카페 수국

부천시

인스파이어 엔터테인먼트
리조트 오로라쇼

카페밴터
동그라미 조형물 벤치

영종도

인천함

송월동 동화마을
무지개 계단

배다리 헌책방 거리 한미서점 도깨비 촬영지

광명시

메이드림
비클래시 왕리점
마시안해변 일몰

영종도 하늘정원
비행기

마이랜드 전경 야경
월미테마파크 대관람차

앵커1883 카페 분홍색 달 조형물
포레스트아웃팅스 송도점

3

차이나타운 메인 거리

개항장거리 코히별장

바다뷰 카페
한옥뷰 창문

소래습지 생태공원 풍차

c27다운타운 카페 노을

대무의도

센트럴파크 산책로

시흥시

소무의도

무의도 세렝게티

월곶
포구

케이슨24
카페 야경

안산시

134

김포시

고양시

C

북한산

A

B

1

신도

로즈스텔라정원 카페 수국

연희자연마당 버드나무 피크닉

모네정원 데이지 꽃밭

부천호수식물원 수피아

부천시

백만송이장미원 사각 포토존

한강

인천항

무릉도원수목원 풍차

오프닝포트 카페 한옥 입구

인천광역시

광명시

드블랑카페 인스타 감성 인테리어

하이도나 카페 토끼 조형물 벤치

시흥시

안양시

과천시

광명동굴 빛의 공간 포토존

수수가든 카페 플라워 인테리어

대무의도

소무의도

소래습지 생태공원 풍차

관곡지 연꽃테마파크

물왕호수 둘레길

타임빌라스 잔디

의왕시

모소밤부 밖으로 나

1.배곧한울공원 액자존 천국의 계단
2.배곧한울공원 해수풀체험장 해외 휴양지 느낌

월곶 포구

갯골생태공원 흔들전망대

철쭉동산 산책로

코울러 카페 연노란색 외관

1.오이도 생명의나무 전망대
2.오이도 빨간등대 전경

속달로 카페 입구 양옆 창문

홍종흔베이커리 카페 소나무

화랑유원지 벚꽃

카페피크닉 제주 감성 인테리어

웨이브파크 도심 속 워터파크

군포시

의왕레일파크 레일바이크

2

안산시

왕송호수 코스모스

방화수류정 용연

하이바다 카페 야외 의자 포토존

성호공원 겹벚꽃

막시 카페

플라잉수원

수원

영흥도

발리다 카페 글자 조형물

갈대습지공원 산책로

왕송호수정 호수뷰

고양이역 카페 야외 분홍색 문

방아머리항

왐왐커피 오션뷰 통창

선재도

대부도

장안문 입구

화림원 카페 한옥 평상

화서공원 억새밭

화성행궁 야간개장 달 조형물

월화화관 자혼 정원

어반 온실

미스터와이 인피니티풀

측도

라라랜드 카페 컵 조형물

1.헤올커피로스터즈

카페폰테 산토리니 느낌 외부

2.팔레센트 카페 장안문뷰 테라스

루소홈 앤틱인

빨다방 카페 그네

3.몽테드 <선재 업고 튀어> 촬영지

탄도항 바닷길 일몰

대부광산퇴적암층 잔디광장

별마당도서관 스타필드수원점(수원시 정자동)

처핑 카페 노란 외관

아스들

1.행궁81.2 카페 파란색 문

독산성 세마대

연맹궁

제부도

2.버터북 카페 버터를 연상시키는 노란 인테리어

고인돌공원 장미뜨레

화성시

3.카페그리트 아기자기 보라색 인테리어

로얄엑스클럽카페 욕실인테리어

블랙풀 카페 노란 외관

육도

입파도

미육도

더포레 카페 온실과 농장인테리어

이도앳 카페 중세시대 유럽 느낌

난지도

라효카페 거울앞 그네

3

소난지도

웃다리문화촌 레트로 인테리어

평택시

바람 핑크々

농업생태원 튤립정원

카페이고 래빗체어

당진시

서해안

메인스트리트 카페 뉴욕건물

텐독스 카페 식물인테리어

평택호

A

B

남양주시

하남나무고아원 숲길
하남위례강변길
연꽃 데크로드
남양주한강공원 삼패지구
경정공원 겹벚꽃
물과 빈티지 인테리어
미사장 카페 상들이에 오브제와 숲뷰
당정뜰
덕풍천 벚꽃터널
카페웨더 동남아
휴양지 분위기
율봄식물원
수국 포토존
깨울테라스
카페새오개길39
한옥마을 전경
머메이드레시피 카페
하이틴 감성 인테리어
케이브 초대형 그래피티
로잉 카페
양 외벽
돌 외관
스멜츠 카페 통창 숲 뷰
레몬하우스 입술 모양 창문
보정동카페거리 메인 길
구성커피로스터스 카페
나무 조형물
하우스 카페 유럽풍 외관
경기도박물관 입구 계단 의자
민속촌 목교
록원 실내온실
오또아르
카페 야외 정원
고매커피 카페
정원 나무
대학교 국제캠퍼스
노천극장, 겹벚꽃
네이처스케이프 플러스
사막 포토존
페 전경
바스타미
동탄호수공원
야경
린이농장 담쟁이벽 앞 할로윈
우스펜션 나무집 과 숲속 온수풀장
제주도식 돌담
린 카페
스 벤치
모스트417 카페 에펠탑
카이로스 카페
반제호수뷰 통창
런던그라운드
피다2 카페 마당
안성팜랜드
블루애로우 가로수길
풍물기행
한옥카페

구리시

덕풍천
벚꽃터널

하남시

남시

용인시

광주시

경안천변 메타세쿼이어 숲

화담숲 단풍

호암미술관 벚꽃

기로띠 카페 통창
데일리아트
스토리
은이성지
김가항성당
와우정사 불두
묵리459 카페
내부 통창
미리내성지
건물 옆쪽 포토존
안성목장 전경

농도원목장 간판
용담저수지 둘레길
앙그랑 카페 통창 앞 벤치
앤드모안 카페 유리텐트
대장금파크 인정전

죽주산성 아치형 석문

삼은40 카페 고삼호수뷰 노란문

안성시

웬디의하루 카페 야외 벽돌 포토존
청류재커피 카페 입구 포토존
무대베이커리카페 연못과 커피바

벚고개 터널 야경
서후리숲 BTS
화보촬영지 자작나무숲
카페소풍 대형
바구니 포토존
세미원 연꽃
두물머리 사각 포토존
구버울 카페 1층 야외 좌석
어로프슬라이스피스
퇴촌 카페 야외 테라스
산온 툇마루
칸트의마을
한옥 외관

설봉폭포 야경
티하우스에덴 카페
엔젤하우스뷰
칼리오페 카페 내부 인테리어 통창
언톨드 카페 외부
어바웃네이처 삼각 포토존

유명산

용문산

연화도감 나무뷰 창문

청춘뮤지엄 경성에서 제일 잇쁜 애 벽
별담하늘담 집모양 창문
양평양떼목장 풍차
더그림 정원 벤치

길조호텔 전경

양평군

그랑아치 전경

구둔역 기찻길

남한강

여주시

이천산수유마을
산수유 군락지

안흥지 벚꽃

인디어라운드
카페 캠핑카
트로이 카페 목마

별빛정원우주 로맨틱가든

바하리야 카페
사막 느낌 모래 정원

강천섬유원지
은행나무길

이천 메타세쿼이어길
산책로

시몬스테라스
외부 전경

중부내륙

이천시

여주내륙

음성군

진천군

천안시

빨간벽돌건물앞
크인테리어

137

연미정 아치형 문
"아치형 프레임 너머로 보이는 풍경"

@_im_jin

강화도 연미정 내부에서 조그만 아치형 문을 프레임으로 바깥 풍경을 찍으면 인스타그램용으로 딱 좋은 프레임 사진을 남겨갈 수 있다. 문밖으로 푸른 하늘과 숲 풍경이 드리워 이곳에서 사진 찍는 사람들이 많다. (p134 B:2)
- 인천 강화군 강화읍 월곶리 연미정
- #아치프레임 #인스타용 #숲전망

조양방직 카페 레트로 느낌 인테리어
"화려함과 옛스러움이 공존하는 카페"

@97_05.28

카페 내부 레트로 느낌의 인테리어와 함께 사진을 찍어보자. 옷을 만들던 방직공장을 개조하여 만든 강화도의 레트로 감성 카페로, 한 건물이 있는 것이 아닌 마을 전체가 운영되는 느낌으로 빈티지한 소품들 등 볼거리도 많고 드라마 세트장 같은 분위기도 느낄

수 있다. 대한민국 명장이 빵을 만들어 소금빵, 바게트 샌드위치 등 시그니처 브레드가 총 10가지가 있다. (p134 B:2)
- 인천 강화군 강화읍 향나무길5번길 12 조양방직
- #레트로감성 #강화도카페

난정저수지 해바라기 정원
"노란 해바라기 꽃밭과 푸른 하늘"

@m.j_j.w

매년 8월 말부터 9월 중순까지 난정저수지에 노란 해바라기 군락이 넓게 펼쳐진다. 키 낮은 해바라기가 옹기종기 피어있고, 그 주변에 아담한 오두막이 마련되어 여름방학 감성 사진을 남길 수 있다. 단, 해바라기는 한여름에 만개하며 오두막 외에는 그늘을 피할 만한 공간이 없으므로 손풍기와 생수를 준비해 갈 것을 추천한다. (p134 A:2)
- 인천 강화군 교동면 난정리 736-1
- #레트로 #카페 #민트색

대룡시장 레트로 느낌 표지판
"시간이 잠시 쉬어가는 곳"

@y0u_support1

인천 전통시장인 대룡시장 입구에는 시장의 명물 순무와 송화칩스 등이 그려진 레트로

느낌 목제 표지판이 설치되어 있다. 아이보리색, 민트색을 메인으로 알록달록하게 칠해져 있어 인물사진, 배경 사진 모두 잘 나온다. 밀크티, 딸기 라떼, 녹차라떼 맛집인 송화칩스 건물도 사진찍기 좋은 곳이니 함께 방문해보자. (p134 A:2)
- 인천 강화군 교동면 대룡리 460-8
- #레트로 #카페 #민트색

온수리성당 마당
"넓은 잔디 마당과 고풍스러운 성당"

@_ji_._0o

1906년 정족산 산중에 지어진 온수리 성당은 한옥의 고풍스러움과 유럽식 건축물의 섬세함을 모두 간직한 독특한 성당이다. 성당 앞으로 넓은 잔디마당이 펼쳐져 있는데, 이곳에 서서 성당을 배경으로 인물사진 찍기 좋다. 초록 잔디밭과 성당 건물을 가운데 맞추어 미드 앵글로 찍는 것을 추천한다. (p134 B:2)
- 인천 강화군 길상면 온수길38번길 14
- #유럽풍 #한옥성당 #분위기있는

유리카페 투명의자
"투명 바닥과 투명 의자"

카페 내 독특한 투명 의자에서 앉아 사진을 찍어보자. 카페 바닥의 3분의 1이 온통 유리로 되어 있어 신기한 곳이다. 유리로 되어있다 보니 여성분들은 바지를 입고 가기를 추천한다. 좌석은 2, 4, 8인석 등 다양하게 준비되어 있다. 4층 루프탑에서는 통유리로 된 룸공간이 있어 프라이빗한 시간을 보낼 수 있다. 음료는 커피, 라떼, 티 등과 크로플 등 간단한 디저트가 있다. (p134 B:2)
- 인천 강화군 길상면 해안남로 334 2층 유리카페
- #유리카페 #강화도카페 #투명의자

아매네 카페 기울어진 건물 전경
"기울어진 외관의 이색카페"

카페 뒤쪽에서 기울어진 외관과 함께 이색적인 사진을 찍어보자. 카페 내부 창문, 화장실 문 또한 기울어져 있어 이색적인 곳이다. 시그니처 음료는 강화 사자 발 쑥 라테와 레몬 애플 티가 있고 직접 매장에서 만드는 케이크, 베이커리류도 맛볼 수 있다. 카페 뒤쪽에는 거꾸로 뒤집어져 있는 집이 있는데 일반 가정집으로 외관 사진 촬영만 가능하다. (p134 B:2)
- 인천 강화군 길상면 해안남로 471 2층 아매네카페
- #기울어진집 #강화도카페 #이색카페

그린홀리데이 카페 분수
"유럽 테마 브런치 카페"

유럽 느낌이 물씬 풍기는 분수 앞에서 사진을 찍어보자. 강화도의 작은 유럽 마을을 테마로 키친, 소품샵, 카페 총 3곳으로 나누어져 있다. 메뉴는 오믈렛, 시리얼 등 다양한 브런치와 소금빵, 크루아상 등 베이커리를 즐길 수 있다. 모든 커피는 13년 경력의 로스터가 내려 맛이 좋은 곳이다. 정원이 예뻐 수국이 피는 6~7월에 가면 더 이국적인 사진 연출이 가능하다. (p134 B:2)
- 인천 강화군 길상면 해안남로 814
- #브런치카페 #강화도카페 #유럽느낌

더라두 카페 오션뷰 정원
"대포항 오션뷰 카페"

대포항이 보이는 카페 정원에서 시원한 사진을 연출해보자. 야외 좌석에서 바다와 넓은 잔디를 함께 볼 수 있으며 애견 동반이 가능하다. 흔들그네가 있어 아이들과 함께해도 좋다. 음료는 커피, 라떼, 티, 에이드 등이 있으며 연탄 빵, 고구마 빵 등 다양한 베이커리류와 쿠키가 있고 그중 쫀득하고 고소한 맛의 흑임자 꽈배기가 유명하다. (p134 B:2)
- 인천 강화군 길상면 해안동로 112-12
- #오션뷰 #초지대교카페 #애견동반

일리스테이 감성 충만 내부 인테리어
"완벽한 애견 동반 숙소"

반려견과 함께 감성 충만한 일리 스테이 거실 창문 앞에서 사진을 찍어보는 것은 어떨까. 일리스테이는 반려견 동반 가능 숙소로, 강아지 전용 샤워실, 배변 패드, 매너벨트 등 반려견을 고려한 세심한 인테리어가 돋보이는 곳이다. 숙소는 A, B동으로 구분되어 있으며, 넓은 마당, 데크 테라스, 수영장, 히노키탕을 이용할 수 있다. 특히 숙소에서 바라보는 일몰이 멋진 곳이다. (p134 B:2)

- 인천 강화군 화도면 해안남로 2559-7
- #반려견동반숙소 #강화도감성숙소 #일몰맛집

스페인마을 엘보스께
"한국에서 만나는 스페인 마을"

@jihyun._.90

강화도 스페인 마을에 있는 엘보스께는 스패니쉬 레스토랑으로, 기하학적인 흰 외벽 건축물을 배경으로 사진 찍기도 좋은 곳이다. 건물 외관과 야외 테라스, 돈키호테 포토존, 벽화 등 구석구석 사진 찍을 곳이 많다. 그 주변에도 경치 좋은 풀빌라 펜션과 테라스 등 유럽 감성이 물씬한 건축물, 조형물들이 많다. (p134 B:2)
- 인천 강화군 화도면 해안남로 2677-21
- #유럽감성 #테라스 #벽화

호텔무무 자쿠지
"숲속 야외 자쿠지"

@smii__j

거실 폴딩도어를 열면 만날 수 있는 아름다운 숲 뷰를 배경으로 야외 자쿠지에서 사진을 찍어보자. 방마다 인테리어와 콘셉트는 각각 다르며, 야외 자쿠지는 새들브라운 룸에만 있다. 자연 속에 있어 어디서든 사계절 뛰어난 자연경관을 볼 수 있고, 숙소는 펜션형과 호텔형으로 나뉘어 있다. 이미 각종 SNS에 잘 알려진 곳으로, 스냅 촬영 명소이

기도 하다. (p134 B:2)
- 인천 강화군 화도면 해안남로1066번길 12
- #노천탕숙소추천 #스냅촬영숙소 #강화 숲속펜션

케이131 카페 천국의 계단
"해변 캠핑 감성 카페"

@98_._0316_

루프탑에 있는 천국의 계단 포토존에서 하늘과 바다가 맞닿은 배경과 함께 사진을 남겨보자. 강화도 동막해변에 있는 캠핑 콘셉트의 카페로, 한 팀당 개별 텐트를 배정해 프라이빗한 추억을 남길 수 있는 곳이다. 텐트 내 캠핑 소품들이 있고, 냉온풍기가 있어 여름, 겨울에도 편하게 즐길 수 있다. 야외 테라스, 실내 좌석도 있으며 메뉴는 커피, 칠러 등과 라면, 간단한 베이커리류도 즐길 수 있다. (p134 B:3)
- 인천 강화군 화도면 해안남로1691번길 43-8 케이131
- #동막해변 #캠핑콘셉트 #천국의계단

마호가니 강화점 카페 데이지
"5월 데이지꽃 야생정원"

@leundk

5월 말~6월 초 데이지 만개 시즌에 야생정원 공간에서 사진을 찍어보자. 실내도 층고가 높은 통창으로 되어 있어 개방감이 좋다. 음료는 커피, 라떼, 에이드 등이 있으며 쿠키, 케익 등 간단한 베이커리류도 즐길 수 있다. 도레도레, 마호가니, 셀로스터스 총 3곳 카페가 한 번에 운영되며 마호가니 카페는 노키즈존이여서 아이가 있을 경우 도레도레 카페를 이용해야 한다. (p134 B:2)
- 인천 강화군 화도면 해안남로1844번길 19
- #대형정원카페 #강화도카페 #데이지

돈대카페 아웃포스트
"요새 컨셉의 포토 스팟 카페"

@znwou

조선시대에 쌓은 요새인 강화의 돈대를 모티브로 한 독특한 카페. 갤러리 같은 인테리

어와 넓은 내부, 숲과 바다가 어우러진 경치를 볼 수 있는 통창이 있어서 감각적인 공간에서 여유를 즐기기 좋다. 이곳에서 꼭 방문해야 할 포토 스팟은 2층 루프탑. 돈대를 본따서 만든 미로 같은 통로와 중앙의 벤치에서 나만의 사진을 남겨보자. (p134 B:2)

- 인천 강화군 내가면 강화서로 91-2 돈대카페 아웃포스트
- #갤러리감성 #독특한 #이색카페

메타포레스트
"메타세쿼이어 숲이 있는 카페"

@sem_two

카페 안과 밖이 모두 식물로 가득한 숲 카페. 실내에는 각종 화분이 있어 유리 온실에 온 것 같은 느낌을 주며, 야외에는 높게 자란 메타세쿼이어 숲이 있다. 캠핑 의자가 마련되어 있으니 시원한 나무그늘 아래에서 여유를 즐기며 캠핑 느낌을 내보자. 숲 중앙에 있는 인공 연못이 바로 포토존이며, 연못을 가로지르는 통나무 다리 위에서 인생 사진을 찍을 수 있다. (p134 B:2)

- 인천 강화군 길상면 길상로95번길 68-46
- #숲속카페 #메타세쿼이어 #통나무다리

로즈스텔라정원 카페 크리스마스 트리
"유럽풍 정원이 있는 카페"

@h___delight

이국적인 건물과 유럽풍 정원의 로즈스텔라 카페는 매년 12월 대형 크리스마스 옆에 마련된 작은 테이블 포토존이 유명하다. 카페는 본관, 별관, 온실 이렇게 나누어져 있으며 총 10좌석으로 소규모로 운영된다. 노키즈존이며 실내는 아기자기한 소품들이 있어 구경하기 좋다. 이용 가능 시간은 1시간이다. 수국이 만개하는 6~7월에도 이곳은 유럽풍 정원을 관람하러 오는 손님으로 문전성시를 이룬다고 하니 꼭 들러보기를 추천한다. (p134 C:3)

- 인천 계양구 다남로143번길 12 카페&꽃집 로즈스텔라정원
- #플라워카페 #계양카페 #유럽풍

소래습지생태공원 풍차
"물길에 비친 풍차"

@taek_ho_nology

소래습지 공원에는 주황빛 지붕이 인상적인 목조 풍차 3구가 설치되어있다. 이 풍차 앞으로 잔잔한 물길이 흐르는데 물길 너머에서 풍차 사진을 찍으면 예쁘게 잘 나온다. 참 예쁘다. 소래포구역에서 도보 15분에 있는 곳으로 뚜벅이 여행객도 쉽게 방문할 수 있는 좋은 곳이다. (p134 C:3)

- 인천 남동구 논현동 1-21
- #풍차 #주황색지붕 #도보여행

배다리 헌책방 거리 한미서점 도깨비 촬영지
"감성적인 노란 헌책방"

@lky_kjk

드라마 도깨비 촬영지로 유명한 샛노란 간판의 한미서점을 배경으로 헌책방 거리가 이어진다. 한미서점의 노란 간판이 잘 보이도록 정면에서 인증 사진을 찍는 것을 추천한다. 거리에 늘어선 실제 헌책들을 배경으로 사진을 찍어도 예쁘다. 단, 관광지가 아닌 개인이 운영하는 업소이므로 사진 촬영 전에 서점 주인분께 양해를 구해야 한다. (p134 B:3)

- 인천 동구 중앙로 2
- #헌책방 #레트로 #감성사진

연희자연마당 버드나무 피크닉
"물 위로 비치는 버드나무"

@ppomp.y

다단 정화 습지에 있는 연희자연마당 카페에서 피크닉 세트를 대여해주는데, 이 세트를 빌려 버드나무 숲에서 인생 사진을 찍을 수 있다. 버드나무가 길게 잎을 드리운 숲길에 우드 벤치와 트레이, 피크닉 바구니를 설치해 원하는 각도로 사진 촬영하면 된다. 버드나무와 강물이 넓게 펼쳐져 아무 곳이나 사진 찍기 좋지만, 그중에서도 울창한 버드나무 아래쪽이 가장 사진이 멋지게 나오는 포인트. (p136 B:1)

- 인천 서구 연희동 용두산로 156
- #버드나무 #벤치 #피크닉 #감성

바다쑝 카페 한옥뷰 창문
"한옥 통창에서 보는 초록의 정원"

@sung_ha_94

옛 분위기와 현대미가 공존하는 카페로 개방감이 넓은 통창에서 한옥과 함께 사진을 찍어보자. 뿐만 아니라 야외에 인공연못, 로

봇 조형물, 폭포 둘레길 등이 있어 사진 찍기 좋다. 오전 10시~오후 3시까지 매 정각마다 빵을 만들어 갓 구워낸 빵을 맛보고 싶다면 해당 시간에 방문하는 것을 추천한다. 야외 테라스에서 애견 동반도 가능하다. (p134 C:3)

- 인천 연수구 능허대로 16
- #인천대형카페 #기와뷰 #한옥카페

센트럴파크 산책로
"바다 너머 시티뷰"

@luucyi.i

송도 센트럴파크는 요즘 인천에서 가장 핫한 공간으로, 바닷길을 따라 운치 있는 산책로도 마련되어 있다. 이 산책로는 '씨싸이드파크'라는 별칭으로도 불린다. 바다 건너편 고층 건물까지 한 화면에 담을 수 있어 인스타 사진이나 유튜브 동영상 촬영지로도 주목받고 있다. (p134 B:3)

- 인천 연수구 송도동 컨벤시아대로 160
- #송도신도시 #바다전망 #고층빌딩

케이슨24 카페 야경
"알전구로 꾸며진 야경"

@y_da_.ae

카페 루프탑에서 밤에 알전구와 함께 몽환적 분위기의 사진을 찍어보자. 약 4천 평 이상의 케이슨 작업 광장과 해안 길을 산책이

가능한 솔찬공원을 끼고 있어 추억 만들기 좋은 곳이다. 특히 일몰 병소로 알려져 선셋 타임에 가는 것을 추천한다. 라떼, 아이스티, 티 등 음료와 파이, 페스츄리 등 베이커리를 맛볼 수 있다. (p134 B:3)

- 인천 연수구 컨벤시아대로391번길 20 케이슨24
- #솔찬공원 #바다뷰 #송도카페

포레스트아웃팅스 송도점
"초대형 식물원 카페"

@88.1227

식물 테마파크를 연상케 하는 곳. 지상 3층, 지하 3층 규모의 초대형 카페로, 공간을 가득 채우는 이국적인 식물과 천장의 유리창로 들어오는 자연광 덕분에 해외 식물원에 온 듯한 느낌이 든다. 대표적인 포토존은 카페 중앙의 아치형 다리로, 천장에서 내려오는 화려한 조명과 조형물과 함께 사진을 남기기 좋다. 다리 맞은편 계단에서 사진을 찍으면 공간이 한눈에 보이니 참고. (p134 B:3)

- 인천 연수구 청량로 145 포레스트아웃팅스 송도점
- #대형카페 #식물원 #이국적

신시모도 Modo 조형물
"Modo 조형물과 푸른 바다"

@road_yenzzang

신시모도에는 해변을 따라 'Modo'라고 쓰여진 붉고 거대한 조형물이 있다. 푸른 바다와 백사장이 대비되는 진한 붉은 빛이 인물 사진의 포인트가 되어준다. 조형물 크기가 워낙 커서 'o'자 한 자도 인물 사진 프레임으로 쓸 수 있다. (p134 B:3)
- 인천 옹진군 북도면 모도리
- #빨간색 #프레임 #조형물

뻘다방 카페 그네
"야외 모래사장 오션뷰 카페"

@hiiiiimjjjjjj

야외 모래사장과 바다를 배경으로 그네 사진을 찍으면 감성적인 사진 연출이 가능하다. 뿐만 아니라 야외 오두막 느낌과 알록달록 색감의 의자가 있어 이국적인 사진을 남길 수 있다. 발리 느낌의 로스터리 카페로 스페셜티, 모히또, 간단한 베이커리류 등 메뉴를 즐길 수 있으며 키즈존이 따로 있고 그 외는 아이들과 이용이 가능하다. (p136 A:2)
- 인천 옹진군 영흥면 선재로 55
- #선재도카페 #발리감성 #뷰맛집

카페폰테 산토리니 느낌 외부
"산토리니풍 오션뷰 카페"

@hayun.mom47

마치 그리스에 온 듯한 이국적인 느낌이 드는 카페 외관에서 사진을 담아보자. 선재도에서 가장 높은 곳에 있어 더 광활한 바다를 볼 수 있다. 내부는 고급스러운 대형 샹들리에와 플라워 인테리어, 삼면이 통유리로 되어 있어 사진 찍기 좋다. 다양한 음료는 물론 맥주도 즐길 수 있고 스테이크, 치킨, 피자 등 브런치도 준비되어 있다. (p136 A:2)
- 인천 옹진군 영흥면 선재로 76-16 203동 4층
- #선재도카페 #브런치카페 #그리스감성

미스터와이 인피니티풀
"오션뷰 인피니티 풀장"

@sooxyn

바다를 바라보며 수영을 할 수 있는 인피니티풀이 사진 찍기 좋은 곳. 물이 차 있을 때는 오션뷰로, 빠졌을 때는 갯벌 전망을 볼 수 있으며, 야간 수영도 가능하다. 숙소는 스파룸, 글램핑, 키즈 풀빌라 등 종류가 다양해

취향에 맞게 골라서 이용할 수 있다. 실내에서 개별 바비큐를 할 수 있는 것이 큰 장점인 숙소. (p136 A:2)
- 인천 옹진군 영흥면 영흥남로9번길 221-64
- #인피니티풀숙소추천 #영흥도펜션 #오션뷰수영장

고양이역 카페 야외 분홍색 문
"고양이들의 천국 핑크 대문"

@shjun_9724

고양이 역 앤티크한 느낌의 문에서 사진을 찍어보자. 전국에서 유일한 고양이 기차로, 버려지거나 장애가 있는 고양이들의 요양원으로 운영되는 곳이다. 음료 판매 수익금은 버려진 고양이를 위해 100% 쓰이며 무인 발권기 입장권으로 들어갈 수 있다. 이용 시간은 2시간이며, 외부 간식을 주는 것은 금지. 우천시 운영을 안 하니 날씨 확인 후 방문해야 한다. (p136 A:2)
- 인천 옹진군 영흥면 영흥로251번길 25-75 기차
- #고양이카페 #영흥도카페 #테마카페

하이바다 카페 야외 의자 포토존
"우드톤 오션뷰 카페"

@kim_yu_1209

야외 테라스에서 십리포해수욕장을 배경으로 우드톤 바다 팻말과 함께 사진을 찍어보자. 야외 테라스에는 외국 휴양지 감성의 테이블과 의자가 있어 이곳 또한 사진 남기기 좋은 곳이다. 크루아상, 케이크 등 베이커리류와 치아바타, 샌드위치, 샐러드 등 브런치도 즐길 수 있다. 음료는 커피, 티는 물론 맥주도 판매하고 있다. (p136 A:2)
- 인천 옹진군 영흥면 영흥북로 374-25 1층
- #십리포해수욕장카페 #이국적분위기 #영흥도카페

사승봉도 노을
"모래사장에서 보는 노을"

@pinedevil

무인도인 사승봉도에 딸린 이일레 해수욕장은 매해 저녁노을이 질 무렵 노을이 예쁘게 물드는 곳으로 유명하다. 모래가 많아서 사(모래 '사')승봉도라 불리는데, 그 이름답게 모래사장이 바다 앞으로 넓게 펼쳐져 노을 경치를 더한다. 사승봉도에 왔다면 서해바다와 모래사장을 배경으로 꼭 노을 사진을 담아가자. 사람이 없는 무인도라 깨끗한 사

진을 촬영할 수 있다.
- 인천 옹진군 자월면 승봉리 857
- #서해전망 #노을전망 #모래사장

오프닝포트 카페 한옥 입구
"조용한 분위기 한옥 카페"

@00_in_y

예스러움이 물씬 느껴지는 한옥 카페 입구에서 사진을 찍어보자. 조용하고 아늑한 분위기의 실내 인테리어와 카페 중앙이 통창으로 뚫려 있어 초록 나무들을 보며 힐링하기 좋다. 은은한 조명이 있어 감성적인 곳이다. 메뉴는 다양한 땅콩라떼, 말차라떼, 딸기라떼 등 커피, 음료 종류와 에이드, 요거트가 있으며 부드러운 옛날 카스테라가 있다. (p136 A:1)
- 인천 중구 답동로12번길 6-6
- #한옥카페 #동인천카페 #통창뷰

마시안해변 일몰
"섬 사이로 보이는 낙조 풍경"

@dailyoo.n

서해안 해변 중에서도 낙조 풍경이 아름답기로 소문난 마시안해변은 9월~11월 가을철에 일몰 경치의 절정을 이룬다. 해변 앞으로 보이는 2개의 섬 가운데로 붉은 태양이 빛을 드리우는데, 두 개의 섬 사이로 가라앉는 태양을 찍으면 예쁘다. 인물과 섬 모두 역광이 되어 서해 섬 특유의 운치 있는 분위기를 그대로 담아갈 수 있다. (p134 B:3)
- 인천 중구 덕교동 662-5
- #가을사진맛집 #일몰맛집 #섬전망

c27다운타운 카페 노을
"해외 도시 콘셉트 카페"

@yuu_y00

통유리로 된 내부 좌석에서 일몰 시각에 맞춰 감성 사진을 찍어보자. 1층에 일몰을 볼 수 있는 시간을 안내해준다. 층마다 뉴욕, 파리, 런던 등 해외 도시를 재현해 놓아 이국적인 카페이다. 수년간 제과만 연구한 전문 파티시에가 개발한 스콘, 빵과 27여 가지의 조각 케이크가 있다. 음료는 커피, 라떼, 쥬스, 프라페 등이 있다. (p134 B:3)
- 인천 중구 마시란로 63
- #오션뷰 #선셋장소 #대형카페

마이랜드 전경 야경
"네온사인 불빛 가득한 놀이공원"

@wlgusdl_nk

남녀노소 모두 즐길 거리가 많은 테마파크 마이랜드. 밤이 되면 놀이기구와 간판에 네온사인 불빛이 들어와 멋진 포토존이 되어준다. 놀이기구에 탑승해 각각의 놀이기구를 찍어도 좋겠지만, 입구 너머에서 놀이공원 전경을 찍으면 화려한 마이랜드의 야경을 오롯이 담아갈 수 있다.
(p134 B:3)
- 인천 중구 북성동 월미로234번길 7
- #야경맛집 #놀이기구 #네온사인

월미테마파크 대관람차
"푸른빛 철제 대관람차"

@han_xol

오랜 역사를 자랑하는 월미테마파크 대관람차는 높이 18m에 이르는 푸른빛 철제 대관람차다. 밖에서 푸른 대관람차를 찍어도 예쁘고, 대관람차 꼭대기에 올라 창밖 풍경을 찍어도 예쁘다. 근처에 있는 월미바다열차

나 기네스북에 오른 세계 최대의 야외벽화 사이로 벽화도 함께 촬영하고 오자. (p134 B:3)
- 인천 중구 북성동 월미문화로 81
- #월미도 #레트로 #바다전망

차이나타운 메인 거리
"중국으로 여행 온 느낌"

@junyunhee

한자 간판, 붉은빛으로 칠해진 중국집들이 모여있어 중국에 온 듯한 착각을 일으킨다. 이곳에서 판매하는 탕후루나 군만두, 찐빵을 사 와서 간식 겸 사진 촬영 소품으로 활용해도 이국적인 사진을 건질 수 있다. 차이나타운에서 가장 오래된 건물인 청국영사관 회의청을 비롯해, 화교 문화역사관 등도 중국 느낌 물씬 나는 포토존이다. (p134 B:3)
- 인천 중구 북성동 차이나타운로 44번길
- #중국여행느낌 #이국적 #중국풍건물

송월동 동화마을 무지개 계단
"무지개빛 계단과 벽화"

@gimieony

송월동화마을 산책로 경사로를 따라 빨주노

초파남보 소담스러운 무지갯빛 계단이 쭉 펼쳐져 있다. 이 계단 중심에 인물을 두고 계단 아래에서 로우 앵글로 사진 촬영을 하면 무지개 계단, 인물, 그 너머 알록달록한 건물 벽화까지 한 폭의 그림 같은 인증사진을 담아올 수 있다. 지하철로도 이동할 수 있는 곳이라 뚜벅이 여행자들에게도 강력히 추천한다. (p134 B:3)
- 인천 중구 송월동3가 자유공원서로45번길
- #무지개 #벽화 #도보여행

개항장거리 코히별장
"일본 개항기 느낌의 카페 전경"

@0sun_vely

코히는 커피(coffee)의 일본어 발음으로, 이곳은 일본 개항기의 여느 카페를 그대로 재현해놓은 곳이다. 카페 앞에 일본어로 된 표지판과 광목천 간판이 놓여있는데, 목조 카페 건물과 어우러져 옛 감성을 더한다. 2층 목조건물인 카페를 정면으로 인물 사진을 찍어도 예쁘고, 카페 안에서 커피를 마시며 사진 찍어도 예쁘다. (p134 B:3)
- 인천 중구 신포동 신포로35번길 22-1
- #개화기 #일본감성 #카페

영종도 하늘정원 비행기
"비행기 샷을 찍을 수 있는 꽃밭"

@sol_01.11

영종도 하늘정원은 인천국제공항 근처에 있어 비행기 뜨는 모습을 가까이서 담아갈 수 있다. 매년 5월에는 공원에 노란 유채꽃이 절경을 이루며, 10월경에는 억새와 핑크뮬리가 절경을 이룬다. 시기별로 꽃밭 위로 비행기가 높게 떠오르는 사진도 담아갈 수 있으니 개화 시기를 참고하여 방문하는 것을 추천한다. (p134 B:3)
- 인천 중구 운서동 2848-6
- #인천국제공항 #비행기 #유채꽃

카페뱃터 동그라미 조형물 벤치
"바다 위에 떠오른 듯한 느낌"

@s_wish_0310

통유리로 된 영종도를 배경으로 동그라미 조형물 벤치가 대표 포토존. 카페 내부 벽면이 전부 통유리로 되어 있어 마치 바다 위에 떠 있는 듯한 기분을 느낄 수 있다. 스콘, 식

빵, 파이 등 당일 직접 구운 빵을 맛볼 수 있고 커피, 라떼, 에이드 등 다양한 종류의 음료를 판매하고 있다. 바로 앞에서 바다를 볼 수 있는 좌석과 좌식 등 다양한 좌석이 있어 편리하게 이용할 수 있다. (p134 B:3)
- 인천 중구 은하수로 1 7층 703~706호
- #오션뷰 #통창 #영종도카페

메이드림
"판타지 영화 같은 공간"

@hxnseul

120년된 교회를 리모델링한 곳으로, 카페와 전시를 즐길 수 있는 복합 문화공간이다. 메인 공간은 2층으로, 화려한 스테인드글라스 장식과 지하 1층부터 이어진 거대한 나무가 중앙에 있어 비현실적인 느낌을 준다. 이외에도 물이 흐르는 유리벽, 동굴 컨셉의 지하 등 판타지 영화 세트장 같은 독특한 포토스팟이 많다. 사진을 찍기 좋은 체험형 전시도 운영 중이니 함께 방문해보자. (p134 A:3)
- 인천 중구 용유서로479번길 42 메이드림
- #이색공간 #대형나무 #복합문화공간

비클래시 을왕리점
"카페에서 즐기는 미디어아트"

@ch__u_m

갤러리에 온 것 같은 모던한 분위기의 베이커리 카페. 건물 입구부터 독특해서 건축물 자체를 구경하는 재미가 있으며, 대표적인 포토존은 카페 1층 갤러리 공간이다. 천장에 설치된 대형 스크린으로 우주, 꽃, 물 등 다양한 컨셉의 화려한 미디어 아트가 상영되며 눈길을 사로잡는다. 3층에는 테라스, 4층에는 루프탑과 전망대까지 있으니 다양한 공간에서 인생샷을 건질 수 있다. (p134 A:3)
- 인천 중구 용유서로 402-11 2동 1, 2, 3층
- #미디어아트 #갤러리 #모던한느낌

인스파이어 엔터테인먼트 리조트 오로라쇼
"천장을 가득 채운 화려한 영상"

한국판 라스베이거스라 불리는 복합 엔터테

인먼트 리조트. 대형 스크린으로 상영되는 오로라쇼가 포토존으로 인기 있다. 오전 8시 30분부터 자정까지 매시 정각에는 우주, 30분에는 고래 영상이 상영된다. 사이사이에는 아프리카 사바나, 숲 영상도 상영되니 참고. 오로라 근처에는 '로툰다' 키네틱 미디어아트 쇼가 매시 15분과 45분에 진행되니 함께 둘러보자. (p134 A:3)

- 인천 중구 공항문화로 127
- #미디어아트 #오로라쇼 #핫플레이스

골든트리 카페 야외 리버뷰
"북한강 전망 노출 콘크리트 카페"

북한강을 배경으로 유명 건축가의 설계로 지어진 노출 콘크리트 건물이 함께 놓여있는 프레임이 이곳의 포토존으로 한 폭의 그림 같은 사진을 남길 수 있다. 각종 음료와 더불어 같이 곁들여 먹을 수 있는 케이크, 스콘류도 있다. 내부는 통창으로 되어 있어 시원한 북한강 조망이 가능하다. 2층 테라스 루프탑은 노키즈존이다. (p135 F:2)

- 경기 가평군 가평읍 금대리 130-18
- #북한강카페 #멋진건축물 #가평카페

자라섬 남도 꽃정원
"다양한 색의 꽃들이 가득한 정원"

매년 6월 말부터 남도 꽃정원에 보랏빛, 분홍빛의 진한 색 수국이 장관을 이룬다. 보랏빛 라벤더나 구절초, 백일홍 등 꽃 사진 찍기 좋은 구간이 많다. 강물과 강 너머 산이 잘 나오도록 찍으면 공간감을 살릴 수 있다. (p135 F:2)

- 경기 가평군 가평읍 달전리 산5-5
- #자라섬 #수국 #라벤더

기억의사원 동그라미 조형물
"마운틴뷰 독채숙소"

2017 건축문화 대상 대통령상 수상을 받은 곳으로, 숙소 입구 동그라미 조형물 앞에서 인증 사진을 남겨보자. 숙소 내 개별 테라스에서 볼 수 있는 마운틴뷰도 추천할만한 스팟이다. 각각 다른 총 12개의 방 안에 실내 월풀, 실외 스파, 수영장 등 여러 부대시설을 프라이빗하게 이용할 수 있다. 독립된 숙박 공간으로 다른 투숙객들과 마주칠 일이 드

문 것도 언택트 시대의 큰 장점. (p135 F:2)

- 경기 가평군 가평읍 상지로 832-86
- #힐링스테이 #개별테라스 #건축물숙소

코미호미 카페 노란 비밀의문 포토존
"노란 비밀의 문과 야외정원"

야외정원에 노란 비밀의 문이 이곳의 가장 유명한 포토스팟이다. 밝은 색감으로 되어 있어 예쁜 사진을 연출할 수 있다. 이 외에도 무지개 의자, 트리하우스 등 다양한 포토존이 많다. 북한강 바로 앞에 넓은 정원이 펼쳐져 있어 소풍 온 듯한 기분을 느낄 수 있으며, 한쪽에는 모래놀이를 할 수 있는 공간이 있어 아이와 함께 가기에도 좋은 곳이다. (p135 F:2)

- 경기 가평군 가평읍 호반로 1646
- #비밀의문 #넓은정원 #예스키즈존

낮잠 감성 독채 풀빌라
"조명이 예쁜 야외 수영장"

감성 넘치는 숙소와 야외 수영장을 배경으

로 마당 의자에 앉아 찍는 사진이 유명한 곳이. 전구 조명을 켜고 촬영하면 더욱 감성 가득한 사진을 촬영할 수 있다. 오후 1시 객실은 모래 마당, 오후 2시 룸은 잔디 마당으로 되어 있으며, 내부 구조는 동일하다. 화이트 원목 인테리어가 주 콘셉트이며, 개별 야외 수영장과 노천탕을 이용할 수 있다. (p135 F:2)

■ 경기 가평군 북면 막골길 18-124
■ #가평감성숙소 #독채풀빌라 #야외노천탕

쌈지공원 밤하늘의 별
"정자에서 만나는 은하수"

쌈지공원 정자는 주변에 건축물이나 표식 등이 없어 깨끗한 자연경관을 그대로 담아갈 수 있다. 산세가 잘 보이는 낮도 좋지만, 밤에는 하늘에 별이 드리워 한층 더 그윽한 풍경을 자랑한다. 표지판과 가로등이 나오지 않도록 도로를 등지고 촬영하는 것이 프로 인스타그래머들의 촬영 팁. (p135 E:1)

■ 경기 가평군 북면 화악리 산228-1
■ #산전망 #하늘전망 #야경촬영명소

더플래츠카페 이국적인 분위기 수영장
"발리풍 야외 수영장"

이국적인 파란 수영장과 파라솔을 배경으로 사진을 찍으면 발리에 온 듯한 사진 연출이 가능하다. 수영장 근처 좌석을 이용하려면 미리 사전 예약을 해야 하며, 수영을 즐길 경우는 따로 수영복을 준비해야 한다. 옷, 가방이 있는 편집숍이 있어 구경하는 재미도 느낄 수 있고 사전 예약 후 프라이빗한 시네마 공간에서 영화 관람도 가능하다. 아침고요수목원에서 차로 5분. (p135 F:2)

■ 경기 가평군 상면 수목원로 183
■ #아침고요수목원카페 #수영장카페 #발리콘셉트

아침고요수목원 무지개 의자
"무지개 의자 너머로 보이는 강물과 정자"

주황, 노랑, 초록, 하늘, 보라 무지갯빛 의자가 놓여있는 이곳이 요즘 아침고요수목원에서 핫한 포토존이다. 의자 너머 강물과 정자가 잘 나오도록 수평, 수직을 맞추어 사진 촬

영해보자. 무지개 의자 위로 커다란 단풍나무가 심겨 있어 가을에 방문하면 더욱 예쁘다. (p135 E:2)

■ 경기 가평군 상면 수목원로 432
■ #아침고요수목원 #무지개의자 #정자

스위스마을에델바이스 수국 정원
"스위스 감성을 더하는 수국정원"

매년 8월 초가 되면 스위스풍 테마파크인 에델바이스에 하얀색, 분홍색 유럽 수국이 만개해 더 아름다운 풍경을 만들어 준다. 알파인 기차와 기찻길, 스위스풍 건물을 배경으로 사진을 찍어도 잘 나오고, 건물 안쪽으로 들어가서 창밖 풍경을 찍어도 예쁘다. (p135 E:2)

■ 경기 가평군 설악면 다락재로 226-57
■ #유럽감성 #유럽수국 #기차모형

야옹이네 촌캉스 대청마루
"고양이 있는 한옥 숙소"

시골 느낌 가득한 한옥 대청마루에서 꽃무늬가 그려진 옷을 입고 사진을 찍어보자. 이미 방송에서도 여러 번 소개된 곳으로, 이름

에 걸맞게 고양이들이 반겨주는 곳이다. 숙소 외관과 실내에서 오래된 시골집 느낌이 물씬 풍기는 독채 촌캉스 숙소다. 아궁이를 이용한 바비큐도 가능하고, 촌캉스를 통해 시골 체험을 하기에 안성맞춤인 곳. (p135 F:2)

■ 경기 가평군 설악면 미사리로 267-124
■ #가평촌캉스 #아궁이바비큐 #시골집숙소

어비계곡 자연 빙벽
"꽁꽁 얼어붙은 어비계곡"

@minj_eongxoxo

한겨울이 되면 어비계곡의 물이 꽁꽁 얼어붙어 흰 배경의 자연 포토존이 되어준다. 기암괴석처럼 울퉁불퉁 얼어붙은 계곡물을 배경으로 인물 사진 찍기 딱 좋다. 물이 넓게 얼어붙어 숲이나 돌이 보이지 않는 쪽에서 촬영하면 더 근사한 사진을 찍어갈 수 있으니 참고하자. (p135 F:3)

■ 경기 가평군 설악면 방일리 산105
■ #겨울 #얼음계곡 #흰색포토존

아우라 카페 리버뷰 테라스
"청평호 전망 테라스 공간"

@smileyujacha

청평호수를 배경으로 사진을 찍으면 멋진 사진을 연출할 수 있다. 소시지 빵, 크루아상, 몽블랑 등 다양한 베이커리류와 디저트가 있다. 리버랜드와 같이 운영해서 여름에는 번지점프, 수상레저를 함께 즐기며 카페 이용이 가능하다. 야외 좌석은 애견 동반이 가능하다. 주변으로 쁘띠프랑스, 스위스 마을 등이 있어 여행코스를 잡기 좋다. (p135 F:2)

■ 경기 가평군 설악면 유명로 2312
■ #청평호수카페 #베이커리카페 #리버뷰

더스테이힐링파크 와일드가든 채플
"고풍스러운 벽돌 예배당"

@eunma_emma

사계절 내내 아름다운 풍경을 만날 수 있는 곳으로, 와일드가든 내 예배당이 주요 포토존. 고풍스러움이 느껴지는 벽돌 건물이며,

실내도 관람할 수 있다. 더스테이호텔에서 숙박할 수 있으며, 일반 관광객은 입장료를 지불하고 정원, 수영장, 골프장, 스파, 카페 등을 즐길 수 있는 복합문화공간이다. 숙소 온라인 예약은 DFD 멤버십만 가능하고, 비회원의 경우 유선 문의. (p135 F:2)

■ 경기 가평군 설악면 한서로268번길 157
■ #예배당포토존 #힐링문화공간 #유럽느낌정원

카페파리 아쿠아리움
"투명 다리 미니 수족관"

@esun_hpy

상어, 가오리를 가까이에서 볼 수 있는 투명 다리에서 찍는 포토 스팟이 유명하다. 뿐만 아니라 스튜디오 같은 다양한 포토존이 많다. 유리 관람석이 있어 물 가까이 해양생물 관찰이 가능하며, 좌석마다 테마가 달라 이색적이다. 건물이 높은 층에 있어 통창에서 마운틴 뷰 감상도 가능하다. 파스타, 피자 등 간단한 식사와 음료가 있고 그중 눈꽃빙수가 유명한 메뉴 중 하나다. (p135 F:2)

■ 경기 가평군 청평면 경춘로 1401
■ #수족관카페 #아쿠아리움 #상어카페

히든플랜트 카페 동남아 느낌 외부 좌석

"동남아 느낌 야외정원"

@white_ssonia

야외정원에 동남아 느낌으로 만들어진 의자 좌석이 포토존이다. 좌석마다 느낌이 조금씩 다 달라 색다른 이국적인 사진 연출이 가능하다. 위치는 대성리역과 가까우며, 2층은 노키즈존으로 운영된다. 다양한 음료와 케익, 빵, 디저트류도 있다. 식물원 느낌의 카페로, 여러 식물과 화분들이 많아 휴양지로 여행 온 기분을 느낄 수 있다. (p135 E:2)

- 경기 가평군 청평면 경춘로 40
- #동남아카페 #식물원카페 #휴양지느낌

쁘띠프랑스 이탈리아 마을

"건물과 유적지가 만든 이탈리아 풍경"

@ssang_3

분홍, 주황 외벽의 이탈리아식 건물과 이탈리아의 유명 유적지들이 있어 해외여행 다녀온 듯한 사진을 남길 수 있다. 골목골목을 돌아다니는 사진을 찍어도 좋고, 골목길 계단 중턱이나 건물의 아치형 입구 앞에서 정면으로 사진을 찍어도 예쁘게 나온다. (p135 F:2)

- 경기 가평군 청평면 고성리 619-1
- #이탈리아 #유럽풍 #건축물

색현터널 양끝 출입구

"초록빛 나무와 하늘을 담는 터널 프레임"

@ssssol_vely

요즘 가평에서 가장 핫한 터널 프레임 촬영지로, 양 끝단에서 터널 밖을 찍으면 초록빛 나무와 하늘 풍경이 예쁘게 찍힌다. 터널 양쪽에 구조물이 잘 보이지 않도록 적당히 가까이 다가가서 사진을 찍는 것이 포인트. 약간 역광이 드는 곳이라 흐린 날보다는 맑은 날 사진 촬영하는 것이 좋다. (p135 F:2)

- 경기 가평군 청평면 상천리 1628-3
- #산중터널 #프레임 #이색사진

에덴벚꽃길 에덴동산 올라가는 길

"벚꽃길과 산책로 옆을 흐르는 강물"

@boralala_

매년 3월 말부터 4월 초까지 에덴벚꽃길은 멋진 벚꽃 촬영지가 되어준다. 산책로 옆으로는 강이 흐르는데, 산책로 중 경사가 있는 곳이나 강물을 건너는 다리 쪽에서 인물사진을 촬영하면 벚꽃과 강물을 모두 사진에 담을 수 있다. (p135 F:2)

- 경기 가평군 청평면 큰매골로 92
- #봄 #벚꽃명소 #에덴동산

가평베고니아새정원 플라워존

"하늘에서 쏟아지는 등나무 꽃"

@thepilates_

천장에서 쏟아져 내리는 듯한 등나무 꽃 행잉 플라워로 단숨에 SNS 핫플로 등극한 실내 정원. 크게 플라워존과 버드존으로 나뉘며, 플라워존에 있는 행잉 플라워는 조화이기 때문에 사계절 내내 등나무 꽃 인증샷을 남길 수 있다. 화려한 음악과 영상이 상영되는 미디어 아트존 역시 포토 스팟으로 인기. 사방이 거울로 되어 있어 거울 셀카도 예쁘게 나온다. (p135 E:2)

- 경기 가평군 설악면 미사리로270번길 28 가평베고니아새정원
- #실내정원 #등나무꽃 #거울셀카

중남미문화원 이국적인 느낌 박물관

"고양에서 떠나는 중남미 여행"

@jan_nuine

중남미문화원은 중남미 전문 외교관으로 재직했던 이사장이 세운 이색 박물관으로 건물 내외부에, 곳곳에 아메리카 감성이 느껴진다. 건물 외부의 아치형 박물관 외벽, 석조건물, 동상들과 박물관 입구 중심부, 탈로 꾸며진 벽면이 주요 포토스팟. (p135 D:2)

- 경기 고양시 덕양구 대양로285번길 33-15
- #남미느낌 #아치형외벽 #탈전시외벽

디스케이프 카페 벽돌색 외벽

"몽환적인 붉은 벽돌 건물"

@b_rabbit.xx

멀리서부터 눈길을 사로잡는 독특한 붉은 벽돌 건물 앞에서 사진을 찍는 것이 메인 포토존. 해 질 녘에는 노을과 함께 더 몽환적이고 예술적인 사진 연출이 가능하다. 미술관을 연상케 해 작품 안에 들어와 있는 듯한 기분을 느낄 수 있다. 잠봉뵈르, 소시지 빵 등 다양한 베이커리류와 브런치, 음료를 즐길 수 있다. (p134 C:2)

- 경기 고양시 덕양구 대장길 99
- #예술적 #붉은벽돌 #독특한외관

파스토랄 카페 담쟁이 넝쿨 창문

"담쟁이 넝쿨 통창 포토존"

@afatamo_35

2층 통창 중 넝쿨이 우거져 액자 프레임 사진 연출이 가능한 곳이 이곳의 대표 포토 스팟. 다른 좌석 또한 네모 창문으로 되어 있어 사진 찍기 좋다. 행주산성 근처에 위치해 있는 카페로 반짝이는 햇살과 푸른 숲이 우거져 신선한 에너지를 받을 수 있다. 시그니처 메뉴는 와플 무화과, 바나나, 복숭아 등 여러 과일을 함께 곁들여 먹으면 새콤하면서도 달콤한 맛을 같이 느낄 수 있다. (p134 C:3)

- 경기 고양시 덕양구 행주로17번길 59-12
- #행주산성카페 #넝쿨창문 #와플맛집

행주산성 역사공원 방화대교뷰

"방화대교와 푸른 하늘"

@o__xinn

행주산성 역사공원 산책로를 따라 걷다 보면 한강 너머로 방화대교가 보이는 숨은 포토스팟이 나온다. 위에서부터 푸른 하늘, 붉은 방화대교, 푸른 강물, 푸른 숲길이 이어져 멋진 경관을 이룬다. 풍경을 사진에 오롯이 담기 위해서는 조금 산책로를 조금 벗어나 멀리에서 사진 촬영하는 것을 추천한다. (p134 C:3)

- 경기 고양시 덕양구 행주외동 140-8
- #방화대교전망 #한강전망 #산책로

노만주의 카페 앞 큰 나무

"제주 해변마을 감성 카페"

@hyey0ung_lee

정원이 아름다운 카페로 외관 앞쪽 큰 나무에서 사진을 찍는 것이 이곳의 포토스팟이다. 파란 하늘과 나무, 하얀색 외관이 어우러져 제주 감성의 사진 연출이 가능하다. 넓은 야외정원과 트램펄린, 그네가 있어 아이와 함께 방문하기도 좋으며 애견 동반도 가능하다. 다양한 음료와 브런치 메뉴들이 있다. 정원 한쪽에 푸드트럭이 있어 맥주도 마실 수 있다. (p134 C:2)

- 경기 고양시 덕양구 호국로1539번길 9-9
- #애견동반 #아기랑가기좋은곳 #제주감성

포레스트아웃팅스 카페 식물원 인테리어

"마치 숲 속에 들어온 느낌"

2층 둥근 조명을 중심으로 카페의 내부 인테리어가 한눈에 보이는 곳이 대표 포토 스팟. 카페 내부에 크고 작은 잉어들이 헤엄치며 연못이 있고, 다양한 식물들이 있어 식물원에 온 것 같은 느낌을 받을 수 있다. 계단식 좌석, 마루 등 테이블과 좌석 스타일이 조금씩 달라 취향과 편의의 맞게 않을 수 있다. 음료는 물론 크루아상, 스콘 등 아기자기하고 맛있는 베이커리류와 브런치를 즐길 수 있다. (p134 C:2)

■ 경기 고양시 일산동구 고양대로 1124 포레스트 아웃팅스

■ #베이커리카페 #식물원카페 #다양한좌석

파르코니도 카페 파노라마 뷰 테라스

"3층 시티뷰 테라스 공간"

3층 붉은 벽돌 테라스에서 파노라마 시티뷰

를 배경으로 찍는 사진이 가장 매력적이다. 1층은 명품 편집샵, 2층, 3층, 루프탑으로 운영 중이다. 커피 원두를 직접 선택하여 마실 수 있으며 스콘, 구움 과자, 브라우니 등 다양한 베이커리류도 판매하고 있다. 여유롭고 드라마틱한 분위기의 감성적인 공간이 돋보이는 카페이다. (p134 C:3)

■ 경기 고양시 일산동구 월드고양로 102-65 2층, 3층

■ #일산호수공원근처카페 #붉은벽돌 #베이커리카페

청킹에쏘 카페 홍콩 느낌 철제문 입구

"홍콩 감성 디저트 카페"

90년대 홍콩을 느끼게 해주는 철제문 앞에서 찍는 사진이 대표 포토 스팟. 내부 인테리어는 공중전화, 옛날 TV, 붉은 조명 등이 어우러져 마치 홍콩에 온 것 같은 느낌을 받게 해준다. 홍콩의 대표 음료인 밀크티와 청킹라떼 같은 이색적인 음료는 물론 홍콩 에그타르트, 토스트 등 다양한 디저트를 즐길 수 있다. (p134 C:2)

■ 경기 고양시 일산동구 정발산로 43-7 메리트윈 111호

■ #홍콩감성 #빈티지 #일산카페

일산가로수길 산토리니 느낌 2층 테라스

"테라스 너머 보이는 산토리니풍 풍경"

일산 호수공원 가로수길 쇼핑단지는 흰 외벽에 푸른 지붕을 더한 그리스 산토리니 풍으로 꾸며져 있다. 쇼핑몰 중심부에는 2층 테라스로 향하는 계단이 있는데, 이 계단을 타고 올라가 테라스에 기대어 인물 사진찍기 딱 좋다. 테라스 너머로 건물 지붕 끝까지 나오게 사진 촬영하는 것이 꿀팁. (p134 B:2)

■ 경기 고양시 일산서구 주엽로

■ #그리스 #산토리니 #이국적

일산호수공원 장미원

"장미꽃이 만발한 유럽형 정원"

매년 6월부터 일산호수공원 장미원에 붉은 장미꽃이 만개한다. 곳곳에 장미 터널뿐만 아니라 비너스 동상, 유럽식 마차 조형물들이 설치되어 사진찍기 좋은 구간이 많다. 도심보다는 공원 안쪽이 잘 보이는 방향으로 촬영하는 것을 추천한다. (p134 C:2)

■ 경기 고양시 장항동 일산호수공원

■ #장미정원 #포토스팟 #여름촬영명소

하이도나 카페 토끼 조형물 벤치
"토끼 의자와 귀여운 도넛"

@__limish

입구에 마련된 토끼 의자와 하이도나 캐릭터가 그려진 곳이 대표 포토스팟. 알록달록 색감의 100% 천연 버터를 사용한 도넛은 입맛은 물론 눈까지 사로잡는다. 아이들이 좋아하는 수제 아이스크림과, 우유 등 다양한 음료들이 준비되어 있다. 아기 의자와 좌식 공간이 마련되어 있고 테이블 간 간격도 넓어 아이들과 함께 가기 좋은 곳이다. 신분증을 맡기면 야외 테이블과 돗자리 대여가 가능하다. (p136 C:1)
- 경기 과천시 뒷골1로 14
- #도넛맛집 #아이와가기좋은곳 #아기자기카페

드블랑카페 인스타 감성 인테리어
"초록식물이 많은 카페"

@hanxia19

초록초록한 식물과 유럽식 느낌을 자아내는

외관이 메인 포토존. 내부 인테리어는 식물과 우드, 앤틱 느낌의 아기자기한 소품들이 있어 구경하기 좋다. 입은 물론 눈까지 사로잡는 예쁜 브런치 메뉴도 인기가 많다. 커핀는 추가 비용을 지불할 경우 디카페인 변경도 가능하다. 테라스도 있어 따뜻한 햇살을 맞으며 커피 한 잔의 여유를 즐기기에도 좋은 곳이다. (p136 C:1)
- 경기 광명시 소하로92번길 11
- #유럽식카페 #소하동카페 #햇살맛집

광명동굴 빛의 공간 포토존
"LED조명의 빛의 공간"

@_su_wooooooo

광명동굴 안에는 LED 비즈 조명으로 수놓은 '빛의 공간' 포토존이 마련되어 있는데, 어두운 동굴을 밝히는 점과 점으로 길게 이어진 오색빛깔 조명이 마치 별자리를 보는 듯하다. 밝은 곳은 아니라 인물 사진이 또렷하게 나오지는 않지만, 뒷모습 실루엣이 나오도록 찍으면 멋진 사진을 얻어갈 수 있다. (p136 B:1)
- 경기 광명시 학온동 가학로85번길 142
- #동굴빛길 #비즈조명 #역광사진

화담숲 단풍
"단풍 숲속 모노레일"

@jdsh_house

경기 북부지역에서 단풍이 가장 아름다운 산으로 꼽히는 화담숲의 단풍은 10월 말부터 11월 초까지 장관을 이룬다. 산 정상까지 올라가는 케이블카를 운행하는데, 이 케이블카에서 철길을 가운데 두고 단풍 풍경을 찍으면 단풍 숲길이 양옆으로 갈라지는 듯한 재미있는 사진을 찍을 수 있다. (p137 D:2)
- 경기 광주시 도척면 도척윗로 278
- #가을촬영명소 #단풍 #케이블카

카페새오개길39 한옥마을 전경
"한옥마을 갤러리 카페"

@luvly_jian

카페 입구, 기와는 낮은 담벼락으로 쌓여 있고 뒤쪽으로는 한옥마을 전경이 담겨지는 곳이 대표 포토 스팟. 포토존에는 나무 의자가 놓여 있는데 앉아서 사진을 찍거나 삼각대, 핸드폰을 올려두고 찍으면 멋진 사진을 연출할 수 있다. 광주 한옥마을 내에 자리 잡고 있으며, '일상을 예술로 만드는 카페'를 모티브로 다양한 예술 아티스트들의 활동을

지원하는 카페이다. (p137 D:1)

- 경기 광주시 새오개길 39
- #한옥카페 #광주한옥마을 #경기광주카페

경안천변 메타세쾨이어 숲
"울창한 메타세쾨이어숲"

@hee_.o._love

경안천 주변에 드높은 메타세쾨이어가 줄지어 서 있는 작은 메타세쾨이어길이 있다. 차가 지나다니지 않아 예쁜 인물사진을 찍을 수 있는데, 나무 끝까지 보이도록 로우 앵글로 인물사진을 촬영해보자. 나뭇잎과 길바닥이 노랗게 물드는 10월 말~11월 중순에 방문하면 더 운치 있다. (p137 D:2)

- 경기 광주시 쌍령동 19-1
- #메타세쾨이어 #인물사진 #가을촬영명소

레몬하우스 입술 모양 창문
"숲 전망 입술 모양 창문"

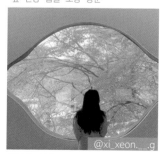
@xi_xeon._.g

침실에 나 있는 입술 모양 창문이 레몬하우스의 시그니처 포토 스팟. 평소에는 호스트의 개인공간으로 사용하며, 숙소 예약 시 투

숙객이 이용할 수 있는 곳. 다이닝 룸과 리빙룸, 침실이 있고, 숙소 2층과 3층 사이에 있는 아늑한 코타츠 공간이 매력적인 곳이다. 사방이 숲으로 둘러싸여 있어 침실, 욕실 등 숙소 곳곳에서 숲 뷰를 누릴 수 있다. (p137 D:2)

- 경기 광주시 오포읍 수레안길41번길 15-4
- #숲캉스 #입술모양포토존 #경기도광주감성숙소

스멜츠 카페 통창 숲 뷰
"숲이 울창한 2층 카페"

@tongtong_ss

2층 숲이 울창하게 우거진 양쪽 통유리창을 중심으로 찍는 사진이 인기 포토스팟. '모두가 함께 즐기고 나눌 수 있는 문화공간'을 모티브로 편안한 감성이 느껴지는 카페이다. 주변이 숲으로 둘러싸여 있어 포레스트뷰를 즐길 수 있다. 시그니처 음료는 스멜츠 크림라떼, 아몬드 아인슈페너 라떼, 블랙라떼와 이 외 스콘 등 베이커리류, 브런치로 구성되어 있다. (p137 D:2)

- 경기 광주시 오포읍 신현로 103
- #포레스트뷰 #조용한카페 #광주카페

어로프슬라이스피스 퇴촌 카페 야외 테라스
"미술관 느낌 대형 카페"

@soyvac

통유리창으로 된 미술관 같은 느낌의 외관이 이곳의 포토존. 앞쪽에는 아기자기한 조경과 연못이 있어 멋진 사진 연출이 가능하다. 대형 베이커리 카페답게 카페 위치를 설명하는 지도도 있으며, 빵은 물론 케이크, 타르트 등 다양한 메뉴들을 맛볼 수 있다. 예능프로그램을 통해 소개된 옥수수수프가 이곳의 별미인데, 단 계절상품이라 여름시즌에만 맛볼 수 있다. (p137 E:1)

- 경기 광주시 퇴촌면 정영로 946-8 어로프슬라이스피스
- #식물원가페 #옥수수수프 #아기자기한조경

율봄식물원 수국 포토존
"계단을 가득 메운 수국"

@minimini.mg

매년 6월 초부터 율봄식물원 수국정원에 분홍, 보라, 흰 수국이 무리 지어 피어난다. 수국 정원에 있는 장독대, 원목 테이블 등의 소

품을 활용해 이색 사진을 촬영해보는 것도 좋겠다. (p137 D:1)
- 경기 광주시 퇴촌면 태허정로 267-54
- #여름촬영소 #수국 #노랑테이블

머메이드레시피 카페 하이틴 감성 인테리어
"미국 레트로 감성 카페"

@jang_su302

핑크빛 외관에 화려한 네온 사진이 있는 외관이 대표 포토 스팟. 오래된 주택을 개조하여 지어진 미국 레트로 감성의 카페이다. 내부 인테리어는 아기자기한 빈티지 소품들로 꾸며져 있어 미국 드라마나 영화에 나오는 가정집 분위기를 느낄 수 있다. 만화에 나올 것 같은 귀여운 케이크 비주얼도 유명하다. 자가를 이용할 경우 별도 주차 공간이 없어 근처 공용주차장에 주차를 해야 한다. (p137 D:2)
- 경기 광주시 파발로 207-7
- #하이틴감성 #레트로카페 #미국느낌

개울테라스
"계곡 물놀이를 할 수 있는 카페"

@yoonyoung000

남한산성 계곡을 바로 앞에 두고 있어 여름철 물놀이를 즐기기 좋은 카페. 계곡을 따라 밀짚 파라솔이 펼쳐진 야외 테라스 좌석이 대표 포토존으로, 여름에는 인기가 많으므로 서둘러 방문하는 것을 추천한다. 매장은 한옥 지붕과 넓고 시원한 통창으로 이루어져 있어 독특한 느낌을 준다. 매장 2층 루프탑에서 계곡을 배경으로 사진을 남기는 것도 좋다. (p137 D:1)
- 경기 광주시 남한산성면 남한산성로 212-5 개울테라스
- #여름 #테라스 #계곡뷰

홍종흔베이커리 카페 소나무
"소나무 포토존 베이커리 카페"

@7.06com

넓은 산책길에 보이는 커다란 소나무가 대표 포토스팟. 총 18개의 지점이 있지만 군포점에서만 볼 수 있는 이색적인 조경수가 있어 가장 인기가 많다. 한옥 스타일의 대형 베이커리 카페로 제과제빵 분야에서 알려져 있는

홍종흔 명장이 만드는 천연발효 빵집으로 유명하다. 반려견, 반려묘는 외부 테라스 동반이 가능하다. 카페 정원에서는 300년이 넘는 향나무, 소나무 등도 볼 수 있다. (p136 C:2)
- 경기 군포시 번영로 252
- #소나무카페 #대형베이커리카페 #명장빵집

철쭉동산 산책로
"만개한 철쭉 속 산책로"

@ahhnnjiyooaung

매년 4월 말부터 5월 초까지 철쭉동산에 진분홍빛 철쭉이 만개한다. 4월 말쯤 열리는 철쭉 축제 때 방문하면 다양한 포토존이 마련되어 사진 찍을 곳이 더 많다. 산책로 중간에 사진찍기 좋도록 전망 데크가 있는 길이 있는데, 이곳이 사진찍기 가장 좋은 포인트. (p136 C:2)
- 경기 군포시 산본동 1153
- #늦봄촬영명소 #철쭉축제 #포토존 #나무데크전망대

속달로 카페 입구 양옆 창문
"럭셔리한 한옥 리모델링 카페"

@__s._e

한옥을 개조한 카페 입구가 메인 포토존. 고즈넉한 분위기를 연출한 사진 촬영이 가능하다. 내부에는 커다란 샹들리에와 고가구가 있어 카페의 고급스러운 분위기를 느낄 수 있다. 아기자기한 디저트 접시를 골라 디저트를 직접 담아 계산한다. 시골 느낌의 야외테라스부터 각각 방처럼 공간이 나누어진 테이블 등 다양한 좌석이 있다. 뒷마당에 돌로 만든 담벼락이 정겨운 시골집 분위기를 연상케 한다. (p136 C:2)
- 경기 군포시 속달로 286-4 카페속달로
- #군포한옥카페 #수리산카페 #시골집분위기

수산공원 카페 네모 스크린
"고래 미디어 아트 전시"

@zjy__yjz

내부에 크게 고래 영상이 나오는데 2층에서 사진을 찍는 것이 대표 포토존이다. 김포를 대표하는 초대형 복합문화공간으로 TV 및 유튜브의 많은 유명 채널에서 방영되어 더욱 인기가 많은 곳이다. 카페는 물론 수족관, 동물원, 키즈카페 등이 있어 아이와 함께 방문하기도 좋은 곳이며 내, 외부에는 천국의 계단, 핑크 계단 등 다양한 포토존이 많다. (p134 B:2)
- 경기 김포시 대곶면 대명항1로 52 나동 1층 수산공원
- #김포대형카페 #수산공원 #고래카페

연 카페 한옥 인테리어
"한옥 카페 전통 문살 다과"

@maaang_ju

예스러움이 물씬 느껴지는 카페 외관이 대표 포토존. 한옥을 개조한 것이 아닌 전통 방식 그대로 지어진 한옥 카페. 키즈케어존과 야외 애견 동반이 가능하며 좌석도 좌식 의자, 테이블 공간으로 나누어져 있다. 시그니처 음료인 연 라떼는 고소하고 달콤한 토피넛에 유기농 아이스크림이 올라가 있어 인기가 많은 메뉴이다. 이 외에도 밀크티, 에이드와 다양한다. (p134 B:2)
- 경기 김포시 대곶면 덕포진로103번길 42 한옥 카페 연
- #전통한옥카페 #김포한옥카페 #연라떼

55갤런 카페 식물 포토존
"식물원 있는 대형 스튜디오 카페"

@hyeongsub2

입구에 식물들이 담장을 빽빽하게 채우고 있어 웅장한 느낌을 자아내는 이곳이 대표 포토스팟. 1,000평 규모의 스튜디오 카페로 1층은 빵, 와인 등 다양한 먹거리들이 있고 화분들이 층층이 쌓여 있어 싱그러운 느낌

의 사진 연출이 가능하다. 2층은 호주 작가인 애런잭슨의 작품이 전시되어 예쁜 색감의 사진을 찍을 수 있으며, 3층은 통창으로 되어 있어 식물원 느낌의 사진을 찍을 수 있다. (p134 B:2)
- 경기 김포시 양촌읍 김포대로 1619 55갤런비스트로 카페
- #포토존카페 #식물원카페 #김포카페

글린공원 카페 공원 느낌 인테리어
"초록의 초대형 식물원 카페"

@jina__718

2층 카페 내부 인테리어를 배경으로 글린 공원 팻말과 함께 프레임에 담는 것이 포토스팟. 총 1, 2층으로 나누어져 있으며 1층은 식물들을 가까이서 보며 힐링할 수 있는 공간으로 작은 연못에 잉어들이 있어 아이들도 좋아하는 스팟 중 하나이다. 음료는 커피, 에이드, 주스 등과 스콘, 크루아상 등 베이커리류가 준비되어 있다. (p134 B:2)
- 경기 김포시 양촌읍 석모로5번길 34 카페 글린공원
- #초대형식물원카페 #푸릇푸릇 #아기와 함께가기좋은곳

닐라이 카페 논뷰 미니 수영장
"논 전망 야외 테라스"

@sujin9684

야외테라스에서 족욕을 하며 푸릇한 논뷰를 한 프레임에 담아 사진을 찍어보자. 야외테라스 수조는 입수는 어렵고 가볍게 발만 담글 정도만 가능하고, 휴일은 테이블 이용시간이 90분으로 정해져 있다. 카페 입구에는 넓게 잔디가 깔려 있어 아이들이 뛰어놀기 좋다. 각종 베이커리와 음료는 물론 샐러드, 버거, 파스타 등 간단한 식사도 준비되어 있다. (p134 B:2)
- 경기 김포시 월곶면 김포대로 2857-15 닐라이
- #족욕카페 #논뷰카페 #미니수영장

김포라베니체 베네치아 느낌 야경
"베네치아 감성 물길"

@impressive_hoon

라베니체는 베네치아 감성이 물씬 풍기는 유럽풍 쇼핑몰로, 한강 물길을 따라 돔형 유람선도 운행하고 있다. 물길을 가로지르는 다리 한가운데에서 물길을 가운데로 놓고 쇼핑몰과 한강을 수평에 맞추어 찍으면 예쁘다. 밤에는 한강 물길을 따라 무지갯빛 조명이 켜지고, 주변 상가에도 불이 들어와 더욱 아름답다. (p134 C:2)
- 경기 김포시 장기동 2018-2
- #베네치아 #물길 #이국적 #유람선

뱀부15_8 카페 대나무 인테리어
"대나무 숲속 귀여운 판다"

@seo._.oo0_

카페 입구 판다 조형물과 함께 대나무가 있는 곳이 대표 포토존. 초록초록한 숲 분위기에 카페 내에 600여 그루의 대나무와 야자수가 있어 피톤치드를 느끼며 힐링이 가능하다. 2, 3층에서는 오션뷰를 즐길 수 있다. 좌식 좌석이 있어 아이와 함께 방문하기도 좋다. 시그니처 메뉴는 대통 티라미수, 대통 초콜릿, 대통류, 판다 마카롱 등이 있고 파스타, 샐러드 등 브런치도 가능하다. (p134 B:2)
- 경기 김포시 하성면 금포로1915번길 7 뱀부카페&레스토랑
- #팬더카페 #아이와함께가기좋은곳 #대나무카페

아보고가 카페 적벽돌 외관
"이집트 피라미드 벽돌"

@momo_koreacafe

이국적인 느낌을 자랑하는 피라미드 모양의 적벽돌 외관이 대표 포토스팟. 맑은 날에는 파란 하늘과 함께 더 멋진 사진 연출이 가능하다. 노키즈존으로 운영되며, 베이커리류 외에도 푸딩, 음료 등과 빙수, 간단한 브런치 등 다양한 메뉴들이 준비되어 있다. 2층 테라스에서는 푸릇푸릇한 논뷰와 김포 한강뷰를 즐길 수 있다. (p134 C:2)
- 경기 김포시 하성면 월하로 977-19 아보고가베이커리
- #이국적 #피라미드카페 #노키즈존

산들소리수목원 불암산뷰 사각 포토존
"불암산을 담은 사각 벤치"

@midal87

산들소리수목원에는 사진찍기 좋은 포토존이 곳곳에 마련되어 있는데, 그중에서도 불암산 전망을 담은 사각 벤치 겸 포토 프레임이 가장 인기 있다. 프레임이 1:1 비율이라 인스타그램 인증 사진 남기기 제격이다. 그 외에 무지개 의자, 러브 사인 등 사진 찍을만한 공간이 많다. (p135 D:2)
- 경기 남양주시 별내동 불암산로59번길 48-31
- #사각벤치 #프레임 #무지개의자

비루개 카페 수국동산
"수국 동산과 불멍 화로대"

8월, 활짝 핀 수국 동산에서 사진을 찍어보자. 넓게 수국이 자리하고 있어 어느 곳에서 찍어도 포토존이다. 뿐만 아니라 수국꽃을 1팀 1대로 나누어줘서 인기가 많다. 야외에 화로대가 있어서 마시멜로, 소시지, 떡 등을 꼬치로 구워 먹을 수 있다. 산속에 자리 잡고 있어 비포장도로라 운전이 쉽지는 않지만, 청정한 공기와 향긋한 허브향이 어우러져 힐링하는 기분을 느낄 수 있는 카페이다. (p135 D:2)
■ 경기 남양주시 별내면 용암비루개길 219-88
■ #수국카페 #마운틴뷰 #별내카페

파슬스 감성 넘치는 인테리어
"파스텔톤 주방이 매력적인 숙소"

파스텔톤의 여러 색깔이 조화를 이루어 특유의 감성이 폭발하는 주방이 이곳의 핵심 포토존. 파슬스는 리빙 브랜드를 운영 중인 부부가 강아지와 함께 별장으로 사용하는

곳이기도 하다. 반려견과 함께 여행할 수 있는 숙소를 찾다가 직접 지은 장소인 만큼 애견 동반이 가능하다. 배변판과 배변 패드 등이 구비되어 있고, 거실에 화목난로를 통해 불멍을 할 수 있다. (p135 E:2)
■ 경기 남양주시 수동면 입석2길 66-15
■ #애견동반숙소 #강아지와여행 #파스텔톤감성숙소

스테이보다 액자뷰 통창
"이끼 정원 있는 독채 숙소"

정원동 이끼 정원에서 커다란 나무 문을 열면 만날 수 있는 사각 프레임 중심이 대표 사진 촬영 존. 마치 자연 풍경 액자에 들어가 있는 듯한 느낌의 사진을 찍을 수 있다. 숙소는 정원동과 보다동 독채 두 채로 이루어져 있고, 내부는 화이트 인테리어로 깔끔한 인상을 준다. 서울 근교에 있는 4인 이상 머물 수 있는 감성 숙소로 추천할 만한 곳. (p135 E:2)
■ 경기 남양주시 수동면 축령산로 21-2
■ #남양주감성숙소 #4인이상숙소추천 #이끼정원

카페실버팟 저수지뷰 통창
"오남저수지 전망 유리통창"

오남저수지 뷰를 배경으로 통창에서 사진을 찍어보자. 느낌 있는 사진 연출이 가능하다. 파노라마처럼 창문이 있어 오남저수지를 한 눈에 볼 수 있다. 72시간 저온 숙성 빵과 브런치, 크로플 전문 카페. 2, 3층 카페와 루프탑으로 되어 있다. 다양한 음료 메뉴와 크로플, 베이커리류, 샌드위치, 피자 등 브런치 메뉴들이 있다. (p135 E:2)
■ 경기 남양주시 오남읍 팔현로 75 2층 일부, 3층
■ #오남저수지뷰 #남양주카페 #오남호수뷰

숲속의오두막 캠핑 느낌 통창
"사계절이 선물하는 자연이라는 액자"

숲 뷰를 바라보며 캠핑 감성이 물씬 풍기는 의자에 앉아 사진을 찍을 수 있는 동화방이 메인 포토존. 숙소의 대표 포토존을 가진 룸답게 인기가 많아 예약이 치열한 곳이다. 밤

이 되면 방 안에 있는 미니 화덕 난로 앞에서 실내 불멍하며 시간을 보낼 수도 있다. 캐빈 2객실에는 다락방 영화관이 있어 동화 방 다음으로 유명하다. (p135 E:2)
- 경기 남양주시 오남읍 팔현로175번길 142-36
- #캠핑감성숙소 #불멍숙소추천 #남양주 통창숙소

살롱드팔당 카페 천국의 계단
"하늘 전망 천국의 계단 포토존"

@mimiclx

루프탑에 자리 잡고 있는 푸른 하늘과 한강을 배경으로 '천국의 계단'에서 사진을 찍어 보자. 1층은 은은한 조명과 함께 아늑한 감성이 가득한 곳이고, 2층은 여러 종류의 술이 진열되어 있어 마치 바 분위기를 느끼게 한다. 내부에 아기자기한 인테리어와 소품이 있어 사진 찍기도 좋다. 메뉴는 화덕피자, 파스타, 브런치 등과 커피, 티 등이 있다. (p135 E:3)
- 경기 남양주시 와부읍 경강로926번길8-1
- #천국의계단 #다이닝펍 #남양주카페

아벨 카페 유럽 감성 입구
"궁전의 문을 여는듯한"

@eun__din

유럽의 성문 같은 느낌이 드는 입구에서 사진을 찍어보자. 내부는 엔틱한 소품들로 가득하며 차분한 느낌의 인테리어가 돋보이는 곳이다. 입구 앞쪽은 탑승이 가능한 장난감 자동차와 넓은 정원이 있어서 아이들이 뛰놀기 좋다. 무방부제와 천연재료로 만든 스콘, 크루아상 등 다양한 베이커리류와 커피, 논 커피 음료가 있다. (p135 E:3)
- 경기 남양주시 와부읍 팔당로 124
- #유럽감성 #남양주카페 #팔당카페

능내역 폐역 아날로그 감성
"세월이 느껴지는 기와와 빛바랜 간판"

@tto_he

능내역은 다른 폐역과 달리 기와 건물이 매력적인 곳이다. 빛바랜 역 간판과 역사 주변으로 울창하게 솟은 초목을 배경으로 인물 사진을 찍으면 레트로 감성 가득한 사진을

찍어갈 수 있다. 역 건물 앞에 마련된 나무 벤치와 빨간 우체통도 주요 포토 스팟. (p135 E:3)
- 경기 남양주시 조안면 다산로 566-5
- #초가집모양 #기차역 #레트로 #우체통

물의정원 흰 나무 포토존
"강가의 흰 나무"

@youngeun927

물의정원에는 강변을 따라 누운 듯이 자란 고목들이 많은데, 이 나무에 올라서거나 걸터앉아 사진을 찍는 이들이 많다. 나무와 강 전망이 잘 나오도록 촬영 각도를 적절히 조절하는 것이 포인트. (p135 E:2)
- 경기 남양주시 조안면 북한강로 398
- #나무위인생샷 #강변사진 #이색사진

뷰포인트카페 강뷰
"2층 루프탑 북한강 전망"

@lovely_kauai_

2층 테라스에서 북한강뷰와 함께 사진을 찍어보자. 푸른 하늘과 함께 어우러져 멋진 사진 연출이 가능하다. 노을이 질 땐 평화로운 해 질 녘 뷰, 비 올 때는 그림 같은 풍경과 함께 힐링할 수 있는 카페이다. 상수원보호구역으로 자연을 보호하며 카페가 운영된다. 애견 동반이 가능하여 넓은 잔디밭에서 뛰놀게 할 수 있다. 영수증을 제시하면 아메리카노 1회 무료 리필이 가능하다. (p135 E:3)
- 경기 남양주시 조안면 북한강로 688
- #애견동반카페 #북한강뷰 #뷰포인트

대너리스 카페 북한강뷰 사각 창문
"북한강 전망 앤틱 카페"

@flying_ashley

통창에 넝쿨이 둘러싸여 있어 북한강을 볼 수 있는 사각 창문이 대표 포토존. 지하 1층부터 3층 규모로 되어 있으며, 담쟁이로 둘

러싸인 예쁜 건물과 유럽 느낌으로 꾸며진 푸릇한 정원이 이쁜 곳이다. 내부는 앤틱한 느낌의 그림들이 걸려 있어 미술관 갤러리 느낌도 받을 수 있다. 포토 인화기도 있어 사진을 인화하여 추억 남기기도 가능하다. 평일에만 브런치를 즐길 수 있다. (p135 E:3)
- 경기 남양주시 조안면 북한강로 914
- #넝쿨프레임 #유럽풍정원 #북한강뷰

카펜트리 카페 오두막 느낌 인테리어
"오두막 있는 마을 감성카페"

@kongjiny_

제주 감성이 느껴지는 오두막 느낌 외관이 대표 포토존. 원목 인테리어로 되어 있어 자연 친화적이고 따뜻한 느낌을 받을 수 있는 카페로 커피, 우유, 케이크류가 있고 파스타, 피자 등 브런치 식사가 가능한 올데이 브런치 카페이다. 시그니처메뉴는 빵, 햄, 수란, 채소, 소스가 어우러진 에그 베네딕트. 애견은 외부 테라스에서만 동반이 가능하며, 아이들을 위해 색칠 공부가 준비되어 있다. (p135 E:2)
- 경기 남양주시 진접읍 경복대로198번길 48 카펜트리
- #제주감성 #브런치맛집 #진접카페

베이커리씨어터 카페 북한강뷰 야외 테라스
"북한강과 소나무 정원 전망"

@hyo_ohhh

북한강뷰를 배경으로 글자조형물과 함께 찍는 사진이 인기 포토존. 10,000여 평에 이르는 소나무 정원과 조경이 이쁘게 잘 꾸며져 있어 곳곳을 산책하며 사진찍기도 좋다. 하루 한정 생산되는 오징어 먹물 반죽에 찹쌀, 크림치즈, 견과류 토핑이 올려져 있는 '악마의 유혹' 빵이 가장 인기가 많다. 실내외 좌석이 많다. (p135 E:2)
- 경기 남양주시 화도읍 경춘로2696번길 4-15
- #식물원카페 #악마의유혹 #북한강뷰

남양주한강공원 삼패지구
"보랏빛 수레국화 공원"

@grace_yeonhee

보라색과 파란색이 오묘하게 섞인 수레국화와 함께 사진을 찍을 수 있는 공원. 수레국화는 5~6월에 절정을 이루며, 이 시기에 양

귀비 꽃도 함께 볼 수 있다. 공원에 조성된 자작나무길 역시 하나의 포토존이다. 공원이 강 옆에 있어 강을 따라 걷거나 자전거를 타기 좋으며, 피크닉할 수 있는 잔디밭도 있으니 돗자리를 챙기는 것을 추천한다. (p137 D:1)

- 경기 남양주시 고산로 254-2
- #수레국화 #보라색 #피크닉

파인힐커피하우스 카페 마운틴 뷰 야외 포토존
"산속 정원 딸린 베이커리 카페"

@winsome_yudini

1층 야외에 푸릇한 산을 배경으로 사진을 찍는 곳이 대표 포토존. 약 2만 평의 정원 안에 위치해 있어 자연 풍경과 함께 여유로움을 만끽하며 즐기기 좋은 곳이다. 높은 지대에 위치해 있어 탁 트인 풍광을 볼 수 있다. 인공 분수, 곳곳에 그림 등이 있어 갤러리에 온 듯한 느낌도 얻을 수 있다. 간단한 베이커리류와 마카롱이 준비되어 있고 야외테라스에서 만 반려견 동반이 가능하다. (p135 D:2)

- 경기 동두천시 안흥로 65-34
- #동두천카페 #애견동반카페 #마운틴뷰

동광극장 레트로 영화관
"영화포스터와 레트로풍 극장"

@loveddyujin

동광극장은 60년 넘게 동두천에 자리 잡은 레트로풍 극장으로 벽돌, 철문, 알록달록한 영화 포스터 등에서 레트로 감성이 묻어난다. 영화관 상단에 있는 노랑, 주황색 프레임이 잘 나오도록 정면이나 반 측면에서 가로로 사진을 찍으면 예쁘다. 실제로 영업 중인 영화관이므로 시간에 여유가 있다면 영화 한 편을 즐기고 오는 것도 좋겠다. (p135 D:2)

- 경기 동두천시 중앙동 828
- #레트로 #영화관 #알록달록

니지모리스튜디오 일본 료칸 인테리어
"기모노와 료칸"

@nawusmik

일본식 온천 여관(료칸) 거리를 그대로 재현해놓은 곳으로, 일본 여행 온 듯한 착각이 들게 한다. 기모노를 빌려 입고 사진을 찍으면 일본 느낌을 한껏 살릴 수 있다. 홍등이 달린 골목길에서 뒤편에 있는 흰 목조건물이 보

이도록 사진 촬영하면 예쁘다. (p135 D:2)

- 경기 동두천시 천보산로 567-12
- #일본풍 #일본온천여관 #기모노대여

모네정원 데이지 꽃밭
"하얀 데이지 꽃밭"

@mini._.mei

매년 5월을 전후로 하얀색 데이지꽃이 모네정원 곳곳을 장식한다. 간이 천막과 옐로우 톤 의자, 테이블을 활용해 사진을 찍으면 더 예쁘다. 모네정원은 원예 체험, 텃밭 체험을 진행하는 체험형 정원으로 방문 전 체험신청을 해야 한다. 월요일에는 체험이 진행되지 않는 점도 참고하자. (p136 B:1)

- 경기 부천시 고강동 185-3
- #5월 #데이지 #원예체험

백만송이장미원 사각 포토존
"장미 꽃 가득한 사각 프레임"

@mirror._.rabbit

이름 그대로 백만송이 장미로 꾸며진 이 공원 중심에는 사각 프레임 포토존이 있는데, 프레임을 주변으로 붉은색, 분홍색 장미가 피어나 인물 사진 찍기 좋다. 이곳 말고도 장

미 터널, 장미 동산, 만화 캐릭터 조형물이 설치되어 가족사진 찍기도 좋은 곳이다. 6월 초부터 7월 초에 방문하면 탐스럽게 핀 장미꽃을 만나볼 수 있다. (p136 B:1)
- 경기 부천시 원미구 부천로354번길 100
- #여름 #장미프레임 #장미터널

부천호수식물원 수피아
"영화 아바타 속에 들어온 듯한 식물원"

사계절 내내 다양한 식물을 만날 수 있는 실내 수목원. 4월부터 10월까지 매주 금요일과 토요일 야간 개장을 하며, 야간에는 특히 화려한 조명을 더해 몽환적인 분위기를 느끼며 영화 〈아바타〉에 들어온 듯한 사진을 남길 수 있다. 야간 개장 입장 인원이 1회 250명으로 정해져 있으므로 부천시 공공서비스 예약 홈페이지에서 사전 예약을 하는 것을 추천한다. (p136 B:1)
- 경기 부천시 원미구 길주로 16 상동호수공원
- #야간개장 #몽환적 #실내수목원

도넛드로잉 카페 도넛 모양 외벽
"빈티지 인테리어 도넛 카페"

입구 도넛 드로잉 카페 외관이 대표 포토존으로 빈티지스러운 사진 연출이 가능하다. 컨테이너를 개조한 느낌의 건물과 입구 앞쪽으로는 얕은 풀이 있어 휴양지 감성을 느낄 수 있다. 도넛 종류는 총 8개가 있는데 이 중 바질 크림치즈 도넛이 시그니처 메뉴이다. 음료는 커피, 티, 에이드, 스무디 등이 있다. 반려견은 야외테라스에서만 동반할 수 있다. (p137 D:2)
- 경기 성남시 분당구 대왕판교로 103
- #분당카페 #휴양지감성 #도넛맛집

메카이브 초대형 그래피티
"힙한 대형 그래피티"

만들기 체험과 직업 체험을 즐길 수 있는 복합문화공간인 메카이브 입구 쪽과 2층 테라스 너머에 사진찍기 좋은 대형 그래피티가 마련되어 있다. 테라스 너머 그래피티는 가로 방향으로, 입구 쪽 그래피티는 세로 방향으로 찍으면 예쁘게 나온다. (p137 D:2)
- 경기 성남시 분당구 분당수서로 501 5층
- #그래피티 #벽화 #힙한느낌

무궁화 파이브
"사계절 방문하고 싶은 포토존 카페"

계절마다 바뀌는 포토존으로 유명한 판교 브런치 카페. 겨울 시즌에는 3m 높이의 초대형 크리스마스 트리, 봄 시즌에는 생화로 장식한 꽃 분수대, 여름 시즌에는 시원한 안개 분수를 볼 수 있다. 포토존이 지하 1층에 있으므로 계단 위에서 찍으면 드론으로 찍은 듯한 색다른 느낌의 사진을 남길 수 있다. 메뉴는 라자냐, 소금빵 등이 인기. (p137 D:2)
- 경기 성남시 분당구 동판교로52번길 9-9 지하1층 지상1층
- #트리 #꽃 #포토존

레이지하우스 카페 유럽풍 외관
"아늑한 분위기 유럽 감성 카페"

@soyeun_0330

유럽 감성이 느껴지는 외관이 대표 포토존. 내부 또한 유럽 가정집 느낌으로 방, 주방 나누어져 인테리어가 되어 있어 아늑하고 감성적이다. 메뉴는 커피와 티, 스콘, 케이크 등의 디저트가 있다. 테이블마다 번호가 있어 테이블 번호를 얘기하면 음식을 직접 픽업해주신다. 주차장이 따로 없어 대중교통 이용을 추천하며, 노키즈존으로 운영된다. (p137 D:2)
- 경기 수원시 영통구 청명로59번길 7-3
- #유럽가정집느낌 #감성카페 #영통카페

방화수류정 용연호수
"용연호수 너머 정자"

@haily.uu

아늑한 용연호수 너머에는 방화수류정이라 불리는 누각이 마련되어 있는데, 호수와 연잎을 앞에 두고 방화수류정 누각을 가운데 놓고 찍으면 예쁘다. 여름에는 용연호수에

연꽃이 피어나 더 아름답다. (p136 C:2)
- 경기 수원시 장안구 연무동 190
- #연꽃 #방화수류정 #정자

화서공원 억새밭
"억새군락과 수원화성"

@sghyein

10월 말부터 11월 중순까지가 억새 철인데, 이때 화서공원에 억새 군락이 가득 피어난다. 억새밭 위로 수원화성이 보이게 찍는 것이 포인트. 사진 상단 1/3 지점에 수원화성이나 성곽길을 걸쳐 사진을 찍으면 예쁘다. 수원화성 야간 개장 때 야경 사진을 찍어도 좋다. (p136 C:2)
- 경기 수원시 장안구 영화동 372-1
- #가을사진 #수원화성전망 #로우 앵글

월화원 지춘 정원 문
"둥근 돌문 전통 중국식 정원"

@jihyeonham

전통 중국식 정원인 월화원 입구에는 동그란 구멍이 뚫린 돌문이 있는데, '지춘' 한자가 쓰인 석판과 독특한 나뭇잎 장식이 붙어 있어 이국적인 느낌의 사진을 찍을 수 있다. 지춘 석판 위 기왓장이 사진의 1/3정도를 차지하도록 비율을 맞추어 찍으면 예쁘다. (p136 C:2)

- 경기 수원시 팔달구 동수원로 399
- #중국감성 #원형프레임 #인스타

루소홈 카페 앤티크 인테리어
"강렬한 붉은 빛 외부 인테리어"

@guuuna_

빨간빛의 이국적인 외관이 대표 포토존. 주택을 개조하여 만든 곳으로 내부는 알록달록한 포인트 색상의 아기자기한 느낌이 가득하다. 커피, 에이드, 티 등 다양한 메뉴가 있지만 시그니처 메뉴는 루소라떼와 사막 커피로 루소라떼는 월넛라떼 베이스에 크림, 견과류 토핑이 들어가 있는 라떼이며, 사막 커피는 아메리카노에 연유 크림, 시나몬 가루가 올라간 커피이다. (p136 C:2)
- 경기 수원시 팔달구 수원천로 367 1층 루소홈
- #행궁동카페 #수원카페 #아기자기

행궁81.2 카페 파란색 문
"파란 문과 빈티지 인테리어"

@j.0.jo

입구에 들어가면 파란색 문이 있어 시원한 사진 연출이 가능하다. 앞쪽에는 초록 정원과 테라스가 있어 날 좋을 때 즐기기 좋다. 내부 인테리어는 자개 서랍장과 화장대 등 빈티지스러운 느낌의 가구들이 있어 고풍스러운 느낌이 난다. 메뉴는 커피, 음료, 스무디, 에이드, 티로 구성되어 있고 휘낭시에와 마들렌, 쿠키 등과 같은 간단한 베이커리류도 있다. (p136 C:2)

- 경기 수원시 팔달구 신풍로 56 행궁81.2
- #행궁동대형카페 #루프탑카페 #행리단길카페

카페그리트 아기자기 보라색 인테리어
"보랏빛 문과 다채로운 포토존"

@_jini_jin

동화 속을 연상케 하는 보랏빛의 문 앞에서 사진을 찍어보자. 대표문 외에도 입구 쪽 빈티지 장롱, 토끼 벽화 등 다양한 포토존이 있다. 1층은 주문하는 곳, 2층은 취식하는 곳, 3층 루프탑으로 나누어져 있으며, 귀여운 소품들도 판매한다. 빈티지 느낌의 가구와 소품들이 많아 구경하는 재미도 쏠쏠하다. 9가지의 커피 메뉴와 에이드, 티, 우유가 있다. (p136 C:2)

- 경기 수원시 팔달구 신풍로23번길 63-10 카페그리트
- #보라보라 #동화카페 #행궁동카페

장안문 입구
"아치형 문 입구가 만들어주는 프레임"

@joy__neo

입구 밖에서 장안문 전경을 찍어도 예쁘고, 맨 바깥쪽 입구에서 장안문 건물을 들여다보이게 찍어도 예쁘다. 입구에서 찍으면 아치형 문 입구가 프레임이 되어 독특한 느낌을 준다. 가을 일몰 때 노을 진 사진을 찍어도 예쁘다. (p136 C:2)

- 경기 수원시 팔달구 장안동 정조로 910
- #수원화성 #아치프레임 #가을사진

화성행궁 야간개장 달 조형물
"야간 달 조형물"

@wony37

가을 야경 맛집 화성행궁은 매년 5월부터 10월 말까지 18시~21시 30분까지 야간 개장을 하는데, 이때 정문 앞에 진짜 달을 꼭 닮은 조형물이 설치된다. 달을 정면으로 바라보고 서서 몸 실루엣만 나오도록 역광 사진을 찍어도 예쁘고, 달 측면에 서서 달을 감싸는 듯한 포즈를 취해 사진을 찍어도 예쁘다.

가을 야경 맛집 화성행궁은 매년 5월부터 10월 말까지 18시~21시 30분까지 야간 개장을 하는데, 이때 정문 앞에 진짜 달을 꼭 닮은 조형물이 설치된다. 달을 정면으로 바라보고 서서 몸 실루엣만 나오도록 역광 사진을 찍어도 예쁘고, 달 측면에 서서 달을 감싸는 듯한 포즈를 취해 사진을 찍어도 예쁘다. (p136 C:2)

- 경기 수원시 팔달구 정조로 825
- #수원화성 #야간개장 #달모양

팔레센트 카페 장안문뷰 테라스
"장안문을 바라보며 커피 한 잔"

@l.jaeweon

조선시대 문화재인 장안문을 한 프레임에 담아 사진을 찍을 수 있어 인기가 많은 카페이다. 음료는 커피, 논 커피, 티, 에이드가 있고 시그니처 메뉴는 카페팔레센트로 그린티 크림, 커피, 우유가 들어간 커피다. 간단한 베이커리류도 판매하고 있다. 루프탑은 실내 유리 식기가 반출되지 않아 초록 캐리어를 이용해 리유저블컵으로 바꾼 후 이용이 가능하다. (p136 C:2)

- 경기 수원시 팔달구 정조로 904-1 2층
- #행궁동카페 #장안문뷰 #루프탑카페

플라잉수원 열기구
"파란하늘에 두둥실 뜬 열기구"

@smilingm_

플라잉수원은 수원화성 위를 달 모양 열기구로 올라가 보는 이색 액티비티다. 사전 예약 후에만 체험할 수 있는데, 하늘 위에 올라가면 조종사분이 기념사진도 남겨주신다. 체험하지 않더라도 밖에서 수원 화성과 환상적인 열기구를 한 앵글에 담으면 영화 속 장면처럼 아름답다. 단, 예약자가 없거나 기상 상황이 좋지 않을 경우 열기구 운행이 없을 수 있다는 점을 참고하자. (p136 C:2)
- 경기 수원시 팔달구 지동 255-4
- #열기구 #하늘을나는풍선 #수원화성

버터북 카페 버터를 연상시키는 노란 인테리어
"버터 테마 이색 인테리어"

@seoni__day

버터를 연상케 하는 노란빛 외관이 대표 포토존. 아기자기한 인테리어가 돋보이는 카페이다. 메뉴는 드립커피와 티, 우유, 젤라또와 다양한 도넛들이 있다. 앞쪽에는 작은 마당이 있어 날씨 좋을 때는 시원하게 카페를 즐길 수 있다. 카페 주변으로 한옥이 많아 통창에서 한옥뷰 감상과 현대적인 버터 북 카페 외관, 한옥이 어우러져 현재와 과거가 공존하는 듯한 느낌을 받을 수 있다. (p136 C:2)
- 경기 수원시 팔달구 화서문로16번길 83
- #행궁동카페 #도넛맛집 #수원카페

몽테드 <선재 업고 튀어> 촬영지
"<선재 업고 튀어> 솔이네 집"

@d__hey_

드라마 〈선재 업고 튀어〉에서 솔이의 집으로 등장했던 수원 행궁동 카페. 드라마 속 한 장면을 제대로 재현하고 싶다면 카페 바깥이 아닌, 마당 안으로 들어와서 카페 맞은편 선재의 집인 파란색 대문을 배경으로 사진을 찍는 것을 추천한다. 다만 파란색 대문집은 실제로 사람이 거주하는 일반 가정집이므로 지나친 소음이나 사생활 침해가 없도록 주의가 필요하다. (p136 C:2)
- 경기 수원시 팔달구 화서문로48번길 14 1층
- #드라마촬영지 #포토존 #행궁동

별마당도서관 스타필드수원점
"압도되는 느낌의 대형 책장"

@ure__ure

국내에서 가장 높은 도서관. 수원 스타필드 4층부터 7층까지 걸친 거대한 책장과 유리 천장에 달린 독특한 행성 조형물 덕분에 최근 핫플레이스 포토존으로 떠올랐다. 4층에서는 높은 책장을 올려다보며 압도되는 느낌을 경험할 수 있으며, 에스컬레이터를 타고 한 층씩 올라가면 조금씩 다른 뷰를 배경으로 사진을 찍을 수 있다. 특히 6층에서 사진 찍는 것을 추천. (p136 A:1)
- 경기 수원시 장안구 수성로 175
- #대규모 #독특한 #건축

영흥수목원 실내온실
"이국적인 사각 유리 온실"

@j_byeol0.0

기울어진 사각형 모양의 독특한 유리 온실이 있는 수목원. 국내에서 쉽게 보기 어려운 열대지방 식물들이 심어져 있으며, 인공 폭포 아래를 통과할 수 있는 동굴 통로가 조성되어 있어 꼭 동남아 여행을 간 듯한 이국적인 사진을 찍을 수 있다. 영흥수목원 방문자센터에는 식물로 장식한 계단식 도서관 '책마루'가 있는데, 이곳 역시 또 하나의 포토존이니 참고. (p137 D:2)
- 경기 수원시 영통구 영흥로 435 영흥수목원
- #유리온실 #이국적 #자연

헤올커피로스터즈
"수원화성 뷰 루프탑 카페"

@min_ji_050

수원화성 장안문을 배경으로 인생샷을 남길 수 있는 행궁동 카페. 2층부터 4층까지가 카페이며, 모든 층에서 장안문을 감상할 수 있다. 유리창 없이 사진을 남기고 싶다면 4층 루프탑을 추천한다. 노을이 지거나 밤이 되어 조명이 켜질 때가 특히 아름다우므로 야경을 감상하고 싶다면 저녁에 방문하는 것이 좋다. 일~목요일은 22시까지, 금~토요일은 23시까지 운영하니 참고. (p136 C:2)
- 경기 수원시 팔달구 정조로 902 헤올커피로스터즈
- #고궁 #야경 #루프탑

카페피크닉 제주 감성 인테리어
"제주 해변 감성 루프탑 카페"

@821512_9

제주에 온 듯한 느낌의 사진 연출이 가능하다. 내부에 아기자기한 인테리어가 많고, 대형 곰돌이가 앉아있는 벤치와 파란 느낌의 통창에서도 멋진 사진을 남길 수 있다. 스무디, 에이드, 커피 등 다양한 음료가 있지만 수제그릭요거트와 크로플이 가장 유명한 메뉴 중 하나이다. 2층은 안전상의 이유로 13세 이상만 이용이 가능하다. (p136 B:2)
- 경기 시흥시 거북섬둘레길 34 더오션2 104호
- #제주감성 #피크닉기분 #크로플맛집

웨이브파크 도심 속 워터파크
"하와이에 온 듯한 기분"

@doongdoong_camp

시흥 시내 한 가운데에 있는 워터파크 웨이브파크에서 물놀이도 즐기고 도심을 배경으로 물놀이하는 이색 인증사진도 남길 수 있다. 워터파크 건너편 도심 건물이 함께 나오도록 사진을 찍어보자. 거북이 모양 돌 조형물, 다이빙 천막, 야자수와 그늘막도 사진찍

기 좋은 포인트다. (p136 B:2)
- 경기 시흥시 거북섬둘레길 42
- #시흥시내전망 #워터파크 #야자수

관곡지 연꽃테마파크
"대형 연잎이 만드는 멋진 배경"

@junie_joony

매년 8월을 전후로 한여름이 되면 관곡지에는 사람 키보다 커다란 대형 연잎과 탐스러운 백련, 홍련이 멋진 포토존을 만들어준다. 길을 걷다 나오는 나무로 된 사각 프레임이나 아늑한 정자에 앉아 사진을 찍어도 예쁘다. 단, 나무 그늘이 없으므로 산책하기 다소 더울 수 있으니 모자와 물을 꼭 챙겨가자. (p136 B:2)
- 경기 시흥시 관곡지로 139
- #여름 #백련 #홍련

물왕호수 둘레길
"푸른 하늘과 초록잎이 비치는 호수"

@kang_seok_ha

물왕호수를 빙 둘러서 안전 난간이 딸린 산책로가 설치되어 있다. 산책로 너머에서 이 난간 바닥을 맨 아래에 수평으로 두고 호수가 잘 나오도록 가로 사진을 찍으면 사진이 예쁘게 찍힌다. 날씨가 좋을 때는 호수에 푸른 하늘과 초록 풀잎이 그대로 비쳐 더 예쁘

다. 호수 너머 버드나무를 프레임으로 활용해도 좋다. (p136 B:2)

■ 경기 시흥시 물왕동
■ #물왕호수 #버드나무 #인물사진

배곧한울공원 액자존 천국의 계단
"포토 프레임 전망대"

@monchouchoururoro

배곧한울공원 산책로 중반에 흰 액자를 닮은 포토 프레임 전망대가 마련되어 있다. 프레임 아래로 계단이 있는데 이 계단 아래에서 로우 앵글로 인물 사진을 찍으면 키가 커 보이는 듯한 효과를 준다. 노을 전망이 아름다운 CAFE 해넘이에도 광목천이 깔린 멋스러운 야외 테이블이 마련되어 있어 좋은 포토존이 되어준다. (p136 B:2)

■ 경기 시흥시 배곧 2로 106
■ #액자포토존 #전망카페 #노을맛집

갯골생태공원 흔들전망대
"회오리 모양 전망대와 푸른 하늘"

@j.silver_g

갯골생태공원에는 회오리 모양으로 생긴 독

특한 흔들 전망대가 있는데, 전망대에 올라가면 갯벌과 너른 갈대밭 전망을 즐길 수 있다. 특히 가을 낙조 전망이 아름답다. 전망대 옆으로는 커다란 사각 프레임이 설치되어 있는데 여기서 전망대나 갈대를 배경으로 인생 사진도 찍어갈 수 있다. (p136 B:2)

■ 경기 시흥시 장곡동 724-32
■ #전망대 #시흥도시뷰 #갈대밭뷰

오이도 생명의나무 전망대
"생명의 나무 조형물"

@x__xrhdhk

오이도 전망대 중앙에는 생명의 나무라 불리는 거대한 흰색 철제 그물 조형물이 있다. 생명의 나무 앞에서 인물 사진을 찍는 사람들이 많은데, 크기가 워낙 커서 맞은편 끝 쪽에서 찍거나 아래에서 위를 바라보는 방향으로 촬영해야 나무와 인물이 모두 잘 나온다. 밤에는 주변에 사람도 적고 전망대 주변으로 알록달록한 조명이 들어와 더 멋진 사진을 남길 수 있다. (p136 B:2)

■ 경기 시흥시 정왕3동 오이도로 137
■ #생명의나무 #버섯모양 #인물사진

오이도 빨간등대 전경
"빨간등대 전망대"

@queen_j_oon

오이도의 명물 빨간등대 전망대는 오이도 방문객이라면 꼭 사진을 남기고 가는 포토스팟이다. 푸르고 흰 바다와 건물에 빨간 등대가 좋은 사진 포인트가 되어준다. 등대가 높게 솟아있어 건물 전체를 사진에 담기는 힘들고, 등대와 조금 멀리 떨어져서 찍거나 카메라를 아래로 향해서 찍으면 등대 건물을 최대한 많이 담아갈 수 있다. (p136 B:2)

■ 경기 시흥시 정왕동 2003-16
■ #오이도 #빨간등대 #노을맛집

배곧한울공원 해수풀체험장 해외 휴양지 느낌
"야자수와 해수 풀장"

@98vin_i

도심공원인 배곧한울공원은 매년 여름, 휴가철 시민들을 위해 해수 풀장을 개방하는데, 초록빛 수영장 물길을 따라 야자나무와 이국적인 파라솔, 선베드가 설치되어 해외 리조트 느낌의 사진을 찍어갈 수 있다. 파라솔 대여 요금이 저렴하고, 사진도 멋지게 잘

나오니 사전 예약해서 이용해보는 것도 좋겠다. (p136 B:2)
- 경기 시흥시 해송 십리로 61
- #이국적 #수영장 #파라솔

왐왐커피 오션뷰 통창
"대부도 오션뷰 베이커리 카페"

@aareum_ii

카페 내부 통창에서 넓은 대부도 바다와 함께 사진을 찍어보자. 서해바다여서 물 때를 맞춰야 바다와 함께 사진 촬영이 가능하며, 그 외에는 드넓은 갯벌뷰 사진 연출을 할 수 있다. 아메리카노는 직접 원두를 고를 수 있고 에이드, 논 커피, 티 등과 크로플, 케이크 등 간단한 디저트류들이 있다. 모든 좌석에서 오션뷰를 즐길 수 있으며 화이트와 브라운으로 톤을 맞춘 인테리어로 감성적이다. (p136 A:2)
- 경기 안산시 단원구 구봉길 102-26 2층 왐왐커피
- #대부도카페 #갯벌뷰 #오션뷰

발리다 카페 글자 조형물
"발리 감성 베이커리 카페"

@da_02_99

입구 앞에 있는 노란 '발리다' 글자 조형물이 이곳의 대표 포토존. 마치 휴양지 발리에 온

듯한 기분을 느끼게 해주는 카페이다. 달콤 쌉싸름한 맛이 일품인 더스트브라운, 파인애플과 레몬즙을 넣어 하루 20잔만 한정적으로 판매하는 트로피컬 파인 등 독특한 음료 메뉴가 8가지가 있다. 조각 케이크도 있어 간단한 베이커리류도 즐길 수 있다. 2층은 안전상의 문제로 노키즈존으로 운영된다. (p136 A:2)
- 경기 안산시 단원구 구봉타운길 57 1층, 2층
- #휴양지느낌 #발리분위기 #대부도카페

라라랜드 카페 컵 조형물
"라라랜드 속 컵 포토존"

@dlgywls2828

입구 바로 앞에 있는 라라랜드 컵 모형이 이곳의 대표 포토존. 넓게 잔디마당, 초록초록한 나무들, 연못이 있어 곳곳에 포토존이 많아 야외웨딩, 웨딩 스냅, 텔레비전 프로그램 촬영지로도 유명한 곳이다. 실, 내외 다양한 좌석과 방갈로 같은 작은 공간도 있어 프라이빗한 시간을 보낼 수 있다. 애견은 별도 입장료를 지불하고 입장이 가능하다. (p136 A:2)
- 경기 안산시 단원구 뻐꾹산길 41-38
- #대부도카페 #전원카페 #넓은정원

탄도항 바닷길 일몰
"일몰을 담은 석조 바닷길"

@youdin_97

탄도항 바다를 향해 쭉 뻗은 석조 바닷길이 있는데, 일몰 질 무렵이 되면 바닥에 일몰 풍경이 스며들어 마치 바다 위를 걷는듯한 아름다운 인증사진을 찍을 수 있다. 바닷길 너머로는 하얀 풍력발전기가 설치되어있으며, 그 너머로 검은 돌섬도 있어 저녁 바다 풍경의 운치를 더한다. (p136 A:2)
- 경기 안산시 단원구 선감동 717-5
- #바다전망 #풍력발전기 #일몰맛집

대부광산퇴적암층 잔디광장
"호수 너머 M자로 휘어진 퇴적암층"

@dandani.o_o

대부도에서 잘 알려지지 않은 숨은 포토존으로, 산책로와 호수 너머에 있는 울퉁불퉁한 퇴적암층을 사진에 담아갈 수 있다. M자로 휘어진 퇴적암층이 잘 보이도록 수평 방향에서 사진을 찍으면 예쁘다. (p136 A:2)
- 경기 안산시 단원구 선감동 산147-1
- #나만알고싶은곳 #엉덩이퇴적암 #푸른잔디밭

화랑유원지 벚꽃
"분홍 벚꽃 너머 화랑호수"

매년 4월쯤이 되면 화랑유원지 강변 산책로를 따라 분홍 벚꽃잎이 피어난다. 하늘색 배경이 가득 담기도록 강변 방향이 배경이 되도록 인물 사진을 찍는 것을 추천한다. (p136 B:2)
- 경기 안산시 단원구 초지동 667
- #4월초 #벚꽃 #강변산책로

성호공원 겹벚꽃
"초록나무와 분홍 겹벚꽃"

매년 5월쯤. 늦봄이 되면 성호공원에 일반 벚꽃보다 탐스러운 겹벚꽃 무리가 장관을 이룬다. 주변에 심어진 초록 나무와 겹벚꽃의 진분홍 잎이 대비를 이뤄 더 돋보인다. 겹벚꽃 색과 어우러지는 흰옷이나 분홍 옷을 입고 사진 촬영하면 더 예쁘다. 이팝나무와 진달래꽃 등 다양한 봄꽃 포토존도 함께 만나볼 수 있다. (p136 B:2)

- 경기 안산시 상록구 성호로 113
- #4월말 #겹벚꽃 #이팝나무

갈대습지공원 산책로
"갈대밭 사이 산책로"

매년 10월~11월이면 나무 데크길 양옆으로 사람 키만 한 갈대가 자라나 운치 있는 사진 촬영지가 된다. 산책로를정 가운데 두고 1:1 정방형 사진을 찍으면 인스타그램 감성 사진이 완성된다. 낙엽이 드리운 벤치와 하늘빛으로 칠해진 컨테이너 박스도 사진찍기 좋은 포토존이다. (p136 B:2)
- 경기 안산시 상록구 해안로 820~116
- #가을사진맛집 #갈대 #컨테이너박스

안성목장 전경
"드넓은 들판 속 목장건물"

푸른 들판 한 가운데 자리한 안성목장은 풍경 사진 찍기 참 좋은 곳이다. 목장 주변으로 건축물이나 조형물이 없어 목장 건물만을 오롯이 예쁘게 사진에 담아갈 수 있다. 들판 배경이 넓게 보이도록 건물 최대한 멀리 떨어져 사진을 찍으면 예쁜 사진을 남길 수 있다. 매년 6~11월, 초여름과 늦가을 사이의

전망이 예쁘다. (p137 D:3)
- 경기 안성시 고삼면 쌍지리 57-4
- #가을사진맛집 #건물사진 #자연사진

안성팜랜드 블루애로우 가로수길
"블루애로우길 사이 산책로"

안성팜랜드는 매년 5월이 되면 블루애로우가 줄지어 심어진 가로수길 옆으로 노란 유채꽃과 청보리, 호밀밭이 펼쳐져 사진 찍기 좋은 포토존이 되어준다. 어깨춤까지 올라온 블루애로우 길을 중심으로 원근감이 느껴지게 정 중앙에서 촬영하면 예쁘다. 6~7월 여름에는 해바라기, 코스모스가 연달아 피어나 초여름부터 가을까지 사진 찍기 딱 좋다. (p137 D:3)
- 경기 안성시 공도읍 대신두길 28
- #늦봄 #블루애로우 #유채꽃

웬디의하루 카페 야외 벽돌 포토존
"비비드한 색감의 인테리어 카페"

야외 마당에서 비비드한 색감의 소품과 함께 감성적인 사진을 찍을 수 있다. 내부의 대형 샹들리에를 중심으로 빈티지스러운 인테리어로 사랑받는 곳이며, 테이블마다 콘셉트이 조금 다르게 되어 있어 다채로운 사진 연출이 가능하다. 메뉴는 커피부터 에이드, 우유, 티, 빙수 등이 있고, 스콘 맛집으로도 유명하다. 매주 월요일은 스튜디오로 운영된다. (p137 D:3)

■ 경기 안성시 공도읍 상마정길 49
■ #안성카페 #스콘맛집 #공도카페

피다2 카페 마당
"120년 전통가옥이 멋스러운 카페"

120년 된 전통 가옥에서 사진을 찍어보자. 푸른 숲으로 힐링이 되는 정원과 옛 가옥만으로 느낄 수 있는 고풍스러운 실내 분위기에서 고즈넉한 여유로움을 만끽하기 좋은 곳이다. 한옥 건물이 2개로 나누어져 있어 좌석도 많아 넓다. 메뉴는 커피와 쌍화차, 대추차 등 다양한 티 종류와 시그니처 메뉴인 흑임자 당고라떼, 진저브레드 카푸치노, 농부라떼, 낙엽라떼 총 4가지가 있다. (p137 D:3)

■ 경기 안성시 능길 6-20 가동
■ #한옥카페 #안성카페 #고즈넉

청류재커피 카페 입구 포토존
"숲속 시그니처 포토존 ㅊㄹㅈ"

카페 입구 'ㅊㄹㅈ' 글자 조형물에서 감성적인 사진을 찍어보자. 마치 숲속에 온 듯한 인테리어로 3면이 전부 창이 크게 되어 있어 어느 곳에서든 푸른 정원 감상이 가능하다. 야외는 넓은 잔디마당과 온실이 있어 따뜻하게 카페 이용이 가능하다. 메뉴는 커피, 에이드, 라떼, 티 등이 있고 폭탄 카스테라, 크로플 등 간단한 디저트도 즐길 수 있다. (p137 D:3)

■ 경기 안성시 보개면 동문이길 14-17 2동
■ #온실카페 #야외정원 #숲뷰

무대베이커리카페 연못과 커피바
"인공 연못 있는 인테리어 카페"

내부의 커다랗고 푸른 인공 연못과 함께 사진을 찍어보자. 청량한 느낌의 사진 연출이 가능하다. 애견은 야외만 동반이 가능하고, 1층은 키즈케어존으로 전 연령이 이용할 수 있고, 2층은 어덜트존으로 12개월 이하 영아 또는 11세 이상만 이용할 수 있다.

약 3,000평의 정원이 있어 논밭뷰를 즐기기도 좋으며 층별마다 매력적인 인테리어로 꾸며져 있어 곳곳에서 사진 찍기 좋다. (p137 D:3)

■ 경기 안성시 샛터길 106-12 무대 베이커리카페
■ #안성카페 #사진맛집 #인공연못

풍물기행 한옥카페 정원
"분위기 좋은 한옥에서 가마솥빵을"

카페 들어가는 입구 한옥 분위기의 문에서 사진을 찍어보자. 실내외 모두 예스럽고 고급스러운 한옥 감성을 물씬 느낄 수 있다. 실제 가마솥에서 100% 국내산 유기농 밀가루로 식빵을 찌고, 직접 콩을 갈아 수제 두유를 만든다. 야외 정원에는 가볍게 산책할 수 있는 뒤뜰과 그네, 연못 돌다리 등 다양한 포토존이 있어 사진을 남기기 좋다. (p137 D:3)

■ 경기 안성시 서운면 청룡길 101 풍물기행
■ #한옥카페 #예스키즈존 #안성카페

미리내성지 건물 옆쪽 포토존
"갈색 성당과 초록빛 동산"

미리내성지 성요셉성당 건물 뒤편에서 성당

너머 동산을 배경으로 사진을 찍으면 독특한 감성 사진을 찍을 수 있다. 초록빛 동산과 독특한 갈색 석조 건물이 대비를 이루어 그윽한 분위기를 자아낸다. (p137 D:3)
- 경기 안성시 양성면 미리내성지로 420
- #이국적인 #성당 #석조건물

모스트417 카페 에펠탑
"미니 에펠탑 앞에서 인증사진"

@ji_yo_nee

입구 앞 작은 에펠탑 조형물에서 사진을 찍어보자. 낮에는 푸른 하늘과 함께 생기 있는 사진을, 밤에는 감성 가득한 에펠탑의 야경을 찍을 수 있다. 앞쪽에 풀도 있어 풀빌라에 여행 온 듯한 사진 연출 또한 가능하다. 약 1,000평 규모로 낮에는 커피, 브런치, 수제버거 등 간단한 식사가 가능하며 밤에는 맥주, 와인, 시그니처 요리를 즐길 수 있다. (p137 D:3)
- 경기 안성시 원곡면 만세로 959-3
- #에펠탑카페 #안성카페 #수영장카페

카이로스 카페 반제호수뷰 통창
"반제호수와 산 전망 카페"

@hi_yooon

내부에 하늘과 반제호수, 산이 모두 보이는 통창이 이곳에 대표 포토존. 매일 직접 로스팅하는 커피와, 티, 다양한 음료들과 크루아상, 핫도그, 몽블랑 등 디저트 등을 접할 수 있는 곳이다. 통나무로 된 의자와 테이블이 있어 자연 친화적인 느낌을 얻을 수 있고, 실내외 자리가 많아 여유롭게 즐길 수 있다. 대형 주차장이 있어 주차도 수월하다. (p137 D:3)
- 경기 안성시 원곡면 반제호수길 40 카이로스
- #반제호수뷰 #대형카페 #안성카페

에메랄드그린 카페 칠곡호수뷰 테라스 벤치
"칠곡호수 전망 루프탑 카페"

@jini_soo_

3층 루프탑에서 칠곡호수를 배경으로 카페 글씨 조형물과 함께 사진을 찍어보자. 매일 매장에서 직접 굽는 빵, 디저트와 커피, 에이드, 티 등 다양한 음료와 함께 힐링이 가능한 곳이다. 1층을 제외하고 2, 3층은 노키즈존으로 운영되며, 3층은 신발을 벗고 편안하게 즐길 수 있는 좌식 자리가 있다. 곳곳에 통창으로 되어 있어 호수뷰를 즐기기 좋다. (p137 D:3)
- 경기 안성시 원곡면 칠곡호수길 22 에메랄드그린
- #칠곡호수뷰 #안성카페 #베이커리카페

죽주산성 아치형 석문
"푸른 하늘과 아치형 석문"

@hyewon_.k

죽주산성 입구 아치형 석문은 요즘 떠오르는 인스타 사진 성지다. 석문 높이가 높지 않아 석문 전체를 찍기보다는, 조금 멀리 떨어져서 석문을 가운데 지점에 두고 위로는 하늘, 아래로는 바닥이 1/3 정도로 보이게 찍는 것이 좋다. 산성 위에 올라가 아래쪽에서 사진을 찍어도 독특한 기념사진을 남길 수 있으니 참고하자. (p137 E:3)
- 경기 안성시 죽산면 죽양대로 111-71
- #죽주산성 #아치형문 #인스타

런던그라운드
"런던 지하철 콘셉트 카페"

@1000._.s.hyunn

런던 지하철 컨셉의 2층 규모 대형 베이커리 카페. 런던 지하철 특유의 색감과 소품으로 꾸며져 있어서 마치 런던으로 여행을 온 듯한 느낌을 낼 수 있다. 실내가 넓고 실제 지하철역을 연상케 하는 타일 벽, 거울 벽, 계단 등 다양한 포토존이 마련되어 있어서 편하게 사진을 찍을 수 있다. 밤에는 펍으로 운영되며 조명이 켜져 더욱 힙한 분위기가 된다. (p137 D:3)
- 경기 안성시 공도읍 승두3길 65-10 런던그라운드
- #런던 #독특컨셉 #대형카페

로슈아 커피 2층 논밭뷰
"통창 밖으로 보이는 너른 논밭"

@_mwooo

2층, 직사각형 창문에 논밭뷰를 배경으로 사진을 찍어보자. 사막 혹은 광야로 해석되는 '미드바르' 콘셉트로 고요한 공간이다. 총 1층과 2층으로 나누어져 있고 2층은 노키즈존이다. 커피 원두도 선택이 가능하며 시그니처 메뉴는 로슈아라테, 로슈수라테(초당옥수수) 등 총 5가지가 있다. 모든 디저트들을 직접 제조하고 음료도 로슈아만의 감성으로 재해석해 특별한 디저트를 맛볼 수 있는 곳이다. (p135 D:2)
- 경기 양주시 광사로 145 로슈아커피
- #디저트카페 #논밭뷰 #양주카페

양주나리공원 천일홍
"푸른하늘과 붉은 천일홍"

@75yujin

매년 9월 중순이 되면 붉게 물든 천일홍이 양주나리공원을 가득 메운다. 구름이 없는 날에 아래에서 위쪽으로 카메라를 두고 로우 앵글로 촬영하면 푸른 하늘과 붉은 천일홍이 대비되어 더욱 화려하고 아름다운 사진을 건질 수 있다. (p135 D:2)
- 경기 양주시 만송동 458
- #가을사진맛집 #붉은색 #천일홍

브루다 카페 야외 조형물
"기산저수지 전망 힐링카페"

@serannn_e

야외 주황 글씨로 된 글자 조형물에서 기산저수지를 배경으로 사진을 찍어보자. '넓게 펼쳐진 호수를 바라보며 잠시 힐링을 즐길 수 있도록'을 모티브로 운영되는 카페이다. 본관, 별관, 책방, 갤러리 총 4개의 동으로 구성되어 있고 아래쪽에 나무 데크로 되어 있는 기산저수지 둘레길이 있어 산책하기 좋다. 연중무휴로 운영되며, 야외테라스석은 반려동물 동반이 가능하다. (p135 D:2)
- 경기 양주시 백석읍 권율로 909
- #기산저수지뷰 #양주카페 #애견동반가능

오랑주리 카페 식물원 느낌 인테리어
"식물원 안에서 맛보는 커피"

@sunxxmi

온통 초록색으로 덮이고 푸른 식물원 느낌의 내부 인테리어가 포토 스팟이다. 입구부터 식물들이 가득하다. 내부 인공연못 안에 커다란 잉어도 볼 수 있고 화분들도 판매하고 있다. 음료는 커피, 티, 스무디, 리큐어 등으로 준비되어 있고 피자, 파니니 등 간단한 식사도 가능하다. 주차는 음료 주문 후 식기 반납할 때 요청하면 2시간 무료 지원이 된다. (p135 D:2)
- 경기 양주시 백석읍 기산로 423-19
- #식물원카페 #온실카페 #양주카페

플레이스지안 카페 야외 거울
"거울과 나무로 꾸민 인테리어 카페"

@hyo__chi

입구 쪽 푸른 나무를 배경으로 거울과 함께 감성적인 사진 연출이 가능하다. 아늑한 느낌의 내부 인테리어로 음료는 커피, 논 커피, 에이드, 티 등이 있으며 시그니처 메뉴는 베리밀크, 홍시밀크, 썸머라테 등 총 6가지

가 있다. 무화과 큐브, 쑥스러운 케이크, 감탄 홍시 등 쌀로 만든 디저트 종류가 많다. 실내외 넓게 자리가 있어 여유로움을 만끽할 수 있다. (p135 D:2)

■ 경기 양주시 백석읍 중앙로 164-22 플레이스지안
■ #정원카페 #백석카페 #

AAA베이커리 카페 입구
"주택을 개조해 만든 유럽식 카페"

@hahaha__n

카페 입구 붉은 벽돌 외관에서 사진을 찍어보자. 주택을 개조하여 만든 느낌으로 이국적인 사진을 남길 수 있다. 수도권에서 유일하게 이즈니 AOP 인증된 곳으로 바게트, 치아바타, 페스츄리 등 유럽 전통 빵을 맛볼 수 있다. 100% 동물성 생크림과 자연치즈를 사용해 직접 당일 생산한 제품만을 판매해 퀄리티 높은 베이커리류를 즐길 수 있다. (p135 D:2)

■ 경기 양주시 양주산성로164번길 95 AAA베이커리
■ #바게트맛집 #베이커리카페 #양주카페

일영댁 야외 욕조
"루프탑 욕조와 물놀이장"

@y__jinjin

야자나무와 파라솔이 있는 욕조에서 물놀이하며 사진을 찍어보자. 옥상 다락방의 로망을 실현할 수 있는 일영댁에는 야외 루프탑에서 따뜻한 온수가 나오는 욕조에 몸을 담그고 잠시 휴식을 즐길 수 있다. 인테리어도 센스있는 이곳은 물놀이와 바비큐를 오전 11시부터 오후 9시까지 넉넉하게 이용할 수 있는 공간대여 공간이다. 잔디 마당이 있는 1층과 루프탑이 있는 4층을 운영하고 인스타그램 DM을 통해 예약할 수 있다. (p135 D:2)

■ 경기 양주시 일영리 인근(체크인 고객에게만 주소 제공)
■ #루프탑수영장 #프라이빗피크닉 #아이와여행

오라힐스 카페 유적지 느낌 포토존
"아기자기한 정원 속 거대한 돌기둥"

@czhuooo_o

마치 유적지에 온 듯한 기분을 느끼게 하는 거대한 돌기둥을 배경으로 사진을 찍어보자. 아기자기하게 정원을 꾸며놓아 어디서든

사진을 찍으면 푸릇한 사진 연출을 할 수 있다. 1층 입구를 중심으로 실내외 좌석이 많아 여유롭게 즐기기도 좋다. 베이커리류는 유기농 밀가루와 100% 우유 버터로만 만들어져 풍미 있는 식감을 느끼게 한다. 음료는 커피, 라떼, 에이드, 차, 수프 등이 있다. (p135 D:2)

■ 경기 양주시 청담로243번길 163
■ #베이커리카페 #야외정원 #양주대형카페

길조호텔 전경
"유카타 입고 즐기는 일본 료칸"

@min_dley

일본식 전통 료칸에서 영감을 받아 지어진 곳으로, 호텔 앞에서 일본 여행하는 듯한 사진을 찍을 수 있다. 객실 내 마련되어 있는 유카타를 입고 찍으면 더욱더 완성도 높은 사진을 남길 수 있다. 숙소 내부, 개별 테라스 등 여러 곳에서 일본 감성 가득한 사진 촬영이 가능한 곳. 다다미방과 히노키탕이 모든 객실에 설치되어 있고, 예약은 전화로만 할 수 있다. (p135 F:3)

■ 경기 양평군 강상면 독배길 32-25
■ #일본느낌숙소 #료칸감성숙소추천 #일본여행느낌

칸트의마을 카페 한옥 외관
"클래식한 한옥카페"

@eunjo_me

한옥 느낌의 외관에서 사진을 찍어보자. 특히 8월 초에는 카페 진입로부터 수국이 쭉 피어 있어 꽃구경도 가능하다. 매일 같은 시간 산책을 해 마을 사람들에게 시계 역할을 한 칸트의 일상을 모티브해서 만든 카페로 야외 정원에는 분수와 블루애로우길, 흔들그네 등이 있어 사진 찍기 좋다. 메뉴는 스콘, 크루아상 등 베이커리류와 케이크, 음료는 커피, 에이드, 티 등이 판매되고 있다. (p135 E:3)
- 경기 양평군 강하면 강남로 102-10 칸트의마을
- #넓은정원 #베이커리카페 #양평카페

산온 툇마루
"한옥 리모델링 독채 숙소"

@da_r_

50년 이상 된 구옥을 리모델링한 독채 한옥 산온의 툇마루가 메인 포토존. 양평역에서 차로 20분이면 도착할 수 있는 곳으로, 한적한 마을 중턱에 자리 잡고 있다. 야외 노천탕과 실내 자쿠지를 이용할 수 있으며, 내부는 한옥과 조화를 이루고 있는 모던한 인테리어

가 돋보인다. 외부 곳곳에 포토존이 마련되어 있고, 밤에 마당 조명이 켜지면 특유의 분위기를 느낄 수 있는 곳. (p135 E:3)
- 경기 양평군 강하면 동호리 인근(체크인 고객에게만 주소 제공)
- #양평한옥스테이 #양평감성숙소 #한옥노천탕

그랑아치 전경
"프랑스 감성 아치형 문"

@iam.__ka

작은 아치 모양이 빼곡히 모여있는 유니크한 숙소 전경을 배경으로 사진을 찍어보자. 돌바닥과 입구에 깔린 레드카펫까지 양평에서 유럽을 만날 수 있는 곳. 내부는 따스함을 느낄 수 있는 우드 인테리어로 꾸며져 있고, 디자이너가 직접 만든 수제가구가 배치되어 있다. 객실은 총 4개이며, 모든 방에 수영장이 갖춰져 있다. (135 F:3)
- 경기 양평군 개군면 산수유꽃길 207
- #양평풀빌라 #독채펜션추천 #아치인테리어

연화도감 나무뷰 창문
"포레스트 프레임 감성 숙소"

@wholeday13

침대 위 창문에서 볼 수 있는 나무 뷰를 배경으로 사진을 촬영해보자. 콘크리트 외관과는 달리, 실내는 모던하고 깔끔한 인테리어를 만나볼 수 있다. 객실에는 사계절 내내 이용할 수 있는 반신욕탕과 개별 테라스가 있고, 야외 수영장도 자리하고 있다. 조식이 포함되어 있고, 바비큐를 이용하지 않아도 추가 요금을 내고 불멍을 할 수 있다. (135 F:3)
- 경기 양평군 단월면 명성길 172-15
- #양평힐링숙소 #개별테라스숙소 #반신욕탕숙소

서후리숲 BTS 화보촬영지 자작나무숲
"흰 자작나무 숲과 푸른 하늘"

@traveler_ssim

서후리숲 자작나무 숲 구간은 흰 가지와 푸른 하늘이 대비되어 무척 아름답다. BTS 화보 촬영 이후 이곳을 찾는 이들이 더 많아졌다. 서후리숲에 단풍잎이 물드는 9~10월경이나 흰 가지가 더 도드라져 보이는 11월~12

월 한겨울에 찾아간다면 더 예쁜 사진을 남길 수 있을 것이다. (p135 E:3)
- 경기 양평군 서종면 거북바위1길 200
- #BTS #흰색자작나무 #겨울사진맛집

벗고개 터널 야경
"동굴을 통해 보는 별자리"

@nolu_80

오염이 없는 청정지역 양평 벗고개 터널은 별자리 관측 명소기도 하다. 맑은 날 저녁부터 새벽까지, 동굴 안쪽에서 바깥쪽을 촬영하면 인물 실루엣이 드러나는 멋진 역광 야경 사진을 담아갈 수 있다. 주변에 밝은 건물이나 조명이 없어 장노출 촬영을 권장한다. (p135 E:3)
- 경기 양평군 서종면 벗고개터널
- #동굴프레임 #야경촬영 #별사진

카페소풍 대형 바구니 포토존
"큰 바구니 앞에서 즐기는 피크닉"

@suso_bubu

야외 정원에 직접 들어갈 수 있는 거대한 바구니 모형에서 사진을 남겨보자. 5천 평 규모의 대형 정원 카페로 음료 1잔이 포함된 입장료가 있다. 성인 9천 원, 25개월~만 8세 7천 원. 24개월 이하 영아는 무료다. 예약 후 피크닉 세트와 텐트 대여도 가능하며 직접 기른 농산물과 식물을 구매할 수 있다. 메뉴는 커피, 티 등으로 구성되어 있고 시그니처 메뉴는 솔티크림 슈페너이다. (p137 E:1)
- 경기 양평군 양서면 골용진길 21
- #바구니카페 #애견동반가능 #피크닉카페

두물머리 사각 포토존
"강물을 담은 사각 나무 프레임"

@garamigram

연꽃단지로 유명한 두물머리에는 비석 위에 사진 찍기 좋은 사각 나무 프레임이 놓여있다. 여기에서 정면으로 두물머리를 향해 사진을 찍을 수 있다. 프레임에 기대어 편안하게 앉거나 기댄 자세로 찍으면 자연스러운 사진을 남길 수 있다. 8월 한여름에 방문하면 두물머리에 연잎과 연꽃이 가득한 절경이 아름답다. (p137 E:1)
- 경기 양평군 양서면 두물머리길
- #연꽃 #나무프레임 #포토존

세미원 물길 징검다리
"숲속 개울 위를 가로지르는 징검다리"

@_sooo_zy

세미원 연못에는 허리 중턱까지 오는 커다란 연잎이 한가득이다. 매년 7월~8월에는 하얀 백련이 연잎 사이로 살며시 고개를 내밀어 예쁜 꽃 사진 촬영지가 되어준다. 연못 산책로를 따라 이동하면 길게 이어진 물길이 나오는데, 여기도 좋은 사진 촬영 포인트다. 단, 나무 그늘이 없어 더울 수 있으므로 손 선풍기와 생수를 들고 가는 것이 좋다. (p137 E:1)
- 경기 양평군 양서면 양수로 93
- #여름사진맛집 #백련 #연잎

구벼울 카페 1층 야외 좌석
"남한강과 잔디밭 전망 카페"

@lminjjj

카페 1층 야외좌석에서 잔디밭을 배경으로 멋진 사진을 남겨보자. 남한강과 함께 사계절 변하는 자연을 온전히 느낄 수 있는 양평 카페로 배우 남상미 씨가 운영하여 유명해진 곳이다. 좌식과 실내외 좌석을 보유하고 있다. 메뉴는 커피, 티, 밀크티, 쥬스, 에이드,

스무디로 구성되어 있으며 스콘, 바질브레드, 마늘빵 등 베이커리류도 판매하고 있다. (p137 E:1)
- 경기 양평군 옥천면 남한강변길 123-19
- #남한강카페 #양평카페 #남상미카페

더그림 정원 벤치
"흰색 벤치 너머 정원과 하늘"

@_sooo_zy

드라마 촬영지, 영화 촬영지로도 유명한 더그림 정원에서 가장 유명한 포토스팟중 하나다. 흰 벤치 양옆으로는 바스켓 화분이 놓여있고, 그 뒤로는 운치 있는 프로방스풍 건물과 숲 전경이 펼쳐져 벤치에 앉아 사진 찍으면 인생 사진을 얻어갈 수 있다. 영국식 빨간 공중전화 부스도 더그림에서 손꼽히는 포토스팟 중 한 곳. (p137 E:1)
- 경기 양평군 옥천면 사나사길 175
- #프로방스 #벤치 #공중전화부스

청춘뮤지엄 복고풍 포토존
"복고풍 철길 포토존"

@hye_lin_728

양평 청춘뮤지엄은 1970년대 복고감성을 재현해 놓아 교복을 빌려 입고 콘셉트 사진을 찍을 수 있다. 매표소에서 교복을 대여해준다. 입구의 꽃길 포토존부터 철길 앞, 대포집, 디스코 클럽 등 포토존이 다양하니 추억 사진을 많이 남겨보자. (p137 F:1)
- 경기 양평군 용문면 신점리 청춘뮤지엄
- #복고풍 #추억여행 #철길

양평양떼목장 풍차
"흰 울타리와 풍차"

@_jeungim_l

양평 양떼목장 중심에는 붉은 나무 벽과 하얀 날개로 되어있는 동화 감성 풍차가 놓여있다. 흰 울타리가 쳐져 있어 풍차 안으로 들어가 볼 수는 없지만, 바로 앞에 흰 벤치가 놓여있어 여기 앉아서 풍차와 함께 인물사진을 찍을 수 있다. 근처에 있는 무지개색 해먹도 사진 촬영 명소이므로 함께 방문해보자. (p137 F:1)
- 경기 양평군 용문면 은고갯길 양평양떼목장
- #풍차포토존 #양떼체험 #목장동산뷰

별담하늘담 집모양 창문
"독특한 창문이 매력적인 감성숙소"

@j.heeesu

두 동의 독채 숙소 안 거실에 있는 집 모양 창문이 시그니처 포토존이다. 초록색으로 덮인 나무 뷰를 배경으로 사진을 찍을 수 있다. 별담, 하늘담 독채로 되어 있는 객실은 구조와 인테리어가 거의 동일하며, 불멍을 할 수 있는 가슴기가 설치되어 있다. 사계절 이용할 수 있는 실외 수영장이 있고, 조식이 제공된다. (p137 F:1)
- 경기 양평군 용문면 중원산로 122-17
- #양평수영장펜션 #양평독채숙소추천 #깔끔한숙소

구둔역 기찻길
"레트로 감성 기차역"

@mingddo._.o

구둔역 폐역 역사가 그대로 남아 있어 레트로 감성 인생 사진을 찍어갈 수 있다. 구둔역 삼각 지붕과 간판이 잘 보이도록 살짝 멀리 떨어져 사진 찍으면 예쁘다. 갈색 지붕과 푸

른 기둥이 대비를 이루도록 색감을 좀 더 쨍하게 보정하는 것을 추천한다. (p137 F:2)
- 경기 양평군 지평면 일신리 1336-9
- #기차역 #폐역 #레트로

트로이 카페 목마
"트로이 목마와 캠핑룸"

외부 트로이목마에서 사진을 찍어보자. 드넓게 펼쳐진 야외정원에 독립된 캠핑룸이 있어 사전 예약 후 프라이빗한 시간을 보낼 수 있고, 캠핑 메뉴가 있어 별도 여러 재료를 준비할 필요 없이 간단하게 캠핑을 즐길 수 있다. 여름에는 수영과 모래놀이도 가능하며 겨울에는 빙어 잡기 등 다양한 체험을 경험 할 수 있다. 메뉴는 커피, 티 등 있으며 파스타, 피자 등 브런치 메뉴도 즐길 수 있다. (p137 F:2)
- 경기 여주시 명품로 142 카페트로이
- #이색카페 #트로아목마 #아이와가기좋은곳

바하리야 카페 사막 느낌 모래 정원
"이집트 바하리야 사막 콘셉트 카페"

카페 외부 삼각형의 건축물과 백사막을 배경으로 신비로운 사진을 연출할 수 있다. 해 질 무렵 노을 질 때는 더 이국적인 분위기의 사진을 찍을 수 있다. 이집트 바하리야 사막을 모티브로 백사막, 물, 빛을 테마로 만들어진 카페이다. 음료는 커피, 라떼, 프라페, 에이드, 생과일쥬스, 티 등이 있으며 쌀, 찹쌀, 현미, 보리, 콩을 볶아서 만든 여주 쌀 라떼가 시그니처 메뉴이다. (p137 F:2)
- 경기 여주시 점봉길 43 바하리야
- #여주카페 #백사막 #사막콘셉트

강천섬유원지 은행나무길
"노란 카펫이 깔린 가을 명소"

샛노란 은행나무길이 있는 사진 명소. 커다란 은행나무가 줄지어 있으며 10월~11월이면 바닥에 카펫처럼 은행잎이 깔려 멋진 사진을 찍을 수 있다. 다만 가을이면 사람이 늘 붐비므로 아침 일찍 방문하는 것을 추천. 섬 안으로는 자동차가 들어갈 수 없어서 주차 후 다리를 건너 꽤 걸어야 하므로 편한 신발을 신는 것이 좋다. 입장료, 주차료 모두 무료. (p137 F:2)
- 경기 여주시 강천면 강천리 627
- #가을 #은행나무 #힐링

세라비 한옥카페 장독대
"1,800개의 웅장한 항아리"

수많은 항아리를 배경으로 한옥 건물에서 고즈넉한 느낌의 사진을 찍어보자. 수도권 최대 규모의 한옥 카페로 한쪽에는 족욕실도 있어 피로를 풀기에 좋다. 메뉴는 하루 한 방 쌍화탕, 수제 생강차, 수제 연천 귀리라떼 등 시그니처 음료와 라떼, 에이드, 커피 등이 있다. 케익과 구움 과자가 있어 간단한 베이커리류도 즐길 수 있다. 실내외 다양한 좌석이다. (p135 D:1)
- 경기 연천군 군남면 군중로 134
- #한옥카페 #대형카페 #장독대뷰

당포성 전망대 옆 나무 야경
"별빛 가득한 밤하늘"

당포성 전망대 맨 꼭대기에 커다란 나 홀로 나무가 우두커니 서 있어 멋진 사진 배경이 되어준다. 낮에 찍어도 멋지지만, 밤이 되면 당포성 하늘에 별이 반짝이고, 나 홀로 나무에는 역광이 드리워 운치 있는 사진을 찍을 수 있다. 단, 별다른 조명이 없기 때문에 장노출 촬영은 필수다. (p135 D:1)
- 경기 연천군 미산면 동이리 780
- #별사진맛집 #나홀로나무 #역광

재인폭포 전경
"흔들다리에서 담는 폭포 전경"

@seroisoop_yujung

재인폭포 앞에 있는 나무 흔들다리에서 재인폭포 전경을 사진에 모두 담아갈 수 있다. 폭포 높이가 있어 가로 사진을 찍어야 아래 바닥 물까지 모두 찍을 수 있다. 인물 사진을 함께 찍으려면 삼각대나 셀카봉을 이용해야 한다. 한여름에는 나무 그늘이 없어 더울 수 있으므로 미니 선풍기와 생수를 꼭 들고 가자. (p135 D:1)
- 경기 연천군 연천읍 부곡리 산234-2
- #폭포전망 #흔들다리 #자연물

연천회관 카페 본관 입구
"빈티지풍 베이커리 카페"

@st0702_nnd

예스러운 분위기가 물씬 느껴지는 카페 입구에서 사진을 찍어보자. 본관과 별관으로 나누어져 있으며 내부 인테리어는 빈티지스러운 소품들이 있다. 시그니처 음료는 고소한 율무와 달콤한 크림, 우유, 에스프레소가 섞여 있는 연천 커피이다. 이 외에도 커피, 우유, 청량음료인 청심이, 차 등이 있다. 누텔라 페스츄리, 누네띠네 페스츄리, 등 다양한 베이커리류도 즐길 수 있다. (p135 D:1)
- 경기 연천군 연천읍 평화로1219번길 42
- #연천카페 #베이커리카페 #연천커피

연천호로고루 해바라기
"노란 해바라기밭과 푸른 하늘"

@mindu._.57

매년 8~9월이 되면 호로고루 해바라기밭에 노란 해바라기가 군락을 이룬다. 울타리가 따로 없어 해바라기에 들어가 얼굴을 쏙 내밀고 기념사진을 남겨갈 수 있다. 흰색 토끼 모양의 귀여운 조형물을 이용해 사진을 찍어도 좋고, 해바라기밭 너머 동산 전망대가 보이도록 약간 멀리서 사진을 찍어도 예쁘다. (p134 C:1)
- 경기 연천군 장남면 원당리 1259
- #늦여름 #가을 #해바라기

전곡선사박물관 매머드
"거대한 매머드와 함께 찍는 사진"

@happy_temperature

전곡선사박물관 전시장 곳곳에 실물 크기 매머드 모형이 전시되어 있는데, 따로 사진 촬영을 제한하지 않기 때문에 매머드와 함께 인물 사진을 찍을 수 있다. 산양, 황소 등 선사시대 사람들과 함께했던 다양한 동물 모형도 함께 전시되어 있다. 선사시대 동굴을 재현해놓은 구간도 인물사진 촬영하기 좋다. (p135 D:1)
- 경기 연천군 전곡읍 평화로443번길 2
- #매머드 #인증사진 #선사시대

댑싸리공원 빨간 액자
"붉은 댑싸리 사이 붉은 액자 프레임"

@cha_aligator

매년 11월이면 댑싸리 공원의 댑싸리 잎이 단풍마냥 붉게 물든다. 공원 산책로 중간에 붉은 액자 프레임 포토존이 마련되어있는데, 양옆으로 넓게 붉은 댑싸리 밭이 펼쳐져 새로운 공간에 들어가는 듯한 이색 사진을 찍을 수 있다. 그 밖에도 기울어진 원목 프레임이나 알록달록한 파라솔이 쳐진 곳 등 사진 찍을만한 곳이 많다. (p135 D:1)
- 경기 연천군 중면 삼곶리 422
- #붉은나무 #가로수길 #나무프레임

고인돌공원 장미뜨레
"장미정원과 유럽식 분수"

@_yeahthree

무료입장할 수 있는 오산 고인돌 공원 장미 뜨레에는 매년 6월을 전후로 멋진 장미 정원이 펼쳐진다. 장미정원을 둘러싼 하얀색 아치형 문 장식과 정 중앙에 놓인 유럽식 분수가 고급스럽다. 매년 여름이면 분수를 가동하는데, 이 분수 앞이 사진 촬영 포인트다. 분수가 잠시 멈출 때는 분수에 걸터앉아 사진을 찍어도 된다. (p136 C:2)
- 경기 오산시 금암동 고인돌공원
- #여름사진맛집 #장미정원 #유럽풍분수

아스달연대기세트장 연맹궁 계단
"판타지 느낌의 돌계단"

@lee_sangyoung1224

SF 드라마 아스달연대기 촬영지였던 이곳에서 세기말 감성 인스타 사진을 찍어갈 수 있다. 위로 쭉 뻗은 돌계단 주변으로 판타지 느낌 건축물이 놓여 있어 신비로운 분위기를 자아낸다. 계단 한 가운데 서서 건물이 잘 보이도록 로우 앵글로 사진을 찍는 것이 베스트. 무채색 석조 건축물이 많아 화려한 옷보다는 무채색 계열 옷을 입고 가면 사진이 더 예쁘게 나온다. (p136 C:2)
- 경기 오산시 내삼미동 240
- #SF감성 #드라마촬영지 #돌계단

이도앳 카페 중세시대 유럽 느낌 인테리어
"고풍스러운 앤티크 소품 카페"

@yoohee.son

앤티크한 소품들로 가득 차 있는 좌석에서 중세 시대 유럽 느낌의 사진을 연출해보자. 내부는 고풍스러운 소품과 가구들로 가득 채워져 있다. 메뉴는 아인슈페너, 카페라떼 등 커피와 쑥 크림, 자색고구마, 오곡으로 나누어져 있는 이도앳크림라떼 등 총 12가지 메뉴가 있다. 디저트는 크로플, 브라우니 등 총 5가지가 있다. 식기류 또한 고풍스럽게 제공되어 인기가 많다. (p136 C:3)
- 경기 오산시 법원로 23 성산빌라 2층
- #궐동카페 #앤티크카페 #유럽감성

스티빈 카페 전경
"연못과 정원 딸린 베이커리 카페"

@choonghyo928

삼각형의 큰 통유리창이 매력적인 외관이 대표 포토존. 앞쪽에는 연못과 야외정원이 잘 가꾸어져 있고 삼면이 산으로 둘러싸여 있어 자연 힐링할 수 있는 곳이다. 메뉴는 커피, 차, 밀크티와 쿠키, 크로플, 크루아상 등 간단한 있으며 잠봉뷔르 샌드위치 등 총 6가

지의 브런치가 있어 허기를 채우기에도 좋다. (p136 C:2)
- 경기 오산시 삼미로47번길 81-14
- #브런치카페 #오산카페 #야외정원

독산성 세마대
"돌로 된 관문이 만들어주는 프레임"

@trave1_hee

독산성 산책로를 따라 세마대까지 올라가면 오산 시내 전경이 펼쳐진 멋진 전망 사진을 찍어갈 수 있다. 정상까지 오르는 길이 평탄해서 남녀노소 쉽게 이동할 수 있는 것이 큰 장점. 굽이치는 산책로나 계단길을 뒤로 해서 사진을 찍어도 예쁘고, 꼭대기에서 오산 시내 전망이 나오도록 인물 사진을 찍어도 예쁘다. (p136 C:2)
- 경기 오산시 지곶동 155
- #역사여행지 #오산시내전망 #돌계단

어반리프 카페 온실 인테리어
"식물로 꾸며진 온실공간"

@_uuiinn_

마치 식물원에 온 듯한 내부 온실 인테리어에서 사진을 찍어보자. 쭉 뻗어있는 일자 통로 양 사이드에 다양한 좌석과 식물들이 있

어 자연 힐링하며 여유로운 시간을 보낼 수 있다. 텐트 좌석과 숲속 소꿉놀이 세트를 유료 대여해줘서 아이들이 놀기에도 좋다. 화분도 구매할 수 있으며 별도 비용 지불 후 직접 가드닝 체험도 할 수 있다. 메뉴는 커피, 티 등과 간단한 베이커리류를 즐길 수 있다. (p136 C:2)

■ 경기 용인시 기흥구 공세로 191 1층 어반리프
■ #온실카페 #아이와함께하기좋은곳 #용인카페

민속촌 목교
"청사초롱 등이 걸린 목교"

한국민속촌 나무 난간으로 꾸며진 목교는, 아주 특별한 것은 없지만 예전부터 민속촌의 주요 포토존이 되어주었다. 목교 양옆으로는 푸른 수목이 자라나 있다. 한복을 빌려 입고 역동적인 포즈로 이색 사진을 남기려는 사람들이 많다. 네모 반듯한 길이라 정방향으로 촬영하기도 좋은 곳이다. (p137 D:2)

■ 경기 용인시 기흥구 민속촌로 90
■ #목조건축물 #인스타사진맛집 #한복대여

보정동카페거리 메인 길
"조명이 예쁜 메인 골목"

보정동카페거리 메인 골목은 천장에 비즈 조명과 엔젤 링 모양의 조명이 떠 있어 해 지고 난 밤이 되면 마치 도심 속 천국에 온 듯한 느낌을 준다. 양옆으로 펼쳐진 감성 카페들도 거리를 예쁘게 장식한다. 천장 조명이 잘 보이도록 아래에서 위로, 로우 앵글로 사진을 촬영하면 분위기 좋은 사진을 찍어갈 수 있다. (p137 D:2)

■ 경기 용인시 기흥구 보정동 죽전로15번길 12
■ #야경맛집 #조명 #인테리어카페

경기도박물관 입구 계단 의자
"박물관 전경과 불규칙한 흰색 의자"

경기도박물관 입구 앞 계단 길에 흰색 의자가 불규칙적으로 놓여있는데, 계단 아래 마당 뒤편에서 이 계단을 향해 카메라를 약간 위로 들고 찍으면 멋진 인생 사진을 건질 수 있다. 박물관 건물이 잘 보일 수 있도록 약간 멀리 떨어져 찍거나, 광각 렌즈를 이용하면 더 멋진 사진을 찍을 수 있으니 참고하자. (p137 D:2)

■ 경기 용인시 기흥구 상갈로 6
■ #로우 앵글 #건물사진 #모던

고매커피 카페 정원 나무
"소나무 정원 한옥카페"

카페 내부 앞마당 가운데 큰 소나무 한 그루를 배경으로 사진을 찍어보자. 소나무에 아늑한 분위기의 조명이 달려 있어 저녁때도 분위기 있는 사진 연출이 가능하다. 한옥 분위기의 카페로 메뉴 또한 식혜, 미숫가루, 수정과 등 한국스러운 음료들과 커피, 티, 에이드 등이 있다. 10세 미만까지 노키즈존으로 운영되며 반려동물은 실외만 동반이 가능하다. (p137 D:2)

■ 경기 용인시 기흥구 원고매로2번길 85-2
■ #한옥감성 #기흥카페 #용인카페

구성커피로스터스 카페 나무 조형물
"미술관 콘셉트 컨테이너 카페"

컨테이너 카페 외관 앞쪽 나무 기둥과 함께 사진을 찍어보자. 알전구가 있어 밤에도 아늑한 분위기 사진 연출이 가능하다. 원래

는 창고 용도로 지어졌지만, 다수 아티스트들이 참여하며 카페로 재탄생한 건물이라고 한다. 주변은 넓은 논밭이 쫙 펼쳐져 있어서 자연 힐링이 가능하다. 1, 2층으로 구성되어 있으며 스콘, 크루아상 등 간단한 베이커리류와 커피, 라떼, 티, 아포가토가 있다. (p137 D:2)

- 경기 용인시 기흥구 이현로29번길 81-1 구성커피 로스터스
- #용인카페 #논밭뷰 #보정동카페

모소밤부 카페 밖으로 나가는 문
"화이트톤 계곡 전망 카페"

@_luvly_lily_

카페 외부 계곡으로 이어지는 곳에서 화이트톤과 우드 조화가 어우러져 멋진 사진 연출이 가능하다. 메뉴는 커피, 라떼, 티 등이 있으며 부드럽고 달달한 맛이 좋은 밤부라떼와 라임, 민트, 홍차가 섞인 잘생긴 아이스티가 이곳의 시그니쳐 메뉴이다. 외에 케이크도 있다. 계곡을 마주 보고 야외 테라스 좌석이 있어 여름에는 더 인기 있는 곳이다. (p136 C:2)

- 경기 용인시 수지구 고기로 470 1층
- #고기로카페 #계곡카페 #야외테라스

코울러 카페 연노란색 외관
"나무와 계속, 그리고 햇살의 카페"

@tj_lifelog

유럽 감성이 느껴지는 연노란색 외관에서 감성적인 사진을 남겨보자. 메뉴는 커피, 라떼, 티, 와인, 맥주 등이 있으며 베리류 청과 블랜딩티를 배합한 블랙커런트 티와 아몬드 크림라떼가 시그니처 메뉴이다. 샌드위치, 토스트, 샐러드 등 간단한 브런치도 먹을 수 있다. 야외 테라스에서는 애견 동반도 가능하며 카페 바로 옆에 고기리 계곡이 흘러 여름에 시원하게 즐길 수 있는 곳이다. (p136 C:2)

- 경기 용인시 수지구 샘말로 2 코울러
- #감성카페 #계곡카페 #애견동반

타임투비 카페 벽돌 외관
"붉은 벽돌 건물 감성카페"

@_siro

붉은 벽돌 외관을 배경으로 감성 사진을 찍어보자. 건물 앞 얕은 연못이 있어 더 분위기 있는 사진 연출이 가능하다. 총 3층으로 되어 있으며 2층은 비스트로 공간이다. 메뉴는 커피, 에이디 등 다양하며 시그니쳐 메뉴는 계절 이름을 딴 스프링 부케, 썸머 피

에스타, 어텀 듀, 윈터 스타가 있으며 소금빵, 크루아상 등 베이커리류도 즐길 수 있다. (p136 C:2)

- 경기 용인시 수지구 성복1로281번길 11 타임투비
- #성복동카페 #붉은벽돌 #용인카페

정평천 벚꽃
"산책로를 따라 핀 만개한 분홍 벚꽃"

@lhy_1003

매년 4월을 전후로 용인 정평천에서 수지체육공원까지 산책로를 따라 분홍 벚꽃이 만개한다. 수지 이마트 근처 구간의 벚꽃이 특히 아름답다. 동네 사람들이 조용히 벚꽃놀이 즐기는 곳이라 인파가 적어 예쁜 사진을 건질 수 있다. 해마다 풍덕천 2동 주민센터 주차장에서 벚꽃 축제도 열린다 하니 기회가 된다면 한번 참여해보자. (p136 C:2)

- 경기 용인시 수지구 신봉동
- #4월초 #벚꽃 #벚꽃축제

기로띠 카페 통창

"통창 밖으로 보이는 초록의 숲"

@ 4.14p

카페 내부 큰 통창에서 바깥 나무들과 함께 고급스러운 사진을 찍어보자. 층고가 높아 시원한 사진 연출이 가능하며, 화이트와 원목 조화로 깔끔한 분위기를 느낄 수 있다. 야외 나무 평상과 하얀색 커튼이 어우러져 있어서 감성적이다. 메뉴는 커피, 에이드, 차, 생과일쥬스 등이 있으며 맥주도 즐길 수 있다. 또한 샐러드, 파스타, 피자 등 브런치도 즐길 수 있다. (p136 D:2)

■ 경기 용인시 처인구 명지로 222 명지로 222, 명지로224 기로띠

■ #용인대형카페 #숲뷰 #애견동반

대장금파크 인정전

"웅장한 인정전"

@sunmi_yun

대장금파크 인정전은 그 건물 자체로도 멋지지만, 곳곳에 원형 석제 나들목과 붉은 빛 관문, 호수와 정자 등 사진 찍을만한 예쁜 장소들이 가득하다. 한복 대여소가 마련되어 있으므로 한복을 빌려 입고 이색 사진을 남겨보면 대장금파크 여행에 좋은 추억이 될 것이다. (p137 E:3)

■ 경기 용인시 처인구 백암면 용천리 778-1

■ #조선시대 #궁궐 #정자

칼리오페 카페 내부 인테리어 통창

"개방감 있는 통창 뷰 카페"

@jjojjoyun

ㄷ자형태로 개방감 있는 통창에서 시원한 느낌의 사진을 연출해보자. 그리스 신화에 나오는 여신 중 하나인 칼리오페의 이름을 딴 카페로 드라마, 뮤직비디오, 광고 등 많은 프로그램 촬영지로 유명하다. 베이커리류는 케이크, 에클레어, 타르트 등 다양하며 커피, 라떼 등이 있고 코코넛밀크 베이스인 실키드라이어 등 시그니처 음료가 총 3종류가 있다. (p137 D:2)

■ 경기 용인시 처인구 성산로170번길 23-1 칼리오페

■ #그리스신화 #용인카페 #대형카페

은이성지 김가항성당

"흰 외벽이 이국적인 성당"

@luvddoul

대한민국 천주교 성지인 김가항성당은 넓고 흰 외벽과 좁은 아치형 문이 인상적인 곳으로, 성당 정면 입구에서 인물 사진을 찍으면 독특한 사진을 건질 수 있다. 흰 성당 외벽과 대비되는 빨강, 진녹색 등의 원색 옷을 입으면 인물사진 촬영할 때 포인트가 되어준다. 성당 주변에 번잡스러운 건축물이 없어 자연 사진 촬영을 좋아하는 분들께 강력 추천하는 곳이다. (p137 D:2)

■ 경기 용인시 처인구 양지면 남곡리 687번지

■ #이국적 #성당 #운치있는

언톨드 카페 외부

"잔디밭의 하얀 빈백 소파와 대형 사인"

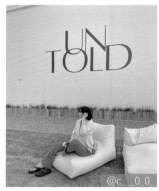

@c_0_0

카페 잔디밭에 마련된 빈백 쇼파에 앉아 외벽에 커다랗게 쓰여진 UN TOLD 글자가 모두 담기게 사진을 찍어 보자. 대형 샹들리에와 예능 촬영장소로 유명한 언톨드 카페는 치아바타, 소금빵, 스콘, 브라우니 등 다양한 베이커리류와 커피, 티, 에이드, 우유 등 음료가 있다. 또한 수프, 샐러드, 파스타 등 브런치도 있어 식사도 가능하다. 야외 잔디에는 키즈프렌들리 카페로 커다란 공도 구비되어 있어 아이들이 뛰놀기에도 좋다. (p137 D:2)

■ 경기 용인시 처인구 양지면 죽양대로 2269

■ #넓은마당 #대형카페 #예스키즈존

카페모안 유리텐트
"삼각 유리 텐트 공간"

@dear.suji

삼각형 모형의 유리 부스에서 안에서 사진을 찍어보자. 사전 예약 후 기본 2시간 이용할 수 있으며, 남은 자리 당일 예약 또한 할 수 있다. 자연과 함께 프라이빗한 피크닉을 즐기는 공간으로 콘셉트에 맞춰 에이드, 커피, 차를 비롯한 음료와 스낵이 제공된다. 넓은 잔디밭이 펼쳐져 있어 뛰놀기도 좋다. 따뜻한 온돌바닥이 있어 쌀쌀한 날씨에도 즐길 수 있다. (p137 E:3)
- 경기 용인시 처인구 원삼면 두창리 1780 앤드모안
- #프라이빗 #피크닉카페 #사전예약

용담저수지 둘레길
"붉은 노을을 담은 용담저수지"

@lee_9228

맑은 물을 자랑하는 용담저수지는 맑은 날에 하늘빛을 고스란히 담아낸다. 그래서 노을이 예쁘게 드리우는 9~10월 가을철이 되면 붉은 노을이 사방으로 펼쳐져 멋진 인생사진을 담아갈 수 있다. 호수를 둘러싼 나무

펜스 앞에서 펜스와 수직, 수평을 맞추어 사진을 찍어보자. (p137 D:2)
- 경기 용인시 처인구 원삼면 사암리 332-1
- #가을사진맛집 #노을맛집 #단풍

앙그랑 카페 통창 앞 벤치
"프로방스풍 브런치 카페"

@sl_bang0203

카페 내부 통창에서 정원 뷰를 배경으로 사진을 찍어보자. 예능프로그램을 통해 소개되어 더욱 유명해진 곳으로 독특하게 리빙편집샵을 통해 카페로 들어간다. 내부는 프랑스 시골에 온 듯한 느낌을 얻을 수 있다. 메뉴는 커피, 에이드 등이 있으며 스콘, 크루아상 같은 베이커리류도 즐길 수 있다. 또한 다양한 브런치가 있지만 새우 비스크 크림파스타, 클래식 수제버거가 가장 유명하다. (p137 E:3)
- 경기 용인시 처인구 원삼면 원양로124번길 82
- #브런치맛집 #용인카페 #용인대형카페

농도원목장 간판
"젖소그림 간판과 흰색 우체통"

@ryunsue

젖소를 키우고 있는 농도원목장 입구에는 젖

소 그림이 그려진 소박한 간판과 흰색 우체통이 놓여있다. 바로 이곳이 사진찍기 좋은 포토존이다. 간판과 우체통이 함께 보이도록 찍거나, 간판을 오른쪽에 두고 왼쪽에 양떼가 보이도록 찍어도 좋다. 양 떼 체험, 젖소체험을 즐기며 동물들과 함께하는 즐거운 추억 사진도 남겨보자. (p137 D:2)
- 경기 용인시 처인구 원삼면 원양로377번길 1-34
- #동물체험 #우체통 #목장

묵리459 카페 내부 통창
"숲 뷰 통창이 아름다운 카페"

@dailyoo.n

숲속뷰와 함께 통창으로 비친 햇살과 한 폭의 수묵화 같은 사진 연출이 가능하다. 벽면이 모두 통창이라 개방감이 좋아 실내에서도 실외에 있는 듯한 느낌을 받을 수 있다. 메뉴는 커피, 쥬스, 티 등이 있으며 대표 메뉴는 먹을 닮은 크림라떼인 묵 라떼와 묵리 시그니처 티가 있다 또한 치킨과 크로플, 소스가 곁들어진 묵 리플, 샐러드 등 다양한 브런치도 맛볼 수 있다. (p137 D:3)
- 경기 용인시 처인구 이동읍 이원로 484 묵리459
- #숲속뷰 #용인대형카페 #브런치카페

호암미술관 벚꽃
"벚꽃이 만발한 드라이브 길"

@euneun.h

매년 4월을 기준으로 호암미술관 입구까지 가는 차도에 벚꽃이 만개한다. 미술관 방문이 아닌 벚꽃 구경을 위해 일부러 이곳을 찾는 이도 있을 정도. 드라이브 코스를 그대로 찍어도 좋고, 차에서 내려 벚꽃 길이 잘 보이도록 도로 끝을 향해 인물 사진을 찍어도 좋다. (p137 D:2)
- 경기 용인시 처인구 포곡읍 에버랜드로 562번길 38
- #4월초 #벚꽃촬영명소 #드라이브

와우정사 불두
"불두와 돌탑, 그리고 하늘"

@dahyeon7_21

와우정사 중심에는 눈에 확 띨 만한 거대한 황금색 부처님 머리가 있는데, 이것을 불교 용어로 '불두'라고 한다. 검은 돌무더기 위로 솟아있는 부처님의 인자한 모습이 독특하다. 불두와 돌탑이 한눈에 담기도록 세로 사진을 찍거나, 불두가 한눈에 들어오도록 최대한 멀리 떨어져서 찍는 것이 전문 사진작

가들의 촬영 팁. (p137 D:2)
- 경기 용인시 처인구 해곡로 25-15
- #불두 #부처님머리 #황금빛

경희대학교 국제캠퍼스노천극장 겹벚꽃
"신전 느낌 겹벚꽃 포토스팟"

@dbyu1119

신전을 연상케 하는 이국적인 노천극장과 연못을 배경으로 겹벚꽃을 즐길 수 있는 캠퍼스 포토존. 겹벚꽃은 일반 벚꽃보다 풍성하고 색이 진해 색다른 사진을 남길 수 있다. 겹벚꽃이 만개하는 4월 중순에 방문하는 것이 좋으며, 노천극장 외에도 캠퍼스 곳곳에서 겹벚꽃, 등나무 꽃을 볼 수 있어 꽃놀이 코스로 추천한다. (p137 D:2)
- 경기 용인시 기흥구 덕영대로 1732
- #봄 #신전느낌 #겹벚꽃

데일리아트스토리
"미디어 아트 전시가 열리는 카페"

@luv__haim__joy

2,000평 규모에 미디어 아트와 카페가 결합된 이색 공간. 커피, 베이커리, 브런치를 판매하는 카페 공간과 시간과 색을 주제로 미디어 아트 전시가 진행되는 전시 공간으로 구성되어 있다. 거울, 종이 통로, 프리즘, 미디어 월 등 사진 찍을 포인트가 많아 독특한 사진을 남기기 좋다. 전시 관람료는 성인 10,000원이며 카페 이용시 50% 할인 혜택이 있다. (p137 D:2)
- 경기 용인시 기흥구 중부대로746번길 1
- #미디어아트 #포토존 #예술

막시 카페 왕송호수점 호수뷰
"왕송호수 뷰 유리통창"

@kei32.1

2, 3층 모두 유리통창에서 왕송호수를 배경으로 사진을 찍어보자. 한쪽은 호수뷰, 다른한쪽은 숲 뷰로 다른 느낌의 사진을 남길 수 있다. 카페 앞쪽 왕송호수 둘레길이 있어 산책하기도 좋고, 레일바이크가 지나가는 모습도 볼 수 있다. 메뉴는 커피, 티, 쥬스, 에이드 등 있으며 케이크 등 간단한 베이커리류도 맛볼 수 있다. (p136 C:2)
- 경기 의왕시 왕송못동로 280
- #왕송호수뷰 #뷰맛집 #의왕카페

의왕레일파크 레일바이크
"레일바이크 너머 왕송호수 경관"

@yeoeunjeong

레일바이크 체험을 진행하면 의왕 레솔레파크 습지 주변으로 넓게 펼쳐진 숲 뷰와 풍차, 오두막 등의 조형물을 감상할 수 있다. 레일바이크에 탑승해 가족사진을 찍어도 좋고, 잠시 쉬어가는 구간에서 왕송호수경관 사진을 찍어도 좋겠다. 호수와 초목이 싱그러운 봄~가을에 방문하는 것을 추천한다. (p136 C:2)
- 경기 의왕시 월암동 525-9
- #풍차 #오두막 #왕송호수

왕송호수 코스모스
"코스모스 가득핀 꽃밭"

@33unnn

의왕 왕송호수는 황화 코스모스 성지로 유명하다. 이 코스모스는 매년 9월 말부터 10월 말까지 절정을 이루는데, 이 시기에 분홍 핑크뮬리도 함께 피어나 가을의 운치를 더한다. 울타리나 펜스가 따로 없어 꽃 속에 폭 파묻힌 인물 사진을 찍을 수 있는 곳이니 기회가 된다면 꼭 방문해보자. (p136 C:2)
- 경기 의왕시 월암동 왕송못동길 왕송호수공원
- #가을사진맛집 #황화코스모스 #핑크뮬리

타임빌라스 잔디광장
"넓은 잔디밭과 유리 온실"

@y.mj

롯데 프리미엄 아울렛 타임빌라스는 쇼핑하기 좋은 곳이지만, 사진찍기도 그만큼 좋은 곳이다. 유리 온실처럼 되어있는 매장 앞으로 넓은 잔디밭과 흰색 파라솔이 펼쳐져 쇼핑몰이 아닌 유원지에 온 듯하다. 파라솔 벤치에 앉아 사진을 찍거나 잔디광장에 피크닉 온 듯한 사진을 찍어도 좋겠다. (p136 C:2)
- 경기 의왕시 학의동 바라산로 1
- #쇼핑 #피크닉 #파라솔

무봉리순대국&카페아를
"반 고흐가 사랑했던 아를의 감성"

@siusssiu_e

카페 외부 예쁜 색감의 핑크문이 대표 포토존. 약 1,000평의 실내 야외 복합 테마 카페로 프랑스 남부 도시 '아를'을 따서 만든 카페로 프랑스 음식, 예술, 음악과 공존하며 쉴 수 있는 곳이다. 베이커리류는 스콘, 패스츄리, 치아바타 등 다양하게 준비되어 있으며 음료는 커피, 라떼, 차, 맥주 등이 있다. 야외 정원이 잘 꾸며져 있어 곳곳에 사진 찍기 좋다. (p135 D:2)
- 경기 의정부시 동일로 204 카페 아를
- #유럽풍카페 #수락산카페 #노천카페

나크타 카페 낙타 벽
"낙타 벽화 루프탑 카페"

@joyvely_427

카페 외관 낙타 그림과 함께 귀여운 사진을 남겨보자. 1층은 화이트, 우드톤의 인테리어로 꾸며져 있고, 2층은 큰 통창으로 되어 있어 나무숲 뷰를 즐기기 좋다. 3층 루프탑은 타프가 있어 날씨가 좋을 때는 맑은 하늘과 함께 즐기기 좋다. 베이커리류는 음식 프로그램에서 시오 빵을 만든 쉐프가 제조하여 유명한데 그 중 도봉산 호랑이 빵이 시그니처 메뉴이다. 음료는 커피, 티 등이 있다. (p135 D:2)
- 경기 의정부시 망월로28번길 137
- #숲속사막 #도봉산카페 #의정부카페

아나키아
"파노라마 숲뷰를 지닌 카페"

@ghdekdms8964

2023 레드닷 디자인 어워드에서 상을 받을 정도로 인테리어가 아름다운 베이커리 카페. 실내 조경과 통창으로 보이는 나무 덕분에 숲 속으로 들어온 것 같아 매력적이다. 층마다 분위기가 조금씩 다른데 기다란 실내 분수가 있는 2층이 가장 대표적인 포토존이며 3층은 에스프레소바로, 블랙 인테리어로 되어 있어 더욱 분위기 있다. 4층과 5층은 레스토랑으로 운영되고 있다. (p135 D:2)
- 경기 의정부시 잔뜰길 22
- #숲뷰 #인테리어 #고급스러운

투하츠 베이커리
"귀여운 오리가 사는 유럽풍 카페"

@__hoya._

시즌별 다양한 콘셉트로 포토존을 꾸미는 사랑스러운 프랑스 시골 분위기의 베이커리 카페. 대형 트리가 있는 크리스마스 콘셉트, 여름철 지중해 휴가 콘셉트 등 주기적으로 포토존을 새로 단장해 사계절 언제나 방문해도 예쁜 사진을 남길 수 있다. 또한 카페에서 오리들을 키우고 있어 인공 연못에서 헤엄치거나 포토존 주변을 걸어다니는 귀여운 모습을 볼 수도 있다. (p135 D:2)
- 경기 의정부시 호국로 1800
- #프랑스시골 #시즌별 #포토존카페

설봉폭포 야경
"화려한 조명이 감싸는 설봉폭포"

@sugi_o_ov

설봉공원의 인공폭포인 설봉폭포는 낮보다 밤이 더 아름다운 곳으로 유명하다. 매일 7시쯤 해가 저물 무렵부터 공원과 인공폭포 곳곳에 볼 전구와 화려한 간접조명이 드리운다. 한밤이라 아주 밝지는 않지만 제법 멋진 인물사진을 건질 수 있다. 매일 저녁 8시

부터 30분 동안 음악분수도 개장하니 운영시간에 맞추어 방문해보자. (p137 E:2)
- 경기 이천시 관고동 산58-13
- #야경 #조명 #음악분수

이천 메타세콰이어길 산책로
"빼곡한 메타세콰이어 풍경"

@dlwodhr_

이천 메타세콰이어길에는 하늘 끝까지 뻗은 수령이 오래된 나무들이 군집을 이루고 있다. 그 가운데로는 아담한 산책로가 나 있어 사진 촬영하기 좋은 포토존이 되어준다. 숲길 산책로를 중심으로 인물사진 찍어도 좋고, 산세가 잘 보이도록 인물 없이 숲길만 찍어도 예쁘다. (p137 E:2)
- 경기 이천시 대월면 송라리 47-6
- #메타세콰이어 #싱그러운 #피크닉

별빛정원우주 로맨틱가든
"조명으로 만든 돔형 건물"

@hannahrosieblue

밤하늘이 드리우면 별빛정원우주 테마파크에는 그 이름과 꼭 어울리게 건물을 장식

하는 비즈 전구들과 조형물에 별빛 조명이 빛을 밝힌다. 특히 로맨틱한 분위기로 연인들이 사진 찍을만한 포토 스팟이 많다. 꼬마전구가 드리운 돔형 건물과 달 모양 거대한 조명이 인기 포토스팟인데, 달 위에 자연스럽게 걸터앉아 사진 찍는 것이 포인트다. (p137 E:2)

- 경기 이천시 마장면 덕이로154번길 287-76
- #야경사진 #달조명 #로맨틱

티하우스에덴 카페 엔젤하우스뷰
"식물 가득한 유리온실"

@1004boyun

온통 초록빛이 가득한 정원에서 유리온실인 엔젤하우스와 함께 이국적인 느낌의 사진을 찍어보자. 실내외 온통 식물들이 가득 차 있어 멋진 플랜테리어 감상이 가능하다. 티 전문점 카페인만큼 애플 티, 다르질링, 웨딩 임페리얼 등 다양한 티와 커피, 밀크티 등이 있고 티라미수, 스콘, 타르트 등 간단한 디저트를 즐길 수 있다. (p137 E:2)

- 경기 이천시 마장면 서이천로 449-79
- #식물원카페 #정원뷰 #온실느낌

시몬스테라스 외부 전경
"초록 잔디와 감성 테라스"

@jinny__0.0

요즘 가장 핫한 플래그십 스토어 시몬스테라스는 사진 촬영 명소로도 손꼽히는 곳이다. 거대한 갈색 외벽 건물 앞에 유럽 감성 천막 테라스가 마련되어 있는데 바로 이곳이 사진 촬영 성지다. 테라스 주변으로 초록 잔디가 깔려있어 마치 캠핑 온 듯한 착각에 빠지게 된다. 테라스 의자에 앉아 캠핑 느낌 사진을 찍어도 좋고, 시몬스테라스 건물을 배경으로 인물사진을 찍어도 좋다. (p137 E:2)

- 경기 이천시 모가면 사실로 988
- #북유럽감성 #캠핑느낌 #제품체험

이천산수유마을 산수유 군락지
"노란 산수유 군락지 속 벤치"

@purple_laver0_0

매년 3월 말부터 5월까지 산수유마을에 노란 산수유꽃 무리가 피어난다. 마을 곳곳에 설치된 나무 벤치에 앉아 산수유꽃이 잘 보

이도록 로우 앵글로 사진 촬영하면 예쁘다. 산수유 산책길을 따라 인물, 배경 사진을 찍어도 좋겠지만, 마을 안에 있는 조선시대 정자인 육괴정 사진도 잊지 말고 찍어가자. (p137 E:2)

- 경기 이천시 백사면 원적로775번길 12
- #봄꽃 #노란꽃 #정자

안흥지 벚꽃
"탐스러운 벚꽃과 호수 전경"

@ji_you0313

이곳은 찐빵과 연꽃으로도 유명한 곳이지만, 매년 4월을 전후로 피어나는 탐스러운 벚꽃으로도 유명하다. 안흥지 한 가운데를 가로지르는 목교와 정자가 마련되어 있는데, 이쪽으로 이동해서 버드나무나 정자를 앞에 두고 벚꽃 사진을 찍으면 공간감이 제대로 살아있는 사진을 건질 수 있다. 아예 정자 건너편 도로로 이동해서 호수 전경을 찍어도 멋지다. (p137 E:2)

- 경기 이천시 안흥동 404
- #벚꽃 #나무다리 #호수

인디어라운드 카페 캠핑카
"핑크색 캠핑카와 글램핑장"

@p__mijin

야외 알록달록 캠핑카 앞에서 마치 캠핑 온 듯한 느낌의 사진을 찍어보자. 핑크한 카페 내부, 산토리니를 연상케 하는 화이트와 블루 조합 인테리어 등 7가지의 콘셉트 테마를 가진 카페로 감성 글램핑, 피크닉, BBQ 등 모두 한자리에서 즐길 수 있는 곳이다. 커피, 에이드, 쥬스 등 다양한 음료와 간단한 구움 과자, 베이커리류를 즐길 수 있다. 여름에는 이국적인 풍경의 수영장도 운영한다. (p137 E:2)
- 경기 이천시 이섭대천로941번길 49-44
- #수영장카페 #글램핑카페 #아이와갈만한곳

필무드카페 데이지 꽃밭 뷰
"숲길 산책로 모던카페"

@j__hyeeeee

야외 숲 쪽 계단을 따라 5~6월 개화하는 데

이지와 함께 사진을 찍어보자. '공간을 분위기로 채우다'를 모티브로 내부는 화이트, 우드톤의 인테리어로 모던한 분위기이다. 시그니처 음료는 미숫가루 위에 수제크림이 올라간 미숫페너를 포함해 총 5가지가 있고 이외도 커피, 스무디, 티 등을 맛볼 수 있다. 매일 아침 전문 베이커가 유기농 밀가루를 사용한 베이커리류도 유명하다. (p134 C:2)
- 경기 파주시 광탄면 기산로 129 fillmood
- #데이지꽃밭 #샤스타데이지 #마장호수카페

마장호수출렁다리 다리 위
"출렁다리와 양옆으로 펼쳐진 푸른 호수"

@no_kwoo

마장호수 둘레길을 걷다 보면 출렁다리 쪽으로 올라갈 수 있는데, 여기도 사진 찍기 좋은 포토스팟이다. 나무로 된 출렁다리 양옆으로 호수가 넓게 펼쳐지고, 그 앞으로는 마장근린공원 동산이 살짝 고개를 내밀어 인물사진의 좋은 배경이 되어준다. 단, 주말이나 공휴일에는 방문객이 많아 전신사진이나 독사진 찍기는 다소 힘들다는 점을 참고하자. (p135 D:2)
- 경기 파주시 광탄면 기산리 481-1
- #출렁다리 #호수전망 #공원뷰

마장호수 둘레길 액자 포토존
"액자 포토존 너머 마장호수"

@yina_da__ena

마장호수를 동그랗게 둘러싼 나무 데크 산책로를 걷다 보면 검은색 프레임 나무 액자 포토존이 나온다. 아래가 벤치처럼 되어 있어 여기 앉아서 프레임이 꽉 차도록 가로 사진을 찍으면 예쁘다. 단, 인스타그램용 정방형 사진을 찍는다면 프레임을 정 중앙에 두고 발까지 나오도록 찍는 것이 더 자연스럽다. 호수 가운데에 출렁다리가 놓여 있는데, 이 출렁다리가 나오도록 배경 사진을 찍어도 멋지다. (p134 C:2)
- 경기 파주시 광탄면 기산리 산151-6
- #가로사진 #액자프레임 #호수전망

벽초지수목원 신화의 정원 분수

"유럽풍 초록 분수대와 배경이 되는 정원"

@1_ayeon710

유럽풍으로 꾸며진 신화의 정원 안에 북유럽 신화 테마로 꾸며진 초록빛 분수대가 있는데, 여기가 가장 예쁜 포토스팟이다. 분수와 정면이 되도록 사진 찍는 사람들이 많지만, 초록빛이 싱그러운 분수 안쪽이 나오도록 위에서 하이앵글로 찍어도 사진이 예쁘게 나온다. 분수 주변에 있는 유럽풍 철제문과 대리석 석상도 좋은 포토 스팟이 되어준다. (p134 C:2)

- 경기 파주시 광탄면 부흥로 242
- #북유럽풍 #분수 #석상

파주 지혜의 숲 도서관 천장 높이의 책장

"넓은 벽면을 가득 메운 책장"

@rang_rang_home

파주 출판단지 홍보 사진에 가장 많이 등장하는 곳이 바로 이곳이다. 정사각 모양으로 된 작은 원목 책장이 높고 넓은 벽면을 모두 메꾸고 있는데, 이 책장이 잘 보이도록 멀리 떨어져서 사진을 찍는 것이 포인트다. 책장을 따라 곳곳에 책을 읽을 수 있는 작은 테이블이 마련되어 있는데, 여기 앉아서 책 읽는 모습을 찍어가는 사람들이 많다. (p134 C:2)

- 경기 파주시 교하읍 회동길 145
- #웅장한 #책장 #도서관

파주 출판단지 나남출판담쟁이

"담쟁이덩굴이 가득한 외벽"

@seunga.look

매년 10월~11월에 나남출판사 건물 외벽에 울긋불긋한 담쟁이덩굴이 올라와 멋진 포토존이 되어준다. 정문 옆쪽 담쟁이덩굴 외벽을 정면으로 두고 사진을 찍어도 예쁘고, 건물 정면 계단 앞에서 양쪽 담벼락을 좌우 프레임이 되게 해서 사진을 찍어도 예쁘다. (p134 C:2)

- 경기 파주시 문발동 회동길 193
- #나비모양건물 #담쟁이덩굴 #가을사진맛집

미메시스 아트 뮤지엄 정원 포토존

"회색 곡면 건물 겸 미술관"

@cherie_chu_

회색빛의 곡면으로 이루어진 외관을 담을 수 있는 정원이 시그니처 포토존. 초록빛의 정원과 콘크리트 건물이 묘한 조화를 이루고 있다. 약 1,400평 규모의의 미술관은 전시 공간보다 건물 건축 그 자체로 방문객을 이끌고 있다. 국, 내외 건축가들에게 큰 영향을 끼치고 있으며, 개관 전부터 다양한 해외 언론에 소개될 만큼 유명한 곳. (p134 C:2)

- 경기 파주시 문발로 253
- #파주미술관 #콘크리트건물 #사진맛집

소풍농월 카페 원형 프레임
"원형 프레임 포토존이 유명"

@_yeonininna_

카페 외관 원형 프레임이 대표 포토스팟으로 감성적인 사진 연출이 가능하다. 2개의 건물로 나누어져 있으며, 건물마다 분위기가 조금씩 다르다. 카페에서 직접 구운 크루아상, 스콘, 파이 등과 음료는 커피, 라떼, 에이드 등을 맛볼 수 있다. 어린이를 위한 음료와 가족 화장실, 넓은 잔디밭이 있어 아이와 함께하기 좋은 카페이다. (p134 C:2)
- 경기 파주시 문산읍 방촌로 1779-40
- #플랜트베이커리카페 #문산카페 #아이와가기좋은곳

평화랜드 회전목마
"레트로풍 회전목마"

@o3_dm5

임진강 평화누리공원에 있는 아담한 놀이동산 평화랜드에는 레트로 감성이 물씬 묻어나는 알록달록한 회전목마가 마련되어 있다. 이 회전목마 뒤로 펼쳐진 알록달록한 평

화랜드 전경이 잘 보이도록 사진을 찍으면 90년대 놀이기구 감성 사진을 찍어갈 수 있다. 놀이기구와 어울리는 레트로풍 드레스코드에도 도전해보자. (p134 C:2)
- 경기 파주시 문산읍 임진각로 148-39
- #레트로 #회전목마 #알록달록

임진각 평화누리공원 바람개비 언덕
"붉은 바람개비와 거대한 압핀 조형물"

@yh_._1117

임진각 평화누리공원 산책로를 걷다 보면 붉은색 바람개비가 줄지어 있고, 그 한 가운데 빨간색 압핀 모양 거대한 조형물이 있는데 여기가 가장 예쁜 포토존이다. 압핀 아래에서 인물 사진을 찍어도 좋지만, 압핀을 한쪽 끝에 두고 바람개비 사이에서 인물 사진을 찍으면 좀 더 예쁘다. (p134 C:2)
- 경기 파주시 문산읍 임진각로 148-40
- #붉은색 #바람개비 #조형물

임진각 파주 DMZ 곤돌라
"푸른하늘과 크리스털 캐빈"

@s_in__p

곤돌라 위에 올라 유리창 밖으로 렌즈를 붙여 찍으면 오염되지 않은 비무장지대 지역의 하늘, 논, 산 풍경을 오롯이 담아갈 수 있다. 크리스털 캐빈에 탑승해 신발이 보이도록 바닥 사진을 찍어도 예쁘다. (p134 C:2)
- 경기 파주시 문산읍 임진각로 148-73
- #DMZ #비무장지대 #크리스탈캐빈

포비DMZ 카페 철조망뷰
"임진강 전망 미니멀 카페"

@nul._.e

어디서도 볼 수 없는 철조망 뷰를 배경으로 사진을 남겨보자. 임진강 전망대 안쪽 경의선 기찻길 옆에 자리 잡고 있어 비무장지대를 배경으로 커피를 마실 수 있다. 전면이 유리로 되어 있어 따뜻한 햇살을 만끽하거나 일몰을 감상하기도 좋다. 미니멀한 인테리어로 조용한 분위기의 카페이다. 포비는 대중적으로 알려져 있는 베이글 맛집으로 무화과 베이글이 가장 유명하다. (p134 C:2)
- 경기 파주시 문산읍 임진각로 177
- #임진각카페 #DMZ #파주카페

앤드테라스 카페 2층 난간 포토존
"다채로운 식물들과 아치형 다리"

@_gayoung_v

2층 계단 아치형 다리에서 동그란 조명과 뾰족지붕이 보이는 곳이 대표 포토존. 1층은 곳곳에 배치된 식물을 구경하기 좋으며, 2층은 차분한 느낌의 도서관 같은 느낌이 드는 곳이다. 3층은 포근함이 느껴지는 공간으로 구성되어 있다. 시그니처 음료는 애플유자차와 자몽블랙티가 있고 외에 맥주, 티 등 식음료도 가능하며 다양한 브런치와 베이커리류를 즐길 수 있다. (p134 C:2)
- 경기 파주시 오도로 91
- #식물원분위기 #대형카페 #브런치카페

뮌스터담 카페 독일 느낌 인테리어
"독일 감성 벽화와 소품들"

@yeoniiny

건물 4층 높이의 내부 건물, 독일 느낌의 인테리어와 함께 사진을 남겨보자. 내부는 벽화와 아기자기한 소품들로 꾸며져 있어 독일

감성을 가득 느낄 수 있는 대형카페이다. 입장료 지불 시 애견 동반과 캠핑 콘셉트의 캠크닉 또한 즐길 수 있으며 라이브 공연도 진행한다. 메뉴는 슈바인학센, 파스타 등 다양한 브런치와 음료. 베이커리 식음도 가능하다. (p134 C:2)
- 경기 파주시 운정로 113-175
- #대형카페 #독일감성 #파주카페

감악산출렁다리 다리 위
"감악산으로 향해 가는 붉은 출렁다리"

@lol5403lol

예전부터 이색 여행지로 사랑받았던 감악산 출렁다리가 요즘 인스타 사진 촬영 명소로 다시금 떠오르고 있다. 붉은색 출렁다리가 초록빛 감악산과 대비되어 다리 중심에 인물을 세우고, 전신이 나올 만큼 뒤로 물러나 인물 사진을 찍으면 아찔한 출렁다리 바닥부분과 인물, 맞은편 정자까지 잘 보이는 인생 사진을 건질 수 있다. 단, 주말이나 공휴일에는 관광객이 많기 때문에 사진 촬영이 다소 힘들 수 있다는 점은 감안하자.
(p134 C:1)
- 경기 파주시 적성면 설마리 48-6
- #붉은빛 #출렁다리 #여행명소

더티트렁크 카페 2층 난간
"압도적인 규모와 이국적인 분위기"

@imnot_res

2층 카페 난간에서 마치 해외에 온 듯한 이국적인 분위기의 사진을 찍어보자. 약 5백평 규모의 초대형 카페로 실내 공간 디자인 부문 모두 국제 디자인상 3관왕을 차지할 만큼 감각적인 인테리어를 갖춘 곳이다. 매일 신선하게 굽는 베이커리류와 버거, 샐러드 등 브런치도 즐길 수 있다. 비쥬얼도 예뻐 눈과 입 모두 사로잡을 만하다. (p134 C:2)
- 경기 파주시 지목로 114 1-2층
- #초대형카페 #브런치카페 #공장형

말똥도넛 카페 입구 아이스크림
"미국 감성 디저트 카페"

@qkf__al

8~90년대 미국 감성이 느껴지는 카페 외관에서 이국적인 사진을 남겨보자. 국내 최대 디저트 타운으로 수십 여 가지의 도넛, 케이크, 쿠키, 젤리 등 가히 디저트 천국이라 불리는 곳이다. 알록달록한 색감의 내부 인테리어와 포토존이 많아 다양한 사진 연출이 가능하다. 음료는 커피, 티, 라떼 등이 준비되

어 있다. 카페 한쪽에 팝업스토어가 있어 컵, 케이스와 같은 아기자기한 소품들도 판매한다. (p134 C:2)

- 경기 파주시 지목로 137 말똥도넛
- #브런치카페 #미국감성 #대형카페

레드파이프 카페 난간 포토존
"한강과 임진강 전망 대형 카페"

@juyo_oung

층고가 높아 개방감이 좋은 2층 난간이 대표 포토존. 한강과 임진강을 볼 수 있는 카페로 1,500평에 규모로 구성되어 있다. 실내 가구, 조명은 핸드메이드 감성으로 꾸며져 있고 루프탑에는 볼풀장과 핑크문이 있다. 메뉴는 피자, 파니니 등 다양한 브런치와 100% 유크림 무염버터와 생크림을 사용한 베이커리류를 맛볼 수 있다. 음료는 커피, 스무디는 물론 맥주, 와인 식음도 가능하다. (p134 C:2)

- 경기 파주시 지목로 17-7 레드파이프
- #대형카페 #베이커리카페 #포토존가득

잇츠콜라박물관 전세계의 콜라
"전세계 콜라와 기념품이 가득한 공간"

@kwonjihyae

잇츠콜라박물관에는 세계 각국에서 수집한 콜라와 콜라 관련 기념품이 장식되어있는데, 사진 촬영을 제한하지 않아 이색 기념사진을 많이 찍어갈 수 있다. 거대한 북극곰과 콜라 모형이 있는 벽화 구간과 코카콜라로 가득한 서양식 주방, 붉은빛 배경이 포인트가 되어주는 코카콜라 벤치가 주요 포토존이다. (p134 C:2)

- 경기 파주시 탄현면 법흥리 1652-229
- #박물관 #이색포토존 #코카콜라

지노카페 이국적인 외관과 앤티크 소품
"앤티크 갤러리 카페"

@xinyue0618

빈티지한 분위기가 물씬 풍기는 카페 내부 피아노 앞에서 사진을 찍어보자. 갤러리 카페답게 입구에서 신발을 벗고 이용해야 한다. 내부는 옛 유럽 감성의 앤틱한 소품들이

많아 구경하는 재미를 느낄 수 있고, 드라마 촬영장으로 유명한 곳이다. 클래식 음악이 나와 조용하고 고풍스러운 분위기를 느낄 수 있다. 메뉴는 커피, 에이드, 티 등과 파니니, 카레라이스 등 식사도 가능하다. (p134 C:2)

- 경기 파주시 탄현면 새오리로 211-31
- #갤러리카페 #유럽미술관 #도깨비촬영지

파주팜랜드 바람개비동산
"하얀펜스와 무지갯빛 바람개비"

@rin.rin_5959

파주팜랜드 산책로를 따라 걷다 보면 나무 펜스 위에 무지갯빛 바람개비가 꽂혀있는 구간이 있는데, 여기가 사진 찍기 좋은 포토존이다. 길 한 가운데 서서 찍어도 예쁘고, 바람개비 앞에 마련된 벤치에 앉아 사진을 찍어도 예쁘다. 펜스 너머로는 꽃나무가 심겨 있어 봄~초여름에 방문하면 분홍빛 벚꽃, 하얀 배꽃 풍경도 함께 담아갈 수 있다. (p134 C:2)

- 경기 파주시 탄현면 새오리로 318-34
- #바람개비 #봄사진 #벚꽃

슬로피타운 카페 CAFE SERVICE 조형물
"미국 감성 블럭 인테리어 카페"

@kkeeemmmmmm

밤, 빨간 네온사인 조형물과 함께 미국 감성의 사진을 남겨보자. 내부는 블럭 감성의 인테리어로 차분하면서도 몽환적인 분위기를 느낄 수 있다. 커피 원두는 산미가 특징인 캔디맨과 고소한 맛이 일품인 그루브 중 선택이 가능하며, 이 외에도 시그니처메뉴인 파파슈페너와 주주라떼가 있다. 또한 큐스레더 쇼룸이라고해서 액세서리를 판매하는 곳도 있다. 실내외 반려동물 동반도 가능하다. (p134 C:2)
- 경기 파주시 탄현면 새오리로 356 1F
- #바이크카페 #반려동물동반 #미국감성

프로방스마을 유럽건물
"노란 돌계단과 하늘빛 건물"

@bmr_1110

유럽식 건물이 모여있는 파주 프로방스마을은 어디서 사진을 찍어도 예쁘지만, 특히 카페 루시카토 건물 앞쪽 돌계단 앞쪽이 예쁜 포토존이 되어준다. 하늘빛 건물 아래로 연노란빛 경사진 돌계단이 놓여있어 대비를 이루는데, 이 계단 앞쪽에서 계단에 서 있는 인물 사진을 찍으면 건물을 전부 사진 속에 담을 수 있다. (p134 C:2)
- 경기 파주시 탄현면 새오리로 77
- #카페루시카토 #돌계단 #유럽감성

문지리535 카페 야자수나무 길
"야자수 산책로 카페"

@brille_bijou

카페 내부 야자수나무가 쫙 펼쳐져 있는 산책길에서 푸릇한 사진을 찍어보자. 총 3개의 층으로 구성되어 있으며 각 층마다 층고가 높아 개방감을 느낄 수 있다. 실내는 통유리로 되어 있어 푸릇한 잔디뷰 감상도 가능하다. 1층은 웅장한 크기의 식물들과 평소 보지 못하는 식물들, 인공연못까지 있어 피톤치드를 느끼며 산책하기 좋다. 샌드위치, 치아바타 등 브런치도 맛볼 수 있다. (p134 C:2)
- 경기 파주시 탄현면 자유로 3902-10 MUNJIRI.535
- #식물원카페 #대형카페 #브런치카페

파주프리미엄아울렛 야경
"테라스에서 만나는 이국적인 야경"

@u1me_

유럽 명품 아울렛을 연상케 하는 파주 프리미엄 아울렛은 밤이면 건물과 조명에 빛이 들어와 사진찍기 좋은 포토존이 되어준다. 1층 가운데 있는 분수 광장이 주요 포토존으로, 그 앞에 있는 벤치나 2층 테라스에 올라가도 예쁜 사진을 남길 수 있다. (p134 C:2)
- 경기 파주시 탄현면 필승로 200
- #유럽감성 #쇼핑 #다이닝

경기미래교육 파주캠퍼스 거리
"외국의 한 마을에 들어온 것 같은 느낌"

@lululala_j__

경기미래교육 파주캠퍼스의 거리는 간판이 없는 석조 건물들로 둘러싸여 있으며, 길 한 가운데 트램 레일이 있어 해외에 있는 듯한 감성 사진을 찍어갈 수 있다. 건물 안을 산책하는 뒷모습 사진이 예쁘게 나온다. 남색 트램 앞도 인물 사진 찍기 좋은 포토스팟중 하나. 이 중 몇몇 건물은 레스토랑으로 운영 중

이니, 식사도 즐기고 예쁜 실내 장식을 배경으로 사진 촬영도 해보자. (p134 C:2)

- 경기 파주시 탄현면 헤리마을길
- #유럽풍 #석조건물 #트램

모티프원 숲뷰 통창
"숲속의 작은 도서관"

@for_eunjung9775

울창한 나무뷰와 무수한 책들 사이에서 사진을 찍을 수 있는 화이트룸이 대표 포토존이다. 파주 헤리마을 위치한 이곳은 이안수 작가가 호스트이며, 드라마 부부의 세계 촬영지로도 잘 알려진 곳이다. 모티프원은 게스트하우스로 거실, 서재, 주방 등을 공용으로 사용하고, 화장실은 객실 안에서 이용할 수 있다. 나무와 책이 가득한 곳에서 조용히 힐링하고 싶다면 추천할만한 곳. (p134 C:2)

- 경기 파주시 탄현면 헤리마을길 38-26
- #파주북스테이 #북캉스추천 #파주게스트하우스

바람새마을 핑크뮬리
"도심 배경 핑크뮬리 밭"

@day_jooo

매년 10월 중순부터 11월까지가 분홍빛 핑크뮬리가 가장 예쁘게 피는 시기다. 울타리가 없어 핑크뮬리밭에 들어가 분홍빛 가득한 인증사진을 남길 수 있다. 도심 배경이나 주변 인물이 나오지 않도록 각도를 잘 조절해 사진 촬영해보자. (p136 C:3)

- 경기 평택시 고덕면 새악길 43-62
- #가을사진맛집 #핑크뮬리 #한적한

라효카페 거울앞 그네
"라탄 인테리어 테마 카페"

@yeonhee319

전신 거울 앞 그네 포토존에서 감성적인 분위기의 사진을 연출해보자. 부부가 바닥부터 의자, 테이블까지 모두 직접 만들며 셀프인테리어를 한 카페로 작은 소품에도 애정이 넘치는 공간이라는 것이 느껴진다. 라탄 인테리어로 휴양지 감성이 돋보인다. 시그니처 음료는 라효 오트 라떼 등 총 3가지가 있고 이 외 커피, 티 등과 크루아상, 크로플 등 간

단한 디저트도 즐길 수 있다. (p136 C:3)

- 경기 평택시 목천로 58 조경빌딩 4층
- #휴양지감성 #루프탑카페 #송탄카페

무소카페 빨간벽돌건물앞 대문과 앤티크 인테리어
"구옥감성 프라이빗 카페"

@sso__obb

주택을 개조한 구옥감성의 카페 외관에서 사진을 찍어보자. 전원주택을 개조한 카페답게 방마다 분리되어 있는 카페 구조여서 프라이빗한 시간을 보낼 수 있다. 시그니처 음료는 솔티 크림과 시나몬 파우더가 들어가 있는 무소 슈페너 외 총 3종류가 있으며 이외도 라떼, 스무디, 에이드와 토스트, 샐러드 등 간단한 브런치도 즐길 수 있다. (p136 C:3)

- 경기 평택시 비전1로3번길 46 무소커피
- #브런치카페 #주택개조 #구옥감성

몰릭 카페 제주도식 돌담
"제주 돌담 감성 카페"

카페 2개를 연결하는 길, 높게 쌓여 있는 돌담 외관과 자갈 돌밭에서 사진을 찍어 보자. 실내는 우드, 제주도식 돌담으로 되어 있어 마치 제주도에 온 듯한 느낌을 받을 수 있다. 시그니처 메뉴는 몰릭만의 수제 시럽이 들어간 수묵화 라떼, 입안을 휘감는 상큼함과 사탕수수의 달달함이 돋보이는 홍련 등 총 4가지 메뉴가 있다. 또한 도넛, 케익 등 간단한 디저트도 즐길 수 있다. (p136 C:3)
- 경기 평택시 삼남로 450
- #제주감성 #송탄카페 #도심속힐링

웃다리문화촌 레트로 인테리어
"레트로풍 교실"

웃다리문화촌 실내외에는 옛 학교 교실, 문방구, 고택 등을 그대로 재현해놓은 레트로 포토존이 마련되어있다. 그중에서도 칠판,

책상, 교과서 등이 마련된 옛 교실 공간이 가장 사진이 잘 나오는 곳이다. (p136 C:3)
- 경기 평택시 서탄면 용소금각로 438-14
- #옛날교실 #옛날문방구 #고택내부

농업생태원 튤립정원
"튤립 가득한 정원과 푸른 하늘"

매년 4월 말부터 5월 중순까지 농업생태원에 하늘 끝까지 뻗은 넓은 튤립밭이 예쁜 포토존이 되어준다. 튤립밭으로 들어가 아래에서 위쪽으로 로우 앵글 사진을 찍으면 하늘, 튤립만 배경으로 나오는 탁 트인 꽃 사진을 찍어갈 수 있다. 튤립 개화기에는 청보리 군락도 피어나므로 청보리 인증 사진도 함께 남겨가는 것이 좋겠다. (p136 C:3)
- 경기 평택시 오성면 숙성리 83-2
- #생태원 #튤립 #무료입장

어린이농장학농원 담쟁이벽 앞 할로윈
"할로윈 소품으로 가득한 담쟁이벽"

10월 말, 할로윈 시즌이 되면 평택 어린이농장에 할로윈풍 포토존이 꾸며진다. 탐스러

운 노란 호박 무더기와 함께 유령, 마녀, 호박 소품들이 농장 곳곳을 장식하며, 밤에는 호박 모양 랜턴에 불이 들어와 멋진 야경을 만들어낸다. 호박 무더기가 쌓여있는 건물 입구와 테이블 쪽이 사진 촬영하기 좋은 포인트. (p136 C:3)
- 경기 평택시 진위면 동천리 508
- #10월말 #할로윈 #호박

트리하우스펜션 나무집과 숲속 온수풀장
"숲속 온수 풀장과 통나무집"

발리 느낌 가득한 숲속 온수 풀장에서 수영을 즐기며 이국적인 사진을 찍을 수 있는 곳. 통나무집으로 된 4개의 피크닉 하우스와 1개의 숙박이 가능한 룸이 있고, 자연에 둘러싸여 힐링할 수 있는 장소이다. 야외 수영장은 팀별로 정해진 시간에 1시간 30분씩 이용할 수 있고, 낮보다 밤이 더 아름다운 곳으로 유명하다. 당일 이용 시간은 오전 10시부터 오후 10시까지이다. (p137 D:3)
- 경기 평택시 진위면 삼봉로 442-15
- #발리느낌수영장 #나무집숙소 #평택통나무펜션

텐독스 카페 식물인테리어
"싱그러운 야외 테라스 카페"

@k_ssil1014

야외 테라스 야자수 나무와 함께 이국적인 사진을 연출해보자. 내부에도 푸릇푸릇한 나무들과 편안한 좌석이 있어 즐기기 좋다. 2층은 노키즈존으로 운영되며, 애견은 실내 입장은 불가하고 별도 공간만 동반이 가능하다. 크림 라떼를 시키면 카페 라떼아트와 함께 제공되고 수제버거, 핫도그 등 다양한 브런치도 맛볼 수 있다. (p136 C:3)
- 경기 평택시 팽성읍 계양로 752 텐독스
- #외국느낌 #브런치맛집 #애견동반

메인스트리트 카페 뉴욕건물
"뉴욕 스타일 인테리어 카페"

@__chanvely

마치 뉴욕 거리에 온 듯한 느낌의 외관 벽화 앞에서 이국적인 사진을 찍어보자. 입구부터 뉴욕 지하철 느낌으로 총 3층으로 구성되어 있으며 모두 다른 느낌의 인테리어로 꾸며져 있어 곳곳이 포토존이다. 아이들이 놀 수 있는 놀이공간도 별도로 마련되어 있어 아이와 함께 가기도 좋으며 다양한 좌석들이 많다. 층마다 음료, 베이커리, 식사를 판매하는 곳이 달라 확인 후 주문하면 된다. (p136 C:3)
- 경기 평택시 포승읍 만호리 697-17
- #대형카페 #뉴욕감성 #사진맛집

카페퍼르 대형통창 우금저수지뷰
"우금저수지 둘레길 전망카페"

@aaaa_yyo

카페 내부 대형 통창에서 우금저수지를 배경으로 푸릇푸릇한 사진을 연출해보자. 일반 카페와는 다르게 음료와 디저트를 직접 바구니에 담아 계산하는 셀프 픽업으로 운영된다. 카페에서 식물성 밀크로 직접 만드는 음료와 일반 병 음료를 판매한다. 카페 앞에 약 40분 정도 거닐 수 있는 우금저수지 둘레길이 있어 산책도 즐길 수 있다. (p135 E:2)
- 경기 포천시 가산면 포천로 582 1층
- #우금저수지뷰 #포천카페 #통창프레임

포천국립수목원 유리온실과 광릉숲
"숲속 유리온실과 푸른 하늘"

@travel__gwang

포천국립수목원은 광릉숲이라고도 불리며 곳곳에 사진찍기 좋은 테마정원이 많다. 특히 이곳에는 다른 수목원보다 규모가 훨씬 큰 돔형 유리온실이 있는데, 이 건물을 배경으로 사진을 찍으면 예쁘다. 유리온실 앞에 마련된 작은 직사각형 연못도 사진찍기 좋은 포인트. (p135 E:2)
- 경기 포천시 소흘읍 광릉수목원로 415
- #수목원 #유리온실 #연못

카페 숨 대형 온실정원
"온실 정원과 산책로"

@coco___12

카페 내부 중앙에 푸릇푸릇한 온실 정원에서 사진을 찍어보자. 2,000평 규모의 숲속 정원 카페로 노키즈존으로 주말만 운영한다. 내부 인테리어는 우드톤으로 꾸며져 있어 차분한 분위기이다. 실내외 좌석이 많아 여유롭게 즐길 수 있다. 커피, 티, 쥬스 등 음료와 케이크 등 간단한 디저트를 맛볼 수 있다. 야외에 산책로가 잘 조성되어 있어 거닐기 좋다. (p135 E:2)

- 경기 포천시 소흘읍 죽엽산로 502-61
- #숲뷰 #주말운영 #노키즈존

포공영커피 한옥카페앞 징검다리
"유리통창 물가 반영샷"

@ha.younggg__2

카페 앞 야외 징검다리가 대표 포토존. 물에 비치는 산과 함께 반영 샷을 찍으면 더 멋진 사진 연출이 가능하다. 실내는 통창으로 되어 있어 주변의 푸릇한 풍경을 카페 안에 들여다 놓는 느낌을 받을 수 있다. 대청마루, 실내외 다양한 좌석이 있어 연인, 가족 단위 모두 편안하게 이용할 수 있다. 시그니처 메뉴는 포공영라떼로 부드러운 대추 크림이 올라간 차가운 라떼이다. (p135 E:2)

- 경기 포천시 소흘읍 죽엽산로 604-31 포공영커피
- #한옥카페 #고모리카페 #뷰맛집

포천아트밸리 화강암절벽
"물길 양옆의 화강암 절벽"

@yukyung0510

포천아트밸리에 있는 폐석장은 깎아지른 듯한 하얀 화강암 절벽 가운데 시원한 물길이 지나가 마치 중국 장가계를 보는 듯하다. 이 폐석장 앞에 사진찍기 좋은 나무 전망데크가 있어 자연경관과 함께 인물 사진을 찍어갈 수 있다. 그 밖에도 모노레일. 천문대 등 사진 찍거나 체험할 거리가 많은 곳이니 모두 놓치지 말고 방문해보자.

(p135 E:2)

- 경기 포천시 신북면 아트밸리로 234
- #화강암절벽 #폭포 #모노레일

비둘기낭폭포 옥빛폭포
"옥빛 폭포수"

@_shyun.s

비둘기낭폭포 바닥에는 신기하게도 안쪽 부분만 진한 옥빛이 드리운다. 이 옥빛이 잘 보이도록 삼각대나 셀카봉을 이용해 바닥이 잘 내려다보이도록 하이 앵글 사진을 찍으면

옥빛 폭포수를 사진에 오롯이 담아갈 수 있다. (p135 D:1)

- 경기 포천시 영북면 대회산리 415-2
- #옥빛물결 #폭포 #셀카봉

한탄강 하늘다리 야경
"무지갯빛 조명의 하늘다리 야경"

@yammysunny7

해 질 녘이 되면 한탄강 하늘다리 와이어 부분에 조명이 들어와 멋진 야경 사진을 찍을 수 있다. 조명은 무지갯빛으로 색을 바꿔 가는데, 이 조명색이 바뀌는 장면을 동영상으로 담아가도 좋겠다. 단, 주변에 다른 조명이 없어 인물 실루엣만 드러나는 역광 사진이 찍힌다는 점을 주의하자. (p135 D:1)

- 경기 포천시 영북면 비둘기낭길 207
- #네온사인 #한탄강 #야경맛집

라고비스타 숲뷰 통창과 욕조
"청계호수 전망 야외수영장"

@jji.vely

스파를 즐기며 보기만 해도 힐링 되는 숲 뷰를 바라보며 사진을 찍을 수 있는 뮤즈룸이 메인 포토존. 화이트 인테리어를 콘셉트로 깔끔한 느낌을 받을 수 있고, 야외 수영장과

바비큐 존이 별도로 마련되어 있다. 숙소 내 거실, 주방, 욕실 등 곳곳에 있는 창문을 통해 전 객실에서 청계 호수뷰를 만날 수 있는 곳. (p135 E:1)

- 경기 포천시 일동면 운악청계로1480번길 44
- #포천수영장숙소 #호수뷰숙소추천 #포천감성숙소

그린카펫티가든 카페 야외 테이블
"이국적인 야외 테라스 카페"

초록빛 잔디와 하늘거리는 흰색 천, 카페 내 야외 공간에서 브리저튼의 주인공이 된 듯 사진을 찍어보자. 100%예약제 카페로 주말만 이용이 가능하며, 총 2시간 이용이 가능하다. 피크닉 바구니 안에 프리미엄 티 4종과 스콘 2개가 제공되는데 안내문에 차를 우리는 방법과 스콘을 맛있게 먹는 방법이 적혀있다. 티팟은 모두 유리로 구성돼 파손되지않도록 주의해야 한다. (p135 E:1)

- 경기 포천시 일동면 화동로857번길 5-40 1층
- #100%예약제 #주말운영 #숲속카페

카페웨더 동남아 휴양지 분위기
"휴양지 감성 브런치 카페"

@mzzji

동남아 분위기가 물씬 풍기는 내부 인테리어와 함께 이국적인 사진을 연출해보자. 아이 포함하여 최대 입장 가능 인원은 6인이며, 7인 이상일 경우 사전 예약 후 대관으로만 이용이 가능하다. 노키즈존과 예스키즈존으로 나누어져 있다. 빈티지스러운 아기자기한 소품들이 있어 감성적이다. 오픈 샌드위치, 샐러드 등 다양한 브런치와 스콘, 케익 등 베이커리류를 맛볼 수 있다. (p137 D:1)

- 경기 하남시 검단산로 228-8
- #동남아분위기 #휴양지느낌 #검단산카페

하우스플랜트 카페 벽돌건물과 빈티지 인테리어
"빈티지 감성 베이커리 카페"

@y.mj

카페 외관 붉은 벽돌 건물과 함께 빈티지 감성의 사진을 찍어보자. 빈티지 가구 브랜드

의 감성으로 꾸며진 공간으로 자체 로스팅한 원두로 만드는 커피와 매일 구워내는 베이커리류를 맛볼 수 있는 카페이다. 가구 전시장이 별도로 있어 인테리어에 관심이 많다면 이곳 방문을 추천한다. 시그니처 메뉴는 과일 향의 달콤한 아이스 라페인 봄비 등 커피로 총 3가지가 있다. (p137 D:1)

- 경기 하남시 덕풍북로6번길 14
- #빈티지가구 #창고형카페 #대형카페

하남나무고아원 숲길
"울창한 숲길과 산책로"

@sjin_tryn

갈 곳을 잃은 나무들이 모여있는 이 나무고아원은 울창한 나무 숲길이 이어져 멋진 자연 포토존이 되어준다. 산책로의 굽은 길이 드러나도록 산책로를 가운데 두고 숲 사진을 찍어도 예쁘고, 중간중간에 마련된 나무 벤치에 앉아 인물 사진을 찍어도 예쁘다. (p137 D:1)

- 경기 하남시 미사동 607
- #울창한 #숲길 #벤치

미사장 카페 샹들리에 오브제와 숲뷰
"고급 갤러리와 쇼룸"

@luvluvleen

노키즈존으로 운영되는 갤러리와 쇼룸 내부 샹들리에 오브제와 함께 고급스러운 사진을 연출해보자. 오로라 빛을 내는 샹들리에와 실내 우드톤의 인테리어가 함께 어우러져 신비한 느낌에 사진을 찍을 수 있다. 인테리어 디자인 스튜디오에서 운영하는 카페로 갤러리, 쇼룸이 함께 있는 복합문화공간이다. 숲속 버진로드 같은 입구를 쭉 따라 들어가면 숲속 작은 집이 바로 카페다. (p137 D:1)

- 경기 하남시 미사동로40번길 176
- #숲뷰 #갤러리카페 #미사카페

당정뜰 메타쉐콰이어길 단풍
"피톤치드 가득한 산책로"

@neatyj01

매년 11월을 전후로 당정뜰에 노랗고 붉은 단풍나무 길이 넓게 펼쳐진다. 산책로 바닥에도 붉은 단풍잎이 소복이 쌓이는데, 이 바닥까지 잘 보이도록 약간 멀리서 사진을 찍으면 가을 느낌 물씬 나는 풍경 사진을 찍을 수 있다. 다소 인적이 드물고 차가 지나다니지 않아 조용한 분위기를 좋아하는 사람이라면 더 만족할만한 곳이다. (p137 D:1)

- 경기 하남시 신장2동 481
- #가을사진 #단풍사진 #고즈넉한

덕풍천 벚꽃터널
"벚꽃 터널을 걷는 듯한 산책로"

@byeon.gal

매년 4월 초부터 덕풍천변 산책로를 따라 분홍빛 벚꽃 터널이 이어진다. 인물 사진은 가까이 있는 벚꽃을 배경으로 찍으면 잘 나오고, 풍경 사진은 하천과 들판이 잘 보이도록 맞은 편에 있는 벚꽃 풍경을 찍으면 잘 나온다. 산책로 가운데 있는 돌다리도 좋은 사진 촬영 포인트가 되어준다. (p137 D:1)

- 경기 하남시 신장동 235-1
- #벚꽃사진 #덕풍천 #돌다리

미사경정공원 겹벚꽃
"풍성한 겹벚꽃 아래에서 피크닉"

@jul.hye

매년 4월 말이면 미사경정공원에 일반 벚꽃보다 몇 배는 더 탐스럽고 색이 진한 겹벚꽃이 피어난다. 일반 벚꽃길처럼 있지는 않지만, 나무 한 그루에도 꽃이 워낙 풍성해 나무 밑에서 인물사진을 찍으면 잘 나온다. 겹벚꽃 아래로는 피크닉 할 수 있는 잔디밭도 마련되어 있으니 피크닉 소품을 사진 촬영에

활용하는 것도 좋겠다. (p137 D:1)

- 경기 하남시 신장동 281
- #겹벚꽃 #소녀감성 #피크닉

동탄호수공원 야경
"고층 건물이 만든 시원한 시티뷰"

@gun._.x1

동탄호수공원 산책로에서 고층 아파트인 더샵, 푸르지오, 리슈빌 아파트 방면을 배경으로 사진 촬영하면 분위기 있는 도심 사진을 촬영할 수 있다. 아파트 건너편 앞쪽에 있는 상가까지 불이 들어와 바닥 낮은 곳까지 별이 반짝이는 듯하다. (p137 D:3)

- 경기 화성시 동탄면 송리 131-4
- #도심사진 #야경사진 #아파트뷰

화림원 카페 한옥 평상
"화성에서 가장 핫한 한옥카페"

@bee_o_nee

카페 가운데 평상에서 한옥 건물을 배경으로 사진을 찍어보자. 화성 비봉에 있는 정통 한옥 카페로 사랑채는 노키즈존, 안채와 야

외는 키즈존으로 운영된다. 내부 및 평상, 누마루를 제외한 다른곳은 애견 동반이 가능하다. 외관은 같은 한옥 건물이지만 내부 인테리와 좌석이 달라 구경하는 재미도 느낄 수 있다. 대표 메뉴는 쑥라떼와 흑임자라떼로 고소한 맛이 일품이다. (p136 B:2)
- 경기 화성시 비봉면 삼화길 242
- #한옥카페 #애견동반 #비봉카페

로얄엑스클럽카페 욕실인테리어
"욕실 콘셉트 브런치 카페"

@_withroha_

카페 내부 욕실 인테리어와 함께 이색적인 사진 연출을 해보자. 각각 다른 욕실 콘셉트로 독특한 분위기의 카페이다. 메뉴는 음료와 샐러드, 파스타 등 브런치, 다양한 베이커리류를 맛볼 수 있다. 크루아상이랑 도넛이 합쳐진 메뉴인 크로넛이 유명하다. 욕실 쇼룸, 갤러리, 콘서트 공연이 열려 볼거리가 많으며 귀여운 욕실용품도 구매할 수 있다. (p136 C:2)
- 경기 화성시 팔탄면 시청로 895-20 로얄앤컴퍼니 화성센터
- #이색카페 #베이커리카페 #욕실콘셉트

더포레 카페 온실과 농장인테리어
"유럽식 농장 카페"

@rose_sis

카페 외부 농장 느낌의 인테리어와 함께 이색 사진을 남겨보자. 유럽식 농장을 모티브로 운영되는 카페로 젊은 농부들이 가꾸는 숲속 작은 마을 콘셉트이다. 음료와 다양한 베이커리를 맛볼 수 있는 나무집, 온실 정원, 야외테라스로 나누어져 있다. 아이들을 위한 작은 놀이터가 있어 아이와 함께 가기 좋으며 사전 예약 후 이용할 수 있는 우드 케빈이 있어 편안하게 시간을 보낼 수 있다. (p136 C:2)
- 경기 화성시 향남읍 두렁바위길 49-13
- #대형카페 #유럽정원느낌 #아이와가볼만한곳

네이처스케이프 플러스 사막포토존
"사막 포토존이 특징인 테마파크"

@ssuk_23

다양한 체험을 할 수 있는 어드벤처 테마파크. 실내에 있어 날씨 상관없이 아이들과 함께 가족 나들이하기 좋으며, 자유롭게 뛰고 걸으며 체험할 수 있는 놀거리가 많다. 특히 사막 모래언덕에 해가 뜬 것처럼 연출된 포토존에서는 사진 필수. 미디어 아트 전시 공간도 있어서 아이는 물론 어른들도 보는 재미가 있다. 온라인으로 예매시 할인 혜택이 있으니 참고. (p135 D:2)
- 경기 화성시 동탄대로5길 21 라크몽 A동 4층~5층
- #가족나들이 #실내테마파크 #사막포토존

바스타미
"식물원 온실 같은 대형 카페"

@ssosizi

실내 정원이 아름다운 동탄 대형 카페. 높은 천장 높이와 통창으로 햇살이 잘 들어오며, 실내에 다양한 나무가 심어져 있고 인공 연못과 다리가 있어 온실에 들어온 듯한 느낌을 받을 수 있다. 연못 위 다리에 서서 사진을 꼭 남겨보자. 한눈에 중정을 내려다볼 수 있는 2층 또한 포토 스팟이다. 커피와 베이커리는 물론 포케, 파스타, 피자 등 식사 메뉴도 다양하다. (p135 D:2)
- 경기 화성시 풀무골로 128-3
- #실내정원 #온실느낌 #자연친화적

05

강원특별자치도

백섬해상전망대 해상데크

고성군

카페 테일 피크닉카페

팜 라벤더밭

왕곡마을 북방식전통가옥

페 빨간머리앤감성 초록집

능파대 기암괴석 BTS 촬영지

온더버튼 카페 물반사 바다뷰

카페오엔씨 통창 바다뷰

카페스위밍터틀 오션뷰 루프탑

야진 해수욕장 무지개해안도로

파이아웃 통창 아야진뷰

노메드 카페 라탄 인테리어

바이브클럽 카페 자메이카느낌

태시트 카페 오션뷰

리조트설악비치 러브의자포토존

칠성조선소 카페 옛조선소

움조각미술관 물의정원

속초역카페 속초역포토존

속초시립박물관 속초역

카페브릭스블럭482 호수뷰

찰나

권금성 금강굴

속초아이 대관람차

카페에리고라운드 회전목마

피

외옹치바다향기로 산책로

속초시

카페 알쉬미커피

카페 코코넛그루브 실내풀

벽돌건물

정암해변 노란배

용소폭포 폭포

설악산

정암해변 바다그네

낙산사 홍련암

동호해수욕장 야간조명

율스테이 자쿠지

7드라이브인 카페 옥상포토존

카페 하조대커피

카페 레이크지움

ㅎㅈㄷ사인

호수뷰

서퍼비치 노란색 사인

카페 두둥실 발리감성

카페 플리즈웨잇 하와이 느낌

메밀라운지 카페 메밀밭

체사레 루프탑

양양군

주문진해수욕장 해변그네

BTS 버스정류장

아들바위공원 바위

당신의안목 오션뷰 통유리창

영진해변 도깨비방파제

카페 강냉이소쿠리 입구뷰

노벰버 호텔 유럽식 창문

뒷뜨루 카페 정원과 실내온실

곳 카페 계단

1.스카이베이호텔경포 인피니티풀 오션뷰

방태산

낮은정원 풀빌라 뷰

포이푸 카페 휴양지 초록인테리어

2.카페 뤼미에르

1.1938slow

테라로사 카페 경포호수뷰

사그진해변 무지개 방파제

오대산

2.체크이스트

엔드 투 앤드

군

경포생태저류지 메타세쿼이어길

아르떼뮤지엄 강릉 미디어아트

애시당초 카페 입구

월정사 전나무숲길

홀리도어 비비드 인테리어

피그놀리아커피 캠핑카 포토존

초당커피정미소 카페 담벼락

비비에다 주방

펩시카페, 안목살롱 외부

대관령삼양목장 풍차

명주하녹 한옥스테이

월량화 카페 입구 문과 창문

계방산

대관령양떼목장 양떼

오월의커피 구옥카페 입구

노암터널

스테이인터뷰 카페 오두막 포토존

발왕산스카이워크

강릉시

하슬라아트월드 오션뷰 둥지샷

밀브릿지 창문뷰

발왕산료

와우안반데기

정동심곡바다부채길

마운틴코스터 마운틴뷰

망상해수욕장 나인비치37pub

산장 노천탕

카페 현상소 유럽느낌

어쩌다어달 오션뷰

어달항 무지개 방파제

논골담길 투명전망대

도깨비골스카이밸리 오션뷰

청태산자연휴양림 산책로

한섬바다터널

한섬해변 리드미컬게이트

쏠비치 산토리니

정선군

동해시

삼척해수욕장 거인의자

타닉가든 정원

평창군

무릉별유천지 라벤더정원의자

사유의숲 풀빌라

막 풀숲 뷰

카페 나전역 기차역느낌 레트로

죽서루 용문바위

나릿골감성마을 핑크뮬리 언덕 바다뷰

너머 언덕

로미지안가든 가시버시성

도경리역 아날로그감성

삼척 한재 통유리창 오션뷰

카페이화에월방하고

덕산터게스트하우스

덕봉산해안생태탐방로

산장느낌 인테리어

청옥산 육백마지기 샤스타데이지

티벳 느낌 인테리어

외나무다리

풍정원

산너미목장

강원종합박물관 종유석포토존

부남해수욕장

청태산

산맥뷰

화암동굴 미디어아트

맹방해변 BTS앨범재킷촬영지 파라솔체어

헤어질결심촬영지

섶다리마을 섶다리

맹방해변 BTS앨범재킷촬영지 서핑보드

카페파로라

동강

맹방해변 BTS앨범재킷촬영지 영어사인

삼척시

테라스 오션뷰

거길 수길

영월선돌 강뷰

별마로천문대 투명카약

민둥산 돌리네

무건리이끼계곡 이끼폭포

정망대 반도지형

전망대 동강뷰

드위트리펜션 투명카약

태백시

갈남항 등대뷰

하이원리조트 운암정 한옥카페

카페 백변의봄 포토존

민둥산

바람의언덕 풍력발전기 뷰

미인폭포 한국판그랜드캐년

타임캡슐공원 달 조형물 야경

하이원리조트 마운틴 허브 데이지꽃밭

몽토랑산양목장 흰산양과 언덕

통리탄탄파크 갱도미디어아트

향초목원 통나무숙소

영월군

구문소 터널

하슬라아트월드 오션뷰 둥지샷
"돌벽 프레임에서 보는 푸른 바다"

@habom0714

하슬라아트월드에서 가장 유명한 원형 포토 스팟이다. 원형 돌벽 프레임 가운데에 푸른 바다가 보여 이색 사진을 찍을 수 있다. 맑은 날 사진을 찍으면 더 예쁘다. 이곳은 예술인 부부가 만든 복합 예술 공간으로, 원형 둥지 외에도 다양한 설치예술작품이 마련되어 있어 곳곳에 사진 찍기 좋은 조형물들이 많다. 사진 촬영뿐만 아니라 예술품 감상하러 가기에도 좋은 곳이다. (p203 E:2)
- 강원 강릉시 강동면 율곡로 1441
- #동굴 #프레임사진 #미술관

스테이인터뷰 카페 오두막 포토존
"야외 오두막 딸린 카페 겸 숙소"

@woo_my_

아담한 규모의 야외 오두막이 이곳의 시그니처 포토존. 산과 바다 그리고 우드 데크가 조화를 이루고 있어 인생샷을 얻을 수 있다. 숙소와 카페를 함께 운영하는 곳으로, 투숙객이 아닌 일반 손님도 카페를 이용할 수 있

다. 실내는 넓지 않지만, 테라스와 야외 공간이 넓고, 바다를 보며 커피를 마시기 좋은 곳. (p203 E:2)
- 강원 강릉시 강동면 율곡로 1458 스테이인터뷰
- #강릉오션뷰카페 #뷰맛집 #오두막포토존

비비엔다 주방
"비비드 감성숙소"

@moran_park

알록달록한 색감이 눈에 띄는 주방이 포토존으로 잘 알려져 있다. 구옥을 리모델링한 주택으로, 이탈리아 섬을 연상케 하는 컬러풀한 인테리어 콘셉트를 가진 곳이다. 곳곳마다 아기자기한 소품들로 꾸며져 있고, 특히나 감각적인 다이닝룸도 인기가 많은 공간 중 하나다. 거실에서는 창문을 통해 강릉 시티뷰를 볼 수 있고, 아름다운 밤하늘을 볼 수 있는 테라스도 있다. 노키즈존. (p203 E:2)
- 강원 강릉시 강릉대로160번길 11
- #색감숙소 #구옥리모델링숙소 #강릉감성주택

오월커피 구옥카페 입구
"적산가옥 리모델링 카페"

@__jjoongs

눈에 띄는 목조 건물 카페 입구 의자에 앉아 사진 찍는 것이 유명한 곳이다. 적산 가옥을 리모델링해 문을 연 카페로, 외관 맛집으로도 잘 알려져 있다. 내부도 우드톤 인테리어로 꾸며져 있으며, 1, 2층으로 나누어져 있고 2층에 좌식 좌석도 마련되어 있다. 시그니처 메뉴는 바닐라 아인슈페너, 복분자 에이드, 당근 케이크다.
(p203 E:2)
- 강원 강릉시 경강로2046번길 11-2
- #구옥카페 #외관맛집 #강릉카페추천

월량화 카페 입구 문과 창문
"라탄 작업실 있는 한옥카페"

@hh_gongju

한옥 카페를 연상케 하는 입구 문과 창문 사이에 서서 사진을 찍어보자. 라탄 작업실이 있는 카페로, 실내는 따스한 느낌의 라탄 인테리어로 꾸며져 있다. 월량화 커피가 시그니처 메뉴이며, 감자빵을 판매하고 있어 빵지순례 장소로도 유명한 곳. 강릉 시내에 자

리하고 있으며, 시외버스터미널에서 근처까지 가는 한 번에 가는 버스가 있어 이동이 편리하다. (p203 E:2)

- 강원 강릉시 공항길29번길 4 월량화
- #강릉예쁜카페 #감자빵 #라탄인테리어

아르떼뮤지엄 강릉 미디어아트
"몰입형 미디어아트 미술관"

파도가 휘몰아치는 바다 한가운데에 있는 느낌을 받을 수 있는 'Wave' 공간이 메인 포토존. 이곳은 제주도, 여수에 이어 강릉에 세 번째로 문을 연 몰입형 미디어아트 미술관이다. 약 1,500평의 공간에 강릉과 강원도의 지역적 특성을 반영한 12개의 미디어아트를 관람할 수 있는 곳이다. 각각의 테마가 잘 꾸며져 있어 구석구석 포토존이 많아 사진 찍기 좋다. (p203 E:2)

- 강원 강릉시 난설헌로 131
- #강릉가볼만한곳 #강릉실내데이터 #강릉실내관광지

테라로사 카페 경포호수뷰
"경포호수뷰 야외 테라스 카페"

경포호수뷰를 배경으로 사진을 찍을 수 있는 야외 테라스가 메인 포토존이다. 호수 바로 옆에 있는 난간 자리가 가장 인기가 좋으며, 일몰 맛집으로도 유명한 곳. 한길서가 서점과 함께 운영 중인 카페로, 내부는 다양한 책 인테리어로 꾸며져 있다. 내부 통창을 통해서도 경포호수뷰를 볼 수 있으며, 2층에서는 책을 읽을 수 있는 공간도 마련되어 있다. (p203 E:2)

- 강원 강릉시 난설헌로 145
- #경포호수뷰 #뷰맛집 #한길서가

피그놀리아커피 캠핑카 포토존
"캠핑카 예약 가능한 감성카페"

카페 외부에 별도로 마련되어 있는 캠핑카 내부가 가장 인기 있는 포토 스팟이다. 캠핑카 내부로 들어가서 나무 자리에 걸터앉아 사진을 찍으면 된다. 캠핑카는 사전 예약을 한 사람들만 이용할 수 있으며, 네이버 예약을 통해 1시간 단위로 예약이 가능하다. 카페 내부는 캠핑 감성 가득하게 꾸며져 있으며, 2층에는 좌식 공간이 마련되어 있다. (p203 E:2)

- 강원 강릉시 난설헌로 195
- #프라이빗카페 #강릉힙한카페 #캠핑카카페

노암터널
"동굴 프레임 안쪽의 일몰 풍경"

노암터널 안쪽에서 콘크리트 외벽을 프레임으로 만들어 찍으면 인스타 감성이 물씬 묻어난다. 맑은 날에는 동굴 안쪽 풍경이 맑게 보이고, 역광이 드리워 더 감각적인 사진을 찍을 수 있다. 이곳은 원래 일제강점기에 민간인 학살이 있었던 가슴 아픈 역사를 가진 곳으로, 현재는 강릉시에서 역사 교육을 위해 일반인들에게 공개하고 있다. (p203 E:2)

- 강원 강릉시 노암동 195-4
- #일제강점기 #동굴 #프레임포토존

포이푸 카페 휴양지 초록인테리어
"라탄 인테리어 발리 감성 카페"

야자수와 라탄 인테리어로 꾸며진 발리 느낌 가득한 카페에서 사진을 찍어보자. 야외에 마련되어 있는 흰색 빈백이 최고 인기 스팟이다. 호텔 투숙객, 일반 관광객, 서퍼들에게 핫한 곳으로, 낮에는 카페, 밤에는 펍으로 운

영 중인 곳. 세인트존스 호텔 본관 맞은편에 있는 상가건물 S동 앞에 있는 런닝맨 동상 입구로 들어가서 왼쪽으로 가면 포이푸 카페가 있으며, 애견 동반이 가능하다. (p203 E:2)

■ 강원 강릉시 사천면 진리해변길 117
■ #발리느낌카페 #강문해변카페 #야자수

곳 카페 계단
"하늘로 이어지는 계단"

3층 루프탑에 있는 하늘 계단이 포토존이다. 푸른 바다와 하늘이 만나 인생 사진을 찍을 수 있으며, 계단 위에서 오션뷰를 감상할 수도 있다. 강릉 사천해변 바로 앞에 있는 대형 베이커리 카페로, 3층으로 이루어져 있으며 1, 2층은 실내 공간이다. 오션뷰 카페답게 창가 자리가 가장 인기가 좋으며, 날씨가 좋을 때는 야외 자리도 추천. (p203 E:2)

■ 강원 강릉시 사천면 진리해변길 143
■ #사천해변카페 #오션뷰카페 #하늘계단

뒷뜨루 카페 정원과 실내온실
"정원과 온실이 포토스팟"

잘 꾸며진 정원과 실내 온실을 배경으로 사

진을 찍어보는 것은 어떨까. 여름에는 정원에 수국 동산이 펼쳐져 더욱더 예쁜 사진을 얻을 수 있다. 오두막, 흔들 그네, 높이 솟은 통나무 등 여러 포토존이 마련되어 있다. 토끼, 말 등 동물에게 먹이 주기 체험을 할 수 있어 아이들과 함께 방문하기에도 좋은 곳. (p203 E:2)

■ 강원 강릉시 사천면 청솔공원길 108 뒷뜨루
■ #아이와함께 #강릉예쁜카페 #강릉포토존카페

사근진해변 무지개 방파제
"초록 바다 앞 알록달록 무지개"

강릉 사근진해변 해중공원에서 분홍, 하늘, 연노랑 색으로 칠해진 무지개색 방파제와 초록 동해바다를 배경으로 이색 사진을 찍을 수 있다. 이 방파제는 테트라포드라고도 불리는데, 보통은 회색빛이지만 강릉시에서 관광객 유치를 위해 컬러 테트라포드를 조성해놓았다. 방파제 앞에, 콘크리트에 앉아 촬영하는 것을 추천한다. 방파제 길이가 길어 삼각대나 드론을 이용해 광각 촬영하면 더 멋지다. 방파제 주변은 스킨스쿠버 등 해양 스포츠 명소이기도 하다. (p203 E:2)

■ 강원 강릉시 안현동 해안로604번길 16
■ #이색포토존 #무지개빛 #파스텔톤

노벰버 호텔 유럽식 창문
"유럽에 온 듯한 포근함"

사각 창문으로 보이는 나무 뷰를 배경으로 한 호텔 로비 소파가 대표 포토스팟이다. 강릉 바다 언덕에 자리하고 있으며, 앤티크한 인테리어로 유럽 감성을 온전히 느낄 수 있는 호텔이다. 숙소 내, 외부, 객실 전체가 고풍스러운 느낌을 주며, 욕조 앞에 바가 있는 Y룸이 가장 인기 있는 객실이다. 배정은 랜덤으로 진행된다. (p203 E:2)

■ 강원 강릉시 연곡면 영진4길 16-1
■ #유럽감성숙소 #강릉감성숙소 #앤티크인테리어

영진해변 도깨비방파제
"방파제와 푸른바다"

드라마 도깨비 촬영지였기 때문에 '도깨비 방파제' 라는 이름으로 불린다. 넓고 반듯한 방파제 가운데 위로는 푸른 하늘이, 아래로도 구름을 닮은 푸른 바다가 펼쳐져 있어

구름 위를 걷는듯한 감성 사진을 찍을 수 있다. 단, 바다가 아주 가깝이 있고 해안침식 현상이 잦은 곳이라 태풍이나 비 소식이 있는 날에는 촬영을 피하는 것이 좋겠다. (p203 E:2)

■ 강원 강릉시 주문진읍 교항리 81-69
■ #도깨비촬영지 #방파제 #바다

당신의안목 오션뷰 통유리창
"시시각각 바뀌는 오션뷰"

@sso.___yya

입실하자마자 보이는 오션뷰 통창이 메인 포토존. 특히 일몰 때 더 황홀한 사진을 찍을 수 있다. 숙소는 브리에동과 그라스동으로 나뉘어있고, 객실 타입은 복층형과 원룸형으로 구분되어 있다. 모든 객실에서 오션뷰를 볼 수 있으며, 스파 객실은 별도로 확인이 필요하다. 창가에 앉아서 사진을 찍을 수 있는 브리에동 303호가 가장 인기가 많은 객실이다. (p203 E:2)

■ 강원 강릉시 주문진읍 등대길 39
■ #주문진오션뷰숙소 #오션뷰펜션 #스파펜션

아들바위공원 바위
"기암괴석이 만들어주는 포토프레임"

@s_hyun_._

울퉁불퉁한 기암괴석 안에 구멍이 뚫려 있는데, 바위를 배경으로 다양한 포즈를 취해도 좋고, 바위틈으로 얼굴을 내밀어 프레임 사진을 찍어도 예쁘다. 이중 네모 모양으로 가운데가 뻥 뚫린 바위가 아들바위인데, 옛날에는 아들을 낳기 위해 이 바위를 찾는 여인들이 많았다고 한다. 이 바위들은 지각변동으로 인해 물속에 있던 바위가 솟아오른 것이라 한다. 소, 코끼리, 거북이 모양을 한 다양한 바위들이 있으니 한번 모양을 유심히 관찰해보자. (p203 E:2)

■ 강원 강릉시 주문진읍 주문리 791-47
■ #기암괴석 #아들바위 #소원바위

주문진해수욕장 해변그네
"바다배경 하얀 그네"

@_sso_oy

주문진해수욕장 산책로 중간에 흰색의 나무 그네가 마련되어 있다. 이 그네는 바다를 배경으로 그네 타는 뒷모습이 예쁘게 나오는 포토스팟이다. 그네 주변으로는 나무 벤치도 마련되어 있는데 여기도 사진 찍기 참 좋다. 8월 여름, 휴가철에는 조개잡이 체험 및 무대공연, 레크리에이션 행사가 열리니 축제 철을 맞추어 방문하는 것도 좋겠다. (p203 E:2)

■ 강원 강릉시 주문진읍 주문북로 210
■ #나무그네 #하늘그네 #조개잡이

카페 강냉이소쿠리 시골 툇마루
"할머니 집에 온 듯한 따뜻한 착각"

@hyewonlog

주문진 도깨비시장에 있는 아이스크림 카페. 할머니에게 물려받은 아담한 시골집을 개조한 툇마루에 걸터앉아 음료를 놓은 소반과 함께 사진을 찍어 보자. 이탈리아에서 젤라또를 공부한 사장님의 특제 아이스크림 위에는 강원도 찰옥수수를 튀긴 강냉이를 올려준다. 담쟁이덩굴, 하얀 천으로 된 간판, 오래된 시골집 배경이 영화 리틀 포레스트 속 장면 같은 느낌을 준다. (p203 E:2)

■ 강원 강릉시 주문진읍 학교담길 32-8
■ #강냉이아이스크림 #강릉카페 #도깨비시장

BTS 버스정류장
"바닷가 앞 이국적인 버스정류장"

@w_b612

BTS의 'You never walk alone' 앨범 재킷을 촬영한 버스정류장으로, 푸른 유리와 월넛 목제로 만들어져 이국적인 느낌을 준다. 정류장에서 버스를 기다리는 포즈로 사진을 찍어도 좋겠고, 아이돌 안무를 따라 하며 사진을 찍어도 좋다. 한국관광공사에서 조사한 방탄 투어 관광지 중 가장 가고 싶은 곳 1

위를 차지하기도 한 사진 촬영 장소니, 방탄 팬이라면 꼭 들러보자. (p203 E:2)

- 강원 강릉시 주문진읍 향호리 8-39
- #BTS #화보 #버스정류장

경포생태저류지 메타세콰이어길
"메타세콰이어가 만들어주는 초록 프레임"

경포생태저류지를 가로지르는 메타세콰이어길이 있는데 강릉의 인생샷을 찍을 수 있는 장소이다. 가로수길을 가운데 두고 커플 사진이나 단독사진을 보통 찍는다. 저류지 주차장에 주차 후 쉽게 이동이 가능하다. 또한 경포생태저류지는 오죽헌과 경포호수 사이에 있는 곳으로 봄에는 유채꽃 가을에는 코스모스 등이 만발해 산책하기에도 좋다. (p203 E:2)

- 강원 강릉시 죽헌동 745
- #메타세콰이어길 #가로수 #강릉

펩시카페, 안목살롱 외부
"펩시콜라 인테리어 카페&펍"

펩시콜라 글자가 크게 써진 건물 전체를 배경으로 사진을 찍는 것이 유명하다. 특히 밤이 되면 화려한 조명이 켜져 더욱더 감성 충만한 사진을 촬영할 수 있다. 강릉 안목해변 근처에 있으며, 카페&펍으로 운영 중인 곳이다. 내부도 펩시콜라 인테리어로 꾸며져 있으며, 외부에는 빈백, 해먹, 캠핑 의자 등이 있어서 인기가 좋은 좌석이다. (p203 E:2)

- 강원 강릉시 창해로 31
- #강릉안목살롱 #펩시카페 #안목해변

애시당초 카페 입구
"어릴적 추억이 담긴 카페"

과거 동네 슈퍼를 떠올리게 하는 카페 입구가 메인 포토존. 외부뿐만 아니라 내부도 레트로 인테리어와 델몬트 주스 병, 못난이 인형 등 소품들로 꾸며져 있다. 빠다 밀키, 동백꽃 라떼, 동백꽃 라즈베리 에이드가 시그니처 메뉴이며, 디저트도 맛볼 수 있다. 강릉역에서 차로 10~15분 거리에 있으며, 강아지 동반이 가능한 곳. (p203 E:2)

- 강원 강릉시 초당원길 63
- #애견동반카페 #레트로감성 #강릉카페

초당커피정미소 카페 담벼락
"레트로 감성 정미소 카페"

초당 커피 정미소라고 크게 적힌 글자가 있는 담벼락에서 사진을 촬영하는 것이 유명한 곳. 과거 쌀 정미소를 개조한 곳으로, 당시 사용했을 법한 여러 기계가 인테리어 소품으로 꾸며져 있다. 엽서, 난로, 주전자 등이 있어 레트로 감성도 느낄 수 있는 카페. 누룽지 크림 라떼, 정미소 크림 라떼가 가장 인기 있는 메뉴이고, 강릉 시골 마을을 산책하기도 좋은 곳이다. (p203 E:2)

- 강원 강릉시 초당원길 67
- #앤티크인테리어 #초당동카페 #정미소카페

스카이베이호텔경포 인피니티풀 오션뷰
"동해뷰 인피니티 풀장"

바다와 맞닿아 있는 듯한 20층 인피니티풀에서 인생샷을 찍어보자. 인피니티풀 난간

에 앉아 바다와 하늘이 모두 나오게 촬영하면 한 폭의 그림 같은 사진이 완성된다. 호텔 앞으로는 동해가, 뒤편에는 경포호가 있어 예약 시 오션뷰 또는 호수뷰를 고를 수 있다. 인피니티풀은 유료 이용 시설이며, 운영시간은 오전 7시부터 오후 10시까지다. (p203 E:2)

- 강원 강릉시 해안로 476
- #강릉인피니티풀 #오션뷰숙소 #경포호수뷰

늘, 임당 구옥 인테리어
"사각 창 너머 고요한 정원 풍경"

@luv_kong__

숙소 내부 사각 창에 가득 찬 작은 정원을 배경으로 차를 마실 수 있는 공간이 대표 포토존. 1956년 만들어진 구옥을 현대식 건물로 재탄생시켜 고즈넉한 분위기를 물씬 느낄 수 있는 곳이다. 예스러움을 느낄 수 있는 내부 인테리어와 고가구, 소품 등이 가득하고, 층고가 높은 것이 특징이다. 한 팀만 이용할 수 있는 독채 숙소이다. (p203 E:2)

- 강원 강릉역 10분거리(체크인 고객에게만 주소 제공)
- #한옥스테이 #구옥숙소 #한옥독채숙소

1938slow
"조용하고 아늑한 구옥 개조 카페"

@jaeeeeeun_a

골목 안에 숨은 아늑하고 차분한 강릉 카페. 방치되어 있던 오래된 구옥을 개조해 만든 곳으로 담쟁이 덩굴이 가득한 대문, 마당이 보이는 툇마루, 뒷마당의 작은 대나무밭이 대표적인 포토존이다. 한적한 분위기에서 느낌 있는 사진을 찍을 수 있으니 강릉 여행 중 꼭 들러보자. 카페 메뉴는 수제 밀크티, 코디얼 티, 명란 감자 바게트가 인기. (p203 E:2)

- 강원 강릉시 임영로141번길 4-6 1938slow
- #구옥 #툇마루 #분위기있는

엔드 투 앤드
"물 위의 소나무 반영샷"

@joycook77

강릉 여행에 빠질 수 없는 곳. 드넓은 야외 정원에 소나무가 가득한 대형 카페로, 온실처럼 생긴 테라스와 파라솔 등 다양한 야외 좌석이 있다. 특히 인공 연못 한가운데에 커다란 소나무가 우뚝 서 있는 모습으로 유명하며, 이곳에서 물에 비치는 독특한 반영샷을 찍기 좋다. 노을이 지는 시간 혹은 조명이 켜지는 밤에 방문하면 더욱 분위기 있으니 참고. (p203 E:2)

- 강원 강릉시 창해로 245 엔드투앤드
- #소나무 #대형카페 #반영샷

정동심곡바다부채길
"바다 바로 옆에서 남기는 사진"

@zzang.in._.ae

투명한 코발트색의 동해 바다를 바로 옆에서 느끼며 걸을 수 있는 길. 정동항에서 시작해 심곡항까지 이어지는 구간에 둘레 2.9km의 데크를 설치해 바다 바로 옆에서 이색적인 사진을 남길 수 있다. 그늘이 없으니 여름철에는 모자와 양산 필수. 여름에는 오후 8시 30분까지 야간 개장을 실시해 불빛이 더해져 더욱 낭만적인 밤바다 풍경을 남길 수 있으니 참고. (p203 E:2)

- 강원 강릉시 강동면 정동진리 50-13
- #바다 #데크 #산책

체크이스트
"사진에 진심인 호텔 콘셉트 카페"

@4321168h

민트색 외관이 이국적인 호텔 컨셉의 베이커리 카페. 건물 앞에서 인증샷을 남길 수 있도록 민트색 우산과 삼각대를 무료로 대여하니 사진을 꼭 찍어보자. 호텔 컨셉에 알맞게 1층 카운터는 호텔 로비처럼 꾸며져 있으며 2층에는 침대와 소파가 비치된 포토존이 마련되어 있는 등 실내에서도 즐길거리가 많다. 실제 호텔처럼 짐 보관 서비스도 무료로 제공한다. (p203 E:2)
- 강원 강릉시 강변북길 153 1층
- #호텔컨셉 #삼각대제공 #사진맛집

카페 뤼미에르
"안목해변을 액자처럼 담은 카페"

@z___.chuuuu

안목해변 앞 강릉커피거리에 위치한 오션뷰 카페. 내부가 크지는 않지만 3층까지 있어 어느 자리에서든 오션뷰를 즐길 수 있다. 물론 그중에서도 시야를 방해하는 것 없이 통

창으로 바로 바다를 감상할 수 있는 창가 자리가 늘 가장 인기. 액자 안에 바다를 담은 것 같은 느낌의 사진을 찍고 싶다면 3층 창가 자리를 추천한다. (p203 E:2)
- 강원 강릉시 창해로14번길 18
- #안목해변 #오션뷰 #프레임샷

하늬라벤더팜 라벤더밭
"보랏빛 라벤더밭에서 먹는 아이스크림"

@c1apmini

프로방스풍 하늬라벤더팜에는 3만 평에 이르는 보랏빛 라벤더밭이 마련되어 있다. 규모가 크고 농장 곳곳에 포토존이 마련되어 어디에서 찍어도 사진이 잘 나오기 때문에 웨딩사진 촬영지로도 인기 있다. 농장에서 판매하는 보랏빛 라벤더 아이스크림을 먹으며 인생 사진을 남겨보는 것도 좋겠다. 6월 라벤더 철에는 라벤더 축제도 열린다. (p203 D:1)
- 강원 고성군 간성읍 꽃대마을길 175
- #하늬라벤더팜 #라벤더 #보랏빛

백섬해상전망대 해상데크
"바다 위에 떠있는 듯한 수중 데크"

@17171771.hs

백섬 수중 데크 길은 거진항과 백섬 전망대를 이어주는 데크 길인데, 바다 높이 떠 있

어 멋진 포토스팟이 되어준다. 수중 데크 넘어 육지에서 풍경 사진을 찍어도 예쁘고, 데크 길에서 바다와 돌섬을 배경으로 사진을 찍어도 예쁘다. 길 너머로 바다 풍경이 360도로 펼쳐져 맑은 날 사진을 찍으면 마치 하늘을 걷는 듯한 사진을 찍을 수 있다. (p203 D:1)
- 강원 고성군 거진읍 거진리 산105
- #수중데크길 #포토존 #바다풍경

테일 카페 피크닉카페
"피크닉 용품 대여해주는 테마카페"

@hamvly

카페에서 피크닉 용품을 빌려 가진 해변 해안가에 앉아 바다를 배경으로 사진을 찍어보는 것은 어떨까. 감성 가득한 바구니와 소품들을 활용해 해변 피크닉을 즐길 수 있다. 피크닉 이용 시간은 1시간 30분이며, 이용 요금은 1인 9천 원이다. 음료, 마들렌, 바구니, 매트 등이 포함되어 있고, 파라솔도 유료 대여가 가능하다. (p203 D:1)
- 강원 고성군 죽왕면 가진길 40-5
- #고성피크닉카페 #가진해변 #해변피크닉

온더버튼 카페 물반사 바다뷰
"바다 위 징검다리가 포토존"

@jih__ni

바다를 배경으로 카페 밖에 있는 물 위 징검다리가 시그니처 포토존. 메인 포토존인 만큼 줄 서서 사진을 찍어야 하는 스팟이다. 카페 어디든 오션뷰를 감상할 수 있고, 1층 키즈존, 2층 루프탑은 노키즈존으로 운영된다. 실내는 우드&화이트 인테리어로 깔끔하게 꾸며져 있다. 음료는 여러 번 사용할 수 있는 리유저블 컵에 제공된다. (p203 D:1)
- 강원 고성군 죽왕면 괘진길 53-7
- #문암해변 #고성감성카페 #고성오션뷰카페

능파대 기암괴석 BTS 촬영지
"독특한 모양의 돌섬 배경"

@_nayyyyy2

BTS 2021 윈터 패키지 화보 촬영지로 쓰였던 이곳은 화강암 기암괴석으로 이루어진 돌섬이다. 육지와 연결되어 도보로 이동할 수 있으며, 푸른 바다와 높게 솟아오른 돌섬을 배경으로 독특한 사진을 담아갈 수 있다. 인물 사진을 찍어도 멋지지만, 풍화로 인해

독특한 틈을 이루는 기암괴석 자체도 너무 아름다워 풍경 사진 찍기도 참 좋은 곳이다. (p203 D:1)
- 강원 고성군 죽왕면 문암진리
- #BTS #바다 #돌섬

왕곡마을 북방식전통가옥
"옛 소품으로 가득한 한옥 풍경"

@wonjisun

일제강점기를 배경으로 한 영화 '동주'의 배경이 된 곳으로, 600년 넘는 역사를 간직한 북방식 초가집들과 기와집들이 옹기종기 모여있는데, 지푸라기로 만든 초가집이나 집안에 있는 옛 항아리 장독대, 굴뚝 등을 배경으로 사진 찍기 좋다. 이곳은 실제 강릉 최씨 가문 사람들이 모여 사는 집성촌으로, 전통가옥 50여 채가 그대로 남아있다. 왕곡마을 홈페이지(wanggok.kr)에서 한옥마을 숙박도 예약할 수 있다.

(p203 D:1)
- 강원 고성군 죽왕면 오봉리
- #동주 #영화촬영지 #초가집

앤트리 카페 빨간머리앤감성 초록집
"만화속 초록 지붕 카페"

@azirang2

애니메이션 '빨간 머리 앤'의 초록 지붕 집과 성당을 모티브로 한 카페로, 초록집이 메인 포토존이다. 예쁜 마당과 초록집을 배경으로 촬영하면 SNS 감성 넘치는 사진이 완성된다. 초록집은 실제 거주 공간으로 포토존으로만 이용할 수 있으며, 성당 느낌의 작은 건물이 카페이다. 자작도 해수욕장 공용 주차장에 주차 후, 도보 2분 거리에 있는 초록 지붕 집을 찾으면 카페앤트리를 만날 수 있다. (p203 D:1)
- 강원 고성군 죽왕면 자작도선사1길 18-1
- #앤티크카페 #애견동반카페 #초록집포토존

아야진 해수욕장 무지개해안도로
"무지개 도로 너머 펼쳐진 푸른 바다"

@y_minzi

아야진해변부터 교암해변까지 1km 바닷길에 빨주노초파남보 알록달록한 무지갯빛 도로가 이어진다. 무지개 블록 뒤로는 푸른 동

해와 백사장이 멋진 배경이 되어주어 사진 찍기 좋은 곳이다. 무지갯빛 경계석들은 원래 두 지역의 경계를 표시하기 위해 설치되었는데 드라마 '사이코지만 괜찮아' 촬영지로 선정되며 포토 스팟으로 급부상했다. 블록 위에 앉아 다양한 포즈를 취하면 재미있는 사진을 건질 수 있다. (p203 D:1)
- 강원 고성군 토성면
- #무지개도로 #백사장 #이국적

이스트사이드바이브클럽 카페 자메이카느낌
"고성의 자메이카라 불리는 이곳"

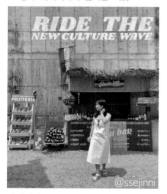

자메이카 바닷가에 있을법한 바 앞에서 인증 사진을 남겨보자. 이곳은 고성 산불 화재로 폐건물이 된 펜션을 리모델링하여 이국적인 느낌으로 만든 공간이다. 곳곳에 야자수와 나무 파라솔, 휴양지 감성 가득한 소품들이 있어 해외에 온 듯한 착각을 불러일으킨다. 카페 내 2층 창가 자리는 오션뷰를 감상할 수 있어서 인기가 좋은 스팟. (p203 D:1)
- 강원 고성군 토성면 광포길 31
- #고성가볼만한곳 #고성카페 #자메이카느낌

켄싱턴리조트설악비치 러브의 자포토존
"바다를 등진 러브의자"

켄싱턴리조트설악비치는 유럽풍 테마로 꾸며져 있는데, 그중 영국식 이층 버스와 러브 의자 포토존이 좋은 포토 스팟이 되어준다. 리조트 앞 프라이빗 비치에 설치된 의자와 이층 버스가 멋진 포토스팟이 되어준다. 바다를 등지고 설치된 엄청나게 커다란 LOVE 의자 4개는 자연광이 아름다운 낮에도, 인공조명이 들어오는 밤에도 멋진 사진을 찍을 수 있는 포토스팟. (p203 D:1)
- 강원 고성군 토성면 봉포리 40-9
- #유럽풍 #설악산 #강원도

아야트 카페 통창 아야진뷰
"야외 테라스 뻥 뚫린 오션뷰"

두 개로 나누어진 카페 건물 사이로 보이는 오션뷰를 배경으로 사진을 촬영하는 것이 유명한 곳. 액자 안에 있는 듯한 속이 뻥 뚫리는 바다를 볼 수 있는 공간이다. 야외 테라스에서는 무지개 해안도로를 볼 수 있으며, 커피 바가 있는 공간이 뷰가 더 예뻐 인기가 좋다. 1층은 주차장, 2층은 카페, 3, 4층은 숙

소로 운영 중인 곳이다. (p203 D:1)
- 강원 고성군 토성면 아야진해변길 137
- #뷰맛집 #오션뷰카페 #고성카페추천

스위밍터틀 카페 오션뷰 루프탑
"아야진 해변 오션뷰 루프탑 카페"

아야진 해변을 한눈에 담을 수 있는 오션뷰 루프탑이 메인 포토존이다. 루프탑에도 좌석이 준비되어 있어 바다를 바라보며 커피를 마실 수 있다. 1층에서 키오스크로 주문 후 카카오톡 알림톡을 통해 메뉴가 준비되면 연락이 오는 시스템을 가지고 있다. 2층은 계단식 좌석으로, 뻥 뚫린 통창으로 오션뷰를 감상할 수 있으며 곰 인형이 있어 귀여운 사진을 얻을 수 있다. (p203 D:1)
- 강원 고성군 토성면 아야진해변길 192
- #고성오션뷰카페 #아야진해변 #고성핫플

바우지움조각미술관 물의정원
"주변 풍경을 담은 정원"

빛과 시간을 담은 바우지움 조각 미술관에는 물을 테마로 한 정원이 마련되어 있는데, 물이 워낙 맑아 하늘과 주변 풍경이 그대로

들여다보인다. 맑은 날에 유리 건물을 배경으로 물길 앞에서 사진을 찍으면 멋진 인생 사진을 얻어갈 수 있다. (p203 D:1)
- 강원 고성군 토성면 원암온천3길 27
- #물테마정원 #자연 #경관

오엔씨 카페 통창 바다뷰
"파란 의자와 오션뷰 통창"

카페 2층에 마련된 오션뷰 통창이 시그니처 포토존이다. 파란 의자에 앉아 뒷모습이 나오게 촬영하면 예쁜 사진을 얻을 수 있다. 바다를 바라보며 물멍하기 좋은 곳으로 자리 경쟁이 치열한 스팟이기도 하다. ONC라고 적혀 있는 전신거울도 바다가 보이는 풍경을 인증샷으로 남기기 좋은 포토존이다. 3층은 루프탑으로 되어 있으며, 시그니처 메뉴는 이엔씨 라테, 이엔씨 크림 라떼, 흑임자 크림 카페라떼가 있다. (p203 D:1)
- 강원 고성군 토성면 천학정길 19 오엔씨
- #고성바다뷰카페 #교암리해수욕장 #통창뷰

태시트 카페 오션뷰
"흰 벽과 푸른 바다 전망"

@dbdd___

카페 입구 양옆에 놓인 흰색 벽 사이에 서서 바다를 배경으로 사진을 찍어보자. 실내는 통유리와 통창을 활용한 인테리어로 되어 있어서 안에서도 시원한 바다뷰를 만끽할 수 있다. 태시트 라떼와 휘낭시에 맛집으로도 유명한 카페이며, 애견 동반이 가능하다. 주차 공간이 협소해 도보 2분 거리에 있는 바다야 놀자 스킨스쿠버 앞 무료 공영주차장을 추천. (p203 D:1)
- 강원 고성군 토성면 청간정길 25-2 태시트
- #고성카페추천 #통창뷰 #동물동반카페

노메드 카페 라탄 인테리어
"발리 감성 충만한 오션뷰 카페"

@ddu_bbbbbb

라탄 인테리어로 발리 감성 충만하게 꾸며진 곳으로, 야외 라탄 의자에 앉아 사진 찍는 것이 유명한 카페다. 아야진 해변과 청간 해변 근처에 있으며, 내부 통창이 있는 자리에 앉아 바다를 보기에도 좋은 곳. 이국적인 분위기가 물씬 풍기는 카페로, 해외여행이 어려운 요즘 시기에 가보면 좋을 만한 장소다. 주차는 카페 옆에 큰 공터에 가능하다. (p203 D:1)
- 강원 고성군 토성면 청간정길 43 nomad
- #발리감성 #라탄인테리어 #고성카페

현상소 카페 유럽느낌
"아치형 창문과 빨간 벽돌"

@jiyunleee

짙은 원목 인테리어와 앤티크 소품들이 더해져 유럽 감성을 내뿜고 있는 카페 실내 전체가 포토존인 곳. 특히 아치형 창문이 있는 창가 자리가 인기가 좋다. 카페 외부는 유럽 시골집이 떠오르는 빨간 벽돌집으로 되어 있으며, 야외 정원도 아름답기로 유명하다. 강원도에서 오션뷰 카페가 아닌 초록 가득한 정원 카페를 방문하고 싶다면 추천할만한 곳. (p203 F:2)
- 강원 동해시 노봉안길 20 현상소
- #유럽느낌카페 #동해카페 #동해핫플

나인비치37surf 휴양지느낌 오션뷰
"이국적인 서핑 비치가 눈앞에"

@_jjinymong

알록달록한 빈백과 파라솔, 야자수 그리고 바다를 배경으로 사진을 찍는 것이 유명한 카페. 서핑을 즐길 수 있는 비치와 카페&펍이 함께 있는 곳으로, 서핑 후 방문하기에도 좋은 곳이다. 카페 내, 외부는 해외 휴양지 느낌의 인테리어로, 이국적인 감성 가득하게 꾸며져 있다. 실내뿐만 아니라 실외에도 자리가 많이 마련되어 있어서 원하는 뷰를 바라보며 물멍이 가능한 곳. (p203 F:2)
- 강원 동해시 동해대로 6218
- #휴양지느낌 #이국적인카페 #망상해수욕장

논골담길 전망대
"벽화 가득한 논골담길 전망대"

@5_.5hm

묵호항 논골담길 전망대에는 예쁜 벽화와 함께 사진찍기 좋은 추억 앨범 포토 프레임과 바람개비 등이 설치되어 있다. 특히 포토 프레임이나 조형물이 설치된 곳 아래로 동해와 묵호항이 넓게 펼쳐져 있어 예쁜 사진을 건질 수 있다. 단, 논골담길의 경사가 가파르기 때문에 체력과 시간에 있어 여유롭게 방문하기를 추천한다. (p203 F:2)
- 강원 동해시 묵호동 2-294
- #논골담길 #바다전망 #벽화

도깨비골스카이밸리 오션뷰
"바다와 하늘을 함께 담을 수 있는 전망대"

@hongik3003

도깨비골스카이밸리 해랑 전망대에는 바다 조망 포토스팟이 마련되어 있다. 해랑 전망대는 육지에서부터 바다 끝까지 쭉 뻗은 바닷길 전망대인데, 전망대 끝에서 바다와 하늘을 배경으로 멋진 기념사진을 남길 수 있다. 전망대 가는 길목에 도깨비 모형 조형물이 설치되어 아이들과 함께 사진 찍기도 좋고, 스카이밸리 근처에 논골담길, 덕장마을 묵호항 등 굵직한 관광지도 많다. (p203 F:2)
- 강원 동해시 묵호동 산6
- #도깨비골 #해랑전망대 #바다사진

무릉별유천지 라벤더정원의자
"라벤더꽃이 가득한 보라 포토존"

@gi_.mi

매년 여름이면 무릉별유천지에 별보다 더 많은 보랏빛 라벤더꽃이 공원을 수놓는다. 보라보라한 라벤더밭을 배경으로 편지함 등 다양한 보라 포토존이 마련되어 있어 사진 찍고 가기 딱 좋다. 무릉별유천지에서 즐길 수 있는 오프로드 루지, 두미르 전망대도 사진 찍기 좋은 스팟이다. 라벤더는 매년 6월 중순이 절정이니 꽃 피는 시기나 축제 일정을 잘 확인해보도록 하자. (p203 E:3)
- 강원 동해시 삼화로 380
- #라벤더 #오프로드루지 #두미르전망대

어쩌다어달 오션뷰
"일출 맛집 오션뷰 통창"

@bora.331_kk

숙소에 들어서자마자 보이는 탁 트인 오션뷰 통창이 대표 사진 명소. 특히 눈을 뜨자마자 일출을 볼 수 있는 곳으로 잘 알려져 있다. 규모는 아담하지만, 큰 액자 뷰 창문이 있는 1호 라인이 가장 인기가 좋다. 주방이 있는 방, 욕조가 있는 룸 등 객실 종류가 다양한 만큼 예약 전 원하는 부대시설 여부 확인은 필수다. (p203 F:2)
- 강원 동해시 일효로 309
- #동해오션뷰펜션 #어달해수욕장 #인생샷숙소

한섬빛터널
"아치형 터널 프레임 너머 감추해변"

@u__ye_

한섬빛 터널 안에서 감추해변을 향하여 사진을 찍으면 아치형 터널이 프레임이 되어 멋진 인스타용 사진을 찍을 수 있다. 하늘과 바다가 넓게 펼쳐져 날씨가 맑은 날에 더 예쁜 사진이 찍힌다. 터널 근처로는 한섬 감성 바닷길이 있어 바다 산책 즐기기도 좋은 곳이다. 바닷길을 따라 걷다 보면 제임스 본드 섬도 관찰할 수 있으니 이곳에서도 기념사진을 찍어보자. (p203 F:3)
- 강원 동해시 천곡동 735-1
- #한섬빛 #터널 #프레임사진

한섬해변 리드미컬게이트
"무지개빛 조명쇼가 펼쳐지는 전망대"

@hyun9999999999

한섬 감성 바닷길 해랑 전망대에 마련된 야간 포토스팟으로 밤이 되면 무지갯빛 조명 프레임 터널에 역동적인 LED 조명 쇼가 펼쳐진다. 약 100m로 길게 이어진 터널의 원근감이 느껴지도록 삼각대를 이용해 수직, 수평을 맞추어 정면에서 촬영하는 것이 포인트. 감추사 육교를 건너 한섬 해변 쪽으로 이동하면 리드미컬 게이트로 이동할 수 있다.

(p203 F:3)
- 강원 동해시 천곡동 735-1
- #바다 #조명쇼 #프레임

망상해수욕장 나인비치37pub
"이국적인 서핑 전용 해변 카페"

@toy.yulmoo

발리를 연상케 하는 야자수와 이국적인 풍경을 지닌 서퍼 전용 카페. 실내에도 좌석이 있지만 휴가 느낌 제대로 나는 사진을 찍고 싶다면 해변에 있는 썬베드나 빈백 자리를 사수하는 게 좋다. 알록달록한 표지판 혹은 서핑 보드와 함께 인증샷을 남기는 것도 추천. 서핑 전용 해변이므로 물놀이와 모래놀이는 금지되어 있으며, 유료로 서핑 강습도 받을 수 있으니 참고. (p203 E:2)
- 강원 동해시 동해대로 6270-10
- #이국적 #휴양지 #바다

어달항 무지개 방파제
"알록달록 사진 찍기 좋은 항구"

@ssong2only

알록달록한 대형 테트라포트가 줄지어 있어 인기 있는 작은 항구. 사람 키보다 훨씬 큰 무지개색 테트라포트를 지나 쭉 걷다보면 빨간색 아담한 등대가 나와서 함께 사진 찍기 좋다. 항구 입구에는 앉아서 사진을 찍을 수 있도록 만들어둔 테트라포트 포토존도 있으니 놓치지 말자. 팁으로, 방파제 컬러가 다양하므로 흰색 옷을 입으면 더 선명하고 예쁜 사진을 찍을 수 있다. (p203 F:2)
- 강원 동해시 일출로 230
- #무지개 #컬러풀 #포토존

향초목원 통나무숙소
"자연미 느껴지는 통나무집"

@starjaehee

맑은 공기와 물 좋은 자연 속에 있는 통나무 숙소를 배경으로 사진을 찍을 수 있는 곳. 플라워동과 스카이동으로 구분된 통나무 독채 숙소이다. 일상에서 벗어나 자연과 함께 휴식하기 좋은 곳으로, 힐링 숙소로 유명하다. 숙소 내 테라스에서 볼 수 있는 마운틴뷰도 일품이며, 해발 400m에 자리하고 있는 만큼 운전 시 주의가 필요하다. 애견 동반 가능. (p203 F:3)
- 강원 삼척시 가곡면 탕곡길 473-112
- #삼척산장숙소 #힐링여행 #통나무숙소

삼척해수욕장 거인의자
"바다 배경의 거인 의자"

@flower_s.c

거인 의자라는 별명답게 웬만한 성인도 올라가기 힘든 커다란 하늘색 의자. 당연히 성인 혼자 방문하면 의자에 걸터앉기 힘들기 때문에 2인 이상 짝을 지어 방문하는 것이 좋겠다. 의자 정면에는 리조트와 건물들이 놓여있으므로, 의자 측면으로 바다가 배경이 되게 찍는 것이 배경이 더 깔끔하게 나온다. 삼척 해변에는 이곳 말고도 하늘빛, 청록빛 프레임 포토존이 다양하게 설치되어 있으니 여유롭게 포토 타임을 즐겨보자. (p203 F:3)
- 강원 삼척시 교동
- #해변 #거인의자 #커플추천

맹방해변 BTS앨범재킷촬영지 파라솔체어
"그림 같은 비치파라솔과 푸른 바다"

@_ji.eunii

빌보드차트 7주 연속 1위를 차지한 방탄소년단의 Butter 앨범 재킷 촬영 때 쓰인 비치 파라솔을 배경으로 시원한 바다 사진을 찍

어갈 수 있는 포토존. 민트색, 주황색으로 된 2단 비치파라솔이 푸른 바닷길에 이어져 시원한 느낌을 더한다. 화보 속 BTS 멤버들처럼 파라솔 아래 벤치에 편한 자세로 앉아 시원한 여름 사진을 남겨보자. (p203 F:3)
- 강원 삼척시 근덕면
- #방탄소년단 #파라솔 #여름느낌

맹방해변 BTS앨범재킷촬영지 서핑보드
"알록달록한 서핑보드"

@sseo_ji

빌보드차트 7주 연속 1위를 차지한 방탄소년단의 Butter 앨범 재킷 촬영 때 쓰인 비치발리볼 네트와 서핑보드를 배경으로 사진을 찍어갈 수 있는 포토존. 모래사장에 꽂혀있는 알록달록한 서핑보드를 붙잡고 기념사진을 찍어보자. 이곳 맹방해변은 실제로도 서핑을 즐기기 아주 좋은 장소라고 하니 해양스포츠를 좋아한다면 한 번 체험해보고 오는 것도 좋겠다. (p203 F:3)
- 강원 삼척시 근덕면
- #방탄소년단 #서퍼보드 #발리볼매트

파로라 카페 테라스 오션뷰
"휴양지 느낌 충만한 오션뷰 카페"

@kate_ljh

카페 루프탑에서 볼 수 있는 궁촌항과 오션뷰를 배경으로 사진을 찍는 것이 유명한 곳. 테이블 앞에 있는 흰색 의자에 앉아 뒷모습을 촬영하는 것을 추천. 내부는 화이트&샌드 컬러 인테리어를 콘셉트로, 곳곳에 열대나무와 라탄 소품이 조화를 이루고 있는 휴양지 느낌의 카페데. 크로플 맛집으로도 잘 알려져 있다. (p203 F:3)
- 강원 삼척시 근덕면 궁촌해변길 135
- #삼척카페 #오션뷰카페 #궁촌항

덕봉산해안생태탐방로 외나무다리
"외나무다리에서 덕봉산을 배경으로 인물사진 찍기"

@sinbihan_san

덕봉산 앞에서 시작해 해변을 가로지르는 가느다란 외나무다리가 마련되어 있다. 이 외다리 나무 옆으로 하얀 백사장이 펼쳐져 산, 바다, 백사장 풍경이 함께하는 이색 인증 사진을 찍을 수 있다. 외나무다리 중턱에서

덕봉산이 가운데 배경이 되도록 해서 인물 사진을 찍는 것이 베스트. 외나무다리의 구불구불한 길이 잘 보이도록 약간 하이앵글로 사진을 찍어도 좋다. (p203 F:3)

- 강원 삼척시 근덕면 덕산리 산136
- #덕봉산 #외나무다리 #백사장

부남해수욕장 헤어질결심 촬영지
"푸른 바다와 바위섬"

부남해수욕장의 푸른 바닷물과 바로 앞에 보이는 바위섬을 한 프레임에 담아 사진을 찍어보자. 이곳은 박찬욱 감독의 영화 '헤어질 결심'의 엔딩 장소로 쓰였던 바로 그곳. 규모는 작지만, 아직 널리 알려지지 않아 인적이 드물고, 깨끗한 바다 사진을 남길 수 있는 삼척의 숨겨진 명소다. 해 질 녘 바다 노을을 배경으로 사진을 찍기도 좋은 곳. (p203 F:3)

- 강원 삼척시 근덕면 부남리
- #조용한해변 #아담한해변 #헤어질결심

맹방해변 BTS앨범재킷촬영지 영어사인
"BTS 조형물과 함께 찍는 바다"

@hyunji__ch

방탄소년단의 Butter 앨범 사진 촬영지였던 맹방해변에 "BTS"라고 쓰인 거대한 조형물이 마련되어 있다. 사람 키보다 큰 BTS 사인 뒤로는 넓게 바다가 펼쳐져 있어 아이들뿐만 아니라 많은 사람이 기념사진을 남기는 포토스팟이 되어준다. BTS 글자가 잘 보이도록 정면에서 사진 찍는 것을 추천한다. (p203 F:3)

- 강원 삼척시 근덕면 하맹방리 221-14
- #방탄소년단 #포토존 #성지순례

도경리역 아날로그감성
"도경리역 간판 앞에서 찍는 인물사진"

@hohoho_25i

하얀 벽과 초록색 페인트칠이 된 목제 기와를 배경으로 옛 감성을 물씬 느낄 수 있는 감성 사진을 찍을 수 있다. 도경리역 간판이 가운데 오도록 해서 전신 인물사진을 찍어도 예쁘고, 역 너머 기찻길까지 나오도록 건물을 중심으로 배경 사진을 찍어도 예쁘다. 도경리역은 영동선 기차역 중 가장 오래된 역사 건물로 지어진 지 80년이 넘었다고 한다.

(p203 F:3)

- 강원 삼척시 도경북길 126
- #폐역 #도경리역 #레트로

무건리이끼계곡 이끼폭포
"맑은 물에 비치는 초록 이끼"

@review_traveler

우리나라 3대 이끼 폭포 중 하나로 돌에 이끼가 잔뜩 끼어있지만, 물이 맑아 초록 이끼가 그대로 비쳐 보인다. 신비한 풍경으로 봉준호 감독의 영화 '옥자'의 배경으로 쓰이기도 했다. 계곡물 너머에서 계곡과 이끼 낀 돌이 잘 보이도록 멀리서 사진을 찍는 것이 포인트. 이끼 계곡까지는 숲길을 따라 1시간 30분 정도 이동해야 하므로 편한 차림으로 방문하는 것을 추천한다. (p203 F:3)

- 강원 삼척시 도계읍 무건리 산86-1
- #이끼계곡 #초록색 #옥자

미인폭포 한국판그랜드캐니언
"등 뒤로 쏟아지는 시원한 폭포수"

@haedeun.__e

한국의 그랜드 캐니언이라 불리는 미인폭포는 폭포수가 가운데 향하도록 하고 정면 사진을 찍으면 멋진 인증사진을 건질 수 있다. 시원스럽게 쏟아지는 폭포와 푸른 계곡물 하부가 잘 나오도록 찍는 것이 포인트. 특별한 물색으로도 유명한 미인 폭포는 물이 닿은 바위의 색이 하얗게 변해있어 푸른 물빛이 더욱 푸르게 보인다. 옥빛의 물색을 보고 싶으면 꼭 맑은 날 가는 게 좋겠다. (p203 F:3)

■ 강원 삼척시 도계읍 심포리
■ #그랜드캐니언 #미인폭포 #초록물빛

사유의숲 풀빌라
"라탄으로 꾸민 발리 감성 숙소"

발리 감성을 온전히 만끽할 수 있는 풀빌라에서 예쁜 사진을 남겨보자. 라탄과 우드, 화이트 인테리어로 동남아 휴양지에 온 듯한 느낌을 받을 수 있다. 다락방과 야외 테라스, 스파까지 즐길 거리가 다양한 곳. KTX 동해역과 인접해있어 차 없이도 접근성이 좋고, 삼척 해변과 가까워 다수의 편의시설도 이용할 수 있다. (p203 F:3)

■ 강원 삼척시 뒷나루길 276-5
■ #삼척풀빌라 #SNS숙소핫플 #이국적인 인테리어

삼척 한재 통유리창 오션뷰
"나무 의자에 앉아 즐기는 바다전망"

@xxinain

나무 의자가 있는 오션뷰 통유리창이 메인 포토존이다. 실내 어디서든 바다뷰를 볼 수 있고, 물멍하며 힐링할 수 있는 야외 테라스 자리도 인기가 좋다. 이곳은 1층은 카페 겸 레스토랑, 2층과 3층은 펜션으로 운영 중인 곳이다. 커피뿐만 아니라 에이드, 스무디, 생과일주스, 티 등 다양한 음료가 있어 메뉴 선택의 폭도 넓다. (p203 F:3)

■ 강원 삼척시 삼척로 4246-3 하얀낭만카페레스토랑
■ #삼척오션뷰카페 #뷰맛집 #삼척물멍카페

쏠비치 산토리니
"흰 외벽과 푸른 기둥이 만드는 산토리니 감성"

@hm_02_23

쏠비치 산토리니 리조트는 그리스 산토리니 풍으로 건축되어 호텔 내외가 사진 찍기 좋은 포토존이 되어준다. 흰 외벽과 푸른 기둥이 자아내는 이국적인 경치가 아름다워 이곳에 숙박하는 사람들도 많다. 특히 산토리니 광장은 마치 해외여행에 온 듯한 착각을 불러일으킨다. 리조트는 전 객실 오션 뷰를 자랑하여 객실 안에서도 멋진 인생 사진을 남길 수 있다. (p203 F:3)

■ 강원 삼척시 수로부인길 453
■ #그리스 #산토리니 #이국적

강원종합박물관 종유석포토존
"종유석이 만들어낸 신비한 풍경"

@ssssm_oki

강원종합박물관 실외 전시실에는 종유석, 석주 등으로 이루어진 야외 석회동굴이 마련되어 있다. 고풍스러운 박물관 건물을 중심으로 노란색, 분홍색 종유석이 높게 뻗어 있어 이국적인 느낌을 준다. 종유석 동굴 안쪽으로 들어가 조금 멀리 떨어져서 전신이 보이도록 사진 찍는 것을 추천한다. 야외 종유석 산책로를 끝까지 들어가면 폭포도 감상할 수 있다. 매일 18시 입장 마감, 19시 관람 마감, 동절기는 17시 입장 마감, 18시 관람 마감. (p203 F:3)

■ 강원 삼척시 신기면 강원남부로 3016
■ #종유석 #동굴 #이국적

갈남항 등대뷰
"바위틈에서 찍는 등대 인증샷"

@heo_yeonji

갈남항 빨간 등대 건너편 바위틈에서 등대 인증샷을 남길 수 있다. 등대를 바라보는 뒷모습을 전신이 보이도록 약간 멀리서 찍으면 더 예쁘다. 인물 사진을 찍을 거라면 밝은 낮에 찍는 것이 좋지만, 일출, 일몰 시간에 등대 사진만 찍어도 참 멋지다. 갈남항은 모래사장이 넓게 펼쳐져 있고 스노클링 장비를 대여할 수 있어 여름에 물놀이하러 찾아가기도 좋다. (p203 F:3)
- 강원 삼척시 원덕읍 갈남리 99-20
- #빨간등대 #하얀등대 #해변사진

나릿골감성마을 핑크뮬리 언덕 바다뷰
"핑크뮬리 밭 언덕에서 보는 바다"

@siri_805

나릿골감성마을 핑크뮬리밭에 가면 분홍빛 핑크뮬리와 삼척항이 어우러지는 소녀 감성 사진을 찍어갈 수 있다. 옛 어촌마을인 삼척 나릿골 마을 안에는 핑크뮬리밭뿐만 아니라 마을 향기원(꽃밭), 북카페가 마련되어

있어 시골 풍경을 담아가거나 잠시 쉬어가기 좋다. 핑크뮬리의 분홍빛이 절정에 이르는 10월 초~중순에 방문하는 것을 추천한다. (p203 F:3)
- 강원 삼척시 정라동 나리골길 36
- #핑크뮬리 #북카페 #체험마을

죽서루 용문바위
"꽃잎 모양 포토프레임 너머 푸른 숲"

@jay_secondworld

죽서루 용문바위는 꽃잎 모양으로 사람이 쏙 들어갈 만한 구멍이 뚫려 좋은 포토 프레임이 되어준다. 구멍 밖으로는 푸른 숲 전경이 살짝 보여 운치를 더한다. 바위 테두리가 보이지 않도록 확대해서 바위가 화면에 꽉 차도록 촬영하는 것이 중요 포인트. (p203 F:3)
- 강원 삼척시 죽서루길 37
- #프레임 #숲 #바위 #인스타성지

스테이오롯이 카페 논밭뷰
"설악산과 울산바위 전망 카페"

@seungyong_ss

초록 가득한 논밭뷰와 설악산, 그리고 울산바위뷰까지 한눈에 볼 수 있는 야외 테라스

가 메인 포토존. 특히 돌담에 앉아 사진을 찍는 것이 가장 유명하다. 내부 구석구석에 자리가 마련되어 있고, 물멍할 수 있는 공간도 있다. 뷰를 보고 찾아오는 카페인만큼 야외 자리가 인기가 좋고, 넓은 마당이 매력적인 곳. (p203 D:1)
- 강원 속초시 관광로408번길 42 스테이오롯이
- #논밭뷰카페 #울산바위뷰 #뷰맛집

외옹치바다향기로 산책로
"데크길 계단에서 찍는 푸른바다"

@dew0855

외옹치바다를 따라 나무데크길이 마련되어 있는데, 계단 차가 있는 구간에서 높은 곳에 올라 상대방을 찍어주면 사진이 예쁘게 잘 나온다. 곳곳에 작은 돌섬이 있어 사진에 재미를 더해준다. (p203 D:1)
- 강원 속초시 대포동
- #바다사진 #돌섬 #인스타핫플

코코넛그루브 카페 실내풀

"열대식물과 실내 수영장"

@euuuu_n

열대 식물들과 라탄 조명, 통유리창이 한데 모여 이국적인 분위기를 풍기는 곳에서 실내 수영장을 배경으로 사진을 찍는 것이 유명한 곳이다. 특히 하늘이 함께 나오도록 촬영해야 더욱더 예쁜 사진을 얻을 수 있다. 온실처럼 꾸며진 카페이며, 실내 수영장은 눈으로만 감상할 수 있다. 스위트 더치라떼, 코코넛 크림 라떼, 스콘이 시그니처 메뉴. (p203 D:1)

■ 강원 속초시 동해대로3930번길 58-2
■ #온실카페 #속초이색카페 #실내수영장

도문커피 한옥 연못

"연못 딸린 한옥 카페"

@ghkfk124

한옥 카페 안에서 연못이 있는 마당을 배경으로 사진을 촬영하는 것이 유명한 곳이다. 속초 상도문 돌담마을에 있으며, 건물 뒤편 돌담 사이에 입구가 있는 독특한 구조로 되어 있다. 카페 내부에 툇마루와 다락방이 있으며, 전통과 현대가 결합한 인테리어로 꾸

며져 있다. 마당에 있는 거울, 의자, 돌담 등 여러 포토존이 가득한 곳. (p203 D:1)

■ 강원 속초시 상도문1길 31
■ #속초한옥카페 #속초예쁜카페 #상도문 돌담마을

권금성 금강굴

"굴이 만든 프레임 아래로 펼쳐진 산"

@sang_ri

단풍 명소로 알려진 설악산에서도 산세가 아름답기로 소문난 금강굴 코스에서 멋진 인생 사진을 남길 수 있다. 굴을 사진 프레임으로 두고 아래로 내려다보이는 굽이진 산과 함께 사진을 찍는다. 10월 중순이 단풍잎이 붉게 물드는 단풍 철인데, 등반객이나 케이블카 이용객이 워낙 많기 때문에 여유롭게 방문하는 것을 추천한다. (p203 D:1)

■ 강원 속초시 설악동 산41
■ #단풍 #기암괴석 #가을

알쉬미커피 카페 벽돌건물

"유럽식 빨간 벽돌 건물"

@happy_ssil

동화 속에 나올법한 카페의 벽돌 건물이 메인 포토존이다. 건물 전체가 나오도록 사진

을 촬영하면 유럽 감성 낭만한 사진을 얻을 수 있다. 앤티크 인테리어로 꾸며진 내부에는 감각적인 소품들이 더해져 이색적인 분위기를 느낄 수 있다. 직접 볶은 원두로 내려주는 핸드드립 커피가 일품인 곳이며, 다양한 원두를 선택할 수 있다. (p203 D:1)

■ 강원 속초시 설악산로 152
■ #유럽풍카페 #앤티크인테리어 #핸드드립커피

속초시립박물관 속초역

"옛 감성이 느껴지는 속초역"

@yeo._.new_

속초시립박물관 안에는 1878년 철거된 옛 속초역이 그대로 재현되어 있다. 옛 감성이 느껴지는 빛바랜 콘크리트 벽과 나무 지붕, 그린 듯한 간판, 표지판이 사진의 감성을 더한다. 속초역은 일제강점기 양양과 원산 지역을 이어주었던 동해북부선의 거점 역으로, 그 역사적 가치도 매우 크다. 실제 속초역 부지는 지금 속초 시민들이 이용할 수 있는 쉼터로 재개장했다. (p203 D:1)

■ 강원 속초시 신흥2길 16
■ #속초역 #레트로 #폐역

메리고라운드 카페 회전목마
"회전목마 너머 청초호수 전망"

@hidden_929

청초호수를 배경으로 사진을 찍을 수 있는 회전목마가 시그니처 포토존이다. 밤에는 회전목마에 조명이 들어와 더욱더 감성 넘치는 사진을 얻을 수 있다. 카페 내, 외부에서 청초호수뷰를 볼 수 있으며, 특히 외부에는 나무 파라솔이 있어 동남아 여행을 온 듯한 느낌을 받을 수 있다. 라운드 라떼와 굴뚝빵이 시그니처 메뉴. (p203 D:1)
- 강원 속초시 엑스포로 12-36 청초수물회 1층
- #속초핫플카페 #청초호뷰 #회전목마

브릭스블럭482 카페 호수뷰
"2층과 루프탑 호수 전망 카페"

@luv_u_kong

카페 2층에 있는 오션뷰 통창이 메인 포토 스팟. 두 개의 통창이 있는데 둘 다 청초호수 뷰를 볼 수 있어서 인기가 좋은 자리다. 카페 이름처럼 내, 외부에 벽돌로 포인트를 준 인테리어가 눈에 띈다. 루프탑 공간이 마련되어 있어 야외에서 호수뷰를 즐기며 커피 한잔하기에도 좋은 곳. 고메 크루아상과 체코 왕실에서 먹던 전통 케이크인 말렌카 디저트

맛집으로도 잘 알려진 곳이다. (p203 D:1)
- 강원 속초시 중앙로108번길 72
- #속초카페 #디저트맛집 #호수뷰카페

칠성조선소 카페 옛조선소
"옛 조선소를 재현한 레트로 카페"

@hyuna043

조선소의 역사를 한눈에 볼 수 있는 미니 박물관 입구가 메인 포토존. '칠성조선소'라고 쓰인 간판 아래 중앙에 서서 사진을 찍는 것을 추천. 이곳은 1952년부터 2017년까지 실제 조선소로 운영되던 곳을 개조하여 카페로 탈바꿈한 곳이다. 2층에서 오션뷰와 주변 속초 전망을 볼 수 있어서 뷰 맛집 카페로도 유명하다. (p203 D:1)
- 강원 속초시 중앙로46번길 45
- #속초카페 #속초핫플 #레트로느낌

속초역카페 속초역포토존
"레트로 감성 기차 테마카페"

@bbb._.hy

실제 있을법한 속초 기차역처럼 꾸며진 카페 입구 의자에 앉아 사진을 찍어보자. 카페 외관 전체가 다 나오도록 촬영하면 되고, 겉모습이 독특해 한눈에 발견할 수 있는 곳. 내

부는 레트로 감성 가득한 인테리어로 꾸며져 있으며, 과거 속초역 대합실 분위기를 느낄 수 있다. 실내 한쪽 벽에 포스트잇으로 발자취를 남길 수 있고, 음료를 주문하지 않아도 포토존에서 사진을 찍을 수 있다. (p203 D:1)
- 강원 속초시 청초호반로 325-1
- #포토존카페 #레트로감성 #대합실

속초아이 대관람차
"투명 대관람차에서 담는 초록 바다와 하늘"

@u_jjeong_k

속초 바다와 하늘을 배경으로 인생 사진 남길 수 있는 투명 대관람차. 큐브 윗부분이 강화유리 재질로 되어있어 하늘길과 바닷길이 오롯이 들여다보이고, 사진도 잘 나온다. 하단 2/3 지점에 의자를 걸쳐 하늘과 바다 풍경이 잘 나오도록 촬영하는 것이 포인트. (p203 D:1)
- 강원 속초시 청호해안길 2
- #대관람차 #바다 #시내풍경 #힐링

낙산사 홍련암
"홍련암 앞에 펼쳐지는 푸른 바다"

@wpwp_9902

속초 앞바다와 홍련암 사이에 나무데크길이 마련되어 있어 이동하기도 편하고, 곳곳에 사진 찍기 좋은 포토스팟이 많다. 데크 길 중간에는 홍련암과 바다 풍경을 함께 담을 수 있는 포토 스팟이 있으니 놓치지 말 것. 깎아 만든 듯한 절벽 위의 고고한 홍련암과 푸른 바다가 멋진 사진 배경이 되어준다. (p203 D:1)
- 강원 양양군 강현면 전진리 57-2
- #오션뷰 #절벽 #가족사진

정암해변 바다그네
"바다를 향한 원목그네"

@camperbunny19

어니스트 헤밍웨이의 소설 '노인과 바다'를 떠올리게 하는 '헤밍웨이 파크'에 커다란 원목 그네가 설치되어 있다. 하얀빛으로 칠해진 원목 그네는 바다를 향하고 있는데, 그네를 타는 뒷모습을 촬영하면 감성적인 인생 사진을 얻어갈 수 있다. (p203 D:1)
- 강원 양양군 강현면 정암리
- #원목그네 #흰색그네 #내츄럴감성

정암해변 노란배
"푸른 바다와 노란 배"

@mori_d0201

정암해변 헤밍웨이 길에는 어니스트 헤밍웨이의 소설 '노인과 바다'에 등장하는 산티아고, 마놀린의 이름이 새겨진 노란 배 두 척이 마련되어 있다. 이정표와 아담한 배 두 척을 배경으로 인물 사진을 찍기 좋은 곳이다. 배에 직접 올라갈 수도 있고, 배 옆에 마련된 해먹에 올라 탈 수도 있으니 사진 촬영을 즐기는 분들이라면 이 '헤밍웨이길'에 방문해보는 것을 추천해 드린다. (p203 D:1)
- 강원 양양군 강현면 정암리
- #헤밍웨이 #산티아고 #바다감성

레이크지움 카페 호수뷰
"호수 뷰 야외 잔디마당"

@yoon_camrin

탁 트인 호수를 볼 수 있는 야외 잔디마당이 시그니처 포토존. 의자에 앉아 물멍을 할 수 있어 커피를 마시며 마음 편히 힐링할 수 있는 곳이다. 다양한 그림과 작품, 조형물을 볼 수 있는 갤러리 카페이며, 내부 통창을 통해서도 호수뷰를 감상할 수 있다. 마당에는 독

채 건물로 된 자리도 있으며, 외부 산책로도 마련되어 있다. (p203 D:2)
- 강원 양양군 서면 영덕안길 64
- #호수뷰카페 #양양카페 #갤러리카페

동호해수욕장 야간조명
"소나무 사이사이 잔잔한 조명"

@ssssm_119

소나무 사이로 반딧불처럼 빛나는 조명이 아름다운 이곳이 동호 해수욕장의 포토존이다. 조명에 비친 나무를 감상하며 한가롭게 산책을 즐겨 보자. 동호해변에는 소나무길이 조성되어 시원한 그늘에서 차박도 즐길 수 있고 일몰을 볼 수 있다. (p203 D:1)
- 강원 양양군 손양면 동호리 141-26
- #동호해수욕장 #차박 #소나무산책로

7드라이브인 카페 옥상포토존
"옥상 테니스 코트가 메인 포토존"

@___belle_mer

카페 옥상에 있는 테니스 코트가 메인 포토존. 코트 앞에 있는 흰색 의자에 앉아 철장을 배경으로 사진을 찍는 것을 추천한다. 그뿐만 아니라 수영장, 노란 간판 등 다양한 사진 스팟이 마련되어 있다. 아기자기한 소품과

인테리어로 꾸며진 힙한 카페로, 양양 핫플레이스로 유명한 곳이다. 숙소와 카페를 함께 운영 중인 곳이며, 애견 동반이 가능하다. (p203 D:1)

- 강원 양양군 손양면 동해대로 1750 104호
- #양양감성카페 #양양핫플 #옥상포토존

욜스테이 자쿠지
"붉은 벽 야외 자쿠지"

Palma 룸에서 이용할 수 있는 붉은 색 벽을 바탕으로 사진을 찍을 수 있는 야외 자쿠지가 메인 포토존이다. 외관, 정원, 입구, 내부에 이르기까지 스페인의 작은 시골 마을에 와 있는 듯한 느낌을 받을 수 있다. 파스텔 톤의 부드러운 색감 인테리어가 더욱 따스하게 느껴지는 곳. 양양 동호해변에 자리하고 있으며, 바로 옆 욜스테이숍도 함께 둘러보기 좋다. (p203 D:1)

- 강원 양양군 손양면 선사유적로 207-2
- #스페인느낌숙소 #양양자쿠지펜션 #파스텔톤인테리어

체사레 루프탑
"인스타 감성 라탄소품"

숙소 마당을 배경으로, SNS 감성 가득한 라탄 인테리어가 콘셉트인 메인 포토존. 특히 채광이 좋아 따뜻한 느낌의 사진을 찍을 수 있다. 숙소 곳곳에 다양한 책들이 비치되어 있고, 다락방, 해먹, 흔들의자 등 원하는 장소에서 독서를 즐길 수 있다. 마당에서 마운틴뷰를 바라보며 산 멍이 가능하며, 반려동물을 동반할 수 있는 곳. (p203 E:2)

- 강원 양양군 현남면 갯마을길 42-7
- #이탈리아느낌숙소 #루프탑자쿠지 #양양감성숙소

플리즈웨잇 카페 하와이 느낌
"하와이 감성 야자수와 파라솔"

나무 파라솔, 야자수가 있어 하와이 감성 가득한 카페 입구가 메인 포토존. 밤이 되면 화려한 조명이 켜져 특유의 감성을 더할 수 있다. 인구해변 바로 앞에 있으며, 1층 야외 좌

석이 노천카페처럼 되어 있어 인기가 좋다. 카페와 칵테일 바로 운영 중인 곳으로, 오션뷰를 감상할 수 있는 양양 핫플레이스로 유명한 곳. (p203 E:2)

- 강원 양양군 현남면 인구길 28-23
- #하와이느낌 #양리단길 #양양감성카페

메밀라운지 카페 메밀밭
"메밀밭 딸린 카페 겸 펍"

밭 안에 마련되어 있는 좌석에서 메밀꽃을 배경으로 사진을 찍어보는 것은 어떨까. 메밀꽃이 만개하는 7월에 방문한다면 더욱더 예쁜 사진을 얻을 수 있다. 메밀밭이 가장 인기 있는 스팟인 만큼 야외 자리가 인기가 많다. 카페&펍을 함께 운영하는 곳으로, 시그니처 음료는 메밀 크림 라떼와 칵테일 인어의 눈물이다. (p203 E:2)

- 강원 양양군 현남면 인구중앙길 46-38
- #메밀밭포토존 #양양핫플 #양양카페

두둥실 카페 발리감성
"수영장 딸린 발리 감성 카페"

발리 감성 가득한 카바나와 선베드, 그리고 야외 수영장을 배경으로 사진을 찍는 것이 유명하다. 수영장 수심이 얕아 아이가 있는

가족들이 와서 물놀이를 즐기기 좋은 곳. 카페 내부도 해외 휴양지 느낌을 받을 수 있는 라탄 인테리어로 꾸며져 있다. 낮에는 카페, 밤에는 바로 영업 중이라 오후 6시 이후에는 노키즈존으로 운영된다. (p203 E:2)

- 강원 양양군 현남면 창리길 29
- #수영장카페 #발리감성 #아이와함께

카페하조대커피 ㅎㅈㄷ 사인
"시그니처 포토존 ㅎㅈㄷ"

카페 마당에 설치되어 있는 'ㅎㅈㄷ' 조형물이 메인 포토존이다. 조형물 옆에 서서 카페 전경이 다 나오도록 촬영하는 것을 추천한다. 카페 내부는 아담하지만, 외부에 정자, 흔들의자, 캠핑존 등이 있어 야외 자리가 인기가 좋은 곳. 하조대 커피와 양양송이꿀크림 라떼가 시그니처 메뉴이며, 근처에 서퍼 비치가 있어 함께 둘러보기 좋다. (p203 E:1)

- 강원 양양군 현북면 하조대2길 48-55
- #양양카페 #양양핫플카페 #하조대

서퍼비치 노란색 사인
"SURFYY BEACH 사인과 이국적 야자수"

서핑 마니아들의 성지 양양 서퍼비치에는 SURFYY BEACH라고 쓰인 인증사진용 노란 간판이 있다. 간판 옆에 이국적인 야자수가 심겨 있어 감성을 더한다. 단, 간판 규모가 크기 때문에 멀리 떨어져서 찍거나 광각 렌즈를 이용해 촬영하는 것을 추천한다. 주변으로는 선베드, 파라솔 등 이국적인 분위기를 더하는 조형물들이 많아 구석구석 사진 촬영하기 좋다. (p203 E:1)

- 강원 양양군 현북면 하조대해안길 119
- #서핑성지 #해양스포츠 #BTS

영월돌개구멍
"돌개구멍이 만든 이색 포토존"

울퉁불퉁한 돌개구멍과 계곡, 나무 풍경이 어디에서도 볼 수 없는 이색 포토존을 만들어 준다. 돌개구멍 위에 쪼그려 앉거나 서서 인물 사진을 찍어도 좋고, 돌개구멍이 잘 보이도록 풍경 사진을 찍어도 예쁘다.

(p202 C:3)

- 강원 영월군 수주면 무릉리 1423
- #기암괴석 #자연사진 #이색사진

영월선돌 강뷰
"초록빛 논과 푸른 강물"

영월선돌에 오르면 마을 논길을 중심으로 일자로 쭉 뻗은 시원한 강 풍경을 즐길 수 있는데, 초록빛 논과 푸른 강물이 어우러져 정말 예쁜 풍경 사진을 얻어갈 수 있다. 특히 여름철 맑은 날에 찍으면 푸릇푸릇한 색의 조화가 아름답다. (p203 D:3)

- 강원 영월군 영월읍 방절리 산122
- #시골풍경 #강사진 #논사진

별마로천문대 전망대 동강뷰
"전망대에서 담는 영월 시가지"

밤에는 별자리 관측으로 유명한 이곳은 공해가 없는 청정지역이기 때문에 영월 중심지까지 훤히 들여다보인다. 밤보다는 낮에 볕이 잘 드는 시간에 올라와 시가지 쪽을 배경으로 사진 찍는 것을 추천한다. 밤에는 장노출로 별자리 사진을 찍으면 별이 이동한 궤

적을 그대로 들여다볼 수 있다. (p203 D:3)
- 강원 영월군 영월읍 영흥리 154-3
- #별자리 #천문대 #시골감성

젊은달와이파크 붉은대나무
"하늘을 메운 붉은 대나무벽"

@sensegirlhee

젊은달와이파크 야외 전시장에 마련된 붉은 대나무 벽이 인스타 사진 촬영 성지로 떠오르고 있다. 텐트처럼 생긴 대나무숲 안쪽에 서서 사진을 찍어도 예쁘고, 대나무 터널 안쪽에서 바깥 경치가 보이도록 사진을 찍어도 예쁘다. 단, 터널 안쪽에서 사진을 찍으면 역광 때문에 배경이 다소 어둡게 나오는 점을 주의하자. (p202 C:3)
- 강원 영월군 주천면 송학주천로 1467-9
- #붉은대나무 #설치미술 #감성샷

섶다리마을 섶다리
"공중에 뜬 섶다리"

@minimini_minn

하천 공중에 떠 있는 섶다리 중간쯤에서 하

천과 섶다리를 배경으로 감성 사진을 찍을 수 있다. 하천이 잘 보이도록 정면에서 찍어도 예쁘고, 다리 측면에서 공중에 떠 있는 섶다리 느낌을 살려 찍어도 예쁘다. (p203 D:3)
- 강원 영월군 주천면 판운리
- #공중다리 #하천뷰 #섶다리마을

보보스캇메타세콰이어길 가로수길
"곧게 뻗은 메타세콰이어길"

@r_n_r_papa

자타공인 강원도에서 가장 아름다운 메타세콰이어 길. 캠핑장 부지를 향해 곧게 뻗은 메타세콰이어길은 인물사진 찍기도, 풍경 사진 찍기도 제격이다. 볕이 좋은 아침~점심에 곧게 뻗은 나무가 잘 보이도록 정면에서 촬영하면 멋진 사진을 얻을 수 있다. (p203 D:3)
- 강원 영월군 주천면 판운리 463
- #메타세콰이어 #캠핑 #차박

영월한반도지형전망대 한반도지형
"한반도 지형을 닮은 섬"

@m_.niy_

한반도 지형전망대에 올라가면 우리나라 모양을 꼭 닮은 작은 섬을 내려다볼 수 있다. 이 한반도 지형 모양의 섬은 자연 풍경 사진 촬영 명소로, 지리 교과서에 단골로 실리는 사진이기도 하다. (p203 D:3)
- 강원 영월군 한반도면 옹정리 산141
- #한반도모양섬 #지리사진 #교과서

반계리은행나무 초대형은행나무
"노랗게 물든 초대형 은행나무"

@sooooongram

반계리에는 웬만한 사진기에는 다 담지 못할 정도로 커다란 은행나무가 놓여있다. 광각렌즈를 이용하거나 최대한 멀리 떨어져서 사진 촬영하는 것이 포인트. 은행나무 잎이 노랗게 물드는 10월 말부터 11월 초에 방문하면 더 좋겠다. (p202 B:3)
- 강원 원주시 문막읍 반계리 1496-1

■ #대형은행나무 #가을 #단풍잎

사진정원 카페 샤스타데이지
"꽃밭도 커피맛도 유명한 곳"

@so.pring_

계란 꽃이라고도 불리는 샤스타데이지가 가득 핀 야외 정원이 메인 포토존이다. 흰색 의자와 테이블, 그리고 자전거가 놓여 있는 스팟에서 예쁜 사진을 찍을 수 있다. 샤스타데이지는 5월 말부터 6월에 절정을 이루며, 만개 시기에 맞추어 방문하는 것을 추천. 카페 이름답게 곳곳에 포토존이 마련되어 있어 사진 찍기 좋은 카페로 유명하다. (p202 C:3)
■ 강원 원주시 소초면 황골로 426
■ #원주카페 #포토존카페 #샤스타데이지

뮤지엄산 물 위 조형물
"호수 위 붉은 기하학 조형물"

@in__seung_tagram

세계적인 건축가 안도 다다오가 설계한 뮤지엄산에는 주황색 기하학 조형물이 설치되어

있다. 주변으로 넓은 들판과 네모 반듯한 호수가 있는데, 호수 길 가운데 서서 정면으로 사진을 찍으면 주황색 조형물이 포인트가 되어준다. (p202 B:3)
■ 강원 원주시 지정면 오크밸리2길 260
■ #기하학조형물 #자연경관 #안도다다오

스톤크릭 카페 마운틴뷰
"겨울철 설산 풍경으로 유명"

@mallangsunhwa

양쪽 카페 건물 사이로 보이는 마운틴뷰를 배경으로 사진을 찍어보자. 이곳의 대표 포토존인 만큼 줄 서서 사진을 촬영해야 하며, 수리봉 절벽의 웅장함을 느낄 수 있다. 특히 겨울에 오면 눈 쌓인 수리봉의 또 다른 절경을 감상할 수 있다. 카페는 총 3개의 건물로 이루어져 있고, 드넓은 마당이 있어 아이, 강아지 동반 여행객에게 추천할만한 곳. (p202 B:3)
■ 강원 원주시 지정면 지정로 1101
■ #원주카페 #마운틴뷰 #원주카페추천

별들의기침 통창 마운틴뷰
"시골 숲 뷰 유리통창"

@yeseul__eee

오지로 촌캉스를 떠나 티베트 감성 인테리어로 꾸며진 방에서 사진을 찍어보자. 꽃무늬 옷을 입고 사진을 찍으면 시골 감성을 한껏 느낄 수 있다. 방은 티베트 방, 아궁이 방이 있고, 내부에 들어서면 시골 할머니 댁에 온 듯한 느낌을 받을 수 있다. 숙소 가는 길이 험해 일반 차량으로 이동하는 경우, 솔밭 밑 민박 근처 주차장에 주차 후 호스트에게 픽업 요청을 해야 한다. (p202 C:1)
■ 강원 인제군 남면 자작나무숲길 743-71
■ #마운틴뷰숙소 #인제자작나무숲 #피톤치드

메종카누네 감성숙소
"별하늘 아름다운 테라스"

@hj_makeup17

ROOM 5 독채 숙소에서 보기만 해도 힐링되는 통창 마운틴뷰를 배경으로 사진 찍기 좋은 곳. 인제 자작나무 숲 근처에 있는 피톤

치드를 느낄 수 있는 숙소다. 본채에는 3개의 객실이 있고, 별채 ROOM 4, ROOM 5가 독채로 운영되고 있다. 밤이 되면 테라스에서 쏟아져 내릴듯한 별도 볼 수 있는 곳. (p203 D:1)
- 강원 인제군 북면 어두원길 122
- #애견동반숙소 #인제독채펜션 #강아지와여행

원주 용소폭포 하트폭포
"싱그러운 풍경의 하트 폭포"

@bom___2017

백운산 자연휴양림의 용소 폭포는 초록 나뭇잎과 이끼 낀 돌이 싱그러운 풍경을 자아낸다. 이곳을 아는 사람들은 용소 폭포를 하트 폭포라고 부르는데 측면으로 보면 하트가 보인다. 바위에 앉아 계곡물을 바라보는 사진을 찍어도 좋고, 물에 들어가 물놀이하는 사진을 찍어도 좋겠다. 단, 계곡 수심이 생각보다 깊어 갈아입을 옷을 따로 준비해 가는 것을 추천한다. (p202 B:3)
- 강원 인제군 북면 용대리
- #여름포토존 #초록빛 #계곡물놀이

인제자작나무숲 설경
"자작나무 숲의 설경"

@ansunset_

겨울이 되면 몸통이 새하얀 자작나무 숲 바닥에 하얀 눈이 소복이 쌓여 아름다운 풍경 사진을 찍을 수 있다. 분명 숲길인데도 초록빛이 보이지 않고 푸른 하늘과 흰 배경만이 가득해 마치 바다에 온 듯한 착각이 든다. 단, 인제의 겨울 날씨는 상당히 쌀쌀하므로 겉옷을 충분히 껴입고 방문하는 것을 추천한다. (p202 C:2)
- 강원 인제군 인제읍 원대리 581
- #자작나무 #흰나무 #겨울촬영명소

하이원리조트 마운틴 허브 데이지꽃밭
"계란을 닮은 샤스타데이지"

@sul_tantan4

계란 꽃이라고도 불리는 샤스타데이지로 가득한 군락지가 이곳의 시그니처 포토존. 매년 6월 샤스타 페스티벌이 열리고, 보통 6월 중순 만개하는 것으로 알려져 있다. 샤스타

데이지 군락지로 이동하는 방법은 카트를 빌려 직접 운전해서 가는 것과 곤돌라(스카이1340) 또는 리프트를 타고 정상에서 내려갈 수 있는 두 가지 경로가 있다. (p203 E:3)
- 강원 정선군 고한읍 하이원길 424
- #샤스타데이지포토존 #계란꽃 #꽃길만 걷자

드위트리펜션 투명카약
"투명 카약 위 감성사진"

@_hy_dong

한국의 몰디브로 불리는 곳에서 투명 카약을 타고 사진을 찍어보는 것은 어떨까. 해외 휴양지에서 찍은 듯 이국적인 감성 가득한 사진을 건질 수 있다. 수영장, 페달보트, 투명 카약을 무료로 무제한으로 이용할 수 있으며, 1인 5천 원을 내고 레포츠 홀에서 여러 오락시설도 즐길 수 있다. 숙소는 풀빌라, 글램핑, 카라반 등 여러 형태로 운영되고 있다. (p203 E:3)
- 강원 정선군 남면 지장천로 146-51
- #몰디브풍풀빌라 #투명카약 #이국적인숙소

나전역 카페 기차역느낌 레트로

"레트로 간이역 카페"

@tentenyj

국내 1호 간이역 카페로, 옛날 기차역 감성이 물씬 풍기는 나전역 뒤편 입구가 메인 포토존이다. 폐역이 아닌 실제 기차가 운행되는 역이며, 역사 내부를 카페로 개조한 곳. 외부는 과거 모습을 그대로 보존하고 있어 옛정취를 느낄 수 있다. 야외 테라스, 나전역 기찻길, 공중전화 등 곳곳에 포토 스팟이 마련되어 있다. (p203 E:3)

■ 강원 정선군 북평면 북평8길 38 나전역
■ #나전역카페 #레트로감성 #정선카페

로미지안가든 가시버시성

"가시버시성 너머의 가리왕산"

@kjy282

천식을 앓는 아내를 위해 10년에 걸쳐 가꾼 로미지안가든의 상징이 되는 곳이다. 웅장한 가리왕산과 정원, 그리고 가시버시성이 고요한 조화를 이룬다. '하얀고독의언덕'에서 가시버시성을 가장 매력적으로 촬영할 수 있다. (p203 D:3)

■ 강원 정선군 북평면 어도원길 12
■ #가시버시성 #하얀고독의언덕 #가리왕산

하이원리조트운암정 한옥카페

"고즈넉한 분위기 한옥카페"

@_heejeongim

실내에서 뒤뜰로 나갈 수 있는 원형 문이 시그니처 포토존으로, 동그라미 안에 앉아 사진을 촬영하는 것이 가장 유명하다. 한식당이었던 곳을 한옥 카페로 리뉴얼한 곳으로, 외부 곳곳에 포토존이 있어 고즈넉한 사진을 얻을 수 있다. 애프터눈티 세트와 수리취모나카, 와플 등이 대표 메뉴이며, 하이원 그랜드 호텔 메인 타워 맞은편에 있다. (p203 E:3)

■ 강원 정선군 사북읍 하이원길 265
■ #정선한옥카페 #정선카페추천 #애프터눈티

타임캡슐공원 달 조형물 야경

"야간의 달 조형물"

@eunho_lee89

타임캡슐공원에 있는 달 모양 조형물은 야간에 노란 조명이 들어와 정말 달이 떠오른 듯한 느낌을 준다. 이 달 위에 올라앉아 감성 사진을 남길 수 있다. 단, 야간이라 사진 촬영하기는 다소 어둡기 때문에 카메라를 삼각대에 세워놓고 장노출 기능을 이용해 사진 촬영하는 것을 추천한다. 날씨가 좋을 때는 주변에 별빛도 환하게 비쳐서 하늘 위에 떠있는 듯하다. (p203 E:3)

■ 강원 정선군 신동읍 엽기소나무길 518-23
■ #달모양 #달빛별빛 #야경촬영

덕산터게스트하우스 티벳 느낌 인테리어

"티벳 감성 오두막과 아기자기한 정원"

@lovelife.bk

한국의 네팔이라는 별명을 가진 게스트하우스. 가장 인기 있는 방은 티벳방으로 커다란 화목난로와 티벳 유목민 장식품, 모포가 깔려있는 침대 등 티벳의 숙소같은 느낌이 가득하다. 숲속 책방, 게스트하우스 앞 에메랄드색 맑은 물이 흐르는 계곡도 이곳의 볼거리이다. (p203 E:3)

■ 강원 정선군 정선읍 덕산기길 663
■ #촌캉스숙소 #티벳감성인테리어 #시골감성

화암동굴 미디어아트
"몽환적 느낌의 미디어아트"

@eun._.hee330

화암동굴 내부에 해바라기, 무궁화, 들꽃, 고래 등을 형상화한 미디어 아트 작품이 상시 상영되고 있다. 몽환적인 색상의 움직이는 유화풍 작품들은 사진찍기도 좋고 영상 촬영하기도 좋다. (p203 E:3)
- 강원 정선군 화암면 화암리 산248
- #미디어아트 #네온조명 #영상촬영

민둥산 돌리네
"정선의 스위스로 불리는 초록 들판"

@yuri.hiking

정상에 나무가 없어 끝없이 펼쳐진 들판을 볼 수 있는 곳. 가운데가 움푹 들어간 물웅덩이 '돌리네'를 가까이에서 볼 수 있어 유명해졌다. 여름에는 싱그러운 들판을, 가을에는 억새를 배경으로 사진을 찍을 수 있다. 높은 산이지만 중간까지 차로 이동할 수 있고 등산로가 완만해 초보등산러에게도 추천. '거북이쉼터'에 주차 후 약 40분이면 정상에 오

를 수 있다. (p203 E:3)
- 강원 정선군 남면 무릉리
- #자연 #초록 #여름

고석정 꽃밭
"가을 꽃이 만발한 고석정 꽃밭"

@mygummy_bear

9월 말부터 10월 중순까지 고석정 꽃밭에 드넓은 가을 꽃밭이 펼쳐진다. 붉고 탐스럽게 물든 맨드라미 꽃밭을 중심으로 분홍 핑크뮬리밭, 초록 댑싸리 밭 등 구석구석에 사진찍기 좋은 꽃단지가 마련되어 있다. (p198 A:1)
- 강원 철원군 동송읍 장흥리 25-126
- #가을촬영명소 #맨드라미 #댑싸리

남이섬 메타세콰이어길
"쭉 뻗은 메타세콰이어 숲길"

@borami_da

푸른 메타세콰이어 숲길이 길게 이어지는 이곳은 자동차가 지나다니지 않아 더 예쁜 인물 사진을 담아갈 수 있다. 숲길이 잘 보이도록 카메라를 가운데 두고 자연스럽게

걷는 포즈를 취해 사진을 찍어보자. (p203 D:3)
- 강원 춘천시 남산면 남이섬길 1
- #메타세콰이어 #인물사진 #시크릿명소

분덕스 카페 아치문
"아치형 문이 인상적인 빈티지 카페"

@s_u1014

이국적인 감성 충만한 카페 입구 아치문이 시그니처 포토존. 내부는 빈티지 인테리어로 꾸며져 있으며, 초록색 문도 또 다른 포토 스팟으로 유명하다. 야외 테라스는 빨간 벽돌 건물로 되어 있어 유럽 감성을 느낄 수 있는 곳이기도 하다. 포토존 카페로 잘 알려져 있고, 춘천과 홍천의 경계에 있어 차량 이동이 필수인 곳. (p202 B:2)
- 강원 춘천시 남산면 충효로 94
- #춘천핫플 #이국적인느낌 #춘천감성카페

제이드가든 벽돌건물과 정원
"주황 벽돌 앞 프로방스풍 포토존"

@na_baegopa_

제이드가든은 유럽풍 석조건물로 꾸며진 테마가든으로, 곳곳이 프로방스풍 포토존이 되어준다. 특히 주황빛 벽돌 건물 앞쪽이 가장 핫한 포토존. 9월 말에는 건물 사이사이 핑크뮬리 군락이 피어나 소녀 감성 사진을 찍을 수 있다. (p202 B:2)
- 강원 춘천시 남산면 햇골길 80
- #북유럽감성 #벽돌건물 #핑크뮬리

카페드220볼트 내부
"넓은 정원과 3층 전망 공간"

@solhi_travel

총 3층으로 되어 있고, 각 층마다 통창이 주는 느낌은 다르지만 시그니처뷰는 3층이다. 3층 통창뷰에서 찍는 사진은 따뜻한 햇살과 함께 고급스러운 분위기를 연출할 수 있다. '지친 일상의 감정충전소' 콘셉트 카페. 2층에는 넓은 정원이 있어 아이들과 반려동물이 뛰어놀기에 좋다. 파니니, 샐러드 등 브런치 메뉴와 쫀득이빵, 다양한 종류의 커피가 있다. (p202 B:2)
- 강원 춘천시 동내면 금촌로 107-27
- #통창뷰 #넓은정원 #대형카페

그린보드 식물원카페
"연못 딸린 식물원 카페"

@hongaejiny

대형 식물원 카페로, 잘 관리된 식물들 사이에서 사진을 찍는 것이 유명한 곳. 카페는 본관, 별관으로 나누어져 있으며, 두 곳 모두 플랜테리어가 되어 있어 실내에서 자연을 만끽할 수 있다. 특히 본관은 연못이 있어 볼거리가 더욱 많아 식물을 보며 힐링할 수 있다. 춘천 외곽에 있어 차량 이동이 필수인 곳. (p202 B:2)
- 강원 춘천시 동내면 금촌로 35-2 그린보드
- #춘천카페추천 #식물원카페 #실내정원

소울로스터리 카페 솔밭
"울창한 소나무숲 포토존"

@ws_96set

울창한 소나무 숲속 포토존이 있는 곳. 카페 앞쪽에 소양강과 400여 그루의 울창한 소나무가 있어, 소나무 숲속에서 느낌 있는 사진을 찍을 수 있다. 시그니처 메뉴는 옥수수커피. 소나무 숲 안쪽에 개별 야외좌석이 10여 동 있어 숲속 테라스에서 여유를 즐길 수 있다. (p202 B:2)
- 강원 춘천시 동면 소양강로 510
- #춘천힐링카페 #소나무밭 #소울로스터리

산토리니 카페 하얀종탑
"하얀 종탑 그리스 감성 카페"

@10.3pdj

이곳을 대표하는 하얀색 종탑 아래에서 찍는 사진이 가장 유명하다. 본관 야외 테라스의 풀밭에서 하얀 종탑 방향으로 사진을 찍으면 종탑 너머로 춘천시와 구봉산, 그리고 하늘이 펼쳐져 시원한 인생샷을 얻을 수 있다. 그리스 산토리니를 모티브로 한 유명 카페. 하얀 벽에 붉은 지붕을 가진 본관 건물에서 베이커리, 음료, 파스타 등의 메뉴를 즐길 수 있다. (p202 B:2)
- 강원 춘천시 동면 순환대로 1154-97
- #춘천카페 #춘천산토리니 #구봉산카페

해피초원목장 춘천호뷰
"목장 펜스 너머로 보이는 춘천호"

@suin2_

해피 초원목장 펜스 너머로 춘천호가 보이는 구간이 있다. 춘천호 주변으로는 봉긋 솟아난 언덕이 줄지어 있어 스위스풍 감성을 더한다. 언덕에 눈이 소복이 쌓인 겨울에 방문하면 더 예쁜 감성 사진을 찍을 수 있으니 참고하자. (p202 B:2)

- 강원 춘천시 사북면 춘화로 330-48
- #스위스감성 #양떼 #말떼

이와림 료칸
"일본식 목조 여관"

@n.hyeun

일본 료칸에 와 있는 듯한 대 객실의 다도 공간이 대표 포토존으로 알려져 있다. 나무 뷰를 가진 창문을 배경으로 촬영하면 SNS 감성 넘치는 사진을 얻을 수 있다. 숙소는 소, 중, 대 객실로 구분되어 있고, 메인 포토존이 있는 대 객실이 인기가 좋다. 바위를 뜻하는 '이와'와 숲을 뜻하는 '림'이 합쳐진 단어로, 숙소에서 바위와 숲을 볼 수 있기도 한 곳. (p202 B:2)

- 강원 춘천시 사북면 춘화로 736
- #료칸느낌숙소 #다도포토존 #춘천감성숙소

피그멜리온이펙트 통창 한강뷰
"한강뷰 아름다운 통창"

@dlom_mild

초록 나무와 북한강을 뒤에 두고 그 앞에서 사진을 찍어보는 것은 어떨까. 아름다운 자연을 품은 통창을 바라보며 스파도 함께 즐길 수 있다. 리버뷰와 더불어 피톤치드를 느낄 수 있는 산림욕도 가능한 곳. 10분 거리에 남이섬, 자라섬, 25분 거리에 레고랜드, 30분 거리에 아침고요수목원 등이 있어 접근성이 좋다. (p202 B:2)

- 강원 춘천시 서면 경춘로 405
- #리버뷰통창숙소 #춘천펜션 #스파펜션

오월학교 카페 입구
"폐교를 개조한 감성카페"

@zior_01

학교가 느끼게 해주는 순박하고 감성적인 분위기를 느낄 수 있는 입구가 포토 스팟. 15년 동안 분교였지만, 현재는 카페로 개조된 곳. 카페뿐만 아니라 스테이, 캠핑, 레스토랑을 함께 즐길 수 있다. 파티셰가 직접 구운 쿠키, 베이커리류와 시그니처 메뉴인 오렌지가

들어간 참새라떼가 유명하다. 모래사장, 링던지기 등을 즐길 수 있어 아이들과 오기에 좋은 곳이다. (p202 B:2)

- 강원 춘천시 서면 납실길 160
- #분교 #순박한분위기 #아이와가기좋은곳

어반그린 카페 천국의계단
"북한강 향해 뻗은 천국의 계단"

@jjuvelyee

야외에서는 북한강을 배경으로 하늘로 올라가는 듯한 계단 포토존이 유명하고, 이 외에도 나룻배, 천막 포토존이 있다. 바쁜 일상에서 잠시 벗어나 사색을 즐기기 좋은 카페. 통창으로 되어 있어 뻥 뚫린 북한강을 보기 좋다. 남녀노소 모두 즐길 수 있는 각종 음료, 키즈메뉴, 디저트가 있다. 1층은 반려동물 동반이 가능하고, 2층은 노키즈, 노펫존으로 운영된다. (p202 B:2)

- 강원 춘천시 서면 박사로 732
- #어반그린 #춘천카페 #북한강뷰카페

김유정역폐역 기차역
"김유정 간판 입구에서 찍는 레트로 감성샷"

@life_do.o

옛 김유정역 건물과 매매소가 그대로 남아있어 레트로 감성 인증 사진을 찍을 수 있다. 김유정역 간판이 쓰인 입구가 가장 유명한 포토스팟이며, 건물 내부에도 당시의 감성이 남아있는 시설물들이 남아있다. 한옥 감성으로 지어진 새 김유정역에서도 예쁜 사진을 찍을 수 있으니 여유가 된다면 함께 들러보자. (p202 B:2)
- 강원 춘천시 신동면 증리 940-36
- #레트로감성 #김유정폐역 #김유정신역

유포리나의집 숲속 한옥 독채
"정겨운 한옥 툇마루 풍경"

@yeeeun_ny

한적한 시골 마을에서 산 멍하며 한옥을 배경으로 사진을 찍을 수 있는 툇마루가 포토스팟이다. 한옥의 포인트는 살리되 현대인들이 이용하기에 불편함이 없도록 리모델링한 곳이다. 거실, 주방, 침실 등 우드 인테리어와 소품으로 아늑함과 따뜻함을 더했다. 도심과 일상에서 벗어나 조용한 곳에서 쉬기 좋은 곳이며, 노키즈존으로 운영된다. (p202 B:2)
- 강원 춘천시 신북읍 맥국4길 38
- #숲속한옥독채 #힐링숙소 #툇마루포토존

감자밭 카페 오두막
"시골 감성 오두막 포토존"

@suin2

카페 외부에 있는 시골 감성 넘치는 오두막이 메인 포토존이다. 밤이 되면 조명이 들어오고, 주변에 심겨 있는 꽃이 나오도록 찍으면 비비드한 사진을 얻을 수 있다. 감자빵이 유명한 카페이며, 드넓은 감자밭과 정원, 그리고 추억을 남길 수 있는 즉석 사진 부스도 있다. 감성 가득한 조명들이 켜지는 저녁에 방문해도 좋은 곳. (p202 B:2)
- 강원 춘천시 신북읍 신샘밭로 674
- #춘천카페 #감자빵 #오두막포토존

유기농카페 사계절 정원카페
"핑크뮬리 명소 카페"

@sudini0115

데이지, 해바라기, 핑크뮬리 등 사계절에 내내 다양한 꽃들과 함께 사진을 찍을 수 있는 꽃밭 카페. 실내는 우드톤 인테리어가 되어 있어 숲속의 작은 오두막에 있는 것 같은 기분을 느낄 수 있으며, 실외는 비닐하우스 형태로 흰 천, 전구가 있어 감성적인 분위기가 가득하다. 음료 구매를 하지 않고 8세 이상 입장료 지불 후 꽃밭 구경도 가능하다. (p202 B:2)
- 강원 춘천시 신북읍 지내고탄로 184
- #꽃밭카페 #유기농카페 #정원카페

소양강스카이워크 소양강뷰
"스카이워크 투명 바닥"

@zero_dok

소양강 스카이워크에 올라 인물사진을 찍으면 투명 바닥 아래로 강물이 훤히 들여다보여 마치 소양강 위를 걷는듯한 사진을 찍을 수 있다. 스카이워크 바닥이 반듯하게 보이도록 수평을 잘 맞춰 촬영해보자. 맑은 날 사진을 찍으면 푸른 하늘과 바다가 어우러져 더 아름답다. (p202 B:2)
- 강원 춘천시 영서로 2675
- #투명바닥 #소양강리버뷰 #맑은날추천

어트러스 카페 입구
"블랙 톤 리모델링 카페"

@cheri_shit

옛 건물을 개조하여 블랙 감성 가득한 입구가 이곳의 포토존. 자갈밭 입구로 인해 마치 제주도스러운 분위기 연출 또한 가능하다. 내부는 마치 미술관 전시를 보는 듯하게 심플하면서 감성 넘치는 인테리어로 되어 있다. 시그니처 메뉴인 어트러스 비엔나와 각종 음료 및 르뱅쿠키, 크럼블 등 다양한 디저트가 있다. (p202 B:2)
- 강원 춘천시 충열로 137
- #블랙감성 #제주분위기 #신상카페

손흥민벽화
"손흥민 벽화 앞에서 찍는 기념사진"

@_mmirann_

토트넘 소속 손흥민 선수의 시그니처 V 사인이 인상적인 벽화를 배경으로 독특한 기념사진을 찍어갈 수 있다. 손흥민 선수와 똑같은 포즈를 하고 사진을 찍어보자. 벽화가 상당히 큰 편이므로 건물에서 멀리 떨어져 사진을 찍거나, 광각 카메라를 이용하는 것이 좋다. (p202 B:2)

- 강원 춘천시 효자동 643-4
- #손흥민벽화 #포즈따라하기 #이색사진

구문소 터널
"거대한 검은 원형 돌터널이 만드는 프레임"

@kwonjihyae

사람 키의 다섯 배 정도 되는 거대한 검은 원형 돌 터널이 멋진 사진 프레임이 되어준다. 뒤로는 태백의 푸른 산과 하늘 풍경이 비쳐 보여 싱그러운 사진을 찍어갈 수 있다. 터널 옆의 가드레일이 보이지 않도록 화각을 잘 조절해서 찍으면 사진이 더 예쁘게 나온다. (p203 E:3)

- 강원 태백시 동태백로 11
- #돌프레임 #산전망 #터널사진

몽토랑산양목장 흰산양과 언덕
"흰산양, 흑염소와 함께 찍는 목장샷"

@deozi.bear

초록빛 동산에 마련된 몽토랑산양목장에서는 흰 산양과 흑염소를 방목해 키우는데, 이 동물들과 함께 목장 감성 사진을 찍어갈

수 있다. 최대한 건물이 드러나지 않게 동산과 나무, 하늘만 배경으로 나오게 찍는 것이 인스타 사진 촬영 고수들의 숨은 팁. (p203 E:3)
- 강원 태백시 삼수동 59-2
- #목장사진 #산양 #흑염소

바람의언덕 풍력발전기 뷰
"흰 풍력발전기가 있는 바람의 언덕"

@mmm.in

매봉산 등산로에 있는 바람의 언덕은 흰 풍력발전기가 여러 대 설치되어있어 어디서든 이색적인 풍경 사진, 인물사진을 찍을 수 있는 곳이다. 등산로 중간에 언덕을 향해 나무 데크가 마련되어있고, 해시태그 조형물이 설치되어 있는데 여기가 사진이 가장 예쁘게 나오는 포토스팟이다. (p203 E:3)
- 강원 태백시 창죽동 9-384
- #풍력발전기 #전망대 #인스타핫플

백번의봄 카페 포토존
"이국적인 외관과 인테리어"

@iyunhyi4844

이국적인 외관과 아기자기한 내부 인테리어가 돋보이는 카페. 노키즈존으로 운영되며 형형색색 조명들이 있어 더 이색적인 분위

기를 연출한다. 2층에는 귀여운 소품들이 많아 구경하는 재미도 쏠쏠하다. 카페 터줏대감인 고양이 춘희와 춘식이도 애교가 많아 인기가 좋다. 외부 테라스에서는 셀프로 라면도 끓여 먹을 수 있다. (p203 E:3)

- 강원 태백시 태백로 422
- #이국적인느낌 #노키즈존 #소품샵

통리탄탄파크 갱도미디어아트
"드라마보다 더드라마틱한 미디어아트"

@mint_mini8

폐갱도를 활용한 미디어아트 전시장으로, 동굴 길을 따라 꽃길과 우주를 형상화한 다양한 미디어 아트 작품들이 전시되어 있다. 유리 비즈로 수놓은 길도 사진찍기 좋은 포인트 중 한 곳. 약 40분간 이어지는 전시 공간에 감성적인 포토존이 많아 최근 연인들의 사진 촬영지로 급부상하고 있다. (p203 E:3)

- 강원 태백시 통동 산67-1
- #미디어아트 #동굴 #비즈터널

대관령삼양목장 풍차
"설경과 하얀 풍차"

@yuujeong_e

매년 겨울이면 눈 쌓인 언덕과 하얀 풍차를 배경으로 멋진 인생 사진을 남길 수 있다. 대관령은 눈 풍경이 아름다운 곳으로 예로부터 눈꽃 마을이라는 이름으로도 불렸다. 삼양라면 CF 촬영지로 쓰였을 정도로 경치가 좋은 곳이다. 단, 바람이 많이 불고 춥기 때문에 옷을 단단하게 챙겨 입고 방문하는 것이 좋다. 눈이 쌓이지 않는 봄~가을에도 푸른 초목을 배경으로 풍차 사진을 찍을 수 있다. (p203 E:2)

- 강원 평창군 대관령면 꽃밭양지길 708-9
- #풍차 #양떼목장 #시골풍경

대관령양떼목장 양떼
"양떼와 하얀 풍차"

@ji__hyomi

완전한 방목형 농장은 아니지만, 펜스 바로 너머의 귀여운 양과 함께 인증 사진을 남길 수 있는 곳이다. 다른 곳들보다 양이 훨씬 많아 무리 지어 있는 양 떼 사진 찍기 참 좋다. 펜스 안쪽으로 삼각대나 셀카봉 등을 이용해 하이앵글 구도로 사진 찍는 것을 추천한다. 목장 정상부에 마련된 하얀 풍차도 예쁜 포토존이 되어준다.
(p203 E:2)

- 강원 평창군 대관령면 대관령마루길 483-32
- #양떼목장 #풍력발전기 #초원

발왕산스카이워크 발왕산뷰
"올림픽 계단에서 찍는 탁 트인 자연경관"

@bin0036

스카이워크 정상부 올림픽 계단은 펜스가 유리로 되어있고, 주변에 발왕산, 하늘을 제외하고 다른 건물이 없어 탁 트인 자연경관을 사진에 담아갈 수 있다. 계단 주변에 있는 나무 모양을 그대로 살린 발왕산 벤치도 인기 포토존인데, 이곳은 가족사진 찍기 딱 좋다. (p203 E:2)

- 강원 평창군 대관령면 올림픽로 715
- #발왕산뷰 #투명유리바닥 #발왕산나무벤치

마운틴코스터 마운틴뷰
"마운틴코스터에서 찍는 마운틴뷰"

@gaga.ss

용평리조트에서 운영하는 마운틴 코스터는 레일을 따라 숲속을 달리는 1인용 롤러코스터로, 시속 40km로 이동하며 짜릿함을 즐길 수 있다. 사진 촬영자가 뒷좌석에 탑승해 앞 사람을 찍어줄 수 있는데, 속도가 빠르므로 촬영 시 안전에 주의하도록 하자. 사진보다는 현장의 속도감을 그대로 느낄 수 있는 동영상 촬영을 권한다. (p203 E:2)

- 강원 평창군 대관령면 용산리 116-2
- #산악롤러코스터 #스릴 #동영상촬영추천

청옥산 육백마지기 샤스타데이지
"샤스타데이지꽃밭과 하얀색 풍력발전기"

@mijiiiiijin

매년 6월 중순부터 7월까지 청옥산 육백 마지기에 하얀색 샤스타데이지꽃이 드리운다. 꽃밭 뒤에는 거대한 하얀색 풍력발전기가 설치되어 있는데, 꽃 색과 어우러져 황홀한 배경을 선사한다. 이 풍력발전기가 잘 보이도록 약간 멀리 떨어져 로우 앵글로 사진을 찍는 것을 추천한다. 유럽풍으로 지어진 간이 쉼터도 예쁜 포토스팟 중 하나. (p203 D:3)
- 강원 평창군 미탄면 회동리 1-1
- #여름촬영명소 #샤스타데이지 #하얀배경

산너미목장 산맥뷰
"평상에서 보이는 산맥뷰"

@jyejye_travel

산너미 목장에서 소정의 입장료를 내고 산길을 따라 20분 정도 걸어 올라가면 산 능선이 아름다운 육십 마지기길 정상까지 오를

수 있다. 정상에는 너른 나무 데크 평상이 마련되어 있는데 이곳에 앉아 정면에서 사진을 찍으면 멋진 감성 사진을 남길 수 있다. 일출, 일몰 때나 눈이 쌓인 겨울철 방문하면 더 멋지다. (p203 D:3)
- 강원 평창군 미탄면 회동리 806
- #시크릿촬영명소 #육십마지기길 #능선

보타닉가든 정원
"프로방스풍 소품이 가득한 정원"

@eu_jji

보타닉가든 정원은 유럽식 빨간 전화부스, 손수레 등 프로방스풍으로 꾸며져 있어 곳곳이 사진찍기 좋다. 꽃이나 손수레를 앞에 두고 전화부스 옆에서 인물 사진을 찍으면 잘 나온다. 함께 운영하는 카페도 프로방스풍 앤틱 가구들로 꾸며져 있어 커피 한 잔 하기도, 사진 찍으러 가기도 좋다. (p203 D:3)
- 강원 평창군 방림면 계촌리 2462
- #영국식전화부스 #손수레 #유럽감성정원

밀브릿지 창문뷰
"멍때리기 좋은 전나무숲"

@eun____8

숙소에 앉아 전나무숲을 바라보며 나무 멍을 할 수 있는 창문 앞이 대표 사진 스팟. 오대산 국립공원 내에 있어 잘 보존된 자연경관을 볼 수 있는 점이 이곳의 또 다른 장점. 특히 겨울에 눈 덮인 풍경이 아름답기로 유명하다. 20분 내외로 걸을 수 있는 3개의 산책로와 약수터, 카페, 갤러리 등이 있다. (p203 D:2)
- 강원 평창군 진부면 방아다리로 1011-26
- #전나무숲 #나무뷰숙소 #오대산국립공원숙소

이화에월백하고 카페 산장느낌 인테리어
"숲속의 작은 예술공방"

@nna_yomi

숲속의 작은 집을 연상케 하는 외관이 감성 포토 스팟이다. 예술가 내외가 공방과 함께

운영하는 한적한 느낌의 카페. 싱그러운 풀과 꽃에 둘러싸여 있어 자연과 어우러져 여유로움을 느낄 수 있다. 내부 좌석은 총 4팀만 이용할 수 있고, 매주 목, 금, 토, 일 오후 1시~7시까지만 운영한다. 산속에 있어 대중교통보다는 자가 이용을 추천한다. (p203 D:3)

- 강원 평창군 평창읍 고길천로 859
- #작은카페 #공방카페 #숲속의작은집

그리심 카페 유럽풍정원
"앤티크한 분수에서 한 컷"

앤티크한 분수, 흔들그네, 조각상 등이 있어 유럽 감성을 느끼며 사진 찍기 좋다. 들어가는 입구도 마치 동화 속 마을을 연상케 하며 숲속의 작은 유럽을 느끼게 해주는 엔틱카페이다. 또한 야외는 넓은 잔디밭이어서 반려동물과 아이들이 뛰놀기 좋으며, 주변은 청옥산에 둘러싸여 자연 힐링이 가능한 곳이다. 내부는 아기자기한 소품이 전시되어 있어 구경하기 좋다. (p203 D:3)

- 강원 평창군 평창읍 제방길 33-6
- #엔틱카페 #유럽감성 #청옥산

그리심
"동화 같은 오두막과 정원 포토존"

@eun_sun_sunny

동화 같은 유럽풍 야외 정원이 아름다운 카페. 잔디 정원 구석구석에 분수대, 오두막 등 빈티지한 느낌의 포토존이 다양하게 꾸며져 있다. 특히 샤스타 데이지와 장미가 피는 초여름 6월에 방문하면 제일 아름답다. 가장 인기 있는 포토 스팟은 흰색 아치 돔이 매력적인 파고라. 매장 내부도 유럽 시골풍의 아기자기한 앤틱 가구와 소품으로 꾸며져 있다. (p203 D:2)

- 강원 평창군 평창읍 제방길 33-6
- #빈티지 #정원 #샤스타데이지

와우안반데기
"삿포로 부럽지 않은 설경 사진 스팟"

@o_sm__ss

풍력발전기를 배경으로 청량한 설경 사진을 찍을 수 있는 명소. 안반데기는 평소 은하수 명당으로도 유명하지만, 특히 겨울이 되면 눈이 가득 쌓인 설산을 볼 수 있어 영화 〈러

브레터〉 감성의 사진을 찍기 좋다. 하늘이 맑은 날 방문하면 흰색과 파란색이 대비되는 아름다운 사진을 찍을 수 있다. 다만 지대가 높아 바람이 많이 부니 옷을 따뜻하게 입는 것을 추천. (p203 E:2)

- 강원 평창군 안반데기길 461
- #겨울 #눈밭 #러브레터

월정사 전나무숲길
"드라마 도깨비에 나온 겨울 숲길"

@tiffyparadise

하얀 눈꽃이 핀 숲길에서 고즈넉한 분위기의 사진을 찍을 수 있는 곳. 사계절 모두 좋지만 특히 겨울 풍경이 아름다워 드라마 〈도깨비〉를 이곳에서 촬영하기도 했다. 길이 평평해서 산책하기 좋으며, 중간중간 나무 그네 등 포토존이 마련되어 있으니 참고. 월정사 입구에 있는 찻집 역시 분위기가 좋으니 함께 둘러보기를 추천한다. 입장료는 따로 없으며 주차료만 받는다. (p203 D:2)

- 강원 평창군 오대산로 374-8 월정사
- #겨울 #숲길 #드라마촬영지

위켄드74 카페 클래식 카
"벤츠 클래식 카 포토스팟"

@adorehyo

카페 앞쪽에 각종 클래식 카가 있는데 그중 빨간 벤츠 클래식 카가 마운틴뷰가 어우러져 멋진 사진을 찍을 수 있다. 외에도 대형그네, 철길, 산책로, 숲속 벤치 등 다양한 포토존이 있다. 홍천의 탁트인 자연환경을 느낄 수 있는 카페. 내부 인테리어는 우드와 화이트 톤으로 되어 있어 산뜻한 분위기와 통창으로 보여지는 푸릇한 자연이 조화를 이루어 편안함을 느낄 수 있다. (p202 B:2)
- 강원 홍천군 남면 남노일로 1123
- #클래식카 #애견동반 #힐링카페

공작산생태숲 불두화
"작약 꽃밭과 불두화 터널"

@mir0065

매년 여름이면 공작산생태숲에서 붉게 물든 작약꽃밭과 하얀 불두화와 목수국 터널을 만나볼 수 있다. 작약 색이 붉기 때문에 흰옷이나 밝은 옷을 입고 촬영하면 인물이 더 돋보이는 효과가 있다. 바로 옆에 있는 불교사찰

수타사도 불두화 풍경이 유명하니 시간에 여유가 있다면 함께 방문해보자. (p202 C:2)
- 강원 홍천군 동면 덕치리 4-3
- #여름촬영명소 #불두화 #흰수국터널

리버트리 홍천강뷰 풀빌라
"홍천강 캠핑 감성"

@belief_meee

홍천강을 앞에 두고 숙소 1층에 마련된 캠핑 의자에 앉아 사진을 찍을 수 있는 공간이 핵심 포토존. 세련된 노출 콘크리트가 인상적이며, 1층 수영장과 모든 객실에서 홍천강 전망을 볼 수 있다. 예약 시 수영장 사용료 항목에 체크하면 1층 수영장을 단독으로 이용할 수 있다. 객실 내 개별 테라스가 있고, 홍천강에서 보트 체험을 할 수 있다. (p202 B:2)
- 강원 홍천군 북방면 장항2길 14-9
- #홍천강뷰숙소 #물멍숙소 #홍천펜션

올라운드원 모던한 원형건물
"붉은 빛 원형 건물"

@byulingya

6라운드 숙소에 마련된 붉은 빛의 원형 공간이 메인 포토 스팟이다. 총 8개 건물이 있는

독채 숙소로 객실마다 콘셉트와 부대시설이 다르니, 예약 시 확인 필수. 날 것 그대로의 콘크리트로 된 외부와 내부 곳곳에는 둥근 모양의 소품과 인테리어로 꾸며져 있다. 외진 곳에 있기 때문에 입실 전 필요 물품과 먹을거리는 미리 준비해오는 것이 좋다.
(p202 B:2)
- 강원 홍천군 서면 굴업솔골길 117
- #모던인테리어 #홍천모던숙소 #홍천독채숙소

팔봉산 정상 홍천강뷰
"홍천강과 홍천 시내뷰"

@yoonddosan

팔봉산 정상에 오르면 굽이치는 홍천강과 홍천 시내를 배경으로 인증사진을 찍어갈 수 있다. 강 옆으로 둥글게 8개 봉우리가 산세를 이뤄 더욱 아름답다. 강과 시내 전망이 잘 보이도록 삼각대나 셀카봉을 이용하거나, 좀 멀리 떨어져서 촬영하면 예쁜 사진을 건질 수 있다. (p202 B:2)
- 강원 홍천군 서면 어유포리
- #홍천강전망 #홍천시내전망 #8봉능선

러스틱라이프 카페 유리온실 툇마루
"책방과 온실이 있는 한옥카페"

@nouveau.n

100% 사전 예약제로 실내 카페와 단독 공간인 숲 책방, 한옥 온실, 유리온실로 나누어져 있다. 한옥 온실 툇마루 앞에서 숲속을 바라보며 사진을 찍으면 운치 있는 사진 촬영이 가능하다. 숲속 생활과 쉼을 공유하는 팜카페. 예약 후 입장 시 음료와 다과 세트, 식물 관찰 책, 색연필, A4용지를 가방에 넣어주셔서 마치 소풍 온 듯한 기분을 느낄 수 있다. (p202 C:2)
- 강원 홍천군 영귀미면 속새길 70
- #팜카페 #프라이빗카페 #한옥온실

테샤로바 카페 파란문
"그리스 산토리니 풍 파란 문"

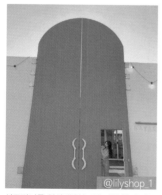
@lilyshop_1

산토리니를 연상케 하는 긴 파란 문이 대표 포토존. 파란 하늘과 흰 벽이 어우러져 이국적인 사진을 남기기 좋다. 카페 바로 입구는 꽃 덤불로 둘러싸여 있는 또 다른 포토스팟이다. 1층은 잔디광장과 야외 테라스, 2층은 홍천강뷰의 테라스 좌석으로 되어 있다. 카페와 홍천강 산책길이 바로 연결되어 있다.

프라이빗한 시간을 보낼 수 있는 돔 형태 공간도 사전 예약 후 이용이 가능하다. (p202 C:2)
- 강원 홍천군 홍천읍 홍천로 548
- #산토리니 #홍천강뷰 #홍천카페

소토보체 수로와 투명카약
"투명 카약과 유럽 감성 숙소"

@byulingya

해외여행 온 느낌으로 물 위에서 투명 카약을 타고 사진을 찍어보자. 유럽 감성 가득한 숙소로 잘 알려져 있으며, 특히 밤에 조명이 켜지면 아름다움은 배가 된다. 풀빌라, 스파룸, 복층 객실 등 다양한 종류의 방이 있어 취향에 맞게 선택할 수 있다. 오락실, 탁구장, 컨벤션홀, 산책로, 카페 등 부대시설이 잘 갖춰져 있는 곳.
(p202 C:2)
- 강원 홍천군 화촌면 군업안말길 153-14
- #투명카약숙소 #유럽느낌숙소 #야경맛집

아를테마수목원 사랑나무
"거대한 사랑나무 뒤로 흐르는 북한강"

@hyeon222222

거대한 사랑 나무 앞으로 북한강이 넓게 펼쳐져 있는데, 사랑 나무를 맨 앞에 두고 인물, 북한강 변의 공간감이 느껴지도록 약간 거리 차이가 보이게 사진을 찍으면 예쁘다. 맑은 날에는 강물에 햇살이 반짝반짝 비쳐 경치가 더 아름답고 사진도 예쁘게 나온다. (p202 B:1)
- 강원 화천군 하남면 거례리 484-2
- #대형사랑나무 #북한강뷰 #숲뷰

횡성호수길 5구간 코스
"펜스 너머로 보이는 호수와 숲 풍경"

@kang_du_na

둘레길 나무 펜스 너머로 횡성 호수와 숲 풍경이 넓게 펼쳐진다. 이곳은 일출, 일몰 때와 숲속에 낙엽이 드리우는 가을에 방문하면 더 멋지다. 펜스에 기대어 서서 약간 멀리서 배경이 잘 나오도록 인물 사진을 찍으면 예쁘게 잘 나온다. (p202 C:2)
- 강원 횡성군 갑천면 구방리 512
- #횡성호수뷰 #숲뷰 #일몰맛집

모모의다락방 파노라마 숲뷰
"360도 파노라마 숲뷰"

@pellong._

2층 침실에 펼쳐진 파노라마 숲 뷰가 이곳의 시그니처 포토존이다. 이 숲 뷰 하나를 보고 숙소를 찾는 사람들이 많을 만큼 잘 알려진 곳이다. 7개의 독채 건물이 각각 다른 콘셉트로 이루어져 있고, 화장실 내 월풀에서 바라보는 나무 뷰도 일품. 객실은 전반적으로 아담한 규모이며, 조식이 무료로 제공되고, 빔프로젝터도 대여할 수 있다. (p202 C:2)
- 강원 횡성군 둔내면 경강로마암4길 49-1
- #숲뷰숙소 #다락방숙소 #힐링독채펜션

1765삽교 카페 호밀밭
"넓은 호밀밭 농촌감성 카페"

@ming._9

카페 뒤쪽에 넓은 호밀밭이 펼쳐져 있어 중간에 놓여 있는 감성 파라솔과 함께 사진 찍기 좋다. 삽교리에서 운영하는 마을 카페. 약 5,000평의 카페 단지로 넓은 잔디밭과 텐트가 있어 피크닉 온 것 같은 기분을 느낄 수 있으며 아이들이 뛰어놀기 좋은 곳이다. 시그니처 메뉴는 가래떡구이이며, 직접 재배한 농산물을 이용한 브런치 메뉴도 인기가 있다. 예

약 후 농촌 체험도 가능하다. (p202 C:3)
- 강원 횡성군 둔내면 삽교로 386
- #시골감성 #리틀포레스트 #마을카페

청태산자연휴양림 산책로
"산책로에서 찍는 울창한 숲"

@jayne__jj

'이상한 변호사 우영우' 촬영지로도 쓰였던 청태산 자연휴양림은 수령이 오래된 울창한 고목들이 많아 울창한 숲 사진 찍기 좋은 곳이다. 단, 산길에 경사가 있는 편이므로 편한 차림으로 방문하기를 추천해 드린다. (p203 D:2)
- 강원 횡성군 둔내면 청태산로 610
- #울창한숲 #산책로 #사계절

풍수원성당
"유럽풍의 성당 전경"

@sj_b.aek

분홍 벽돌에 알록달록한 스테인드글라스가 박혀있어 유럽의 작은 성당에 온 듯한 착각을 불러일으킨다. 성당 정면을 향해 인물사진을 찍는 것이 가장 예쁜데. 성당이 높게 솟아있어 전경을 카메라에 담기는 쉽지 않다. 하단 지붕 약간 위쪽에서 잘리게 찍어도 사

진이 예쁘게 나온다. (p202 C:2)
- 강원 횡성군 서원면 경강로유현1길 30
- #분홍벽돌 #스테인드글라스 #옛감성성당

시골편지 카페 오두막 풀숲 뷰
"시골 별장 느낌 오두막과 풀숲"

@annmn__

카페 야외에 있는 오두막에서 보는 풀숲이 이곳의 포토 스팟. 산장에 온 듯한 편안함을 느끼게 해주는 시골 별장 감성 느낌의 카페이다. 다락방에서 초록 숲을 보며 커피를 마시면 자연과 함께 휴식이 가능하다. 창이 크게 있어 어디서든 시골 편지의 정원을 볼 수 있다. 시그니처 메뉴는 핸드드립의 무쇠솥 로스팅 커피이며, 이외에도 다양한 음료와 베이커리 메뉴가 있다. (p202 C:3)
- 강원 횡성군 안흥면 실미송한길 24-72
- #산장카페 #풀숲뷰 #별장카페

호수길133 카페 야외 정원
"넓은 정원과 숲으로 둘러싸인 카페"

@amk5214

푸른 잔디가 넓게 펼쳐져 있는 정원을 배경으로 놓여 있는 좌석이 포토스팟이다. 숲과 계곡이 있는 자연 친화적인 카페로 약 5천 평 대지의 수목원 자연경관도 함께 즐길 수 있다. 숨만 쉬어도 시원하고 상쾌한 숲 향을 느낄 수 있는 곳이다. 야외 소나무 숲에 파라솔과 테이블이 이 놓여 있어 각종 음료와 디저트, 베이커리류를 함께 즐길 수 있다. (p202 C:3)

- 강원 횡성군 우천면 전재호수길 133
- #수목원카페 #숲과계곡 #야외정원

구르메산장 노천탕
"야외 수영장과 노천탕"

@joon0602

아기자기한 플로팅 티포트와 함께 야외 노천탕에서 감성 가득한 사진을 촬영해보면 어떨까. 특히나 밤이 되면 달 조명을 활용해 커다란 보름달이 떠 있는 듯한 달 뷰를 볼 수도 있다. 이름처럼 횡성 산속 깊은 곳에 있으며, 실내 벽난로가 산장 인테리어를 완성해주는 듯하다. 하루 한 팀만 이용할 수 있는 독채 숙소이고, 야외 수영장과 노천탕에서 마음껏 물놀이도 즐길 수 있다. (203 D:2)

- 강원 횡성군 청일면 청일로1128번길 60
- #노천탕숙소 #횡성감성산장 #횡성독채펜션

노랑공장 카페 빈티지 트램
"트램과 빈티지 소품들"

@_4.14p

영국을 연상케 하는 이층버스, 미국 스쿨버스, 앤틱스러움이 가득한 마차 등 다양한 포토존이 있다. 빈티지, 앤틱소품의 실제 물류창고를 카페로 전환하여 독특하고 볼거리가 많은 카페. 마치 박물관 같은 이국적인 분위기를 지닌 곳이다. 내부 좌석마다 인테리어 느낌이 달라 어디에 앉든 다르게 사진 연출이 가능하다. 간단한 베이커리류 및 브런치도 맛볼 수 있다. (p202 C:3)

- 강원 횡성군 횡성읍 태기로 488
- #빈티지카페 #영국풍 #앤틱카페

06

충청북도

문광저수지 저수지뷰 포토존
"저수지에 비치는 은행나무"

문광 저수지 둘레에 은행나무가 가로수로 심겨 있다. 은행나무 아래에 서서 단풍 든 은행나무와 사진을 찍어보자. 이른 아침 물안개가 가득 피어오르는 저수지 옆 노란 은행나무가 몽환적인 분위기를 만든다. 2km 정도 되는 저수지 둘레를 산책하면 40분이면 다 둘러볼 수 있고, 단풍은 11월에 가면 볼 수 있다. (p242 C:3)
- 충북 괴산군 문광면 양곡리 16
- #문광저수지 #저수지뷰 #은행나무

트리하우스가든 카페 돌집 입구
"유럽풍 석조건물과 정원이 아름다운 곳"

트리하우스 가든 카페는 유럽풍 석조건물과 정원을 배경으로 사진찍기 좋은 감성 카페다. 돌벽에 아치형 문이 딸린 유럽식 석조건물이 주요 포토스팟인데, 이 앞으로 뻗은 벽돌 길이 잘 보이도록 살짝 뒤에서 찍으

면 더 예쁘다. 매주 화, 수요일이 휴무일이며 10~19시 운영하고, 1인 1 음료 주문이 원칙이다. 정원은 금연 구역이며 외부 음식은 반입할 수 없다는 점을 참고하자. (p242 C:2)
- 충북 괴산군 불정면 한불로 1216
- #유럽풍 #돌집 #가든

수옥폭포 전경
"절벽을 따라 흐르는 푸른 물줄기"

시원한 풀 줄기가 절벽을 따라 흘러내리는 수옥 폭포 앞에서 사진을 찍어보자. 수옥 폭포는 바위 절벽 20m 아래로 떨어지다가 중간에 다른 바위로 인해 3단의 폭포가 생긴 특이한 모습을 하고 있다. 수옥 폭포는 사극과 예능에 소개될 정도로 주변 풍광이 아름답고 폭포 옆에 수옥정이라는 폭포가 내려다보이는 아담한 정자가 있다. (p242 C:2)
- 충북 괴산군 연풍면 원풍리
- #수옥폭포 #수옥정 #사극

단양 패러마을 빨간 액자
"패러글라이딩 체험 사진 명소"

단양 패러마을은 남한강이 내려다보이는 정상에 있다. 빨간 액자에 앉아 남한강과 날아오르는 패러글라이딩의 모습을 담은 인생샷을 찍어보자. 정상에서 바라보는 굽이굽이 보이는 산과 남한강의 시원한 뷰도 좋지만 직접 하늘을 날아볼 수도 있다. 안전을 위한 교육을 받은 후 비행복을 착용하고 체험 비행도 해보자. (p242 B:1)
- 충북 단양군 가곡면 두산길 196-52
- #패러마을 #빨간액자 #남한강뷰

카페산 패러글라이딩뷰 주황색 벤치
"소백산과 남한강 전망 패러글라이딩 체험"

소백산, 남한강 전망이 들여다보이는 전망 카페인 카페산은 오렌지 컬러 테마로 꾸며져 있다. 남한강과 산 전망이 들여다보이는 야외 공간에 오렌지색, 흰색 알루미늄 벤치가 놓여져있는데, 이곳에 앉으면 멋진 전망 사진을 찍을 수 있다. 이곳은 패러글라이딩 장으로도 유명해서, 운이 좋으면 패러글라이딩하는 모습까지도 사진 배경으로 담아 갈 수 있다. (p242 B:1)
- 충북 단양군 가곡면 사평리 246-33
- #소백산 #남한강 #패러글라이딩

소금정공원 장미터널
"붉은 장미와 푸른 남한강 전망"

@ming.____9

붉은 장미와 함께 사진을 찍어보자. 터널 위로 자라난 장미는 터널 안보다 터널 밖이 풍성하게 피어 있다. 터널 밖에 장미 사이에 가까이 서서 사진을 찍으면 인생 샷 완성. 소금정공원은 장미 터널 옆으로 산책로가 있고 터널이 길어서 산책하며 보는 장미와 남한강 뷰도 아름답다. 장미 터널의 꽃은 5월에 시작해 7월까지 핀다. (p242 B:1)

- 충북 단양군 단양읍 삼봉로 192
- #소금정공원 #단양장미터널 #꽃여행

다우리 카페 계곡뷰 창문
"산성에서 영감을 받은 유리통창 카페"

@u_ks2

다우리 카페는 산성을 모티브로 한 카페로, 카페 벽면이 모두 돌담으로 둘러싸여 독특한 분위기를 자아낸다. 카페 내부는 천장과 바닥, 기둥 모두 목조로 꾸며져 있으며 그 앞으로는 커다란 유리 통창을 통해 산세와 계곡 풍경이 들여다보인다. 유리창 너머 계곡이 들여다보이는 곳이 주요 포토존인데, 이 앞에 있는 좌식 테이블에 앉아 사진 찍어가는 사람들이 많다. 노키즈존으로 운영되기 때문에 13세 이상만 입장할 수 있다. (p242 C:1)

- 충북 단양군 대강면 방곡리 367-1
- #산성테마카페 #숲뷰 #계곡뷰

사인암 전경
"기암절벽을 배경으로 둔 사인암"

@yejin.__p

바둑판을 세로로 세워둔 듯한 기암절벽의 사인암 앞에서 사진을 찍어보자. 사인암 앞에는 남조천이 흐르고 있는데 그사이 작은 돌들이 모여 있는 곳에 서서 사인암이 보이는 사진을 찍을 수 있다. 우기에는 물길이 거세질 수 있으니 주의. 사인암에는 한문으로 새겨진 각자가 새겨져 있어 찾아보는 재미도 있다. (p242 C:1)

- 충북 단양군 대강면 사인암2길 42 청연암
- #사인암 #기암절벽경 #바둑판

구름위의산책 카페 탁 트인 전망뷰
"석양과 패러글라이딩을 한눈에 담다"

@skyhillscafe

1층은 카페, 2층은 펜션으로 운영하고 있다. 2층 테라스 공간은 카페 이용객들도 이용할 수 있는데, 테라스 너머로 펼쳐진 산 전망이 아름다워 풍경 사진 찍기 딱 좋다. 커다란 주황색 파라솔이 사진 위에 살짝 걸치게 하고, 맞은편 산 전망을 찍으면 예쁘다. 근처에 패러글라이딩 체험장이 있어 시간을 잘 맞추어 사진을 찍으면 패러글라이딩 체험하는 모습도 배경으로 담아갈 수 있다. (p242 B:1)

- 충북 단양군 두산길 179-18
- #마운틴뷰 #패러글라이딩 #테라스카페

석문 남한강뷰
"펜스에 기대어 남한강 전망 사진"

@0.im

무지개 모양의 바위인 석문 앞에 서서 사진을 찍어보자. 전망대의 펜스에 기대어 석문으로 보이는 남한강을 바라보며 찍는 것이

포인트. 동양에서 가장 큰 석문은 석회동굴
이 무너지며 입구 부분만 남아 아치의 이끼
덮인 신비한 풍경을 만들었다. 입구에서 가
파른 계단으로 왕복 30분 걸린다. 중간 지점
에 있는 팔각정부터는 평지 길이다. (p242
B:1)

- ■ 충북 단양군 매포읍 삼봉로 644-33
- ■ #석문 #남한강뷰 #석회굴

도담삼봉
"남한강 도담상봉 반영샷"

@ji_young420

단양팔경 중의 하나인 도담 삼봉과 사진을
찍어 보자. 잔잔한 남한강에 세 개의 봉우리
가 거울처럼 반영되는 강가에 서서 도담삼봉
과 사진을 찍으면 인생 샷 완성. 신비한 바위
섬인 도담삼봉은 남한강 상류에 세 개의 바
위로 이루어져 있으며 가운데 가장 큰 섬은 '
삼도정' 정자가 있어 풍경에 운치를 더해준
다. 황포돛배를 타면 가까이서 관람 가능. 공
원에는 마차도 운영한다. (p242 B:1)

- ■ 충북 단양군 매포읍 삼봉로 644-33
- ■ #도담삼봉 #반영샷 #단양8경

온달관광지 둥근 문
"한복 빌려 입고 동그란 문에서 찰칵"

@juyoung__o131

고려 시대로 되돌아간 듯한 풍경의 온달관
광지에서 사진을 찍어보자. 한옥이 즐비한
골목을 지나 입구의 동그란 문이 인상적인
가옥에서 사진을 찍어보자. 동그란 문이 액
자가 되어 배경으로는 안채의 정원이 멋진
사진을 찍을 수 있다. 사극 드라마에는 꼭
한 번은 나오는 세트장에서 의복 체험도 하
고 소품과 함께 사진을 찍을 수 있다. (p242
B:1)

- ■ 충북 단양군 영춘면 온달로 23
- ■ #온달관광지 #둥근문 #드라마세트장

수양개빛터널 빛 터널
"LED 조명으로 밝힌 감성터널"

@susu_daily

LED 조명으로 은하수를 수놓은 수양개 빛
터널에서 사진을 찍어 보자. 입구에 들어가
면 제일 처음 보이는 조명이 거울에 반사되
는 수많은 조명과 함께 사진을 찍었을 때 가
장 예쁘게 나오는 포토존. 터널 안에는 화려
한 조명과 음향시설, 미디어 파사드 공연이
있고, 야외에 있는 비밀의 정원은 바닥에 펼
쳐진 꽃길과 나무를 장식하고 있어 황홀한
야경이 펼쳐진다. 수양개빛터널은 선사 유물
전시관 옆으로 입구와 매표소가 있다.
(p242 B:1)

- ■ 충북 단양군 적성면 수양개유적로 390
- ■ #수양개빛터널 #빛터널 #야경

이끼터널 초록 이끼뷰
"여름철 초록빛 가득한 이끼터널"

@_crystal__e

쭉 뻗은 좁은 길 양옆의 벽을 따라 자라난
초록의 이끼와 함께 사진을 찍어보자. 길 위
의 중앙선에 서서 사진을 찍는 것이 포인트.
이끼 터널의 초록색 이끼를 볼 수 있는 습한
여름에 방문하자. 이끼 터널은 야간에 반딧
불 조명이 바닥을 비춰주어 더욱 신비로운
공간이 되니 밤에도 방문해 보길 추천한다.
(p242 C:1)

- ■ 충북 단양군 적성면 애곡리 129-2
- ■ #이끼터널 #초록이끼뷰 #여름여행

단양잔도길 리버뷰 산책로
"상진 철교와 야경"

@sjii_im

잔잔한 물결의 강물 따라 느리게 산책할 수 있는 잔도길에서 사진을 찍어보자. 절벽에 만들어진 데크를 따라 걸으며 보이는 남한강과 그 사이를 잇고 있는 상진 철교가 보이는 곳이 이곳의 대표 포토존이다. 밤에는 잔도길의 조명이 남한강에 반영되어 환상적인 야경을 볼 수 있다. 특히 철교의 조명이 아름답다. (p242 C:1)
- 충북 단양군 적성면 애곡리 산18-15
- #단양잔도길 #리버뷰 #철교뷰

만천하스카이워크 전망대
"하늘과 맞닿은 느낌"

@sjii_im

스카이 워크 끝에 서서 하늘에 떠 있는 듯한 사진을 찍어보자. 왼편에 카메라를 두고 남한강과 하늘을 모두 담은 사진을 찍으면 인생 샷 완성. 유리로 된 길 끝에 서 있으면 시원한 경관이 펼쳐진다. 스카이워크를 올라가는 경사진 길 위에 서서 보이는 전망대 건물의 모습도 장관이다. 주차장에서 무

료 셔틀버스를 운영한다. 모노레일은 유료. (p242 B:1)
- 충북 단양군 적성면 옷바위길 10 만천하스카이워크
- #만천하스카이워크 #남한강뷰 #하늘길

새한서점 책장 사이 포토존
"책장이 줄지어 있는 레트로 서점"

@hyejunnnnn

적성면 산자락에 깊숙이 자리한 산속의 작은 서점에서 사진을 찍어보자. 책장 사이 어 어 저 멀리 보이는 끝없는 책장을 모두 담은 사진을 찍으면 인생 샷 완성. 이곳은 온라인 중고 서점으로 운영되고 있고 영화 '내부자들'에 등장해 유명해졌다. 산속에 자리하고 있지만 내부에는 잘 정리된 책들이 70년대 책방 골목을 연상시킨다. (p242 B:1)
- 충북 단양군 적성면 현곡본길 46-106 새한서점
- #새한서점 #헌책방 #내부자들

삼년산성 성곽길
"곡선미가 느껴지는 삼성산성"

@ivoryyyy__y

화강암으로 겹겹이 쌓은 삼년산성에서 사진을 찍어보자. 납작한 화강암으로 만든 산성은 곡선이 아름다워 카메라를 위에 놓고 성곽의 휘어진 길을 모두 담는 것이 포인트. 삼년 산성은 신라 자비마립간 때 짓기 시작해 3년 만에 완공한 성이며 149승 1패의 승률을 자랑하는 튼튼한 요새다. (p243 D:2)
- 충북 보은군 보은읍 성주1길 104
- #삼년산성 #성곽길 #산성투어

법주사 팔상전
"팔상전과 부처의 일생을 그린 팔상도"

@oojhami

말티재 고갯길을 넘으면 속리산 국립공원에 있는 법주사가 있다. 법주사의 사천왕문을 지나면 제일 먼저 보이는 팔상전이 이곳의 포토존이다. 하늘을 찌를 듯 높은 팔상전과 파란 하늘을 담는 것이 포인트. 우리나라에 유일하게 남아 있는 5층 목탑인 팔상전은 부처의 일생을 8장면으로 구분하여 그린 팔상도가 그려져 있다. (p243 D:2)
- 충북 보은군 속리산면 사내리 209
- #법주사 #팔상전 #세계유산

말티재 꼬부랑길
"신비로운 단풍 산책로"

@floral_97

말티재의 꼬부랑길이 훤히 보이는 전망대에서 사진을 찍어보자. 꼬불꼬불 난 말티재를 바라보며 하늘과 길을 모두 담는 것이 포인트. 말티재는 세조가 속리산으로 행차 중에 가마가 오르지 못해 잠시 쉬어간 곳이라고 해서 붙여진 이름이다. 말티재에서 사진이 잘 나오는 시간은 아침 일찍이 좋고, 전망대에서 보는 일몰도 아름답다. (p243 D:2)
- ■충북 보은군 장안면 장재리 산4-14
- ■#말티재 #꼬부랑길 #말티재전망대

옥계폭포 전경
"시원한 폭포수 세로 사진"

@ro_ijel

깎아지른 듯한 절벽 아래로 쏟아지는 물줄기가 시원한 옥계폭포에서 사진을 찍어보자. 거대한 바위 사이로 쏟아지는 물줄기 앞에 서서 세로로 사진을 찍는 것이 포인트. 박연폭포로 유명한 옥계폭포는 산수가 아름다워 예로부터 유명한 시인들이 폭포의 아름다움을 묘사하는 많은 작품을 남겼다. 주차장에서 멀지 않은 곳에서 폭포를 볼 수 있다. (p243 E:3)

- ■충북 영동군 심천면 고당리 산75-1
- ■#옥계폭포 #박연폭포 #힐링

송호국민관광지 강뷰 포토존
"강과 소나무 산책로 전망"

@deom_bo

금강이 유유히 흘러가는 산책로에서 사진을 찍어보자. 소나무 숲이 빽빽한 송호국민관광지의 산림욕장 옆으로 금강이 흐른다. 강을 바라보며 나무를 사이에 두고 강과 함께 사진을 찍는 것이 포인트. 산림욕장은 캠핑을 할 수 있다. 캠핑 의자에 앉아 여유롭게 물멍 가능. (p243 F:3)
- ■충북 영동군 양산면 송호리 280
- ■#송호국민관광지 #강뷰 #숲산책

스테이인터뷰 영동 돌담 입구
"산과 강이 내려다보이는 돌담숙소"

STAY
INTERVIEW

@wooonij

아담한 돌담과 그 뒤에 자리한 마당, 그리고 숙소를 배경으로 인증사진을 남겨보자. 숙소 뒤편에는 산이, 앞에는 금강이 흐르고 있어 모든 공간에서 아름다운 자연을 볼 수 있다. 객실마다 마련된 테라스에 히노키탕이 있으며, 근처에 영동 강선대 트래킹 코스가 있어 소나무길을 걷기에도 좋은 곳. 이곳은

카페도 함께 운영하고 있어 투숙객에 한해 아메리카노가 무료로 제공된다. (p243 F:2)
- ■충북 영동군 양산면 양산심천로 45 스테이인터뷰
- ■#영동감성숙소 #영동힐링숙소 #영동숙소추천

영동 와인터널 무지개 터널
"알록달록 무지개를 지나"

@zer0_mins

와인으로 장식해놓은 화려한 외관의 와인터널은 입구부터 유럽의 포도밭으로 소풍 가는듯한 기분을 느낄 수 있다. 그중 대표 포토존은 '레인보우 영동' 길이다. 그 앞에 서서 동그란 레인보우 길이 잘 보이는 방향으로 사진을 찍어보자. 터널 안에는 와인에 관한 게임도 할 수 있고 트릭아트 존도 있다. (p243 E:2)
- ■충북 영동군 영동읍 영동힐링로 30
- ■#와인터널 #무지개터널 #레인보우영동

노근리평화공원 장미
"분홍 안젤라 장미와 붉은 장미"

@sienna_hyeyoung

노근리 평화공원은 위아래 어디에 눈을 두어도 장미가 사방으로 펼쳐져 있는 장미 천국이다. 장미에 둘러싸여 사진을 찍어보자. 안젤라 장미 앞에 서서 그 아래로 핀 붉은 장미가 함께 나오는 사진을 찍으면 인생 샷 완성. 정자와 함께 고풍스러운 분위기를 내며 사진을 찍어도 좋다. 6월에서 7월까지 장미를 볼 수 있다. (p243 E:2)
■충북 영동군 황간면 노근리 683-2
■#노근리평화공원 #장미천국 #소녀분위기

월류봉광장 월류봉 전경
"월류봉과 초강천 전망"

@suuuuuyeoning

달이 머물다 가는 봉우리라는 뜻의 월류봉이 보이는 월류봉 광장에서 사진을 찍어보자. 작은 봉우리에 멋스럽게 지어진 작은 정자가 보이는 위치에서 생동감 있게 굽이쳐 흘러가는 초강천과 함께 찍는 것이 포인트. 월류봉이 잘 보이게 사진을 찍으려면 이른 오전이나 4시가 좋다. 월류봉도 보고 둘레길 산책을 하는 것도 좋다. (p243 E:2)
■충북 영동군 황간면 원촌리 129-4
■#월류봉광장 #월류봉 #산수화풍경

수생식물학습원 이국적인 건물뷰
"전망대에서 바라본 건물들"

@e.zzzzzzzi

수생식물학습원은 천상의 정원이라는 별명을 가지고 있고 사진 찍기 좋은 스팟이 많다. 그중 이국적인 뷰를 자랑하는 건물을 배경으로 전망대 바위에 앉아 사진을 찍어보자. 전망대로 가는 길은 대청호가 시원하게 보이고 작은 핑크 뮬리 동산도 있고, 잠깐 들러 기도하고 갈 수 있는 '작은 교회당'도 있다. 앙증맞은 교회 내부의 작은 창을 통해 보이는 대청호 풍경도 꼭 감상해 보길 추천한다. (p243 E:3)
■충북 옥천군 군북면 방아실길 255
■#수생식물학습원 #이국적인건물 #전망대

호반풍경 카페 대청호뷰 야외 테라스
"대청호 전망 캐노피 커플석"

@victoria12_felix16

호반 풍경 카페는 대청호 뷰를 따라 캐노피 커플석이 마련되어있어 데이트 코스로 인기가 많은 곳이다. 건물 1층 밖으로 나가면 야외 테라스가 마련되어 있는데, 아래쪽 테라스가 아닌 건물 바로 밖에 있는 위쪽 테라스에서 대청호 전망 사진을 찍어갈 수 있다. (p243 E:3)
■충북 옥천군 군북면 성왕로 2007
■#대청호 #소나무 #커플사진

포레포라 카페 입구
"금색 프레임 출입문이 포토스팟"

@s__velyy

루프탑 전망 카페로 유명한 포레포라는 출입문이 가장 유명한 포토존이다. 흰 외벽의 골드 프레임으로 꾸며진 유리 통창이 멋진 건물 배경이 되어준다. 정문 앞쪽이나 금색 프레임이 잘 보이는 창가에 서서 인물 사진을 찍어보자. 포레포라 카페는 노키즈존으로 운영되며 애완동물 입장 불가능하고 금연 구역으로 운영되고 있다. (p243 E:3)
■충북 옥천군 군북면 증약리 244-1
■#이국적인 #화이트톤 #유리통창카페

옥천금강수변 친수공원 유채꽃
"금강따라 노란 유채꽃밭"

@c_by.dy

금강을 끼고 조성된 친수공원의 드넓은 유채꽃밭 사이에서 사진을 찍어보자. 유채꽃은 800m의 길이에 조성하여 어디에서나 꽃을 배경으로 사진 찍기가 좋고 주변의 버드나무와 함께 금강도 아름다운 배경이 되어준다. 구간별로 개화 진행 상태가 다르니 산책하며 걷다가 좀 더 꽃이 많이 피어있는 곳을 찾아서 찍는 것이 포인트. 주차는 금강 매운탕 근처에 있는 주차장이 더 가깝다. (p243 E:3)
- ■ 충북 옥천군 동이면 금암리 1139
- ■ #옥천친수공원 #유채꽃 #금강뷰

화인산림욕장 메타세쾀이어
"직선으로 곧게 뻗은 메타세쾀이어 숲"

@sh21_since

키 큰 나무가 한여름에도 시원한 그늘을 만들어주는 화인 산림욕장 메타세쾀이어 숲에서 사진을 찍어보자. 직선으로 곧게 뻗어 자라난 메타세쾀이어 나무 사이에 서서 카메라를 아래에 두고 위를 향해 찍는 것이 포인트. 화인 산림욕장은 국내 최대 메타세쾀이어 숲으로 메타세쾀이어 나무가 산림욕장의 70%를 차지할 정도로 많이 분포하고 있다. (p242 E:3)
- ■ 충북 옥천군 안남면 안남로 151-66
- ■ #화인산림욕장 #메타세쾀이어 #산림욕

교동저수지 벚꽃
"4월초 저수지와 벚꽃 전망"

@geum_seonyeong

60년대 초 조성된 저수지는 그 시간만큼이나 오래된 벚꽃 나무가 자라고 있다. 고목에서 뻗어 나온 가지가 바닥을 닿을 듯 자라나 분홍색 꽃망울을 터트리고 있는 저수지에서 벚꽃과 함께 사진을 찍어보자. 둘레길로 벚꽃을 가깝게 볼 수도 있고 옛 37번 국도로는 오래된 나무 터널이 분홍 꽃 잔치를 열고 있어 드라이브도 즐길 수 있다. 벚꽃은 4월에 볼 수 있다. (p242 E:3)
- ■ 충북 옥천군 옥천읍 교동리
- ■ #교동저수지 #벚꽃 #꽃여행

옥천성당 전경
"민트색 벽이 인상적"

@hyo___ju

하늘에서 보면 정확히 십자가 모양인 민트색의 옥천 성당 앞에서 사진을 찍어보자. 교회의 측면에 서서 카메라를 아래에서 위로 향하여 교회 종탑을 모두 담아 찍는 것이 포인트. 흰색과 민트색의 조화로 귀여운 동화 속 과자집이 연상된다. 옥천성당은 충청도에 유

일하게 남아있는 1940년대에 지어진 천주교 성당 건물이다. (p242 E:3)
- ■ 충북 옥천군 옥천읍 중앙로 91
- ■ #옥천성당 #동화속의집 #성당투어

시작에머물다 한옥 입구
"곳곳이 사진찍기 좋은 퓨전 한옥"

@lotus_flower30

따스한 감성이 풍기는 한옥 입구에서 사진을 찍어보는 것은 어떨까. 한옥의 특징과 현대적인 인테리어가 공존하여 퓨전 한옥의 느낌이 가득한 곳. 툇마루, 다이닝룸, 마당, 서재 등 공간마다 예쁨이 묻어나 곳곳에서 사진 찍기 좋다. 야외 노천탕이 있어 반신욕을 할 수 있고, 마당에서 바비큐와 불멍이 가능하다. (p242 E:2)
- ■ 충북 옥천군 청산면 하서1길 24-2
- ■ #옥천한옥스테이 #옥천한옥숙소 #옥천예쁜숙소

감곡매괴성모순례지성당 전경
"빨간 벽돌 성당과 종탑"

@12.21

빨간 벽돌이 인상적인 감곡매괴성모순례지 성당은 규모가 큰 성당이다. 카메라를 아래

에 두고 성당의 종탑까지 보이는 구도로 사진을 찍어 보자. 성당의 정원과 성당 건물을 이어주는 십자가의 길을 따라 성당 전체를 둘러보면 아름다운 아치가 이어진 길이 나온다. 그곳에서도 사진을 찍으면 멋지게 나온다. (p242 B:3)

- 충북 음성군 감곡면 성당길 10
- #감곡매괴성모순례지성당 #음성여행 #성지순례길

라바크로 카페 알록달록 변기
"변기 테마 이색 카페"

@yhka_1208

테라스 앞에 소나무를 프레임으로 활용해 위쪽에 살짝 걸치게 찍으면 공간감을 살릴 수 있다. 라바크로는 욕실용품을 취급하는 인터비스 회사에서 운영하는 이색 콘셉트 카페 겸 화장실 문화 전시장으로, 전시장 곳곳이 황금색 변기, 컬러 세면기 등의 욕실용품으로 꾸며져 있다. 가장 유명한 포토존은 파스텔톤의 알록달록한 변기가 빼곡히 들어찬 거대한 철제 랙인데, 규모가 워낙 커서 어디서 어떤 방향으로 사진을 찍어도 화면 가득한 배경이 되어준다. 전시건물은 매일 09~21시 개장한다. (p242 B:3)

- 충북 음성군 대동로537번길 114
- #파스텔톤 #변기공장 #전시장

율 카페 징검다리
"잔디마당과 수조가 있는 예쁜 카페"

@chaeeun.shin

카페 건물 앞 잔디마당에 거대한 사각 수조가 놓여있는데, 정 가운데에 대문방향으로 네모 반듯한 징검다리가 놓여있다. 이 다리 위에 서서 사진 맨 위로는 하늘이, 가운데는 잔디처럼 꾸며진 카페 율 간판이, 아래로는 수조 수면이 보이도록 사진을 찍으면 가장 예쁘다. 매일 10~21시 영업, 라스트 오더 20:30, 매주 화요일 휴무. (p242 B:3)

- 충북 음성군 맹동면 본성리 349
- #물길 #징검다리 #정문사진

카페 이목 과수원뷰
"배나무 가로 프레임 사진"

@d_lliinn

이목은 배나무의 한자어로, 그 이름에서 알 수 있듯이 카페 마당에 배나무가 한가득 심어져 있다. 카페 안쪽에 배나무가 잘 들여다보이는 기다란 유리 통창이 있어 멋진 가로 프레임 사진을 찍어갈 수 있다. 배나무

는 싱그러운 초록 잎을 틔워 사계절 아름다운 식물이지만, 이왕이면 배꽃 개화 시기인 4월 중순 즈음 방문하기를 추천드린다. 10:30~21:30 영업, 매주 월요일 휴무. (p242 B:3)

- 충북 음성군 삼성면 청용리 453-1
- #4월 #배꽃 #과수원전망

트리스톤 카페 마운틴뷰 야외 테라스
"산 전망 루프탑 카페"

@hyu__nook

트리스톤 2층 루프탑으로 이동하면 카페 주변의 멋진 산 전망을 즐길 수 있다. 천막 아래쪽, 테라스에 'TREE STONE' 흰색 로고가 붙은 곳이 사진이 가장 예쁘게 나온다. 단, 반려동물 입장이 불가능하며, 2층 루프탑 공간은 노키즈존으로 운영하는 점을 주의하자. 1층에 꾸며진 수석 조경과 야외에 마련된 트리스톤 정원도 사진찍기 좋은 배경이 되어준다. 10:00~22:00 영업, 21:00 라스트 오더, 월요일 휴무. (p242 B:3)

- 충북 음성군 음성읍 신천리 585-2
- #루프탑 #마운틴뷰 #정원

커피 라끄 청풍호수뷰 테라스
"청풍호 전망 강화유리 테라스"

@miiidomi

노출콘크리트와 목제 가구로 꾸며진 감성 카페 라끄 2층에서 멋진 청풍호 전망을 즐길 수 있다. 강화유리 테라스가 마련된 벽 쪽에 기대어 서서 청풍호를 배경으로 인물사진을 찍어보자. 단, 2층은 노키즈존으로 아이들의 출입은 불가능하다. 하지만 1층 창밖에서도 유리통창으로 충분히 호수 전망을 즐길 수 있으니 아이 사진을 찍는다면 이 통창 뷰를 적극 활용해보자. (p242 B:2)
- 충북 제천시 금성면 청풍호로 1226
- #청풍호뷰 #루프탑 #전망카페

의림지 용추폭포뷰
"유리 전망대에서 바라본 용추폭포"

@ceonxa

아름다운 인공 호수 의림지의 유리 전망대에서 용추폭포와 함께 사진을 찍어보자. 유리 전망대의 정자 반대로 쭉 걸어가서 야자매트가 끝나는 길에서 용추폭포와 정자를 함께 찍는 것이 포인트. 의림지는 신라 진흥왕 때 우륵이 개울물을 막아 만들어졌다고

전해지는 우리나라 3대 수리 시설 중의 하나이며 저수지의 물을 절벽으로 내려보내어 인공적으로 만들어진 것이 용추폭포다. (p242 B:1)
- 충북 제천시 모산동 581
- #의림지 #용추폭포뷰 #인공폭포

포레스트리솜 해브나인스파 야외 노천탕
"숲 속의 프라이빗한 힐링스파"

@hye__ryun

해브나인스파의 핫플레이스, 야외에 있는 밸리스파존이다. 피톤치드 가득한 숲속에서 프라이빗 힐링 스파를 즐길 수 있는 곳으로, 사진 명소로도 유명한 곳. 성인 두 명이 들어가기에 딱 좋은 규모로, 한 팀당 20분씩 이용할 수 있다. 투숙객이 아닌 일반 방문객도 입장할 수 있다. (p242 B:2)
- 충북 제천시 백운면 금봉로 365
- #프라이빗스파 #야외온천핫플 #제천온천숙소

배론성지 연못 다리
"연못과 성스러운 십자가 풍경"

@sksmswnstn33

배론성지의 투명한 연못에 반영된 풍경과 뒤로 보이는 십자가를 배경으로 연못 위 다리에서 사진을 찍어보자. 11월 단풍이 물들면 연못 주변 풍경을 화려하게 바뀌어 단풍 여행을 하기 좋다. 배론성지는 천주교 박해를 피해 숨어든 교인들이 모여 형성된 마을로 김대건 신부의 이어 두 번째 사제 최양업 신부가 잠들어 계신 곳이다. (p242 B:2)
- 충북 제천시 봉양읍 배론성지길 296
- #배론성지 #연못다리 #단풍여행

삼도천터널 호텔델루나 촬영지
"터널 안 실루엣 사진"

@ban_ddobagi

호텔 델루나에서 이승과 저승을 이어주는 길로 등장한 '삼도천 터널'에서 사진을 찍어보자. 터널 안에서 밖으로 보이는 풍경에 역광의 실루엣으로 사진을 찍으면 되는데 실루엣 사진은 옆모습이나 동작을 크게 해서 찍는 것이 포인트. 여름에는 벽을 타고 이끼가 자라나 초록색 터널이 되고 겨울에는 터널에 얼음이 얼어, 또 다른 신비함을 보여준다.

터널 내부는 흙길이므로 비가 오거나 비 온 직후는 피하는 것이 좋고, 가는 길이 좁은 비포장도로이므로 주의. (p242 B:2)

- 충북 제천시 봉양읍 원박리 154
- #삼도천터널 #호텔델루나 #실루엣샷

아브리에쎄르 카페 초록 출입구
"프랑스풍 유리온실과 정원"

@haadiya90

프랑스어로 '피난처와 온실'을 뜻하는 아브리에쎄르는 카페 건물 옆으로 투명한 유리온실이 있고, 그 주변으로는 꽃과 나무가 심겨진 정원이 펼쳐져 있다. 주문을 받는 벽돌건물 옆 온실 출입구에 초록색 철 프레임 위로 Abri et Serre이라 적힌 건물 입구가 있는데, 이 입구 앞에서 투명한 온실이 화면 가득 나오도록 사진을 찍으면 예쁘다. (p242 A:2)

- 충북 제천시 송학면 광암로 35
- #유럽감성 #유리온실 #실내정원

옥순봉 출렁다리 중간
"옥순봉과 출렁다리를 한눈에"

@kkieunn

청풍면 일대에 만들어진 인공 호수인 충주호에는 아찔한 출렁다리가 있다. 옥순봉을 연결해 놓은 나무로 만든 출렁다리 중간 지점에 서서 호수와 옥순봉을 배경으로 사진을 찍어보자. 주탑 없이 양 끝에 매달려 있는 출렁다리는 발아래로는 청풍호가 그대로 보이도록 구멍이 뚫린 망과 유리로 되어 있어 3분밖에 되지 않는 거리에도 출렁임이 심해 스릴이 있다. (p242 B:1)

- 충북 제천시 수산면 옥순봉로 342
- #옥순봉 #출렁다리 #호수뷰

글루글루 카페 거인의자 포토존
"호수뷰 민트 의자"

@ye___2i

감성 카페 글루글루에서 가장 유명한 포토존은 성인 키의 2~3배 정도 되는 민트색 거인 의자. 계단 옆으로 위쪽으로 올라갈 수 있는 사다리가 있어 삼각대가 있으면 셀프 사진 촬영도 가능하다. 의자 뒤로는 청풍호 전경이 펼쳐져 멋진 사진을 찍어갈 수 있다. 의자와 호수 전망이 모두 잘 나오도록 카메라 위치를 잘 조절해 사진을 찍어보자. (p242 B:2)

- 충북 제천시 수산면 옥순봉로10길 2
- #청풍호뷰 #민트색 #거인의자

수페23 야외 수영장 조형물
"사진찍기 좋은 풀빌라와 스파"

@2_jini_x.x

동남아 휴양지 리조트 느낌이 물씬 나는 야외 수영장에서 사진을 찍어보자. 숙소 이름인 'SOOPE23'이라고 적힌 조형물 옆에서 찍으면 방문 인증사진까지 함께 남길 수 있다. 이곳은 풀빌라와 스파 객실로 나누어져 있고, 여름에는 야외 수영장에서 물놀이를 즐길 수 있다. 숙소 뒤편으로는 금수산 마운틴뷰를 볼 수 있고, 운영 중인 간이매점을 이용할 수 있다. (p242 B:1)

- 충북 제천시 수산면 옥순봉로6길 39-1
- #제천풀빌라 #동남아느낌숙소 #제천감성숙소

학현리 마운틴뷰 통창
"청풍호반 마운틴뷰 카페"

@soyeongram_

카페 학현리는 높은 산중에 있어 청풍호반 산세를 즐길 수 있는 마운틴뷰 카페. 건물 사방으로 시원하게 뚫린 유리 통창 밖 풍경이 어디에서 찍어도 멋진 배경이 되어준다. 화이트톤 카페 인테리어까지 함께 나오도록 살짝 안쪽에서 사진 찍어도 예쁘다. 월~금요일 10~19시 오픈, 토~일요일 10~20시 오픈, 매주 화요일 휴무. (p242 B:1)

■ 충북 제천시 청풍면 학현리 170
■ #산전망 #유리창 #감성카페

카페322 입구 전경
"유리 온실과 수영장 딸린 전망카페"

넓은 풀장이 딸린 숲속 카페인 이곳은 건물 정면 벽 전체가 커다란 유리 통창으로 되어있다. 카페 안에서 이 유리창 밖을 바라보면 위로는 숲 전망이, 아래로는 수영장과 파라솔 전망이 펼쳐져 사진 찍기 좋은 배경이 되어준다. 계단 위로 올라가면 수영장 전망이 더 잘 보이는 점을 참고하자. 매일 11:00~20:00 영업, 월요일 휴무. (p242 B:2)

■ 충북 제천시 청풍면 학현리 322
■ #숲전망 #수영장 #파라솔

탄지리카페 흰색 액자 포토존
"충주호 전망 베이커리 카페"

충주호 전망대형 카페인 탄지리 건물 앞에 사진찍기 좋은 조형물들이 많이 설치되어

있다. 그중에서 가장 유명한 곳은 거대한 사각 프레임 포토존인데, 흰색 틀 사이로 산이 봉긋 솟아오른 프레임 사진을 찍어갈 수 있다. 이곳은 쿠키, 크루아상, 스콘이 맛있는 베이커리 카페로도 유명하다. 월~금요일 10~18시 오픈, 토~일요일 10~19시 오픈, 영업시간 30분 전 주문 마감. (p242 C:2)

■ 충북 제천시 한수면 월악로 1504
■ #화이트톤 #사각프레임 #산전망

벨포레목장 목장뷰
"하얀 울타리와 초록 목초지"

넓은 목초지에서 여유롭게 풀을 뜯는 귀여운 양들을 볼 수 있는 벨포레 목장. 목장의 하얀 울타리 앞에서 뒤로 보이는 초록의 목초지와 산을 배경으로 사진을 찍어보자. 운이 좋다면 양들과도 함께 찍을 수도 있다. 목장의 여유로운 풍경을 보며 산책할 수 있는 공간 곳곳에도 포토존이 많다. (p242 C:3)

■ 충북 증평군 도안면 벨포레길 400 블랙스톤 벨포레 목장
■ #벨포레목장 #목장뷰 #양떼목장

블랙스톤벨포레 빨간 액자 포토존
"빨간 건물 옆 빨간 액자"

입구에서부터 맞이해 주는 귀여운 양들이 있는 벨포레 목장에는 다양한 포토존이 있는데 그중 눈에 띄는 빨간 건물인 몬테소리 건물이 보이는 빨간 액자 포토존이 이곳의 대표 포토존이다. 액자에 앉아서 뒤로 보이는 빨간 건물과 함께 찍으면 인생 샷 완성. 벨포레 목장에는 루지, 놀이동산도 함께 운영한다. (p242 C:3)

■ 충북 증평군 도안면 벨포레길 400 블랙스톤 벨포레 목장
■ #블랙스톤벨포레 #빨간집 #빨간액자

자전거공원 미니어처마을 버스정류장
"알록달록 아기자기한 건물들"

미니어처 마을이 있는 자전거 마을에서 사진을 찍어보자. 자전거 전용 도로가 있는 동화 같은 미니어처 마을에는 우체국, 초등학교, 과일가게 등 알록달록한 색의 건물이 이

곳의 포토존이다. 증평 주유소와 과일가게 사이의 버스 정류장에 앉아 버스를 기다리는듯한 포즈로 사진을 찍어보자. 아이들의 자전거 안전 교육을 위해 만들어진 자전거공원에 있으면 거인이 된 듯한 느낌을 받는다. (p242 C:3)
■ 충북 증평군 증평읍 남하용강로 16
■ #자전거공원 #미니어처마을 #버스정류장

미몽 카페 2층 창문
"산 전망 유리통창 카페"

@_chickweed

미몽은 산 전망을 즐길 수 있는 2층 테라스가 딸린 전망 카페례. 카페 규모가 크고, 여러 건물이 연결된 형태라 2층에도 구석구석 전망 즐기기 좋은 공간이 많은데, 그중 네모난 유리 통창 아래로 동그란 나무 테이블 두 개가 있는 좌석이 뷰포인트다. 창밖으로 산과 들판, 건물이 들여다보여 시골 마을 감성 사진을 찍어갈 수 있다. (p242 C:3)
■ 충북 증평군 증평읍 미암리 829
■ #산전망 #루프탑 #유리통창

좌구산자연휴양림 구름다리
"좌구산 전망 포인트"

@dagu.kang

풍경이 아름다운 좌구산의 구름다리에서 사진을 찍어보자. 다리 한가운데에 서서 주변의 풍경을 가득 담은 사진을 찍는 것이 포인트. 숲 경관과 이질감이 없는 나무색의 좌구산 명상 구름다리는 좌구산 휴양림 중턱에 있는 명상의 집 뒤쪽 언덕부터 골짜기 건너편을 이어주는 다리다. 다리가 위치한 곳은 골짜기가 깊어 다리에서 바라보는 풍경이 아찔하다. (p242 C:3)
■ 충북 증평군 증평읍 솟점말길 107 좌구산자연휴양림
■ #좌구산자연휴양림 #구름다리 #숲여행

보강천미루나무숲 풍차뷰 꽃밭
"유럽식 정원과 빨간 풍차"

@jinu_behappy

보강천 미루나무숲에는 수많은 꽃으로 화려하게 장식된 유럽식 정원이 있다. 계절별로 다른 꽃이 심어지는 정원에는 눈에 띄는 빨간 풍차가 있는데 풍차 앞으로 핀 꽃들과 함께 사진을 찍는 이곳이 대표 포토존이다. 한낮의 강한 볕에서는 꽃이 잘 담기지 않는다. 오전이나 오후 3시경이 좋다. (p242 C:3)
■ 충북 증평군 증평읍 송산리 649~45
■ #보강천 #미루나무숲 #풍차뷰

203 COFFEE STUDIO 빨간 벽돌 외벽
"수조와 돌다리가 놓인 포토존"

@yu.lim_m

카페 입구를 들어서면 바로 빨간 벽돌을 배경으로 '203'이라 써진 흰색 숫자가 보이는데, 이곳이 가장 유명한 포토존이다. 숫자 옆에 있는 통창이 보이지 않도록 오른쪽 끝으로 가서 숫자 위에 있는 흰색 난간과 하늘이 담기도록 사진을 찍는 것이 소소한 팁. 카페 앞에 있는 수조와 돌다리도 인기 있는 포토존이다. 11:30~20:00 영업, 15:00~16:00 브레이크타임, 매주 일~월요일 휴무. (p242 C:3)
■ 충북 증평군 증평읍 인삼로 9
■ #화이트톤 #레터링 #벽포토존

진천농다리 위
"만든지 천년이나 되는 돌다리"

@woor1_

천년을 버텨낸 돌로 만든 농다리에서 사진을 찍어보자. 주차장에서 바라봤을 때 왼쪽이 징검다리이고 오른쪽의 더 큰 다리가 28칸의 교각으로 된 농다리다. 봄에는 농다리 주

변 둘레길인 초롱길에 벚나무가 피어 아름답고, 진천농다리 근처에는 한반도지형 전망공원이 있다. (p242 C:3)
- 충북 진천군 문백면 구곡리 601-32
- #돌다리 #진천농다리 #천년다리

배티성지 전경
"벽돌 건물과 스테인드 글라스"

@luvely_mom

서양식 건물로 지어진 배티성지의 벽돌 건물 앞에서 사진을 찍어보자. 종탑 옆에 아름다운 아치형의 스탠드 글라스 벽화 앞도 사진 찍기 좋은 장소이다. 충청북도 기념물인 배티 성지에는 늦가을 붉은 단풍으로 붉게 물들어 아름다운 성당 건물을 화려하게 장식한다. 배티는 배나무 고개를 의미한다. (p242 C:3)
- 충북 진천군 백곡면 배티로 663-13
- #배티성지 #서양식건물 #스텐드글라스

가옥 카페 앤티크 인테리어
"크리스탈 샹들리에와 앤티크 가구"

@suin2

옛 고택을 개조한 듯한 이 카페는 여러 개의 방이 액자, 거울, 침대 등으로 꾸며져 있어 마치 작은 성을 투어하는듯한 느낌을 준다. 이중 크리스탈 샹들리에가 달린 방과 핑크빛 앤틱 가구로 꾸며진 방이 사진이 예쁘게 나오는 포토스팟이다. 이 밖에도 사진 찍을만한 감성적인 공간이 많으니 카페 구석구석을 모두 둘러보자. (p242 C:3)
- 충북 진천군 진천읍 남산7길 46
- #벽돌가옥 #앤틱소품 #집투어

아웃로 카페 건물
"노란 조명이 밝히는 동화속 버섯집"

@im_hyo0

상당산성 근처 핫한 카페 아웃로는 돌로 쌓은 낮은 벽 위에 커다란 아치형 처마가 얹어져 있어 마치 동화 속 버섯 집을 보는 듯하다. 입구로 향하는 계단 아래쪽에서 둥근 기와지붕이 잘 보이도록 뒤로 물러서서 건물 사진을 찍으면 예쁘다. 저녁에는 카페 안팎으로 노란 조명이 들어와 건물이 더 운치 있어 보인다. 매일 11:00~21:00 영업, 매주 목요일 휴무. (p242 C:3)
- 충북 청원군 낭성면 산성로 676
- #동화감성 #버섯모양 #야경

다이닝포레 외관 뷰와 노을
"노을 바라보며 즐기는 야외 바비큐"

@157gram_

캠핑에 온 듯한 느낌으로 야외 바비큐를 즐길 수 있는 곳에서 사진을 찍어보자. 특히 노을이 질 때와 저녁때 조명이 들어오면 더욱 더 감성 가득한 사진을 얻을 수 있다. 사전 예약제로 카카오톡 오픈 채팅을 통해 가능하고, 타임별로 이용 시간이 정해져 있다. 캐빈 존, 방갈로 존, 파고라 존으로 나누어져 있으며, 여름에는 야외 수영장도 이용할 수 있다. (p243 D:3)
- 충북 청주시 상당구 남일면 가좌신송로 190-53 다이닝포레
- #청주감성바비큐장 #캠핑감성 #청주가볼만한곳

어스카페 인공연못
"인공연못 사이 네모 돌다리"

@kavelyy

화이트톤의 ㄷ자 건물 안쪽에, 정문 바로 앞에 네모난 인공 연못이 놓여있는데, 이곳이

주요 포토존이다. 연못 가운데 네모난 돌다리 위에 서서 네모 반듯한 건물이 잘 보이도록 수직, 수평을 맞추어 사진을 찍으면 예쁘다. 군더더기 없이 깔끔한 건물 인테리어와 네모 반듯한 연못이 감각적인 배경이 되어준다. (p236 C:3)

- 충북 청주시 상당구 남일면 신송효촌길 117
- #인공연못 #사각돌다리 #건물사진

청남대 메타세쿼이아 숲
"하늘로 쭉 뻗은 100그루 나무"

청남대의 정원을 돌아 산책로를 따라 산책하다 보면 만나는 메타세쿼이아 길에서 사진을 찍어보자. 일렬로 늘어서 있는 100여 그루의 나무 사이로 만들어진 데크 길 위에 서서 높이 자라난 나무와 함께 사진을 찍으면 근사한 사진을 남길 수 있다. 메타세쿼이아 길은 청남대 둘레길 중 솔바람길 코스에 속하며 40분 정도 걸리는 숲 트레킹을 할 수 있다. (p243 D:3)

- 충북 청주시 상당구 문의면 청남대길 646 청남대관리사업소
- #청남대 #메타세쿼이아 #숲산책

더리버에스풀빌라 에펠탑뷰 수영장
"에펠탑 전망 야외수영장"

이국적인 느낌 가득한 미온수 야외 수영장에서 에펠탑뷰로 사진을 찍는 것이 유명한 숙소. 수영장 이용 시간이 오후 3시부터 8시까지이므로 미리 확인 후 이용할 것을 추천. 전 객실 바비큐가 가능한 야외 테라스가 마련되어 있으며, 자쿠지가 있는 룸도 있다. 숙소 내부에서도 에펠탑 전망을 볼 수 있고, 야외 조경이 잘 꾸며져 있어서 산책하기도 좋다. (p243 D:3)

- 충북 청주시 상당구 미원면 옥화2길 13-29
- #청주풀빌라숙소 #에펠탑뷰숙소 #청주펜션

상당산성 잔디밭
"잔디밭 피크닉 즐기기"

산성이 보이는 넓은 잔디에서 산성을 배경으로 사진을 찍어보자. 주차장에서 바로 보이는 남문이 이곳의 포토존이다. 산성까지 가는 길이 있지만 남문까지 올라가지 않고도 잔디밭에서 사진을 찍으면 된다. 넓은 잔디 비트에서 돗자리를 펴고 피크닉을 해도 좋은 상당산성의 성곽길 산책도 함께 즐겨 보자. (p242 C:3)

- 충북 청주시 상당구 산성동 산28-2
- #상당산성 #잔디밭 #피크닉

카페광순 원형계단
"주황색 철제 원형 계단이 포토스팟"

카페 겸 복합문화공간인 카페광순의 주요 포토스팟은 바로 건물 밖에 마련된 주황색 철제 원형 계단. 계단 주변 조형물들이 원색으로 칠해져 있고, 알록달록한 테이블 체어가 놓여있어 키치한 느낌을 준다. 계단이 잘 보이도록 세로 사진을 찍어도 좋고, 계단 주변 알록달록한 풍경이 모두 담기도록 조금 멀리서 가로 사진을 찍어도 좋다. (p243 D:3)

- 충북 청주시 상당구 상당로59번길 12-8
- #알록달록 #키치한 #갤러리카페

트리브링 카페 실내전경
"열대 식물 정원과 아치형 다리"

@99s_tuna

트리브링 카페에는 길게 뻗은 분수대 양옆으로 열대식물이 펼쳐진 중앙정원이 마련되어 있다. 건물 2층에 올라가면 이 중앙정원의 전체적인 모습을 카메라에 모두 담아갈 수 있다. 정원 가운데는 물길을 건널 수 있는 아치형 다리가 놓여있는데, 이 다리 사이에 선 인물을 건너편에서 찍어도 예쁘다. (p243 D:3)
- ■ 충북 청주시 서원구 남이면 청남로 1388-36
- ■ #조경카페 #실내정원 #아치형다리

블루체어라운지 카페 전경뷰 야외 포토존
"건물과 잔디밭이 예쁜 포토존"

@ysxx___ss

청주 교외에 있는 블루체어라운지 카페는 건물이 워낙 크고 그 앞으로 넓게 수조와 잔디밭이 마련되어 있어 건물 자체가 예쁜 포

토존이 되어준다. 1층 잔디밭 끝 쪽에서 통유리로 건물이 잘 보이도록 원경 사진을 찍어도 예쁘고, 엘리베이터를 타고 옥상으로 올라가 테라스 전망 너머 건물 사진을 찍어도 예쁘다. (p243 D:3)
- ■ 충북 청주시 서원구 미평동 번지 1층 산 67-3
- ■ #루프탑테라스 #호수뷰 #마당

위드포레스트 카페 온실느낌 실내
"연출사진 찍기 좋은 유리온실"

@yeeejin

위드포레스트는 대형 온실처럼 꾸며진 조경 카페로, 카페 한쪽 벽면이 유리 통창과 흰색 철제 프레임으로 되어있다. 이 유리 통창 앞에 놓인 테이블에 앉아 열대 식물 화분까지 담기도록 창밖 전망 사진을 찍으면 유리 온실 속에서 커피를 즐기는 듯한 연출사진을 찍을 수 있다. 벽 앞에 셀프 사진 찍기 좋은 비정형 전신거울도 놓여있으니 참고하자. (p243 D:3)
- ■ 충북 청주시 서원구 죽림동 133
- ■ #온실카페 #유리통창 #식물인테리어

초정216 카페 핑크카라반
"캠핑 감성 물씬 나는 카페"

@jun.11th_

캠핑장을 함께 운영하는 초정216 카페에는 사진찍기 좋은 귀여운 미니 핑크 카라반이 놓여있다. 애견 동반이 가능해 우리 집 반려동물과 카라반 인증사진을 찍어갈 수 있으며, 핑크 카라반 옆의 하늘색, 노란색 카라반도 사진 배경으로 활용하기 좋다. 이 카라반들은 실제 객실로 사용되는 것으로, 초정 캠핑장 홈페이지에서 직접 예약할 수 있다. (p242 C:3)
- ■ 충북 청주시 청원구 내수읍 미원초정로 1236 초정216
- ■ #핑크카라반 #옐로우카라반 #캠핑느낌

하그트 카페 입구 전경
"ㅅ자 입구 너머 한옥 기와집"

@ryung323

카페 하그트는 한옥 기와집을 현대적으로 해석한 독특한 건축물로 유명한 카페다. 이 건물 가운데 'ㅅ'자 입구 앞에 서서 가장 위쪽

지붕까지 잘 보이도록 사진을 찍어보자. 바로 옆에 주차장이 있어 건물 가로가 다 나오게 하기보다는 좌우로 살짝 잘리게 찍는 것이 좋다. 3층 테라스석은 노키즈존으로 운영되는 점을 참고하자. (p242 C:3)
- 충북 청주시 청원구 오창읍 여천3길 279
- #모던한 #기와집 #3층테라스

정북동토성 나홀로나무
"그림같은 풍경 속의 나"

미호천이 흐르는 정북동 토성에는 민둥한 언덕처럼 보이는 토성 위에 몇 그루의 나무가 있다. 그중 나 홀로 나무 앞이 이곳의 포토존이다. 토성 위에 올라가지 않고 나무가 보이는 위치에 서서 사진을 찍으면 인생 샷 완성. 저녁노을이 지는 시간에는 일몰의 붉은 하늘에 나 홀로 나무 옆에 서서 실루엣 사진을 찍어도 멋진 사진을 찍을 수 있다.
(p242 C:3)
- 충북 청주시 청원구 정북동 353-2
- #정북동토성 #나홀로나무 #노을

토성마을 카페 5월 데이지 꽃밭
"하얀 꽃밭과 오두막 프라이빗 룸"

매년 5월 중순부터 6월까지 토성마을 카페 정원에 하얀색 샤스타데이지 꽃밭이 넓게 펼쳐진다. 꽃밭 뒤로는 오두막처럼 생긴 프라이빗 룸이 있는데, 오두막 지붕이 흰색으로 칠해져 있어 꽃과 잘 어울리는 배경이 되어준다. 오두막까지 잘 보이도록 꽃 사진이나 인물 사진을 찍어보자. (p242 C:3)
- 충북 청주시 청원구 토성로 163-1
- #초여름 #데이지꽃 #오두막룸

비담집 미호천뷰 테라스
"미호천 전망 야외 테라스"

거실 폴딩도어를 열면 만날 수 있는 미호천뷰 야외 테라스가 메인 포토존. 테라스에 준비된 의자에 앉아 사진을 찍으면 인생 사진을 얻을 수 있다. 바비큐를 할 수 있는 야외 테라스, 미니 야외 수영장, 불멍존 등이 마련되어 있다. 실제 호스트가 거주하는 살림집으로, 월 3~5회만 운영되어 예약이 매우 힘든 곳. 숙박 관련 공지는 인스타그램 확인 필요. (@bidamzip) (p243 D:3)

- 충북 청주시 흥덕구 강내면 산단리301
- #청주뷰맛집숙소 #청주에어비앤비 #청주예쁜숙소

아도르 카페 달 포토존
"계단과 간접조명으로 꾸민 달 보러가는 길"

미호천 리버뷰 카페로 유명한 아도르 카페에서 가장 유명한 포토존은 바로 '달 보러 가는 길'이다. 계단 아래로 내려가면 간접조명이 비치는 계단이 지하를 향해 계속되고, 길 끝에는 살며시 떠오른 듯한 달 간접조명과 셀프 사진 찍기 좋은 비정형 거울이 놓여있다. 단, 달 보러 가는 길 공간은 13세 미만 어린이의 출입이 제한되는 노키즈존임을 참고하자. (p243 D:3)
- 충북 청주시 흥덕구 강내면 월탄2길 65-3
- #지하계단 #달포토존 #전신셀카

인문아카이브 양림&카페 후마니타스 입구
"노출 콘크리트 시멘트 벽"

청주 외곽에 있는 한옥 카페 후마니타스의 입구로 들어가는 노출 시멘트벽이 인상적이

다. 높은 벽 위로 한옥의 카페 건물이 살짝 보이는데 그 길 사이에 서서 사진을 찍는 이들이 많다. 앞에는 대형 연못이 있는데, 매년 8월을 전후로 이 연못에 하얀 백련이 피어나 한국적인 멋을 더한다. 일반 카페와 북 카페를 동시 운영하니 인문학에 관심이 많다면 함께 방문해 보자. (p243 D:3)
- 충북 청주시 흥덕구 비하동 571
- #한옥카페 #전통 #백련

더멜 카페 샹들리에
"화이트톤 대형 베이커리 카페"

화이트톤의 베이커리 카페 THE MEL 1층 정 중앙 테이블에 테이블 상판에 닿을 듯한 거대한 샹들리에가 있다. 여러 개의 비즈로 장식된 샹들리에가 황금빛으로 노랗게 조명을 밝혀 고급스러운 느낌을 준다. 샹들리에 맞은편 좌석에 앉아 샹들리에를 정 중앙에 놓고 정방형 인물사진을 찍어보자. (p243 D:3)
- 충북 청주시 흥덕구 비하동 619-39
- #금빛 #종모양 #대형상샹들리에

아르떼물들이다 데이지
"정원을 가득 메운 샤스타데이지 꽃밭"

아르떼물들이다 카페는 매년 5월 중순부터 만개하는 샤스타데이지 꽃밭으로 유명한 정원 카페다. 꽃밭 가운데 목각을 겹쳐 만든 네모 모양 프레임이 있는데, 이 사이로 들어가 꽃밭에 폭 파묻힌 듯한 인물 사진을 찍으면 예쁘다. 하트모양 터널과 산책로에서도 예쁜 사진을 건질 수 있으니 참고하자. (p242 C:3)
- 충북 청주시 흥덕구 원평동 511-8
- #초여름 #계란꽃 #프레임포토존

프레이밍
"풍성한 매력의 유럽 수국 스팟"

흰색에 풍성한 매력을 가진 유럽 수국(목수국)을 볼 수 있는 청주 카페. 유럽 수국은 7월 초중순 개화해 7월 말 ~ 8월 초에 만개하며, 이 기간 동안은 카페에서 자체적으로 유럽

수국 축제를 진행한다. 수국 스팟으로 유명한 만큼 찾는 사람들이 많다보니 이른 시간 방문하는 것을 추천한다. 실시간 개화 현황은 네이버 스마트플레이스 공지사항으로 확인 가능. (p242 C:3)
- 충북 청주시 상당구 낭성면 목련로 838-9
- #유럽수국 #여름 #꽃정원

활옥동굴 돌고래 포토존
"해양 동물 조명과 벽화"

다양한 테마의 포토존이 있는 활옥 동굴에서 사진을 찍어보자. 예쁜 조명으로 장식된 동굴 안에는 돌고래, 플라밍고 등의 조명뿐 아니라 야광 페인트로 그려진 벽화 등의 포토존이 있다. 활옥 동굴은 동굴 안에서 투명 카약을 타보는 특별한 체험도 할 수 있다. 한여름에도 동굴 안은 온도가 낮으므로 두꺼운 외투를 준비하자. (p242 B:2)
- 충북 충주시 목벌안길 26
- #활옥동굴 #돌고래 #포토존

하방마을 벚꽃터널
"하천 따라 벚꽃 터널"

@o_jinga

바람에 꽃잎이 흩날리는 하방 마을의 벚꽃과 함께 사진을 찍어보자. 길 양옆으로 오래된 벚나무가 분홍 꽃잎으로 하늘을 가린 터널을 만들어 사진을 찍으면 분홍 배경의 화사한 사진을 찍을 수 있다. 하방 천위 벚꽃길 중 탄금교 방향 벚꽃길이 길이가 훨씬 길고, 터널의 중간보다는 끝부분이 사진이 잘 나온다. (p242 B:2)
- 충북 충주시 봉방동 786-19
- #하방마을 #벚꽃터널 #꽃여행

월악산 악어봉
"충주호와 악어봉 전망"

@hi_s_yy

월악산 정상에서 내려다보이는 악어 봉의 풍경과 함께 사진을 찍어 보자. 충주호 속으로 기어들어 가는 악어 떼를 보는듯한 풍경에 감탄이 나온다. 악어 봉을 보기 위해서 주차장에서부터 900m를 오르는 등산을 해야 하는데 올라가는 길에 급경사 구간이 많으니 운동화는 필수다. (p242 C:2)

- 충북 충주시 살미면 월악로 927
- #월악산 #악어봉 #바다뷰

수주팔봉 출렁다리 위
"다리위에서 바라본 협곡"

@do.onng

두룽산 수주팔봉 협곡 사이를 잇고 있는 아찔한 출렁다리에서 사진을 찍어보자. 두룽산의 수많은 칼바위 풍경이 잘 보이는 출렁다리 가운데에서 사진을 찍어도 좋고, 정자에 카메라를 두고 다리 위에서 협곡을 바라보는 사진을 찍으면 인생 샷 완성. 다리 아래로는 폭포가 쏟아져 내려오는 것이 보이는데 출렁다리로 올라가는 길에서 폭포가 잘 보인다. (p242 C:2)
- 충북 충주시 살미면 팔봉로
- #수주팔봉 #출렁다리 #협곡

서유숙펜션 한옥뷰
"푸른 마당이 딸린 조용한 숙소"

@jimin_41

숙소 툇마루에 걸터앉아 푸른 마당과 아름다운 한옥을 배경으로 사진을 찍을 수 있다. 특히 해인숙 2실이 뷰가 가장 좋아 인기가 좋은 객실. 감성 한옥 숙소로 유명하며, 천천히 머물다 가는 집이란 숙소 이름만큼 조용한 곳에서 힐링할 수 있는 곳. 숙소 내 카페를 이용할 수 있고, 조식 맛집으로 유명한 숙소다. 노키즈존으로 운영된다. (p242 B:2)
- 충북 충주시 소태면 덕은로 596
- #청주독채숙소 #청추한옥독채 #한옥스테이

장미산성 충주 시내뷰
"장미산 능성과 충주 시내 뷰"

@_sora.93

아름다운 장미산성의 성곽 위에 앉아 사진을 찍어보자. 장미산 능선을 따라 돌로 쌓은 장미산성에서 내려다보이는 풍경과 일몰을 담을 사진을 찍는 것이 포인트. 돌로 쌓은 성벽 중 가장 높은 곳은 5m 정도이지만 주변으로 난간 시설이 없으므로 성곽 위에 올라 사진을 찍을 때는 안전에 유의하자. 외진 곳에 경사가 높은 산 위에 만들어진 장미산성은 눈비가 오면 위험하므로 주의.
(p242 B:2)
- 충북 충주시 중앙탑면 장천리
- #장미산성 #충주시티뷰 #성곽길

중앙탑공원 달 조형물 야경

"칠층석탑과 달 조형물"

@mong_hoya_dogs

충주중앙탑 사적공원에는 중앙탑이라고 불리는 중원 탑평리 칠층 석탑이 있다. 탑 앞에는 달 모형 풍선이 있어 밤이 되면 조명이 켜져 달 앞에서 찍는 실루엣 사진을 찍을 수 있다. 달 뒤로 보이는 칠 층 석탑과 함께 찍는 것이 포인트. 충주 중앙 탑 사적공원에는 한가로이 피크닉을 즐길 수 있는 넓은 잔디밭이 있어 산책하기 좋다. (p242 B:2)

■ 충북 충주시 중앙탑면 탑정안길 6
■ #중앙탑공원 #달 #야경

07

충청남도
대전·세종

충청남도·대전·세종

난지도

소난지도

장고항 용천굴 동굴 액자샷

황금산 코끼리바위

당진시

웅도

고파도

카페로우
거울 포토존

미광다방 포토존

유기방가옥 수선화

아미미술관
복도 포토존

신두리해안사구
모래언덕

고남저수지 벚꽃

용장천

아그로랜드
태신목장 수레국화

1

천주교태안교회 전경

서산시

카페 백설농부 오두막 앞

태안군

관매도 해식동굴

쉼이있는정원 영산홍

파도리해식동굴 오션뷰 포토존

해피준 카페 물멍 출입문 좌석

청산수목원 팜파스

가의도

팜카밀레 허브농원 수국

옹도

트레블브레이크커피 분홍색 외벽

나문재 카페 수국

홍성군

삼봉해수욕장 갱지동굴

안면암 일몰

비츠카페 노란캠핑카

2

바보카페 천국의계단

꽃지해수욕장 할미할아비바위 일몰

안면도

청보리 창고
카페 앞 보리밭

천북폐목장 보리밭

맨삽지 공룡조형물

청소역·기차

보령 충청 수영성 아치문

멜로우데이즈 카페

문효원 펜션 나무전망대

할머니집 하늘색 기둥 입구

아자수뷰 창문

장고도

고대도

효자도

카페블루레이크 강뷰 밴

원산도커피 계단포토존

카페바이더오 그네

갱스커피 건물사

스테이오봉 한옥문 스파

원산도

대천항

거북이한옥 소나무뷰 창문

삽시도

대천스카이바이크위
오션뷰

개화예술공원

호도

바다듬루프탑카페 달포토존

상화원 오션뷰

녹도

보령시

외연도

횡견도

서천군

3

어청도

연도

개야도

장항송림산림욕장 맥문동

십이동파도

유부도

대죽도

군산항

평택시 안성시 음성군

D E F

=1950
기차길 카페든해 외관 동민목장
카페 외관 베이커리 카페 루 궁전 느낌 외관
진천군
호놀이동산 사각사각 천안타운홀전망대 시티뷰 야경
목마 야경 카페 조형물 이숲 카페 사스타데이지
공세리성당 유럽풍 천안시
하울하울 아레피 카페 외관 소륜호텔 흑 카페 한옥 테라스 증평군
벽 포토존 홍콩 느낌 인테리어 교토리카페 원형 프레임
언덕힐 카페 외관 뚜쮸루빵 돌가마을 카페 핀스커피(핑크뮬리) 카페 정원
바프리덤 카페 입구 플라워덤 돌가마만주 입구 루베아 카페 용언저수지 루드베키아
웜사이트 카페 외관 카페 외관 온담 카페 호수뷰 천안독립기념관 태극기
나무르 카페 야외 건축물 소나무뷰 통창 액자프레임
오두막 커피인터뷰 벽돌 외관 카페목천 포레스트뷰 통창
게스트 프라이빗 야외풀 피노카페 야외 노란간판 옆 의자
아산시 블루샥천안아르떼점 돌다리
카페 화진담
숲속 오두막과 실내 포토존

예산군 베어트리파크 청주시
조형물
숲너울 카페 포토존 에브리선데이 카페
돌다리
조천연꽃공원
공주시 세종특별자치시
유구색동수국정원
수국
공주메타사콰이어길
원 미르섬 코끼리마늘꽃 공산성 국립세종수목원 사계절온실 포토존
형물 정안천생태공원 연꽃 금강철교 강뷰 세종호수공원 낙화축제
연미산자연미술공원곰 조형물 금강신관공원 자전거 가배서림 카페 거울샷
공다방 공산성뷰 중동성당 아치 카페 소소림 숲속 피크닉 대청호
로컬하우스 한옥 입구 카페유왈 카페 오브뻬르
고추 포토존 소소야한옥 한옥창문 달 느낌 포토존 외국감성 교회뷰
얼음분수축제 루치아의블루카페 클레리아 대전광역시 완벽한하루 촌캉스
고풍스러운 고가구와 반상 불장골저수지 반영샷 유림공원 튤립 호수의하루 원청거울
충청남도역사박물관 벚꽃 카페에어산 버진 로드 포토존 커피인터뷰 발리감성 숲
백마강 스테이오안 파라솔과 카페더크루즈 한밭수목원 장미원 봄비담다 핑크건물
비치체어 스카이워크 카페 79파운야드 민트색 건물 입구창 호텔오브제카페
엔학고레 카페 저수지뷰 카페 디아카 카페 미도리컬러 거울 포토존 민트벽 포토존
카페 온더기와 기와지붕뷰 무채색 카페 대동하늘공원 야경
군 카페 무드빌리지 카페 연리지 카페아나더그래비티 식장산전망대 식장루 야경
포토존 한옥 정원 보라색 문 대전오월드 카페 하늘만큼 기와지붕뷰
궁남지 포룡정뷰 카페 꽃이랑나무랑 나이트유니버스
안젤라장미포토존 투드커피 상소동산림욕장
카페 연산 대나무포토존 동남아 감성 돌탑
카페 코이비꼬 문화창고 포토존 장태산휴양림 출렁다리
자작나무뷰 탑정호출렁다리 온빛자연휴양림 금산군
탑정호 유채꽃밭 뷰포인트 카페 탑정호 뷰 김종범사진문화관 작은교회 천태산
레이크힐 제빵소
논산시 탑정호 출렁다리 파노라마뷰
선샤인랜드 글로리호텔 대둔산
익산시
완주군

D E F

식장산전망대 식장루 야경
"야경이 아름다운 전망대"

@yum_newmi

식장산 전망대에 올라 야경과 함께 사진을 찍어 보자. 대전 시내가 한눈에 보이는 전망대에는 식장루라는 한옥 건물이 있다. 야경과 함께 식장루의 기와지붕을 담는 곳이 포토존이다. 식장루에도 올라가 야경을 감상할 수 있다. (p265 F:3)
- 대전 동구 낭월동 산2-1
- #식장산전망대 #식장루 #야경

대동하늘공원 야경
"쌍둥이 빌딩 야경"

@nohminsun

대전 시내를 한눈에 볼 수 있는 대동 하늘 공원에서 야경과 함께 사진을 찍어보자. 이곳에서 보이는 일명 쌍둥이 빌딩으로 불리는 건물과 함께 찍는 이곳이 대표 야경 포토존이다. 대전에서 가장 높은 이곳은 한국전쟁 피난민들이 모여 살던 지역으로 가파르고 골목이 좁아 운전이 힘든 곳이지만 야경을 감상하기 좋은 카페가 많은 곳이기도 하다. (p265 E:3)

- 대전 동구 동대전로 110번길 182
- #대동하늘공원 #야경

상소동산림욕장 동남아 감성 돌탑
"이국적인 돌탑 산책로"

@ini_o3o

동남아 발리에 온 듯한 분위기의 돌탑 앞에 서서 사진을 찍어보자. 산림욕장 안에 산책로 사이 지압로 길로 들어가면 이국적인 돌탑이 보인다. 우거진 숲 사이에 만들어진 지그재그로 쌓은 수많은 돌탑 사이에 서 있으면 발리 그 자체. 피톤치드 가득한 산림욕장에서 산책도 즐기고 동남아 분위기의 사진도 남기자. (p265 F:3)
- 대전 동구 산내로 714
- #상소동산림욕장 #동남아감성 #돌탑

호수의하루 원형거울
"소품샵 감성 포토존 숙소"

@sejinish

소품숍을 연상케 하는 감성 인테리어와 소품들로 꾸며진 곳에서 사진을 찍어보자. 특히 진한 나무색으로 된 원형 거울 앞에서 사진을 촬영하는 것이 가장 유명하다. 숙소는 2층, 3층으로 나누어져 있고 2층은 침실에서, 3층은 욕조에서 각각 볼 수 있다. 외곽

에 있음에도 불구하고 근처에 버스정류장이 있어 뚜벅이 여행객도 오기 좋은 곳. (p265 F:2)
- 대전 동구 회남로 227 호수의하루
- #대청호뷰숙소 #대전숙소추천 #뷰맛집

장태산휴양림 출렁다리
"스카이워크와 출렁다리에서 인증샷"

@soojung_0

장태산의 풍경이 한눈에 들어오는 출렁다리에 서서 사진을 찍어보자. 국내 유일 메타세콰이어 숲이 있는 장태산 휴양림은 시원스럽게 쭉쭉 뻗은 키 큰 나무가 출렁다리 양옆으로 자라고 있어 다리 위에서도 나무와 함께 사진을 찍을 수 있다. 스카이 워크와 출렁다리 입구는 연결되어 있고 스카이워크 끝에 있는 스카이타워에서 바라보는 풍경이 멋지므로 스카이 워크도 꼭 한번 걸어보기를 추천한다. (p265 E:3)
- 대전 서구 장안로 461
- #장태산휴양림 #출렁다리

커피인터뷰 카페 벽돌 외관
"주황색 벽돌로 쌓은 독특한 건물 외관"

@seol._.jji

커피인터뷰는 벽이 마치 테라코타 벽돌처럼 분홍빛~주황빛을 띠고 있어 넓은 벽면이 인물사진 찍기 좋은 포토존이 되어준다. 건물 형태가 독특해서 들어가는 입구가 큰 벽 사이 샛길처럼 되어있는데, 이 입구 사이에 서서 사진을 찍으면 예쁘다. 'ASAN INTERVIEW COFFEE' 로고가 붙은 벽면 옆도 사진 찍기 좋은 포인트. (p265 E:2)
- 대전 유성구 한밭대로371번길 25-3
- #독특한 #붉은벽 #야외사진

대전오월드 나이트유니버스
"낮과 또 다른 매력의 오월드"

@ye__jinn2

오월드의 나이트 유니버스에서 아바타의 숲 속에 들어온 듯한 사진을 찍어보자. 아바타의 숲을 연상시키는 이곳은 나이트 유니버스가 열리는 구간 중 매직 네이처 구간이다. 나이트 유니버스가 열리는 플라워가든은 저녁 6시가 되면 아름다운 조명이 켜지고 낮에 봤던 풍경과는 전혀 다른 또 다른 세계가 펼쳐진다. (p265 E:3)
- 대전 중구 사정공원로 70
- #대전오월드 #나이트유니버스

미도리컬러 카페 거울 포토존
"대나무 포토존 한옥카페"

@s_o_ae

소제동 한옥 감성 카페 미도리에는 실내 곳곳에 사람 키만 한 대나무가 장식되어 있다. 카페 입구부터 곳곳에 감성적인 소품들이 장식되어있어 사진찍기 바쁜 곳이지만, 그중에서도 초록 의자와 테이블 앞에 'MIDORI COLOR'라고 적힌 전신거울 쪽에서 거울을 향해 셀피 사진을 찍을 수 있는 공간이 가장 인기있다. (p265 E:3)
- 대전 동구 수향길 53
- #한옥카페 #초록빛 #거울포토존

하늘만큼 카페 기와지붕뷰
"한옥마을 기와지붕 전망 카페"

@cgy03970628

루프탑 카페 하늘만큼은 건물 바로 앞에 한옥마을이 있어 창밖으로 멋진 한옥 전망이 펼쳐진다. 1층부터 4층까지 창밖 유리 통창이 있고 그 밖에서 한옥 사진을 담아갈 수 있는데, 층마다 보이는 기와지붕 면적이 달라 각각의 매력을 가지고 있다. 창 없이 탁 트인 테라스와 건물 밖 대나무정원 돔도 사진찍기 좋은 곳이니 꼭 방문해보자. (p265 E:3)
- 대전 동구 판암동 527-6
- #고즈넉한 #한옥전망 #루프탑카페

투드커피 카페 대나무포토존
"반려동물과 함께 대나무 산책길"

@zihee._k

장태산 전망 화이트톤 감성 카페 투드커피는 애견 동반이 가능해 반려동물과 함께 예쁜 사진을 찍을 수 있는 곳이다. 단, 실내 공간은 6kg 미만 소형견만 출입할 수 있으며 목줄을 착용하거나 안고 있어야 한다. 입구 오른쪽으로 들어가면 흰 벽을 따라 사람 키보다 약간 큰 대나무가 줄지어 심겨있는 공간이 있는데, 이 가운데 서서 세로로 인물 사진을 찍으면 예쁘다. 카메라를 살짝 아래에 두고 위로 기울여 로우 앵글로 사진 찍는 것이 소소한 팁. (p265 E:3)
- 대전 서구 괴곡동 상보안길 105
- #외벽 #대나무포토존 #인물사진

한밭수목원 장미원
"화려한 안젤라 장미 터널"

5월의 여왕 장미와 함께 사진을 찍어보자. 분홍색의 장미 터널을 만들어주는 안젤라 장미는 다닥다닥 붙어서 피는 겹겹의 꽃이 예쁜데 터널 안보다는 터널 밖에서 찍어야 예쁜 사진을 찍을 수 있다. 5월부터 피기 시작하는 장미는 여름 내내 화려한 꽃잎을 뽐낸다. 6월이 사진 찍기 가장 좋을 만큼 피어 있다. (p265 E:2)
- 대전 서구 둔산대로 169 한밭수목원
- #한밭수목원 #장미원 #안젤라장미

디아커 카페 무채색 카페
"블랙 톤 무채색 인테리어"

디아커는 무채색 블랙 톤 배경과 소품으로 꾸며진 시크한 감성 카페다. 입구의 검정 캠핑 박스와 의자, 테이블, 벽면, 메뉴판 모두 블랙 톤으로 꾸며져 있다. 야외 테라스 한쪽 벽면에 검정 철망이 넓게 쳐져 있고, 그 앞으로 흰색 'D:ARKER' 간판이 달려있는데, 이 철망과 간판이 있는 곳이 메인 포토존이다. 앞에 놓여진 캠핑 테이블에 앉아 사진을 찍어보자. (p265 E:2)
- 대전 서구 탄방동 820번지
- #블랙앤화이트 #시크한 #야외테이블

오브떼르 카페 외국감성 교회뷰
"유럽 성당이 떠오르는 천성교회 카페"

천성교회에서 운영하는 대형카페 오브떼르는 붉은 벽돌과 아치형 문으로 된 교회와 카페 건물 밖으로 초록빛 잔디밭이 펼쳐져 유럽 성당을 떠올리게 한다. 잔디밭 쪽에 서서 교회 건물 옥상에 있는 십자가나 아치형 문, 지붕이 잘 보이도록 건물 사진을 찍어보자. 카페는 천성교회 비전센터 2층에 있다. (p265 E:2)
- 대전 유성구 구암동 612-1
- #테라코타 #잔디정원 #유럽감성

소소림 카페 숲속 피크닉
"반려동물과 함께 피크닉"

반려동물과 함께 피크닉을 즐길 수 있는 소소림 카페에서 피크닉 감성 사진을 담아갈 수 있다. 샌드위치, 음료 등을 주문하면 라탄 피크닉 가방에 담아준다. 야외 공간에 원목 테이블과 캠핑 체어가 마련되어있어 여기서 식사를 즐기고, 사진도 찍어갈 수 있다. 야외 테이블 맞은편에는 건물 안에서 식사할 수 있는 프라이빗 룸도 마련되어있는데, 여기도 모던한 인테리어로 사진 찍기 좋은 공간이다. (p265 E:2)
- 대전 유성구 동서대로 184-45
- #피크닉가방 #잠봉샌드위치 #캠핑느낌

유림공원 튤립
"화려한 봄꽃 튤립"

봄에 피는 화려한 꽃 튤립과 함께 사진을 찍어보자. 와인잔 모양의 튤립은 진한 색상의 빨강 노랑 분홍 등 색도 다양해서 사진을 찍으면 예쁘게 나온다. 유림공원 중앙에 위치한 꽃밭에 튤립공원을 조성해 놓았다. 튤립이 만개해 잎이 다 벌어지면 예쁘지 않으니 시기를 잘 잡아 방문해보자. 유성구청 옆 유림공원에는 다양한 축제가 열린다. 튤립은 4월에 볼 수 있다. (p265 E:2)
- 대전 유성구 어은로 27
- #유림공원 #튤립 #꽃여행

국립세종수목원 사계절온실 포토존

"사계절 반겨주는 화려한 꽃정원"

@salt.desert_

국립세종수목원 사계절 온실에서 사진을 찍어보자. 사계절 내내 꽃을 감상할 수 있고 테마별로 꾸며놓은 포토존이 가득한 온실은 사진 찍기 좋은 장소로도 유명하다. 매번 다른 주제의 계절별 꽃을 테마로 한 귀여운 포토존 앞에서 사진을 찍어보자. 국립 세종 수목원의 온실은 3개의 동으로 이루어져 있고 사계절 온실의 포토존은 특별기획전시관이다. (p265 E:2)

■ 세종 수목원로 136
■ #국립세종수목원 #사계절온실 #포토존 맛집

베어트리파크 곰조형물

"곰 손바닥에 앉아 찰칵"

@le_hjjj

베어트리파크의 커다란 곰의 손에 앉아 사진을 찍어보자. 곰 사육장 중간에 있는 이 조형물이 이곳의 대표 포토존이다. 베어트리파크는 민간 정원으로 아름다운 수목과 산책하기 좋은 공간에 100여 마리의 곰도 보

고 먹이도 줄 수 있는 특별한 공간이다. 가을에는 단풍 축제를 열어 포토존을 설치하고 단풍나무 길을 임시로 개장한다. (p265 E:2)

■ 세종 전동면 신송로 217
■ #베어트리파크 #곰조형물 #단풍

에브리선데이 카페 돌다리

"인공연못과 유리온실 딸린 카페"

@bling_beige

고복저수지 전망카페 에브리선데이는 3층 규모의 루프탑 카페로, 각 층이 저마다의 매력을 지니고 있다. 1층 야외 테라스 가운데 커다란 인공 연못이 있고, 그 사이를 가로지를 수 있는 동그랗고 넓적한 돌다리가 놓여 있는데, 여기가 사진이 가장 예쁘게 나오는 포토존이다. 그 밖에도 유리온실처럼 생긴 야외 별관과 저수지 전망이 들여다보이는 통창 등 사진 찍을만한 곳이 가득하다. (p265 E:2)

■ 세종 서면 안산길 76
■ #인공연못 #돌다리 #유리온실

세종호수공원 낙화축제

"꽃잎처럼 흩날리는 불꽃"

@rich21_sinan

세종시에서 매년 5월경 즐길 수 있는 낭만적인 경험. 높이 걸어둔 낙화봉에 불을 붙여 불꽃을 떨어뜨리는 방식으로, 세종시 무형문화유산으로 지정된 '세종 불교 낙화법'을 바탕으로 한다. 불꽃이 타닥타닥 튀는 소리와 함께 불멍하며 여유를 즐길 수 있는 축제로, 낙화 불꽃은 불을 붙이고부터 약 2시간 동안 꺼지지 않으니 그동안 멋진 인증샷을 남길 수 있다. (p265 E:2)

■ 세종 다솜로 216
■ #낙화축제 #불꽃놀이 #야경

조천연꽃공원

"연꽃과 기차와 함께 찍는 사진"

@elle.lee.daily

연꽃 위로 기차가 지나가는 독특한 풍경을 경험할 수 있는 조치원의 연꽃 공원. 경부선과 충북선이 다니는 조치원역이 인근에 있어서 기차가 다니는 모습을 끊임없이 볼 수

있다. 타이밍을 잘 맞춰서 기차와 함께 독특한 사진을 남겨보자. 7~8월이면 백련, 홍련, 수련 등 다양한 연꽃이 만개하며 산책할 수 있는 데크길과 자전거길이 잘 마련되어 있다. (p265 E:2)

■ 세종 조치원읍 번암리 226
■ #여름 #연꽃공원 #기차스팟

연리지 카페 한옥 정원
"산수화 같은 카페"

@_byyunee

넓은 야외 정원이 딸린 한옥 카페 연리지는 카페 안팎이 모두 예쁜 포토존이라고 볼 수 있다. 한옥이나 정원에 심겨진 커다란 소나무, 꽃 화분이 놓여진 가지런한 담장 모두 사진 찍으면 예쁘게 나온다. 한옥 왼쪽 끝 유리 통창이 설치된 부분 앞에 서서 왼쪽에 있는 소나무까지 나오게 인물사진을 찍으면 예쁘다. (p265 E:3)

■ 충남 계룡시 엄사면 향적산길 91
■ #고풍스러운 #소나무 #한옥창문뷰

클레리아 숲뷰
"2층 침실에 숲뷰가 아름다운 통창"

@dd_rri

2층 침실에서 통창을 통해 볼 수 있는 숲뷰를 배경으로 사진을 찍는 것이 유명한 곳. 침실 바로 옆 미온수 수영장이 있어 숲을 바라보며 물놀이를 즐길 수 있다. 객실 안에서 프라이빗 바베큐를 할 수 있고, 제트스파가 있는 객실이 따로 있으니 예약 시 확인 필수. 숙소 내에 식당, 카페, 야외 공용 수영장 등 부대시설이 있다. (p265 E:2)

■ 충남 공주시 계룡면 시화산1길 27 클레리아
■ #공주풀빌라추천 #마운틴뷰숙소 #대전근교숙소

바스트로 앤 공주점 달 포토존
"초승달 모양 조명 포토존"

@potatie_0330

카페유월은 초승달 테마 카페로, 유월은 '6월'이 아닌 '흐르는 달'이라는 뜻의 한자다. 카페 3층 테라스로 올라가면 커다란 초승달 모양 조형물이 있는데 여기가 카페유월이 자랑하는 주요 포토존이다. 낮에 찍어도 예쁘

지만, 밤에는 달 모양 전체에 노란 조명이 들어 더 예쁘다. 커다란 초승달 위에 올라가 감성 야경 사진을 찍어보자. 매일 11~21시 영업하며, 매주 월요일이 휴무. (p265 E:2)

■ 충남 공주시 금벽로 1077-12
■ #초승달조명 #포토존 #감성사진

금강신관공원 자전거
"2인용 노란 자전거 대여"

@dondehayamor_hayvida

금강을 사이로 두고 공산성이 보이는 금강신관 공원에서 자전거를 타고 사진을 찍어보자. 2인용 자전거는 색깔도 노란색이다. 가족 또는 연인이 함께 노란 커플 옷을 입고 2인용 자전거를 타는 사진을 찍으면 귀여운 분위기의 인생 사진을 남길 수 있다. 금강신관 공원의 꽃길도 감상하고 신나게 자전거도 타보자. 자전거는 대여소에서 빌릴 수 있다. (p265 D:2)

■ 충남 공주시 금벽로 368
■ #공산성 #금강신관공원 #자전거

미르섬 코끼리마늘꽃
"보랏빛 탐스러운 코끼리마늘꽃"

@yr.e_zz

공산성 성벽을 배경으로 동글동글한 보라색의 꽃밭에서 사진을 찍어보자. 금강신관 공원에서 다리 하나만 건너면 미르섬으로 들어갈 수 있다. 이곳은 꽃이 피는 봄부터 가을

까지 색색의 꽃이 식재되어 언제 가도 공산성을 배경으로 꽃과 함께 사진을 찍을 수 있다. 특히 6월부터 7월까지 볼 수 있는 보라색 꽃은 코끼리 마늘꽃인데 꽃송이가 커서 사진을 찍으면 멋지게 나온다. 여름이 지나고 9월에는 마늘 꽃밭은 코스모스와 해바라기 밭으로 바뀐다. (p265 D:2)

- 충남 공주시 금벽로 368
- #공산성 #미르섬 #코끼리마늘꽃

공산성 금강철교 강뷰
"금강철교 너머 공산성 전망"

@ikek.0

공산성 성벽에 내려다 보이는 금강을 바라보며 금강 철교를 배경으로 사진을 찍어보자. 금서루 옆 계단 위로 오르면 성벽 위로 갈 수 있는데 금강이 보이는 언덕 위 성벽에서 금강 위에 놓인 민트색 금강철교를 볼 수 있다. 공산성의 금서루에서 시간대별로 웅진성 수문병 교대식도 함께 관람해 보자. 백제 문화제 기간에는 공산성 내에 은하수 조명이 멋지다. (p265 E:2)

- 충남 공주시 금성동 53-51
- #공산성 #금강뷰 #금강철교뷰

스테이오안 파라솔과 비치체어
"파라솔과 비치 의자가 있는 수영장"

@min_dley

SNS 감성 가득한 파라솔과 비치 의자가 있는 야외 수영장이 메인 포토존이다. 수영장의 파란 타일과 비비드한 노란색 비치 의자가 묘한 조화를 이루어 예쁜 사진을 찍을 수 있다. 수영장에서 바라보는 마운틴뷰가 유명하며, 노을 맛집으로도 잘 알려진 곳. 야외 자쿠지가 있고, 글램핑 바비큐존이 마련되어 있어 캠핑 감성도 충족시킬 수 있다. (p265 E:2)

- 충남 공주시 반포면 구모동길 67 스테이오안
- #공주풀빌라 #마운틴뷰펜션 #공주감성숙소

온더기와 카페 기와지붕 뷰
"한옥 기와지붕과 단풍나무 전경"

@anssam_jjin

동학사 카페 온더기와는 총 3채의 한옥으로 이루어진 이색 카페다. 그중 가장 큰 2층짜

리 한옥 건물로 올라가면 별채 한옥 기와지붕이 내려다보이는데 그 풍경이 참 예뻐 사진 찍어가는 이들이 많다. 가을에는 붉게 물든 단풍나무가 한옥 사진의 예쁜 배경이 되어주니 기회가 된다면 단풍 철인 11월 무렵에 방문해보자. (p265 E:2)

- 충남 공주시 반포면 밀목제길 27-14
- #한옥카페 #기와지붕뷰 #가을단풍

불장골저수지 반영샷
"키 큰 나무 저수지 반영샷"

@si_nyong.j

저수지에 반영된 두 그루의 키 큰 나무와 함께 저수지를 배경으로 사진을 찍어보자. 가을에 나무가 단풍이 들었을 때는 저수지에 반영된 주황색의 배경이 특히 아름답고, 이른 아침에는 저수지에서 피어오르는 아지랑이와 함께 몽환적인 사진을 찍을 수 있는 사진 명소로 유명하다. 불장골 저수지에 작은 노지 주차장이 있다. 주차장 바로 앞에 있는 길 위에서 서 키 큰 나무가 보이는 곳에서 사진을 찍는다. (p265 E:2)

- 충남 공주시 반포면 송곡리 산21-6
- #불장골저수지 #반영샷 #몽환적

더크루즈 카페 스카이워크
"계룡산 전망 아찔한 스카이워크"

@_hye_been_

동학사에 있는 전망 카페 카페더크루즈 4층으로 올라가면 계룡산 산세를 즐길 수 있는 강화유리로 된 스카이워크가 나온다. 이곳에 서서 뒤의 계룡산과 마을 전망이 나오도록 수평을 맞추어 사진을 찍어보자. 가을이면 뒷산에 단풍이 들어 더 멋진 전망을 만들어낸다. 해 질 녘 방문하면 멋진 노을 풍경도 즐길 수 있다. (p265 E:2)
- ■ 충남 공주시 반포면 학봉리 794-6
- ■ #계룡산전망 #단풍 #유리바닥

에어산 카페 버진 로드 포토존
"라탄 소품과 빈백이 놓인 루프탑"

@oz_rin.1203

동학사 카페에어산은 1, 2층 건물과 옥상 루프탑을 함께 운영한다. 2층 테라스 길을 따라 옥상으로 올라가면 커다란 라탄 의자와 빈백들이 놓여있고 작은 연못 사이 버진 로드가 있는데 이곳이 메인 포토존이다. 단, 옥상 루프탑은 노키즈존이므로 아이 입장이 불가능한 점을 참고하자. (p265 E:2)

- ■ 충남 공주시 반포면 학봉리 927
- ■ #결혼식장감성 #루프탑 #빈백

엔학고레 카페 저수지뷰
"저수지 전망 루프탑 야외 테이블"

@hwangye_seul

엔학고래는 '목마른자의 샘'이라는 뜻으로, 카페 앞으로 초록빛 불장골 저수지가 펼쳐져 있다. 카페 건물 2층에 통창이 있어 저수지를 내려다볼 수 있지만, 저수지를 따라 마련된 야외 테이블이 더 인기 있는 포토존이다. 초록빛 저수지와 위에 드리운 나뭇가지를 배경으로 야외 테이블에 앉은 사람을 찍으면 예쁘다. 피스타치오 크림이 들어간 엔학고레 라떼도 꼭 마시고 오자. (p265 E:2)
- ■ 충남 공주시 불장골길 113-12
- ■ #초록빛 #불장골저수지 #야외테이블

중동성당 아치
"고딕풍 천주교 성당"

@p.__eji

언덕 위 붉은 벽돌의 중세기 고딕 양식의 건물인 중동성당에서 사진을 찍어보자. 성당으로 들어가는 입구는 고딕 양식의 특징인 아치형 포치가 있다. 이곳이 바로 대표 포토존이다. 포치 한가운데서 서 밖으로 보이는 배경과 겹겹이 포개어져 있는 아치를 함께 찍으면 인생 샷 완성. 언덕 위에 있는 성당에서 공주 시내가 한눈에 보인다. (p265 E:2)
- ■ 충남 공주시 성당길 6
- ■ #중동성당 #아치 #붉은벽돌

연미산자연미술공원 곰 조형물
"건물 3층높이 반달가슴곰"

@two_ohyeon2

우거진 숲속에서 갑자기 나타난 듯한 반달가슴곰과 함께 사진을 찍어보자. 3층 건물 높이의 나무로 만든 조형물인 반달곰은 크기도 크지만, 귀여운 얼굴에 엉덩이까지 디테일하다. 곰의 몸 안으로 들어가면 예쁘게 꾸며진 공원을 조망할 수 있는 전망대 역할도 한다. 공원 안 오두막과 나무로 된 조형물과 유리온실 등 공원 전체가 포토존이다. 언덕 비탈길이 많은 자연 그대로의 공원이므로 편한 신발 필수.
(p265 D:2)
- ■ 충남 공주시 우성면 연미산고개길 98
- ■ #연미산자연미술공원 #곰조형물 #반달곰

공다방 카페 공산성뷰
"공산성 전망 한옥카페"

@cafejoah_go

공다방은 문화유적인 공산성 바로 앞쪽에 있고, 정면에 널찍한 통유리창이 설치되어 공산성 뷰를 그대로 담아갈 수 있다. 통유리창 바로 앞에 마련된 정자에서 차 마시는 인물을 찍거나 창밖으로 보이는 산성 전망을 찍어보자. (p265 D:2)
- 충남 공주시 웅진동 백미고을길 5-3
- #공산성전망 #유리통창 #좌식테이블

숲너울 카페 포토존
"밤에 더 아름다운 카페"

@free3481

자연을 품고 있는 화이트톤 감성 카페 숲너울의 숲은 감성 포토존으로 유명한데 계절별로 테마를 바꾸어 꾸며놓아 숲에 들어가는 순간 소녀 감성을 사로잡는다. 조명이 켜진 밤에 크리스마스 시즌 대형 트리와 쌓여있는 선물 옆 포근한 의자에 앉아 사진을 찍으면 숲속에 초대받은 느낌의 사진을 찍을 수 있다. (p265 D:2)
- 충남 공주시 유구읍 문금리 2
- #숲속포토존 #조명 #숲카페

유구색동수국정원 수국
"색색의 수국무리"

@cafejoah_go

소나무 사이 옹기종기 피어있는 수국꽃과 사진을 찍어보자. 수국밭 사이사이 다양한 포토존이 있다. 중부지방에서 노지 월동이 잘 안되는 키가 작은 핑크색, 파란색 수국과 추운 곳에서도 꽃을 잘 피우는 키가 큰 아나벨 수국 등 종류도 다양하다. 6월에는 유구 색동 수국 정원 축제를 열고 재미있는 공연이 열린다. 파란 수국은 6월에서 7월 아나벨 수국은 6월에서 8월까지 볼 수 있다. (p265 D:2)
- 충남 공주시 유구읍 창말길 44
- #유구색동정원 #수국포토존 #수국축제

공주 메타세쿼이아
"금강변 메타세쿼이아 길"

@jeon_silverstar

쭉 뻗은 길 양옆으로 심어진 메타세쿼이아 길 사이에서 사진을 찍어보자. 카메라를 세로로 들고 아래에서 위로 찍어 푸른 나무를 가득 담은 사진을 찍으면 인생 샷 완성. 하늘이 보이지 않을 만큼 자란 나무의 시원한 그늘이 있어 산책하기에도 좋다. 500미터나 되는 산책길 옆으로는 연못에 연꽃이 피어있다. 연꽃은 7월에 핀다. (265 E:2)
- 충남 공주시 의당면 청룡리 905-1
- #메타세쿼이아길 #정안천생태공원 #피톤치드

정안천생태공원 연꽃
"메타세쿼이아 길 너머 연꽃지"

@daysi_am_2023

연꽃이 가득 핀 정안천 생태공원의 벤치에 앉아 사진을 찍어보자. 연꽃과 함께 정면에 보이는 곧게 뻗은 메타세쿼이아 길이 연꽃을 병풍처럼 둘러싸고 있어서 멋진 사진을 찍을 수 있다. 산책로에 벤치와 정자도 있어 연꽃을 마음껏 감상하기에도 좋다. 주차장도 넓다. (p265 D:2)
- 충남 공주시 의당면 청룡리 905-1
- #정안천생태공원 #연꽃 #메타쉐쿼이아뷰

소소아한옥 한옥창문
"브런치 맛있는 감성 한옥숙소"

@ostrich.11

거실 창문 아래 나무 테이블에 조식을 세팅해 감성 낭만한 사진을 찍어보는 것은 어떨까. 원형 거울, 툇마루, 마당 등 포토존이 가득한 곳이다. 총 다섯 채의 독채 한옥으로 이루어져 있으며, 디자이너, 큐레이터, 셰프, 건축가가 함께 모여 운영하는 곳이다. 특히 브런치 가게에 버금가는 조식 맛집으로 유명하다. (p265 D:2)

- 충남 공주시 제민천1길 81-2
- #공주한옥스테이 #조식맛집 #공주한옥독채

루치아의뜰 카페 고풍스러운 고가구와 반상
"재가장과 반상이 놓인 할머니집 감성 카페"

한옥을 개조한 카페 루치아의 뜰에는 한옥과 어울리는 모던하면서도 고풍스러운 고가구들이 장식되어 있다. 검은 자개장과 반상이 있는 나무 창가가 사진이 잘 나오는 포토 스팟이다. 한옥 건물 앞에는 자연의 멋을 담은 정원이 마련되어 있어 건물 사진 찍기도 좋다. (p265 D:2)

- 충남 공주시 중동 171-2
- #한옥카페 #자개장 #정원뷰

로컬하우스 한옥 입구
"붉은 대문이 매력적인 감성숙소"

@ex_riming

한옥과 조화를 이루고 있는 입구의 붉은 문이 시그니처 포토존이다. 문 앞에 서서 한옥 전체를 배경으로 사진을 찍으면 고즈넉한 감성 충만한 사진을 얻을 수 있다. 숙소는 총 네 채로 된 독채로 되어 있으며, 공주 감성 숙소로 유명한 곳. 주택가 사이에 있어 숙소 가는 길이 헷갈릴 수 있으므로 로컬하우스라고 써진 포스터를 따라가는 것을 추천. (p265 D:2)

- 충남 공주시 향교1길 16-8
- #공주한옥숙소 #공주감성숙소 #공주교동숙소

뷰포인트 카페 탑정호 뷰
"탑정호 출렁다리 전망 카페"

뷰포인트 2층 테라스에 올라가면 탑정호의 명물 출렁다리가 사선으로 들여다보인다. 테라스 난간이 투명한 유리로 되어있고, 심플한 디자인의 원목 테이블과 의자가 놓여

있는데, 의자에 앉은 사람 오른쪽에 출렁다리가 살짝 보이는 사진을 찍어갈 수 있다. 화이트톤으로 꾸민 카페 1층 공간에도 사진 찍을 만한 곳이 많다. (p265 E:3)

- 충남 논산시 가야곡면 종연리 147-9
- #탑정호 #출렁다리 #전망카페

레이크힐 제빵소 카페 탑정호 출렁다리 파노라마뷰
"탑정호 전망 스카이워크"

@sssseulgi.p

탑정호 전망 카페 레이크힐 1층 엘리베이터를 타고 6층 선셋 데크로 올라가면 스카이워크(유리 전망대) '탑클라우드'로 이동할 수 있다. 360도로 탁 트인 원형 선셋 데크를 돌아보면 바닥이 투명한 유리 전망대가 나오는데, 바닥으로 탑정호수 전망이 훤히 들여다보인다. 난간도 모두 유리로 되어있어 전망대 위에 서면 정말 호수 위를 선 듯한 느낌을 줄 수 있다. 해 질 녘 풍경도 아름답고, 저녁에 전망대 건너편 출렁다리에 조명이 들어오는 풍경도 아름답다. (p265 E:3)

- 충남 논산시 가야곡면 탑정로 872
- #탑정호 #유리전망대 #노을전망

코이비꼬 카페 자작나무뷰
"자작나무 전망 정방형 유리통창"

코이비코 네모난 통창 너머로 하얀 가지의 자작나무가 높게 자라있다. 눈이 소복이 쌓인 날 바닥에 쌓인 눈과 하얀 자작나무 가지를 찍으면 겨울 감성이 제대로 묻어난다. 1:1 정방형 통창 앞에 있는 소파에 앉은 인물을 찍으면 인스타용 인증사진을 찍어갈 수 있다. 자작나무를 닮은 화이트톤 실내 인테리어도 예뻐 카페 곳곳이 사진찍기 좋은 포토존이 되어준다. (p265 D:3)
- 충남 논산시 강산길 84
- #겨울사진 #화이트톤 #자작나무

온빛자연휴양림 건물 반영샷
"동화속 숲속의 집과 호수"

갈색의 건물이 돋보이는 숲속의 집 앞에서 호수에 반영된 풍경과 함께 사진을 찍어보자. 호수를 사이에 두고 건물 맞은편에 서서 건물과 주변 나무까지 다 담을 수 있는 곳이 이곳의 포토존이다. 아무 계절에나 와도 숲속 풍경은 아름답지만, 온빛자연휴양림은

가을에 와야 가장 예쁜 풍경을 마주할 수 있다. 노란 건물과 어우러지는 가을 단풍이 물든 풍경이 호수에 거울처럼 반영되어 멋진 사진을 찍을 수 있다. (p265 E:3)
- 충남 논산시 벌곡면 황룡재로 480-113
- #온빛자연휴양림 #숲속의집 #반영샷

탑정호출렁다리
"야간 조명이 들어오는 출렁다리"

탑정호 출렁다리 위에 서서 사진을 찍어보자. 다리 사이를 연결하고 있는 주탑이 보이게 세로로 사진을 찍으면 근사한 사진을 남길 수 있다. 주탑과 연결된 수많은 와이어도 사진에서는 견고한 성벽처럼 보인다. 길이 600m의 출렁다리는 흔들림이 심하지 않아 편하게 사진을 찍을 수 있다. 긴 다리 사이에는 스카이 가든이라는 작은 쉼터도 있다. 야간에는 LED 조명이 화려하고 야간 미디어 파사드 공연도 진행한다. (p265 E:3)
- 충남 논산시 부적면 신풍리 769
- #탑정호 #출렁다리 #야경

탑정호 유채꽃밭
"제주도 현무암과 노란 유채꽃"

탑정호 호숫가에 제주도를 그대로 옮겨 놓은 듯한 유채밭이 있다. 유채밭 사이에서 노란 꽃과 함께 사진을 찍어보자. 제주도에서 직접 공수해 온 현무암 바위가 제주도 분위기를 더해준다. 잘 닦인 산책로에서 산책도 하고 유채꽃밭 사이사이에 만들어진 포토존에서 인생사진도 찍자. (p265 D:3)
- 충남 논산시 부적면 탑정리 475-67
- #탑정호 #유채꽃밭 #제주분위기

김종범사진문화관 작은교회
"세상에서 가장 아담한 교회"

김종범 사진 문화관에는 딱 한 사람만 들어가 무릎 꿇고 기도할 수 있는 작은 교회가 있다. 대나무숲에 둘러싸인 이 작은 교회 앞이 이곳의 대표 포토존이다. 초록 잎의 대나무 사이 빨간 건물이 대조되어 멋진 사진을 찍을 수 있다. 아래에서 사진을 찍어 대나무가 교회를 감싸고 있는 듯이 찍으면 인생 샷 완성. 입구 주차장에서부터 교회를 찾아가는 길이 멀지만, 친절히도 안내해 놓아 대나무밭은 찾기 쉽다. 빛이 없는 오전에 가야 제대

로 된 색감을 담을 수 있다. (p265 E:3)
- 충남 논산시 양촌면 대둔로351번길 48
- #김종범사진문화관 #작은교회 #대나무밭

선샤인랜드 글로리호텔
"개화기 유럽풍 호텔"

@suhyun_christy

개화기의 상을 입고 글로리 호텔 앞에 서서 호텔 주인 '쿠도 히나'가 되어 사진을 찍어보자. 미스터 션샤인 촬영지인 선샤인 랜드에는 촬영 당시의 건물과 소품이 그대로 있다. 드라마에서 자주 등장한 '불란서 제빵소'와 유진 초이 집무실 등 여러 포토존이 있으니 드라마 장면을 검색해 똑같은 포즈로 사진을 찍어 보는 것도 재미있다. 개화기 의상은 양품점에서 대여할 수 있다. (p265 D:3)
- 충남 논산시 연무읍 봉황로 102
- #선샤인랜드 #글로리호텔 #미스터션샤인

연산문화창고 카페 포토존
"시기별 다양한 전시가 열리는 갤러리 카페"

@yuri.s274

카페 겸 문화예술공간인 연산문화창고에는 시즌별로 작품을 전시하면서 사진을 찍으면 예쁘게 나오는 포토존을 마련해 놓았다. 거

울방 안 물 위의 징검다리와 떠 있는 풍등을 전시해놓는가 하면 겨울에는 눈 내린 크리스마스트리의 화려한 장식의 포토존을 만들어 놓는다. 그 사이에 서서 사진을 찍으면 신비로운 사진을 연출할 수 있다. (p265 E:3)
- 충남 논산시 연산면 선비로231번길 28
- #갤러리카페 #복합문화공간 #감성사진

꽃이랑나무랑 카페 안젤라장미 포토존
"분홍빛 안젤라 장미 터널"

@_pinkvely

매년 5월이면 정원 카페 꽃이랑나무랑 입구에 분홍빛 장미가 장미 터널을 만들어준다. 흰색 철제 프레임을 따라 피어는 안젤라장미 터널 안에서 사진 찍는 이들이 많다. 카페 안쪽에는 넓은 장미정원이 따로 마련되어있는데, 5월부터 6월 말까지 루비, 레오나르도 다빈치 등 흰색, 연분홍색, 주황색, 붉은색 장미들이 알록달록 피어나 입구와는 또 다른 매력의 예쁜 포토존이 되어준다. (p265 E:3)
- 충남 논산시 연산면 신양길 179-32
- #여름 #오색장미 #장미터널

장고항 용천굴 동굴 액자샷
"하늘을 향해 뻗어있는 동굴액자"

@ss_yomii

웅장한 돌벽 사이 하늘 위로 뚫린 구멍이 있는 용천 굴 앞에 서서 사진을 찍어보자. 굴 앞에 서서 용천 굴을 배경으로 찍는 방법과 용천 굴 안에서 양쪽의 돌벽 사이로 바깥 배경이 보이게 찍는 방법 두 가지가 있다. 촛대 바위 근처에 있어서 찾기 쉽다. 썰물에 물이 완전히 빠지면 용천 굴까지 걸어 들어갈 수 있다. (p264 C:1)
- 충남 당진시 석문면 장고항로 334-48
- #장고항 #용천굴 #동굴액자샷

카페로우 거울 포토존
"꽃으로 장식된 전신거울"

@yewonieee_

싱그러운 야외 정원 전망으로 유명한 카페 로우 입구에 사진찍기 좋은 전신거울이 마련되어있다. 거울 위에 장식된 꽃 아래에 전신이 모두 담기도록 서서 거울 셀카를 찍으면 뒤로 쭉 뻗은 시멘트 출입문이 독특한 배

경이 되어준다. 매일 11~22시 영업하며 야외 테이블은 애견 동반도 가능하다. (p264 C:1)

- 충남 당진시 수청동 산5-3
- #프레임 #전신거울 #정원카페

아미미술관 복도 포토존
"분홍빛 나무와 깃털 장식"

@chohee617

천장에 분홍색 나무와 깃털로 꾸며져 있는 미술관의 복도가 메인 포토존이다. 여러 미술 작품을 감상하는 것은 물론 실내, 외 볼거리와 포토 스팟이 가득한 곳. 지역 문화의 핵심 장소로, 미술뿐만 아니라 건축, 음악, 문화 등 분야를 구분하지 않고 전시가 이루어지고 있다. 폐곳이었던 곳을 리모델링한 곳으로, 안전을 이유로 휠체어와 유모차는 반입이 불가하다. (p264 C:1)

- 충남 당진시 순성면 남부로 753-4
- #당진가볼만한곳 #당진여행 #당진관광지

로드1950 카페 미국감성 기차길
"미국 서부 감성 야자나무와 클래식 카"

@sheep_yj

미국 서부 감성 카페 로드 1950 앞에는 야자나무와 빨간 공중전화부스, 스쿨버스, 클래

식 카 등으로 꾸며진 목제 기찻길이 놓여있다. 신호등과 야자나무가 배경이 되도록 기찻길 한가운데 서서 사진을 찍어도 예쁘고, 기찻길 앞에 놓여진 도로 반사경에 비친 모습을 찍어도 예쁘다. 카페 내부도 미국 감성으로 꾸며져 있어 곳곳에 사진 찍을 곳이 많다. (p265 D:1)

- 충남 당진시 신평면 매산로 170
- #미국감성 #레일로드 #표지판

삽교호놀이동산 회전목마야경
"레트로 감성 놀이동산"

@s__velyy

서해와 서해 대교가 보이는 삽교호 놀이동산에서 사진을 찍어보자. 이곳은 어린 시절 그대로 빈티지풍의 회전목마가 있다. 회전목마에 불이 켜지는 밤에 뒤로 보이는 대 관람차가 보이는 귀여운 분위기의 사진을 찍으면 인생 샷 완성. 밤이 되면 더 예쁜 레트로풍 놀이 기구도 타고 예쁜 사진도 남겨보자. (p265 D:1)

- 충남 당진시 신평면 삽교천3길 15 삽교호놀이동산
- #삽교호놀이동산 #회전목마 #야경

신리성지 언덕위 건물
"언덕 위 하얀 성당"

@hcharm.tour

파란 하늘 아래 넓은 잔디가 있는 언덕 위 작은 건물 앞에 서서 사진을 찍어 보자. 순교자들의 넋을 위로하는 듯 평화로운 들판 위에 우뚝 솟은 순교 미술관 건물이 보이는 이곳이 대표 포토존이다. 이곳은 조선시대 천주교가 첫 뿌리를 내린 곳으로 조용하고 차분해지는 풍경이 마음까지 정화되는 느낌이다. (p264 C:1)

- 충남 당진시 합덕읍 평야6로 135 신리성지
- #신리성지 #평화로운 #언덕

상화원 오션뷰
"한옥과 바다 풍경 한번에"

@see_0ee

고즈넉한 한옥의 지붕과 시원한 바다를 동시에 담을 수 있는 의자에 앉아 바다를 바라보며 사진을 찍어보자. 상화원은 정해진 동선이 있어 동선 따라 산책하다 보면 상화원 전체를 다 둘러볼 수 있는데 바다 뷰가 아름답기로 유명하다. 취당 갤러리를 지나 방문자 센터에서 무료로 제공하는 커피와 떡도 먹으며 의자에 잠시 앉아 풍경을 감상해 보

자, 금, 토, 일, 9시에 들어갈 수 있다. (p264 C:2)

- 충남 보령시 남포면 남포방조제로 408-52
- #상화원한옥마을 #오션뷰 #죽도

바다듬루프탑카페 달포토존

"대천항 파노라마 뷰 감성카페"

@gom_scuba

바다듬 루프탑 카페는 대천항이 360도로 들여다보이는 오션뷰 카페로 유명하다. 옥상에 올라가면 푸른 잔디밭 위에 커피를 마실 수 있는 원색의 테이블과 포근한 회색 빈백이 놓여있고, 놀이터도 설치되어 있다. 끝쪽으로 가면 커다란 초승달 모양 조형물이 있는데 이 위에 앉아 대천항을 배경으로 사진을 찍으면 감성적인 해변 사진을 얻어갈 수 있다. (p264 C:2)

- 충남 보령시 대천항중앙길 76
- #초승달 #조명 #대천해수욕장뷰

개화예술공원 포토존

"거울과 장미로 꾸며진 포토존"

@j_.hy_.

포토존 가득한 개화예술공원에서 사진을 찍어보자. 빨간 벽 위 걸려있는 거울은 장미로 장식되어 있고 비비드 한 색의 건물 앞, 숲속의 문, 등나무꽃이 장식된 다리 등 공원 전체가 사진 찍기 좋은 포토존이 많다. 개화 예술공원 내에 '리리스 카페'에는 꽃으로 장식된 또 다른 포토존이 있으니 차도 한잔하고 인생 샷도 찍어보자.

(p264 C:2)

- 충남 보령시 성주면 개화리 177-2
- #개화예술공원 #포토존

보령 충청 수영성 아치문

"옛 감성 아치문 포토존"

@bona.1022

보령 충청 수영성에 들어가려면 아치문을 통해야 한다. 이 아치문이 보령 충청 수영성의 대표 포토존이다. 아치문 앞에 앉아 사진을 찍어 보자. 수영성 안에는 커다란 정자인 영보정이 있는데 다산 정약용과 백사 이항복이 이곳을 조선 최고의 정자라고 묘사했다고 한다. 영보정 위에서 바라보는 잔잔한 물결의 오천항과 주변의 산수가 아름다우니 잠시 쉬어가기를 추천한다.

(p264 C:2)

- 충남 보령시 오천면 소성리 661-1
- #충청수영성 #아치문 #오천항뷰

원산도커피 카페 초록 계단

"초록 계단 포토존이 인기"

@sssol_vely

오션뷰 카페인 원산도커피 2층에는 해변 전망을 느긋하게 즐길 수 있는 주황색 파라솔과 폭신한 빈백이 놓여있다. 파라솔 맞은편에 흰 벽 사이로 초록색으로 칠해진 계단이 놓여있는데, 이 계단 위에 서서 계단 아래쪽에서 인물 사진을 찍어가는 이들이 많다. 루프탑 방갈로 사이나 바다 전망 사진도 함께 찍어가자. (p264 B:2)

- 충남 보령시 오천면 원산도5길 102
- #테라스 #하늘전망 #초록계단

바이더오 카페 그네

"2층 루프탑 공간 원형 그네 포토존"

@ddongle_0502

카페 바이더오(bytheO)는 2층 루프탑 카페로, 2층 옥상에 올라가면 원산도 해수욕장과 원산도, 안면대교 전망이 들여다보인다. 옥상 푸른 잔디 위에 거대한 원형 그네가 설치되어있는데, 이 그네에 앉아 바다 전망 사

진을 찍으면 예쁘다. 원형 그네 틀이 프레임
이 되어주어 인스타그램용 사진 촬영 장소로
인기 있다. 단, 그네가 높이 있어 혼자 올라가
기 힘들기 때문에 2인 이상 방문하는 것을
추천한다. (p264 B:2)
- 충남 보령시 오천면 원산도리 1732
- #그네 #오션뷰 #감성사진

거북이한옥 소나무뷰 창문
"소나무뷰 한옥 별채 숙소"

@seoun0323

사시사철 푸른 소나무뷰 창문을 배경으로
사진을 찍어보는 것은 어떨까. 메인 포토존
인 이곳은 한옥 별채 거실에서 만날 수 있다.
300평 한옥 전체를 한 팀만 이용할 수 있어
서 대가족 여행이나 친구들 모임 여행으로
추천할 만한 곳. 바비큐, 노천탕, 마운틴뷰
를 볼 수 있고, 아이 동반 고객을 위한 한복 대
여, 제기 만들기 등도 체험해 볼 수 있다. 입
실 시 정문보다 후문에 주차하면 편리하게
이동할 수 있다. (p264 C:2)
- 충남 보령시 절터길 41
- #보령한옥스테이 #보령한옥숙소 #소나
무뷰맛집

문효원 펜션 나무전망대
"지브리가 생각나는 트리하우스"

@s_syong_94

탑처럼 생긴 나무 전망대 앞에서 사진을 찍
어보자. 문효원 펜션의 야외에 있는 나무 전
망대가 이곳의 대표 포토존이다. 봄에는 주
변에 있는 벚꽃이 피어 풍경이 더 아름다워
진다. 전망대 옆으로는 유리 돔으로 만든 놀
이시설도 있고 밤이면 전망대에도 불이 들
어와 아늑한 분위기를 만들어 준다. 전망대
계단은 가파르니 주의. 반려견 동반 가능 숙
소 (p264 C:2)
- 충남 보령시 주포면 안강술길 94-1
- #문효원 #나무집 #전망대

맨삽지 공룡조형물
"거대한 공룡과 인증사진"

@bonita__chuu

나지막한 맨삽지 섬 바로 옆 세 마리의 공룡
과 함께 사진을 찍어보자. 공룡 아래에 서서,
마치 친구를 부르듯 사진을 찍으면 인생 샷
완성. 1억 년 전 중생대 백악기 공룡의 발자
국이 발견된 맨삽지는 섬 자체가 1억 년 전
공룡시대의 지층이다. 그 옆에 서 있는 공룡

조형물은 금방이라도 공룡 시대로 돌아간
듯 생동감이 넘친다. 맨삽지 섬은 썰물에만
걸어 들어갈 수 있다. 주차는 인근 주차장에
한다. (p264 C:2)
- 충남 보령시 천북면 염생이길 162
- #맨삽지 #쥐라기시대 #공룡조형물

청보리 창고 카페 앞 보리밭
"청보리밭 한 가운데 감성카페"

@yeoni_p_

언덕 위 청보리 카페 건물을 배경으로 넓은
보리밭 사잇길에서 건물과 파란 하늘이 보
이도록 로우 앵글로 사진을 찍어보자. 이곳
은 드라마 '그해 우리는'에서 동화 같은 풍경
의 장소로 소개되어 유명해진 '천북 폐목장'
이었는데 카페로 개조한 후 사용 중이다. 5
월에는 푸른 청보리밭이 펼쳐지고 6월에는
노랗게 익은 황금 보리밭이, 한겨울까지는
목초로 덮여 초록의 잎을 유지한다. 늦게 가
면 카페 앞에 주차된 차들로 사진이 예쁘게
담기지 않으니 일찍 방문하기를 추천한다.
(p264 C:2)
- 충남 보령시 천북면 하만리 176-6
- #천북폐목장 #보리밭 #언덕뷰

카페블루레이크 강뷰 벤치

"나홀로나무와 호수 전망"

@ez_hyung

블루레이크 마당 잔디밭 사이 산책로를 향해 쭉 걷다 보면 나무 벤치와 웅장한 나 홀로 나무 한 그루가 나온다. 뒤로는 푸른 청천 호수 전망이 펼쳐져 아름다운 사진 배경이 되어준다. 원목 벤치를 사진 하단 1/3, 정 가운데 위치시키고 나 홀로 나무 끝까지 잘 나오도록 멀리 떨어져 인물사진이나 배경 사진을 찍으면 멋지다. (p264 C:2)

- ■ 충남 보령시 청라면 장산리 596번지
- ■ #레이크뷰 #나홀로나무 #벤치

갱스커피 카페 건물사이 액자뷰

"인공 수조 위 징검다리 인물사진"

@deepwhiteblue

갱스커피 앞에는 커다란 인공 수조가 놓여 있고, 이 수조 가운데 네모 반듯한 징검다리가 놓여있다. 갤러리동이라고 써진 출입문 안쪽에서 징검다리 위에 선 사람을 찍으면 갤러리동 입구 콘크리트 벽이 프레임이 되어 예쁜 세로 액자 뷰 인물사진을 건질 수 있다. 노을 질 때는 수조에 햇볕이 드리워 더

예쁜 사진을 찍을 수 있다는 점을 참고하자. (p264 C:2)

- ■ 충남 보령시 청라면 청성로 143
- ■ #갤러리동입구 #프레임사진 #징검다리

청소역 기차

"통일호 기차와 택시운전사 초록택시"

@doheeeehdo

청소역 앞 귀여운 통일호 모양의 기차가 이곳의 포토존이다. 이곳의 또 다른 사진 포인트는 특이한 역 이름을 따라 청소도구인 대걸레를 들고 청소역 앞에서 찍는 사진이다. 청소역은 영화 택시 운전사 촬영지답게 당시에 송강호가 운전했던 초록 택시도 있다. 하루에 4번 정차하는 장항선의 마지막 역인 청소역은 등록문화재로 지정되어 있다. (p264 C:2)

- ■ 충남 보령시 청소면 청소큰길 176
- ■ #청소역 #통일호기차 #영화촬영지

대천스카이바이크위 오션뷰

"바다전망 스카이바이크"

@yemom_haesu

스카이바이크를 타고 바다 위를 달리며 사진을 찍어보자. 은빛으로 반짝이는 바다와

함께 곡선으로 휘어진 레일이 전체적으로 보이는 구도에서 스카이바이크의스카이 바이크의 뒷모습을 찍는 것이 포인트. 대천 해수욕장에서 시작해 해안을 따라 철길을 조성한 대천 스카이바이크는스카이 바이크는 자전거를 타고 바다 위를 날아가는 기분을 느낄 수 있다. (p264 C:2)

- ■ 충남 보령시 해수욕장10길 75
- ■ #대천스카이바이크 #바다뷰 #레일바이크

궁남지 포룡정뷰

"포룡정 앞 나무다리에서 인생샷"

@mattmam

백제시대 가장 아름다운 인공연못인 궁남지의 포룡정 앞 나무다리 위에 서서 사진을 찍어 보자. 파란 하늘과 함께 정중앙에 포룡정이 보이는 위치에서 사진을 찍으면 인생 샷 완성 주변으로 수양버들이 예쁜 배경이 되어 준다. 백제의 무왕과 연화 공주가 이곳에서 배를 타고 놀았다고 알려진 이곳은 사극에는 빼놓지 않고 등장하는 매우 아름다운 곳이다. 매년 여름 연꽃이 가장 아름다울 때 부여 서동 축제가 열린다. (p265 D:3)

- ■ 충남 부여군 부여읍 동남리 117
- ■ #궁남지 #포룡정 #사극드라마

무드빌리지 카페 포토존
"라탄 소품으로 꾸민 포토존"

한옥 카페 무드빌리지에는 넓은 마당이 딸려 있고, 실내도 라탄 소재 가구들로 꾸며져 있어 곳곳에 사진찍기 좋은 사진스팟이 많다. 대나무 사이 전신거울을 통해 보이는 한옥 건물과 함께 핸드폰에 비친 사진을 찍는 곳이 이곳의 대표 포토존이다. (p265 D:3)
- 충남 부여군 부여읍 뒷개로27번길 10-1
- #한옥건물 #전신거울포토존 #대나무

성흥산성사랑나무
"하트모양 가지 앞에서 커플사진"

성흥산성에는 사랑 나무라고 불리는 나무가 있다. 오른쪽으로 구부러진 가지의 모양이 반쪽의 하트를 닮았다. 나무 아래에 서서 사진을 찍는 이곳이 포토존이다. 이곳은 한낮보다는 일몰 시간대에 노을이 하늘을 물들일 때 핑크빛 하트 모양의 사진을 찍을 수 있다. 저녁 시간 맑은 날을 잘 택해 방문해 보자. 반쪽의 하트는 대칭으로 돌려 합성하면 완벽한 하트 모양이 나오므로 참고하여 찍

자. (p265 D:3)
- 충남 부여군 임천면 군사리 산7-10 외
- #성흥산성 #사랑나무 #썬셋

황금산 코끼리바위
"코끼리바위와 바다 풍경"

몽돌 해변 옆 코끼리의 옆모습을 빼닮은 바위가 있다. 코끼리의 코 아래에 서서 사진을 남기는 이곳이 포토존이다. 코끼리 코 사이로 파란 바다를 담아 사진을 찍으면 인생 샷 완성. 코끼리 바위를 가기 위해서는 편한 운동화를 신고 30분간 황금산 트래킹을 해야 한다. 황금산을 오르다 보면 정상으로 가는 길 반대로 코끼리 바위와 몽돌 해변으로 가는 이정표를 만난다. 몽돌 해변으로 내려오는 돌계단 오른쪽이 코끼리 바위다. 코끼리 바위는 썰물에 물이 빠지면 갈 수 있고 반대편으로 더 가서 사진을 찍는다. (p264 B:1)
- 충남 서산시 대산읍 독곶리 산230-2
- #황금산 #트레킹 #코끼리바위

고남저수지 벚꽃
"탐스럽고 진한 분홍 벚꽃"

벚꽃의 가지들이 서로 맞닿아 만들어진 고남 저수지의 벚꽃 터널에서 사진을 찍어보자. 좁은 길을 따라 자라난 나무가 분홍 폭죽을 터트린 듯 아름답다. 저수지 수면 위로 반영된 나무들의 모습도 볼만하다. 주변으로는 수선화와 유채꽃이 함께 심겨 있어 산책하며 즐기는 풍경이 감탄이 나온다. (p264 B:1)
- 충남 서산시 성연면 고남리
- #고남저수지 #벚꽃터널 #저수지반영샷

용장천 샤스타데이지
"야자매트 깔고 피크닉"

5월의 신부처럼 화사하고 화려한 꽃 샤스타데이지와 사진을 찍어보자. 하얀 원피스에 모자까지 챙겨 꽃 사이에 있으면 소녀 같은 분위기의 사진을 찍을 수 있다. 꽃밭 사이사이 들어갈 수 있는 야자 매트가 깔려 있어 사

진 찍기 좋다. 샤스타데이지와 함께 사진을 찍기 가장 좋은 시기는 5월. 시간은 3시에서 4시. (p264 C:1)

- ■ 충남 서산시 운산면 용장리 283-1
- ■ #용장천 #샤스타데이지 #소녀이미지

유기방가옥 수선화
"노란 수선화 빼곡한 언덕"

@leeeunchyo

빼곡하게 피어난 노란 수선화가 융단처럼 펼쳐진 유기방가옥에서 사진을 찍어보자. 수선화는 유기방가옥 뒤 언덕에 조성되어 있다. 아래에 서서 위로 펼쳐진 노란 수선화밭을 찍어도 좋고 언덕 위에 올라 아래를 내려다보면 수선화밭 전체가 한눈에 들어오는 사진을 찍을 수 있다. 3월말부터 4월 중순까지 볼 수 있다. 수선화밭은 구역별로 만개하는 시기가 다르다. 1구역은 3월 말, 2구역은 4월 초, 3구역은 4월중순 (p264 C:1)

- ■ 충남 서산시 운산면 이문안길 72-10
- ■ #유기방가옥 #수선화 #한옥

쉼이있는정원 영산홍
"붉은 영산홍과 알록달록 튤립"

@yoonklavier

붉은 꽃이 만발한 쉼이 있는 정원의 꽃과 함께 사진을 찍어보자. 이곳은 잎이 보이지 않을 만큼 빽빽하게 피어, 마치 불타는듯한 인상을 주는 영산홍 군락이 있는 정원이다. 영

산홍 둘레에는 색색의 튤립도 심겨 있어 두 가지 꽃을 볼 수 있다. 민간 정원인 쉼이 있는 정원에서 영산홍 철쭉과 튤립을 함께 볼 수 있는 시기는 5월이다. (p264 B:1)

- ■ 충남 서산시 인지면 모월리 산19-6
- ■ #쉼이있는정원 #영산홍 #튤립

장항송림산림욕장 맥문동
"보라색 맥문동이 만개한 장소"

보라색 여름 꽃인 '맥문동'을 가장 많이 볼 수 있는 곳. 소나무숲에 약 600만개의 맥문동 꽃을 심어 전국에서 최대의 맥문동 군락으로 알려져 있다. 맥문동 꽃밭 사이로 산책로가 잘 마련되어 있어서 편안하게 사진을 찍기 좋다. 소나무 사이로 보이는 서해 바다도 놓치지 말 것. 8월 말에는 이곳에서 '장항 맥문동 꽃 축제'가 열리며, 입장료 역시 무료이다. (p264 C:3)

- ■ 충남 서천군 장항읍 송림리 산65
- ■ #여름 #꽃명소 #맥문동

도고소풍 캠핑카페 야외 오두막
"오두막과 돔형 텐트 설치된 캠핑 감성 카페"

@_oh.mini

도소고풍 카페 마당에는 흰색, 민트색 오두막과 돔 텐트, 인디언 텐트 등이 설치되어있어 캠핑 감성 사진을 찍을 수 있다. 단, 오두막과 텐트 사용 시 네이버 예약을 통해 사전 예약해야 한다. 각 오두막은 2인 기준, 2시간 단위로 대여할 수 있다. 사진이 잘 나오는 하얀색 '스노우화이트 오두막'이 가장 인기 있다. (p265 D:1)

- ■ 충남 아산시 도고면 도고산로 520
- ■ #캠핑감성 #텐트 #오두막

카페든해 외관
"야외 테라스와 수조가 있는 화이트톤 카페"

@jke_st_96

카페든해 통유리창 앞쪽에 하얀 파라솔과 야외 테라스가 설치되어있고, 그 앞으로는 청량한 민트빛 수조가 마련되어 있다. 이 수

조 건너편 잔디밭에서 건물이 모두 담기도록 풍경 사진을 찍으면 화이트톤의 건물과 민트빛 수영장이 카메라에 예쁘게 담긴다. 건물 안쪽에서 통유리창 너머 수영장 풍경을 찍어도 예쁘다. (p265 D:1)

- 충남 아산시 둔포면 둔포리 324-4
- #민트풀장 #파라솔 #테라스

블랙쿠바프리덤 카페 입구
"쿠바 할아버지 일러스트 포토존"

이곳은 신정호 전망 카페로 유명하지만, 쿠바 감성으로 꾸며진 실내 인테리어로도 유명하다. 카페 건물 측면, 주차장 방향 쪽에 카페 로고와 함께 쿠바 할아버지 일러스트로 꾸며진 커다란 흰 벽이 있어 감성적인 포토존이 되어준다. 벽 앞에 하늘색 클래식카까지 잘 나오도록 멀리 떨어져서 배경 사진을 찍어보자. (p265 D:1)

- 충남 아산시 방축동 432-2
- #이국적인 #주차장 #클래식카

알마게스트 우드 인테리어
"따뜻한 리얼 오크 가득한 숙소"

파란 하늘과 초록의 나무에 둘러싸여 송악저수지를 보며 노천을 즐길 수 있는 감성 독채 숙소이다. 야외 온수 자쿠지라 나무와 바람을 느끼며 물을 즐길 수 있다. 하얀 외벽과 따뜻한 색감의 타일, 에메랄드 빛 물의 야외 자쿠지가 매력적이지만, 진정한 포토존은 내부 인테리어. 따뜻한 우드 감성의 인테리어가 돋보이는 이곳은 오크 목재, 고급스러운 바닥과 자재를 아끼지 않아 내부 어디를 찍어도 아늑한 사진을 남길 수 있다. 독채의 숙소를 하나 더 이용할 수 있는 것 또한 이곳의 큰 매력! (p265 D:1)

- 충남 아산시 송악면 송악저수지길 273
- #노천탕 #온수풀 #송악저수지뷰

윈사이트 카페 외관
"따뜻한 아이보리톤 감성카페"

신정호 전망 카페 윈사이트는 이름처럼 따뜻한 아이보리톤~웜톤으로 꾸며져 있어 따뜻한 분위기의 감성 사진 찍기 좋은 곳이다. 통유리창과 아이보리톤 벽돌로 지어진 2층 건물 또한 예쁜 포토존이 되어주는데, 건물 2층 위로 펼쳐진 푸른 하늘까지 나오도록 살짝 멀리서 찍으면 예쁘다. (p265 D:1)

- 충남 아산시 신창면 신정호길 262-8
- #휴식 #따뜻한 #벽돌건물

언더힐 카페 외관
"하얀 벽돌건물과 빨간 레터링 글씨"

아산 은행나무길과 곡교천 전망이 아름다운 뷰 카페 언더힐의 사진 촬영 포인트는 하얀 벽돌과 빨간 레터링 글씨로 꾸며진 카페 입구다. 입구 위쪽의 파라솔까지 모두 담기도록 살짝 멀리 떨어져서 사진 찍는 것이 포인트. 입구 앞에 작은 테이블에 앉은 인물 사진을 찍어도 예쁘다. (p265 D:1)

- 충남 아산시 염치읍 송곡남길 90
- #미국감성 #흰벽 #빨간레터링간판

히웅히웅 카페 벽 포토존
"흰 벽과 글자 포토존이 인기인 한옥카페"

영인산 자연휴양림 감성 한옥 카페 히웅히웅 건물 중앙의 돌길을 따라 쭉 이동하면 정방형의 흰 벽에 '히웅히웅' 글자가 박힌 주요 포토존이 나온다. 글자 아래 있는 벤치에 앉아 히웅히웅 글자와 얼굴만 나오도록 사진을 찍거나, 벽 전체가 나오도록 물러서서 정방형 사진을 찍어갈 수 있다. (p265 D:1)

- 충남 아산시 영인면 상성리 29-1
- #한옥카페 #화이트톤 #히웅히웅로고

아레피 카페 외관
"기하학적인 아름다움을 갖춘 건축물"

@bbangjin__h82

아레피 카페는 유명 건축가 곽희수 님이 디자인한 건축물로 유명한 곳이다. 곧게 뻗은 직선으로 이루어진 기하학적인 카페 건물이 인상적이다. 카페 건물 아래 계단 올라가는 쪽 필로티 공간에 서서 로우 앵글로 건물 사진이나 인물 사진을 찍으면 멋지다. (p265 D:1)

■충남 아산시 영인면 영인로 187-15
■#예술적인 #건축물 #풍경사진

사각사각 카페 조형물
"포토존 가득한 감성카페"

@h._.gildong

음봉면 한적한 곳에 세워진 사각사각 카페에는 입구부터 사진찍기 좋은 감성적인 조형물들이 다양하게 놓여있다. 입구의 노란 'cafe' 레터링 조형물과 콘크리트 벽을 따라 마련된 원목 테이블, 해먹 그네, 붉은 자갈마당, 아이보리색 파라솔 등 야외공간에 특히 사진 찍을만한 곳이 많다. (p265 D:1)

■충남 아산시 음봉면 관용로 413
■#갤러리카페 #해먹 #파라솔

공세리성당 유럽풍
"성당 계단 앞 포토스팟"

@minisoll

붉은 벽돌의 유럽식 건물인 공세리성당의 계단 앞에 서서 사진을 찍어보자. 계단에서 조금 앞으로 떨어진 곳이 건물 전체가 나오는 사진을 찍을 수 있는 곳이다. 우리나라에서 가장 아름다운 성당 건물로 뽑힌 공세리 성당은 건물에 불빛을 비춰주는 야경도 아름다워 밤에도 찾는 사람이 많다. 9월에는 공세리성당에 달빛 축제가 열려 야간에도 성당 안을 관람할 수 있다. (p265 D:1)

■충남 아산시 인주면 공세리성당길 10 공세리성당
■#공세리성당 #유럽풍 #성지

인주 한옥점 카페 문
"대문 포토존이 인기인 원목 감성 카페"

@nargnuoy

인주면 원목 감성 카페 인주 카페는 높은 담장과 나무로 된 고풍스러운 대문으로 둘러싸여 있다. 나무 대문 옆 '카페인주' 글씨가 살짝 보이도록 대문 앞에 서서 세로방향 인물사진을 찍어보자. 밤에는 대문 옆에 설치된 작은 전구에 조명이 들어와 한옥 건물이 더 운치있게 보인다. (p265 D:1)

■충남 아산시 인주면 아산만로 1608 가, 나, 다동
■#한옥카페 #우든인테리어 #감성카페

모나무르 카페 야외 건축물
"역 삼각뿔 포토존"

@eunmi_0410

카페 앞 커다란 분수 정원에 역 삼각뿔 모양 조형물이 장식되어 있는데, 이 삼각뿔 앞이 모나무르의 시그니처 포토존이다. 역 삼각뿔과 분수대 사이에 서서 연못이 화면에 절반쯤 차도록 기념사진을 남겨보자. 모나무르 카페 실내도 갤러리처럼 꾸며져 있어 사진 찍기 좋다. (p265 D:1)

■충남 아산시 장존동 순천향로 624
■#갤러리카페 #조형물 #역삼각뿔

백설농부 카페 오두막 앞

"오두막 모양 카페 건물이 귀여운 곳"

@teeny_yejin

카페 백설농부는 2동의 목제 건물로 이루어져 있는데, 이 건물이 오두막 모양으로 반듯하게 지어져 감각적인 사진 배경이 되어준다. 네모 반듯한 건물이 잘 나오도록 수평과 수직을 맞추어 건물 사진이나 인물사진을 찍어보자. 카페 내부도 분위기 있는 우드 톤으로 꾸며져 있고, 커다란 유리 통창이 설치되어 사진찍기 좋다. (p264 C:1)

■ 충남 예산군 봉산면 봉산로 516
■ #동화풍 #네모반듯 #건물사진

예당호출렁다리

"LED 조명을 더한 음악 분수 쇼"

@ming_min7

예당호 출렁다리 한가운데 서서 사진을 찍어보자. 시원하게 뻗은 다리와 함께 멋진 사진을 찍을 수 있다. 예당호 출렁다리가 가장 아름다운 때는 LED 조명이 커지는 야간이다. 음악 분수가 시간별로 운영하고 야간에는 레이저 공연이 함께 운영한다. 10월에는 불꽃축제도 열리고 최근에는 청룡 열차 같은 모노레일도 개통했다. (p265 D:2)

■ 충남 예산군 응봉면 후사리 39
■ #예당호 #출렁다리 #음악분수

아그로랜드 태신목장 수레국화

"파란 수레국화 가득한 꽃밭"

@eunzz_0326

5월 말~6월 초 파란색 수레국화가 가득 피는 포토 스팟. 넓은 평원 가득 수레국화가 피어 있어 청량한 감성의 사진을 찍기 좋다. 꽃밭 안쪽으로는 노란색 문 포토존도 있으니 함께 사진을 남겨보자. 입장료는 성인 10,000원이며, 입장권 구매시 트랙터 열차 탑승권을 증정한다. 목장 규모가 꽤 넓으니 수레국화 꽃밭으로 오고갈 때 트랙터 열차를 타는 것을 추천. (p264 C:1)

■ 충남 예산군 고덕면 상몽2길 231 아그로랜드 태신목장
■ #초여름 #수레국화 #포토존

화진담 카페 반원모양 포토존

"분홍빛 실내와 반원 모양 간접조명"

@_z.aaaaaxx

옛 광덕 양조장을 개조한 화진담 카페는 실내가 분홍빛 자갈길과 풀, 초목으로 꾸며져 있어 동양적인 분위기를 풍긴다. 카페 맨 끝쪽, 흰 벽에 반원 모양으로 간접조명이 비치는 곳이 메인 포토존인데 항상 사진 찍는 이들이 많아 위치를 쉽게 찾을 수 있다. 반원 모양 주변 화분까지 가득 담기도록 뒤로 이동해서 사진 촬영하면 예쁜 사진을 건질 수 있다. (p265 D:2)

■ 충남 천안시 광덕면 보산원2길 30-4
■ #실내정원 #반원형 #화이트톤

소륜호텔 홍콩 느낌 인테리어

"홍콩 감성 부티크 호텔"

@minjeong._96

영화 화양연화가 떠오르는 곳으로, 홍콩 느낌 인테리어로 꾸며진 호텔 전체가 포토존이다. 홍콩을 모티브로 한 부티크 호텔이며, 프런트에서 치파오를 빌려 입고 사진을 찍을 수 있다. 홍콩 레트로 느낌 가득한 곳답게 실제로 촬영 차 방문하는 사람들이 많은 곳. 객실 내, 외부 모두 홍콩에 있는 듯한 사진을 찍을 수 있고, 파티룸과 애견 동반 객실이 별도로 있다. (p265 E:1)
■ 충남 천안시 동남구 만남의길 21
■ #홍콩느낌인테리어 #천안부티크호텔 # 이색숙소

루베아 카페 호수뷰 액자프레임
"용연저수지 전망 가로형 프레임 포토존"

@choo_57

용연저수지 전망 카페로 유명한 루베아 카페에는 호수 전망을 가장 예쁘게 담아갈 수 있는 프레임 포토존이 있다. 1층 야외 마당 쪽으로 이동하면 거대한 가로형 프레임 벽이 세워져 있는데, 왼쪽으로는 '주식회사 구공 루베아'라는 글귀가 있고, 아래로는 인물이 앉을 수 있는 벤치가 놓여 있다. 봄에는 벚꽃 풍경이 아름다워 더 예쁜 호수 사진을 담아갈 수 있다. (p265 E:1)
■ 충남 천안시 동남구 목천읍 교촌7길 46-11
■ #호수전망 #벚꽃전망 #액자프레임사진

천안독립기념관 태극기
"한민족의 얼이 담긴 태극기"

@itsboram

천안 독립기념관 겨레의 탑과 겨레의 집 사이 815기의 태극기 사이에 서서 사진을 찍어보자. 바람에 태극기가 펼쳐지며 펄럭일 때 사진을 찍는 것이 포인트. 시민들과 함께 조성한 태극기 마당은 365일 하루도 빠지지 않고 개 양한다. 독립기념관은 8월 15일에 방문하면 광복절 행사와 함께 김구 선생과 유관순 누나 인형을 볼 수 있고, 11월 초에는 붉게 물든 단풍을 볼 수 있다. (p265 E:1)
■ 충남 천안시 동남구 목천읍 독립기념관로 1
■ #천안독립기념관 #태극기마당 #태극기

카페목천 포레스트뷰 통창
"유리창 통창 전망이 예쁜 숲카페"

@cae._.cozy

천안독립기념관 근처, 숲속에 자리 잡은 카페목천에는 커다란 유리 통창이 있어 숲 전

망을 오롯이 느낄 수 있다. 화이트, 우드 톤 실내 인테리어와 푸른 숲이 모두 잘 보이도록 카페 테이블에 앉은 인물과 그 너머 통창 전망을 모두 담아가면 예쁜 감성 사진을 찍을 수 있다. 카페는 11~21시 오픈하며 애견 동반이 가능하나, 이동 가방과 개인 담요, 목줄을 꼭 가져가야 한다. (p265 E:1)
■ 충남 천안시 동남구 목천읍 충절로 986-37
■ #숲전망 #통창 #우드톤

교토리 카페 원형 프레임
"일본식 목조 건물 감성카페"

@lyooonj

교토리카페는 이름 그대로 일본 교토 지방에 있을법한 일본식 목조건물로 되어있다. 건물 위를 덮고 있는 푸른 기왓장이나 카페 안에 있는 룸도 사진찍기 좋은 공간이지만, 가장 유명한 포토존은 바로 1층에 있는 원목 원형 프레임이다. 프레임 밖으로 푸른 숲이 펼쳐져 통창이 보이는데, 이 창과 원형 프레임 가운데 있는 인물을 찍으면 독특한 프레임 사진이 완성된다. (p265 E:1)
■ 충남 천안시 동남구 북면 위례성로 782
■ #일본풍 #다다미카페 #숲전망

카페 흑 한옥 테라스
"산세가 내려다보이는 테라스 공간"

@sallyshin

고즈넉한 분위기로 인기를 얻고 있는 한옥 카페 흑에는 산세가 들여다보이는 테라스 공간이 마련되어 있다. 원목 테이블에 앉아 맞은편 산과 숲, 강 전망이 잘 보이는 전망 사진을 찍을 수 있다. 이곳의 시그니처 메뉴인 흑라떼와 쑥 크럼블 크림라떼, 인절미 쑥 갸또 케이크는 음식사진 찍기 좋은 메뉴이니 참고하자. (p265 E:1)
- 충남 천안시 동남구 북면 위례성로 824-36
- #산전망 #강전망 #한옥카페

베이커리 카페 루 궁전 느낌 외관
"유럽 궁전 느낌 나선형 카페"

@04.14n

천연 대리석 벽과 나선형 창문이 이어진 카페 루 건물은 유럽이나 중동에서나 볼 법한 궁전 느낌을 준다. 나선형 유리창이 잘 보이는 카페 정면과 호수 쪽이 궁전 느낌이 가장 잘 나타나는 뷰포인트다. 정문 올라가는 계단 길에서 계단 위에 선 인물을 찍어도 예쁘고, 카페 안쪽에서 창문 안쪽 테이블에 앉은 사람을 정방형으로 찍어도 예쁘다. (p265 D:1)
- 충남 천안시 동남구 서부대로 531-20
- #유럽감성 #화이트톤 #궁전카페

온담 카페 소나무뷰 통창
"소나무숲뷰 프라이빗 룸이 인기"

@ny_lee.._0820

카페 온담은 오픈한 지 얼마 되지 않았지만, 예쁜 인테리어로 요즘 인스타그램에서 핫한 신상 카페다. 카페 실내에 ON:Dam 레터링이 쓰여 있는 통창 밖으로 커다란 소나무가 보이는 프라이빗 룸이 유명한 포토존인데, 이 창 앞에 있는 라탄 의자에 앉아 창밖 풍경을 담아갈 수 있다. 입구 쪽에 빨간 벽 앞으로 동물 의자가 놓인 곳도 주요 사진 촬영 포인트. (p265 D:1)
- 충남 천안시 동남구 신방동 600
- #키큰소나무 #통창뷰 #프라이빗룸

천안타운홀전망대 시티뷰 야경
"유리통창 너머 시티뷰"

@___seulgi_

바닥부터 천장까지 이어져 있는 통창으로 보이는 시원한 배경을 뒤로하고 사진을 찍어보자. 통창이 기억 자로 이어진 모서리 부분에 서서 야경을 찍는 곳이 이곳의 포토존이다. 천안 시내를 360도 조망할 수 있는 천안타운홀 전망대는 시청에서 운영하는 곳으로 야외 테라스가 있는 카페도 있다. 힐스테이트 상가동 지하 1층과 지상 1층에서 전망대 전용 엘리베이터를 타고 47층으로 바로 올라갈 수 있다. (p265 D:1)
- 충남 천안시 동남구 옛시청길 29 힐스테이트 천안
- #천안타운홀전망대 #시티뷰 #야경

피노카페 야외 노란간판 옆 의자
"카페 마당은 아기자기한 포토존"

@ju___mom

피노카페 마당 노란색 입간판 옆으로 흰색 테이블이 놓인 공간이 사진찍기 좋은 포인트다. 계절에 따라 황화 코스모스가 피어나기도 하고 초록의 청보리가 피어나 간판과 조화를 이루며 예쁜 사진의 배경이 되어준다. 피크닉 세트를 빌려 야외 마당에서 피크닉을 즐길 수 있다. 피노카페는 쿠키 맛집으로도 유명한데, 알록달록한 수제 르뱅쿠키들은 사진 찍어도 예쁘게 나오니 함께 주문해보자. (p265 D:1)

- ■ 충남 천안시 동남구 풍세면 삼태리 393-23
- ■ #8월 #황화코스모스 #야외테이블

핀스커피카페 핑크뮬리 정원
"10월 피어나는 핑크뮬리가 인기"

@wonnnurea

핑크뮬리 카페라는 별칭으로도 불리는 핀스커피는 10월경 핑크뮬리가 만개한다. 웬만한 수목원보다도 넓은 핑크뮬리 정원이 있어 사진 찍기 위해 방문하는 손님들도 많다. 핑크뮬리뿐만 아니라 흰색 카페 건물이나 야외 테라스의 무지갯빛 의자, 야자수로 꾸며진 화이트톤의 카페 내부도 모두 사진찍기 예쁜 공간들이다. 카페 규모가 크니 여유롭게 방문해 구석구석 즐겨보시길 권한다. (p265 E:1)

- ■ 충남 천안시 동남구 해솔1길 27-29
- ■ #핑크뮬리명소 #정원 #야자나무

용연저수지 루드베키아
"노랗고 탐스러운 꽃밭"

@ss_20211211

해바라기를 닮은 노란색의 루드베키아 사이에 서서 사진을 찍어보자. '영원한 행복'이라는 꽃말을 가진 루드베키아의 샛노란 꽃은 파란 하늘과 대조되어 멋진 사진을 찍을 수 있다. 용연저수지 둑길 따라 조성된 꽃밭은 경사가 가파르므로 사진 찍을 때 주의가 필요하다. 루드베키아는 6월에서 9월까지 볼 수 있다. (p265 E:1)

- ■ 충남 천안시 목천읍 교촌리 109-6
- ■ #용연저수지 #루드베키아 #꽃여행

이숲 카페 샤스타데이지
"매년 6월 샤스타데이지 꽃밭"

@su_hyun_yoon

매년 6월부터 이숲 카페에 계란 꽃이라고도 불리는 샤스타데이지가 만개한다. 꽃이 가장 많이 핀 곳은 유리온실 옆쪽인데, 유리온

실이 살짝 보이도록 배경 사진을 찍어도 예쁘고, 꽃 속에 폭 파묻힌 인물 사진을 찍어도 예쁘다. 유리온실과 꽃밭 옆에 마련된 원목 테이블도 사진찍기 좋은 포토스팟이다. (p265 E:1)

- ■ 충남 천안시 서북구 성거읍 송남리 133-1
- ■ #6월 #샤스타데이지 #유리온실전망

동민목장 카페 외관
"옛 시골집 느낌 벤치와 우체통"

@singan1127ekshin

옛 시골집을 떠올리게 하는 동민목장 카페는 돌과 나무로 꾸며진 독특한 인테리어 소품으로 꾸며져 있다. 하얀 벽으로 된 카페 입구 벽면 한 가운데 간이 벤치가 있고, 옆으로는 낡은 우체통이 있고, 지붕 위로는 감성적인 랜턴이 놓여 있어 인물사진 찍기 좋은 포토스팟이 되어준다. 건물 지붕 끝까지 잘 나오도록 살짝 멀리 떨어져서 사진을 찍어보자. (p265 D:1)

- ■ 충남 천안시 성환읍 송덕리 154
- ■ #레트로감성 #우체통 #통나무

천장호출렁다리 대형 고추 포토존
"세상에서 가장 큰 고추모형"

@hyeon222222

칠갑산 아래 천장호에는 길이 207m의 출렁다리가 있다. 다리 입구에서 조금 걸어가면 멀리서도 눈에 띄는 조형물이 다리 사이를 연결해 주고 있다. 청양의 대표 작물인 세계에서 가장 큰 고추와 구기자 앞에서 사진을 찍어보자. 천장호 출렁다리 중간 부분은 출렁다리가 수면과 거의 맞닿아 있어 물 위를 걷는 듯 아슬아슬한 체험을 할 수 있다. (p265 D:2)
- ■ 충남 청양군 정산면 천장리
- ■ #천장호 #출렁다리 #고추포토존

알프스마을 얼음분수축제
"겨울왕국 같은 얼음분수"

@jjj_.ee

매년 1월부터 2월까지 얼음분수축제가 열리는 곳. 사람 키보다 훨씬 큰 얼음분수 앞에서 겨울왕국 속 한 장면 같은 사진을 남길 수

있다. 이외에도 얼음조각 전시, 눈썰매, 얼음썰매, 짚트랙, 빙어 낚시, 군밤 체험등 다양한 겨울 체험 프로그램과 액티비티가 준비되어 있어 즐길거리가 많다. 야간에는 조명이 켜지며 더욱 화려한 모습을 볼 수 있으니 참고. (p265 D:2)
- ■ 충남 청양군 정산면 천장호길 223-35
- ■ #겨울 #얼음분수 #눈썰매

할머니집 하늘색 기둥 입구
"하늘색 기둥 촌캉스 분위기 숙소"

@jinigugi_c

하늘색 지붕과 기둥을 배경으로 사진을 찍어보는 것은 어떨까. 촌캉스 숙소인 만큼 시골 할머니 댁에 온 듯한 느낌의 사진을 얻을 수 있다. 숙소 내부에 이곳과 어울리는 가발, 액세서리가 있어 시골 감성을 한껏 업그레이드할 수 있다. 한적한 태안 바닷가 앞에 있으며, 마당에서 불멍이 가능하다. 공기놀이, 윷놀이, 바둑 등이 있어 어릴 적 기억을 떠올리며 놀기에도 좋은 곳. (p264 B:2)
- ■ 충남 태안군 고남면 가경주길 65-36
- ■ #태안촌캉스 #불멍숙소 #태안독채숙소

멜로우데이즈 카페 야자수뷰 창문
"야자수 풍경이 멋진 안면도 카페"

@rlo.lfo_xx

안면도 카페 멜로우데이즈는 마당에 야자수가 심겨있는데, 카페 안 통창 밖으로 이 야자수 풍경을 담아갈 수 있다. 야자수가 보이는 창 맞은편 테이블이 꽃무늬 테이블보와 원목 가구, 화분 등으로 꾸며져 있어 영국 보타닉 가든 느낌을 물씬 풍긴다. 카페 곳곳에 마련된 원목 거울 앞에서 셀피 사진도 남겨보자. (p264 B:2)
- ■ 충남 태안군 고남면 안면대로 4269-11
- ■ #유럽풍인테리어 #야자수 #프레임사진

팜카밀레 허브농원 수국
"알록달록한 기분이 좋아지는 수국"

@hiwoohihi

파란색 흰색 분홍색 보라색 색깔도 다양한 팜카밀레의 수국과 함께 사진을 찍어보자. 하얀 원피스를 입고 수국 사이에 서서 사진을 찍으면 숲의 요정이 된듯하다. 숲속에 조성된 수국 길은 7개의 테마로 되어있어 어디

서 찍어도 환상적인 분위기의 사진을 찍을 수 있다. 허브농원 곳곳에 요정과 난쟁이들이 숨어 있고 전망대에 허브정원을 한눈에 조망할 수 있다. 산책하며 꽃도 보고 힐링하기 좋은 곳이다. (p264 B:2)

- 충남 태안군 남면 몽산리 967
- #팜카밀레 #허브농원 #수국

청산수목원 팜파스
"키 큰 야자나무 팜파스"

@h.71hy0

팜파스 성지라 불리는 청산수목원의 키 큰 팜파스와 함께 사진을 찍어보자. 반짝이는 은백색 깃털 같은 팜파스와 파란 하늘이 보이는 구도의 사진을 찍으면 인생 샷 완성. 키가 2, 3미터에 달하는 팜파스 사이사이 포토존을 마련해 놨다. 전국에서 가장 큰 팜파스 군락이 있는 청산수목원은 팜파스 축제가 8월부터 11월까지 열린다. (p264 B:2)

- 충남 태안군 남면 신장리 18-4
- #청산수목원 #팜파스 #가을여행

파도리해식동굴 오션뷰 포토존
"사각동굴 프레임 바다사진"

@by_chaechae

파도가 자를 대고 깎아 놓은 듯 네모난 동굴에서 서 사진을 찍어보자. 파도리의 해식 동굴은 굴의 높이가 높고 사람이 만들어놓은 듯 말끔한 직 사각의 동굴은 사진을 찍으면 액자의 프레임이 된다. 주차 후 10분 정도 걸으면 동굴을 찾을 수 있다.수 있다 간조 시간 전후 2시간 사이에 방문하는 것이 좋다. 3개의 동굴 중 가장 큰 동굴이 대표 포토존이다. (p264 A:1)

- 충남 태안군 소원면 모항파도 로 490-85
- #파도리해식동굴 #오션뷰 #포토존

해피준 카페 물멍 출입문 좌석
"바다 전망 출입문이 포토존"

@hjw0218

파도리해수욕장 오션뷰 카페 해피 준 벽면에는 창문 대신 오션뷰를 즐길 수 있는 출입문이 여러 개 설치되어 있다. 출입문 안쪽에 테이블과 의자가 놓여있어, 이 테이블에 앉아 출입문 밖으로 펼쳐진 푸른 바다 풍경을 담아갈 수 있다. 문을 활짝 열어두고 사진을 찍으면 바다의 탁 트인 느낌을 더 살릴 수 있다. (p264 A:1)

- 충남 태안군 소원면 파도길 63-12
- #오션뷰 #통유리출입문 #물멍

트레블브레이크커피 분홍색 외벽
"분홍 벽이 포토존이 되어주는 곳"

@chouchou_hee

애견 동반 가능한 숲 전망 카페인 이곳의 트레이드마크는 바로 분홍색 벽 포토존. 주차장에서 카페 입구로 이동하다 보면 한쪽 구석에 분홍 가벽이 세워져 있고, 벽 가운데 하늘색으로 'Travel Break Coffee' 사인이 필기체로 장식되어 눈에 확 띄는 배경을 만들어준다. 벽 아래 놓인 측백나무 화분까지 잘 보이도록 뒤로 물러서서 인증사진을 찍어보자. (p264 B:2)

- 충남 태안군 안면읍 등마루1길 125
- #키치한 #컬러풀 #분홍색벽

삼봉해수욕장 갱지동굴
"바다 동굴 실루엣 사진"

@hanjoung.lee

삼봉해수욕장의 비밀스러운 갱지 동굴에서 바다를 배경으로 사진을 찍어보자. 카메라를 아래쪽에 놓고 위로 찍어야 동굴 전체가 나오는 실루엣의 사진을 찍을 수 있다. 썰물 때 물이 완전히 빠져야 동굴로 갈 수 있다. 백사장에서 두시 방향으로 걸으면 여러 암석이 보이고, 백사장에서부터 7분 정도 걸으면 큰 암석이 나오는데 가로로 긴 동굴 모양이 갱지 동굴이다. 가는 길에 암석이 많으니 주의. (p264 B:2)
- 충남 태안군 안면읍 삼봉길 209-3
- #삼봉해수욕장 #갱지동굴 #실루엣

꽃지해수욕장 할미할아비바위 일몰
"바위 사이로 노을진 풍경"

@bominlish

일몰이 아름답기로 유명한 꽃지해수욕장에는 두 개의 작은 섬이 서로 마주 보고 서있는 듯한 할미 할아비바위가 있다. 두 개의 섬 사이로 떨어지는 낙조와 함께 인생 샷을 남겨보자. 왼쪽의 작은 섬이 할미 오른쪽의 큰 섬이 할아비 바위다. 이곳은 썰물이면 바닷길이 열려 섬까지 직접 가볼 수 있다.(p264 B:2)
- 충남 태안군 안면읍 승언리
- #꽃지해수욕장 #할미할아비바위 #일몰

안면암 일몰
"바다 위 목탑과 일몰 풍경"

@wangjeon_luv

두 개의 섬 사이 바다 위에 떠 있는 목탑과 함께 사진을 찍어보자. 바다 위에 떠 있는 부상 탑으로 갈 수 있는 유일한 길인 부잔교 끝에 서서 사진을 찍으면 멋진 사진을 찍을 수 있다. 썰물에 물이 다 빠지면 부잔교를 통해 바닷길로 이어진 탑 가까이 갈 수 있다. 탑과 함께 지는 태양을 담는다면 인생 샷 완성. (p264 B:2)
- 충남 태안군 안면읍 정당리 178-7
- #안면암 #일몰 #부상탑

나문재카페 나무
"야외정원 산책은 필수"

@pm01.13

매년 7월 중순부터 8월 말까지 나문재카페 정원에 분홍빛, 하늘빛 수국이 가득히 피어나 예쁜 포토존이 되어준다. 이곳은 카페와 펜션, 정원을 함께 운영하는데. 정원 규모가 수목원만큼이나 넓고 곳곳이 유럽풍 동상과 가로등, 건물, 터널, 조형물 등으로 꾸며져 있어 수국 때가 아니라도 사진 찍으러 찾아올 만하다. (p264 B:2)
- 충남 태안군 안면읍 창기리 209-529
- #여름꽃 #수국카페 #수국정원

신두리해안사구 모래언덕
"이국적인 모래언덕"

@uu_ng_2

신두리에는 사막의 모습을 한 모래 언덕이 있다. 모래언덕 앞에 서서 사막에 여행 온 듯

사진을 찍어보자. 사막을 가보지 않은 사람
들은 간접적으로 사막을 경험해 볼 수 있다.
바람에 의해 해안가에 모래가 쌓여 생긴 퇴
적 지형으로 천연기념물로 보호받고 있다.
여름에는 모래 위에 식물이 자라고 있어 목
초지나 다름없어 보이지만 늦가을부터 겨울
에는 온전히 모래만 있는 모습을 볼 수 있다.
 (p264 B:1)
■ 충남 태안군 원북면 신두리 산 263-1
■ #신두리해안사구 #모래언덕 #사막

08

경상북도·대구

경상북도·대구

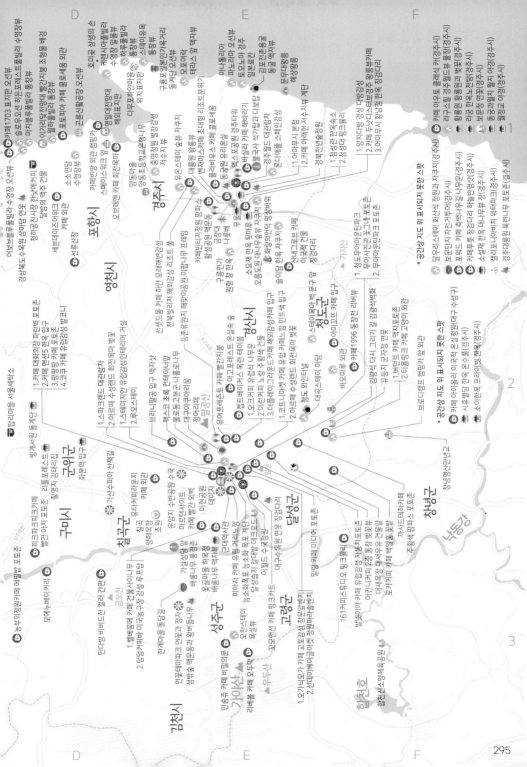

아킨니커피 2층 통창 벚꽃뷰
"벚꽃시즌 액자 뷰 포토존"

@24_1222

봄에 꼭 가봐야 할 곳으로 벚꽃 액자 뷰 포토존이 유명한 카페다. 2층 통창에서 바라보는 벚꽃 뷰가 예쁘다. 창문이 모두 통창으로 되어 있어 시원한 느낌을 주고, 통창으로 들어오는 햇살이 따스하다. 테이블에 비치는 벚꽃 또한 분위기 있다. 너티 브라운 크림 라테가 시그니처 메뉴로 고소하고 부드러운 땅콩크림 맛을 느낄 수 있다. (p295 E:2)
- 대구 남구 대명로 314 아킨니
- #대명동카페 #벚꽃명소 #벚꽃액자뷰

밀림 카페 미디어 포토존
"4층 미디어아트 전시실 운영"

@dj.0902

4층 미디어 포토존이 메인 포토존이다. 빔프로젝트를 통해 나오는 밀림 영상과 함께 사진을 찍어보자. 밀림 속에 와 있는 기분이 든다. 블랙과 그레이의 시크하게 세련된 인테리어가 돋보인다. 곳곳에, 숲속에 온 듯한 분위기가 느껴지고 물안개가 가득 피어올라 밀림을 연상시킨다. 몽환적인 분위기가 매력적이다. 희귀동물과 파충류를 관람할 수 있다. (p295 E:2)

- 대구 남구 용두길 16
- #대구카페 #미디어포토존 #파충류갤러리

이월드 수국정원
"산책로를 따라 핀 수국"

@h._.0_0n

이월드 수국정원에는 매년 7월 초부터 8월까지 진분홍빛, 보랏빛 수국이 만개한다. 수국 꽃길에서 산책로를 따라 핀 수국이 잘 보이도록 사진을 찍어도 예쁘고, 곳곳에 마련된 수국이 한쪽 벽면을 가득 채운 포토존에서 정방형 사진을 찍어도 예쁘다. 이 시기에는 수국 축제도 개최된다고 하니 축제 일정을 한번 살펴보는 것도 좋겠다. 단, 대구의 여름은 매우 무더운 편이므로 물과 손풍기 지참은 필수다. (p295 E:2)
- 대구 달서구 두류공원로 200
- #여름꽃 #보라수국 #하늘수국

꼬모맨션 카페 핑크카트
"알록 달록한 의자와 핑크 카트"

mo mansion

@areum.917

밤이 되면 조명이 켜져서 더욱 고즈넉한 한옥 미를 내뿜는 곳. 카운터 옆에 마련된 꼬모맨션이라고 적힌 흰 벽 앞에 서서 핑크 카트와 함께 사진을 찍어보자. 카트를 살짝 옆으로 옮겨 알록달록한 테이크아웃 의자와 함께 찍어도 좋다. 동화 속에 있을 법한 예쁜 카페로, 층고가 높고 통창이 있어 탁 트인 느낌을 받을 수 있다. 베이커리류가 맛있기로 유명하고, 커피부터 티, 에이드, 키즈 음료, 과일 라테 등 다양한 메뉴가 있다. (p295 E:2)
- 대구 달서구 조암로 71 1층 꼬모맨션
- #대구디저트맛집 #베이커리추천 #꼬모맨션본점

대구수목원 연못 징검다리
"징검다리와 연꽃 풍경"

@1204.1106

수목원 연못 가운데 놓인 징검다리에 인물을 세우고 다리 건너편에서 연못과 다리가 모두 잘 보이도록 위에서 아래로 살짝 카메라를 기울여 인물사진을 촬영해보자. 연잎과 연꽃 풍경이 아름다운 8월이 특히 더 아름다운 곳임을 참고하자. 주변에는 버드나무가 잎을 드리워 더 싱그러운 풍경을 만들어낸다. (p295 E:2)
- 대구 달서구 화암로 342
- #돌다리 #연못 #연꽃

발넷이야 카페 자동차포토존
"올드카 전시장 겸 포토존"

@han__b.95

운동장 한편에 있는 올드 외제 차들과 외국에 와 있는 듯한 테마 공간이 있는데, 올드카보닛 위에서 찍는 사진이 유명하다. 잔디 운동장과 인조 운동장, 미끄럽지 않은 실내 공간, 작지만 물놀이가 가능한 분수대, 유럽풍 인테리어의 애견 카페로 유치원, 호텔, 훈련소도 운영하고 있다. 1층의 편의점에서는 강아지 간식은 물론 견주들을 위한 간식도 구입이 가능하다. (p295 E:2)
- 대구 달성군 가창면 가창로176길 33
- #애견카페 #올드카 #애견호텔

까사드테하카페 주황색 팜파스 포토존
"주황색 팜파스 피어나는 한옥카페"

@combine_n.w.k

주황색 팜파스가 심어진 까사 드 테하가 적혀진 흰 벽이 메인 포토존이다. 카페 입구에 있는 포토존에서 한옥을 배경으로 사진을 찍어보는 것은 어떨까. 본관에서는 주문과 픽업만 할 수 있으며, 별관에 좌석이 마련되어 있다. 한옥 카페답게 별관 2층에 좌석공간이 있으며, 야외 자리는 밀짚 파라솔이 있어 이국적인 느낌도 받을 수 있다. (p295 E:2)
- 대구 달성군 가창면 녹문길 16-11
- #대구한옥카페 #대구예쁜카페 #밤에오기좋은곳

대새목장 대새우유건물앞
"귀여운 캐릭터의 거대한 우유갑"

@lucyyy_eon

대새목장 앞에는 2,500L짜리 대새우유 우유갑 포토존이 있다. 귀여운 소 캐릭터가 그려진 우유갑 앞에 서거나 우유갑에 살짝 기대어 사진찍기 좋은 곳이다. 우유갑이 1:1 비율이라 인스타그램용 인증사진 찍기도 좋은 곳이다. 그늘이 없어 맑은 날 사진 찍으면 더 잘 나온다. (p295 E:2)
- 대구 달성군 가창면 주리 산132-28
- #귀여운 #캐릭터 #우유곽

덤덤커피바 미국농구장 감성 루프탑
"농구장 포토존으로 유명한 루프탑 카페"

@lee0g

루프탑의 농구장 포토존이 메인 포토존. 풀장과 파라솔, 의자 등 다양한 콘셉트로 꾸며진 루프탑에서 사진을 즐기기 좋다. 컬러감 있는 테이블과 의자가 테라스와 잘 어울린다. 루프탑 뷰가 예쁜 카페가 많은데, 이곳은 루프탑 자체가 예쁘다. 독특한 의자와 테이블이 소품이 힘하다. 계단으로 오르는 길 빨간 의자도 인기 포토존이다. (p295 E:3)
- 대구 달성군 다사읍 서재로 71 2층
- #서재커피 #애견동반 #루프탑

벨베꼼메 카페 건물사이나무
"로스팅실 함께 운영하는 카페"

@s_u_ji_ni

로스팅 실과 카페 공간 사잇길이 포토존이다. 유리에 비친 조명과 바닥의 동그란 돌, 나무가 잘 어울려 감성 샷을 찍을 수 있다. 로스터리, 베이커리를 전문으로 하는 카페로 낮에는 따뜻한 햇살을 저녁엔 불멍을 즐길 수 있다. 바닐라라떼가 시그니처 메뉴다. 유아

의자와 유아용 책, 야외공간 산책하기도 좋아 아이와 함께 가기도 좋다. (p295 E:3)
- ■ 대구 달성군 다사읍 세천북로 66
- ■ #대형카페 #불멍 #베어커리카페

옻골마을 하목정 배롱나무 액자뷰

"배롱나무를 담은 나무 프레임"

배롱나무는 진분홍 꽃이 아름다운 여름꽃으로, 8월에 절정을 이룬다. 이 시기가 되면 하목정 한옥 대문 밖에 붉은 배롱꽃이 바로 들여다보이는데, 하목정 간판과 나무 프레임이 모두 들여다보이도록 멀리 찍어서 창밖의 배롱나무꽃 풍경이나 인물사진을 찍으면 인스타용 사진이 완성된다. (p295 E:3)
- ■ 대구 달성군 하빈면 하목정길 56-10
- ■ #여름꽃 #빨간색 #한옥사진

마르텐사이트 카페 빨간 외벽

"감각적인 빨간 컨테이너와 대형 거울"

빨간 컨테이너 외관이 멀리서도 눈에 띈다. 입구에 서서 카페 간판과 함께 찍는 사진이 멋지다. 오래된 공장 건물을 개조해 만든 카페로, 날 것 그대로의 느낌이 있다. 감각적인 그림이 곳곳에 걸려있다. 전신 샷을 찍을 수 있는 대형 거울과 나무가 보이는 벤치도 인기 포토존이다. 통창을 통해 보이는 논뷰가 푸릇푸릇하다. 화이트 아인슈페너가 대표 메뉴다. (p295 E:2)
- ■ 대구 달성군 하빈면 하빈로 363
- ■ #하빈카페 #대형카페 #논뷰

161커피스튜디오 핑크뮬리

"핑크뮬리로 유명한 정원 카페"

카페 앞 테라스에 펼쳐진 핑크뮬리를 배경으로 사진을 찍을 수 있다. 핑크뮬리는 10월에 절정이므로 시기를 잘 맞춰 방문하면 예쁜 사진을 얻을 수 있을 것. 카페 내부와 외부 테라스에 앉아서도 핑크뮬리를 감상할 수 있다. 모래놀이, 전동차 등이 있어 아이들과 함께 오기 좋은 곳이며, 소금 커피가 유명한 곳. (p295 F:2)
- ■ 대구 달성군 현풍읍 비슬로 581
- ■ #핑크뮬리카페 #아이와함께카페 #대구카페추천

달성습지 갈대밭 데크로드

"갈대밭 너머 낙조풍경"

달성습지에 8월 말부터 가을 분위기 물씬 나는 갈대밭이 넓게 펼쳐진다. 갈대밭을 따라 이어진 나무 데크 길을 가이드라인 삼아 수평을 잘 맞추어 인물사진을 찍으면 예쁘다. 일몰 시각에 맞추어 낙조 풍경도 함께 담아가면 더욱 좋은 곳이니 참고하자. (p295 E:2)
- ■ 대구 달성군 화원읍 구라리 862
- ■ #낙조전망 #가을 #갈대밭

대구아쿠아리움 정어리떼

"밤하늘의 은하수를 닮은 정어리떼"

대구아쿠아리움 천장 수조 구간에 엄청난 수의 정어리 떼가 있는데, 어두운 물빛 사이 하얗게 빛나는 정어리 떼가 마치 밤하늘의 은하수를 보는 듯하다. 정어리가 지나갈 때를 잘 맞추어 사진이나 동영상을 촬영해보자. 정어리 앞에 서서 인물 사진을 촬영해도 예쁘다. (p295 E:2)
- ■ 대구 동구 동부로 149
- ■ #천장수조 #정어리 #신비한

유어프레즌트 카페 빨간지붕
"2층 빨간 지붕 테라스 포토존"

@ryuzln

2층 테라스 자리의 빨간 지붕이 인상적이다. 빨간 기와를 배경으로 파라솔 자리에 앉아 자리를 찍으면 이국적인 분위기를 느낄 수 있다. 내부는 블랙으로 이루어진 시크한 분위기다. 주택을 개조한 카페라 테이블들이 룸별로 나뉘어져 있다. 통창을 통해 보이는 골목뷰도 좋다. 다락방 같은 곳에 좌식 테이블이 있어 아늑한 분위기를 준다. (p295 E:2)
- 대구 동구 동부로32길 12 1층
- #동대구역카페 #소금라떼 #빨간지붕

불로동고분군 나홀로나무
"능선사이 초록 나무가 만든 이색적인 풍경"

@yyoon__n

불로동 고분군의 완만한 능선 사이로 초록 나무 한 그루가 서 있어 이색적인 풍경을 만들어낸다. 이 나홀로나무가 중심이 되도록 해서 상단 반절은 하늘이 보이도록, 하단 반

절은 고분이 보이도록 풍경 사진을 찍으면 예쁘다. 고분과 나무색이 싱그럽게 보이는 맑은 날 사진을 찍으면 더 잘 나온다. (p295 E:2)
- 대구 동구 불로동 335
- #완만한 #고분군 #인스타사진

브리니팔공 입구 액자샷
"단아하고 세련된 분위기 한옥카페"

@11z01ni

카페 입구의 한옥 대문이 이곳 대표 포토존. 카페 본관 한옥 건물을 등 뒤로하고 대문 너머에서 사진을 찍으면 대문이 멋진 프레임이 된다. 한옥의 단아함과 세련됨이 더해져 매력적인 곳이다. 갓바위 방면으로 직진해서 가는 길이 교통혼잡이 덜한 편이다. (p295 E:2)
- 대구 동구 팔공로206길 4
- #팔공산카페 #애견동반카페 #한옥카페

등촌유원지 해맞이공원 이팝나무 프레임
"하얀 이팝나무꽃 프레임"

@jj.___ws

5~6월이면 등촌유원지 해맞이공원 산책로 중간에 이팝나무 하얀 꽃이 만개한다. 이 이팝나무길 끝 쪽에 인물을 세우고 반대편 끝에서 건너편 인물을 촬영하면 이팝나무가 자연 프레임이 되어준다. 이팝나무 끝까지 잘 보이도록 살짝 아래에서 위쪽으로 카메라를 기울여 사진 촬영하면 더 예쁘다. (p295 E:2)
- 대구 동구 효목1동 효동로6길
- #이팝나무 #흰꽃 #나무프레임

운암지수변공원 수국
"돌담에 만개한 수국"

@yeonu5678

6월이 되면 운암지수변공원에 다른 곳에서는 쉽게 보기 힘든 분홍 수국 무리가 피어난다. 수국이 돌담 위 높은 곳에 피어있어 근접 사진보다는 약간 멀리 떨어져서 찍어야 사진이 예쁘게 나온다. 분홍분홍한 소녀 감성 수국과 어울리는 소녀풍 착장을 하고 사진 찍으면 더 예쁘다. (p295 E:2)
- 대구 북구 구암동 349
- #분홍수국 #러블리 #소녀감성

펙스코 초록 컨테이너앞
"독특한 초록 컨테이너 배경의 감성사진"

@ejej1215

대구 엑스코 옆에 있는 초록 컨테이너 건물 펙스코는 디자이너 브랜드 제품을 판매하는 패션 쇼핑몰로, 독특한 초록 건물을 배경으로 감성 사진을 찍어갈 수 있는 포토존이 되어준다. 건물 가운데 입구 쪽으로 2층까지 잘 보이도록 카메라를 위쪽으로 기울여 로우 앵글로 사진 촬영하는 것을 추천한다. 맑은 날에 초록 건물 색깔이 더 또렷하게 찍힌다. (p295 E:2)
- 대구 북구 엑스코로 3
- #감성적인 #현대적인 #디자이너숍

피아자 카페 정원 분수대
"야외 정원과 분수대"

@07_28.p

야외 테라스의 유럽풍 분수대 앞이 이곳의 포토존이다. 햇살 가득한 날 테라스에 앉아 사진을 찍으면 마치 유럽에 온 것 같은 고풍스러운 분위기를 담을 수 있다. 실내는 화이트톤에 통유리로 되어 있어 채광이 좋다. 보

정 없이도 사진이 예쁘게 나온다. 천장에 있는 샹들리에가 더욱 고급스러운 분위기를 연출한다. (p295 E:2)
- 대구 서구 서대구로 104 R층
- #평리동카페 #야외정원 #브런치카페

이현공원 데이지
"데이지꽃이 만개한 하얀 꽃밭"

@lilys2_s2

매년 5월 초부터 중순까지 이현공원 장미원 근처에 흰색 데이지꽃이 만개한다. 데이지꽃은 5~10cm 정도로 낮게 피어 일어서서 찍기보다는 꽃밭에 앉아 인물과 꽃이 모두 잘 보이도록 카메라를 위에서 아래를 기울여 사진을 찍는 것이 좋다. (p295 E:2)
- 대구 서구 이현동 산119
- #데이지 #계란꽃 #들꽃

이런커피 노랑 주황색 건물
"수달 그림이 그려진 주황 컨테이너"

ROASTING COM
@ppigist__

화려한 주황색 컨테이너 건물이 눈에 띈다. 주황색 건물 가운데 노란색으로 칠해진 곳엔 귀여운 수달이 그려져 있다. 직접 수입한 원두를 로스팅하여 판매하고 있어 저렴한 가격에 신선한 원두를 맛볼 수 있다. 컨테이너로 만들어진 공간이지만 블랙으로 시크하

고 멋스러운 분위기를 연출한다. 너티더티 프리티와 치즈 아메리카노가 대표 메뉴다. (p295 E:2)
- 대구 수성구 고모로 120 1층
- #수성구카페 #로스팅카페 #주황 컨테이너

오크커피 유럽식 나무문
"유럽식 문과 샹들리에"

@man_ji_da

유럽식 나무 문이 마치 동화 속에 나올 것 같은 모습을 띠고 있다. 나무 문을 배경으로 사진을 찍어 동화 속으로 들어가 보자. 천장에 달린 커다란 샹들리에가 어두한 분위기를 환하게 밝혀준다. 실내 대형 스크린 화면에서는 영화가 상영된다. 야외테라스의 노란 은행나무가 인상적인 곳이다. 주차 공간이 협소하고, 노키즈존으로 10세 이상 출입이 가능하다. (p295 E:2)
- 대구 수성구 달구벌대로496길 11
- #범어동카페 #유럽풍 #디저트맛집

켑트베이커스 카페 목련 테이블
"목련 나무 장식 감성카페"

@binidul_mom

외부에 커다란 목련 나무가 있어, 목련이 피는 초봄에 간다면 만발한 목련과 함께 사진을 찍을 수 있다. 오픈 주방으로 위생적인 부분을 체크할 수 있고, 직접 로스팅하여 원두를 내린다. 층고도 높고, 노출 천장에 포인트되는 조명으로 힙함을 더한다. 베이커리와 디저트가 맛있는 곳으로 체리 아이스크림이 대표 메뉴다. 애견 동반 카페로 매장 내에서도 애견 동반이 가능하다. (p295 E:2)
- 대구 수성구 달구벌대로650길 15 1층
- #신매동카페 #애견동반카페 #목련

카페 아이올리 이국적 온실정원
"유리온실과 정원이 딸린 카페"

@ejej1215

정원 한가운데 유리 온실이 있는데 카페 아이올리의 포토존으로 유명하다. 유리 온실과 정원이 보이는 방향으로 테라스가 있어 풍경을 감상하며 커피를 즐길 수 있다. 카페

내부는 우드톤으로 따뜻한 느낌을 준다. 1층에서 2층으로 올라가는 나선형 계단이 멋스럽다. 2층 창가 자리와 긴 원목 테이블이 외국 도서관에 온 느낌을 준다. (p295 F:2)
- 대구 수성구 달구벌대로652길 16
- #신매동 카페 #유리온실 #베이커리 카페

코트니마켓 카페 민트색 입구
"민트색 문과 이국적 인테리어"

WE MAKE SOMETHING DELICIOUS TEAM BAKE
@ah_o.k

연한 민트색의 문이 이국적인 느낌이다. 화이트톤의 밝은 인테리어에 햇살이 잘 들어환한 느낌이다. 의자 디자인이 일정하지 않고, 각양각색이다. 디저트 진열대는 유럽의 어느 마을 상점에 들어온 느낌이 든다. 소품들도 유럽 감성을 느낄 수 있다. 다양한 디저트를 판매하고 있는데 소금빵이 인기다. 주차장은 따로 없고 골목에 주차해야 한다. (p295 E:2)
- 대구 수성구 용학로 172 남정빌딩 1층
- #수성구카페 #유럽풍 #소금빵맛집

아르떼 수성랜드 회전목마 벚꽃
"아기자기한 히든 벚꽃 스팟"

@juxxu_k

대구 수성구의 숨겨진 벚꽃 명소. 봄이 되면 회전목마 앞 벚꽃나무가 만개하면서 동화속 한 장면 같은 분위기가 연출된다. 아르떼 수성랜드는 규모는 작지만 회전목마 뿐만 아니라 공중자전거를 타면서도 벚꽃 풍경을 즐길 수 있다. 만약 놀이기구를 이용하지 않고 싶다면 놀이공원 바깥의 수성못 쪽 산책로에서도 회전목마와 벚꽃을 볼 수 있으니 참고하자. (p295 E:2)
- 대구 수성구 무학로 42
- #봄 #벚꽃 #놀이공원

대구근대역사관 이국적인 역사관건물
"레트로한 건물이 주는 옛 감성"

@ hoya0425

대구 근대역사관 건물은 요즘 인스타그래머들 사이에서 핫한 사진 촬영지다. 레트로한 근대역사관 건물 자체가 옛 감성을 더할 수 있는 포토존이 되어준다. (p295 E:2)
- 대구 중구 경상감영길 67

■ #레트로 #구한말감성 #설정사진

코쿠 카페 유럽감성 발코니
"예쁜 소품들로 꾸며진 아치형 카페"

@yull_v

궁전 같은 웅장함과 아치형 건물 기둥이 멋지다. 유럽의 발코니에 서 있는 듯한 사진을 찍을 수 있다. 천고가 높아 개방감이 있다. 카페 겸 와인바로 운영되는 곳이라 낮에도, 밤에도 가기 좋다. 적절한 소품과 포스터들로 공간을 꾸며 놓았다. 조명도 예쁘고 우드 테이블도 고급스럽다. 전용 주차장이 없어 맞은편 유료주차장을 이용해야 한다. (p295 E:2)
■ 대구 중구 공평로8길 46 2층, 3층
■ #사덕동카페 #와인바 #유럽풍

스테이지안 감성인테리어 거실
"동서양의 아름다운 조화"

@re___miya

한옥과 오묘한 조화를 이루고 있는 유럽 감성 넘치는 거실이 이곳의 포토 스팟. 마당에는 대나무 숲이, 숙소 내부에는 빈티지 유럽 소품들이 있어 이색적인 한옥 스테이를 즐

길 수 있는 곳. 마당 뷰를 바라보며 욕실 자쿠지에서 반신욕을 할 수 있고, 캠핑 콘셉트로 바비큐도 이용할 수 있다. 조식과 와인 중에 선택해서 서비스 받을 수 있다. (p295 E:2)
■ 대구 중구 달구벌대로447길 72-3 은하수식당 옆 골목
■ #대구한옥숙소 #유럽느낌인테리어 #대구감성숙소

김광석 다시 그리기 길 김광석 벽화
"흑백 벽화 앞에서 김광석 기리기"

@k_se_min

김광석 다시 그리기 길에 그가 노래 부르던 모습을 흑백으로 그린 벽화 2개가 있는데, 이 앞에서 벽화가 카메라에 가득 차도록 사진을 찍으면 예쁘다. 흑백 모드로 사진 촬영하면 분위기 있는 인물 사진을 찍을 수 있으니 참고하자. (p295 E:2)
■ 대구 중구 대봉동 31-74
■ #김광석 #흑백사진 #옛날감성

능소화폭포 능소화 폭포 계단
"폭포처럼 쏟아지는 능소화"

@pogny93

능소화폭포는 주황색 능소화꽃이 폭포처럼 쏟아 내리는듯한 계단 담벼락 길이다. 6월 초부터 능소화꽃이 한가득 피어나 예쁜 자연 포토존이 되어준다. 벽돌 사이 '능소화 폭포'라고 쓰여진 부분에 걸터앉아 능소화가 잘 보이도록 멀리 떨어져 사진을 찍으면 예쁘다. (p295 E:2)
■ 대구 중구 대봉로47길 31
■ #6월 #능소화 #계단길

오가닉모가 카페 교토감성 마당
"마당 포토존 있는 한옥카페"

@jjoy.join

한옥 콘셉트의 카페지만 일본풍 무드가 섞여 있어 독특한 분위기를 풍기는 교토 감성의 집 마당에서 사진을 찍어보자. 푸르고 청량한 분위기를 가진 카페. 입구에 심어진 모과나무와 주변 정원에 심어진 식물들, 하

늘에서 불어오는 바람까지 잘 어우러진 곳이다. 가을 시즌에는 노란 모과가 주렁주렁 달린 모습을 볼 수 있다. (p295 E:2)
- 대구 중구 동덕로 48-5
- #대봉동카페 #김광석거리카페 #한옥카페

선데이베이글마켓 카페 정원파라솔벤치
"이국적인 분위기 베이글 카페"

@ws___so

입구 앞 파라솔에 앉아 카페 외관을 배경으로 사진을 찍으면 여행 온 기분이 절로 난다. 카페 내부의 인테리어도 이국적인 느낌을 준다. 다양한 종류의 베이글과 크림치즈를 판매하고 있어 음료와 함께 즐기기 좋다. 뿐만 아니라 피클, 버터, 잼 등 다양한 식재료를 판매하고 있다. 골목에 위치해 주차 공간이 없다는 것이 단점이다. (p295 E:2)
- 대구 중구 동덕로14길 18-1
- #대봉동카페 #베이글 #이국적

팡팡팡 카페 포토존
"입구 병정 인형 포토존"

@sssss__030129

귀여운 병정들이 반겨주는 입구가 이곳의 메인 포토존이다. 마치 장난감 나라에 온 듯하다. 매장의 규모가 커서 다양하게 공간을 꾸며놓았다. 화장실 인테리어마저 예쁘다. 버터, 치즈 등을 판매하는 식료품 코너와 파티용품 등의 소품을 판매하고 있어 구경하는 재미가 있다. 베이커리 종류가 다양해 무엇을 먹을지 행복한 고민을 할 수 있다. (p295 E:2)
- 대구 중구 동성로1길 15 2층 팡팡팡
- #동성로카페 #베이커리카페 #디저트맛집

스파크랜드 대관람차
"거대한 관람차와 도심 풍경"

@dearx.x

스파크랜드는 도심 속 놀이공원으로, 전망대로 올라가면 거대한 대관람차가 한눈에 모두 담긴다. 푸른 하늘과 도심 풍경이 잘 들여다보이도록, 관람차 앞 빨간 'spark' 조형물을 정면에 놓고 카메라를 약간 바닥 쪽에

두고 사진을 찍으면 잘 나온다. 맞은편에 마련된 벤치 또한 인물사진 찍기 좋은 포토존이 되어준다. (p295 E:2)
- 대구 중구 동성로2길 61
- #레트로풍 #빨간색 #가족사진

카페 대화의장 형광 벽 포토존
"반전의 포토월 복합문화공간"

@eunhye1230

해외 벽화가 떠오르는 알록달록 파란 벽이 시그니처 포토존이다. 조명이 켜지면 벽과 글자의 색이 반전되는 신기한 매력이 있다. 이곳은 7개의 건물이 합쳐진 대구복합문화공간 중 한 곳으로, 1920년대부터 있던 여관을 도시재생사업을 통해 새롭게 탄생시킨 공간이다. 건물마다 다른 인테리어와 장소로 운영 중이며, 대화의 꽃은 카페&펍으로 운영되고 있다. 쨍한 색감과 소품들이 주는 이색적인 인테리어로 꾸며져 있으며, 빅토리아 케이크가 시그니처 메뉴다. (p295 E:2)
- 대구 중구 북성로 104-15
- #북성로감성카페 #대구복합문화공간 #알록달록포토존

카페 맨션5 한옥 입구
"옛 느낌 고스란히 간직한 한옥카페"

한옥 대문이 메인 포토존. 한옥 건물을 등 뒤로하고 문 너머에서 사진을 찍으면 대문이 멋진 프레임이 된다. 내부는 서까래가 드러나 한옥 느낌이 확연하다. 창가 쪽 자리는 햇볕이 잘 들어 색감이 예쁜 사진을 찍을 수 있다. 중정의 나무, 툇마루 등 포토존이 가득하다. 해가 지면 은은한 조명 덕분에 훨씬 분위기 있는 사진을 찍을 수 있다. (p295 E:2)
- 대구 중구 중앙대로79길 28 맨션5
- #동성로카페 #한옥카페 #브런치카페

화본역 입구
"레트로 감성의 화본역"

일제강점기에 세워진 화본역을 그대로 재현해놓은 곳으로, 분홍색 벽과 갈색 지붕으로 된 레트로풍 건물이다. 건물 밖에서 콘셉트 사진을 찍어도 좋지만, 건물 안도 화본역을 기념하는 역사박물관처럼 꾸며져 볼거리가 많다. (p295 D:2)
- 대구 군위군 산성면 산성가음로 711-9
- #폐기차역 #옛날감성 #역사적인

리틀포레스트 촬영지 김태리집
"하얀벽과 곶감이 만든 시골 풍경"

임순례 감독의 영화 '리틀포레스트'의 배경이 된 곳으로, 주인공 이름을 따 '혜원의 집'이라고도 불린다. 하얀 벽 기와집에 곶감이 널려있어 운치를 더하며, 영화에 나온 시골 부엌도 그대로 담아갈 수 있다. (p295 D:2)
- 대구 군위군 우보면 미성5길 58-1
- #영화촬영지 #곶감풍경 #레트로

마고포레스트 카페 온실속 숲
"온실속 나무 포토존"

실내 정원 카페인 마고포레스트는 건물 2층까지 높이 솟아오른 나무가 독특한 포토존이 되어준다. 매장 가운데 조성된 나무 숲길 중앙에 서서 카메라를 아래에서 위로 향하여 천장까지 모두 담아 사진을 찍어 보자. 시그니처 메뉴인 말차라떼와 녹차빵, 고구마빵 등 음식사진 찍기 좋은 베이커리 카페이

기도 하다. (p295 E:2)
- 경북 경산시 경안로73길 20
- #실내정원 #2층규모 #키큰나무

토모노야 경주 일본료칸
"현대식 일본 온천료칸"

일본 료칸에 와 있는 듯한 느낌을 주는 야외 노천탕이 이곳의 메인 포토존이다. 호텔 외관에서부터 일본 느낌 가득한 곳으로, 하늘길이 막힌 지금 잠시나마 일본을 느낄 수 있는 숙소다. 유카타를 빌려 입으면 일본 감성을 한껏 더한 사진을 찍을 수 있다. 다다미방과 히노키탕이 객실 내에 있고, 객실 예약 시 가이세키 정식 석식과 조식이 포함된다. (p295 E:1)
- 경북 경주시 감포읍 동해안로 2401
- #경주료칸숙소 #야외노천탕 #일본느낌

아나톨리아 파노라마 오션뷰
"파노라마 오션뷰 루프탑 공간"

보기만 해도 시원해지는 파노라마 오션뷰를 가진 객실이 이곳의 메인 포토존이다. 전 객실 오션뷰 수영장이 있으며, 파노라마 오션

뷰는 A01 객실에서만 볼 수 있다. 루프탑 정원에 빈백 의자가 있어 바다를 바라보며 편하게 쉴 수도 있다. 감포에 있는 만큼 문무대왕릉, 나정고운모래해변 등을 같이 둘러보기 좋다. (p295 E:1)

■ 경북 경주시 감포읍 동해안로 2632
■ #감포오션뷰숙소 #파노라마뷰 #감포펜션추천

감포전촌용굴 동굴 액자뷰
"동굴이 만든 프레임"

@milk___k

감포전촌용굴은 세로로 길게 굴이 뚫려있어 안쪽에서 바깥쪽으로 사진을 찍으면 동굴이 길쭉한 프레임이 되어준다. 감포 전촌항에서 내려 해국 길을 따라 20분 정도 이동하면 용굴이 나온다. 용굴 가는 해국길 전망도 멋지다. (p295 E:1)

■ 경북 경주시 감포읍 전촌리 9-1
■ #용굴프레임 #세로사진 #해국길

중명정원 별장감성 저수지 뷰
"저수지 뷰 개인별장"

@iiraraii

* 침실에서 볼 수 있는 파노라마 저수지 뷰로 유명한 곳. 개인 별장에 와 있는 듯한 느낌으로 저수지를 바라보며 빈백에 앉아 사진을

찍어보자. 거실에 마련된 티테이블도 포토스팟 중 하나이며, 야외 조명을 켜면 더욱더 분위기 있는 사진을 연출할 수 있다. 마당에서 바비큐를 즐길 수 있고, 빔프로젝터를 이용하여 야외에서 영화 관람도 할 수 있는 곳. (p295 D:1)

■ 경북 경주시 강동면 부조중명길 362-4
■ #경주독채펜션 #별장느낌숙소 #저수지뷰

엑스포공원 경주타워
"전망대가 만든 프레임"

@93_k.jh

경주엑스포공원 시간의 정원에는 황룡사 9층 목탑 모양으로 구멍이 뚫려 있는 거대한 전망대가 있다. 이 건물의 빈 곳을 프레임 삼아 인물사진을 찍으면 예쁘다. 밤에는 전망대 건물에 조명이 들어와 더 로맨틱한 분위기를 연출하는데, 이때 커플 사진을 찍는 이들도 많다. (p295 E:1)

■ 경북 경주시 경감로 614
■ #황룡사프레임 #야간조명 #커플사진

월정교 야경
"월정교와 조명이 만든 멋진 야경"

@sung_ha_94

경주 문화제, 신라 문화제 등 경주 일대에 굵직한 행사가 있을 때 월정교에 야간 조명이 드리운다. 축제나 야간 개장 일정을 확인하고 방문해 멋진 야간 전망을 카메라에 담아보자. 조명이 들어오지만 다소 어두운 편이므로 장노출 사진 촬영을 추천한다. (p295 F:1)

■ 경북 경주시 교동 48
■ #한국적인 #야간조명

슬이담 한옥 자쿠지
"리모델링 한옥과 자쿠지"

@ssong_sweety

따뜻한 자쿠지에 몸을 담근 채 감성 가득한 사진을 찍어보자. 마당에서 다도룸 쪽으로, 다도룸에서 마당 쪽으로 어디서 찍어도 인생사진을 남길 수 있다. 슬이담은 오래된 고택을 리모델링한 곳이며, 시내와는 조금 떨어져 있는 한적한 마을에 있다. 숙소는 본채와 별채로 나뉘어 있고, 본채에는 침실, 주방, 거실이, 별채에는 다도룸과 자쿠지가 있다. (p295 E:1)

■ 경북 경주시 내남면 상신평리길 18
■ #경주자쿠지숙소 #경주한옥독채 #경주감성숙소

카페푸룻 징검다리 하늘반영샷

"루프탑 공간과 앞마당이 포토존"

경주 대형카페 카페푸룻은 루프탑 테라스 건물부터 넓은 앞마당까지 사진찍기 좋은 산책로와 인테리어로 가득하다. 산책로를 따라 건물 뒤쪽으로 이동하면 푸른 수조와, 그 수조를 가로지르는 정사각형 돌다리가 놓여있다. 이 수조를 가운데 두고 징검다리 위에 선 인물 사진을 찍으면 푸른 물결 위에 선 듯한 멋진 인생 사진을 찍어갈 수 있다. (p295 F:2)

- 경북 경주시 도지동 320-1
- #야외수조 #징검다리뷰 #노을뷰

플라비우스 카페 콜로세움

"이탈리아 감성 콜로세움"

이탈리아 로마의 원형 경기장 콜로세움을 꼭 닮은 이색 상가 건물이 있다. 이 원형 건물 뒤로는 푸른 동해바다가 펼쳐져 로마의 콜로세움과는 또 다른 느낌을 준다. 건물 안에는 플라비우스라는 전망 카페가 있는데 이 카페 2층으로 올라가면 콜로세움 외벽이 보여 벽 전망 사진도 찍을 수 있다. (p295 E:1)

- 경북 경주시 보문로 132-16
- #콜로세움 #바다전망 #카페

카페 아우토 클래식 카

"진짜 클래식 카 전시된 박물관 카페"

경주 세계자동차 박물관 3층에 있는 이 카페는 내부에 빨간색, 노란색 클래식 카가 장식되어 있다. 자동차 옆쪽 좌석에 앉은 인물사진을 찍거나, 카페 전체 배경이 드러나도록 배경 사진을 찍으면 예쁘다. 호수 전망이 들여다보이는 통창도 아우토가 자랑하는 포토존 공간이다. 아이들이 놀기 좋은 키즈카페를 함께 운영하고 있고, 카페 야외에도 자동차 전시장이 있어 가족 단위 손님이 많은 곳이다. (p295 F:1)

- 경북 경주시 보문로 132-22 3층 카페 아우토
- #박물관카페 #클래식카 #키즈카페

경주월드 대관람차

"레트로풍 대관람차"

경주월드 대관람차 앞 공터에서 레트로풍 관람차를 배경으로 인물사진을 촬영할 수 있다. 관람차 상단 끝까지 잘 보이도록 아래에서 위로 카메라를 기울여 로우 앵글 촬영하거나, 광각렌즈를 사용하는 것을 추천한다. 하늘이 푸르게 보이는 맑은 날 낮에 찍으면 사진이 더 예쁘다. (p295 E:1)

- 경북 경주시 보문로 544
- #레트로 #알록달록 #놀이동산

캘리포니아비치 워터파크

"파스텔톤 놀이기구"

알록달록 파스텔톤 빛깔로 칠해진 워터파크 놀이기구를 배경으로 인물사진 찍기 좋은 곳이다. 파도 풀에서 파도타기 하는 장면을 동영상 촬영해도 멋지다. 단, 물놀이하는 공간이므로 방수기능이 있는 카메라로 촬영하거나 방수 팩을 지참할 것을 추천드린다. (p295 F:2)

- 경북 경주시 보문로 544
- #가족사진 #물놀이 #방수팩필수

카페 아래헌 계단길 입구
"한옥카페 아래헌의 현판 아래 인증샷"

@doheeeehdo

아래헌의 현판이 붙은 입구를 지나면 아래로 내려가는 계단길이 나오는데, 이 현판 앞 혹은 계단 사이에서 보이는 뷰가 이곳의 시그니처라 할 수 있다. 계단 길 벽 사이로 푸른 호수 전망이 아름답게 펼쳐진다. 그 밖에 야외 정원에도 호수 전망 사진 찍기 좋은 테이블이 마련되어 있다. 매일 10~21시 오픈하며 13세 미만은 출입할 수 없는 노키즈존으로 운영된다. 반려동물과 외부 음식도 반입 불가. (p295 E:1)
- 경북 경주시 보불로 181
- #저수지전망 #호수전망 #노키즈존

불국사 석가탑과 다보탑
"석가탑과 푸른 하늘의 대비"

@yeonhee319

중고등학생 때 수학여행지 코스였던 불국사와 석가탑이 최근 인스타그램 사진 촬영지로 떠오르고 있다. 날씨가 맑을 때 사찰 건물과 석가탑을 아래에서 위쪽으로 기울여 하늘이 사진에 가득 담기도록 로우 앵글 촬영하면 예쁘다. 불국사와 석가탑의 노란색 벽과 푸른 하늘이 대비되어 강한 인상을 준다. 주말에는 방문객이 많아 사진찍기 힘들 수 있으므로 주중 방문을 추천드린다. (p295 E:1)
- 경북 경주시 불국동 불국로 385
- #불교 #건축물 #역사유적지

소요재 한옥 툇마루
"고즈넉한 한옥 툇마루"

@z.__hyo

한옥의 따스함과 고즈넉함을 온전히 느낄 수 있는 툇마루가 이곳의 대표 포토 스팟. 1973년에 지어진 이곳은 옛 한옥의 분위기에 현대적인 느낌이 더해져 재탄생된 곳이다. 침실과 다이닝룸, 온돌이 전부 이어져 있는 오픈 스페이스 공간으로 설계되어있다. 별도의 주차 공간이 없어 차량 이용 시 근처 유료 공영주차장을 이용해야 한다. (p295 E:1)
- 경북 경주시 사정로57번길 5
- #황리단길숙소 #경주한옥스테이 #경주한옥펜션

양지다방 경성 다방감성
"황리단길 레트로 감성 카페"

@seocolor

양지다방은 요즘 경주 황리단길에서 가장 핫한 레트로 감성 카페다. 기왓장과 붉은 벽돌, 나무 마당으로 꾸며진 건물 외관뿐만 아니라 꽃무늬 벽지, 꽃무늬 커튼, 가죽 소파, 목제 테이블로 꾸며진 옛 감성 뿜뿜한 실내 공간 모두 레트로풍 포토존이 되어준다. 추억의 뮤직박스 카운터, 성냥갑, 아날로그 티비 등 카페의 소품을 한껏 활용해 콘셉트 사진을 찍어보자. (p295 E:1)
- 경북 경주시 사정로57번길 7-2
- #레트로감성 #뮤직박스 #꽃무늬

산내그로브 카페 이국적 건물 징검다리
"아이보릿빛 건물과 민트빛 수조"

@kimu_nni

기와지붕에 아이보릿빛 벽면으로 꾸며진 카페 건물 앞에 연한 민트빛이 예쁜 거대한 수조가 놓여있고, 수조 사이에는 물길을 건널 수 있는 네모난 징검다리가 놓여있다. 수조 건너편에서 위쪽 1/3 공간은 하늘이, 가운데 공간에 아이보리빛 건물이, 바닥 1/3 공간에 민트빛 수조가 나오도록 건물 사진을 찍으면 예뻐. 야외 공간은 예스키즈존이며 애견 동반도 가능하다는 점도 참고하자. 매일 11~19시 영업, 매주 월요일 휴무. (p295 E:1)

■ 경북 경주시 산내면 문복로 734-4
■ #수조 #징검다리 #애견사진촬영

화랑의언덕 명상바위
"명상바위에서 바라보는 경주 시내"

@arial_____pt

명상바위라고 불리는 이 전망바위 끝자락에 앉아 아래에 펼쳐진 경주 시내가 잘 보이도록 산, 시내 전망 사진을 찍으면 멋지다. 소나무 군락과 푸른 하늘의 색감이 잘 드러나는 맑은 날 사진 촬영하기를 권해드린다. 핑클 멤버들이 참여한 예능 프로그램 캠핑클럽 촬영지로, 그네와 의자, 피아노 등 다양한 포토스팟도 마련되어 있다. (p295 E:1)

■ 경북 경주시 산내면 수의길 601
■ #산전망 #자연사진 #명상콘셉트사진

구릉연가 원형 창 한옥
"원형창문이 독특한 한옥숙소"

@mk_228_

감탄사를 자아내게 만드는 감성 가득한 침실의 원형 창을 배경으로 사진을 찍어보자. 현대적인 인테리어에 가야금, 거실 평상 등의 소품이 더해져 한옥 감성이 공존하고 있는 곳. 마을 풍경이 담겨있는 거실에 나 있는 큰 통창도 감성 넘치며, 실내 자쿠지도 이용할 수 있다. 무열왕릉, 서악서원, 도봉서당 등이 있어 관광하기에 접근성도 좋다. (p295 E:1)

■ 경북 경주시 서악4길 44-2
■ #경주한옥숙소 #한옥스테이 #경주감성숙소

금장대 나룻배
"나룻배에 올라 바라보는 형산강"

@h.0_0_

형산강 전망대인 금장대 가운데 커다란 나룻배가 정박해있는데, 이 위에 직접 올라가 측면을 바라보는 사진을 찍으면 배와 강 위를 걷는듯한 사진을 찍을 수 있다. 형산강과 강 주변으로 자라난 푸른 습지식물들이 몽환적인 풍경을 만들어준다. (p295 E:1)

■ 경북 경주시 석장동 산38-9
■ #나룻배위 #인물사진 #가을사진맛집

보문정 연꽃
"정자가 만든 프레임 너머 연꽃"

@b_sssum

매년 8월 초 싱그러운 연잎과 백련이 가득한 경주 동부사적지 연꽃단지 안에는 보문정이라는 너른 정자가 있다. 사각 정자 안으로 들어가면 정자 안쪽 정서각 나무 기둥이 프레임이 되어 인스타용 정방형 사진을 담아갈 수 있다. 정자 밖으로 넓게 펼쳐진 연잎이 보여 여름의 싱그러운 풍경이 잘 드러난다. (p295 F:1)

■ 경북 경주시 신평동 보문로 424-33
■ #백련 #정자 #프레임사진

황룡원 황룡원과 벚꽃
"중도타워와 벚꽃이 만든 고풍스러운 풍경"

@svnny_ten

황룡사지 9층 목탑을 그대로 재현해 건축된 황룡원 중도타워는 4월 초 아름다운 벚꽃과 함께 사진을 찍으면 고풍스러운 분위기를 볼 수 있는 곳으로도 유명하다. 황룡원은 일반인과 학생을 대상으로 명상과 수행을 하는 불교 강의실과 숙박 시설 등으로 다양하게 활용되고 있다. 황룡 원 너머 벚꽃 무리가 잘 보이도록 황룡원에서 약간 멀리 떨어져 배경 사진을 찍으면 잘 나온다. (p295 F:1)

■ 경북 경주시 신평동 엑스포로 40
■ #4월말 #벚꽃 #불교문화재

문무대왕릉 해상왕릉
"푸른 바다에 깃든 역사"

@_choisoojin

문무왕의 무덤인 문무대왕릉은 감포 해변한 가운데 있는 돌섬에 마련되어 있는데, 감포해수욕장 쪽에서 왕릉 돌섬이 잘 보이도록 한 가운데 놓고 찍으면 멋지다. 푸른 바다너머 돌섬이 잘 드러나는 맑은 날 촬영하는 것을 추천한다. (p295 E:1)
- 경북 경주시 양북면 봉길리 26
- #섬전망 #바다전망 #역사유적지

어마무시 본점
"유럽 광장 감성 꽃 분수"

@mongnaem

넓은 마당에 유럽 광장 같은 꽃 분수가 있는 대형 카페로, 화려한 생화가 물 위에 떠 있는 꽃 분수는 늘 인기 있는 포토존이다. 카페 외관 역시 아름다우니 이국적인 아치 기둥과 짙은 나무 문 앞에서 사진을 찍는 것도 추천한다. 말차, 인절미, 아몬드, 페레로로쉐, 오레오, 딸기 등 티라미수 종류가 다양하며, 경주에 본점과 황리단길점이 있다. (p295 E:1)
- 경북 경주시 양정로 41-12 어마무시카페
- #꽃분수 #포토존 #대형카페

라궁 한옥노천탕
"대나무숲 뷰 노천탕 있는 한옥숙소"

@i.yunseul.you

고즈넉한 한옥에 둘러싸여 있는 노천탕에 앉아 사진을 찍어보는 것은 어떨까. 반신욕을 즐기며 대나무숲을 배경으로 인증사진을 남길 수 있다. 드라마 촬영지로도 잘 알려진 라궁은 우리나라 최초의 한옥 호텔이며, 보문단지 내 자리하고 있다. 노천탕과 정원을 가지고 있는 독채형 객실 구조이며, 야외 노천탕이 있는 룸도 있다. (p295 F:1)
- 경북 경주시 엑스포로 55-12
- #한옥감성숙소 #경주한옥호텔 #경주노천탕숙소

론다애뜰 스페인감성
"경주의 작은 스페인 마을"

@cherishriah

경주 속 작은 스페인으로 유명해진 숙소에서 스페인 감성 가득한 사진을 남겨보자. 호스트가 스페인 론다의 매력에 푹 빠져 론다 감성으로 꾸며진 곳인 만큼 곳곳에서 스페인 감성 사진을 찍을 수 있다. 숙소 안에 준비된 원피스를 입고 촬영하면 더욱더 예쁜 사진을 건질 수 있다. 스페니쉬 디너와 조식이 제공되며, 론다 룸은 노키즈존으로 운영 중이다. (p295 E:1)
- 경북 경주시 외동읍 괘릉길 66-11
- #경주스페인감성숙소 #경주독채펜션 #불국사근처숙소

카페빈티지정원 팜파스
"팜파스 그라스 정원 포토존"

@jirung4284

매년 10월 초부터 카페빈티지 정원에 토종 갈대나 억새보다 더 풍성한 느낌을 주는 팜파스 그라스 포토존이 마련된다. 팜파스 밭 앞쪽에 사진찍기 좋은 정방형 나무 프레임과 바형 의자가 마련되어 있어 인물 사진찍기 딱 좋다. 빈티지풍 한옥 건물 앞으로도 팜파스가 피어있어 건물 사진도 예쁘게 찍힌다. (p295 E:1)
- 경북 경주시 용강동 873번지
- #10월 #팜파스글라스 #원목프레임사진

황성공원 맥문동
"맥문동 군락 사이 산책로"

@h.aew0n

황성공원에 산책로를 따라 초록빛 잎을 틔우는 맥문동이 군락을 이룬다. 주변에 있는 소나무들과 맥문동 이파리가 초록 장관을 이루며, 이 주변으로는 온갖 가을 들꽃이 피어난다. 한여름, 특히 7월 중에는 보랏빛 맥문동꽃이 피어나므로 이때 방문한다면 꼭 방문해보시기를 바란다. (p295 E:1)
- 경북 경주시 원화로 431-12
- #7월 #보라색 #맥문동

첨성대 핑크뮬리
"핑크뮬리 지평선에 맞닿은 첨성대"

@hxx_sol

매년 10월 초가 되면 경주 첨성대 주변으로 분홍 핑크뮬리 군락이 예쁘게 피어난다. 핑크뮬리 밭 너머 작게 들여다보이는 첨성대를 사진에 함께 담아가는 이들이 많다. (p295 E:1)
- 경북 경주시 월성동 810-12
- #가을꽃 #핑크뮬리 #한국적인

벤자마스카페 2층 카페 건물
"곳곳이 사진찍기 좋은 대형카페"

@yo_contigo_819

건물 4동을 통째로 사용하는 대형카페 벤자마스, 그 중 'VENZAMAS GARDEN'(벤자마스 가든)이라 불리는 네모난 2층 건물이 이 카페에서 가장 핫한 포토존이다. 2층 테라스에 올라가면 거대한 수조를 주변으로 해외 리조트 느낌으로 꾸며진 마당 공간을 사진에 담아갈 수 있다. 새장으로 꾸며진 건물 안쪽 2층 천정도 사진찍기 좋은 포인트. (p295 E:1)
- 경북 경주시 윗동천길 2
- #해외휴양지느낌 #수영장 #새장

동궁과 월지 야경
"동궁과 월지의 환상적인 야경"

@roygbnv_p

역사 유적지인 동궁과월지는 해가 지면 조명이 들어와 낮 풍경보다 야간 풍경이 아름다운 곳으로 유명하다. 수목 탐방로를 따라 건물을 향해 노란빛, 보랏빛 조명이 드리워 야간 풍경을 담아가기 좋다. 바로 옆에 첨성대가 있는데 이곳에도 조명이 들어오기 때문에 멋진 야간사진을 촬영할 수 있다. (p295 F:1)
- 경북 경주시 인왕동 원화로 102
- #동궁과월지 #야경 #조명둘레길

첨성관 한옥숙소
"아름다운 정원과 후원"

@soo_759

고풍스러운 한옥 숙소에서 편히 쉬면서 힐링함과 동시에 예쁜 사진을 찍어보자. 특히 잘 꾸며진 정원과 후원 곳곳에 포토존이 마련되어 있어 그림 같은 사진을 얻을 수 있다. 객실은 총 9개로 이루어져 있으며, 방마다 한옥의 매력을 온전히 느낄 수 있는 곳이다. 조식이 무료로 제공되고, 경주 내 가성비 한옥숙소로 잘 알려져 있다. (p295 E:1)
- 경북 경주시 쪽샘길 9
- #첨성대숙소 #경주한옥숙소 #한옥스테이

라구스힐 경주월드뷰 풀장
"경주월드와 보문호수 전망"

@zxcvbnmzxcvbnmmmmm

경주월드와 보문호수를 바라보며 수영할 수

있는 야외 풀장이 시그니처 포토 스팟. 특히 라구스힐 조형물 옆에서 촬영하면 더욱 예쁜 사진을 얻을 수 있다. 풀빌라, 제트 스파, 복층 등 다양한 타입의 객실로 이루어져 있으며, 반려동물 동반이 가능한 곳. 보문단지까지 차로 5분, 경주월드까지는 3분 거리에 있어 경주 여행을 즐기기에 안성맞춤이다. (p295 E:1)

- 경북 경주시 천군1길 8-20
- #경주풀빌라 #경주월드뷰 #보문호수뷰

선셋드몽 카페 하얀 모래해변 감성
"가족끼리 모래놀이 즐길 수 있는 곳"

@jerry__84

예스키즈존인 선셋드몽 카페에는 '플레이존'이라 불리는 하얀 모래놀이장이 있어 요즘 아이 동반 가족에게 가장 핫한 카페다. 플레이 존에는 해변가를 연상시키는 노란색 파라솔과 캠핑 테이블, 폴딩박스가 놓여있는데, 백사장과 파라솔 테이블이 잘 보이도록 배경 사진을 찍으면 예쁘다. 집에 있는 모래놀이 도구를 가져와 소품처럼 활용해도 예쁜 콘셉트 사진을 찍을 수 있다. (p295 E:1)

- 경북 경주시 천북면 갈곡리 406-1
- #모래놀이터 #파라솔 #여름휴가감성

유온스테이 숲뷰 자쿠지
"숲과 청보리밭 뷰"

@no.1cow

숲을 바라보며 반신욕을 즐길 수 있는 자쿠지가 이곳의 포토존. 스파 공간은 별도로 마련되어 있으며, 4시 반, 7시 반, 9시 세 타임 중에 이용할 수 있고 이용 시간은 1시간이다. 숙소는 숲 뷰, 호수뷰 두 타입의 객실로 구분되어 있고, 투숙 시 석식, 조식, 음료, 스파를 모두 누릴 수 있다. 체크인이 진행되는 카페 안 청보리밭뷰도 포토존으로 잘 알려져 있다. (p295 E:1)

- 경북 경주시 천북면 천강로 173
- #경주자쿠지숙소 #경주감성숙소 #경주호텔추천

천북빌리지 해외감성 리조트 풀
"이국적인 테라스와 마당"

@p.k.jin

마당에 들어서자마자 보이는 해외 리조트에 온 듯한 느낌을 주는 수영장에서 사진을 남겨보자. 녹색 가득한 마당, 잘 꾸며진 조경으로 어느 각도에서 찍어도 마음에 쏙 드는 사진을 찍을 수 있다. 총 다섯 채의 독채로 이루어져 있으며, 전 객실 풀빌라 숙소이다. 내부는 화이트&우드톤으로 꾸며져 있고, 추가 요금을 내고 마당에서 불멍을 즐길 수 있다. (p295 E:1)

- 경북 경주시 천북면 천북남로 517-12
- #경주풀빌라숙소 #경주독채펜션 #해외느낌숙소

카페 두낫디스터브경주 왕릉뷰 카페
"통창 테라스에서 보는 왕릉 뷰"

@chung_a_hae

한옥 건물 2층으로 올라가면 넓은 통창이 있는 테라스가 나오는데, 이 창 바로 앞에 푸른 경주 왕릉 전망이 넓게 펼쳐져 있다. 창문을 열 수 있는 구조로 되어있어 날씨가 좋을 때는 창을 열고 더 실감 나는 왕릉 뷰 사진을 담아갈 수 있다. 나무로 된 한옥 난간을 프레임으로 만들어 프레임 사진 찍어가는 것이 촬영 팁. (p295 E:1)

- 경북 경주시 첨성로 71-1
- #한옥카페 #테라스 #왕릉뷰

시휴별당 한옥 온수풀

"야외 수영장과 불멍스팟"

@_ddudomim

한옥의 기와 담장 아래에 있는 수영장에서 SNS 감성 가득한 사진을 찍어보자. 사랑채와 별채에 수영장이 딸려있으며, 안채에는 실내 욕조가 마련되어 있다. 따뜻한 온수 안에서 수영과 반신욕을 즐기며 휴식을 취함과 동시에 한옥의 매력에 푹 빠져보자. 마당에 있는 에탄올 화로에 불을 붙여 불멍을 즐길 수도 있는 곳. (p295 F:2)

- 경북 경주시 첨성로49번길 15-1
- #한옥독채풀빌라 #경주풀빌라숙소 #프라이빗풀빌라

소이한옥 프라이빗 한옥

"프라이빗 독채 한옥"

@ran2_18

총 4개의 개별 독채 한옥으로 이루어진 곳에서 한옥 감성 가득한 사진을 남겨보자. 숙소 내, 외부 곳곳에 마련된 포토존에서 다양한 사진을 촬영할 수 있다. 특히 다른 이용객들

과 마주치지 않도록 동선이 되어 있어서 프라이빗하게 휴식을 즐길 수 있는 곳이기도 하다. 천마총, 첨성대, 동궁과 월지 등 주요 관광지와 인접해 있어 뚜벅이 여행객들에게 추천할만한 곳. (p295 F:2)

- 경북 경주시 첨성로81번길 22-6
- #경주독채숙소 #경주한옥숙소 #프라이빗한옥

어마무시 황남점 카페 한옥 징검다리

"마당 수조와 전신거울 포토존"

@ddobiin_niian

황리단길 한옥 카페 어마무시에서 가장 사진이 예쁘게 나오는 공간은 마당 수조 공간이다. 한옥 유리 통창이 배경이 되도록 수조 끝에 서서 수조를 둘러싼 네모난 징검다리가 잘 나오도록 배경 사진을 찍으면 예쁘다. 이곳 말고도 카페 입구 오른쪽에 놓인 전신거울도 셀프 사진 찍기 좋은 포토존이 되어준다. (p295 E:1)

- 경북 경주시 첨성로99번길 25-6
- #황리단길 #한옥카페 #징검다리

포워드 카페 측백나무길 나무문

"측백나무 벽을 꾸미는 노란 조명"

@won_vely92

카페 1층 수조 돌다리 건너 계단길이 있고, 계단 너머 측백나무 산책로를 따라 계속 이동하다보면 그 끝에 정방형 'forward' 나무 벽이 있다. 이 가운데 서서 양옆으로 펼쳐진 측백나무까지 잘 보이도록 인물사진을 찍어갈 수 있다. 밤에는 나무 벽 사이로 노란 간접조명이 들어와 더 예쁘다. 매일 11~20시 영업, 월요일 휴무. (p295 F:2)

- 경북 경주시 통일로 109-4
- #측백나무 #나무프레임 #야간조명

경북천년숲정원

"외나무다리 포토존이 유명한 곳"

@browway_

길게 뻗은 나무를 배경으로 외나무다리 위에서 사진을 남길 수 있는 포토존이 있는 숲정원. 다리 위에 있으면 아래로 흐르는 맑은 실개천에 반사되어서 '거울 숲'으로 불리기도 한다. 봄과 여름에는 주변 나무가 초록색

으로, 가을에는 단풍이 들어 노란색으로 물 들어서 언제 방문해도 아름답다. 메타세쿼 이아 길, 버들 정원 등 다양한 정원이 조성되 어 있다. 입장료 무료. (p295 E:1)

- 경북 경주시 통일로 366-4
- #외나무다리 #반영샷 #숲정원

달무리스테이 화산석 정원과 자쿠지
"정원 속 나무 자쿠지"

@hyeyoni_kim

아기자기하게 꾸며진 조경과 그와 조화를 이루고 있는 나무 자쿠지가 이곳의 핵심 포 토존. 정원에 화로가 있어 넋 놓고 불구경하 며 반신욕을 즐길 수 있는 이곳이 바로 지상 낙원이 아닐까. 특히나 밤에 켜지는 조명이 은은한 분위기를 더해준다. 경주 핫플레이 스 황리단길 안에 있어 맛집과 카페, 소품 숍 들이 가까운 것도 큰 장점. (p295 F:2)

- 경북 경주시 포석로 1038-10
- #한옥 독채숙소 #경주자쿠지숙소 #황리 단길한옥

소설재 한옥 대나무뷰 창
"대나무숲 뷰 프레임 창문"

@lovelybambi22264

숙소 문을 열면 보이는 대나무를 배경으로 사진을 촬영해보는 건 어떨까. 선화룸에서 만 볼 수 있는 대나무 뷰와 함께 한옥에서 예 쁜 사진을 찍을 수 있다. 대나무 뷰로 유명한 포토존은 첨성대 점에 있으며, 황리단길 점 과 헷갈리지 않도록 주의해야 한다. 소설재 첨성대 점은 총 10개의 객실이 있고, 전화 예 약만 가능하다. (p295 F:2)

- 경북 경주시 포석로1050번길 48
- #경주한옥숙소 #대나무뷰숙소 #한옥스 테이추천

무울
"물안개가 피어오르는 자쿠지 숙소"

@younee

경주 행리단길에 위치한 독채 한옥 숙소. 실 내 자쿠지가 있으며 30분 간격으로 물안개 가 뿜어져 나와 몽환적인 분위기에서 반신 욕을 즐기며 휴식을 취할 수 있다. 자쿠지 중 앙에는 테이블도 있으니 와인 혹은 차 한 잔 과 함께 감성 넘치는 사진을 찍어보자. 통창

바깥으로 돌담과 대나무가 보이는 리빙룸, 불멍을 즐길 수 있는 마당의 파이어핏 공간 도 포토 스팟. (p295 E:1)

- 경북 경주시 포석로1095번길 28
- #독채숙소 #한옥 #실내자쿠지

바실라 카페 해바라기
"노란 해바라기 밭 포토존"

@shinnn.kk

매년 8월이 되면 한옥 카페 카페 바실라 정 원에 노란색 해바라기 산책로가 생겨난다. 해바라기 사이사이 놓여있는 노란 바람개 비가 놓여있어 사진의 감성을 더해준다. 해 바라기밭 사이에 서 있는 인물사진도 예쁘 지만, 해바라기밭 끝 쪽에서 바실라 한옥 카 페 건물을 찍으면 멋진 배경 사진이 완성된 다. 해바라기를 닮은 노란색 파라솔이 설치 된 야외 테이블도 사진찍기 좋은 포인트. (p295 E:1)

- 경북 경주시 하동못안길 88
- #여름꽃 #해바라기 #바람개비

경주대릉원 목련나무 포토존
"그림 같은 능선 사이 목련나무"

@jose0hee

매년 3월 말이면 경주대릉원 고분 사이에 있는 커다란 목련 나무에 하얀 목련화가 풍성하게 피어난다. 나무 뒤에 있는 두 개의 능선이 평행하게 보이도록 카메라를 돌려 나무 앞에서 커플 사진 찍는 이들이 많다. 대릉원 돌담길도 커플 사진 찍기 좋은 포토스팟이니 함께 방문해보자. (p295 F:2)

- 경북 경주시 황남동 31-1
- #늦봄 #목련 #커플사진

대릉원 왕릉뷰
"초록빛으로 둥글게 솟은 왕릉들"

@q.u.erencia

대릉원 담장을 따라 황리단길 둘레길이 있는데, 이 둘레길을 걸으며 초록빛으로 둥글게 솟은 왕릉을 예쁘게 찍을 수 있다. 근처에 왕릉 뷰가 잘 보이는 유리 통창 카페도 많아 커피 한 잔의 여유를 즐기며 왕릉 사진도 덤으로 얻어갈 수 있다. (p295 E:1)

- 경북 경주시 황남동 31-1
- #황리단길 #왕릉전망 #카페

모에누베이커리 카페 분수정원
"유럽식 분수 정원과 산책로"

@y._.na_00

유럽 느낌 가득한 분수 정원이 이곳의 포토스팟이다. 분수 중간에 있는 돌다리에 서서 이국적인 감성 사진을 찍을 수 있다. 야경도 멋있어서 밤에 방문해도 좋은 곳. 대형카페인만큼 드넓은 정원과 산책로가 있어 아이들도, 반려견도 뛰어놀기 적합한 카페다. 건물 내, 외부는 모던한 인테리어로 꾸며져 있으며, 2층 루프탑은 노키즈존이다. (p295 D:3)

- 경북 구미시 고아읍 봉한3길 4 모에누 베이커리
- #구미감성카페 #분수정원카페 #구미대형카페

농부의정원카페 메밀밭 포토존
(청보리)
"곳곳이 포토존으로 꾸며진 체험카페"

@k.dk_26

새하얗게 뒤덮여 있는 메밀밭이 메인 포토존. 5월에 가면 볼 수 있는 풍경이다. 메밀밭 앞에 의자가 있어 사진 찍기 좋으며, 밭 안에 들어가서 찍어도 예쁜 사진을 얻을 수 있다. 이곳은 카페형 농장으로, 새싹 심기 체험, 하이디룩, 새마을룩 착용 후 팜크닉, 자연 생태 관찰 등 다양한 체험을 해볼 수 있다. 미니 놀이터, 소꿉놀이 등도 있어 아이들과 함께 방문하기 좋은 곳. (p295 D:3)

- 경북 구미시 무을면 수다사길 96 농부의정원
- #메밀밭포토존 #구미팜크닉카페 #아이와함께

민다방 카페 비비드한 컬러 간판
"대형 보라색 의자 포토존"

@min_da_bang

알록달록 비비드한 색깔로 꾸며진 간판들 속 초대형 보라색 의자가 시그니처 포토존. 카페 전체가 포토존이라 불릴 만큼 아기자기하고 감성 넘치는 인테리어로 잘 꾸며진 곳. 강아지 동반이 가능한 카페로, 반려견 포토존과 좌석이 별도로 마련되어 있다. 대중교통으로 방문하기 어려운 곳이라 자차 이동 추천. (p295 D:3)

- 경북 구미시 오태1길 46 1층 민다방
- #알록달록인테리어 #구미포토존카페 #애견동반카페

피크파크피크카페 빨간 아치 포토존
"붉은 벽과 아치형 문 포토존"

@bb.r__

붉은색 벽 사이에 있는 아치 모양 문 사이에 서서 사진을 찍어보자. 문 옆에 있는 'PEAK PARK PEAK' 글자가 보이게 촬영하면 카페 방문 인증샷을 남길 수 있다. 카페 내, 외부에 수영장, 정원, 테라스 등에도 포토존이 마련되어 있다. 베이커리 종류가 다양하고, 브런치도 먹을 수 있는 곳. (p295 D:3)
- 경북 구미시 옥계2공단로 558-8
- #구미대형카페 #구미브런치카페 #구미카페추천

가은역 카페 역 입구 민트색 문
"레트로 감성 가득한 카페"

@book_jun

정겨운 박공지붕 아래 민트색 나무 문. 가은역을 배경으로 레트로 감성 가득한 사진을 찍을 수 있다. 오래된 폐역을 고쳐 만든 카페로 대합실, 역무실 등의 모습이 고스란히 남아있다. 기찻길이 뒤쪽에 그대로 살아 있어 감성 사진을 찍을 수 있다. 문경의 특산물 사과와 오미자 등 로컬푸드를 활용한 메뉴를 판매하고 있다. 대표 메뉴는 사과 밀크티다. (p294 C:3)
- 경북 문경시 가은읍 대야로 2441
- #문경 #폐역 #로컬푸드

까브 카페 동굴속 카페
"백운석 동굴 이색 카페"

@juri1102

하얀 톤의 백운석으로 이루어진 동굴로 밝은 분위기다. 동굴 속의 레스토랑, 이색적인 느낌을 담을 수 있다. 카페 안으로 들어가면 동굴이 있다. 수정과 백운석을 캐던 광산을 카페로 꾸몄다. 높고 폭이 넓어 답답함이 전혀 느껴지지 않는다. 유리 바닥 아래로 동굴의 모습을 볼 수 있다. 지역 특산물인 오미자로 만든 와인을 판매하고 있다. (p294 B:3)
- 경북 문경시 동로면 안생달길 279
- #문경 #동굴카페 #황장산카페

문경오미자테마터널 우산포토존
"우산과 조명, 벽화로 만든 알록달록 포토존"

@parkjonghye83

오미자터널 안에는 개구리 소년 왕눈이, 우주 소년 아톰부터 뽀로로, 미니언즈 등 다양한 만화 캐릭터 벽화가 그려진 구간이 있는데, 천정에 무지개색 우산과 조명까지 매달려 있어 그야말로 알록달록한 포토존이 되어준다. 터널이 이어지는 방향에서 우산이 잘 보이도록 천정을 향하게 카메라를 살짝 기울여 사진을 찍어도 좋고, 벽화 앞에 설치된 벤치에 앉아 벽화 사진을 찍어도 좋다. (p294 C:3)
- 경북 문경시 마성면 문경대로 1356-1
- #만화캐릭터 #무지개우산 #가족사진

고모산성 성벽
"성곽길과 탁 트인 풍경"

@blueplayg77

고모산성은 고도가 높은 곳에 있어 성곽길을 올라가면 밑쪽 성곽길이 한눈에 내려다보인다. 다른 성곽처럼 성곽 옆면이 잘 보이도록 찍어도 멋지지만, 이 내려다보이는 성곽길이 잘 보이도록 성곽 전망 하이앵글 사진을 찍으면 탁 트인 풍경이 참 멋지다. (p294 C:3)
- 경북 문경시 마성면 신현리
- #한국적인 #성곽전망 #자연전망

문경새재도립공원 오픈세트장 주흘관
"기와지붕과 석문이 만든 옛 분위기"

@sae._.bom

문경새재 오픈세트장의 제1 관문인 '주흘관'

이 가장 유명한 사진 촬영지다. 한국의 미를 살린 기와 건물 아래 사람이 드나들 수 있는 아치형 석문이 있는데, 이 문 앞에 서서 커플 사진 찍는 이들이 많다. 기와지붕과 주변 석문이 잘 보이도록 카메라를 멀리 두고 사진을 찍어보자. (p294 B:3)
- 경북 문경시 문경읍 새재로 932
- #아치형 #석문 #기와지붕

산양정행소 카페 입구
"일본 적산가옥 겸 양조장"

일본 적산가옥 양식으로 지어진 양조장 건물을 리모델링하였다. 세모난 목조 지붕을 잘 살려 인상적이다. 건물의 외관이 일본에 온 듯한 착각이 들게 한다. 내부 층고가 넓고 좌석 간 간격이 넓어 여유롭다. 빈티지하고 고즈넉한 매력이 있는 곳이다. 기념품샵과 전시 공간, 폐업한 양조장의 당시 모습을 남겨 놓아 다양한 경험을 할 수 있다. (p294 C:3)
- 경북 문경시 산양면 불암2길 14-5
- #문경카페 #이색카페

홀리가든 알프스뷰 카페
"스위스 느낌 알프스뷰 카페"

@sis_travel

세모난 지붕, 통창을 통해 내려다보이는 풍경이 마치 스위스 같다. 원피스를 입고 사진을 찍으면 더욱 예쁜 사진을 찍을 수 있다. 100% 예약제 카페로 이용 시간은 1시간 30분이다. 노키즈존으로 운영된다. 최대 4팀까지만 입장이 가능해 여유롭게 차를 즐길 수 있다. 초록의 봄과 여름도 좋지만, 장작 난로가 있어 운치가 있는 겨울도 좋다. (p294 B:2)
- 경북 봉화군 명호면 비나리길 172-57
- #봉화카페 #알프스뷰 #사전예약

백두대간협곡열차 V train
"한국에서 느끼는 스위스 열차 감성"

@flowers_in__u

스위스의 융프라우 산악열차를 연상케 하는 관광 기차. 영주에서 철암까지 강원도와 경상도를 잇는 열차로, 백두대간의 협곡 사이를 여행하며 아름다운 풍경을 즐길 수 있

다. 빨간색 외관과 큰 유리창이 있는 레트로한 디자인 덕분에 일반 기차에서는 느낄 수 없는 독특한 감성의 사진을 찍기 좋다. 레츠코레일 홈페이지 또는 코레일톡 앱에서 예매 가능. (p294 B:2)
- 경북 봉화군 소천면 분천리 964-1
- #스위스감성 #빨간열차 #사진맛집

성밖숲 맥문동과 왕버들나무
"왕버드나무를 둘러싼 보랏빛 맥문동"

@farmer.yoon

매년 8월이 되면 성밖숲 왕버드나무가 초록 잎을 드리우고, 그 주변으로 보랏빛 맥문동 꽃이 만개한다. 왕버드나무가 최대한 많이 보이도록 뒤로 물러서서 찍으면 주변에 피어난 맥문동꽃 배경까지 더해져 멋진 사진을 건질 수 있다. (p295 E:3)
- 경북 성주군 성주읍 경산리 367-2
- #여름꽃 #보랏빛 #초록빛

리베볼 카페 오두막
"숲속 오두막 느낌 카페"

@jju._.hee2

야외정원에는 숲속의 오두막집 같은 느낌의 공간이 있다. 양옆에 연둣빛 가득한 나무들

과 뒤쪽의 산까지 싱그러운 느낌이 든다. 마치 동화 속처럼 예쁜 카페. 음료를 주문하면 카페 지도를 주는데 그만큼 공간이 넓고 다양하다. 2층에서는 계곡을 보며 카페를 즐길 수 있다. 넓은 정원에서 사계절의 아름다움을 느낄 수 있다. 제한적 노키즈존으로 12개월 미만과 10세 이상은 출입이 가능하다. (p295 E:3)
- 경북 성주군 수륜면 덕운로 1433
- #성주카페 #애견동반 #숲속카페

인송쥬 카페 비밀의문
"커다란 문과 식물 인테리어"

@s__lim

고성을 생각하게 하는 커다란 문이 있다. 높은 성에 온 듯한 착각이 들게 한다. 원피스를 입고 찍으면 고성에 사는 공주처럼 보인다. 카페 내부는 식물원에 온 듯 화분과 식물들이 가득하다. 그네가 있는 좌석, 날개가 있는 의자 등 곳곳이 포토존이다. 캠핑장 느낌, 다락방 느낌, 개울가 옆 느낌의 자리 등 자리마다 특색있게 꾸며놓았다. (p295 E:3)
- 경북 성주군 수륜면 참별로 1009
- #성주카페 #온실카페 #식물원카페

오천스테이 욕실뷰
"돌담과 대나무로 꾸며진 욕실"

@eunzal

돌담과 대나무로 둘러싸인 자쿠지가 있는 욕실이 시그니처 포토존. 자쿠지 앞에 난로와 일본식 화로인 이로리가 있어 불을 피워 실내 불멍을 즐길 수 있다. 숙소는 다다미방과 온돌방이 있으며, 야외 마당과 뒤편 대나무숲이 있어 산책하기에도 좋다. 예스러운 분위기 속에 현대의 편리함이 더해진 감성 숙소로 쉬다 오기 좋은 곳. (p295 E:3)
- 경북 성주군 오천리 871
- #성주독채숙소 #성주감성숙소 #자쿠지숙소

한개마을 돌담길
"고즈넉한 돌담길"

@ya.k_95

한옥 너머 노란 돌담길이 이어져 고즈넉한 분위기를 자아낸다. 돌담이 잘 보이도록 돌담 벽 앞에서 찍어도 예쁘고, 원근감이 느껴지도록 쭉 뻗은 길목을 따라 인물사진을 찍

어도 예쁘다. 주변에 한복 대여소가 있는데 여기서 한복을 빌려 입고 콘셉트 사진을 찍는 커플들이 많다. (p295 E:3)
- 경북 성주군 월항면 대산리 67
- #한옥마을 #돌담길 #한복체험

연꽃테마파크 연꽃과 정자
"작은 정자와 드넓게 펼쳐진 연꽃"

@cherish__ranji

경남에서 가장 유명한 연꽃단지인 이곳은 매년 7~8월이 되면 예쁜 백련, 홍련이 피어나 고고한 매력을 풍긴다. 드넓은 연꽃길을 따라 걷다 보면 작은 정자가 나오는데, 여기가 사진이 가장 예쁘게 나오는 포인트다. 넓은 연잎 밭이 잘 보이도록 정자에서 살짝 떨어져서 풍경 사진을 찍어보자. (p295 E:3)
- 경북 성주군 초전면 용성3길 25
- #백련 #홍련 #정자

만휴정 외나무다리
"외나무 다리 너머 만휴정"

@april_hyuna

만휴정 가는 계단 앞쪽에 외나무다리가 놓

여있는데, 이 외나무다리 건너편 땅이 낮은 곳에 서면 사선으로 외나무다리와 만휴정 건물을 모두 찍을 수 있다. 외나무다리 정중앙에 사람을 세우고 정방형 사진을 찍으면 인스타 감성 사진이 완성된다. 만휴정 건물 옆으로는 봄부터 가을까지 푸른 숲이 펼쳐져 있다. (p294 C:2)

- 경북 안동시 길안면 묵계하리길 42
- #인스타 #이색포토존 #한국적인

농암종택 낙동강 조망 정자
"낙동강 전망 고택 체험"

@thebitna_

아름다운 비경을 가진 낙동강을 바라보며 물멍할 수 있는 마루가 메인 포토 스팟. 이곳은 '어부가'로 알려진 농암 이현보의 종택이며, 17대 종손 내외가 거주하며 관리하는 곳이다. 일반 관광객도 관람할 수 있으며, 예약 시 고택 체험도 가능하다. 강과당과 긍구당이 가장 인기 있는 방이며, 강각의 경우 화장실이 외부에 있으니 예약 시 확인이 필요하다. (p294 B:2)

- 경북 안동시 도산면 가송길 162-168
- #고택스테이 #안동고택체험 #안동여행숙소

도산서원 낙동강뷰
"울타리 너머 낙동강 풍경"

@_nsoiuna

도산서원 앞쪽 울타리 너머로 안동 시내와 논 사이로 지나가는 낙동강을 내려다볼 수 있다. 나무 울타리를 정면으로 두고 인물 사진을 찍어도 예쁘고, 삼각대를 이용해 카메라를 하이앵글로 잡고 울타리가 안 보이도록 풍경 사진만 담아가도 예쁘다. (p294 B:2)

- 경북 안동시 도산면 도산서원길 154
- #전망대 #낙동강전망 #숲전망

선성수상길 다리
"다리를 둘러싼 푸른 안동호"

@_maji..._0

안동 선비 순례길 1코스를 따라 안동호에 나무 데크 길이 놓여있는데, 이곳을 선성수상길이라 부른다. 맑은 날에는 안동호가 푸르게 비쳐 보여 멋진 배경 사진 촬영지가 된다. 단, 수변 산책로에는 나무 그늘이 없어.다소 더울 수 있으므로 선풍기와 생수를 꼭 지참해가시길 바란다. (p294 B:2)

- 경북 안동시 도산면 동부리 332-1
- #나무데크 #둘레길 #호수전망

예끼마을 벽화
"착시를 일으키는 벽화"

@minggg_02

예끼마을은 가을 노란 단풍과 논 풍경이 아름다운 마을로, 마을 곳곳에 그 가을 풍경을 담은 벽화가 꾸며져 있다. 이 곳이 다른 벽화마을보다 인기 있는 공간이 된 이유는 바로 바닥까지 이어진 벽화 덕분이다. 바닥에는 낙동강을 닮은 냇물 그림이 길게 이어져 있는데, 이 위에서 실감 나는 포즈를 취하고 기념사진을 남길 수 있다. (p294 B:2)

- 경북 안동시 도산면 서부리 174-116번지
- #바닥그림 #콘셉트사진 #시골풍경

낙강물길공원 숲속정원 포토존
"돌담길과 호수가 만든 신비로운 분위기"

@gold_ka0

숲속정원 호숫가에 분수대가 설치되어있고, 그 앞에 작은 돌다리가 설치되어 있는데, 여기서 사진을 찍으면 물길을 걷는 듯한 신비한 연출사진을 찍을 수 있다. 여름에는 호숫가 주변에 자라난 나무가 싱그럽게 잎을 틱

우고, 분수대에도 물이 들어와 더 시원한 느낌을 준다. (p294 C:2)

■ 경북 안동시 상아동 423
■ #여름사진 #분수 #돌다리

월영교 월영전 액자뷰
"낙동강 경치를 담은 월영정 프레임"

@peach.rim_

안동 석빙고 앞에는 낙동강 물을 건너는 월영교라는 다리가 놓여있고, 이 주변 낙동강 물길을 따라 산책로가 잘 되어있다. 월영교를 건너면 월영공원이 나오고, 이 공원 안에 있는 정자 '월영정'이 네모 모양 사진 프레임이 되어준다. 정자 너머 보이는 초록빛 낙동강 경치까지 담아갈 수 있는, 동네 사람들만 아는 숨은 포토존이다. (p294 C:2)

■ 경북 안동시 상아동 569
■ #고즈넉한 #낙동강뷰 #인스타

안목당 외관
"좌식 다도 공간과 족욕탕"

@c__sson_

아기자기하게 꾸며진 정원과 조화를 이루고 있는 한옥을 배경으로 사진을 찍어보자. 한옥답게 다도를 즐길 수 있는 좌식 공간이

마련되어 있고, 간단하게 먹을 수 있는 조식도 준비되어 있다. 욕실 한편에 쌓인 피로를 풀 수 있는 실내 정원처럼 꾸며진 족욕탕이 있다. 안동 시내에 있고, 주요 관광지도 차로 15분 내외로 이동할 수 있어서 접근성도 좋은 편. (p294 C:2)

■ 경북 안동시 서경지7길 35
■ #안동한옥스테이 #안동한옥숙소 #족욕탕

영산암 올라가는 계단
"영산암으로 향하는 돌계단"

@seori_l

영산암 올라가는 긴 돌계단 맨 아래에서 계단 너머 건물이 살짝 보이도록 카메라를 살짝 위로 젖혀 사진을 찍으면 멋진 풍경 사진이 완성된다. 계단 가운데에 선 인물을 찍기도 딱 좋다. 계단 주변 나무까지 잘 보이도록 광각 렌즈를 사용하는 것도 추천한다. (p294 C:2)

■ 경북 안동시 서후면 태장리 902
■ #돌계단 #자연 #고즈넉한

서소한가 자쿠지뷰
"야외 자쿠지 딸린 감성 숙소"

@11o.o11

한옥으로 둘러싸인 야외 자쿠지가 이곳의 메인 포토존이다. 서소한가는 1970년대에 지어진 한옥을 리모델링한 곳으로, 최근 SNS 감성 숙소로 입소문을 타고 있다. 내부는 화이트&우드 인테리어로 깔끔하게 꾸며져 있으며, 다기 체험을 할 수 있는 다도 상도 마련되어 있다. 외부에 있는 야외 데크도 포토존 중 하나이며, 주차는 숙소 바로 앞에 가능하다. (p294 C:2)

■ 경북 안동시 태화길 100
■ #안동한옥펜션 #안동한옥체험 #안동자쿠지숙소

부용대 정상 하회마을뷰
"정상에서 내려다보는 하회마을 전경"

@lovely__i

부용대 정상으로 올라가면 안동 하회마을 전경과 낙동강, 산책로가 훤히 들여다보인다. 이 배경을 그대로 촬영해도 좋고, 부용대 위에 선 인물을 위에서 아래로 카메라를 기울여 하이앵글 촬영하기에도 딱 맞다. 부용

대에 있는 나무가 살짝 들여다보이도록 약간 멀리 떨어져서 촬영하는 것도 소소한 팁. (p294 C:2)

- 경북 안동시 풍천면 광덕솔밭길 72
- #전망대 #하회마을 #안동호

병산서원 배롱나무 액자뷰
"서원 프레임 속 배롱나무"

@whswjd_love

매년 8월이 되면 병산서원 마당에 400년 수령의 배롱나무가 붉은 꽃을 틔운다. 이 나무는 병산서원 건물 안 네모난 나무 창틀 너머로 들여다볼 수 있는데, 이 창틀 밖에서 사진을 찍으면 창틀이 액자 같은 느낌을 주는 감성 사진이 완성된다. (p294 C:2)

- 경북 안동시 풍천면 병산길 386
- #배롱꽃 #나무프레임 #인스타용

안동하회마을 만송정 숲 선유 줄불놀이
"드라마 '악귀'에도 등장한 줄불놀이"

@garden_lee.92

드라마 〈악귀〉에 등장해서 더욱 유명해진 하회마을의 선유줄불놀이. 과거 양반층의 전통 놀이로, 강 위를 가로지르는 줄불과 부용대 절벽 위에서 던지는 낙화 등 다양한 불놀이가 뱃놀이와 함께 결합되어 진행된다. 불꽃이 비처럼 떨어지는 장관을 동영상이나 사진으로 담아보자. 줄불놀이 관람은 무료이나 하회마을 입장권은 구매해야 한다. 5월부터 11월까지 매달 1회 진행. (p294 C:3)

- 경북 안동시 풍천면 하회리 1164-1
- #줄불놀이 #낙화축제 #뱃놀이

카페 봄 전구 포토존
"푸른 바다와 노란 철제 구조물"

@lilly__log

노란 철제 구조물과 전구, 푸른 바다를 한 장의 사진에 담을 수 있다. 낮에는 푸른 하늘과 바다를, 밤에는 멋진 야경 사진을 찍을 수 있다. 카페 입구에 있는 빨간 벤치부터 노란 벽면, 대형 커피잔, 투명 유리 공간 등 카페 곳곳 포토존이 가득하다. 2층 테라스 자리의 예쁜 의자에 앉으면 멋진 동해 뷰가 펼쳐진다. (p294 C:1)

- 경북 영덕군 강구면 영덕대게로 192
- #영덕 #강구항카페 #오션뷰

해온안 일출 뷰
"동해안 일출 전망 숙소"

@504.p

일출 맛집으로 잘 알려진 곳. 아침 일찍 일어나 동해와 일출을 배경으로 아름다운 사진을 남길 수 있다. 마당뿐만 아니라 탁 트인 통창으로 숙소 안에서도 편히 일출을 감상할 수 있다. 해온안은 A, B동으로 구분되어 있고, 두 객실 모두 오션뷰 풀빌라를 가지고 있다. 전반적인 인테리어와 구조는 비슷하며, A동이 조금 더 규모가 큰 룸이다. (p294 C:1)

- 경북 영덕군 병곡면 병곡1길 25
- #영덕감성숙소 #영덕풀빌라 #일출맛집

고래불해수욕장 병곡방파제
"파스텔톤 테라 포트 벽"

@_052.9

병곡방파제에 가면 하늘색, 분홍색, 연노랑색으로 칠해진 파스텔톤의 거대한 테라 포트 벽이 멋진 포토존이 되어준다. 테라 포트 전경을 담기 위해 대각선으로 사진 찍는 사람들이 많지만, 광각 렌즈를 이용하면 정면에서도 파스텔톤 테라 포트의 전경을 한껏

담아갈 수 있다. 인물을 가운데 두고 배경이 잘 보이도록 찍는 것이 예쁘다. (p294 C:1)
- 경북 영덕군 병곡면 병곡리
- #파스텔톤 #해변 #감성포토존

영덕 풍력발전소 데크길
"데크길에서 바라보는 하얀 풍력발전기"

@yangk._2

하얀 풍력발전기 옆으로 산책하기 좋은 나무 데크길이 마련되어 있는데, 이 데크길 한 가운데 서서 발전기가 보이도록 살짝 측면으로 카메라를 틀면 숲 사이로 고개를 내민 하얀 풍력발전기 사진을 얻어갈 수 있다. (p294 C:1)
- 경북 영덕군 영덕읍 해맞이길 254-6
- #풍력발전기 #숲산책로 #이색적인

벌영리 메타세쿼이아숲길
"아담한 메타세쿼이어숲길"

@benny_min_

벌영리에 나만 알고 싶은 조용하고 사진찍기 좋은 메타세쿼이아 숲길이 있다. 방문객이

많지 않고, 주변에 자동차나 건물이 없어 인물사진 찍기 딱 좋은 아담한 숲길이다. 숲길 끝까지 잘 보이도록 정면 한 가운데에서 사진을 찍어보자. (p294 C:1)
- 경북 영덕군 영해면 벌영리 산54-1
- #조용한 #산책로 #가을사진

사느레정원 카페 마당
"푸른 정원 바라보며 힐링타임"

@lydan_2

카페 입구 양쪽으로 나무를 심어 놓아 푸른 숲에 와 있는 듯한 사진을 찍을 수 있다. 카페 이름에서 알 수 있는 정원을 예쁘게 꾸며 놓았다. 통창을 통해 멋진 전망을 보며 커피를 즐길 수 있다. 식물원에서 다양한 식물들을 보며 사진도 찍고 힐링할 수 있는 곳이다. 외부에는 그네가 있고, 작은 집 앞에 테이블이 있어 마치 소풍 나온 기분이 든다. (p294 B:2)
- 경북 영주시 문수면 문수로1363번길 30
- #영주카페 #한옥카페 #식물원느낌

무섬마을 외나무다리
"외나무다리와 낙동강뷰"

@iam_eunsol

무섬마을을 크게 휘감는 낙동강 물을 건너는 외나무다리가 있는데, 폭이 좁고 긴 다리가 쭉 뻗어 있어 독특한 분위기를 풍긴다. 이 다리가 모두 보이도록 다리 정면이나 살짝 측면에서 사진을 찍어보자. 매년 9월~10월 사이에 외나무다리 축제도 열리니 축제 기간에 맞추어 방문해보는 것도 좋겠다. (p294 B:2)
- 경북 영주시 문수면 수도리 224
- #낙동강뷰 #외나무다리 #가을

부석사 범종루 앞
"범종루로 오르는 돌계단"

@umji_couple

부석사 범종루로 올라가는 돌계단 앞이나 계단 위에 선 인물을 정방형으로 찍으면 예쁘다. 부석사 건물이 약간 정사각 모양이라 인스타그램용 인증사진 찍어가는 이들이 많다. 건물 지붕 서까래까지 모두 화면에 담기도록 살짝 멀리 떨어져서 사진을 찍어보자. (p294 A:2)
- 경북 영주시 부석면 부석사로 345
- #전통적인 #불교사찰 #인스타용

초간정 액자뷰
"정자가 만든 사각 프레임과 정원 풍경"

@evywrx

초간정은 정면 3칸, 측면 2칸으로 지어진 정자로, 정자 너머로 들여다보이는 정원 풍경이 아름다운 곳이다. 정자가 만들어내는 네모난 나무 틀 사이로 인물사진을 찍으면 액자에 들어간 듯한 분위기가 연출된다. 단, 빛이 반대로 들어오는 역광사진이 찍히기 때문에 인물 정면보다는 뒷모습을 찍어가는 것이 좋다. (p294 B:3)
- 경북 예천군 용문면 용문경천로 874
- #인스타용 #나무프레임 #정원뷰

회룡포전망대 회룡포마을 풍경
"전망대에서 바라보는 마을 풍경"

@seulg_p

마을 주변을 하천(내성천)이 360도로 둘러싼 곳이라 회룡포마을이라 불린다. 내성천 뿅뿅다리를 건너 회룡포 전망대로 이동하면 마을과 독특한 하천의 모습을 한눈에 담아갈 수 있다. 마을 풍경이 넓게 보이도록 최대한 위로 카메라를 올려 찍는 것이 포인트. 광각 렌즈를 이용해 시야각을 넓혀 촬영해도 멋지다. (p294 C:3)
- 경북 예천군 지보면 마산리 산116
- #독특한지형 #전망대 #노을뷰

더함카페 딴바위 액자뷰
"액자 프레임 포토존"

@jeondahee

딴바위 포토존으로 유명한 곳이다. 딴바위가 담긴 액자 포토존에서 사진을 찍으면 인생샷이 가능하다. 내부 인테리어가 매우 깔끔하다. 간단한 베이커리를 맛볼 수 있고, 울릉도 기념품도 구입할 수 있다. 카페 밖으로 나오면 빈백이 마련되어 있는데, 이곳에 누워 바다뷰를 즐길 수 있다.
- 경북 울릉군 북면 죽암1길 4
- #울릉도카페 #오션뷰 #딴바위포토존

관음도 자연돌터널
"거대한 돌 터널 프레임"

@evelina_70

관음도에서 선창 가는 방면 드라이브 코스에 자연이 만든 거대한 돌 터널이 놓여있다. 터널이 위쪽으로 높이 솟아있고 그 가운데로는 관음대교가 보여 사진 촬영지로 인기 있다. 터널 안에 사람을 두고 돌 테두리가 보이지 않을 정도로 물러나서 사진을 찍으면 예쁘다. 단, 차가 지나다니는 도로 안에 있으므로 주변을 잘 살피고 촬영해야 한다.

- 경북 울릉군 북면 천부리
- #돌프레임 #관음대교 #바다전망

삼선암 해안도로 부부바위
"신비한 자연 포토존 부부바위"

@past__passed

삼선암 해안도로를 따라 걷다 보면 꼭 닮은 바위 두 쌍이 나오는데, 이 바위를 부부바위라 부른다. 푸른 바다와 잘 어울리는 거대한 검은 바위 두 쌍이 독특한 자연 포토존이 되어준다. 단, 바위가 도로와 평행하게 놓여있지 않고 수직 방면으로 세워져 있어 측면으로 찍어야 두 바위가 모두 잘 나온다.
- 경북 울릉군 북면 천부리 산4-13
- #바닷가 #부부바위 #웅장한

카페울라 고릴라조형물
"고릴라 바위 전망 망원경"

@d_biiiiiiii

송곳산 골릴라 바위에서 영감은 얻은 울라, 메가울라 앞이 포토존이다. 원형 프레임이 있어 산과 울라와 함께 사진을 찍을 수 있다. 푸른 바다를 담을 수 있는 포토존도 인기다.

카페 울라 내에 망원경을 이용해서 송곳산을 보면 고릴라 바위를 볼 수 있다. 다양한 메뉴와 함께 울라 굿즈도 판매하고 있다.
- 경북 울릉군 북면 추산길 88-13
- #울릉도카페 #오션뷰

행남해안산책로 해식터널 안
"울릉도 앞 바다를 담은 동굴 프레임"

@ahzzin

행남해안산책로 둘레길을 따라 걷다 보면 해식동굴 구간이 나오는데, 이 터널 출입구 쪽에서 사람을 세워두고 인물 사진을 찍으면 독특한 동굴 인물사진을 찍을 수 있다. 동굴 안에는 조명이 없어 역광 사진이 찍히므로 정면 사진보다는 측면이나 뒷모습 사진 찍는 이들이 많다. 터널 밖으로 울릉도 앞바다가 들여다보여 역광사진에 감성을 더해준다.
- 경북 울릉군 울릉읍 봉래1길 19-47
- #동굴뷰 #바다뷰 #역광사진

성류굴
"신비함이 가득한 성류굴 가는 길"

@hyunamong

성류굴의 주요 포토존은 굴 내부가 아닌 무료입장할 수 있는 외부 출입구 구간이다. 네모난 동굴형 출입구 앞에 성류굴이라고 황금색 글자가 붙어있고, 입구 안쪽은 돌기둥 사이사이로 수변 전망이 펼쳐진다. 이 굴 입구 안에서 수변 전망이 잘 보이도록 카메라를 약간 측면으로 기울이거나, 아예 돌기둥을 프레임으로 삼아 정면 사진을 찍으면 예쁘다. (p294 B:1)
- 경북 울진군 근남면 성류굴로 225
- #돌프레임 #이국적인 #인스타용

도화동산 배롱나무 산책로
"붉은 배롱나무와 푸른 하늘의 대비"

@sena160409

도화동산은 붉은 배롱나무꽃으로 유명한 곳으로, 매년 8월이 되면 나무 데크 계단으로 이어진 길 양옆으로 꽃이 만개한다. 푸른 하늘, 초록빛 동산, 붉은 매화나무의 대비가 예쁜 곳이므로 세 풍경이 모두 잘 나오도록 사진상 1/3지점까지 하늘이 나오도록 카메라 각도를 조절해보자. (p294 A:1)
- 경북 울진군 북면 나곡리
- #여름꽃 #붉은빛 #배롱나무

불영사 사찰 앞 정원
"정원에서 느끼는 고즈넉한 사찰 분위기"

@songi__hh

신라시대 사찰 불영사는 사찰 경관도 멋지지만, 건물 앞에 펼쳐진 소박한 정원도 잘 가꾸어져 있어 사진찍기 좋은 배경이 되어준다. 정원에 쉬어가기 좋은 정자와 벤치, 연못, 담장 등이 마련되어 있어 고즈넉한 사찰 분위기를 오롯이 담아낼 수 있다. (p294 B:1)
- 경북 울진군 서면 불영사길 48
- #조용한 #자연감성 #사찰정원

금강소나무숲길 소나무 군락지
"하늘 높게 뻗은 소나무 숲 산책로"

@eunbiniayo

금강소나무숲길에 심어진 소나무는 수령이 오래되어 일반 소나무보다 하늘 높게 뻗어있다. 이 소나무 군락이 산책로를 따라 마치 대나무숲처럼 이어져 분위기 있는 사진 배경이 되어준다. 소나무길이 잘 보이도록 숲속 산책로에서 사진을 찍어도 좋고, 산책로 끝 해변가에서 바다 전망이 보이도록 사진을 찍어도 좋다. (p294 A:1)
- 경북 울진군 서면 소광리 산29-7
- #바다전망 #해송 #분위기좋은

폭풍속으로 세트장 계단전망대
"데크길에서 바라보는 어부의 집"

@jjmming_624

드라마 폭풍속으로 세트장 갈색 건물 '어부의 집' 앞에 산책로 나무 계단길이 이어진다. 이 계단 위에서 어부의 집을 배경으로 인물 사진을 찍으면 예쁘다. 집이 모두 카메라에 담기도록 촬영하는 것이 포인트. 어부의 집 뒤쪽에는 하트 모양 해변이 있는데, 이 해변이 함께 나오는 풍경 사진을 찍어가도 좋다. (p294 A:1)
- 경북 울진군 죽변면 등대길 74-14
- #해변주택 #나무데크길 #하트해변

죽변해안스카이레일 안
"스카이레일에서 바라보는 죽변해안"

@cafejoah_go

죽변해안 관광열차인 스카이레일을 타고 해변 전망 인물사진을 남겨보자. 열차 사방으로 해변 전망이 잘 보이는 큰 창이 달려있어 이 창 앞에서 인물사진을 찍을 수 있다. 기차 내부가 다소 협소한 편이므로 창에 최대한 가까이 붙거나 카메라의 광각 기능을 이용해 촬영하는 것을 추천한다. (p294 A:1)

- 경북 울진군 죽변면 죽변리 3-26
- #해변전망 #해변열차 #인물사진

국립해양과학관 귀신고래 분수대
"신비로운 분위기의 귀신고래 분수대"

@euni1055

국립 해양과학관 광장 한가운데 우리나라 귀신고래를 형상화한 조형물이 있는데, 고래 아래에 분수대가 물과 안개를 뿜어내서 신비한 분위기를 연출한다. 고래 정면 방향으로 서면 뒤에 있는 박물관 건물이 함께 나와 사진이 예쁘게 찍힌다. 분수 바닥까지 모두 카메라에 담기도록 살짝 뒤로 물러나 촬영하는 것이 좋다. (p294 A:1)
- 경북 울진군 죽변면 해양과학길 8
- #신비로운 #귀신고래 #분수샷

샌드페블 수영장 뷰
"초록의 나무와 대비되는 하얀 수영장"

@namminixx

이국적인 분위기를 가진 미온수 야외 수영장이 이곳의 메인 포토 스팟. 70년 이상 된 농가주택을 호스트가 직접 고친 곳으로, 숙소 내부는 유럽 느낌 인테리어로 만들어져 있다. 주방에 준비된 피크닉 세트를 활용하여 마당에서 피크닉을 즐길 수 있고, 자전거를 빌려 바로 앞 바다에도 나갈 수 있다.

(p294 B:1)
- 경북 울진군 평해읍 울진대게로 529-21
- #울진독채펜션 #울진감성숙소 #울진여행숙소추천

노바카페 통창뷰
"소나무숲 전망 인테리어 카페"

@binna

통창을 통해 보는 소나무 숲이 멋지다. 바 테이블 자리에 앉아 소나무 숲을 배경으로 운치 있는 사진을 담을 수 있다. 하얀 건물에 기와지붕, 울창한 소나무 숲 앞에 있어 더욱 근사하다. 카페 내부 인테리어가 화이트톤이라 깨끗한 느낌을 주고, 통창을 통해 보는 소나무 숲이 그림같이 예쁘다. 여름에는 배롱나무꽃도 볼 수 있다. (p294 B:1)
- 경북 울진군 평해읍 월송정로 496
- #울진 #월송정카페 #소나무뷰

월송정 액자뷰
"나무 정자 프레임에 담긴 해변"

@cloeh_songyi

월송정은 울진 해변과 푸른 해송 전망을 즐길 수 있는 유서 깊은 정자로, 붉은색으로 칠해진 2층짜리 목조건물이다. 2층 위로 올라가 정자의 사각 나무 기둥이 프레임이 되도록 해변 전망을 찍으면 붉은 액자 속 푸른 해변 전망 사진을 찍을 수 있다. 난간에 걸터앉은 인물 사진을 찍어도 예쁘다. (p294 B:1)
- 경북 울진군 평해읍 월송정로 517
- #해변전망 #소나무 #정자프레임

프렌치페이퍼 수영장뷰
"해수풀 수영장과 징검다리"

동해를 품은 야외 해수풀 수영장에서 사진을 촬영해 보는 것은 어떨까. 수영장에 있는 징검다리 위에 올라가면 수영장 전체 뷰로 사진을 찍을 수 있다. 수영장은 5월부터 9월까지 운영되며, 정해진 시간에 버블이 나와 거품 물놀이도 즐길 수 있다. 객실마다 욕조, 풀빌라 등 부대시설이 다르므로 예약 시 확인은 필수다. (p294 B:1)
- 경북 울진군 후포면 동해대로 336
- #울진풀빌라 #울진오션뷰펜션 #야외수영장펜션

후포등기산공원 그리스포토존
"그리스 감성의 이국적인 벽과 종탑"

후포항 배경을 따라 그리스풍으로 꾸며진 흰 벽 길이 이어진다. 사이사이에 종탑을 연상시키는 철제 종이 달려있어 이국적인 감성을 더한다. 해변 전망과 벽이 넓게 들어오도록 맞은편 도로에서 수평, 수직을 맞추어 사진 촬영하면 예쁘다. (p294 B:1)
- 경북 울진군 후포면 등기산길 40
- #유럽풍 #푸른 #바닷길

울진 왕피천 크리스탈 캐빈 케이블카
"바닥이 투명한 아찔한 케이블카"

왕피천과 망양정을 잇는 케이블카로, 크리스탈 캐빈 케이블카는 일반 캐빈과 달리 바닥까지 투명해서 아찔한 스릴을 느낄 수 있다. 발 아래로 지나는 왕피천을 생생하게 감상할 수 있으며, 그 옆의 드넓은 동해 바다까지 360도로 파노라마 풍경을 관람할 수 있다. 케이블카 안에는 왕피천을 대표하는 귀여운 수달 인형도 있으니 함께 사진을 찍어

보자. (p294 A:1)
- 경북 울진군 근남면 왕피천공원길 1 케이블카
- #케이블카 #전망 #스릴

탑리마을 서울세탁소
"옛 감성을 담은 시골 풍경"

탑리마을은 7080 감성 사진 찍을 수 있는 시골 풍경 여행지로 핫하다. 마을에서 가장 유명한 포토존은 서울세탁소 건물 앞인데, 노란 벽과 빛바랜 간판, 나무 문, 담쟁이덩굴, 자전거에 우체통까지 옛 감성이 폴폴 묻어난다. 세탁소 간판이 잘 보이도록 건물 정면에서 수직, 수평을 맞추어 사진 찍어야 가장 예쁘다. (p295 D:2)
- 경북 의성군 금성면 탑리2길 25
- #레트로 #시골감성 #세탁소

달빛공원 달 정자 포토존
"초승달 조형물과 별빛 가득한 밤하늘"

달빛이 아름답기로 유명한 달빛공원 한 가운데는 초승달 모양 조형물이 높게 솟아있

다. 달 모양 조형물만 찍어가도 예쁘지만, 달빛공원 입구 비석과 정자, 숲 배경이 잘 보이도록 비석 앞쪽까지 이동해 풍경 사진을 찍어도 예쁘다. 밤에 장노출 기능을 켜고 이달 조형물과 달빛 별빛 가득한 밤하늘 배경을 담아가도 좋다. (p295 D:2)
- 경북 의성군 사곡면 양지리 산60-4
- #초승달 #포토존 #야경

로카커피 카페 백일홍 꽃밭
"개울 전망 예쁜 여름감성 카페"

활짝 핀 백일홍과 시원한 물줄기가 흐르는 물줄기를 뒤로 하고 사진을 찍을 수 있다. 사진 속에서 시원한 여름이 느껴진다. 야외 부지가 넓게 조성되어 있어 산책하며 커피를 마실 수 있다. 야외테이블 옆에 작은 개울이 있어 발을 담그고 놀 수 있다. 아이들과 함께 간다면 1층보다는 개울이 옆에 자리를 잡는 것이 좋다. (p295 F:2)
- 경북 청도군 각북면 낙산1길 51
- #청도 #폭포 #백일홍

스테이목아 벽 문구 앞
"감성 문구 적힌 담벼락"

숙소 마당에 있는 '시 한 숟갈, 별 한 사발'이라고 적힌 담벼락이 메인 포토존이다. 깔끔한 흰 벽에 문구가 적혀 있어서 인증샷을 촬영하기에 제격인 곳이다. 스테이목아는 독채로 된 별아채와 풀잎방, 가루비방, 무무무방으로 구분되어 있다. 감성 인테리어로 인기가 있으며, 바비큐장에서 바비큐와 불멍을 즐길 수 있다. (p295 E:2)
- 경북 청도군 금천면 선바위길 55-7
- #청도감성펜션 #청도숙소추천 #담벼락사진

아미꼬뜨 카페 입구
"푸른 하늘과 산 전망의 멋진 건물"

왼쪽 담벼락에 카페 로고가 적혀 있고 사진을 찍을 수 있게 의자가 준비되어 있다. 의자에 앉아 사진을 찍으면 푸른 하늘을 담을 수 있다. 건축상을 수상한 곳으로 건물도 독특하고 디자인이 새롭다. 산 중턱에 위치한 카페라 내려다보는 마운틴뷰가 멋지다. 1층 테라스 자리에 앉아서도 인생샷을 찍을 수 있다. 청도의 마운틴뷰를 보며 힐링하는 시간을 가져보자. (p295 F:2)
- 경북 청도군 매전면 오남길 305
- #청도 #마운틴뷰 #포토존

루오스테이 마당
"일본식 가옥 전망 숙소"

대곡 710에서 일본 느낌 가득한 가옥을 배경으로 마당에서 사진을 찍어보자. 낮도 예쁘지만, 밤에 조명이 켜지면 더욱더 감성 넘치는 사진을 얻을 수 있다. 루오스테이는 대곡 710과 대곡 711로 나뉘어 있고, 인테리어가 다르므로 원하는 곳으로 예약하면 된다. 대곡 710은 실내 히노키탕과 실외 돌 자쿠지 탕을 이용할 수 있으며, 온수는 무료다. (p295 E:2)
- 경북 청도군 이서면 대곡리 711
- #청도독채숙소 #청도감성숙소 #청도숙소추천

버던트 카페 액자포토존
"비대칭 벽면과 야자수가 포인트"

비대칭으로 벽을 뚫어서 예술적인 느낌이 든다. 이 벽을 배경으로 사진을 찍으면 벽면이 큰 프레임이 된다. 사진 채도를 낮추면 더욱 분위기 있는 사진이 된다. 카페에 들어서면 양쪽으로 야자수가 심어져 있어 식물원에 온 듯한 느낌이 든다. 폐공장을 개조한 카페로 천장이 높고 공간이 넓어 시끄럽지 않

다. 아보카도가 들어간 메뉴가 유명하다. (p295 F:2)

- 경북 청도군 이서면 연지로 330
- #청도 #액자포토존 #베이커리카페

청도 와인터널 소원종이 터널
"소원 종이 터널과 아름다운 비즈 천장"

@luv_you_toooo

와인터널 곳곳에 조명과 장식물로 꾸며진 포토존이 많지만, 그중에서도 각각의 소원이 적힌 하얀 종이가 빼곡하게 줄지어있는 소원 종이 터널이 감성 사진 찍기 좋은 구간이다. 천장에 붙은 진줏빛 비즈와 새하얀 벽면이 아름다운 배경이 되어준다. 터널 벽면을 찍기보다는 천장 장식이 잘 드러나도록 이동 방향을 따라 사진 찍는 것을 추천한다. (p295 E:2)

- 경북 청도군 화양읍 송금길 100
- #진주빛 #소원터널 #비즈장식

티읍핑크 카페 외관
"핑크색 고양이 로고가 인기"

@_920114

핑크색 외관에 사랑스러운 티읍핑크 로고인 핑크 고양이가 눈에 쏙 들어온다. 웅장한 건축물을 감상하는 듯한 느낌의 사진을 찍을

수 있다. 본관, 별관, 야외테라스까지 공간이 다양하고, 예쁘게 나뉘어져 있다. 4층 루프탑의 투명 돔은 사전 예약을 통해 이용이 가능하다. 탁 트인 경치를 보며 프라이빗한 시간을 즐길 수 있다. (p295 F:2)

- 경북 청도군 화양읍 연지안길 34-11
- #청도 #투명돔 #브런치카페

유등지 군자정 연꽃
"초록 물결을 담은 군자정 프레임"

@9v_v3

유등지에는 매년 8월 초부터 끝이 보이지 않을 정도로 연잎과 연꽃이 피어나 초록빛 물결을 이룬다. 연잎 사이사이 핀 분홍색 홍련이 포인트가 되어준다. 유등지 산책로 가운데에 연잎 밭 전망이 들여다보이는 군자정이 있는데, 이 정자가 네모 프레임이 되도록 해서 인스타용 정방형 사진을 찍을 수 있다. (p295 F:2)

- 경북 청도군 화양읍 유등1리
- #여름여행지 #연꽃 #프레임사진

청도무아마운틴파크 무아사진관 꽃그네 포토존
"민트색 벽면과 수국으로 만든 그네"

@woosooo

아이들을 위한 캠핑장 겸 테마파크인 무아마운틴파크 안에 사진찍기 좋은 포토존이 모여있는 모아 사진관 공간이 있다. 실내 벽면이 사진찍기 좋게 색깔의 벽면과 꽃, 조명 등의 소품들로 꾸며져 있다. 이 중에서는 민트색 벽면 앞에 수국꽃과 꽃 그네가 놓인 공간이 가장 인기있다. (p295 F:2)

- 경북 청도군 화양읍 이슬미로 319-30
- #이색포토존 #컬러풀 #수국꽃그네

가산수피아 산책길
"분홍빛으로 물든 핑크뮬리 언덕"

@_yoon_nni

칠곡 가산수피아는 숲속에 다양한 테마 정원이 꾸며져 있어 봄, 여름, 가을, 겨울 할 것 없이 사계절 아름답다. 그러나 정원을 분홍빛으로 수놓는 10~11월 핑크뮬리 개화기가 가장 아름답다. 핑크뮬리 언덕, 석양의 언덕, 하늘정원에서 핑크뮬리를 만나볼 수 있는데, 이 중 핑크뮬리 언덕이 가장 사진찍기 좋다. 하늘정원은 주말과 공휴일에만 개방한다는 점도 참고하자. (p295 D:2)

- 경북 칠곡군 가산면 학하들안2길 105
- #핑크뮬리맛집 #언덕뷰 #정원산책

유타커피라운지 카페 외관
"미국식 인테리어 대형 카페"

@choi_yoga.pilates

하얀색 벽에 귀여운 여우, 미국 여행을 하는 느낌이다. 미국식 인테리어로 유명한 대형카페다. 독특한 인테리어지만 주변 건물과의 조화가 좋다. 테이블이며 인테리어가 밝은 이미지의 미국 횡단 여행을 하는 기분을 들게 한다. 높은 층고와 화이트톤의 벽면이 가게 내부를 크고 환하게 보이게 해준다. 아치형의 개별 공간에서 프라이빗한 시간을 즐길 수 있다. (p295 D:2)
- 경북 칠곡군 동명면 금암북실1길 12
- #칠곡 #미국감성 #소금빵

가실성당 앞 배롱나무 풍경존
"배롱나무에 둘러싸인 가실성당"

@beautyella_ji_min

8월이 되면 칠곡군 왜관읍 가실성당 건물 앞에 붉은 배롱나무꽃이 풍성하게 피어난다. 경상북도에서 가장 오래된 성당인 가실성당 건물을 가운데 배경으로 두고 그 옆에 수북히 피어난 꽃을 찍으면 예쁘다. 배롱나무 사

이로 대리석 성모 동상이 서 있는 구간도 사진찍기 좋다. (p295 D:3)
- 경북 칠곡군 왜관읍 가실1길 1
- #여름 #배롱나무 #성당

칠곡양떼목장 초원
"너른 초원 속 깡통열차"

@jj_oon_22

칠곡양떼목장에는 너른 초원이 있어 양 떼 체험하는 사진과 초원 산책로 사진을 모두 담아갈 수 있다. 초원에 양 떼를 방목하지는 않았지만, 트랙터와 깡통 열차를 설치해 사진찍기 좋게 꾸며져 있다. 깡통 열차에 직접 들어가 콘셉트 사진을 찍어보자. (p295 D:2)
- 경북 칠곡군 지천면 창평로 209-42
- #트랙터 #깡통열차 #가족사진

구룡포일본인가옥거리 돌계단 오션뷰
"계단 끝에서 바라보는 항구 풍경"

@rinirini_v

드라마 '동백꽃 필 무렵'의 메인 화보 촬영지로 쓰였던 곳으로, 공효진과 강하늘을 따라 커플 사진 찍는 이들이 많다. 드라마 화보를 참고해 계단 끝에 앉아 항구 풍경이 잘 보이도록 하이앵글로 사진을 찍어보자. 근처에 '까멜리아'건물도 있는데, 드라마에서와는

달리 식당이 아닌 분위기 좋은 카페로 운영하고 있다. (p295 D:1)
- 경북 포항시 남구 구룡포읍 구룡포길 153-1
- #드라마화보 #바다전망 #어촌마을전망

스테이유목 통창뷰
"전 객실 오션뷰 통창"

@94llll._.llllhi

객실 내 모든 공간에 통창이 있어 바다를 배경으로 사진을 찍을 수 있는 곳. 숙소 바로 앞에 바닷가가 펼쳐져 있어 준비된 튜브를 가지고 물놀이도 즐길 수 있다. 스테이유목은 4개의 독채 빌라로 이루어져 있고, 침실, 욕실이 있는 공간과 주방이 분리되어 있다. 객실 전체가 통창으로 되어 있기 때문에 각자의 프라이버시를 위해 건물 뒤편으로만 이동할 수 있다. (p295 D:1)
- 경북 포항시 남구 구룡포읍 일출로 468
- #구룡포감성숙소 #포항통창숙소 #포항예쁜숙소

모포여락 테라스 앞 액자뷰
"안방 테라스 오션뷰 공간"

@hye___wony

숙소 침실에서 바다를 볼 수 있는 액자 뷰 공간이 시그니처 포토존이다. 내부 곳곳에 아기자기한 소품과 감성 가득한 인테리어로 여심을 저격할만한 곳. 거실과 연결된 테라스

에서 바다를 바라보며 바비큐를 즐길 수 있으며, 캠핑 콘셉트로 꾸며져 있다. 테라스 쪽 문을 열고 나가면 바로 바다를 마주할 수 있어 해안가 산책도 가능하다. (p295 E:1)
- 경북 포항시 남구 장기면 모포길 44-1
- #포항숙소추천 #포항감성숙소 #오션뷰숙소

다무포하얀마을 위치표지판
"그리스 감성 하얀 표지판"

@active__hwa

다무포하얀마을은 그리스 산토리니를 연상시키는 흰 벽과 푸른 지붕 건물이 모여있어 마을 자체가 이국적인 포토존이 되어준다. 마을 입구에 생태문화관, 등대 가는 길을 표시해놓은 하얀 위치표지판이 있는데 이 표지판 아래 서서 사진 찍는 이들이 많다. 표지판 앞에 서서 건너편에 있는 등대까지 잘 보이도록 사진을 찍어보자. (p295 D:1)
- 경북 포항시 남구 호미곶면
- #산토리니 #파란색 #하얀색 #표지판

하루풀빌라 통창뷰
"사계절 아름다운 오션뷰 숙소"

@onion_ring__

동해가 한눈에 들어오는 통창 앞이 이곳의 메인 포토존이다. 깔끔한 인테리어와 테이블, 욕조 등의 소품이 특유의 감성을 한껏 더할 것이다. 봄, 여름, 가을, 겨울 총 4개의 객실이 있으며, 전 객실 수영장과 바비큐 존이 별도로 마련되어 있다. 봄 객실의 경우 단독 정원이 있어 프라이빗 산책이 가능하고, 불멍을 즐길 수 있다. 방별로 특징이 다르니, 예약 전 확인은 필수. (p295 D:1)
- 경북 포항시 남구 호미곶면 일출로 530
- #호미곶풀빌라 #포항오션뷰숙소 #프라이빗풀

호미곶 상생의손
"착각을 불러일으키는 상생의 손"

@wealways_pray

호미곶 해맞이광장에 있는 상생의 손은 포항을 대표하는 랜드마크다. 이 손 모양은 인류의 화합과 더불어 사는 '상생'의 의미를 담고 있는데, 왼손은 광장에, 오른손은 바다 한가운데 설치되었다. 손목을 최대한 기울여 보이지 않게 하고, 바다 쪽에 있는 오른손이 내 손인 것처럼 손목을 돌려 찍으면 독특한 기념사진이 완성된다. (p295 D:1)
- 경북 포항시 남구 호미곶면 해맞이로 136
- #수변공원 #오른손 #이색기념사진

케렌시아풀빌라 수영장 일몰뷰
"전 객실 오션뷰 수영장"

@s_in__p

A타입 객실과 연결된 야외 수영장에서 보기만 해도 황홀해지는 일몰을 배경으로 사진을 찍어보는 건 어떨까. 전 객실 오션뷰 숙소이며, 높이 솟은 건물 사이로 볼 수 있는 바다가 인상적이다. 미온수 수영장과 제트 스파를 무료로 이용할 수 있고, 바비큐 비용 추가 없이 숙소 내 자이글을 사용할 수 있다. 숙소에서 15분 거리에 호미곶, 과메기 박물관, 근대문화 역사 거리 등이 있어 같이 둘러보기 좋다. (p295 D:1)
- 경북 포항시 남구 호미곶면 호미로 1504-7
- #호미곶숙소 #포항풀빌라추천 #포항독채숙소

스페이스워크 앞
"뱀이 똬리를 튼 듯한 스페이스 워크 배경"

@jee1n

환호 해맞이공원에는 굽이치는 듯 독특한 스카이워크 '스페이스워크'가 있는데, 아래쪽에서 보면 꼭 뱀이 똬리를 튼 듯한 모습이다. 이 스페이스워크 앞 화단에 서면 스페이스워크와 인물 사진을 한가득 담아갈 수 있다. 굽은 스카이워크 길이 잘 보이도록 카메라를 살짝 아래에서 위로 기울여 찍어도 좋다. (p295 D:1)

■ 경북 포항시 북구 두호동 산8
■ #스카이워크 #전망대 #로우앵글

어보브블루풀빌라 수영장 오션뷰
"파노라마 오션뷰 풀빌라 숙소"

@__hoya._

객실에 마련된 수영장에서 파노라마 오션뷰를 배경으로 사진을 찍어보자. 마치 한 폭의 그림 같은 아름다운 사진을 얻을 수 있을 것이다. 숙소 내, 외부는 화이트&블루톤으로 꾸며져 있어 그리스 산토리니에 온 듯한 느낌을 받을 수 있다. 수영장 룸, 스파 객실로 구분되어 있으며, 수영장 미온수가 무료로 제공된다. (p295 D:1)

■ 경북 포항시 북구 송라면 동해대로 3290
■ #포항풀빌라 #포항오션뷰숙소 #파노라마오션뷰

러블랑 카페 산토리니 감성 포토존
"그리스 산토리니 감성 카페"

@semi_hana

그리스 산토리니를 연상케 하는 하얀색 대문이 메인 포토존. 푸른 하늘과 동해바다

를 한 장의 프레임에 담아보자. 메인 포토존 외에도 지중해 느낌의 청량함을 느낄 수 있는 포토존이 마련되어 있다. 은은한 조명이 켜지는 밤에도 인생샷을 남기기 좋다. 바닷가 바로 앞이라 어느 자리에 앉든 통창을 통해 시원한 동해바다 뷰를 볼 수 있다. (p295 D:1)

■ 경북 포항시 북구 송라면 동해대로 3310
■ #포항 #오션뷰 #그리스감성

마치블루풀빌라 통창뷰
"포항 앞바다 전망 유리통창"

@voirghye

보기만 해도 시원해지는 포항 바다가 가득 찬 통창 앞이 메인 포토 스팟. SNS 인생샷 성지이며, 특히 오션뷰 일출 명소로 잘 알려져 있다. 전 객실 오션뷰 통창과 개별 바비큐 존을 가지고 있으며, 수영장은 방마다 실내, 실외로 이용할 수 있는 공간이 나뉘어 있으니 확인이 필요하다. 오션뷰 럭셔리 펜캉스를 즐기고 싶다면 추천할 만한 곳이다. (p295 D:1)

■ 경북 포항시 북구 송라면 봉화길 202
■ #포항풀빌라 #포항오션뷰펜션 #일출

세븐데이즈어위크 카페 외관
"파스텔톤 외관이 예쁜 곳"

@s_in__p

파스텔톤의 옐로우로 되어 있어 이국적인 느낌이 든다. 미국 하이틴 영화 속에서 볼 듯한 외관이다. 발랄한 느낌의 사진을 찍어보자. 테이블이 굉장히 넓은데 테이블마다 통창으로 되어 있어 푸릇푸릇한 경치를 감상할 수 있다. 카페 건물 중간중간 외부로 연결된 문들을 예쁘게 꾸며놔 포토존으로 손색이 없다. 대표메뉴인 너티크림라떼는 땅콩크림이 올라가 아주 고소하다. (p295 D:1)

■ 경북 포항시 북구 신광면 기반길8
■ #포항 #디저트카페 #미국감성

경상북도수목원 삼미담 연못
"연못과 잔디 광장이 만든 초록빛 풍경"

@modo_113

삼미담 연못은 주변으로 푸른 잔디 광장이 펼쳐져 있어 초록빛 자연 포토존이 되어준다. 초록빛 연잎이 싱그러운 여름이나 가을 낙엽 풍경이 아름다운 가을에 특히 사진이 예쁘게 나오니 이 시기에 방문해 연못 배경 사진을 찍어보자. (p295 D:1)

■ 경북 포항시 북구 죽장면 수목원로 647
■ #잔디광장 #가을축제 #연잎밭

이가리닻전망대 빨간지붕 조형물 배경
"전망대 끝 빨간 지붕 등대"

@hw__s

이가리닷전망대 맨 안쪽에 빨간 지붕 등대 가 설치되어있는데, 이 등대가 푸른 바다와 대비되어 사진의 예쁜 포인트가 되어준다. 등대를 가까이 찍기보다는 길게 이어진 전 망대 나무 데크 길이 가득 담기도록 전망대 끝 쪽에 서서 살짝 하이앵글로 찍어야 예쁘 다. 전망대 다리가 보이는 건너편 바다에서 지붕이 살짝 보이도록 사진을 찍어도 예쁘 다. (p295 D:1)

- 경북 포항시 북구 청하면 이가리 산67-3
- #바다전망 #등대 #샌착로

월하풀빌라 통창뷰
"오션뷰 통창이 있는 풀빌라 숙소"

숙소 2층 오션뷰 통창 앞에 앉아 인생 사진 을 남겨보자. 이곳은 독채 두 동으로 운영 중 이며, 사계절 온수 수영이 가능한 수영장이 객실 내 마련되어 있다. 내부에 개별 바비큐 존이 있고, 수영장과는 별개로 2층에 스파 시설이 구비되어 있다. 숙소 뒤편에 달 포토 존과 조명 미러룸이 있어 사진 찍기 좋으며, 월포역에서 픽업 서비스가 이루어지고 있다. (p295 D:1)

- 경북 포항시 북구 청하면 청진리 236
- #오션뷰숙소 #포항풀빌라 #통창

청하공진시장 한낮에커피 달밤 의 맥주 건물
"레트로풍 황토 건물"

@zii.eunn

드라마 갯마을 차차차의 주요 무대가 되었던 그 커피집 건물 앞에서 기념사진을 남겨갈 수 있다. 옥색, 황토색으로 칠한 건물 외관 은 레트로 향기가 물씬 난다. 건물 정면에서 찍어도 예쁘지만, 가수 '오윤' 포스터가 붙은 창문 쪽도 사진이 예쁘게 나온다. 드라마에 나왔던 보라슈퍼도 근처에 있으니 함께 들러 보자. (p295 D:1)

- 경북 포항시 북구 청하면 청하로 200번길 6
- #드라마촬영지 #레트로 #담쟁이덩쿨

영일대전망대 해외표지판
"해외 표지판 뒤로 펼쳐진 동해바다"

@hyerim_1053

영일전망대에는 뉴욕, 바르셀로나, 런던, 파 리, 베이징 등 세계 유명 국가 수도까지의 거 리를 표시해둔 거대한 '해외 표지판'이 설치

되어 있다. 붉은 표지판 뒤로 푸른 동해바다 전망이 펼쳐져 멋진 포토존이 되어준다. 해 수욕장 산책로를 따라가다 보면 영일대 전망 대가 나오는데 이곳도 사진이 잘 나오는 포 인트니 꼭 함께 방문해보자. (p295 D:1)

- 경북 포항시 북구 해안로 173
- #붉은색 #표지판 #해외여행느낌

오브레멘 카페 회전목마
"BTS 회전목마로 유명한 곳"

@jiyeong1994

오브레멘은 BTS 회전목마로 유명하다. 회 전목마 앞에서 놀이공원 감성을 채워보자. 브레멘 음악대를 모티브로 해 메뉴명도 브 레멘 음악대 스타일이다. 다양한 종류의 베 이커리 메뉴가 준비되어 있다. 곳곳에 조형 물과 세심한 인테리어들, 넓은 규모의 전시 장에 온 것 같다. 통창 너머로 시원한 영일 대 해수욕장을 볼 수 있다. 주차는 영일대 해 수욕장 근처 공영주차장을 이용하면 된다. (p295 D:1)

- 경북 포항시 북구 해안로 191-1
- #영일대카페 #오션뷰 #회전목마

소소연담 수영장뷰
"감각적인 자쿠지 풀빌라"

@moongahee_

유럽식 미장 마감을 인테리어로 한 독특한 모양의 야외 수영장이 이곳의 시그니처 포토 스팟. 수심이 낮아 아이들과 함께 물놀이하기 좋으며, 피크닉 세트와 파라솔이 준비되어 있어 휴양지에 온 듯한 느낌을 받을 수 있다. 마당에는 불멍존이 마련되어 있어 불멍을 즐기며 고구마와 마시멜로 등을 구워 먹을 수도 있다. 실, 내외 여러 곳에 포토존이 있고, 삼각대까지 준비되어 있어 인생 사진을 얻을 수 있는 곳. (p295 D:1)
- 경북 포항시 북구 흥해읍 용금길11번길 27-16
- #포항독채숙소 #유럽느낌숙소 #포항숙소추천

카페빈땅 캠핑카
"빈티지 캠핑카와 감성 인테리어"

@ccccsssssjjjj

카페 외관 빈티지한 캠핑카와 캠핑 의자, 야자수 나무 등 외국에서 캠핑하는 느낌이다. 빈 땅 서프에서 운영하는 브런치 카페다. 천장 쪽에 서퍼 보드가 있고, 카페 뒤편에는 서퍼들을 위한 공간이 있다. 통유리가 오픈되

어 있어 봄, 가을 바닷바람을 느낄 수 있다. 우드톤의 인테리어, 라탄 조명 등이 동남아 분위기를 느끼게 한다. (p295 D:1)
- 경북 포항시 북구 흥해읍 죽천길 11
- #포항 #죽천 #브런치카페

곤륜산활공장 오션뷰
"활공장에서 보는 칠포항 전망"

@ralan_n

패러글라이딩 체험장인 곤륜산활공장(곤륜산 전망대) 쪽으로 올라가면 칠포리와 칠포해수욕장, 칠포항 전망이 내려다보여 멋진 바다 풍경을 담아갈 수 있다. 바다 앞으로 길을 곧게 뻗은 항구 부분이 잘 드러나도록 사진을 찍으면 예쁘다. 카메라를 하늘 쪽으로 돌려 패러글라이딩 체험하는 사람을 찍어도 이색적인 바다 사진을 촬영할 수 있다. (p295 D:1)
- 경북 포항시 북구 흥해읍 해안로 1366-42
- #바다전망 #포항시내전망 #이색체험

포토피아 카페 콜로세움 외관
"콜로세움 스타일 오션뷰 카페"

@cathy248216

콜로세움 스타일의 건물에 담쟁이넝쿨, 로

마 여행 기분을 낼 수 있다. 음료 구입하는 경우 카페와 포토존을 이용할 수 있다. 포토존으로 가는 길목의 야외 테이블에서는 푸릇한 정원과 바다가 보인다. 웨딩스튜디오로 사용하던 곳으로 곳곳이 포토존이다. DSLR은 사용이 불가하고 핸드폰 촬영만 가능하다. 포토 프린트가 있어 촬영 후 출력이 가능하다. (p295 D:1)
- 경북 포항시 북구 흥해읍 해안로 1744 2동
- #포항 #스튜디오카페 #콜로세움

선류산장
"한국의 치앙마이 느낌 카페"

@seoyujjin

한국에서 치앙마이 감성을 느낄 수 있는 숲뷰 카페. 담쟁이 넝쿨로 덮인 실외 공간에 포토존이 마련되어 있어서 숲을 배경으로 사진을 찍기 좋다. 나무가 푸릇한 봄과 여름에 방문하는 것을 추천한다. 다만 깊은 산 속에 있어 운전 난이도가 높은 편이며 야외에는 벌레가 많을 수 있으니 벌레 기피제 필수. 카페 메뉴는 홍시스무디, 가래떡구이, 치즈콩감호두말이 등이 인기. (p295 D:2)
- 경북 포항시 북구 죽장면 수석봉길 145
- #치앙마이느낌 #숲뷰 #산속카페

09

경상남도
부산·울산

경상남도·부산·울산

A   B   C

거창군
대장경테마파크 미디어아트
해울카페 한옥과 단풍
우두산
우두산 Y자 출렁다리
수승대거북바위
의동마을 은행나무
거창허브빌리지 라벤더
거창 덕천서원 벚꽃터널 아래 다리
창포원 꽃창포
감악산풍력단지 아스타국화와 일몰
합천호   합천군
감악산
핫들생태공원
합천영상테마파크 경성감성거리
월여산
로우풀
황매산
고령군
달성군
창녕...
낙동강
연지못 수양...

1

장수군
함양군
지리산

산청군
의령군
악양생태공원 핑크뮬...
악양뚝방길 양귀비
카페 뜬 루프탑
강주마을 해바라기와 빨간풍차
카페1946 한옥카페
합안연꽃테마파크
말이산고분군
무진...
식목일카페 무전점 액자뷰
낙화...

진주시
진양호
유로제다 녹차밭뷰
삼성궁 성곽
도심다원 카페 녹차밭뷰
하늘호수차밭쉼터 산장분위기
쌍계사
최참판댁 사랑채
십리 벚꽃길
매암제다원 녹차밭 뷰
평사리아이침카페 목향장미
동정호 목수국
스타웨이하동 스카이워크
악양동정호 나룻배
묘향민박 숲속 한옥
구재봉활공장 섬진강뷰 패러글라이딩
아소록 카페 하얀 벤치
진주S 달 포토존
남가람공원 남가람별빛길
문산성당 하늘빛 성당
해들목장 양떼와 송아지
고유커피 한옥과 단...
악수터산장 숲뷰
경상남도수목원 메타세콰이어길
창원시
하우오...
대신...

2

백운산
하동군
봉명산
사천시
고성군
강주연못 연꽃단지
광양시
섬진강
남해고속...
카페녹음 녹차밭 뷰 민트색의자
커피팅버사천포레스트 숲속 나무문
사천 무지개해안도로
갤러리& 카페라안 백촌저수지뷰
상리연꽃공원 연꽃
그리움이물들면 얼굴포토존
바두키 애견펜션 애견동반 오션뷰 스파
나인뷰커피 천국의 그네와 천국의 계단
선상카페 씨맨스 썬셋
경남고성. 송학동고분군 고분배경
고성고분군
언덕길 고분뷰
송포1357 카페 글자조형물
청널공원 풍차
상족암군립공원 동굴포토존
수갤러리카페 오션뷰 천국의 계단
상상양때목장 바다뷰 양때목장
양모리학교 바다뷰 양때체험 목장
경남고성. 소을비포 성지 동쪽출입문
통영시
아르새...
카페 네르하21 오션뷰 발코니 물멍존
유럽 시골정원 감성
드레피인펜션 투명카누
동피랑벽화마을
호텔치유 일본식 건물과 노젠온천
나온천
이제남해 오션뷰 히노끼온천
원예예술촌 풍차
포지티브즈카페 유럽 시골정원 감성
수우도 해골바위
브라운스테이 우드톤 실내와 오션뷰스파
서파랑마을 99계단
연인나무
영취산
망운산
남해의숲 카페 나무대문
삼칭이해안길 해안길 라이딩
하도 서파랑공원 서포루 액자뷰
동...
스트라이프남해 스트라이프색감의 오션뷰 풀
웨이포인트 오션뷰 풀빌라
적정온도 오션뷰 노천온천
남해군
내산분교 카페 하트포토존
산유곡목공원 아이리스 꽃길
당포성지 성곽 위 오션뷰
디피랑 빛정원
고운재 남해 기와지붕과 오션뷰 통창
섬이정원 반영샷
남해보물섬전망대 스카이워크
미래사 편백나무숲
미스틱 카페 오션뷰
여수시
카페샌드 초록지붕
물미해안 전망대 스카이워크
세자트라숲 생태탐방 산책길
거제식물원 호빗의정원
다랭이마을 바다뷰 계단식 논
설흘산 정상 바다뷰
금산
까사드발리 풀빌라
거제식물원 정글돔 새둥지포토존
원천마을 나무프레임
디풀빌라 넓은 풀장과 자쿠지
두모...
두마오늘 유채꽃과 다랭이논
설리스카이워크 스카이워크와 그네
두미도
비진도 에메랄드빛 바다와 해변
보리암 한려해상국립공원 바다뷰
상주모래비치 바다뷰 언덕
한려 해상 국립공원
상노대도
저구항 수국동산...
한려해상 국립공원

3

백야도   돌산도   용지도   연화도

브리타니 카페 일몰
"해외 휴양지 느낌 루프탑 카페"

@hami2886

해외 휴양지 느낌이 물씬 풍기는 야외 루프탑에서 일몰 때 노을과 함께 사진을 담아보자. 감성적인 사진 연출이 가능하다. 프랑스 브르타뉴의 해안가와 부산 가덕도의 바다가 닮아 짓게 된 곳이라고 한다. 커피, 에이드, 라떼 등 음료와 떡볶이, 피자, 토스트 등 다양한 브런치도 맛볼 수 있다. 1층 야외에서는 애견 동반이 가능하다. (p335 D:2)
- 부산 강서구 가덕해안로 663
- #애견동반 #브런치카페 #노을맛집

오플로우 카페 낙동강뷰 루프탑
"낙동강 전망 루프탑 공간"

@w_jjungg

해외 휴양지 느낌이 물씬 풍기는 루프탑에서 낙동강 뷰를 배경으로 사진을 찍어보자. 지하 1층부터 3층으로 나누어져 있으며 1~3층, 루프탑에서는 낙동강을 볼 수 있고 지하 1층은 멋진 조경과 함께 즐길 수 있는 곳이다. 모든 빵은 당일 아침 생산 후 당일 판매를 원칙으로 운영해 신선한 베이커리를 맛볼 수

있으며 종류는 마들렌, 휘낭시에, 치아바타, 스콘 등 다양하다. (p335 D:2)
- 부산 강서구 가락대로 1206
- #낙동강뷰 #루프탑카페 #베이커리카페

갤러리가덕 숲뷰 노천탕 숙소
"숲 전망 야외 노천탕"

@ryusooky

뜨끈한 노천탕에 앉아 눈이 정화되는 숲을 바라보며 사진을 찍어보는 것은 어떨까. 객실마다 마련된 야외 노천탕에서 반신욕을 즐기며 맑은 공기를 마실 수 있는 곳. 숙소 1층은 복층으로, 2층은 단층 구조로 되어 있으며, 야외 수영장과 바비큐존이 따로 마련되어 있다. 일반 객실과 별개로 세미나, 워크숍 등을 할 수 있는 파티룸이 있다. (p335 D:2)
- 부산 강서구 서천로42번길 52-32
- #부산노천탕숙소 #부산감성숙소 #숲뷰숙소추천

비아조카페 발리감성
"발리 느낌 물씬 브런치 카페"

@e.u.n

해외 휴양지 느낌의 카페 외관에서 사진을 남겨보자. 부산판 발리로 알려져 있는 곳으

로 커피, 음료, 베이커리, 브런치, 맥주 등 다양한 메뉴를 즐길 수 있다. 야외 좌석에서는 낙동강 리버뷰와 아기자기한 조형물, 외국 정원 느낌의 방갈로 스타일 등 좌석이 많아 편안히 즐길 수 있다. 밤에는 조형물에 조명이 켜져 색다른 분위기를 느낄 수 있다. (p335 D:2)
- 부산 강서구 식만로 164 비아조
- #발리감성 #낙동강뷰 #대형카페

로빈뮤지엄 카페 미국 휴게소 감성
"미국 휴게소 느낌 레트로 카페"

@choi_spring2

앤틱한 느낌의 코카콜라 벽화와 함께 미국 휴게소 감성이 느껴지는 외관이 대표 포토 스팟. 미국 70~90년대 레트로 분위기를 느낄 수 있는 곳이다. 내부는 코카콜라 빈티지 소품들과 굿즈가 다양하게 채워져 있어 마치 코카콜라 뮤지엄에 온 듯한 느낌이다. 커피, 에이드 등 음료와 피자, 핫도그 등 간단한 브런치도 즐길 수 있다. (p335 D:2)
- 부산 강서구 신호산단1로140번길 71 1층
- #스튜디오카페 #콜라뮤지엄느낌 #미국감성

케어포커피 카페 미국감성

"철제 테이블 놓인 미국감성 카페"

@hr_j112

미국 감성이 물씬 느껴지는 카페 외관이 대표 포토스팟. 옛날 주택을 개조하여 만든 곳으로 야외 알록달록한 철제 테이블이 많아 색감이 이뻐 곳곳이 사진 찍기 좋은 포인트이다. 커피, 라떼, 에이드 등이 있으며 케어포만의 시그니처 수제 크림이 올라간 라떼와 복숭아 우유가 시그니처 음료이다. 크루아상, 스콘 등 베이커리류도 맛볼 수 있다. (p335 E:2)

- 부산 금정구 장전로12번길 15 Care for Coffee
- #미국감성 #주택개조 #알록달록

코랄라니 카페 테라스 파랑빈백

"파란 빈백 테이블 포토존"

@k_meeji

3층~4층 이어지는 파란색 빈백의 야외 좌석에서 청량한 분위기의 사진을 남겨보자. 1층을 제외하고 노키즈존으로 운영되며 야외

테라스에서는 죽도 공원, 기장 바다를 한눈에 담을 수 있다. 음료는 커피, 라떼, 티, 에이드가 있으며 토스트, 마카롱, 케익 등 베이커리류를 맛볼 수 있다. 대형카페여서 실내외 다양한 좌석을 보유하고 있다. (p335 F:2)

- 부산 기장군 기장읍 기장해안로 32
- #오션뷰 #대형카페 #기장카페

피크스퀘어 카페 바다앞 돌담

"제주 감성 돌담과 핑크빛 외관"

@povoqv

밝은 톤의 돌담과 인디핑크톤의 외관이 대표 포토스팟. 카페 주변이 돌담으로 둘러싸여 있어 제주 감성을 느끼며 바다를 배경으로 다양한 사진 연출이 가능하다. 2개의 건물로 나누어져 있으며 실내도 액자 통창으로 되어 있어 감성적인 오션뷰를 즐길 수 있다. 메뉴는 커피, 에이드와 몽블랑, 크루아상 등 베이커리류를 맛볼 수 있다 (p335 F:2)

- 부산 기장군 기장읍 기장해안로 864 피크스퀘어
- #제주감성 #오션뷰 #기장카페

용소웰빙공원 저수지위 용소호 (배이름)

"배가 떠있는 저수지 풍경"

@ladylady_loveyourself

용소골저수지에 정박해있는 용소호 배가 호수 사진의 작은 포인트가 되어준다. 호수와 숲을 배경으로 인물사진 찍기 좋은 곳이지만, 용소호 측면이 다 보이도록 배 옆으로 이동해서 배를 가운데 놓고 초록빛 풍경 사진을 찍어도 예쁘다. (p335 F:2)

- 부산 기장군 기장읍 서부리 223-6
- #호수전망 #숲전망 #통통배

죽성성당 바다앞 이국적 성당 건물

"절벽에서 바라보는 유럽식 성당"

@yjjw_0222

죽성드림세트장이라고도 불리는 이곳은 바다 절벽 한 가운데 붉은 지붕의 유럽식 성당이 떠 있는 이색 포토존이다. 바다 위에 떠오른 듯한 느낌을 주기 위해서는 성당에서 약간 멀리 떨어져 바다가 잘 보이도록 사진을 찍어야 한다. 절벽 한쪽에 앉아 성당을 배경으로 인물 사진을 찍을 수 있고, 성당 안쪽으

로 들어가 아치형 문 사이에서 프레임 사진을 찍을 수도 있다. (p335 F:2)
- 부산 기장군 기장읍 죽성리 330-1
- #바다전망 #유럽풍 #해안절벽

부산롯데월드 로리캐슬앞
"동화 속 궁전 앞 로리 꽃밭"

@nn_and_yy

동화 풍 궁전 앞에 커다란 로리 캐릭터 꽃밭이 있는 로리캐슬은 부산롯데월드에서 가장 인기있는 사진 촬영 명소다. 로리 얼굴이 사진에 가득 담기도록 뒤로 물러서서 삼각대를 두고 찍는 것이 좋다. (p335 F:2)
- 부산 기장군 동부산관광로 42
- #롯데월드 #캐릭터꽃밭 #빨간궁전

해동용궁사 바다절경과 사찰
"바다와 사찰의 조화로운 풍경"

@hooo.ooui

해안절벽을 따라 사찰을 지었기 때문에 바다, 해송 풍경을 함께 담아갈 수 있다. 바다절벽 쪽 난간에서 바다와 사찰 풍경이 잘 나오도록 사진 촬영하는 것이 좋다. 사찰 입구로 향하는 계단 중앙 부분에 서서 계단 꼭대기에 올라 사찰을 내려보듯 사진 찍어도 예

쁘다. (p335 F:2)
- 부산 기장군 용궁길 86
- #사찰 #바다전망 #해안절벽

헤이든 카페 나무 조형물
"크리스마스 트리 느낌"

@zyun.nie

카페로 들어가는 입구에 크리스마스트리를 연상케 하는 나무 조형물과 사진을 남겨보자. 실내 인테리어는 초록색이 포인트로 깔끔하다. 시그니처 음료는 벅 헤드 등 총 3가지가 있고 이 외 커피, 에이드, 티 등이 있다. 또한 크루아상, 케익 등 다양한 베이커리류를 즐길 수 있다. 대형카페여서 실내외 많은 좌석을 보유하고 있으며 계단 좌석에서도 넓은 오션뷰 조망이 가능하다. (p335 F:2)
- 부산 기장군 일광읍 문오성길 22
- #오션뷰 #기장카페 #대형카페

씨앤트리 카페 오션뷰 루프탑
"바다 위에 떠있는 듯한 루프탑 공간"

@_ha._naa1

마치 바다 위에 떠 있는 것 같은 사진을 연출할 수 있는 루프탑이 대표 포토존. 실내는 통창으로 전면에서 오션뷰를 즐길 수 있다. 아

이들이 놀 수 있는 작은 놀이공간이 있는 키즈존과 조용하게 힐링할 수 있는 노키즈존이 따로 나누어져 있다. 음료와 간단한 베이커리는 물론 브런치도 맛볼 수 있다. 야외에는 여름에 수영이 가능한 수영장도 있다. (p335 F:2)
- 부산 기장군 일광읍 일광로 808
- #수영장카페 #오션뷰 #키즈존

박태준기념관 곡선의 건물앞 작은호수
"철강 1인자를 닮은 나무"

@by.jumi

박태준기념관은 건물 가운데가 뻥 뚫려 안에 호수를 품고 있는 독특한 구조이다. 이 호수 뒤로 키 큰 나무가 심겨있는데, 이 나무를 가운데 두고 양옆으로 독특한 건물 외관이 잘 보이도록 사진을 찍으면 예쁘다. 호수 강물이 잘 보이도록 약간 하이앵글로 찍어도 좋다. (p335 E:2)
- 부산 기장군 장안읍 임랑리 152
- #곡선건물 #호수 #키큰나무

웨스턴챔버 카페 유럽풍 나무문
"숲으로 둘러싸인 유럽풍 카페"

카페 입구 유럽풍 나무 문에서 이국적인 분위기의 사진을 연출해보자. 주변이 숲으로 둘러싸여 있어 힐링하기 좋다. 다양한 음료가 있고 시그니처는 부드러운 크림과 히말라야 핑크 솔트가 더해진 아인슈페너인 스노우 챔버를 포함한 총 3가지가 있다. 간단한 브런치와 베이커리류도 맛볼 수 있다. 야외에 자광천을 산책할 수 있는 데크길이 있어 산책하기 좋다. (p335 E:2)
- 부산 기장군 정관읍 병산로 221-19
- #숲뷰 #이국적분위기 #정관카페

아홉산숲 대나무숲
"자연이 만든 대나무숲 포토존"

5월 초부터 8월까지 시원한 대나무숲이 초록빛을 더해 싱그러운 자연 포토존이 되어준다. 산책로를 따라 쭉 뻗은 대나무숲은 카메라를 아래에서 위로 기울여 로우 앵글로 찍으면 더 멋지다. (p335 E:2)

- 부산 기장군 철마면 미동길 37-1
- #여름사진맛집 #대나무 #로우 앵글

라벤더팜 라벤더밭
"보랏빛 라벤더 가득한 포토존"

매년 6월이 되면 라벤더팜 농장 노지에 보랏빛 라벤더가 줄지어 피어나 예쁜 포토존이 되어준다. 라벤더밭만 찍어가도 예쁘지만, 나무 고목에 매달린 그네나 사각 포토 프레임 등 다양한 소품을 사진 촬영에 활용할 수 있다. 이맘때쯤이면 라벤더 축제도 열리는데, 축제 때 방문하면 더 다양한 포토존이 마련되니 시기를 맞추어 방문해보자. (p335 E:2)

- 부산 기장군 철마면 장전리 1-6번지
- #여름 #보랏빛 #나무그네

디원카페
"산토리니에 온 것 같은 이국적 뷰"

흰색과 파란색이 조화된 포토존이 있어 부산의 산토리니로 불리는 베이커리 카페. 총 3층 규모의 대형 카페 앞 넓은 야외 공간에는 천사 날개, 천국의 계단 등 이국적인 포토존이 다양하게 마련되어 있다. 예쁜 사진을 찍기 위해서는 날씨가 맑은 날 방문하는 것을 추천. 바다와 가까워 실내, 실외 공간 모두 오션뷰를 감상하기 좋다. (p335 E:2)
- 부산 기장군 일광읍 일광로 326
- #산토리니 #천국의계단 #포토존

리투커피바
"양 옆이 바다에 둘러싸인 물멍 카페"

큰 유리창을 통해 부산 바다를 가까이에서 감상할 수 있는 기장 카페. 통창 덕분에 바다가 잘 보이며, 특히 유리창과 유리창이 만나는 모서리 자리에 앉으면 양면 모두 바다에 둘러싸인 듯한 느낌을 받을 수 있다. 1층부터 루프탑까지 모든 층마다 코너 공간에 자리가 마련되어 있으며 이곳이 가장 예쁜 포토존이니 가장 먼저 사수하도록 하자. (p335 E:2)
- 부산 기장군 일광읍 문오성길 396
- #오션뷰 #물멍 #통창

오륙도공원 오륙도 뷰 수선화와 금계국

"수선화와 금계국, 그리고 오륙도"

@seo_goood

매년 3월이 되면 오륙도를 수놓는 수선화와 금계국 물결을 사진 속에 담아갈 수 있다. 수선화와 오륙도 스카이워크가 내려다보이는 오륙도 해맞이공원으로 올라가 스카이워크를 내려다보듯 하이 앵글 사진을 촬영하면 노란빛 오륙도 풍경을 고스란히 담아갈 수 있다. (p335 E:2)

- 부산 남구 용호2동 산198
- #3월 #금계국 #스카이워크

우암동도시숲 달 포토존

"달과 함께 담는 야경"

@lin_a_97

우암동도시숲 산책로에 커다란 보름달 모양 조형물이 있는데, 밤이 되면 이 보름달에 조명이 들어온다. 달 앞에 인물을 세우고 카메라에 달이 가득 차도록 찍으면 감성 돋는 역광사진을 찍을 수 있다. 얼굴보다 몸의 전체

적인 실루엣이 잘 드러나기 때문에 역동적인 포즈를 취하면 재미있는 사진을 찍을 수 있다는 점도 참고하자. (p335 E:2)

- 부산 남구 우암2동 산12
- #보름달 #야경 #인물사진

초량차이나타운 차이나거리

"홍등이 길게 늘어진 중국풍 거리"

@crong__han

중국풍으로 꾸며진 초량 차이나타운 입구부터 중국식 음식점 길목 천장에 붉은 홍등이 길게 늘어져 있다. 중국어 간판이 많은 안쪽까지 이동해 이 홍등이 잘 나오도록 카메라를 위로 살짝 틀면 중국 감성 사진을 찍어갈 수 있다. 밤에는 홍등과 식당 간판에 붉은 빛 조명이 들어 더 멋진 사진을 찍어갈 수 있다는 점도 참고하자. (p335 F:3)

- 부산 동구 초량1동 1109
- #중국감성 #홍등거리 #야간조명

정란각 일본식 건물

"안뜰 나무와 배경이 되어주는 일본식 목조건물"

@yu._.mhhhh

정란각은 아이유 화보 촬영지로도 유명한 일본식 목조건물로, 안뜰에 심어진 커다란 나무 옆이 가장 유명한 포토존이다. 1층 건물 안쪽으로 들어가 나무 옆에 선 인물과 2층 목조건물이 잘 나오도록 찍으면 원근감이 풍부하게 느껴지는 사진을 찍어갈 수 있다. (p335 E:2)

- 부산 동구 홍곡로 75
- #이국적인 #일본식정원 #2층집

동래읍성 성벽산책

"성벽 건물과 푸른 하늘"

@1009_hyunji

동래읍성 성벽 산책로는 하늘이 잘 보이도록 로우 앵글로 사진 촬영하면 예쁘다. 산책로에서 떨어져서 성벽 건물이 꽉 차도록 원경 사진을 찍어도 멋지다. 맑은 날에는 하늘 풍경이 2/3 정도로 가득 담기도록 사진을 찍어보자. (p335 E:2)

- 부산 동래구 명륜동 산52-1
- #역사테마 #하늘사진맛집 #탁트인

구프카페 해외거리감성 입구
"커피부터 주류까지 LP바 카페"

@_szji

해외거리 감성의 카페 입구가 대표 포토스 팟. 카페와 펍을 동시에 즐길 수 있는 LP바 겸 카페로 카페라떼, 밀크티 등 커피는 물론 칵테일, 위스키, 하이볼 등 주류도 즐길 수 있는 곳이다. 바 테이블을 제외한 함께 공유 하는 쉐어 테이블이 있다. 곳곳에 LP판과 굿 즈들이 판매되어 구경하는 재미도 느낄 수 있다. (p335 E:2)
- 부산 부산진구 동성로 25
- #lp음악 #주류판매 #해외감성

33게이트 카페 공항콘셉트카페
"비행기 티켓 공항 테마 카페"

@ddd_k_x

카페 입구 공항 이정표와 캐리어와 함께 마 치 해외여행을 가는 듯한 느낌의 사진을 남 겨보자. 공항 출국장에서의 설레는 기분을 느낄 수 있는 카페로 입구부터 실내 인테리 어가 전부 공항스러운 곳이다. 음료 주문을

하면 표를 제공 받는데 라벨 프린터가 있어 티켓에 네임 스티커를 붙여 진짜 리얼한 비 행기 티켓처럼 보인다. (p335 E:2)
- 부산 부산진구 서전로37번길 20 A 마동 2 층
- #공항콘셉트 #전포동카페 #이색카페

호천마을 골목
"호철마을 계단에서 바라보는 부산 야경"

@wooji_92

호천마을은 감천문화마을 다음으로 떠오르 는 파스텔톤 골목 사진 촬영 맛집이다. 감천 문화마을처럼 마을 골목을 따라 올라가는 계단길이 있는데, 이 계단 위쪽에서 알록달 록한 지붕이 잘 보이도록 카메라를 아래쪽 으로 기울여 풍경 사진을 찍으면 예쁘다. 실 제로 주민들이 살고 있는 곳이라 밤에는 집 곳곳에 불이 들어와서 해 질 녘이나 야경을 촬영하는 이들도 많다. 단, 주민들에게 피해 가 가지 않도록 조용히 촬영하고 오는 매너 는 필수다. (p335 F:3)
- 부산 부산진구 엄광로495번길 36
- #파스텔톤 #골목길 #야경

삼락생태공원 피크닉
"낙동강 산책로 버드나무 아래 피크닉"

@hanna2ee

삼락생태공원 낙동강 산책로를 따라 커다란 버드나무가 있는데, 4월쯤 방문하면 이 나무 에 초록빛 잎이 드리워 멋진 포토존이 되어 준다. 돗자리와 피크닉 소품을 들고 버드나 무 아래에서 피크닉 감성 사진을 찍으면 예 쁘다. 낙동강 변과 버드나무가 모두 잘 보이 도록 찍는 것이 포인트.
(p335 E:2)
- 부산 사상구 삼락동 686
- #피크닉연출사진 #버드나무 #돗자리지 참

오르디 비눗방울 포토존
"비눗방울이 쏟아지는 낭만 카페"

@hushda_

부산 사상구에 위치한 4층 규모의 감각적인 카페. 야외 공간에 마련된 연못 포토존을 배 경으로 특정 시간마다 비눗방울이 나오는 데, 동심으로 돌아간 듯한 낭만적인 사진을 찍을 수 있다. 버블 타임은 평일에는 14시, 15시, 20시, 21시, 주말에는 14시, 15시,

16시, 20시, 21시에 약 10분간 진행된다. 밤 시간에 특히 사진이 잘 나오니 참고. (p335 E:2)

■ 부산 사상구 대동로107번길 17 오르디 (ORRD)

■ #비눗방울 #버블타임 #이색카페

만디 카페 숲 뷰
"할리우드에 온 듯한 느낌"

마치 할리우드 사인을 연상케 하는 카페만디 글자 조형물과 함께 푸릇푸릇한 산을 배경으로 사진을 남겨보자. 들어가는 입구부터 영화 해리포터에 나오는 호그와트 학교 느낌 같은 분위기를 내뿜는다. 1층 내부는 비밀의 책장 같은 분위기의 인테리어, 2층은 통유리로 마운틴뷰를 만끽할 수 있다. 시그니처 음료는 말차, 연유, 수제크림, 에스프레소가 들어간 만디라떼, 엑설렌트 라떼가 있다. (p335 E:2)

■ 부산 사하구 오작로 104-7

■ #숲속카페 #포토존가득 #포레스트뷰

장림포구 베네치아 감성 비비드건물
"베네치아 감성의 비비드한 건물"

@ji.eun_14

장림포구 배 정박지 뒤로 샛노랑, 진분홍, 보라, 민트색 등 비비드한 컬러의 건물들이 놓여있다. 이 건물들이 잘 보이도록 바닷물을 끼고 맞은편에 서서 배와 건물 사진을 함께 찍으면 예쁘다. 아예 건물 벽에 붙어서 색색의 벽을 사진 배경지처럼 써도 재미있는 인물사진을 연출할 수 있다. (p335 E:2)

■ 부산 사하구 장림로93번길 72

■ #동화풍 #비비드건축물 #배

송도타임캡슐 타임캡슐 성벽
"타임캡슐을 보관한 성벽 프레임"

@jjieun_e

타임캡슐을 보관하고 있는 황금 프레임 성벽이 멋진 포토존이 되어준다. 캡슐 위에 있는 노란색 캐릭터 조형물을 가운데 두고 벽이 넓게 보이도록 최대한 뒤로 이동해서 인물사진을 찍어보자. 캐릭터 아래쪽에 딛고 올라설 수 있는 발판을 활용해도 좋다. (p335 E:2)

■ 부산 서구 송도해변로 171

■ #타임캡슐보관함 #타임캡슐벽 #캐릭터

송도용궁구름다리
"바다 위를 걷는 스카이워크"

@kounmal23

바다 위를 걷는 듯한 느낌을 받을 수 있는 스카이워크. 암남공원과 동섬을 연결하는 다리로, 계단을 내려가 바다 풍경을 감상하며 한 바퀴 돌게 되어 있다. 계단 위에서 아래로 사진을 찍을 때 다리와 바다가 모두 가장 잘 나온다. 다만 하이힐 착용, 셀카봉과 삼각대 사용은 금지이며, 바람이 많이 불기 때문에 치마 착용도 추천하지 않는다. 입장료 1,000원. (p335 E:2)

■ 부산 서구 암남동 620-53

■ #스카이워크 #바다 #다리

아일드블루 카페 광안대교뷰 루프탑
"광안대교 전망 브런치 카페"

@luv_mean

4층 루프탑에서 광안대교를 배경으로 사진을 남겨보자. 카페는 물론 다양한 브런치와 디너를 모두 맛볼 수 있는 곳이다. 실내는 라탄 인테리와 돌벽, 모래가 깔려 있어 휴양지 느낌이 물씬 풍기는 좌석과 캠핑 느낌 좌석, 단체석 등 다양한 자석이 마련되어 있다. 3층 테라스, 4층 루프탑으로 야외 좌석이 있으며 추울 때 덮을 수 있도록 담요도 준비되어 있다. (p335 E:2)

- 부산 수영구 광안해변로 125 우진빌딩 3층
- #광안대교뷰 #브런치맛집 #광안리카페

오뜨 카페 광안비치뷰
"광안리 해수욕장과 광안대교 전망"

@mino_kims

실내 통창에서 광안리 해수욕장과 광안대교를 배경으로 사진을 남겨보자. 루프탑에 올라가지 않아도 멋진 광안대교를 한눈에 담을 수 있다. 메뉴는 커피, 라떼, 요거트, 팥빙수, 쥬스 등 다양한 음료가 있고, 시그니처 음료는 우유, 블루큐라소, 블루색오렌지 맛시럽이 첨가되어 있는 카페몬스터를 포함해 총 5가지가 있다. 또한 케이크, 타르트, 몽블랑 등 디저트도 다양하게 맛볼 수 있다. (p335 E:2)

- 부산 수영구 광안해변로 209
- #광안대교뷰 #루프탑카페 #광안리카페

광안리해수욕장 그네포토존
"어두운 해수욕장과 빛나는 원형 그네"

@hi_dkkdk

광안리해수욕장 앞에 조명이 들어와 야간 인물 사진 촬영하기 딱 좋은 원형 그네가 있다. 그네 건너편 광안대교가 잘 나오도록 약간 멀리 떨어져서 사진을 찍어도 멋지고, 인스타그램용으로 그네를 카메라에 꽉 채운 정방형 사진을 찍어도 예쁘다. (p335 E:2)

- 부산 수영구 광안해변로 219
- #야간사진 #야광그네 #광안대교뷰

F1963 건물 입구 하얀벽
"철근이 노출된 이색적인 외벽"

@mmminakim

F1963 카페는 외벽의 흰 철망 사이로 건물 철근이 노출되어 건물 외벽 자체가 이색 포토존이 되어준다. 건물 입구 F1963 간판 아래에서 문과 간판이 잘 보이도록 인물사진을 찍으면 예쁘다. (p335 E:2)

- 부산 수영구 구락로123번길 20
- #노출식건물 #카페 #출입구

밀락더마켓
"광안리에서 핫한 문화공간"

@o0_breeze_0o

요즘 핫한 광안리의 복합문화공간. 트렌디한 음식점, 카페, 상점, 팝업 스토어가 입점해 있으며 공연도 열린다. 누구나 앉을 수 있는 계단존 맞은편에는 벽면 하나를 가득 채운 대형 창문 바깥으로 광안대교가 보여서 포토 스팟이 되어준다. 여름에는 '밀락더수변'이라는 이름으로 예전 수변공원의 낭만을 잇는 야장도 열리니 힙한 분위기를 즐겨보자. (p335 E:2)

- 부산 수영구 민락수변로17번길 56
- #복합문화공간 #통창 #계단포토존

비쇼쿠
"사계절 모두 눈 내리는 식당"

@8_min

여름에도 눈 내리는 삿포로 감성을 느낄 수 있는 야끼니꾸 전문점. 일본 가옥을 그대로 옮긴 듯한 외관이 특징이며 고즈넉한 중정에는 매 정각마다 10분씩 인공 눈을 뿌려서 분위기를 더한다. 중정에 있는 조화 나무도 계절마다 벚꽃 나무, 단풍 나무 등으로 바뀌니 사진을 찍을 때 참고. 식사를 하며 눈 내리는 풍경을 보고 싶다면 2층 창가 자리를 예약하자. (p335 E:2)

- 부산 수영구 광안해변로344번길 9-5 1층
- #사계절 #인공눈 #중정

황령산 봉수대
"광안대교 뷰 전망 포인트"

@jjyui7323

부산 진구, 연제구, 남구, 수영구, 해운대구, 영도구까지 부산의 다채로운 모습을 내려다 볼 수 있는 전망 포인트. 낮에는 광안대교를, 밤에는 야경과 함께 사진을 찍기 제격이다. 봉수대 근처에 세워진 송신탑인 '황령산 스토리 타워' 역시 밤이 되면 조명으로 환하게 빛난다. 올라가는 길에는 벚꽃 터널이 있어 봄 시즌 드라이브 코스로도 추천한다. (p335 E:2)

- 부산 남구 대연동
- #드라이브코스 #전망대 #오션뷰

영도분홍집 수국
"탐스러운 수국이 가득 핀 벽면"

@___sson.j

6~7월이면 분홍색 페인트로 칠해진 '분홍집' 정원에 분홍빛, 보라빛 수국이 탐스럽게 피어난다. 수국 너머 분홍빛 건물이 함께 담기도록 살짝 측면에서 찍으면 더 예쁜 사진을 얻을 수 있는 팁이다. 단, 이 분홍집은 관광지가 아닌 일반 가정집이므로 주민분께 피해가 가지 않도록 조용히 촬영하고 가자. (p335 E:2)

- 부산 영도구 동삼2동 990
- #분홍색집 #보라색 #수국

태종대 태원자갈마당 계단 바다뷰
"계단에 가운데에서 보는 오션뷰"

@mi.huing

태원자갈마당으로 내려가는 계단 길 가운데 서서 계단 꼭대기에서 카메라를 아래쪽으로 기울여 찍으면 예쁘다. 바다 끝부분이 화면 상단 1/3 정도에 걸리도록 찍으면 하늘, 해안절벽, 자갈마당, 계단 사이의 인물까지 모두 찍을 수 있다. (p335 E:2)

- 부산 영도구 동삼2동 전망로 24
- #검은자갈해변 #해안절벽 #하이앵글

절영해안산책로 무지개해안산책로
"무지개 해안산책로, 그리고 송도"

@moeb_02

피아노 건반을 닮은 빨주노초파남보 해안산책로가 앙증맞은 포토존이 되어준다. 무지개길이 너머로는 볼록 튀어나온 송도가 마치 섬처럼 보여 바다 사진의 멋을 더한다. 무지개색이 잘 보이도록 최대한 멀리 떨어져 인스타용 정방형 사진을 찍어보자. 단, 무지개길 옆은 바로 바다이고 별다른 안전장치가 마련되어있지 않아 위로 올라가는 것은 위험하다. (p335 E:2)

- 부산 영도구 영선2동 1112
- #무지개길 #해변전망 #송도전망

흰여울해안터널 터널 프레임 포토스팟
"바다를 담은 해안터널 프레임"

@chatoyer__eun

흰여울문화마을 무지개 해안산책로 왼쪽 끝에 해안 터널이 있는데 이 터널 안쪽에서 바다와 방파제 전망 프레임 사진을 얻어갈 수 있다. 방파제 너머 산책로가 푸르게 색칠되어 있어 마치 바다 물결 같은 느낌을 준다. 동굴 프레임보다 넓은 터널 프레임이라 역동적인 포즈로 커플 사진 찍기 딱 좋다. (p335 E:2)

- 부산 영도구 영선2동 산22
- #대형터널 #커플사진 #방파제

흰여울문화마을 이송도산책로 포토스팟
"흰벽과 울타리 사이 반가운 바다"

@iiiina.h

이송도산책로를 따라 이동하면 계단 길 너머 흰 벽과 흰 울타리 사이 좁은 구간에 바다가 보이는 이색 포토존이 나온다. 바다 수평선이 사진 한가운데 오도록 사진을 찍으면 인스타용으로 딱 좋은 정방형 사진이 완성된다. (p335 E:2)

- 부산 영도구 영선동4가 1210-13
- #흰벽 #바다전망 #인스타사진

컨넛 카페 영도 바다뷰 루프탑
"포지타노 느낌 루프탑 카페"

@hyepppinesss

카페 루프탑에서 마치 바다에 떠 있는 것 같은 느낌의 사진을 연출해보자. 옆에 알록달록 색감의 건물이 있어 이탈리아 포지타노 같은 분위기도 난다. 2층 실내 좌석은 통유리창으로 되어 있어 영도 바다를 한눈에 볼 수 있다. 도넛은 인절미, 말차, 누텔라, 옥수수 등 총 12가지 종류가 있으며 음료는 커피, 라떼, 티 등을 맛볼 수 있다. (p335 E:2)

- 부산 영도구 절영로 222 컨넛
- #도넛맛집 #오션뷰 #영도카페

흰여울비치 카페 휴양지느낌 파라솔
"휴양지 감성 라탄 인테리어 카페"

@hxxjn__e

라탄 인테리어의 바다 통창을 배경으로 휴양지 느낌의 감성 파라솔이 대표 포토스팟. 핑크톤의 외관 안으로 들어오면 아기자기한 라탄 인테리어가 잘 되어 있어 곳곳이 포토존이다. 시그니처 메뉴는 크림라떼로 리얼 크림으로 만들어 달달한 맛이 일품이다. 디저트는 크로플, 케이크, 쿠키 등이 다양하다. 야외 좌석도 감성 파라솔이 있어 뻥 뚫린 오션뷰와 함께 힐링할 수 있다. (p335 E:2)

- 부산 영도구 절영로 236 전체
- #오션뷰 #휴양지감성 #디저트카페

바다작업실 바다뷰 썬룸 스파
"부산 시티뷰와 오션뷰"

@_.ah.yoon._

부산 바다와 시티뷰를 한꺼번에 누리며 스파를 즐길 수 있는 거실이 메인 포토 스팟. 프라이빗하게 이용할 수 있는 독채 숙소로, 노키즈존으로 운영 중이다. 숙소 옥상에 올라가면 족욕탕이 있고, 부산항대교의 야경을 바라보며 힐링할 수 있는 곳. 차량 이동 시 청학초등학교 공용주차장을 이용하면 되고, 100개의 계단을 올라야 숙소가 있음에 유의하자. (p335 F:3)

- 부산 영도구 청학로 49 위치(체크인 고객에게만 주소 제공)
- #부산힐링숙소 #바다뷰숙소 #부산스파숙소

윤슬가 오션뷰 다락방
"영도 오션뷰 감성 숙소"

@happ___y

영도 전체를 조망할 수 있는 다락방이 시그니처 포토존. 숙소 내부 곳곳에 감성 가득한 소품과 인테리어로 여심 저격으로 제격인 곳. 거실 베란다 통창, 침실에서도 오션뷰와 부산항대교를 볼 수 있으며, 욕조가 있는 샤워실은 별도 공간에 마련되어 있다. 옥상에 있는 파란 타일 테이블도 이곳의 또 다른 사진 스팟. (p335 E:2)
■ 부산 영도구 청학로 49 위치(체크인 고객에게만 주소 제공)
■ #부산감성숙소 #부산오션뷰숙소 #다락방

청학소담 부산항대교뷰 툇마루
"부산항대교 전망 한옥숙소"

@_daheeee_

부산항 대교가 보이는 작은 채의 야외 툇마루가 메인 포토존. 청학소담은 큰 채, 작은 채로 나누어져 있고, 이름에 맞게 큰 채는 4명

까지, 작은 채는 2명까지 투숙할 수 있다. 숙소 내부 우드 인테리어가 특유의 감성을 더하고, 침실에서도 아름다운 뷰를 볼 수 있다. 야외 욕조 공간이 따로 조성되어 있고, 야경도 멋진 곳. (p335 E:2)
■ 부산 영도구 하나길 803 위치(체크인 고객에게만 주소 제공)
■ #부산항대교뷰숙소 #우드인테리어 #부산야경숙소

서서일로
"부산에서 즐기는 료칸 감성"

@zzi_333

부산에서 정통 료칸에 와있는 듯한 기분을 만끽할 수 있는 이색적인 프라이빗 독채 숙소. 실제 료칸의 디테일을 섬세하게 재현해냈으며 단정한 중정, 반원 모양의 창문, 다도 공간, 다다미방 등 포토 스팟도 다양하다. 실내와 실외에 자쿠지, 족욕탕, 건식 사우나가 있어 휴식하기 좋은 곳. 다양한 디자인의 유카타가 제공되니 여행지에 간 것 같은 사진을 제대로 남겨보자. (p335 E:2)
■ 부산 영도구 태종로384번길 24
■ #료칸 #독채숙소 #여행느낌

신기숲
"비 오는 날 가기 좋은 액자뷰 카페"

@___hyunii

숲을 배경으로 액자 뷰 사진을 찍기 좋은 운치 있는 카페. 좌석 곳곳에 배치된 넓은 사각 창문이 개방감을 주며, 은은한 조명 덕분에 편안한 분위기에서 경치를 즐길 수 있다. 부산이지만 바다가 아닌 숲에 둘러싸여 있어 더욱 특별한 느낌을 주는 곳. 비 오는 날 방문하면 빗소리와 함께 한결 신비로운 분위기가 된다. 시그니처 메뉴인 쑥라떼와 옥수수크림라떼가 인기 있으니 참고. (p335 E:2)
■ 부산 영도구 와치로 65
■ #숲속카페 #프레임샷 #비오는날

해빙모먼트
"파노라마 오션뷰 명당 카페"

@won_vely92

흰여울문화마을에 위치한 대표적인 오션뷰 카페. 1층, 2층, 루프탑으로 이뤄진 곳으로, 특히 커다란 창으로 영도 바다를 볼 수 있는 2층이 가장 인기 있다. 차분한 우드 인테리

어와 조명으로 분위기가 좋으며, 양쪽 통창을 통해 파노라마 뷰를 한눈에 감상할 수 있는 2층 코너 자리가 바로 이곳의 포토 스팟. 늘 인기가 많으니 사진을 찍고 싶다면 서둘러 방문하자. (p335 E:2)

■ 부산 영도구 절영로 196 해빙모먼트
■ #오션뷰 #파노라마 #통창

부산민주공원 겹벚꽃피크닉
"탐스러운 겹벚꽃이 만든 겹벚꽃터널"

@luv_ce

4월 중순부터 말까지 민주공원 산책로에서 일반 벚꽃보다 더 진하고 탐스러운 겹벚꽃 터널을 만날 수 있다. 38번, 43번, 70번, 507번 버스가 서는 중앙공원 버스정류장 근처와 산불감시초소 근처가 사진 촬영 명소. (p335 E:2)

■ 부산 중구 민주공원길 19
■ #4월말 #겹벚꽃 #버스터미널

추억보물섬 레트로감성 소품
"추억을 가득 담은 책꽂이"

@jun1._2

레트로 감성 박물관 추억보물섬에서 가장 핫한 포토존은 바로 만화방이다. 만화방 책꽂이 앞에 벤치가 놓여있는데, 여기 앉아 잡지 배경이 잘 나오도록 뒤로 물러나서 인스타용 정방형 사진을 찍어갈 수 있다. 아날로그 TV와 책상이 놓여 있는 안방과 온갖 장난감이 모여있는 문방구도 인기 스팟인데, 소품들이 잘 보이도록 위에서 아래로 하이앵글 촬영하는 것을 추천한다. (p335 E:2)

■ 부산 중구 중구로23번길 9
■ #레트로 #만화방 #아날로그티비 #문방구

더베이101 야경 반영샷
"물에 비친 더베이101"

@nana_friends_u_u

더베이101이 있는 동백섬 맞은편으로 보이는 현대 카멜리아 아파트 쪽 공영주차장에서 더베이101 야경 반영 샷을 찍을 수 있다.

비 온 후가 가장 예쁜 반영 샷을 손쉽게 찍을 수 있지만 고인 물이 없다면 생수 한 병을 쏟아 반영 샷을 만들 수도 있다. (p335 E:2)

■ 부산 해운대구 동백로 52
■ #부산동백섬 #고층건물 #반영샷

해운대수목원 양떼
"양과 함께 즐기는 산책"

@lims_

수목원에서 울타리가 없는 동물 체험 시간을 함께 운영하기 때문에 양 떼 가까이서 양과 찍을 수 있다. 양 떼는 평소 울타리 안에 있으니 시간 맞춰 양 사육장에 방문하자. 해운대 수목원은 수목이 다양하고 넓어서 피크닉 하기 좋고 계절별로 다양하게 피어나는 꽃도 볼 수 있다. (p335 E:2)

■ 부산 해운대구 석대동 24
■ #양떼목장 #동산 #피크닉

뮤지엄원 초대형 미디어아트
"700평 대규모 LED 전시"

@u_kyeong

뮤지엄원의 메인 홀인 동시에 우리나라 최대 규모의 LED 미디어 월이 있는 '미라클 가든'이 포토 스팟이다. 700여 평 규모이며, 복층 구조로 되어 있어 미라클 가든의 초대형 미디어아트를 다양한 시야에서 감상할 수 있다. 이곳은 8천만 개의 LED 디스플레이를 통해 화려한 미디어아트를 볼 수 있는 미디어아트 전문 현대 미술관이다. 때마다 전시가 변경된다. (p335 E:2)

- 부산 해운대구 센텀서로 20 뮤지엄원
- #부산미술관 #부산미디어아트 #부산데이트코스

청사포 스카이캡슐

"해변 전망 트램과 바다가 만든 이국적 풍경"

청사포 스카이캡슐은 해운대부터 청사포 해수욕장까지 이동하는 해변 전망 트램이다. 캡슐을 타고 바다 전망을 찍어도 예쁘지만, 트램 이동 시간에 맞추어 바닷길을 따라 이동하는 트램의 모습을 찍어도 이국적인 풍경 사진을 담아갈 수 있다. (p335 E:2)

- 부산 해운대구 청사포로 116
- #바다전망 #유럽풍 #트램

스누피플레이스 카페 스누피 콘셉트포토존

"스누피 포토존 감성카페"

곳곳에 스누피 조형물이 있다. 스누피 조형물과 함께 귀여운 사진을 남겨보자. 입구에 서핑보드를 타고 있는 스누피 조형물도 포토존이다. 아기자기한 감성이 물씬 풍기는 곳으로 텀블러, 머그컵 등 스누피 굿즈들도 구입할 수 있다. 부드러운 피넛 크림이 들어간 스누피와 친구들을 포함한 총 3가지의 시그니처 음료와 커피, 논커피, 우유와 케익, 크로플, 스누피빵 등을 맛볼 수 있다. (p335 E:2)

- 부산 해운대구 해운대해변로 197 경동제이드 1동 102호
- #스누피카페 #해운대카페 #아기자기

포니필름 해리단길점

"서부 컨셉의 이색 사진 셀프스튜디오"

영화 속 카우보이가 된 것 같은 느낌을 낼 수

있는 미국 서부 컨셉의 독특한 네컷 사진 셀프 스튜디오. 카우보이 모자 같은 소품부터 사진 촬영시 제공되는 프레임까지 모두 서부 영화 속 장면처럼 꾸며져 있다. 게다가 스튜디오 자체가 예쁘게 꾸며져 있어서 부스 바깥에서도 다양한 사진을 남기기 좋다. 말 포스터가 눈에 띄는 매장 입구에서 인생샷을 찍어보자. (p335 E:2)

- 부산 해운대구 우동1로20번길 37 1층 포니필름
- #네컷사진 #서부영화 #해리단길

대왕암공원 대왕암뷰

"바위에서 찍는 대왕암뷰"

대왕암공원과 대왕암을 이어주는 출렁다리 건너편, 바위가 가장 높게 솟아오른 구간으로 이동해 출렁다리 뷰 사진을 찍을 수 있다. 푸른 바다와 흰색 기암절벽, 푸른 해송이 이루는 경치가 정말 장관이다. 암석 사이에 서서 하이앵글로 인물 사진을 찍어도 멋지다. (p335 F:1)

- 울산 동구 등대로 95
- #바다전망 #출렁다리 #기암괴석

슬도등대 바위틈 액자뷰
"바위가 만든 동그란 프레임"

@n_a._.day22

슬도등대 건너편을 살펴보면 바다를 끼고 구멍이 송송 뚫린 바위가 놓여있다. 이 바위를 딛고 올라가 구멍 틈 사이로 사진을 찍으면 바위틈이 동그란 프레임이 되어 독특한 사진을 찍을 수 있다. 사진이 가장 잘 나오는 큰 구멍이 있는데, 주말에는 촬영객이 모여있는 쪽으로 이동하면 쉽게 찾을 수 있다. (p335 F:1)
- 울산 동구 성끝길 122
- #바위프레임 #바다전망 #인물사진

대왕암공원 대왕암 출렁다리
"아찔한 느낌의 출렁다리"

@moonjoung0412

대왕암 출렁다리 입구 쪽에서 1/10지점에 서 있는 인물을 찍으면 곡선으로 떨어지는 듯한 아찔한 느낌을 줄 수 있다. 절벽을 가로지르는 노란색, 하늘색 원색의 계단이 잘 보이도록 최대한 위에서 아래로, 하이 앵글 사진을 찍어보자. (p335 F:1)
- 울산 동구 일산동 산907
- #아찔한 #컬러풀한 #출렁다리

버프 카페 오션뷰
"오션뷰 갤러리 카페"

@hyeinzz_

실내 커다란 통창에서 멋진 오션뷰를 배경으로 사진을 남겨보자. '커피를 좋아하는 사람들이 준비한 공간'으로 buff는 애호가라는 뜻을 지녔다고 한다. 실내 곳곳에 작품들이 전시되어 있는데 카페 공식 인스타그램을 통해 어떤 작가의 전시가 진행 중인지 확인이 가능하다. 매장에서 직접 굽는 마들렌, 구겔호프, 휘낭시에 등 핑거푸드용 디저트와 커피, 라떼, 에이드 등이 있다. (p335 F:1)
- 울산 동구 주전해안길 176, 2층
- #오션뷰 #대형카페

카페은린 전통한옥과 가마솥
"한옥 카페 가마솥 포토존"

@noh_maa

울산에서 가장 유명한 한옥 카페인 은린의 주요 포토존은 마당에 딸린 가마솥 부분이다. 가마솥 뒤로 카페은린 로고가 새겨진 광목천이 펼쳐져 있고, 앞으로는 원목 의자가 놓여있어 기념사진 찍어가기 좋다. 가마솥

포토존 약간 뒤쪽에서 카메라를 반 측면으로 돌리면 가마솥뿐만 아니라 왼쪽에 있는 한옥 건물까지 사진에 모두 담아갈 수 있다. (p335 F:1)
- 울산 북구 어물동 41-4
- #한옥카페 #흰벽 #가마솥

라메르판지 카페 그네포토존
"그네 뒤로 보이는 청량한 바다"

@_11.3ys_

2층 멀리 보이는 오션뷰를 배경으로 그네와 함께 이색적인 사진을 연출해보자. 그리스 신전을 연상케 하는 유럽풍 외관에 깔끔한 내부 인테리어가 매력적인 곳이다. 계단식 좌석, 쇼파 등 다양한 좌석을 보유하고 있으며 통창으로 되어 있어 시원한 바다를 볼 수 있다. 메뉴는 커피, 우유, 티 등과 크루아상, 쿠키 등 다양한 베이커리류를 맛볼 수 있다. (p335 F:1)
- 울산 북구 판지1길 30
- #오션뷰 #그네포토존 #대형카페

더스톤 카페 핑크뮬리
"핑크뮬리와 팜파스 정원"

@94_eunhwa

10월, 핑크뮬리와 팜파스로 조경된 멋진 야외 정원에서 사진을 남겨보자. 하트모양으로 심어져 있어 더 매력적인 볼 수 있다. A동과 B동으로 나누어져 있으며 대형카페여서 실내외 좌석이 많다. 매장에서 직접 굽는 10가지의 베이커리류와 커피, 에이드를 맛볼 수 있으며 시그니처 음료는 블랙스톤과 레드스톤이 있다. (p335 E:1)
- 울산 울주군 상북면 소야정길 115
- #대형카페 #하트핑크뮬리 #팜파스

파래소폭포 옥빛호수와 폭포
"옥빛 호수에 떨어지는 시원한 물줄기"

@live_for_today_s

신불산자연휴양림 입구에서 파래소폭포 구간으로 약 30분 정도 이동하면 옥빛 물결을 자랑하는 파래소폭포가 나온다. 폭포 물빛을 그대로 담아가려면 햇볕이 강한 맑은 날 방문하는 것이 좋고, 산길이 다소 가파르기 때문에 편한 차림으로 방문하는 것이 좋다. (p335 E:1)

- 울산 울주군 상북면 이천리
- #옥빛호수 #폭포 #트래킹

간절곶 소망우체통
"레트로풍 우체통과 바다가 만든 풍경"

@remon0528

초록빛으로 칠해진 레트로풍 우체통이 감성적인 촬영 소품이 되어준다. 맞은편 도로 뒤쪽으로 이동해 우체통 너머 바다와 맞은편 간절곶 기념비까지 보이도록 풍경 사진을 찍으면 예쁘다. (p335 E:2)
- 울산 울주군 서생면 대송리
- #바다전망 #레트로 #우체통

시선310 카페 테라스
"해외 휴양지 느낌 야외 테라스"

@rin_ee2

해외 휴양지 느낌의 테라스에서 이국적 분위기의 사진을 연출해보자. 비비드한 컬러가 돋보이는 실내 인테리어와 야외테라스는 오토바이와 알록달록 색감의 테이블이 있어 마치 캠핑에 온 것 같은 기분을 느낄 수 있다. 메뉴는 커피, 에이드, 맥주 등 다양한 음료와 케이크, 브런치까지 즐길 수 있다. 실내도 애견을 안고 있을 경우 동반 가능하며 야외에서는 풀어놓을 수 있다. (p335 E:2)
- 울산 울주군 서생면 신리길 102 5동 1층

- #캠핑감성 #오션뷰 #애견동반

그릿비 카페 통창뷰
"바다전망 예쁜 갤러리 카페"

@_uzzinn

오션 시네마 자리에 앉아 바다를 바라보는 모습이 마치 극장에서 영화를 보는 듯하다. 간절곶 근처에 위치해 있고, 외관이 마치 갤러리 같다. 널찍한 테라스에서는 왼쪽으로는 신암2리 방파제, 오른쪽으로는 신리방파제가 보인다. 해 질 녘에 가면 멋진 일몰을 볼 수 있다. 동해라 해가 떨어지는 모습은 볼 수 없지만 물들어가는 일몰을 볼 수 있다. (p335 E:2)
- 울산 울주군 서생면 신암해안1길 4
- #울산 #오션뷰 #물멍

시하온
"이국적인 붉은 벽돌색 카페"

@lovely.jye

초록색 산 뷰와 붉은 벽돌색 외관이 대비되며 이국적인 느낌을 주는 대형 베이커리 카페. 입장하자마자 보이는 인공 연못에 산이 반사되는 메인 포토존을 시작으로, ㄷ자로 길게 이어진 실내 대형 테이블과 높은 통창, 물결 모양의 곡선 계단, 테라스와 지하 가든까지 다양한 스팟이 있으니 여유롭게 사진을 찍어보자. 곳곳에 수공간이 있어 자연을 느끼기 좋은 곳이기도 하다. (p335 E:1)

■ 울산 울주군 상북면 등억천전로 143
■ #벽돌색 #산뷰 #이국적

태화강국가정원 부용꽃길
"부용꽃이 가득 핀 산책로"

@sohee_8815

부용은 부용화라고도 불리며, 8월부터 11월 사이에 예쁘게 꽃이 핀다. 부용꽃길 구간에는 백일홍, 원추리 등 여름꽃들도 많이 심겨있어 8~9월이 가장 사진찍기 좋다. 산책로 한쪽 면에 분홍색, 흰색 들꽃이 가득한데, 측면에서 꽃밭만 보이게 찍어도 예쁘고, 산책로가 보이도록 길 한 가운데서 사진을 찍어도 예쁘다. (p335 E:1)

■ 울산 중구 태화강 국가정원길 154
■ #여름꽃 #분홍색 #꽃밭

거제식물원 호빗의정원
"착시효과를 주는 원형문"

@hyo_bari

호빗의 정원 중앙에 동화 '이상한 나라의 앨리스'에 나올 법한 조그마한 원형 문이 있는데, 이 앞에서 소인국에 간 듯한 이색 인물사진을 찍어갈 수 있다. 원근감이 잘 느껴지도록 문밖 울타리까지 나가서 사진을 찍어도 예쁘다. 문 안쪽으로도 공간이 이어지는데, 이 문 안쪽에 들어가 사진을 찍어도 예쁘다. (p334 C:3)

■ 경남 거제시 거제면 거제남서로 3595
■ #이색사진 #동화풍 #소인국

거제식물원 정글돔 새둥지포토존
"열대식물에 둘러싸인 새둥지"

@mo_vie.u

실내 식물원인 정글돔 안에 커다란 새 둥지 모양 포토존이 있다. 새 둥지 안은 성인 3명 정도가 들어갈 정도로 넓어 커플 사진이나 가족사진 찍기도 딱 좋다. 둥지를 정면으로 두고 주변 열대식물이 잘 보이도록 약간 멀리 떨어져서 위에서 아래로 촬영하면 예쁜 사진을 건질 수 있다. (p334 C:3)

■ 경남 거제시 거제면 서정리 978-27
■ #야자나무 #열대식물 #대형새둥지

동부저수지 연인나무 포토존
"커다란 연인나무 아래 테이블"

@so_yeorning

동부저수지 앞에는 사진찍기 좋은 수령이 오래된 커다란 연인 나무가 있다. 나무 사이에 목제 테이블과 의자 2개가 놓여있는데, 여기에 앉아 커플 사진 찍는 사람들이 많다. 커다란 연인 나무가 잘 나오도록 카메라를 최대한 뒤에 두고 사진 찍으면 예쁘니 커플 사진을 찍으려면 블루투스 리모컨이 있는 삼각대를 꼭 챙겨가자. (p334 C:3)

■ 경남 거제시 거제면 외간리 431-1
■ #연인나무 #커플샷 #전신샷

해금강 신선대 수선화
"연노란 수선화 너머 푸른 바다"

@jeehye_yun

매년 3월이면 신선대 바다 앞으로 하얗고 탐스러운 수선화 군락이 피어난다. 바람의 언덕 리조트 주변이 수선화가 가장 예쁘게 핀 사진 촬영 포인트로, 푸른 해변과 연노란 수선화를 사진 안에 모두 담아갈 수 있다. (p335 D:3)

■ 경남 거제시 남부면 갈곶리 산21-19
■ #봄사진 #수선화 #바람의언덕리조트

썬트리팜 수국
"도로 옆 만개한 푸른 수국"

@hahagunj

매년 7월 초를 전후로 썬트리팜 차도를 따라 푸른 수국이 탐스럽게 열린다. 사람 키만큼 높이 올라온 수국 무리가 잘 보이도록 측면으로 앉아서 사진 촬영하는 것이 좋다. (p335 D:3)
■ 경남 거제시 남부면 다대리 246-13
■ #여름꽃 #푸른수국 #체험농장

저구항 수국동산
"수국 액자 속 푸른 바다"

@yyuna

매년 7월 초순이 되면 바닷길 맞은편 산책로에 하늘빛, 보랏빛 수국이 탐스럽게 열린다. 수국꽃을 프레임 삼아 바다 사진을 찍어도 예쁘고, 수국 담벼락 길만 나오도록 사진을 찍어도 예쁘다. 수국 위로 야자수가 심어진 구간이 있으니 잘 찾아보자. (p334 C:3)
■ 경남 거제시 남부면 저구2길 42

■ #여름꽃 #수국 #보라색 #야자수

거제도근포동굴 동굴액자뷰
"근포동굴에서 바라보는 몽돌해변"

@_h_i_ss

근포동굴 밖에서 해변을 배경으로 인물사진을 남길 수 있는데, 프레임 밖으로 위로는 푸른 남해바다가, 아래로는 몽돌해변이 펼쳐져 이색 해변 사진을 찍을 수 있다. 카메라를 인물 허리춤까지 내려 수평선이나 몽돌해변을 중심에 두고 사진을 찍는 것을 추천한다. 해 질 녘 별이 반짝이는 야경 또한 아름다운데, 해가 완전히 져버리면 인물 모습이 나오지 않는 점을 주의하자. (p335 D:3)
■ 경남 거제시 남부면 저구리 450-1
■ #바다전망 #동굴프레임 #몽돌해변

쌍포교회 숲속 오두막풍 건물
"시골 감성의 교회 건물"

@bright_lily1

이곳은 새빨간 지붕과 지붕을 뚫고 나온 유리 창문이 독특한 교회 건물로, 독특한 시골 감성 인증사진을 남길 수 있는 곳이다. 빨간 지붕이 잘 보이도록 측면에서 수평, 수직을

잘 맞추어 사진을 찍어보자. 실제 교인들이 방문하는 곳이므로 주변인들에게 방해되지 않게 조용히 사진 촬영하고 가는 매너도 잊지 말자. (p335 D:3)
■ 경남 거제시 남부면 탑포리 577
■ #빨간지붕 #시골교회 #레트로

바람의언덕리조트 오션뷰 히노끼탕
"남해 전망 히노끼탕"

@yxxnsiri

남해를 배경으로 히노키탕 안에서 반신욕을 즐기며 사진을 찍어보자. 마치 액자 속에 들어와 있는 듯한 느낌을 받을 수 있다. 바람의 언덕 리조트는 전 객실 오션뷰를 볼 수 있으나, 히노키탕 룸은 따로 있으니 예약 시 확인 필수. 넓은 정원과 산책로, 루프탑 전망대가 있으며, 거제 대표 관광지인 신선대와 바람의 언덕 풍차까지 도보로 이동할 수 있다. (p335 D:3)
■ 경남 거제시 남부면 해금강로 132
■ #거제오션뷰숙소 #바람의언덕숙소추천 #히노키탕숙소

토모노야호텔&료칸 거제 일본료칸

"유카타 빌려주는 일본식 온천료칸"

오션뷰와 하프 마운틴뷰를 보며 반신욕을 즐길 수 있는 히노키탕이 시그니처 포토존이다. 우리나라에서 가장 먼저 오픈한 정통료칸으로, 일본 온천여행에 온 느낌을 받을 수 있다. 전 객실 히노키탕이 설치되어 있어 피톤치드 향을 가득 맡으며 쉴 수 있고, 조식 및 석식이 제공된다. 다다미방으로 된 거실과 침대가 있는 침실로 구분되어 있고, 유카타를 골라서 입을 수 있다. (p335 D:3)
- 경남 거제시 동부면 거제중앙로 42
- #거제정통료칸 #거제히노키탕숙소 #거제일본느낌숙소

구천댐 저수지뷰

"초록빛 저수지와 산 풍경"

수달생태공원에서 구천저수지 둘레길 따라 걷다 보면 가장 안쪽에 저수지 위에 떠 있는 작은 섬이 있다. 이 섬이 잘 보이도록 아래 방향, 하이앵글로 사진을 찍으면 초록빛 저수지 물과 싱그러운 산 풍경을 배경으로 멋진 인물 사진을 찍을 수 있다. 셀카봉이나 삼각대가 있다면 꼭 들고 가자. (p335 D:3)
- 경남 거제시 동부면 구천리 산14
- #섬전망 #삼각대 #드론촬영

오송웨이브 카페 원형프레임

"원형 액자 속 그림같은 바다"

카페 입구 앞 원형 프레임이 대표 포토스팟. 야외는 초록 잔디밭이 넓게 깔려 있어 보증금을 내면 피크닉 세트를 대여해 소풍 분위기도 낼 수 있다. 야외테라스와 단체석 등 다양한 좌석을 보유하고 있다. 유기농 티 베이스에 과일퓌레와 레몬 셔벗이 들어간 오송 아이스티가 시그니처 음료이며, 소금빵, 크루아상 등 베이커리류도 맛볼 수 있다. (p335 D:3)
- 경남 거제시 동부면 오송7길 3-1
- #대형카페 #오션뷰 #잔디밭

버터앤컵 유럽감성 외관

"유럽 감성의 커다란 문"

요즘 거제도에서 가장 핫한 카페 버터앤컵의 희고 커다란 문 앞에 서서 사진을 찍어보자. 카페 버터앤컵은 유럽 상가 거리에서 볼 수 있는 화이트톤 인테리어 장식으로 눈길을 끈다. 화분과 패브릭 소품으로 꾸며진 테이블 주변도 감성적인 사진을 찍을 수 있는 좋은 장소다. (p335 D:3)
- 경남 거제시 동문동 24-4
- #감성카페 #패브릭 #화이트톤

수갤러리카페 오션뷰 천국의 계단

"루프탑 갤러리 카페"

3층 루프탑 천국의 계단이 대표 포토스팟. 특히 노을 질 때 붉은 하늘과 사진을 찍으면 더 멋진 사진 연출을 할 수 있다. 1층은 펜션, 주차장, 소품매장, 2층은 파스타 공방, 카페, 3층 갤러리, 옥상루프탑으로 나누어져 있다. 시그니처 메뉴는 가조마린소다 등 총 3가지가 있다. 3층 갤러리에서는 잔잔한 음악과 함께 작품 감상이 가능하다. (p344 C:3)
- 경남 거제시 사등면 가조서로2길 10
- #천국의계단 #노을맛집 #갤러리카페

온더선셋 카페 동남아분위기 오션뷰

"야자수 조망 루프탑 카페"

@find__found_

휴양지 느낌의 분위기가 물씬 풍기는 카페 입구에서 사진을 남겨보자. 선셋 브릿지와 야자수에서 느낄 수 있는 트로피컬 한 분위기의 감성 루프탑 카페이다. 낮에는 푸른 바다를 보며 청량함을, 노을 무렵에는 로맨틱한 분위기를 만끽할 수 있는 곳이다. 해수면에 붙어 있어 크루즈 카페 같은 느낌도 받을 수 있다. 다양한 음료와 베이커리는 물론 10~14시까지 브런치 주문도 가능하다. (p335 D:3)

- 경남 거제시 사등면 성포로 65
- #휴양지분위기 #대형카페 #크루즈느낌

거제보광사 능소화

"주황 능소화 군락 풍경"

@hwawon__

매년 7월을 전후로 보광사를 찾는다면, 사찰 가는 길목에 핀 주황빛 능소화 군락을 만날 수 있을 것이다. 흰 담벼락에 핀 능소화를 배경을 정면으로 촬영하면 화려한 능소화 꽃을 배경으로 인물 사진을 찍어갈 수 있다. 담벼락에서 멀리 떨어져 인물 머리부터 발끝까지 잘 담기도록 촬영하면 예쁘다. (p335 D:3)

- 경남 거제시 옥포2동 755
- #여름사진 #능소화 #담벼락

아나무라 카페 천국의 계단

"덕포 해수욕장을 향한 천국의 계단"

@saeb_bo

덕포 해수욕장 바로 앞에 위치해 있는 카페 루프탑 천국의 계단 포토존에서 인생 사진을 남겨보자. 좌식 테이블에는 아기 장난감이 있어 아기를 동반한 손님도 편하게 이용할 수 있다. 카페 내부 창문은 모두 통유리로 되어 있어 시원한 오션뷰 조망이 가능하다. 메뉴는 쥬스, 스무디, 커피, 라떼 등이 있으며 간단한 브런치와 케익 등을 맛볼 수 있다. (p335 D:3)

- 경남 거제시 옥포대첩로 430-5
- #천국의계단 #오션뷰 #덕포카페

마틴커피 카페 오션뷰

"통유리 거제도 오션뷰 카페"

@feifei.wen

내부 통창에서 거제도의 지심도를 배경으로 사진을 찍어보자. 거제 현지인이 인정하는 3대 전망에 속해 있는 최고의 오션뷰를 즐길 수 있는 카페이다. 내부가 모두 통유리로 되어 있어 파노라마 오션뷰로 바다 조망이 가능하다. 시그니처 메뉴는 콜드브루 맛이 매력적인 블랙 마틴과 부드러운 우유 크림이 더해진 마틴 화이트 등이 있다. (p335 D:3)

- 경남 거제시 일운면 거제대로 2752 3층
- #오션뷰 #루프탑카페 #거제3대전망

구조라성 성벽

"성벽 주변으로 펼쳐진 멋진 풍경"

@jeongah_813

구조라성 성벽 주변으로 눈에 걸리는 건물 없이 푸른 산세가 이어져 멋진 풍경 사진, 인물 사진을 찍을 수 있다. 셀카봉이나 삼각대를 활용하면 산과 성곽 모습을 좀 더 넓게 담아갈 수 있다. 멋진 산세로 드론 사진이나 영상, 360도 VR 영상을 찍어도 멋지게 나온다. (p335 D:3)

- 경남 거제시 일운면 구조라리
- #성곽 #산능선 #하이앵글

샛바람소리길 대나무터널길

"대나무가 만든 터널"

@ssu_ny.k

그 이름 그대로 빽빽하게 심겨있는 대나무가 자연 터널을 만들었다. 터널 길 중간에 감성을 더하는 작은 깃발들이 설치되어있는데, 이 깃발 아래 서서 커플 사진을 찍으면 정말 예쁘다. 터널 길이 잘 보이도록 카메라를 가운데에 두고 촬영하면 사진이 예쁘게 찍힌다. 단, 숲이 너무 빽빽한 곳은 빛이 잘 들어오지 않아 사진이 어둡게 나온다는 점을 주의하자. (p335 D:3)

- 경남 거제시 일운면 구조라리 423-1
- #여름 #대나무 #자연터널

상상산책길 대나무길
"울창한 대나무 숲"

@ha_yeongi

상상산책길 대나무숲은 한여름에도 대나무 그늘이 시원한 느낌을 주기에 6~8월 중 방문을 추천한다. 일반 대나무보다 대가 가늘고 키가 높은 이곳의 나무들을 멋진 풍경 사진으로 남겨보자. 약간 멀리 떨어져서 위에서 아래로, 로우 앵글로 촬영하면 울창한 숲 전경을 담을 수 있다. (p335 D:3)

- 경남 거제시 일운면 소동리 산1-4
- #여름사진 #대나무숲 #시원한

옥화마을 무지개해안도로
"무지갯빛 도로와 바다를 담은 시골 풍경"

@jjiyong01

제주도 도두봉의 무지개 해안도로만큼이나

핫한 사진 촬영지다. 무지갯빛 도로가 잘 보이도록 정면에서 사진을 찍어도 예쁘지만, 버스정류장 간판과 옥화마을 전경이 담기도록 측면 사진을 찍으면 거제 시골 마을 풍경을 오롯이 담아갈 수 있다. (p335 D:3)

- 경남 거제시 일운면 옥림4길 11
- #알록달록 #시골감성 #버스정류장

외도보타니아 천국의 계단산책로
"사시사철 꽃이 가득한 유럽식 정원"

@977jinn_y

외도보타니아 해상공원에서 가장 유명한 포토스팟으로 완만한 경사 계단을 따라 동백꽃과 식물이 심겨 있다. 사계절 꽃이 피어나는 예쁜 사진 촬영지지만 겨울에 방문하면 빨갛게 물든 동백꽃 사진을 찍어갈 수 있다. 넓은 유럽식 정원과 야자수가 심어진 곳도 포토존으로 유명하다. (p335 D:3)

- 경남 거제시 일운면 외도길 17
- #영상촬영지 #동백꽃 #야자수

지세포성 라벤더동산
"보랏빛 라벤더밭 너머로 보이는 거제시 전망"

@_ssovely0

매년 6월부터 지세포성 주변이 보랏빛 라벤더가 피어나 방문객들의 눈과 코를 즐겁게 한다. 라벤더밭이 워낙 넓어 산 전망으로도, 거제 시내 전망으로도 멋진 사진을 담아갈 수 있다. 시내 전망 사진을 찍을 때는 남해 바다가 잘 보이도록 약간 하이 앵글로 촬영하는 것이 소소한 팁. 주변에 나무 그늘이 없으므로 모자와 시원한 물을 꼭 챙겨가자. (p335 D:3)

- 경남 거제시 일운면 지세포리 181
- #여름꽃 #라벤더 #보랏빛

W181 카페 건물사이 오션뷰 계단
"해외여행 느낌 오션뷰 카페"

@miregi_i

카페 입구 계단에서 오션뷰와 산을 배경으로 멋진 사진을 찍어보자. 마치 해외에 온 것 같은 기분을 느끼게 해주는 외부 인테리어가 돋보이는 곳이다. 전면 통창 유리로 되어 있어 거제도의 아름다운 바다를 조망하기 좋다. 야외 넓은 정원에는 미니 오두막도 있어 프라이빗한 시간을 보낼 수 있다. 시그니처 음료는 크림 바닐라, 아인슈페너이며 그 외 다양한 음료와 베이커리를 맛볼 수 있다. (p335 D:3)

- 경남 거제시 장목면 거제북로 2707 2층
- #오션뷰 #해외느낌 #넓은정원

매미성 성벽
"매미성이 만들어주는 정사각 프레임"

@nan.kyung

매미성 성벽 외곽에 정사각 모양으로 네모나게 구멍이 뚫려있어 인스타용 정방형 사진 촬영하기 좋은 프레임이 되어준다. 프레임 밖으로는 푸른 남해 바다가 탁 트인 풍경이 펼쳐진다. 이 프레임 가운데 서도 좋고, 프레임에 살짝 기대거나 바닥에 측면으로 앉아 사진 찍어도 예쁘다. (p335 D:3)
- 경남 거제시 장목면 복항길 매미성
- #인스타핫플 #성벽 #프레임사진

맹종죽테마파크 대나무오솔길
"쭉 뻗은 대나무숲 오솔길"

@_min._.chaeee

좁은 산책로 사이로 대나무가 쭉 뻗어있는 대나무 오솔길 구간이 인물사진 찍기 좋은 포토스팟이다. 오솔길 한 가운데 서서 양옆의 대나무와 오솔길 끝까지 잘 보이도록 약간 멀리서 세로 전신사진을 찍으면 예쁘다. 한여름에도 대나무 그늘 덕분에 산책하기

좋은 곳이기 때문에 여름 여행지로 추천한다. (p335 D:3)
- 경남 거제시 하청면 거제북로 700
- #여름사진 #인물사진 #대나무

카페 바람의언덕 피크닉 바구니
"초대형 피크닉 바구니 포토스팟"

@luv_minjik

대형 피크닉 바구니 포토존으로 거제 핫플레이스로 떠오른 곳. 카페 앞 정원에 커다란 피크닉 바구니 조형물이 있어서 거인국에 온 듯한 독특한 사진을 남길 수 있다. 특히 방문을 추천하는 시기는 6월. 정원에 수국이 피면서 오션뷰와 더불어 더욱 아름답다. 카페에서 주문할 때 야외 정원으로 자리를 선택하면 실제로 피크닉 바구니에 음료를 담아주니 참고. (p335 D:3)
- 경남 거제시 남부면 해금강로 132 카페 바람의언덕
- #포토스팟 #오션뷰 #수국

우두산 Y자 출렁다리
"붉은 Y자형 출렁다리와 초록산"

@yeo.eunyoung

우두산에는 일반 출렁다리와 달리 양쪽 끝이 갈라지는 Y자형 출렁다리가 놓여있는데, 이 갈라지는 부분 바로 앞에 인물을 세워두고 약간 떨어져서 전신을 찍으면 멋지다. 빨간 다리와 초록빛 우두산 산세가 대비되어 강렬한 인상을 준다. Y자가 잘 보이도록 삼각대나 셀카봉 등 촬영 도구를 이용해보자. (p334 B:1)
- 경남 거창군 가조면 수월리 산16
- #빨간색 #출렁다리 #스릴

거창허브빌리지 라벤더
"보랏빛 라벤더밭과 동화풍 펜션"

@y__minzi

6월부터 거창허브빌리지 야외 농장에 보랏빛 라벤더밭이 일렬로 줄을 선 듯 펼쳐진다. 라벤더 주변으로는 동화 풍 펜션과 체험장, 테이블 등이 마련되어 있어 건물이나 소품을 활용해 인물 사진을 찍으면 예쁘다. 함께 운영하는 카페도 라벤더와 어울리는 예쁜 배경이 되어준다. (p334 B:1)

- 경남 거창군 가조면 지산로 1244
- #여름꽃사진맛집 #6월초 #라벤더

의동마을 은행나무
"노랗게 물든 은행나무길"

@ew_bl

거창 의동마을은 경남에서 가장 유명한 은행나무 군락지로, 매년 11월이면 마을 일대가 그야말로 노랗게 물든다. 은행나무 길이 길게 이어져 어디서 사진을 찍어도 예쁘다. 인적이 드문 평일에 방문하면 더 그윽한 분위기의 인물 사진을 얻어갈 수 있으니 참고하자. (p334 B:1)
- 경남 거창군 거창읍 서변리 1147-93
- #11월전후 #은행나무 #시골감성

거창 덕천서원 벚꽃터널 아래 다리
"하늘을 물들인 분홍빛 벚꽃터널"

@yunhee1982

벚꽃이 아름답기로 소문난 거창은 4월 초부터 벚꽃이 피기 시작한다. 덕천서원 가는 길목에 거창유원지 물길을 따라 나무다리가 설치되어있는데, 이 다리 건너편에서 다

리 위에 있는 인물사진을 찍으면 예쁘다. 양옆에 펼쳐진 벚꽃 나무와 꽃잎이 잘 보이도록 최대한 멀리서 찍는 것이 포인트. (p334 B:1)
- 경남 거창군 거창읍 장팔길 594
- #벚꽃명소 #거창유원지 #나무다리

거창 창포원 꽃창포
"파묻히듯 둘러싸인 꽃창포"

@noooon_y

창포원은 그 이름답게 꽃창포 개화 시기인 6월부터 7월까지 꽃창포로 수 놓인 공간이 된다. 사람 허리춤까지 오는 꽃창포 사이로 좁은 산책로가 이어지는데, 각도를 한쪽으로 틀면 산책로가 보이지 않아 꽃에 파묻힌 듯한 사진을 찍을 수 있다. (p334 B:1)
- 경남 거창군 남상면 월평리 2286
- #여름꽃사진맛집 #창포 #산책로

민들레울 카페 한옥과 단풍
"가을 단풍과 해먹 전망"

@jj_miiiiii

10월 형형색색으로 물든 가을 단풍을 배경으로 카페 내 설치된 해먹과 함께 사진을 찍

어보자. 맑고 수려한 월성계곡과 초록초록한 자연경관을 보며 힐링할 수 있는 곳이다. 또한 허브농장과 팜 카페를 같이 운영하고 있다. 커피, 에이드, 아이스크림과 맥주, 칵테일 등 다양한 음료가 있고 크로플, 케이크 등 베이커리류도 맛볼 수 있다. (p334 B:1)
- 경남 거창군 북상면 덕유월성로 2188 민들레울
- #월성계곡뷰 #정원카페 #거창카페

감악산풍력단지 아스타국화와 일몰
"아스타국화와 풍력발전기가 만드는 이국적 풍경"

@pureis__

아스타국화는 8~10월 가을에 피는 보라색 국화로, 바로 이곳 감악산 풍력단지가 우리나라에서 가장 유명한 아스타국화 군락지다. 보라색 꽃 사이사이에 하얀색 풍력발전기가 놓여있어 멋진 풍경 사진을 담아갈 수 있다. 이 시기에는 멋진 노을 전망까지 함께 감상할 수 있으니 시간에 여유를 갖고 방문하는 것을 추천한다. (p334 B:1)
- 경남 거창군 신원면 덕산리 감악산
- #가을 #아스타국화 #보라색

수승대거북바위
"돌바닥 뒤 거북바위"

@soyeong245

수승대 계곡 한 가운데 한자가 빼곡하게 쓰여있는 커다란 거북이 모양 바위가 떠 있다. 이 거북바위 앞 돌바닥에서 거북바위가 잘 나오도록 멀리 떨어져서 가로 사진을 찍으면 계곡 풍경까지 사진 한 장에 모두 담아갈 수 있다. 약간 아래쪽에서 카메라를 올려 로우 앵글로 촬영하면 키가 커 보인다. (p334 B:1)

- 경남 거창군 위천면 은하리길 2
- #역사유적 #한자무늬 #거북바위

고성고분군 언덕길 고분뷰
"드넓게 펼쳐진 고분과 푸른 하늘"

@iamchorong

고성 고분군은 주변에 번잡스러운 건물이 없고 오직 하늘, 고분만이 드넓게 펼쳐져 있다. 푸른 하늘빛과 고분의 초록빛이 대비되는 맑은 날 방문하면 더 멋진 사진을 얻어갈

수 있으니 방문 전 기상 상황을 꼭 확인해보자. (p334 C:2)

- 경남 고성군 고성읍 송학리 473-2
- #역사여행지 #고즈넉한 #초록빛

상리연꽃공원 연꽃
"정자 너머 연잎 군락"

@zxrxsxxvxx

6월부터 상리연꽃공원에 엄청난 규모의 연잎 군락이 생겨난다. 연못 물길 가운데 정자로 가면 정자 밖으로 펼쳐진 연잎 밭 풍경을 함께 찍을 수 있다. 반대로 정자 밖에서 연잎 밭을 앞에 두고, 정자 안에 있는 인물을 찍어도 멋진 사진을 찍을 수 있다. (p334 C:2)

- 경남 고성군 상리면 척번정리
- #여름사진맛집 #백련 #탐스러운

상족암군립공원 동굴포토존
"동굴 안에서 바다를 배경으로 찍는 역광샷"

@jin2zzzang

상족암국립공원 암벽 안쪽에 생긴 해식동굴이 둥근 프레임을 만들어 멋진 인스타 포토 스팟이 되어준다. 동굴 내부에서 바다를 배경으로 뒷모습 역광 사진을 찍으면 멋진 인물사진을 얻을 수 있다. 가만히 서 있는 포즈도 나쁘지 않지만, 손짓으로 바다를 가리키거나 치마를 집어 올리는 등 살짝 동적인 포즈를 취하면 예쁜 사진을 찍을 수 있다. 상족암 옆 파식대에서는 한반도에 서식했던 공룡의 흔적도 찾아볼 수 있다. (p334 B:2)

- 경남 고성군 하이면 덕명5길 42-23
- #상족암 #해식동굴 #공룡

수안마을 수국
"수국이 만개한 시골정원 풍경"

@jihyun_0525

6월부터 7~8월까지 김해 수안마을에 소담스러운 수국 정원이 생겨난다. 잘 가꾸어진 시골 정원 풍경에 수국이 가득해 요즘 유행하는 외할머니댁 감성 사진을 찍어갈 수 있다. 정원에 마련된 의자에 앉아 사진을 찍어도 잘 나온다. (p335 E:2)

- 경남 김해시 대동면 수안리 51
- #여름사진 #시골감성 #수국

대동승마랜드 양떼목장
"귀여운 양과 함께 찍는 인증샷"

@kiyeoun2

대동승마랜드는 승마체험장과 양 떼 체험 목장을 함께 운영하는데, 펜스가 낮게 쳐져 있어 양 떼 체험하는 모습을 그대로 담아갈 수 있다. 먹이를 줄 때 펜스 밖으로 고개를 들이민 양과 함께 인증 사진이나 동영상을 촬영하는 사람들이 많다. (p335 D:2)
- 경남 김해시 대동면 예안리 594번지
- #양떼체험 #양먹이주기 #양쓰다듬기

아나타카페 일본풍 건물
"일본 가정집 감성 카페"

@ssunvely_y

일본 감성이 물씬 풍기는 카페 외관이 대표 포토스팟. 일본가정집 분위기를 느낄 수 있는 카페로 아기자기하고 레트로 느낌이 물씬 풍기는 소품들을 구경하는 재미가 쏠쏠하다. 특히 이웃집 토토로 소품들이 많다. 가장 인기 있는 메뉴는 야키빵으로 수제 미

니 식빵을 미니 버너에 구워 다양한 소스에 찍어 먹으면 맛이 일품이다. 음료는 커피, 라테, 에이드 등이 있다. (p335 D:2)
- 경남 김해시 봉황대길 57
- #일본감성 #봉리단길카페 #이웃집토토로

분산성 일몰
"네모 프레임에 담는 일몰"

@nayoni90

분산성 산책로를 따라 이어진 성벽에도 인스타용 정방향 사진 찍기 좋은 네모 프레임 구간이 있다. 이 프레임 끝 쪽에 앉아 살짝 뒤를 돌아보며 사진을 찍으면 인스타용 감성 사진이 완성된다. 그 밖에도 돌로 만든 성곽이나 김해 시내를 찍기 좋은 구간이 많으니 구석구석 놓치지 않고 사진 촬영을 즐겨보자. (p335 D:2)
- 경남 김해시 어방동 산 964
- #정방향 #프레임 #일출일몰맛집

홍철책빵 서커스점 카페 홍철 얼굴주차장 입구
"서커스장에 온 듯한 소품들"

@mi._.nam129

드라이브스루 입구 홍철 벽화와 함께 개성 넘치는 사진을 남겨보자. 서커스 공연 티켓 같은 종이에 원하는 메뉴를 체크해 주문하는 방식으로 이색적인 방법으로 주문한다. 식빵, 브라우니 등 다양한 디저트가 있으며 4가지 로고가 랜덤으로 프린트되는 프린트되는 럭키가이홍철 음료가 시그니처 음료이다. 음료 컵은 재사용이 가능하며 유리잔, 머그컵 등 카페 굿즈도 볼 수 있다. (p335 D:2)
- 경남 김해시 율하로 443
- #노홍철카페 #베이커리카페 #서커스장 분위기

섬이정원 반영샷
"주변 풍경을 반영하는 하늘 연못 정원"

@1weekbro

섬이정원에서 가장 핫한 포토존인 하늘 연못 정원에 가면 연못에 주변 풍경이 거울처럼 들여다보이는 반영 샷을 찍을 수 있다. 아

주 유명한 포토존이라 주말에는 이곳에서 사진찍기를 위해 줄 서서 기다려야 할 정도다. 정원 한쪽 끝에 선 인물을 맞은편 끝에서 찍으면 잘 나온다. 연못이 잘 보이도록 카메라를 약간 아래 두고 찍는 것이 포인트. (p334 B:3)

■ 경남 남해군 남면 남면로 1534-110
■ #연못 #반영샷 #인스타사진맛집

카페샌드 초록지붕
"제주 감성 구옥 리모델링 카페"

작은 주택을 개조한 느낌의 제주 감성이 물씬 풍기는 외관에서 사진을 남겨보자. 오션 뷰는 아니지만 사촌해수욕장과 가깝게 위치해 있다. 통유리 좌석이라 개방감이 좋으며 좌식 자리, 아기 의자가 있어 아기가 있는 가족 단위도 편하게 이용 가능하다. 시그니처 음료는 샌드라떼로 에스프레소에 우유, 수제크림이 올라간 아인슈페너 스타일의 커피다. (p334 B:3)

■ 경남 남해군 남면 남면로1229번길 36-7
■ #사촌해수욕장카페 #제주감성 #예스키즈존

다랭이마을 바다뷰 계단식 논
"바다와 계단식 논을 한눈에"

다랭이마을은 남해의 숨은 벚꽃 사진 맛집으로, 매년 4월이 되면 다랭이논 옆 산책로에 소담스러운 분홍 벚꽃잎이 핀다. 벚꽃이 아주 화려하지는 않지만 남해바다, 다랭이논, 노란 유채꽃밭을 배경으로 사진 찍을 수 있는 곳으로 유명하다. 다랭이논과 바다를 배경으로 위쪽에서 아래로 하이앵글 촬영하거나, 다랭이논 전경이 잘 보이도록 아래에서 위로 로우 앵글 촬영하는 것을 추천한다. (p334 B:3)

■ 경남 남해군 남면 홍현리 777
■ #시골풍경 #다랭이논 #벚꽃

설흘산 정상 바다뷰
"정상에서 바라보는 남해바다"

설흘산 정상까지 올라가면 남해 시내 전망 너머 푸른 남해바다까지 내려다보인다. 삼각대나 셀카봉을 이용해 바다가 상단 1/3 정도를 차지하도록 카메라를 기울여 하이앵글

구도로 사진을 찍어보자. 사방이 탁 트인 전망이 아름다워 드론이나 360도 카메라 촬영하기도 제격이다. (p334 B:3)

■ 경남 남해군 남면 홍현리 설흘산
■ #바다뷰 #시내전망 #하이앵글

디풀빌라 넓은 풀장과 자쿠지
"객실마다 넓은 야외 풀장"

동남아를 연상케 하는 넓은 풀장에서 물놀이를 즐기며 사진을 찍어보자. 감성 넘치는 숙소와 디풀빌라 글자가 새겨진 벽을 배경으로 촬영하면 인생 사진 완성. 이곳은 총 3개의 객실이 있으며, 1층에 있는 두 개의 객실은 바로 앞 야외 수영장을 이용할 수 있고, 2층은 개별 수영장이 마련되어 있다. 방마다 노천탕이 설치되어 있고, 야외 수영장 옆에는 스쿠버 다이빙을 체험할 수 있는 공간도 있다. (p334 B:3)

■ 경남 남해군 미조면 미조로 164
■ #남해풀빌라추천 #남해동남아느낌숙소 #남해감성숙소

설리스카이워크 스카이워크와 그네
"푸른 바다 위를 나는 공중그네"

설리스카이워크에서 번지점프보다도 짜릿한, 바다로 향하는 공중그네 액티비티를 즐길 수 있다. 이 그네가 바다와 하늘을 향해 쭉 뻗은 순간 셔터를 누르면 현장의 스릴이 그대로 담긴 인증 사진을 찍어갈 수 있다. 그네가 왔다 갔다 하는 장면을 동영상으로 남겨도 좋다. (p334 B:3)

- 경남 남해군 미조면 송정리 산352-21
- #공중그네 #액티비티 #짜릿함

물미해안전망대 스카이워크
"남해바다 배경 공중그네"

@sung__da.ye_

남해 스카이워크는 남해바다를 배경으로 공중그네(집라인) 체험을 즐길 수 있다. 뒷사람이 공중그네 체험하는 사진을 찍으면 스릴 있고 역동적인 사진을 건질 수 있다. 바닥이 훤히 들여다보이는 강화유리로 되어있어 아찔한 분위기를 더한다. (p334 B:3)

- 경남 남해군 미조면 송정리 산81-5
- #바다전망 #스릴 #액티비티

남해의숲 카페 나무대문
"이국적 분위기 숲 전망 카페"

@numim._

카페 입구 나무 대문에서 동화마을에 온 듯한 느낌의 사진을 연출해보자. 포레스트 뷰

와 현무암, 라탄 인테리어로 되어 있어 이국적인 분위기를 느낄 수 있는 카페. 커피 원두는 개인이 직접 로스팅한 원두만 사용하여 신선하며 쿠키, 브라우니, 소금빵, 크로플 등 다양한 디저트로 맛볼 수 있다. 애견은 야외 마당에서만 동반이 가능하다. (p334 B:3)

- 경남 남해군 삼동면 독일로 152-8 1층 남해의숲
- #독일마을카페 #이국적인분위기 #애견동반

이제남해 오션뷰 히노끼온천
"전 객실 오션뷰 히노끼탕"

@l_eunseo_o

보기만 해도 가슴이 뚫리는 바다를 보며 온천욕을 즐길 수 있는 히노키탕이 사진 명소. 전 객실 히노키탕이 있으며, 예약 시 석식과 조식이 포함된다. 방마다 오션뷰, 마운틴뷰 등 전망이 다르고, 야외 노천탕, 불멍 화로 등 부대시설이 다르니, 예약 시 확인이 필요하다. 별채 탕이 따로 마련되어 있어 정해진 시간에 맞추어 이용할 수 있다. (p334 B:3)

- 경남 남해군 삼동면 양화금로 59-7
- #남해히노키탕숙소 #오션뷰숙소추천 #남해일본느낌숙소

원예예술촌 풍차
"풍차와 초록 수목의 동화감성"

@hyej2_93

원예예술촌은 곳곳에 동화 감성이 느껴지는 꽃과 나무, 조형물이 있어 사계절 사진찍기 좋은 곳이다. 그중에서도 가장 유명한 곳은 노란 풍차 앞쪽 산책로. 커다란 풍차 바람개비와 초록 수목이 동화 속 배경을 꼭 빼닮았다. (p334 B:3)

- 경남 남해군 삼동면 예술길 39
- #동화감성 #사진맛집 #풍차

상주은모래비치 바다뷰 언덕
"언덕에서 바라보는 은모래비치"

@juy.note

상주 은모래비치 앞에는 그 이름을 닮은 은빛 백사장이 넓게 펼쳐져 인물사진 찍기 좋은 곳이다. 단순히 바다와 모래사장을 찍어도 예쁘지만, 바다 옆 숲길로 올라와 바다를 내려다보듯 사진을 찍으면 더욱 운치 있는 바다 사진을 찍을 수 있다. 바다 너머 돌섬이 나오게 찍어도 예쁘다. (p334 B:3)

- 경남 남해군 상주면 남해대로 은모래비치
- #모래사장 #바다뷰 #돌섬뷰

보리암 한려해상국립공원 바다뷰
"금산 능선과 남해바다의 조화로운 풍경"

@yuni_3.3

보리암 사찰 돌난간을 따라 이동하면 남해 바다가 내려다보이는 구간이 나온다. 이 난 간 뒤쪽으로 이동해 사찰 지붕, 난간이 모두 잘 보이도록 사진을 찍어보자. 남해의 명산 금산 능선과 남해바다가 펼쳐져 멋진 배경 사진이 되어준다. (p334 B:3)
- 경남 남해군 상주면 보리암로 665
- #바다전망 #사찰 #푸른빛

두모마을 유채꽃과 다랭이논
"노란 유채꽃밭과 푸른 남해바다"

@still_light_

두모마을은 제주도 못지않은 유채꽃 명소 로, 매년 3~4월이 되면 마을 곳곳에 노란 유 채꽃밭이 드리운다. 유채꽃밭 너머 남해바 다까지 내려다보이는 포인트가 있는데 여기 서 삼각대나 셀카봉을 이용해 위에서 아래 로 카메라를 기울여 하이앵글로 촬영해보 자. (p334 B:3)
- 경남 남해군 상주면 양아로
- #봄꽃 #유채꽃 #다랭이논

적정온도 오션뷰 노천온천
"전 객실 오션뷰 야외 노천탕"

@kim_red7

해가 질 무렵, 일몰과 함께 오션뷰 야외 노천 탕에 앉아 사진을 찍어보자. 마당 곳곳에 켜 지는 조명이 운치와 분위기를 더해준다. 사 계절 이용할 수 있는 전 객실 야외 노천탕 있 으며, 개별 프라이빗 야외 수영장이 있는 룸 도 있다. 현대적인 모던함과 전통이 함께 공 존하는 인테리어를 엿볼 수 있는 곳. (p334 A:3)
- 경남 남해군 서면 남서대로 1803-18
- #남해감성숙소 #남해노천탕숙소 #오션 뷰숙소

웨이포인트 오션뷰 풀빌라
"푸른 남해바다와 야외 수영장"

@ohhhhhhhyo

푸르른 남해를 배경으로 사진을 찍을 수 있 는 풀빌라가 포토존. 숙소 안과 밖 어디에서 찍어도 그림 같은 사진을 얻을 수 있다. 총 4 개 객실이 있으며, 파란 수영장과 대비를 이

루고 있는 화이트톤으로 꾸며져 있다. 수영 장과 더불어 노천탕도 이용할 수 있으며, 일 몰 맛집으로도 잘 알려진 곳. (p334 A:3)
- 경남 남해군 서면 남서대로 1803-64
- #오션뷰풀빌라 #남해풀빌라추천 #인피 니티풀

고운재 남해 기와지붕과 오션 뷰 통창
"바다 전망 한옥 숙소"

@h._.tak

남해를 한눈에 담을 수 있는 테라스가 고운 재의 메인 포토존. 높은 지대에 있어 모든 객 실에서 바다를 볼 수 있는 점이 이곳의 가장 큰 매력이다. 전통 한옥의 고즈넉함과 아름 다운 경치, 그리고 맑은 공기를 한꺼번에 즐 길 수 있는 곳이기도 하다. 욕실 안에 히노키 탕이 구비되어 있고, 개별 테라스를 이용할 수 있다. (p334 A:3)
- 경남 남해군 서면 남서대로 1886-65
- #남해한옥펜션 #한옥스테이 #남해오션 뷰숙소

호텔치유 일본식 건물과 노천 온천
"남해 전망 일본식 온천 료칸"

@kka_mi93

야외 테라스에서 편백 노천탕에 앉아 남해를 배경으로 사진 촬영을 해보자. 낮은 물론, 낭만적인 분위기를 한껏 더해주는 조명이 켜지는 저녁에는 더욱 예쁜 사진을 남길 수 있다. 일본 감성 가득한 숙소 외관도 또 다른 사진 명소. 숙소에서 야외 수영, 노천 온천, 불멍을 한꺼번에 즐기기 좋은 곳. 방마다 컨디션이 다르니 사전에 확인 필수. (p334 A:3)
- 경남 남해군 서면 남서대로 1965-54
- #남해풀빌라 #남해료칸호텔 #일본느낌숙소

스트라이프남해 스트라이프색감의 오션뷰 풀
"오션뷰 야외 수영장과 노천탕"

@vivreflower

숙소 밖에 있는 노란색 스트라이프 벽을 배경으로 오션뷰 풀장에서 사진을 남겨보자. 이름에 걸맞게 구석구석 스트라이프가 돋보이며, 숙소 통창을 통해 가슴이 뻥 뚫리는 남해를 볼 수 있다. 야외 수영장과 노천탕이 있고, 바다 보며 물멍을 즐기기에도 좋은 곳. 밤이 되면 켜지는 조명과 알록달록 무드등을 켜면 특유의 감성을 더할 수 있다. (p334 A:3)
- 경남 남해군 서면 남서대로 1965-60
- #남해펜캉스추천 #비비드인테리어 #남해오션뷰숙소

상상양떼목장 바다뷰 양떼목장
"양과 함께 즐기는 벚꽃놀이"

@aeiou_bana

상상양떼목장은 울타리나 펜스가 없는 방목형 양 떼 체험 목장으로, 양과 초 근접 사진을 찍을 수 있는 공간으로 유명하다. 목장 꼭대기까지 올라가면 목장 전체를 둘러싼 흰 울타리 너머 너른 남해바다 사진을 찍어갈 수 있다. 매년 3월 말부터 4월 초까지는 이 바다 전망을 따라 분홍 벚꽃이 피어나 경치가 더 예쁘다. (p334 A:3)
- 경남 남해군 설천면 문의리 산187-1
- #양떼목장 #남해뷰 #벚꽃명소

양모리학교 바다뷰 양떼체험 목장
"양과 함께 바라보는 남해 풍경"

@hee_b0ngs

저 멀리 청정 남해의 멋진 풍경을 앞에 두고 자유로이 풀을 뜯고 있는 양 떼 체험 목장 양모리학교에서 귀여운 양과 함께 근접 사진을 찍을 수 있다. 펜스 안으로 들어가 바구니 한 가득 담아주신 양의 먹이를 아기 양에게 주며 자연스럽게 사진을 찍을 수 있어서 인기다. 저렴한 입장료에 어린이가 아니어도 깡통 열차를 탈 수 있어 잠시 동심으로 돌아갈 수 있다. (p334 B:3)
- 경남 남해군 설천면 설천로775번길 256-17
- #양떼체험목장 #동화감성 #초근접샷

원천마을 나무프레임
"숲길 사이로 보이는 남해 바다"

@ji.___soouu

원천마을은 남해 바다와 맞닿은 어촌마을로, 바다 끝까지 가면 시골 풍경과 바다 전망을 함께 찍어갈 수 있다. 원천항 주변 숲길로 들어서면 나무 사이로 바다 사진을 찍어갈 수 있다. 숲길 따라 이어진 드라이브 코스나 해수욕장 구간도 사진찍기 좋다. (p334 B:3)
- 경남 남해군 이동면 남해대로 1543
- #나무프레임 #바다전망 #시골풍경

까사드발리 풀빌라
"남해에서 발리 리조트 느낌"

@jjin_3297

오션뷰와 개별 인피니티 풀을 즐길 수 있는 풀빌라. 동남아 고급 리조트 같은 분위기로, 바다를 바라보며 프라이빗하게 물놀이를 즐길 수 있다. 바다가 한눈에 보이는 인피티니 풀에서 사진은 필수. 침실 안에서도 통창으로 바다가 보여 편하게 누워서 풍경을 감상하기도 좋다. 또한 야외 자쿠지와 실내 욕조도 있어 휴식을 즐기기 제격인 감성 숙소. (p334 B:3)

■ 경남 남해군 미조면 미송로 341-12 까사드발리 풀빌라

■ #발리느낌 #인피니티풀 #프라이빗

남해보물섬전망대 스카이워크
"바다 위 이색 인생샷"

@jstt_.7

드넓은 바다 위에 떠있는 것 같은 이색적인 인생샷을 찍을 수 있는 익스트림 스포츠. 와이어 줄에 의지해 투명한 유리 바닥 위

에서 걷는 경험을 할 수 있으며, 기본 코스 13,000원에 의상, 신발, 양말이 모두 제공되며 특별 동작이나 사진 촬영을 선택할 경우 추가 비용이 붙는다. 의상은 빨간색과 파란색 점프수트로, 바다와 대비되어 더 예쁜 사진을 남길 수 있다. (p334 B:3)

■ 경남 남해군 삼동면 동부대로 720 남해보물섬전망대

■ #익스트림 #이색적 #인생샷

달빛쌈지공원 시티뷰 야경
"네모 프레임 속 야경"

@xxip__

달빛쌈지공원 전망대 스카이워크 구간에 인물 사진찍기 좋은 네모 프레임 포토존이 마련되어 있다. 이곳은 전국에서 손꼽히는 일몰 사진, 야경 사진 촬영 명소로 프레임 밖으로 하늘과 야트막한 산, 밀양 시내 전망이 한가득 들어와 저녁 하늘의 운치를 더한다. 야경 사진을 찍을 때 장노출 기능을 이용하면 반짝이는 별을 더 선명하게 촬영할 수 있다. (p335 D:1)

■ 경남 밀양시 내일동 내일중앙1길

■ #네모프레임 #인스타사진맛집 #일몰

용평터널
"신비로운 터널 액자"

@juy.note

밀양가 월연정 입구에 있는 용평터널은 요즘 인스타에서 핫한 터널 프레임 포토존이다. 터널 가운데 뻥 뚫린 공간이 있는데, 울퉁불퉁한 돌벽이 노출되어 독특한 분위기를 준다. 이 개방된 터널 골목에서 인스타용 정방형 사진을 찍어가는 이들이 많다. 천장이 있는 터널 안쪽도 조명이 있어 분위기 있는 인물 사진을 찍어갈 수 있다. (p335 D:1)

■ 경남 밀양시 내일동 용평터널

■ #터널사진 #프레임사진 #인스타

위양지 이팝나무숲
"이팝나무에 앉아 보는 물길"

@_ri.yaaa1

위양지에 심어진 이팝나무 중에는 물길을 따라 누운 듯가지를 뻗고 있는 나무들이 있는데, 이 나뭇가지에 앉아 위양지 전망으로 사진을 찍으면 인생 사진을 건질 수 있다. 위양지 물길이 잘 보이도록 삼각대나 셀카봉을 이용해 위에서 아래로 하이앵글 촬영하는 것을 추천한다. (p335 D:1)

- 경남 밀양시 부북면 위양리 293
- #여름 #연못전망 #이팝나무

그로브 카페 원형거울 포토존과 루프탑
"가산저수지 전망 베이커리 카페"

카페 입구 파란색 글자 조형물과 함께 거울샷을 찍어보자. 앞쪽으로는 넓은 잔디밭 뒤쪽으로는 가산저수지가 있어 뷰가 좋고 한적하여 힐링하기 좋은 카페이다. 1층은 푹신한 쇼파, 단체석이 마련되어 있으며 2층 루프탑은 안전상의 이유로 노키즈존으로 운영되며, 실내외 좌석이 있다. 음료는 커피, 라떼, 과일쥬스 등이 있고 간단한 베이커리류도 맛볼 수 있다. (p335 D:1)
- 경남 밀양시 부북면 퇴로로 326-13 카페 그로브
- #대형카페 #위양지카페 #가산저수지뷰

1919봄카페 사랑채 대청마루
"꼬순내 감성 한옥카페"

카페 사랑채 대청마루에 앉아 옛 감성 느낌의 사진을 연출해보자. 한옥 카페로 고즈넉한 분위기를 느끼기에 좋은 곳이다. 본채는 실내화로 갈아 신고 이용이 가능하며 개별 한옥 내 좌식, 야외 테이블이 많아 다양하게 이용할 수 있다. 실내 인테리어는 자개장을 비롯한 앤틱한 소품들이 많이 있다. 시그니처 음료는 쑥슈페너가 있으며 그릭요거트, 와플 등 간단한 디저트도 맛볼 수 있다. (p335 D:1)
- 경남 밀양시 산외면 산외로 191
- #고즈넉한분위기 #옛감성 #한옥카페

남포리 카페 밀양강뷰
"밀양강 전망 루프탑 카페"

루프탑 '남포리' 네모 프레임과 함께 밀양강을 배경으로 사진을 남겨보자. 좌석은 바 형태, 2~4인까지 앉을 수 있는 테이블, 좌식 등 다양하게 구비되어 있다. 야외 정원이 넓어 아이들이 뛰어놀기 좋으며 테라스에서 애견 동반도 가능하다. 직접 수제로 만든 스콘, 앙버터 등 다양한 베이커리류와 커피, 티, 에이드 등을 맛볼 수 있다. (p335 D:1)
- 경남 밀양시 삼랑진로 1514-5
- #베이커리카페 #밀양강뷰 #대형카페

트윈터널 빛터널
"조명으로 가득찬 트윈터널"

상, 하부가 이어져 트윈터널이라는 애칭으로 불리는 이곳에는 온갖 조명으로 꾸며진 독특한 포토존들이 가득하다. 터널 길을 따라 가을 갈대 숲 모양, 네온 빛 공 모양, 차르르한 비즈 커튼 모양 조명이 이어지는데 원근감이 느껴지도록 길 정면에서 촬영해도 예쁘고, 벽면이 잘 보이도록 완전 측면에서 촬영해도 예쁘다. (p335 D:2)
- 경남 밀양시 삼랑진읍 삼랑진로 537-11
- #동굴 #터널 #조명포토존

만어사 만어석 돌무지
"돌무지에 앉아 보는 초록 산세"

미륵전 밑으로 신비로운 암석 지대의 밀양 팔경으로 꼽히는 만어석이 있다. 이 돌밭 가운데서 배경이 잘 보이도록 사진을 찍으면 독특한 인증사진을 촬영할 수 있다. 검은 돌밭과 주변에 펼쳐진 산세가 잘 보이도록 위에서 아래로 카메라를 최대한 기울여 사진을 찍어보자. 만어석은 물고기들이 변하여

돌이 되었다는 전설이 있다. (p335 D:1)

■ 경남 밀양시 삼랑진읍 용전리 산28

■ #검은돌밭 #밀양팔경 #자연뷰

도곡별장 한옥 촌캉스
"시골 감성 제대로인 한옥 숙소"

@hyun_zz / p__the_world

촌캉스로 SNS에서 핫한 그 숙소, 산으로 둘러싸인 한옥 앞이 이곳의 사진 명소. 한옥 군데군데 창이 나 있어서 실내에서 마운틴뷰를 계속 볼 수 있다. 야외 테라스, 대청마루에 앉아 산멍이 가능하고, 장작 지참 시 야외 불멍도 즐길 수 있다. 가는 길이 경사가 심하고, 산동네에 자리하고 있어 운전 시 주의가 필요하다. (p335 D:1)

■ 경남 밀양시 상동면 도곡1길 159-22

■ #한옥독채숙소 #한옥스테이 #밀양촌캉스숙소

명례성지 건축물
"이국적 외벽의 천주교 건축물"

@minimini_.b

명례성지는 노무현 전 대통령의 생가를 건축했던 승효상 씨가 설계한 천주교 건축물로, 미니멀한 디자인의 깔끔한 외벽이 이국적인 마르코 기념성당이다. 하얀 외벽 위로 올라가 하늘과 벽 모양이 가득 담기도록 각도를 조절해 찍으면 멋진 사진을 남길 수 있다. (p335 D:2)

■ 경남 밀양시 하남읍 명례리 1122

■ #이국적 #미니멀리즘 #천주교성지

금시당 백곡재 은행나무고목
"노랗게 물든 가을 풍경"

@anna_byul

금시당 백곡재에 수령이 460년이나 되는 커다란 은행나무가 있는데, 매년 11월쯤이 되면 샛노란 은행잎을 풍성하게 드리워 절경을 이룬다. 이 커다란 은행나무가 카메라에 최대한 많이 담기도록 멀리 떨어져서 인물과 노란 은행잎 바닥길이 잘 보이도록 사진을 찍는 것이 포인트. (p335 D:1)

■ 경남 밀양시 활성동 582-1

■ #가을사진맛집 #고목 #은행나무

나인뷰커피 카페 천국의 그네와 천국의 계단
"천국의 계단과 천사 모형"

@sun_sun_na_na

하늘로 올라가는 듯한 느낌의 천국의 계단이 대표 포토존. 뿐만 아니라 하늘그네, 천사 날개 모형도 있어, 또 다른 감성 사진 연출도 할 수 있다. 실내외 쇼파, 단체석 등 다양한 좌석이 많다. 저녁에는 캠프파이어장에서 불멍하며 마시멜로를 구워 먹을 수 있다. 가격은 한 개 2,000원으로 해당 판매 금액은 전액 불우이웃돕기로 사용된다고 한다. (p334 B:3)

■ 경남 사천시 남양광포1길 16

■ #천국의계단 #오션뷰 #사천카페

그리움이물들면 얼굴포토존
"노을에 물든 옆모습을 닮은 조형물"

@hjnee_j

사천 대포항에 여성의 옆모습을 닮은 이색 조형물이 있다. 이 조형물 옆에 서서 조형물과 같은 포즈로 인증사진을 찍어가는 사람들이 많다. 대포항은 해 질 녘 노을 풍경으로도 유명하니 시간을 맞추어 방문하는 것도 좋겠다. (p334 B:3)

- 경남 사천시 남양동 457-12
- #얼굴모양 #노을전망 #포토존

갤러리&카페라안 백천저수지뷰
"저수지 전망 야외 테라스"

@iamsh

야외 테라스에서 백천저수지를 배경으로 그림 같은 풍경과 함께 사진을 연출해보자. 카페 한쪽에는 미술품 전시와 소품들이 있어 관람 및 구매가 가능하고 불교 관련 국보들도 볼 수 있다. 카페테라스 쪽에 긴팔원숭이가 있어 아이들이 좋아한다. 음료는 커피, 티, 에이드 등이 있으며 간단한 디저트들도 맛볼 수 있다. (p334 B:3)

- 경남 사천시 백천길 331 갤러리&카페 라안
- #백천저수지뷰 #갤러리카페 #원숭이

커피팀버사천포레스트 카페 숲 속 나무문
"비밀의 문을 여는 듯한 기분"

@ssora.p

동화 숲을 연상케 하는 나무 문에서 사진을 남겨보자. 옛날 집, 공방, 작은 숲으로 구성된 도심 속 숲 카페로 본 건물 외 별관 건물이 여러 개로 나누어져 있다. 좌석은 넓은 쇼파석과 단체석 등이 있어 편하게 이용가능하다. 메뉴는 커피, 에이드, 쥬스 등 다양한 종류가 있으며 아이들을 위한 음료도 다양하게 준비되어 있다. (p334 B:2)

- 경남 사천시 사남면 병둔1길 7 1층
- #숲카페 #사천카페 #푸릇푸릇

청널공원 풍차
"푸른 지붕의 이국적 풍차가 만드는 풍경"

@poison4000

청널공원에는 푸른 지붕, 흰색 외벽의 이국적인 풍차가 놓여있어 이국적인 분위기를 만들어준다. 주변에 잘 가꾸어진 화단과 정원이 있어 풍차 바로 옆에서 사진을 찍기보다는 공원 전경이 담기도록 찍는 것이 더 예쁘다. (p334 B:3)

- 경남 사천시 서동 청널공원
- #파란지붕 #풍차 #정원

바두기 애견펜션 애견동반 오션 뷰 스파
"테라스와 개별 스파 딸린 애견숙소"

@harypotter_o

바다를 보면서 반려견과 함께 개별 스파를 즐기며 사진을 찍는 것은 어떨까. 플로팅 테이블에 디저트와 음료까지 제공되어 완벽한 휴식을 취할 수 있다. 야외 테라스에는 그네와 해먹이 있어 물멍하기 좋고, 애견 펜션답게 강아지 식기, 배변 패드, 샤워용품 등이 구비되어 있다. 강아지 미동반 시 예약이 불가한 곳. (p334 B:3)

- 경남 사천시 서포면 제비길 72 제비마을
- #사천애견펜션 #사천오션뷰숙소 #강아지와여행

사천 무지개해안도로
"무지개해안도로와 바다 풍경"

@kjy0867

사천 무지개해안도로 산책로를 따라 죽 걷다보면 돌 사이 틈이 없는 구간이 나오는데, 이 구간이 주요 포토존이다. 수직 수평을 맞추어 평면으로 찍는 것이 정석이지만, 무지개색 도로가 잘 나오도록 해안도로 쪽을 찍어도 예쁘다. (p334 B:2)

- 경남 사천시 용현면 금문리 212-3
- #무지개도로 #인스타용 #해변사진

선상카페 씨맨스 썬셋
"수상 도로 위에서 담는 붉은 노을"

@minieqql

바다 위에 떠 있는 선상 카페 씨맨스는 노을 감상 명소로도 유명하다. 카페로 이어지는 수상 도로를 이용해 재미있는 노을 사진을 남길 수 있다. 수상 도로 위에 선 인물을 건너편 육지 쪽에서 측면으로 촬영하거나, 도로 한가운데에서 정면으로 촬영할 수 있다. 강화유리로 된 투명한 펜스가 쳐진 구간에서는 바다 한가운데를 걷는 듯한 인증사진을 남길 수 있다. (p334 B:3)
- 경남 사천시 해안관광로 381-5
- #노을사진 #수상도로 #바다사진

황산공원 댑싸리밭
"울긋불긋 댑싸리가 만든 자연포토존"

@3.7_travel

매년 9월쯤 초록빛으로 싱그러웠던 댑싸리밭이 울긋불긋 물들어 이색 자연 포토존이 되어준다. 9월 초에는 울긋불긋하다 9월 말 정도가 되면 완연한 붉은 빛을 띠는데, 둘 중 어느 때 촬영해도 각각의 매력이 느껴진다. (p335 E:2)

홍룡사 홍룡 폭포
"작은 신당과 시원한 폭포수"

@amoureuxeg

홍룡사 홍룡폭포로 향하는 산책길 끝까지 이동하면 작은 신당과 폭포수가 어우러진 자연경관이 펼쳐진다. 산책로 맨 끝, 폭포 바로 옆에 인물을 세우고 신당과 폭포, 인물이 카메라에 모두 담기도록 뒤로 이동해 사진을 찍어보자. (p335 E:2)
- 경남 양산시 상북면 대석리 1
- #폭포 #신당 #고즈넉한

롤링브루잉컴퍼니 카페 로스터리 팩토리감성
"용접 공장 개조한 인테리어 카페"

@yooju1009

용접 공장을 개조한 카페 입구에서 로스터리 팩토리 감성의 사진을 남겨보자. 실내 또한 공장 느낌으로 꾸며져 있어 독특하다. 앞쪽에 큰 창과 층고가 높아 개방감을 느낄 수 있고 빈티지한 소품 구경도 가능하다. 야외는 메뉴는 커피, 쥬스, 홍차 향이 매력적인

- 경남 양산시 물금읍 물금리 182-4
- #댑싸리 #가을 #울긋불긋

콜드브루가 있고 토스트, 샌드위치 2종류의 디저트가 있다. (p335 E:2)
- 경남 양산시 상북면 민등대길 48 1층
- #공장콘셉트 #양산카페 #콜드브루

임경대 낙동강 낙조뷰
"임경대 누각에서 보는 낙동강 노을"

@yerim_v2

일몰 시각에 맞추어 임경대 누각 위로 올라가면 낙동강 전망 노을 사진을 찍어갈 수 있다. 사진 맨 위쪽에 아름다운 문양의 지붕이 살짝 걸쳐 보이게 촬영하면 전통적인 분위기의 인증 사진이 완성된다. (p335 E:2)
- 경남 양산시 원동면 화제리 산72-4
- #낙동강 #노을 #옛건물

트리폰즈 카페 정원호수뷰
"정원뷰 호수뷰 힐링카페"

@da1__d

멋진 조경, 정원의 호수와 함께 자연 힐링 콘셉트의 사진을 연출해보자. 카페 내부 돌과 선인장 등을 활용해 마치 산을 형상화한 느낌의 내부 인테리어가 매력적인 곳이다. 인조 잔디가 깔려 있는 야외좌석, 바테이블, 빈백, 루프탑 텐트 등 다양한 좌석들이 많아 편

안하게 즐길 수 있다. 메뉴는 커피, 티, 쥬스, 맥주, 와인도 맛볼 수 있고 쿠키, 바게트 등 베이커리류도 있다. (p335 E:1)

- 경남 양산시 하북면 삼감리 14
- #대형카페 #정원호수 #다양한좌석

공간밈 카페 연못
"드넓은 야외 연못과 갤러리"

카페 야외 연못에서 분위기 있는 사진을 연출해보자. 다양한 문화예술이 전달되는 공간으로 커피숍과 갤러리를 한 곳에서 즐길 수 있다. 통창으로 되어 있어 개방감을 느낄 수 있으며 좌석도 단체석 등 다양하게 보유하고 있다. 시그니처음료는 블랙밀라테, 머그워트라테, 초코밤라테까지 총 3가지가 있다. 또한 쿠키, 케익, 크로플 등 간단한 디저트류도 맛볼 수 있다. (p335 E:1)

- 경남 양산시 하북면 예인길 35-10
- #갤러리카페 #연못 #문화예술공간

페이퍼가든 카페 숲속 정원카페
"아늑한 숲속 정원 카페"

초록 초록 힐링이 되는 카페 숲속 정원에서

사진을 남겨보자. 카페 건물 안쪽으로 인공연못과 잔디가 깔려 있어 비밀의 정원 같은 느낌이다. 공간이 두 곳으로 나누어져 있는데 통유리로 되어 있는 건물과 본관 건물이 있다. 메뉴는 커피, 라떼, 티, 맥주와 간단한 베이커리류를 맛볼 수 있다. 밤에는 노란 불빛이 켜져서 낮과 사뭇 다른 아늑한 분위기를 느낄 수 있다. (p335 E:1)

- 경남 양산시 하북면 지산로 94
- #통도사카페 #정원카페 #비밀정원

남가람공원 남가람별빛길
"곧게 뻗은 대나무숲과 낮은 조명의 대조"

위로 곧게 뻗은 대나무숲에 저녁이면 키 낮은 조명 불이 들어와 멋진 야경 촬영 명소가 된다. 하늘로 곧게 뻗은 대나무와 바닥에 있는 조명이 한눈에 들어오도록 세로 사진을 촬영하면 예쁘다. 장노출 기능을 이용하면 푸른 대나무숲 색을 좀 더 밝게 촬영할 수 있다. (p334 B:2)

- 경남 진주시 강남로 320
- #대나무 #야경 #조명

문산성당 하늘빛 성당
"흰 대리석 동상 너머 아름다운 성당"

하늘색 외벽이 아름다운 문산성당 정문 앞에는 흰 대리석 동상이 있는데, 그 주변으로 야자수가 심어진 작은 정원이 있어 사진이 예쁘게 나온다. 대리석과 성당 건물이 모두 잘 나오도록 정원 중심으로 이동해 사진을 찍어보자. 스테인드글라스로 장식된 성당 내부도 사진이 예쁘게 나온다. 단, 실제로 종교활동이 이루어지는 공간이므로 교인들에게 피해 가지 않도록 하자. (p334 C:2)

- 경남 진주시 문산읍 소문길67번길 9-4
- #하늘색성당 #대리석동상 #스테인드글라스

아소록 카페 하얀 벤치
"화이트톤 인테리어 카페"

화이트톤 감성 카페인 아소록에서 가장 유명한 포토존은 안쪽 뜰에 마련된 하얀색 벤치다. 사선으로 줄 틈이 있는 독특한 철제 벤

치와 벤치 뒤쪽에 주황색 카페 로고가 화이트톤 배경 사진에 독특한 재미 요소가 되어준다. 실내도 이색 식물, 조명, 패브릭 포스터 등으로 독특하게 꾸며져 있어 사진 찍어갈 만한 곳이 많다. 테이블이 놓여있는 카페 옥상에도 한번 올라가 보자. (p334 B:2)
- ■ 경남 진주시 석갑로91번길 2
- ■ #감성카페 #줄무늬벤치 #노출콘크리트

경상남도수목원 메타세쿼이아길
"노랗게 물든 메타세콰이어길"

@flooriarocio

길고 곧게 뻗은 메타세쿼이아길이 잘 보이는 정면에서 인물사진 촬영하기 좋은 곳이다. 매년 9월부터 11월 무렵이 되면 이 메타세쿼이아길뿐만 아니라 수목원 일대가 노랗고 붉게 물들어 더욱 아름답다. 메타세쿼이아길 근처에 단풍나무가 심어진 연못 산책로도 사진이 잘 나온다. (p334 C:2)
- ■ 경남 진주시 이반성면 대천리 482-1
- ■ #가을사진 #메타세쿼이아 #단풍

강주연못 연꽃단지
"연꽃이 가득한 연못을 가로지르는 데크길"

@hershey__o_o

강주연못에는 연못을 가로지르는 나무데크길이 길게 뻗어있어 사진에 연잎과 연꽃을 한가득 담아갈 수 있다. 바닥이 보이지 않도록 허리까지 나오는 인물 사진을 찍기도 좋고, 길이 틀어지는 구간에서 약간 뒤로 물러나서 전신사진을 찍기도 좋다. 길 중심에 있는 그늘막과 근처에 있는 정자도 사진의 좋은 포인트가 되어준다. (p334 B:2)
- ■ 경남 진주시 정촌면 예하리 911-11
- ■ #여름사진명소 #연꽃 #정자

진주성 달 포토존
"낭만적인 야경 포토스팟"

@mingmi_zip

진주성 매표소 옆 공북문으로 들어와서 촉석루 방향으로 걷다보면 남강을 배경으로 하는 대형 달 조형물이 등장한다. 밤이 되면 달에 불이 들어와서 예쁜 사진을 남길 수 있으므로 밤에 방문하는 것을 추천. 진주성 입장료는 본래 2,000원이지만 오후 6시 이후는 무료로 입장할 수 있다. 밤이 되면 진주교에도 조명이 켜져서 함께 인생샷을 남기기 좋다. (p334 B:2)
- ■ 경남 진주시 본성동
- ■ #포토존 #야간입장 #보름달

연지못 수양벚꽃
"흐드러지듯 핀 수양벚꽃을 담은 연지못"

@more_than_well

매년 4월 초 경주시 연지못에 수양벚꽃이 드리우는데, 일반 벚꽃과는 달리 흐드러지듯 아래로 축 늘어지게 피는 것이 특징이다. 호수와 벚꽃 풍경이 잘 보이도록 산책로가 둥글게 굽어지는 곳에서 축 처진 벚꽃 가지와 호수가 잘 보이도록 사진을 찍으면 예쁘게 나온다. (p334 C:1)
- ■ 경남 창녕군 영산면 서리 139-3
- ■ #4월초 #수양벚꽃 #호수전망

창녕영산만년교
"반영샷 찍기 좋은 벚꽃 명소"

@iin_hii

오른쪽에는 길게 늘어진 수양벚꽃을, 왼쪽에는 풍성한 개나리를 담을 수 있는 봄꽃 사진 스팟. 130년이 넘은 오래된 만년교 아래로 개천이 흘러서 날씨가 맑은 날에는 둥근 원 모양이 선명한 반영샷을 찍을 수 있다. 정면에서 제대로 담으려면 만년교와 마주보고 있는 원교에서 찍으면 된다. 꽃이 만개하는 4월이면 사진을 찍으려는 사람들로 늘 길게 줄을 서니 참고. (p295 F:2)
- 경남 창녕군 영산면 동리
- #봄 #수양벚꽃 #반영샷

카페모드니 달포토존,거울방, 미디어아트
"다양한 콘셉트의 대형카페"

@lovely_bom226

카페 모드니는 4층 건물을 통째로 쓰고 있는 대규모 콘셉트 카페로, 각 층에 사진찍기 좋은 인테리어 공간이 마련되어 있다. 가장 유명한 공간은 입구 바로 앞에 있는 푸른 달. 검은 배경 사이로 성인 키만 한 지름의 보름달 모양 조명이 몽환적인 사진 배경이 되어준다. 3층 거울방 구간은 사방에 거울이 설치되어 있고, 거울 앞으로 흰 자작나무가 심겨있어 자작나무 숲에 들어온 듯한 이색 사진을 찍을 수 있다. 단, 3층 공간은 노키즈존으로 운영되는 점을 참고하자. (p334 C:2)
- 경남 창원시 마산회원구 내서읍 광려천서로 199
- #갤러리카페 #자작나무 #달조명

고유커피 한옥과 파라솔
"파라솔이 놓인 한옥카페"

@un___ju

멋스러운 한옥 건물로 유명한 고유카페 야외 테이블에는 짚으로 엮은 이색 파라솔이 테이블마다 놓여있다. 이 파라솔과 파라솔 뒤쪽에 있는 고유카페 입구의 'ㄱㅇㅋㅍ' 간판이 잘 보이도록 한옥 풍경 사진을 찍으면 예쁘다. 실내도 목조 건물로 고풍스럽게 꾸며져 사진찍기 좋은 곳들이 많다. 매일 11~22시 영업, 21시 라스트 오더. (p334 C:2)
- 경남 창원시 마산회원구 내서읍 신감길 13-14
- #한옥카페 #짚파라솔 #야외테이블

하우요카페 마창대교 오션뷰
"마창대교와 바다 전망 루프탑 카페"

@comely_so

화이트톤 감성카페 하우요는 3층 규모의 전망 카페로 1층부터 3층까지 모두 오션뷰를 즐길 수 있다. 3층으로 올라가 통창 너머 마창대교가 잘 보이는 구간에서 인증 사진을 남겨보자. 저녁에는 다리에 조명이 들어와 더 멋진 야경을 선사한다. 안전상의 문제로

2~3층은 노키즈존으로 운영되는 점을 참고하자. 매일 12~22시 영업, 월, 화요일 휴무. (p335 D:2)
- 경남 창원시 성산구 귀산동 626-1
- #오션뷰 #마창대교뷰 #야경

더로드101 카페 귀산 오션뷰 루프탑
"오션뷰 루프탑 카페"

@lizzle_flower

더로드101 카페는 커다란 통 유리창 너머로 바다 전망, 정원 전망을 모두 즐길 수 있는 뷰 맛집 카페다. 3층에는 루프탑 공간이 마련되어있는데 강화유리로 된 펜스 너머로 너른 동해바다 전망이 펼쳐져 있다. 바다 전망을 따라 원목 테이블과 벤치가 마련되어 있어 인물사진 찍기도 좋다. 단, 루프탑은 안전상의 이유로 12세 이하 어린이는 출입할 수 없는 노키즈존으로 운영 중이다. (p335 D:2)
- 경남 창원시 성산구 삼귀로486번길 61-8
- #동해바다 #오션뷰 #루프탑

주남저수지 주남돌다리
"아치형 돌다리와 버드나무"

@0421_hj

주남저수지에는 산책로 가운데 놓인 물길을 잇는 아치형 돌다리는 요즘 인스타에서 핫한 포토존이다. 인물을 돌다리 가운데 서거나 걸터앉히고, 초록 버드나무가지가 사진에 함께 담기도록 돌다리 건너편에서 사진을 찍어보자. 저수지 물이 하단 1/3지점에 오도록 찍는 게 예쁘다. (p335 D:2)
- 경남 창원시 의창구 동읍 월잠리 590
- #저수지 #돌다리 #정방형사진

창원수목원 부겐빌레아
"공중에 뜬 부케를 닮은 부겐빌레아"

@m.ki_0722

창원수목원 유리온실로 들어가면 공중에 둥실 떠 있는 흰색, 분홍색, 주황색 꽃 무리를 볼 수 있는데, 이 꽃은 부겐빌레아라고 하는 장식용 덩굴이다. 화려한 구 모양이 마치 결혼식 부케를 연상시킨다. 공중에 떠 있는 커다란 부겐빌레아가 잘 보이도록 약간 멀리 떨어져서 찍거나 약간 아래쪽에서 위를 바라보는 사진을 찍어보자. (p335 D:2)
- 경남 창원시 의창구 삼동동 산14-1
- #유리온실 #열대식물 #이국적

오우가 카페 한옥사이 전등과 시냇물
"한옥 테마 베이커리 카페"

@bbosong_i

한옥 테마 베이커리 카페 오우가는 낮보다 밤이 아름다운 카페로 유명하다. 2동의 한옥 건물 사이 마당은 밤이 되면 라탄 조명과 작은 전구들이 빛으로 수를 놓아 황홀한 사진 배경을 만들어준다. 전구 아래 나무 테이블을 간접 촬영해도 예쁘고, 양쪽에 있는 한옥 건물이 잘 나오도록 광각 사진을 찍어도 예쁘다. 매일 10~22시 영업. (p335 D:2)
- 경남 창원시 의창구 중동 506-1
- #한옥카페 #공중 #라탄조명

내수면생태공원 수변 벚꽃
"호수 위 통통배와 흐드러진 벚꽃"

@sssssssolllll

매년 4월 초, 진해에서 가장 유명한 벚꽃 명소인 여좌천 로망스다리에서 진해 벚꽃길을 따라 올라가 보면 호수를 둘러싼 벚꽃 산책로가 나오는데 여기가 바로 내수면생태공원이다. 호수 한 가운데 배가 떠 있는데 벚꽃과 이 배가 함께 나오도록 사진을 찍어도 예쁘다. 단, 벚꽃 철에는 인파가 많이 몰리는 곳이기 때문에 사진찍기 힘들 수 있다. (p335 D:2)
- 경남 창원시 진해구 여명로25번길 55
- #봄 #벚꽃 #호수 #통통배

SD카페 샤넬백 포토존
"루프탑에 초대형 샤넬 백 포토존"

@sung_da.ye

창원 데이트코스로 각광받고 있는 SD 카페 루프탑에 높이가 5m쯤 되는 초대형 샤넬 백 포토존이 있다. 크기가 워낙 커서 건물 밖에서도 옥상에 있는 샤넬 백이 보일 정도다. SD 로고가 박힌 가방 포토존 옆에 위로 올라갈 수 있는 계단이 마련되어있고, 이 계단을 통해 가방 위에 앉아 기념사진을 남길 수 있다. 단, 가방 위쪽에 안전장치가 없으므로 안전에 주의해야 한다. (p335 D:2)
- 경남 창원시 진해구 웅천동 165
- #초대형 #샤넬백 #루프탑

행암마을 기찻길
"시골감성 폐기찻길"

@joongjae_park

아담한 오솔길 사이로 돌밭과 폐기찻길이 쭉 뻗어있다. 이 기찻길 한가운데가 멋진 인물 사진을 찍을 수 있는 공간인데, 정면이 잘 보이도록 수평, 수직을 맞춰 찍으면 예쁘다. 오솔길 너머 살짝 고개를 내민 전봇대와 전깃줄이 시골 기찻길의 감성을 더해주는 포인트. (p335 D:2)

- 경남 창원시 진해구 행암동
- #레트로 #시골 #기찻길

갱고반지하
"창원 오션뷰 핫플레이스"

@and_nbeauty

마창대교 오션뷰를 볼 수 있는 통창 카페로, 평일에도 웨이팅이 있을 정도로 창원 핫플레이스로 뜨고 있다. 바 테이블, 야외 테라스, 루프탑 등 다양한 좌석이 갖춰져 있으며 모든 자리에서 확 트인 바다를 볼 수 있다. 특히 인기 있는 포토존은 실내 입구에 있는 작은 중정. 이국적인 식물과 전면 거울로 꾸며져 있어서 휴양지 느낌의 사진을 남기기 좋다. (p335 D:2)

- 경남 창원시 성산구 삼귀로 530 갱고반지하
- #오션뷰 #중정 #핫플레이스

카페 네르하21 오션뷰 발코니 물정원
"스페인 해변 마을을 닮은 감성카페"

@wonriven_wn.03

네르하는 '유럽의 발코니'라는 별명으로 불리는 스페인의 아름다운 해변마을로, 이곳에서 스페인 못지않은 청량한 바다 사진을 찍어갈 수 있다. 야외 테라스에 푸른빛 수조가 놓여있고, 그 너머로 해송과 바다 전망이 잘 드러나 멋진 배경을 만들어준다. 단, 야외 테라스는 추락위험이 있는 곳이기 때문에만 13세 이하는 출입 불가능한 노키즈존으로 운영하고 있다. (p334 C:3)

- 경남 통영시 도산면 도산일주로 952
- #유럽풍 #오션뷰 #물정원

동피랑벽화마을
"다양한 벽화가 만드는 포토존"

@wkdgapals

통영 동피랑 벽화마을은 매년 비비드한 색감의 새로운 벽화로 관광객들에게 화려한 포토존을 마련해준다. 커다란 날개 모양이 그려진 벽화를 중심으로 다양한 벽화가 그려져 있으니 마을 곳곳을 돌아다니며 인증

사진을 찍어보자. 벽화를 닮은 원색 옷을 입고 인물사진 찍는 것도 추천한다. (p334 C:3)

- 경남 통영시 동호동 동피랑1길 6-18
- #알록달록 #벽화마을 #날개

서피랑마을 99계단
"푸른 바다를 연상시키는 99개의 계단"

@daegu_insurance

푸른 바다를 연상시키는 99개의 계단 길을 따라 알록달록한 벽화와 조형물이 다양하게 마련되어 있다. 계단 초입에서 높은 계단 길이 잘 드러나도록 아래에서 위쪽으로, 로우 앵글로 카메라를 기울여 사진을 찍어보자. 계단 너머로 살짝 고개를 내민 시골집들과 사방으로 뻗은 전봇대의 전깃줄이 레트로 감성을 더한다. (p334 C:3)

- 경남 통영시 뚝지먼당길 7
- #시골길 #시골집 #알록달록

수우도 해골바위
"해골바위 사이로 보이는 푸른 바다"

@ks_bomi

통영 수우도에는 해골 모양으로 구멍이 숭숭 뚫린 포토존이 있다. 바다 풍경이 잘 보이

는 바위틈에 서서 사진을 찍으면 이색 사진을 얻어갈 수 있다. 단, 통영시에서는 공식적으로 출입을 통제하고 있을 정도로 해골바위까지 이동하는 트래킹 코스가 매우 가파르기 때문에 등산복을 입고 안전 장비를 갖추어 최대한 조심히 이동해야 한다. (p334 B:3)

- 경남 통영시 사량면 돈지리 해골바위
- #기암괴석 #돌프레임 #바다사진

당포성지 성곽 위 오션뷰
"성곽 위에서 바라보는 다도해 풍경"

@rudwls43

당포성지 성곽 위로 끝까지 올라가면 성곽 바깥쪽 해변과 섬을 전망으로 인물사진, 풍경 사진을 찍을 수 있다. 다도해의 느낌이 물씬 풍기도록 섬이 잘 보이는 바다 쪽을 촬영하는 것과, 일몰 시각에 맞추어 멋진 노을 사진도 함께 찍어가는 게 사진 촬영의 포인트. (p334 C:3)

- 경남 통영시 산양읍 당포길 52
- #바다전망 #성곽길 #노을뷰

산유골수목공원 아이리스 꽃길
"울창한 숲과 아이리스 꽃길"

@mj_mjmarket

매년 5~6월이 되면 산유골수목공원 산책로를 따라 보라색 아이리스꽃이 피어난다. 성인 허리춤까지 약 6~70cm 높이로 올라오는데, 그 주변으로 울창한 나무가 줄지어 심겨있다. 원근감이 잘 느껴지도록 나무와 꽃길을 정면에 두고 안쪽 길이 살짝 드러나게 사진을 찍으면 예쁘다. (p334 C:3)

- 경남 통영시 산양읍 산유길 112
- #초여름 #보라색 #아이리스

미스티크 카페 오션뷰
"노을 전망이 아름다운 루프탑 카페"

@__12.25

미스티크는 연명항 오션뷰로 유명한 화이트톤 루프탑 카페다. 내부에 바다가 그대로 들여다보이는 커다란 통창이 있어 1층부터 3층 루프탑 공간까지 모두 바다 사진 찍기 좋은 포토존이 되어준다. 연명항은 노을 전망으로도 유명하니 기회가 된다면 일몰 시각

에 맞추어 방문해보자. 매주 10:30~19:00 영업. (p334 C:3)

- 경남 통영시 산양읍 연화리 194
- #오션뷰 #유리통창 #루프탑

삼칭이해안길 해안길 라이딩
"자전거도로 너머 펼쳐진 다도해 전경"

@heedong__

삼칭이해안길은 금호 마리나리조트에서 시작하는 자전거길로, 금호 마리나리조트 입구에서 자전거를 빌릴 수 있다. 자전거도로 너머로 탁 트인 해안과 다도해 전경이 펼쳐진 사진 촬영 명소로도 유명하다. 자전거에 올라타는 모습을 찍어도 좋고, 자전거를 옆에 두고 인물사진의 소품으로 활용해도 예쁘다. (p334 C:3)

- 경남 통영시 산양읍 영운리
- #자전거 #라이딩 #바닷길

미래사 편백나무숲
"하늘로 뻗은 편백나무숲"

@__oui.oui__

미래사 사찰로 향하는 산책로에 편백나무가 빽빽하게 심어진 구간이 있는데, 이곳이 통영의 숨은 편백나무 포토존이다. 70년 수령의 웅장한 편백나무를 사진에 모두 담아가려면 하늘을 향해 카메라를 살짝 기울여 촬영해보자. (p334 C:3)

- 경남 통영시 산양읍 영운리 766
- #편백나무 #피톤치드 #자연

서피랑공원 서포루 액자뷰
"서포루 누각이 만든 정사각 프레임"

@shy_for_love

서포루 누각의 정사각 틀이 인스타그램용으로 딱 좋은 프레임이 되어준다. 누각 문양과 틀이 화면에 꽉 차도록 뒤로 물러나서 누각에 걸터앉은 인물사진을 찍어보자. 누각 너머로는 통영항과 통영 시내 전망이 시원하게 내려다보인다. (p334 C:3)

- 경남 통영시 서호동 뚝지먼당길 94
- #전통 #누각 #바다전망

드레피인펜션 투명카누
"야외 수영장에서 투명카누 체험"

@evilmeenie

한국의 몰디브로 불리는 곳에서 투명 카누를 타고 인생 사진을 남겨보자. 해외 휴양지에 와 있는 듯한 착각을 불러일으킬 만한 내, 외부 인테리어로 이루어져 있는 곳. 모든 객실이 야외 수영장과 이어져 있고, 방마다 투명 카누가 준비되어 있으며 공용 패들 보트도 탈 수 있다. 밤이 되면 숙소 곳곳에 켜지는 조명으로 밤 산책을 하기에도 안성맞춤이다. (p334 C:3)

- 경남 통영시 용남면 남해안대로 205-39
- #통영풀빌라 #몰디브느낌숙소 #투명카누

세자트라숲 생태탐방 산책길
"산책로를 둘러싼 습지"

@_heee_jiin

세자트라숲에는 잠자리 연못을 따라 나무 데크 산책로가 마련되어있는데, 이 데크 길 위에 서서 버드나무, 들꽃 등 다양한 습지 생

태를 배경으로 사진을 찍어갈 수 있다. 가을 ~겨울에는 갈대가 무성하게 자라 운치 있는 배경 사진을 찍어갈 수 있다. (p334 C:3)

- 경남 통영시 용남면 용남해안로 116
- #여름연꽃 #가을갈대 #노을맛집

디피랑 빛정원
"신비롭고 고풍스러운 미디어아트"

@w_hn_0419

디피랑은 남망산 조각공원에 마련된 야간 디지털파크로, 밤이 되면 빛으로 만든 미디어 아트가 도로 위로 넓게 펼쳐진다. 이 미디어 아트는 동피랑과 서피랑 마을의 벽화와 자연물을 재현한 것인데, 자개 빛으로 꾸며져 신비하면서도 고풍스러운 분위기를 풍긴다. 미디어 아트는 매일 오후 7시부터 자정까지 상영하며, 매주 월요일은 상영하지 않는다. (p334 C:3)

- 경남 통영시 정량동 남망공원길 29
- #미디어아트 #자개풍 #한국적

포지티브즈카페 유럽 시골정원 감성
"사진찍기 좋은 유럽식 정원"

@weon_jeong2_

직접 만든 듯한 빈티지 목제 테이블과 간이

테이블, 원색 의자, 피크닉 세트, 유리병, 싱크대 모형 등으로 꾸며진 감각적인 정원이 마치 유럽 시골 마을의 소박한 풍경을 보는 듯하다. 사람 키만큼 자란 싱그러운 식물들도 예쁜 배경이 되어준다. 정원에 놓인 소품들을 한껏 활용해 유럽 감성 가득한 인물사진을 찍어보자. (p334 C:3)

- 경남 통영시 중앙시장4길 6-33
- #유럽풍 #피크닉 #콘셉트사진

브라운스테이 우드톤 실내와 오션뷰스파
"전객실 오션뷰 물멍 가능"

@withdanb

따로 마련되어 있는 욕조 방에서 오션뷰 스파를 누리며 사진을 촬영해보자. 301호만 욕조 방이 별도로 있으며, 오션뷰 물멍은 전객실에서 가능하다. 테라스, 욕조, 취사 여부에 따라 룸 타입이 달라지니, 취향에 맞게 방을 고를 수 있다. 우드톤 인테리어로 꾸며진 실내에서 보는 일몰이 아름답기로 유명하다. (p334 C:3)

- 경남 통영시 평인일주로 427
- #바다전망숙소 #통영스파숙소 #일몰맛집

장사도 동백나무 터널
"동백 터널과 동백꽃 레드카펫"

@tayalovesun

매년 12월을 전후로 산책로를 따라 동백나무에 붉은 동백꽃이 피어난다. 바닥에 꽃잎이 떨어져 말 그대로 꽃잎 레드 카펫이 되어주는데, 이 바닥이 잘 보이도록 카메라를 허리쯤에 두고 미드 앵글로 인물과 배경을 촬영하면 더 예쁘다. 담벼락이 보이지 않도록 아예 카메라를 하늘로 향하게 하고, 푸른 하늘과 붉은 동백꽃만 보이도록 풍경 사진을 찍어도 예쁘다. (p335 D:3)

- 경남 통영시 한산면 매죽리
- #겨울사진맛집 #동백꽃 #붉은색

아르세
"실외 꽃정원, 실내 오션뷰 카페"

@mj_mjmarket

사계절 다양한 꽃이 피는 정원을 지닌 오션뷰 카페. 계절별로 야생화, 수국, 단풍, 동백이 차례대로 피어서 언제든 방문하기 좋다. 정원 곳곳에는 벤치가 마련되어 있어 사진을 찍기 좋은 포토존 역할을 한다. 카페 내부

에는 2층에 걸친 통창이 있으며, 바로 앞의 바다를 감상할 수 있는 다양한 좌석이 마련되어 있다. 특히 2층에서 바라보는 오션뷰가 멋지다. (p334 C:3)

- 경남 통영시 광도면 창포길 6-16 1,2층
- #사계절 #꽃정원 #오션뷰

카페녹음 녹차밭 뷰 민트색의자
"녹차밭 전망 야외 테라스"

@_hae_ssu

카페녹음 야외 테라스에 녹차를 닮은 민트색 파라솔 테이블과 의자가 놓여있는데, 이 테이블 뒤로 녹차밭이 펼쳐져 있어 싱그러운 사진 배경이 되어준다. 카페 정문 앞에 있는 초록색 버스 의자 공간과 카페 안에 녹차밭 전망이 들여다보이는 커다란 유리 통창도 인기있는 포토존이다. (p334 B:2)

- 경남 하동군 고전면 구고속도로 263-15
- #녹차밭전망 #민트색 #포토존

평사리의아침카페 목향장미
"목향장미가 지붕을 이루는 곳"

@mikyoung9582

매년 4월 말부터 5월 초까지, 다른 곳에서는 쉽게 볼 수 없는 샛노란 목향장미가 야외 정원에 꽃 지붕이 되어준다. 장미 지붕 아래로 꽃무늬 테이블보가 깔린 목제 테이블이 있는데, 여기에 앉아 목향장미 무리가 잘 나오도록 살짝 멀리서 전경 사진을 찍으면 예쁘다. 월~금요일 08~18시, 토~일요일 11~18시 영업. (p334 A:2)
- 경남 하동군 악양면 봉대리 157-2
- #초여름 #목향장미 #노란색

스타웨이하동 스카이워크
"투명한 유리바닥에서 보는 푸른 산세"

@__0ansu0_

스타웨이하동 별 모양 전망대에는 원형 강화유리 바닥 스카이워크가 있는데, 이 위에선 인물 사진을 찍으면 안팎으로 산세가 넓게 펼쳐진 사진을 찍을 수 있다. 유리 바닥이 잘 보이도록 삼각대나 셀카봉 등을 활용해 보자. (p334 A:2)
- 경남 하동군 악양면 섬진강대로 3358-110
- #유리바닥 #바다사진 #산전망

매암제다원 녹차밭 뷰
"녹차밭을 담은 마루 프레임"

@soonii_59

매암제다원 안에 미닫이문이 설치된 마루가 있는데, 마루 안쪽에서 사진을 찍으면 현관문 밖으로 둥근 녹차밭이 펼쳐져 멋진 사진 배경이 되어준다. 다른 곳과 달리 경사가 없는 평지 녹차밭이 특징인 곳. 프레임이 정방형으로 개방되어 인스타그램용 인증사진 찍기 더 좋다. (p334 A:2)
- 경남 하동군 악양면 악양서로 346-1
- #마루풍경 #녹차밭 #담장

동정호 목수국
"연노랑 목수국 군락"

@hanna2ee

목수국은 연노랑 꽃을 틔우는 꽃으로, 매년 7월쯤 푸른 수국이 질 무렵 동정호에 목수국 군락이 피어난다. 같은 시기에 동정호 안에 연꽃도 피어나 주변 풍경이 더 싱그럽다. 연잎과 목수국이 함께 나오도록 전망 사진을 찍으면 예쁘다. (p334 A:2)
- 경남 하동군 악양면 평사리 305-2
- #여름꽃 #목수국 #연꽃사진

최참판댁 사랑채
"사랑채에서 바라보는 풍경"

@ll.soo.ll

박경리의 대하소설 토지의 배경인 이곳 최참판댁 사랑채 창가에 앉아 창밖으로 보이는 자연 풍경을 함께 담은 사진을 찍어 보자. 자연이 어우러진 한옥의 툇마루와 장터 세트장도 사진찍기 좋은 장소다. 매년 가을이면 전국 문인들의 문학축제인 토지문학제가 이곳에서 개최되니 축제도 함께 즐겨 볼 수 있다. (p334 A:2)
- 경남 하동군 악양면 평사리길 66-7
- #고택 #고즈넉 #산전망

악양동정호 나룻배
"나룻배 위에 걸터앉아 호수사진촬영"

@b.bo__o

악양 동정호의 나룻배 위에 앉아 옆모습을 찍으면 근사한 사진을 남길 수 있다. 더 예쁘게 찍고 싶다면 맑은 날 호수 반대편의 가로수가 호수에 반영될 때 찍으면 인생 샷을 찍을 수 있다. 나룻배는 하트 모양 사랑의 출렁다리를 건너 핑크 뮬리가 있는 곳 가까이에 있다. 출렁다리의 하트를 배경으로도 사진을 많이 찍는다.
(p334 A:2)
- 경남 하동군 악양면 평사리 305-2
- #악양동정호 #나룻배 #사랑의출렁다리

해뜰목장 양떼와 송아지
"삼각 지붕 통나무집과 동물들"

@siyeon...tory

푸른 초원과 흰 울타리를 배경으로 귀여운 양 떼와 송아지 사진을 찍어갈 수 있는 곳이다. 농장 가운데 삼각 지붕 통나무집을 가운데 두고 살짝 멀리 떨어져 동물 사진이나 인물사진을 찍으면 멋지다. 단, 그늘이 없는 곳이라 한여름에는 양산이나 모자, 시원한 물 지참이 필수다. (p334 B:2)
- 경남 하동군 옥종면 양구1길 31-108
- #양떼체험 #송아지 #초원

삼성궁 성곽
"초록빛 호수 너머 삼성궁 성곽"

@jung_jo.sin

하동의 숨은 사진 촬영 명소인 삼성궁 성곽은 그 아래로 초록빛 호수가 넓게 펼쳐져 있

어 멋진 배경 사진 촬영을 찍어갈 수 있다. 성곽 큰 나무 건너편 호수 앞쪽에 커다란 바위가 있는데 이곳이 사진이 가장 예쁘게 나오는 포인트다. (p334 A:2)
- 경남 하동군 청암면 삼성궁길 2
- #성전망 #호수 #자연사진

묘향민박 숲속 한옥
"아늑한 분위기 숲뷰 한옥 숙소"

@heejinn_

온전히 자연을 만끽할 수 있는 숲속 한옥 마루가 이곳의 사진 스팟. 마루에서 보이는 숲과 나무, 그리고 한옥이 조화를 이루고 있어 예쁜 사진을 담아낼 수 있다. 아름다운 정원과 개별 테라스에서 산멍을 즐기며 편히 쉴 수 있는 곳. 객실은 총 2개로 하루 두 팀 투숙객이 이용할 수 있으며, 주방은 공용으로 사용한다. (p334 A:2)
- 경남 하동군 하동읍 매화골먹점길 85
- #하동한옥숙소 #한옥스테이 #숲속한옥

구재봉활공장 섬진강뷰 패러글라이딩
"언덕에서 바라보는 섬진강뷰"

@jjjjjeony

구재봉활공장 패러글라이딩 체험장 언덕 위로 올라가면 산 아래 펼쳐진 섬진강, 논 전망 사진을 찍을 수 있다. 길게 뻗은 섬진강이 가운데 오도록 해서 풍경 사진을 찍으면 예쁘다. 자동차로 활공장까지 편하게 이동할 수 있다. 패러글라이딩 체험을 하고 체험 사진이나 동영상을 남겨갈 수도 있으니 관심이 있다면 한 번 참여해보자. (p334 A:2)
- 경남 하동군 하동읍 흥룡리 산61-4
- #패러글라이딩 #논전망 #섬진강전망

쌍계사 십리 벚꽃길
"벚꽃으로 가득한 드라이브길"

@aareummi

매년 4월 초부터 쌍계사 가는 드라이브 길을 따라 분홍색 꽃길이 길게 이어진다. 차도와 벚꽃을 찍어도 예쁘지만, 주변 논과 주택 풍경이 보이도록 벚꽃을 프레임으로 삼아 배경 사진을 찍으면 예쁘다. 중간에 섬진강이 흐르는 구간도 있어 사진의 좋은 포인트가 되어준다. (p334 A:2)
- 경남 하동군 화개면 삼신리
- #4월초 #벚꽃 #논전망

하늘호수차밭쉼터 카페 산장분위기
"산장 스타일 카페"

@_dayeya

첩첩산중에 있는 이색 카페인 이곳은 규모는 그다지 크지 않지만, 건물 전체가 목재로 되어있어, 곳곳이 목제 소품으로 꾸며져 있어 산장에 온 듯한 여유로움을 즐길 수 있다. 직접 만든 듯 투박한 원목 테이블과 의자, 메뉴판, 코스터 등 원목 소품을 활용해 산장 감성 사진을 찍어보자. 산 전망을 즐길 수 있는 야외 테이블 공간도 있다. (p334 A:2)
- 경남 하동군 화개면 신촌도심길 178-25
- #산장감성 #목제소품 #등산코스

도심다원 카페 녹차밭뷰
"녹차밭 전망 즐기는 정자"

@_eruph_

도심다원에서 가장 유명한 핫한 공간은 녹차밭 사이에 마련된 야외 정자인데, 이 정자에 올라 아래로 넓게 펼쳐진 녹차밭 전망을 눈과 사진으로 담아갈 수 있다. 단, 이 정자는 사전 예약한 사람만 이용할 수 있다는 점을 참고하자. 10~18시 사장님 개인 휴대전화

(010-8526-0070)로 문자 연락 후 예약비를 지불하면 된다. (p334 A:2)
- 경남 하동군 화개면 신촌도심길 43-22
- #녹차밭전망 #야외정자 #사전예약

유로제다 녹차밭뷰
"다도체험 가능한 녹차밭 숙소"

@_garam_y

초록색으로 덮인 녹차밭을 배경으로 사진을 찍을 수 있는 테라스가 메인 포토존. 테라스뿐만 아니라 실내 곳곳에서도 녹차밭을 언제든지 감상할 수 있다. 숙소는 1층과 2층으로 구분되어 있고, 1, 2층 전체 예약 시 독채로 이용할 수 있다. 고급 차와 다도 도구들이 마련되어 있어 다도 체험도 해볼 수 있는 곳. (p334 A:2)
- 경남 하동군 화개면 신촌도심길 43-7
- #녹차밭뷰숙소 #하동펜션추천 #하동힐링숙소

카페1946 한옥카페
"교자상과 방석이 놓인 한옥카페"

@eunyounghaha

카페 1946은 본채, 사랑채, 행랑채로 이루

어진 본격적인 한옥 카페다. 본채 마당에 작은 교자상과 동그란 마당 방석이 놓여진 공간이 있는데, 이 부분이 한옥 감성 사진이 예쁘게 나오는 포인트다. 한옥 건물뿐만 아니라 야외 마당에도 유리온실, 원목 그네, 무지개 의자 등 사진찍기 좋은 공간이 마련되어 있으므로 함께 들러보자. (p334 C:2)
- 경남 함안군 가야읍 검암리 625-3
- #한옥카페 #마루 #교자상

말이산고분군
"넓게 펼쳐진 고분군과 푸른 하늘"

@_taete.oh_

최근 유네스코 세계문화유산으로 지정된 말이산 고분군은 주변에 고층 건물이 없어 푸른 고분을 사진에 가득 담아갈 수 있는 좋은 사진 촬영지다. 수령이 오래된 고목들이 곳곳에 심겨져 있는데, 이 나무 옆에서 고분 풍경이 잘 나오도록 각도를 조절해 인물 사진을 찍으면 예쁘다. 해 질 녘에는 고분 가장 높은 곳에 올라 함안 시내 전망을 찍어도 예쁘다. (p334 C:2)
- 경남 함안군 가야읍 도항리 583-1
- #초록빛 #고분 #나홀로나무

악양생태공원 핑크뮬리
"분홍빛으로 물든 핑크뮬리 꽃밭"

@__c_boss

매년 9월 말부터 10월 초가 되면 악양생태

공원에 소녀 감성 가득한 핑크뮬리밭이 생긴다. 핑크뮬리 속에 파묻힌 듯한 인물사진을 찍어도 예쁘지만, 밭 한가운데에 있는 오두막이 살짝 보이도록 풍경 사진을 찍어도 예쁘다. 이 시기에는 코스모스, 천일홍, 댑싸리 꽃도 함께 만나볼 수 있으니 참고하자. (p334 C:2)

- 경남 함안군 대산면 서촌리 1418
- #핑크뮬리 #천일홍 #댑싸리

강주마을 해바라기와 빨간풍차
"노란 해바라기밭과 대비되는 빨간풍차"

@xll.silver

매년 8월이 되면 강주마을에 성인 허리춤 높이의 탐스러운 해바라기밭이 펼쳐진다. 정자, 트랙터 등 군데군데 사진찍기 좋은 조형물이 있는데 이 중에서도 노란 밭 사이에 있는 빨간 풍차가 가장 포인트가 되는 포토스팟이다. 이 시기에는 해바라기 축제도 열리니 행사 일정을 확인해보는 것도 좋겠다. (p334 C:2

- 경남 함안군 법수면 강주리 411
- #8월 #해바라기 #트랙터

카페 뜬 루프탑
"잔디 정원과 모던한 건물"

@00.12.20orin2

카페 뜬 2층 루프탑 공간에 올라가면 3,000평에 이르는 대형 카페 부지가 한눈에 내려다보인다. 가운데 잔디 정원 공간을 중심으로 빙 둘러싼 카페 건물과 푸른 하늘이 가득 담기도록 배경 사진을 찍으면 예쁘다. 매일 10:30~20:00 영업하며 휴무일은 인스타그램을 통해 공지된다. (p334 C:2)

- 경남 함안군 법수면 윤내리 428-1
- #대형카페 #루프탑 #전망

악양뚝방길 양귀비
"만개한 양귀비 꽃밭"

@ji._.soouu

매년 5월 말부터 6월 초가 악양뚝방길 양귀비가 가장 예쁜 시기다. 뚝길 산책로를 따라 붉은 꽃양귀비가 만개하는데, 따로 울타리가 쳐져 있지 않아 꽃밭에 들어가서 예쁜 인증사진을 남길 수 있다. 뚝길 위쪽 언덕과 정자가 살짝 나오도록 사진을 찍어보자. 자전거 도로가 잘 되어있어 라이딩 인증사진 찍기도 좋다. (p334 C:2)

- 경남 함안군 법수면 윤외리 74-4
- #초가을 #양귀비 #자전거길

고려동유적지배롱나무
"붉은 배롱나무로 물든 종택"

@00.12.20orin2

매년 7월부터 8월 말까지 전후로 고려동 유적지 일대에 붉은 배롱나무꽃이 건물과 산책로를 수놓는다. 고려 종택의 기와지붕과 황토 담장이 꽃이 모여있는 포인트인데, 황토 담장 밖에서 안쪽에 핀 꽃을 올려다보는 인물사진을 찍으면 예쁘게 찍힌다. (p334 C:2)

- 경남 함안군 산인면 모곡2길 53
- #여름꽃 #배롱나무꽃 #붉은꽃

약수터산장 숲뷰
"산장에서 바라보는 여항산 뷰"

@yhji0113

백숙 맛집으로 알려진 약수터산장에는 여항산 뷰가 들여다보이는 이색 포토존이 있다. 통나무로 만든 약수터산장 푯말 옆에 산 방향으로 의자 2개가 놓여있는데, 여기에 뒷모습이 나오도록 앉거나 측면으로 앉아 인물사진 찍는 것을 추천한다. (p334 C:2)

- 경남 함안군 여항면 주동리 1094
- #산장식당 #여항산전망 #포토존

무진정 낙화놀이
"비처럼 쏟아지는 불꽃송이"

@_surplus_human_

매년 가을이 되면 무진정 연못에서 낙화놀이 축제가 펼쳐진다. 낙화놀이는 연못에 줄을 달아 불태우고, 그 불꽃이 물 위로 떨어지는 모습을 즐기는 전통 놀이다. 뱃사공들이 줄을 불태우는 모습과 해가 저물며 불꽃이 더 화려하게 밝아오는 모습을 동영상 촬영하기 좋다. (p334 C:2)
- 경남 함안군 함안면 괴산4길 25
- #낙화놀이 #불꽃놀이 #가을축제

식목일카페 무전정 액자뷰
"무전정 전망 프라이빗 룸"

@eunzinx

식목일 카페 안쪽에 네모 통창이 있는 프라이빗 룸이 2곳 있는데, 그중 갈색 벽으로 되어있는 룸에 무전정 전망이 들여다보이는 정방형 통창이 있다. 뷰가 너무 예쁜 곳이라 카페 오픈 시간보다 일찍 도착해야 이 자리를 차지할 수 있다. 사진 촬영을 마치고 빨리 자리를 비워주는 것이 매너. 평일 11~20시, 토

~일요일 11~21시 영업하며 매주 수요일은 휴무. (p334 C:2)
- 경남 함안군 함안면 괴산리 542-1
- #무전정 #정자전망 #프라이빗룸

함안연꽃테마파크
"여름에 꼭 가야 할 연꽃 스팟"

@chacha1626

7월이 되면 다양한 연꽃을 볼 수 있는 3만평의 대규모 연꽃 스팟. 흰색, 연분홍색, 진분홍색 등 연꽃 색상이 다양하며 곳곳에 포토존이 마련되어 있어 인생샷을 남기기 좋다. 그늘막, 정자, 벤치가 많고 양산도 무료로 대여해주니 편안하게 관람해보자. 이곳에서 발굴된 700여 년 전 고려시대의 연꽃 씨앗에서 피어난 특별한 연꽃 '아라홍련'도 놓치지 말 것. (p334 C:2)
- 경남 함안군 가야읍 왕궁1길 38-20
- #여름 #연꽃 #인생사진

대장경테마파크 미디어아트
"은하수를 닮은 미디어아트"

@twoyou_mom_nara

대장경테마파크 기록문화관 3층에 이운의 여정을 현대식으로 재현한 인터랙티브 미

디어아트 작품이 상설 전시되고 있다. 종이컵을 거꾸로 매달아 놓은 듯한 작은 조명이 모여있는 공간과 은하수를 닮은 비즈 조명이 걸린 공간이 사진이 가장 예쁘게 찍힌다. (p334 B:1)
- 경남 합천군 가야면 야천리 996
- #미디어아트 #조명거리 #비즈조명

합천영상테마파크 경성감성거리
"구한말 감성 레트로 풍경"

@2_harry_potter

옛 경성역과 증기기관차를 배경으로 구한말 감성 레트로 사진을 찍을 수 있다. 경성역을 주변으로 청와대 세트장, 원구단. 남영동 철교, 대흥 극장 등 인증 사진찍기 좋은 건물들이 모여있다. (p334 B:1)
- 경남 합천군 용주면 합천호수로 757
- #경성역 #청와대 #대흥극장

핫들생태공원
"작약꽃밭에서 바라보는 하늘"

@hyun_zz

핫들생태공원은 우리나라에서 가장 유명한 작약꽃 단지이기도 하다. 매년 6월 초부터 말까지 연분홍빛, 진분홍빛 작약이 공원 일대에 넓게 피어난다. 따로 울타리가 쳐져 있지 않아 꽃밭 사이에 들어가 꽃 속에 파묻힌 듯한 인물사진을 찍을 수 있다. (p334 B:1)
- 경남 합천군 율곡면 임북리
- #6월 #작약꽃 #분홍빛

합천신소양체육공원
"핑크뮬리 언덕에서 인생샷"

@go_m1z1

넓은 동산에 가득 핀 핑크뮬리를 배경으로 인생샷을 찍을 수 있는 곳. 핑크뮬리가 만개하는 9월 말~10월에 방문하면 분홍색 물결로 가득 찬 모습을 볼 수 있다. 핑크뮬리 언덕에는 나선형 산책로가 조성되어 있어서 산책로를 따라 천천히 걷기만 해도 핑크뮬리 사이에 푹 파묻힌 듯한 사진을 찍을 수 있다. 언덕 위에 있는 나무 한 그루가 분위기를 더해준다. 입장료 무료. (p295 F:3)
- 경남 합천군 합천읍 영창리 898
- #가을 #핑크뮬리 #나홀로나무

10

전북특별자치도

전북특별자치도

A   B   C

연도

1

개야도

대죽도 해망굴 입구
유부도   신흥동 일본식 가옥
십이동파도   군산항   히로쓰가옥

옥녀교차로 청보리밭 ✳

은파호수공원 카페산타로
물빛다리 호수뷰

공감선유 카
연못 포토존

고군산 군도

야미도   ⚓
말도   명도   심포항
카페라파르 이국적
파라솔 오션뷰   방축도
관리도   🦀 야미도 꽃게바위
대장봉 정상 바다 전망
옥돌해수욕장 해안데크길   선유도   무녀2구마을버스카페 스쿨버스
무녀도

비안도

상왕등도   부안군

하왕등도   변산

2   변산마실길2코스 샤스타데이지 ✳

채석강 한반도모양 해식동굴
🍴 마르

스테이변산바람꽃 유럽풍 외관 🏠   곰소염전 반영샷

디온실 컨서토리

팜카페이솔 이국적인 건물   아르메리아 카페
선운산도립공원 진흥굴   꽃객프로젝트 핑크뮬리
연다원 카페 호수 핑크뮬리 포토존   땡스덕 베
카페 사막
상하농원 초원 울타리 🐑

고창군   고창읍

선운산

3   무장읍성
안마도   나룻배   농부의 카페
사랑새봄 파란 외관

학원농장 메밀꽃 도깨비나무
송이도   청농원 라벤더 ✳ ✳
🏠 들꽃연가 촌캉스

영광군

384

A   B   C

D · E · F

1

논산시
금산군

익산시
대둔산
완주군
용담호

아가페정원 메타세콰이어길
메이드인헤븐 카페 LP판 책장
오스갤러리카페 통창 숲속
진안군
이리 카페 붉은벽
온아 카페 건물
아원고택 카페 마운틴뷰
위봉산성 아치형 성문
소양고택 두베 카페 징검다리
시트러스 카페
썬플라워 도넛 씨리얼 포토존
원형 입구
덕진공원 연화정도서관
창살 액자프레임
일상이상 불멍 정원
안녕,제제 아치형 창문 주방
커피로드뷰 송천점
유럽풍 야외테이블
소양한옥티롤 카페 연못 나룻배
한국도로공사 전주수목원
창살 액자프레임 포토존
올드브릭스 창가 육조샷
디오니카페
마시랑게 카페 원형 포토존
오늘여기
크리스마스 포토존
경기전 대나무숲 한복샷
라누이 한옥스테이
팔레트가든 정원 통창
1.이르리 카페 꽃 포토존
2.전망 카페 한옥마을 전망
2.안노이에 정원뷰
3.다가도원 자쿠지
완산칠봉꽃동산 겹벚꽃과 철쭉
한벽굴 터널샷
로텐바움 빈티지 인테리어
대율담 카페 징검다리
늦잠 원형창문
색장정미소 카페 지붕
비비 카페 빈티지 카라반
오알엘 하우스 육조샷
전주시
1.쿤커피 라운드형 테이블
2.구프오프 카페 초록 테라스
마이산

빌롱 카페 방갈로

국사봉전망대 붕어섬 전망
정읍시
임개사당 저수지방향 문
임실치즈테마파크 장미정원
장수군
애뜨락 카페 호숫가
사각연못 포토존
브리즈 카페 담벼락 사인
옥정호 작약밭
허브원 라벤더 밭
옥정호구절초 테마공원 꽃밭
임실군
벳 카페 쟁이 벽
옥정호
엘리스테이 인피니티풀 마운틴뷰
스테이소꿉 포차 느낌 야외바베큐장
송선생댁 통창
구서도역영상촬영장 서도역 철도길
내장사 우화정 징검다리
미드슬로프 카페 야외자리 포토존
지리산허브밸리 바래봉 요정샷
장산
스테이사계 야외 자쿠지
담양호
순창군
광한루원 야경
남원 시립 김병종미술관 건물
남원시
3
화양연화 카페 입구 돌다리

담양군
곡성군
남원시
지리산

구례군

D · E · F

385

농부의 카페 사랑새봄 파란 외관
"언덕 위의 파란 집"

유럽의 집을 연상케 하는 파란 색의 작은 집. 입구 쪽 정문 말고 뒤편 주차장에서 바라본 외관이 메인 포토존이다. 파란 외관과 삼각형의 지붕이 멋스럽다. 우드로 인테리어 된 내부가 따뜻한 느낌을 준다. 통창을 통해 보이는 논밭을 보며 사계절을 느낄 수 있다. 가을에 오는 황금빛 논밭 뷰를 볼 수 있다. 통창에 적힌 글귀를 보며 논밭멍을 하기 좋다. (p384 C:3)

- 전북 고창군 고창읍 월산길 57
- #고창 #통창 #논밭뷰

고창읍성 돌담
"쭉 뻗은 성벽에서 보는 시내 풍경"

고창 읍성에 올라 성벽 위에 앉아 시내를 바라보며 사진을 찍어보자. 마을이 내려다보이는 오래된 성벽이 이국적인 풍경을 보여준다. 고창의 시내 한복판에 자리한 고창읍

성은 성곽 위에서 고창 시내를 한눈에 내려다볼 수 있고 밤에는 야경이 아름답다. 10월에는 고창 모양성제 축제가 열린다. (p384 C:3)

- 전북 고창군 고창읍 읍내리 125-9
- #고창읍성 #읍성 #돌담

청농원 라벤더
"만개한 보랏빛 라벤더"

보라색 물결이 일렁이는 라벤더 사이에 들어가 여신이 된 듯 포즈를 취하고 사진을 찍어보자. 보랏빛 신비로운 분위기의 인생 샷을 남길 수 있다. 라벤더밭을 따라 산책하기도 좋고 의자와 그네 등 포토존도 있다. 라벤더 축제는 5월 말에서 6월 중순까지이며 핑크 뮬리 축제는 9월 중순부터 11월 초까지 열린다. (p384 C:3)

- 전북 고창군 공음면 용수리 681-1
- #청농원 #라벤더 #보랏빛

학원농장 메밀꽃 도깨비나무
"하얀 메밀꽃이 수놓은 가을 풍경"

드라마 도깨비의 촬영지로, 도깨비 하우스와 도깨비 나무 주변으로 광활하게 펼쳐진 메밀꽃밭을 배경으로 사진을 찍어보자. 매년 9월 초부터 10월 초까지 메밀꽃 축제가 열리며, 메밀꽃밭 사이에 있는 산책로를 따라가다 보면 도깨비 나무를 만날 수 있다. 청보리, 해바라기, 황화 코스모스, 백일홍 등 계절에 따라 다양한 꽃을 볼 수 있는 곳. 주차비와 입장료는 무료다. (p384 C:3)

- 전북 고창군 공음면 학원농장길 154
- #드라마도깨비촬영지 #고창메밀꽃 #고창가볼만한곳

들꽃연가 촌캉스
"시골감성 숙소와 솥뚜껑 바베큐"

촌캉스를 즐길 수 있는 숙소로, 툇마루, 마당, 벤치 등 포토존이 가득한 곳. 그중에서도 야외 오두막이 가장 유명한데, 전기장판과

코타츠 테이블이 있어 겨울에도 따뜻하게 이용할 수 있다. 아기자기한 시골 감성을 느낄 수 있는 곳으로 마당에서 솥뚜껑 바비큐를 즐길 수 있다. 애견 동반이 가능하고, 노키즌으로 운영 중이다. (p384 C:3)

■ 전북 고창군 대산면 근처(체크인 고객에게만 주소 제공)

■ #고창촌캉스 #애견동반숙소 #시골느낌숙소

무장읍성 나룻배
"연꽃과 나룻배 풍경"

@lucyjj_123

청산도 바다가 한눈에 들어오는 멋진 길에서 유채꽃과 함께 인생 사진을 찍어보자. 썰물 즈음 드러나는 바다 위 하트 모양 가두리도 볼 수 있다. 이곳은 청산도 슬로길 1코스로 계단식 논의 유채꽃과 바다 뷰를 한 번에 담을 수 있는 코스로 유명하다. 1코스에 있는 서편제 주막에 들러 막걸리와 파전도 먹으며 아름다운 풍경을 담아보자. (p384 C:3)

■ 전북 고창군 무장면 성내리 149-1

■ #무장읍성 #나룻배 #연꽃

디온실 컨서버토리 카페 파라솔 포토존
"아늑한 온실 파라솔 설치"

@inzyoung

온실 안 파라솔 자리가 메인 포토존. 커다란 선인장, 파라솔에서 휴양지 느낌이 난다. 입구부터 온실의 따뜻함이 느껴진다. 온실 곳곳 앉을 수 있는 공간이 마련되어 있는데, 식물과 잘 어우러져 포토존 역할을 한다. 식물원 안에서 커피를 마시며 힐링하는 시간을 보낼 수 있다. 캔디 팝 라테, 화분 케이크가 대표 메뉴다. (p384 C:3)

■ 전북 고창군 부안면 용산리 43-12

■ #고창 #온실카페 #이색카페

아르메리아 카페 동화속의 집
"프로방스풍 저택과 앤틱 소품"

@ssopink.to

샹들리에, 초록 창, 체크 테이블보 등으로 꾸며진 창가 자리가 메인 포토존. 프로방스풍의 유럽 저택이 생각나는 듯한 외관이다. 마치 유럽에 있는 시골 할머니 집 같은 느낌이다. 우드톤의 따뜻한 느낌이 나는 내부에는 아기자기하고 앤틱한 소품들이 가득하다. 화장실 문마저도 예쁘다. 곳곳이 포토존인 카페다. (p384 C:3)

■ 전북 고창군 부안면 전봉준로 919-25

■ #고창 #유럽감성 #브런치카페

상하농원 초원 울타리
"푸른 목장과 청보리밭"

@ssooyyooung

목장의 푸른 초원을 배경으로 사진을 찍어보자. 시원한 바닷바람이 불고 빨간 건물의 육성 목장이 보이는 체험센터 앞이 이곳의 포토존이다. 상하농원에는 젖소 우유주기 체험 등을 할 수 있고 여름에는 입구에서 바로 볼 수 있는 청보리밭의 시원한 배경으로 사진을 찍어도 인생 샷을 찍을 수 있다. (p384 B:3)

■ 전북 고창군 상하면 상하농원길 11-23

■ #상하농원 #초원 #목장

땡스덕 베르베르의집 카페 사막 벽 포토존
"아프리카 감성 라탄 가구와 조명"

@hxx_sol

황토색 벽면에 선인장, 블루로 포인트를 준 포토존에서 아프리카 느낌이 난다. 황토 지붕이 이색적인 외관이다. 라탄 의자와 테이블, 조명 등의 인테리어가 이국적인 내부다. 아치형의 문으로 보이는 자리에서도 분위기 있는 사진을 찍을 수 있다. 카페 입구의 나무문, 주차장 쪽 파라솔 자리도 인기 포토존이다. (p384 C:3)
- 전북 고창군 신림면 왕림로 25
- #고창 #커피맛집 #아프리카감성

팜카페이솔 이국적인 건물
"이국적인 테라스"

@suyeon0_0a

테라스 자리에 앉아 사진을 찍으면 휴양지에 온 듯한 느낌을 담을 수 있다. 황토색 건물에 아치형 입구가 멋스럽다. 카운터 앞 전신 거울, 여자 화장실 앞 거울 등 곳곳에 거울이 많고 사진 스팟이 많아 찾아가며 사진 찍는 재미가 있다. 통창부터 작은 창까지 숲속을 볼 수 있고, 야외 정원이 넓게 펼쳐진다.

(p384 C:3)
- 전북 고창군 심원면 화산연천길 127
- #고창 #숲속뷰 #정원카페

선운산도립공원 진흥굴
"숲속 동굴 프레임 사진"

@chaebinn_l

자연이 만들어낸 아름다운 동굴 진흥굴에 들어가 숲을 배경으로 사진을 찍어보자. 채광이 굴속으로 들어와 생긴 멋진 실루엣의 인생 샷을 찍을 수 있다. 진흥굴은 신라 25대 왕인 진흥왕이 머물렀던 장소라 하여 진흥이라는 이름이 붙여졌다. 진흥굴은 선운산 등산 코스 중 1코스에 해당하며 도솔암과 가깝고 자동차를 타고 도솔암까지 올라갈 수 있다. (p384 C:3)
- 전북 고창군 아산면 도솔길 294 도솔암
- #선운산도립공원 #진흥굴 #등산

연다원 카페 호수 핑크뮬리 포토존
"저수지를 향해 뻗은 계단 포토존"

@cherish.___.00

저수지의 계단이 메인 포토존. 계단 가까이에 찍어 저수지와 나무만 찍는 것이 포인트. 카페 사방이 통창으로 되어 있어 어느 자리에 앉아도 자연을 즐길 수 있다. 2층에서는 저수지가 잘 보여 물멍하기 좋다. 카페 앞에는 3만 평 규모의 녹차밭이 펼쳐져 있어 녹차밭을 배경으로 사진을 찍기 좋다. 녹차라떼가 대표 메뉴다. (p384 C:3)
- 전북 고창군 아산면 복분자로 184-81
- #고창 #정원카페 #녹차밭뷰

꽃객프로젝트 핑크뮬리
"2만 평 규모의 핑크뮬리 꽃밭"

@1z_ol

가을이면 고창 핑크뮬리 축제가 열리는 곳. 전라북도 민간 정원 1호로, 약 2만 평의 부지에 핑크뮬리로 풍성하게 채워져 있다. 푸른 산과 분홍색 핑크뮬리가 대비되어 더욱 예쁜 사진을 찍을 수 있다. 그네, 대형 미러볼, 흰색 천막 등 다양한 포토존이 마련되기도 하니 활용해보자. 핑크뮬리는 9월 말에서 10월 초에 만개하니 참고하자. 입장료 5천 원. (p384 C:3)
- 전북 고창군 부안면 복분자로 307 꽃객프로젝트
- #가을 #핑크뮬리 #꽃축제

푸르던 카페 대나무숲 팬더
"대나무 숲 전망 루프탑 카페"

@05.__.06

루프탑의 대나무 숲이 메인 포토존. 대나무 뷰와 대나무에 매달린 앙증맞은 팬더, 나무 사이로 비치는 햇살을 함께 담아보자. 카페의 시그니처인 대나무와 판다로 꾸며진 공간이 귀엽다. 카페 벽면이 통창이라 정원뷰를 즐기기 좋다. 주차장과 연결된 계단에 서서 외관을 담아도 예쁘다. 야외공간과 루프탑은 애견 동반이 가능하다. (p384 C:1)
- 전북 군산시 개정면 아동남로 33
- #군산 #대나무숲 #루프탑

경암동철길마을 철도 건널목
"하얀 이팝나무 가득 레트로 포토존"

@1304___h

이팝나무와 멋진 철길을 배경으로 사진을 찍어보자. 교복을 입고 사진을 찍으면 옛날 그 시절의 분위기도 낼 수 있다. 철길 건널목의 정지 표지판이 사진을 한껏 멋지게 만들어 준다. 옛날 불량식품, 교복 체험, 추억의 놀이 등을 즐길 수 있다. 철길 따라 이어진 담벼락의 벽화도 멋진 포토존이다. (p384 C:1)
- 전북 군산시 경촌4길 14

- #경암동 #철길마을 #철도건널목

신흥동 일본식 가옥 히로쓰가옥
"전형적인 일본식 2층 목조주택"

@_0_9_27_hrj

지브리 영화 속에 등장하는 일본식 가옥인 신흥동 히로쓰가옥의 정원에서 사진을 찍어 보자. 2층으로 된 일본식 건물과 작은 정원의 석등이 멋진 사진을 만들어 준다. 신흥동 일대는 일제강점기 일본 부유층이 모여 살던 곳으로 히로쓰가옥은 군산 일대에서 쌀을 수탈해 가던 가장 큰 농장을 가진 미곡상이 살던 사람의 집이었다. (p384 C:1)
- 전북 군산시 구영1길 17
- #히로쓰가옥 #작은정원 #지브리

초원사진관 입구
"영화속 그 레트로 사진관"

@yepick_closet

영화 8월 크리스마스의 배경이 된 초원 사진관 앞에서 사진을 찍어보자. 영화 속 초원 사진관의 모습 그대로 전시관이 되어 있는 건물 앞은 사진을 찍기 위해 줄을 서야 한다. 사진관 안에는 영화를 추억할 수 있는 영상과

실제 사용했던 소품도 그대로다. 의자에 앉아 심은하처럼 기념사진을 남겨도 좋다. 군산 여행 도장 찍기 여행을 하면 초원 사진관에서 기념품을 준다. (p384 C:1)
- 전북 군산시 구영2길 12-1 1층
- #초원사진관 #8월의크리스마스 #추억

해망굴 입구
"역사 그리고 몽환적인 분위기"

@h_h.s_s

핑크색 타일이 인상적인 해망굴의 아치형 입구에 앉아 사진을 찍어보자. 친구와 함께 나란히 앉아 우정 샷을 찍어도, 점프 샷을 찍어도 멋진 사진을 찍을 수 있다. 일제강점기에 만들어진 국가 등록문화재 해망굴은 교통량이 많은 곳이었지만 지금은 자전거만 다닐 수 있다. (p384 C:1)
- 전북 군산시 금동 해망굴
- #해망굴 #터널 #아치

은파호수공원 물빛다리
"벚꽃촬영 명소 물빛다리"

@seung_0720

호수 위 아름다운 물빛 다리 위에 서서 벚꽃

과 함께 인생 샷을 남겨 보자. 호수 주변의 아름다운 벚꽃길과 물빛다리가 어우러져 멋진 풍경을 만든다. 야경도 멋진 은파호수 공원과 물빛다리 앞 음악 분수도 볼만하다. 벚꽃은 4월 초에 피어 약 2주간 볼 수 있다. (p384 C:1)

- ■전북 군산시 나운동 1223-4
- ■#은파호수공원 #물빛다리 #벚꽃

옥녀교차로 청보리밭
"여름철 푸르름을 더하는 청보리밭"

@yyejji_

푸르게 펼쳐진 청보리 물결 사이로 난 길을 걸으며 사진을 찍어보자. 뒤로 보이는 키 큰 나무가 배경이 되어주어 보리밭의 예쁜 풍경을 완성해 준다. 이곳은 사유지이며 밭 안으로 들어가 사진을 찍을 수는 없다. 다만, 밭과 밭 사이로 난 고랑을 걸어 들어갈 수 있지만 조심해야 한다. 옥녀 교차로에서 보이는 현대 오일뱅크 뒤에 있다. (p384 C:1)

- ■전북 군산시 새만금북로 794 오일뱅크
- ■#옥녀교차로 #청보리밭 #여름

임피역
"민트빛 영롱한 옛 역사"

@from___seoa

동화 속의 과자집 같은 하늘색의 귀여운 임

피역 앞에서 사진을 찍어보자. 임피역 뒤에는 임피역의 역사와 함께 자라난 고목의 커다란 은행나무가 있어 가을에 노란 은행나무와 하늘색 임피역 건물 앞에서 사진을 찍으면 더욱 멋진 사진을 찍을 수 있다. 군산 시간 여행코스 중 하나인 임피역 안에는 임피역의 역사와 군산 수탈의 역사를 함께 전시되어 있고 도장 찍기 여행을 하면 기념품을 받을 수 있다. (p385 D:1)

- ■전북 군산시 서원석곡로 37-0
- ■#임피역 #동화속 #과자집

공감선유 카페 연못 포토존
"싱그러운 정원과 갤러리 카페"

@hun__gga

초가집에서 별관으로 가는 길의 징검다리에 서서 초록초록한 정원을 배경으로 사진을 찍어보자. 갤러리 카페로 곳곳에 다양한 작품을 전시하고 있다. 여러 건물 동이 서로 다른 느낌을 주고 넓은 창으로 자연풍경을 감상할 수 있다. 카페 전체가 포토존이라 해도 과언이 아니다. 작품 감상을 하며 사진도 즐기기 좋은 곳이다. (p384 C:1)

- ■전북 군산시 옥구읍 수왕새터길 53
- ■#군산 #갤러리카페 #시골카페

무녀2구마을버스카페 스쿨버스
"푸른 바다와 함께 노란색 스쿨버스"

@anyeaheun12

바다 앞 이국적인 노란색 스쿨버스와 함께 사진을 찍어보자. 이름도 특이한 마을버스 카페 안에는 여러 색깔의 스쿨버스가 있다. 그중 바다 앞 노란 버스 안에는 커피를 즐길 수 있고 안에서 찍는 사진도 멋지게 나온다. 새만금 방조제를 지나 선유도 가는 길 무녀도항 근처에 있다. (p384 B:2)

- ■전북 군산시 옥도면 무녀도동길 117
- ■#무녀2구 #마을버스카페 #스쿨버스

야미도 꽃게바위
"들꽃 사이 귀여운 꽃게 조형물"

@anyeaheun12

길목에 서서 꽃게가 입을 벌리고 있는 듯한 모양의 꽃게 조형물과 사진을 찍어보자. 넓은 들판에 수줍게 핀 들꽃 사이로 커다란 꽃게 한 마리가 이곳의 유일한 포토존이다. 야미도에서 군산 신도시로 들어가기 전 새만금 오토캠핑장으로 들어가는 도로에 있다.

(p384 B:2)

■ 전북 군산시 옥도면 새만금로 1844 새만금 오토캠핑장

■ #야미도 #꽃게바위 #포토존

옥돌해수욕장 해안데크길
"해질녘 경치가 아름다운 곳"

@jun_27july

옥돌 해변과 낙조가 아름답다는 옥돌 해수 욕장에서 사진을 찍어보자. 옥돌 해수욕장 오른쪽으로 걸어가다 보면 바위가 많다. 바 위 위에서 해안의 기암괴석 위로 조성된 해 안 데크 길을 배경으로 사진을 찍으면 멋진 인생 샷을 찍을 수 있다. 해변을 따라 산책하 기도 편한 데크 길 따라 걸으며 자연이 만든 멋진 바위도 감상해 보자. (p384 B:2)

■ 전북 군산시 옥도면 선유도리

■ #옥돌해수욕장 #기암괴석 #해안데크길

카페라파르 이국적 파라솔 오션뷰
"파라솔과 벤치가 놓인 감성 카페"

@yang.jjuu

라탄 소재의 파라솔이 있는 야외 테라스 하 얀 벤치에 앉아 장자도를 배경으로 뒷모습을

담아보면 인스타 감성 샷을 완성할 수 있다. 파라솔이 바다 바로 앞에 설치되어 있어 장 자도 오션뷰를 감상하기 좋다. 휴양지에 온 듯한 느낌도 든다. 카페 내부의 계단형 자리 에 앉아 통창을 통해 바라보는 오션뷰도 멋 지다. (p384 B:2)

■ 전북 군산시 옥도면 장자도2길 31

■ #군산 #오션뷰 #장자도

대장봉 정상 바다 전망
"할매바위 위 바다 전망 포토존"

@mermaid_mountains

대장봉 정상에서 장자도를 바라보며 사진을 찍어보자. 장자도 정상의 할매바위 위에서 사진을 찍는 자리가 이곳의 포토 스팟이다. 비교적 짧은 코스의 등반 대비 정상에서 보 이는 장자도와 바다의 시원한 뷰는 잊지 못 할 아름다움을 선사한다. 주차는 장자도 주 차장에 한다. (p384 B:2)

■ 전북 군산시 옥도면 장자도주차장

■ #대장봉 #할매바위 #섬뷰

리오 카페 시멘트벽 포토존
"노출 콘크리트 벽에 초록색 포인트"

@kjh_nail_2760

시멘트벽에 초록색으로 쓰여진 RIO, 그리고 초록 의자가 놓인 입구가 메인 포토존. 자연 광이 있을 때 찍으면 인생샷을 건질 수 있다. 내부가 굉장히 넓고 깔끔하다. 식물이 곳곳 에 있어 마치 식물원에 온 느낌이다. 중앙에 있는 야자나무, 화장실 입구의 전신거울, 선 셋 조명이 있는 좌식 공간 등 포토존이 가득 하다. 테라스 공간에서는 담장과 꽃이 어우 러져 있어 감성 샷을 찍기 좋다. (p384 C:1)

■ 전북 군산시 우체통거리1길 17

■ #군산 #우체통거리 #감성카페

골든글로리 로스터리 카페 달
"달 조명 등 다양한 콘셉트 포토존"

@nadejdakirov

넓은 정원에 있는 달 모양 조형물이 메인 포 토존. 낮보다는 조명이 들어오는 밤이 더욱 아름답다. 정원에는 다양한 포토존들이 있 다. 돔 형태의 자리에서 글램핑 느낌을 내며 사진을 즐기기 좋다. 2층의 컬러 방, 3층의

우아하고 단조로운 분위기 등 층마다 콘셉트가 다르니 곳곳을 둘러보며 사진에 담아보자. (p384 C:1)

- ■ 전북 군산시 토성길 16-7
- ■ #군산 #로스터리카페 #달

산타로사 카페 호수뷰
"호수 전망 클래식 카페"

@se1tree

호수가 보이는 바 테이블에 앉아 호수뷰를 담아보자. 루프탑에 오르면 드넓은 호수가 근사하게 펼쳐진다. 야간에 오면 조명이 켜진 은은한 느낌을 담을 수 있다. 잔잔한 호수를 보며 물멍하기 좋은 곳이다. 내부는 벽돌부터 인테리어가 클래식하고, 우드와 블랙의 조화가 아늑한 느낌을 준다. 로스팅 기계와 커피에 관한 책 등 커피에 대해 알 수 있는 자료들이 가득하다. (p384 C:1)

- ■ 전북 군산시 한밭로 76-12 산타로사
- ■ #군산 #은하호수공원 #호수뷰

옛 군산세관 건물 외관
"세월이 느껴지는 옛 군산세관"

@arjoonhee

옛 군산세관의 파란 문 앞에서 사진을 찍어보자. 유럽식 건물의 특이한 외관과, 빨간 벽

돌의 파란 대문이 인상적이다. 옛 군산세관은 대한제국 시대 지어진 근대 문화유산 국가 지정 문화재 사적이며 일제 수탈의 상징적인 건물이다. (p384 C:1)

- ■ 전북 군산시 해망로 244-7
- ■ #옛군산세관 #일제시대건물 #파란대문

군산과자조합
"시간여행 빈티지 엔틱 카페"

@good_news_at_dawn

과거로 시간여행을 한 듯한 레트로 느낌의 군산 카페. 오래된 목조 주택을 활용한 곳으로, 2층으로 올라가면 오래된 브라운관 TV. 재봉틀, 빈티지 찻잔 세트, 다이얼 전화기 등 옛날 소품들이 가득하다. 엔틱하고 빈티지한 감성의 인생샷을 찍기 제격이며, 흰색 천이 달린 1층 입구에서도 사진을 찍어보자. 초원사진관에서 도보 1분 거리로 가까워 함께 방문하기 좋다. (p384 C:1)

- ■ 전북 군산시 구영5길 68 2층
- ■ #레트로 #빈티지 #엔틱

대율담 카페 징검다리
"루프탑 인피니티 수조"

@god__u

루프탑의 수조 포토존 징검다리에 서서 대율저수지와 푸른 하늘을 담아보자. 인피니티 풀의 느낌을 담을 수 있다. 밝은색의 외관의 푸른 하늘과 잘 어울린다. 입구에 제주도 느낌이 나는 카페 로고 앞, 블랙톤의 벽 분수, 통창을 통해 보이는 저수지 등 포토존이 다양하다. 층마다 인테리어 분위기가 달라 모든 층을 둘러보는 것도 좋겠다. (p385 D:2)

- ■ 전북 김제시 금구면 대화1길 95
- ■ #김제 #대율저수지 #징검다리

오늘여기
"샤스타데이지 꽃 정원 카페"

@uu_rraa

5~6월 샤스타데이지가 만개하는 곳. 카페를 이용하는 고객에게 데이지 정원을 무료로 개방하며, 샤스타데이지가 가득 핀 정원에는 노란색 문이 눈에 띄는 흰색 오두막이 있어 포토존으로 인기있다. 이외에도 데이지

우산 등 소품이 준비되어 있으니 활용해서 인생사진을 남겨보자. 샤스타데이지, 수국, 핑크뮬리, 크리스마스 트리 등 계절에 따라 정원의 매력이 달라진다. (p385 D:2)

- 전북 김제시 금구면 상사길 50
- #샤스타데이지 #카페정원 #포토존

미드슬로프 카페 야외자리 포토존

"인공 연못 딸린 캠핑장 감성 카페"

따뜻한 색의 주황 벽돌에 카페의 로고에 새겨져 있다. 벽 앞의 의자에 앉아 하늘과, 초록 뷰를 함께 담아보자. 카페 뒤편은 숲속 야외 캠핑장처럼 꾸며놓았다. 건물 동쪽 옆으로는 작은 인공 연못이 있어 보고만 있어도 마음이 편안해진다. 음료를 담아주는 빨간 트레이도 감성적이다. (p385 F:3)

- 전북 남원시 대산면 운강길 87
- #남원 #숲속감성 #마운틴뷰

구서도역영상촬영장 서도역 철도길

"아담한 기찻길 포토존"

미스터 션샤인의 촬영지인 서도역의 철길 위 작은 벤치에 앉아 사진을 찍어보자. 기찻길 양옆으로 울창하게 자라는 나무가 터널처럼 형성되어 신비로운 분위기의 사진을 찍을 수 있다. 벤치는 메타세콰이어 길과 등나무 포토존에 있다. 근대역사를 간직한 기와지붕의 서도역 앞 도 사람들이 사진을 많이 찍는 포토 스팟이다. 서도역 옆으로 공원이 조성되어 산책하기도 좋다. (p385 F:3)

- 전북 남원시 사매면 서도길 32
- #구서도역 #영상촬영장 #철도길

광한루원 야경

"완벽한 반영을 자랑하는 광한루원"

밤에는 불켜진 광한루가 연못에 반영될때 그 앞에서 사진을 찍으면 멋진 사진을 찍을 수 있다. 한여름에는 배롱나무가 양옆으로

피어있어 광한루원의 아름다움을 더 해준다. 광한루원은 황희 정승이 지은 민간 정원이자 명승지이며 광한루는 조선시대를 대표하는 아름다운 정원이다. 배롱나무는 8월에 볼 수 있다. (p385 F:3)

- 전북 남원시 요천로 1447
- #광한루원 #야경 #배롱나무

지리산허브밸리 바래봉 요정샷

"바위 위로 올라간 듯 착시사진"

철쭉으로 유명한 지리산, 그중 바래봉 정상에 가면 특별한 사진을 찍을 수 있다. 바래봉 정상에 도착하면 볼 수 있는 정상석 뒤 바위 위에 올라서 사진을 찍으면 정상석 위에 살포시 앉은 요정처럼 사진을 찍을 수 있다. 바래봉으로 가는 최단 코스인 1코스는 지리산허브밸리 주차장에서 바래봉까지 올라가는 길은 경사가 심하다. 철쭉은 4월 중순부터 볼 수 있고 철쭉 군락지는 바래봉을 지나 팔랑치에 가면 볼 수 있다. (p385 F:3)

- 전북 남원시 운봉읍 용산리 265-4
- #지리산 #바래봉 #요정샷

남원 시립 김병종미술관 건물

"물에 떠오른 듯한 느낌"

물 위에 떠 있는 듯한 콘크리트 건물 사이를 들어가는 기다란 길 위에 서서 건물을 배경으로 사진을 찍어보자. 2층에서 바라보는 미술관 너머 풍경도 시원하다. 한국 관광 100선에 뽑힌 아름다운 건축물과 전시회도 감상하고 카페에서 차도 한잔할 수 있다. (p385 F:3)

- 전북 남원시 함파우길 65-14
- #김병종미술관 #건물

채석강 한반도모양 해식동굴
"우리나라 지도를 닮은 동굴 입구"

@joohwa._.coin

채석강의 한반도 모양 동굴에서 바다를 바라보고 사진을 찍어보자. 동굴 안 바위 위에 앉아 요정처럼 찍어도 좋고 동굴 가운데 있는 큰 돌 위에 올라서서 동작을 크게 해서 찍으면 멋진 실루엣의 사진을 찍을 수 있다. 동굴은 바닷물이 빠지는 간조 시간에만 사진을 찍을 수 있다. 해식 동굴은 변산 파출소에서 다리 하나만 건너면 금방 찾을 수 있다. (p384 B:2)

- 전북 부안군 변산면 방파제길 39 부안해양경찰서 변산파출소
- #채석강 #한반도모양 #해식동굴

곰소염전 반영샷
"산능성이 비치는 하얀 염전"

@kongjyeong

한국의 유유니라고 부르는 곰소염전에서 사진을 찍어 보자. 염전에 염전 뒤로 보이는 산과 함께 거울처럼 반영된 사진을 찍으면 멋진 인생 사진을 남길 수 있다. 곰소염전은 실제 소금을 생산하고 있는 사유지이므로 소금을 만지지 않도록 주의하자. (p384 C:2)

- 전북 부안군 진서면 염전길 18 곰소염전
- #유유니 #염전 #반영샷

스테이변산바람꽃 유럽풍 외관
"바다전망 이국적인 통나무집"

@da.hvvi

동화 속 집이 떠오르는 유럽풍 통나무 숙소 외관이 이곳의 메인 포토존. 다락방, 복층, 발코니, 욕조, 책상 등 룸 타입별로 구조와 이용시설이 다르니 예약 시 확인은 필수다. 욕조에 몸을 담그고 바다를 볼 수 있는 방과 하늘을 마음껏 볼 수 있는 천장에 창문이 있는 다락방이 인기가 좋다. 에어비앤비를 통해 2박부터 예약이 가능하고, 1박은 별도로 문의하면 된다. (p384 C:2)

- 전북 부안군 진서면 작당길 6-7
- #변산반도숙소 #부안숙소추천 #나무집

마르 오션뷰 카페
"통창 폴딩도어로 즐기는 바다 풍경"

@good_news_at_dawn

통창 폴딩도어로 바다가 보이는 변산반도 오션뷰 카페. 날씨가 좋을 때는 통창을 열어서 실내에서도 거슬리는 것 없이 바다, 나무, 섬까지 볼 수 있어 전망이 아름답다. 바다를 더 가까이서 보고 싶다면 테라스 자리를 추천. 이외에도 편히 누워서 쉴 수 있는 빈백, 동남아 느낌이 나는 파라솔 바 좌석 등 다양한 자리가 있어 사진을 찍는 재미가 있다. (p384 B:2)

- 전북 부안군 변산면 궁항영상길 48
- #레트로 #빈티지 #엔틱

변산마실길2코스 샤스타데이지
"푸른 바다와 흰색 꽃 조합"

@outdoor.awh

바다와 함께 샤스타데이지를 볼 수 있는 명소. 변산해수욕장의 푸른 바다와 흰색 샤스

타데이지가 어우러져 환상적인 풍경을 만든다. 맑은 날 방문해 바다 혹은 하늘과 함께 꽃 사진을 담아보자. 참고로 이곳은 노을 명소로도 유명하니, 일몰 시간에 맞추면 더욱 아름다운 인생 사진을 얻을 수 있다. 송포항에 주차 후 도보 약 10분 정도 걸으면 된다. (p384 B:2)

- 전북 부안군 변산면 노루목길 8-8
- #샤스타데이지 #바다 #노을맛집

스테이사계 야외 자쿠지
"자쿠지 밖 숲속"

@hrj_hye

깔끔하게 꾸며진 야외 자쿠지에서 반신욕을 즐기며 감성 사진을 찍어보는 것은 어떨까. 숙소 내부 곳곳에서 마운틴뷰를 감상할 수 있고, 전부 통창으로 되어 있어서 사진도 예쁘게 찍을 수 있다. 이름에 걸맞게 봄, 여름, 가을, 겨울 사계절 내내 아름다운 자연을 만날 수 있는 곳. 밤이 되면 라탄 조명이 켜지는 산책로에서 감성 밤 산책도 즐겨볼 만하다. (p385 D:3)

- 전북 순창군 복흥면 용지길 51 스테이사계
- #순창숙소 #야외자쿠지 #숲뷰

화양연화 카페 입구 돌다리
"대나무숲에 펼쳐진 한옥카페"

@ee_zi2

카페 마당 한가운데 양옆의 풍성한 대나무, 하얀 자갈, 돌다리, 라탄 등으로 꾸며진 포토존이 있다. 돌다리 위에 서서 한옥과 하늘을 배경으로 싱그러운 사진을 찍을 수 있다. 툇마루 자리, 어렸을 때 할머니 집에 놀러온 것 같은 분위기가 나는 좌식 자리까지 다양한 포토존이 있다. (p385 E:3)

- 전북 순창군 순창읍 경천로 91
- #순창 #한옥카페 #감성포토존

송선생댁 통창
"마당이 보이는 통창 통나무집"

@jin0l._.l

따스한 햇볕이 내리비치는 다도 공간에서 마당을 바라보며 사진 찍는 것이 유명한 곳. 순창 제1호 민간 정원인 애재원 안에 있으며, 본채와 별채로 나누어져 있다. 건식 사우나와 자쿠지를 이용할 수 있고, 야외 마당에서 바비큐와 불멍이 가능한 파이어피트가 있다. 애재원 산책이 가능한데, 닭, 토끼, 공작, 염소 등 다양한 동물을 볼 수 있어서 아이와 함께 방문하기도 좋은 곳이다. (p385 D:3)

- 전북 순창군 쌍치면 종곡2길 67

- #순창한옥숙소 #자쿠지펜션 #아이와함께여행

스테이소꿉 포차 느낌 바비큐장
"포장마차 감성 야외 바베큐"

@ye0.nni

포장마차 느낌으로 세팅된 야외 바비큐장이 이곳의 메인 포토존. 3만 원을 추가하면 바비큐를 이용할 수 있고, 마당에서 넛 놓고 가능하다. 약 3천 평의 규모를 가진 민간 정원 애재원에 있는 독채 숙소로, 여러 동물을 구경할 수 있는 곳. 밤에는 마당에 앉아 쏟아지는 별을 관찰할 수 있는 점도 매력적이다. (p385 D:3)

- 전북 순창군 쌍치면 종곡2길 67
- #순창독채숙소 #순창숙소추천 #순창감성숙소

빌롱 카페 방갈로
"사진 찍기 좋은 숲속 방갈로"

@_oor4._.3

숲속 오두막을 연상케 하는 방갈로에서 피크닉을 즐기는 사진을 찍을 수 있다. 음료와 디저트로 구성된 피크닉세트 주문 시 방갈로를

3시간 이용할 수 있다. 방갈로마다 냉방 시스템이 되어 있어 한여름에도 시원하게 즐길 수 있다. 카페 내부의 통창으로 초록의 숲을 볼 수 있다. 민트색 계단을 통해 루프탑으로 올라 숲속을 배경으로 한 사진을 찍기도 좋다. (p373 E:2)

- 전북 완주군 구이면 원광곡2길 26
- #완주카페 #방갈로 #피크닉카페

위봉산성 아치형 성문
"벽돌로 쌓은 산성 아치형 문"

천장이 뻥 뚫린 아치 모양의 성벽 위에서 사진을 찍어보자. 위봉산성의 유일한 아치형 출입구인 서문은 네모난 천장으로 하늘을 올려다보며 아치 밑에서 사진을 찍어도 되고 성벽 위를 걸으면 연못 위 다리를 걷는듯한 사진을 찍을 수 있다. 위봉산성은 BTS 힐링성지 5곳 중 하나이다. (p385 E:1)

- 전북 완주군 소양면 대흥리
- #위봉산성 #아치성문 #BTS힐링성지

소양고택 두베 카페 징검다리
"카페를 향해 이어진 징검다리"

@enter_the_dprk

카페에 들어서면 건물을 향해 뻗은 징검다리가 보인다. 징검다리 중간쯤 서서 산을 배경으로 인생샷을 찍을 수 있다. 건너편에도 비슷한 느낌의 길이 있는데 상대적으로 사람이 적어 여유롭게 사진을 찍을 수 있다. 나선 계단을 통해 2층에 오르면 소양고택의 모습을 담을 수 있다. 고택과 현대적인 건물의 대비가 멋지다. (p385 E:1)

- 전북 완주군 소양면 송광수만로 472-23
- #완주 #한옥카페 #마운틴뷰

아원고택 카페 마운틴뷰
"산 전망 한옥 갤러리 카페"

@_mmmm_j_

한옥스테이 옆에 인공연못을 만들어 놓았다. 웅장한 산과 물 위에 떠 있는 듯한 모습을 한 장에 담을 수 있다. 250년 된 고택을 개조한 갤러리형 카페다. 산과 정원, 한옥이 어우러진 멋진 공간이다. 한옥 특유의 고즈넉함과 운치가 있다. 만 7세 이하의 어린이는 입

장이 불가하다. (p385 E:1)

- 전북 완주군 소양면 송광수만로 516-7
- #완주 #한옥카페 #갤러리카페

오스갤러리카페 통창 숲속
"유리통창 너머 푸른 숲뷰"

@_imsooo_

오스갤러리의 천장에 닿아있는 갤러리 통창 앞 소파에 앉아 사진을 찍어보자. 통창 너머 보이는 초록 숲이 거대한 작품 같다. 카페 건물 벽을 타고 자라난 담쟁이덩굴은 가을볕에 빨갛게 물들면 건물 자체가 하나의 작품이 된다. 담쟁이덩굴 앞에서도 사진을 남겨보자. 오스갤러리 카페는 전시도 함께 감상할 수 있다. (p385 E:1)

- 전북 완주군 소양면 오도길 24
- #갤러리 #숲뷰 #담쟁이

소양한옥티롤 카페 연못 나룻배
"나룻배 너머 한옥풍경"

@q_o_o_p_jjj

수영장에 띄워져 있는 나룻배에 올라 한옥을 배경으로 인생 사진을 찍을 수 있는 곳이

다. 파란 하늘까지 한 장에 담는다면 휴양지 사진이 부럽지 않다. 사진만 찍는 것이 아니라 노를 저으며 탈 수 있다. 한옥에서 통창을 통해 바라보는 나룻배를 사진으로 담아도 멋지다. 바닥에 물이 있어 미끄럼 주의가 필요하다. (p385 E:2)

- 전북 완주군 소양면 전진로 1007
- #완주 #한옥카페 #나룻배포토존

카페라온
"고즈넉한 매력의 현대적 한옥 카페"

@hxx_sol

통창의 시원함과 한옥의 고즈넉함이 조화를 이루는 곳. 저수지를 바라보고 있어 경치가 좋다. 대표적인 포토존은 카페 야외공간의 인공 연못. 반듯한 돌다리와 소나무가 있어 연못을 건너며 사진을 찍을 수 있다. 전망은 2층 테라스가 명당으로, 빈백에 누워 저수지 뷰를 즐길 수 있다. 한옥 정자, 그늘막, 파라솔 등 야외에 다양한 좌석이 있다. (p384 C:2)

- 전북 완주군 소양면 오도길 64
- #한옥 #통창카페 #저수지뷰

이리 카페 붉은벽
"금붕어가 살고있는 천장어항"

@ rrrrrrrrrri

피아노 위 천장을 보면 그냥 창이 아니라 금붕어들이 헤엄치고 있는 어항이다. 이곳 천장 어항이 포토존이다. 붉은 벽돌로 지어진 건물에 붉은 돌이 깔린 정원이 이국적이다. 카페 내부 전면이 모두 통창으로 되어 있다. 넓은 의자에 다리를 쭉 펴고 앉아 통창을 통해 보는 정원 뷰가 멋지다. 내부 인테리어 또한 감각적이라 어디에서 찍어도 예쁜 사진을 찍을 수 있다. (p385 D:1)

- 전북 익산시 만석길 338-1
- #천장어항 #이리카페 #붉은벽

메이드인헤븐 카페 LP판 책장
"LP판 가득 레트로 감성 카페"

@rrr_mee

음악실 벽면을 가득 채운 LP판 앞에서 LP를 고르는 듯한 사진을 찍어보자. 레트로 감성 충만한 사진이 완성된다. 익산 출신 가수 마

크톱이 운영하는 카페. 큰 창문과 높은 층고로 개방감이 좋다. 음악실에서는 계단식 의자에 앉아 커피를 마시며 음악을 즐길 수 있다. 공연장에서는 마치 콘서트장에 온 듯한 사진을 찍을 수 있다. (p385 D:1)

- 전북 익산시 삼기면 하나로 864-22
- #익산 #마크톱카페 #음악카페

시트러스 카페 원형 입구
"구석구석 인스타용 사진 핫플"

@juni.or.naver

카페의 원형 입구가 이곳의 포토존. 푸릇한 정원을 등 뒤로하고 사진을 찍으면 입구가 멋진 프레임이 된다. 밤이 되면 조명의 색깔이 바뀌어 다양한 감성의 사진을 찍을 수 있다. 정원이 잘 가꿔진 카페로 정돈된 나무와 돌길, 목조 정자 등이 멋지다. 통창으로 보이는 단풍나무가 한편의 사진 같다. 대나무 사이 좁은 돌길, 햇볕이 좋은 뜰의 가장자리 등 인스타 감성 포토스팟이 가득한 곳이다. (p385 D:1)

- 전북 익산시 선화로21길 16-8 1층
- #익산 #정원카페 #원형포토존

온아 카페 건물
"일본 목조주택 느낌 감성카페"

@ziioznn_

일본 느낌이 나는 한옥 스타일 외관을 등 뒤로 하고 사진을 찍는 것이 이곳의 대표 포토존이다. 해 질 녘이나 조명이 켜지는 밤에 방문한다면 감성적인 사진을 찍을 수 있다. 외관 전체가 나오게 찍는 것이 포인트. 온아의 로고가 있는 벽면, 물 위에 있는 테이블석, 통창으로 보이는 뷰 등 포토존이 가득하다. (p385 D:1)
- 전북 익산시 현영길 12-2
- #익산 #대형카페 #소금빵맛집

아가페정원 메타세쿼이아길
"빼곡한 메타세쿼이아"

@you_jin814

요정들이 숨바꼭질하고 있을 것 같은 메타세쿼이아 나무 아래에서 사진을 찍어보자. 다른 메타세쿼이아 명소와 달리 긴 산책로를 따라 빽빽하고 많은 메타세쿼이아를 심어놓아 울창한 숲을 만들어 놓았다. 이곳에서 숨바꼭질하는듯한 콘셉트의 사진을 찍어보자. 음식물과 반려견은 출입 금지. (p385 D:1)
- 전북 익산시 황등면 율촌길 9
- #아가페정원 #메타세쿼이아길 #요정의숲

브리즈 카페 담벼락 사인
"옥정호 전망 감성카페"

@sul.eyy

카페 입구가 포토존으로 담벼락 사인을 배경으로 인스타 감성 사진을 찍을 수 있다. 옥정호 다리 건너편 지대가 높은 곳에 위치해 뷰가 좋다. 통창으로 어디서 봐도 나무와 산, 옥정호를 볼 수 있고, 자연채광이 좋아서 화사한 사진을 찍을 수 있다. 망고오렌지 라떼가 시그니처 메뉴다. 1층을 제외한 다른 층은 노키즈존으로 운영하고 있다. (p385 E:2)
- 전북 임실군 운암면 강운로 1208-21
- #옥정호카페 #임실카페 #전주

국사봉전망대 붕어섬 전망
"붕어섬과 섬을 둘러싼 육지전망"

@marine_o_o

옥정호의 붕어섬을 한눈에 조망할 수 있는 전망대에 올라 붕어섬과 함께 사진을 찍어보자. 붕어섬은 섬진강 상류의 인공 호수인 옥정호의 섬이 호수를 헤엄치는 붕어를 닮아 붕어섬이라 이름 붙여졌다. 국사봉 전망대는 3개의 전망대로 이루어져 있고 트래킹하기에 좋다. (p385 E:2)
- 전북 임실군 운암면 국사봉로 624 국사봉 휴게소
- #국사봉전망대 #붕어섬 #옥정호

애뜨락 카페 호숫가 사각연못 포토존
"하늘과 맞닿은 물길"

@golfjoa

사각형 철골 구조물에 물이 담겨 있다. 그 위에 서서 사진을 찍으면 마치 옥정호 호수 위에 서 있는 것 같아 보인다. 옥정호와 맞닿은 산 중턱에 위치해 있어 옥정호가 한눈에 보이는 뷰가 무척 매력적이다. 통창으로 된 실내에서도 옥정호를 감상할 수 있다. 옥정호 주변으로 솟대, 인형 등 각종 조형물이 있어 조형물과 사진 찍기에도 좋다. (p385 E:2)

옥정호 작약밭
"5월에 피는 분홍빛 작약"

@wltn6_727

우리나라에서 가히 최고라 할 수 있을 만큼 넓은 공간에 조성된 작약 꽃밭이 있다. 옥정호의 푸른 호수와 어우러져 피어 있는 분홍색의 탐스러운 작약 사이에서 사진을 찍어보자. 5월이 되면 지리상 남쪽에 해당하는 임실은 조금 더 일찍 작약 소식을 들을 수 있다. 옥정호 근처에 있는 작약밭은 수변공원처럼 조성된 곳이 아니라서 별도의 주차 공간이 없다. 주소지 근처에 주차 공간을 적당히 찾아야 한다. (p385 E:2)
- 전북 임실군 운암면 운종리 472
- #옥정호 #작약 #꽃여행

논개사당 저수지방향 문
"운치있는 한옥 건물과 저수지"

@jii._.ann

안쪽으로 깊고 높은 곳에 자리한 의암사의 충의문 앞에서 저수지를 내려다보면 저수지와 나란히 일직선으로 보이는 기와지붕이 멋진 풍경을 만들어 준다. 의암사 앞에 서서 충의문을 액자 삼아 사진을 찍어보자. 의

암사는 논개의 영정을 모셔놓은 사적이다. 사진도 찍고 논개 역사관도 함께 둘러보자. (p385 F:2)
- 전북 장수군 장수읍 두산리 산3번지
- #논개사당 #충의문 #저수지뷰

덕진공원 연화정도서관 창살문 액자프레임
"한옥 전통창호 밖 연꽃 풍경"

@yoonauoo

전주 덕진공원의 덕진호 한가운데에 멋진 도서관이 있다. 연화정 도서관의 창가에 앉아 한옥의 아름다운 창살문과 함께 아름다운 연꽃을 바라보며 사진을 찍어보자. 덕진호를 가로지르는 연화교와 둘레에 피어난 아름다운 연꽃이 연화 정도서 관의 한옥 건물과 어우러져 멋진 포토존을 만들었다. 덕진호를 따라 산책도 즐기고 도서관에서 아름다운 풍경을 바라보며 잠깐의 쉼도 즐겨 보자. (p385 E:2)
- 전북 전주시 덕진구 권삼득로 390-1
- #덕진공원 #연화정도서관 #연꽃뷰

한국도로공사 전주수목원 창살 액자프레임 포토존
"창살 너머 거대한 단풍나무"

@h___delight

연꽃이 예쁘게 피어난 한옥 건물에 걸터앉아 사진을 찍어보자. 전주 수목원의 대표 포토존은 수생 식물원이다. 맞은편으로 보이는 습지원의 풍경 쉼터가 보이도록 사선 방향으로 창가에 걸터앉아 찍으면 인생 샷 완성. 건물 안에서 창문으로 보이는 수련 지를 배경으로 찍어도 사진이 잘 나온다. 창가에 걸터앉을 때는 연못에 빠지지 않도록 주의. (p385 D:2)
- 전북 전주시 덕진구 번영로 462-45 전주수목원
- #전주수목원 #수생식물원 #한옥

커피로드뷰 송천점 야외테이블
"우드톤 야외 테이블 카페"

@_mo_aaai

카페 내외부가 모두 우드톤의 이국적인 인테리어 소품들로 꾸며져 있어 사진찍기 좋은

곳이다. 싱그러운 화분들도 놓여 있어 정말 유럽 카페에 온 듯한 느낌이 든다. 야외에 있는 라탄 소재 테이블과 의자에 앉아 로드뷰 간판과 포스터가 함께 담기도록 반 측면에서 사진을 찍어보자. (p385 E:2)

■ 전북 전주시 덕진구 송천동2가 175-59
■ #야외테라스 #영문간판 #영문포스터

한벽굴 터널샷
"야간 조명 들어오는 계란형 터널"

드라마 스물다섯 스물하나의 주인공이 되어 한벽굴에서 사진을 찍어보자. 터널을 뒤로 하고 드라마의 두 주인공처럼 마주 서서 사진을 찍으면 인생 샷 완성. 한벽굴 안에서 한벽굴 밖 풍경을 뒤로하고 터널을 액자 삼아 찍어도 예쁜 사진을 찍을 수 있다. 한벽굴을 이동하는 차량 주의. 주차는 자연 생태 박물관. (p385 E:2)

■ 전북 전주시 완산구 교동
■ #한벽굴 #터널 #스물다섯스물하나

이르리 카페 꽃 포토존
"드라이플라워로 꾸민 감성 포토존"

이르리 한옥 카페 한쪽 벽면에 거대한 드라이플라워가 장식되어 있고, 좌측 하단에 '지금 여기 이르리'라는 문구가 쓰여 있는 곳이 있다. 흰벽 배경을 기준으로 수직, 수평을 맞추어 가운데 선 인물을 찍으면 예쁘다. 이곳 말고도 넓은 한옥 카페 곳곳이 전주 한옥마을 감성 포토존이 되어준다. (p385 E:2)

■ 전북 전주시 완산구 교동 69
■ #드라이플라워 #한옥카페 #소녀감성

안노이에 정원뷰
"햇살 내리 쬔 정원 풍경"

거실 창문을 활짝 열고 대나무가 보이는 정원을 배경으로 사진을 찍어보자. 특히 햇살이 들어오는 오전 시간에 사진 찍는 것을 추천한다. 감성 넘치는 플랜테리어로 꾸며진 이곳은 태국 치앙마이를 연상케 하며, 그로 인해 더욱 싱그러운 사진을 담을 수 있다. 1930년대 적산가옥을 리모델링한 곳으로,

외관은 일본에 온 듯한 느낌을 받을 수 있다. (p385 E:2)

■ 전북 전주시 완산구 다가동4가 147-2
■ #전주감성숙소 #객리단길숙소 #전주에어비앤비

늦잠 원형창문
"늦잠 테마 한옥숙소"

침실에 있는 원형 창문이 메인 포토스팟. 창문 밖에서 침대에 앉아있는 모습을 찍으면 근사한 사진을 남길 수 있다. 늦잠을 테마로 한 곳으로, 체크아웃 시간이 오후 1시여서 느긋하게 오전 시간을 보낼 수 있다. 1970년대에 지어진 한옥을 개조하였으며, 한옥에 어울리는 한국적인 소품들이 배치되어 있다. 족욕을 즐길 수 있는 야외 자쿠지가 마련되어 있다.
(p385 E:2)

■ 전북 전주시 완산구 서학3길 73-15
■ #전주한옥숙소 #한옥스테이 #야외자쿠지

로텐바움 빈티지 인테리어
"독일 스타일 게스트하우스"

@dudrn0502

타일과 목제 인테리어, 빈티지 가구와 소품 등을 활용해 꾸며진 곳에서 사진을 찍어보는 것은 어떨까. 침실, 서재, 거실, 욕실 등 옛날 주택 분위기를 물씬 풍기는 곳에서 감성 사진을 건질 수 있다. 1970~80년대 느낌을 더욱 살려주는 일회용 필름 카메라도 준비되어 있다. 독일의 낡은 친구 집을 빌려서 산다는 콘셉트를 가진 곳으로, 빈티지 인테리어가 눈에 띄는 곳. (p385 E:2)

■ 전북 전주시 완산구 서학로 63-5
■ #빈티지인테리어 #독채감성숙소 #전주살아보기

비비 카페 빈티지 카라반
"카라반이 있는 빈티지 카페"

@eunhye.son.87

마당에 있는 카라반을 배경으로 한 빈티지한 인생샷을 찍을 수 있다. 숲속의 정원 스튜디오에 입점한 카페로 카페를 이용하면 스튜디오에서 촬영을 할 수 있다. 스튜디오인만큼 곳곳에 포토존이 가득하다. 넓은 야외

정원에는 큰 나무들이 많아 그늘진 곳에서 커피를 즐길 수 있고, 웨딩촬영을 구경할 수도 있다. 미리 예약 시 카라반 안에서 커피를 마시는 것도 가능하다. (p385 E:2)

■ 전북 전주시 완산구 용와길 17-4
■ #평화동카페 #스튜디오카페 #초록정원뷰

색장정미소 카페 지붕
"2층 다락방 전망 예쁜 감성카페"

@hongjida_un

옛 정미소 건물을 개조한 이 카페에는 2층 다락방이 마련되어 있는데, 다락방으로 올라가 건물 밖으로 2층 창문 밖으로 나온 인물을 찍으면 예쁘다. 분홍빛깔 지붕과 초록 창들이 지브리 애니메이션이나 동화책에서 나올듯한 느낌을 준다. 감성적인 목제 소품들로 꾸며진 카페 내부도 사진 찍을 곳이 많다. (p385 E:2)

■ 전북 전주시 완산구 원색장길 2-15
■ #동화풍 #분홍지붕 #다락방

마시랑게 카페 원형 포토존
"경기전 전망 원형 포토존"

@27_sj_1113

2층 원형 포토존에 노란 의자에 앉아 경기전을 배경으로 사진을 찍을 수 있다. 인스타에서 유명한 포토존이다. 1층은 차분한 검은

색의 인테리어로 조명이 좋아 사진이 잘 나온다. 자개 거울, 병풍 등이 있어 한복을 입고 찍으면 잘 어울린다. 2층은 화이트톤 인테리어로 자개 서랍, 가구들이 배치되어 있다. 빙수 맛집으로 다양한 종류의 빙수를 맛볼 수 있다. (p385 E:2)

■ 전북 전주시 완산구 전동성당길 100 2층
■ #한옥마을카페 #빙수마켓 #원형포토존

안녕,제제 아치형 창문 주방
"아치형 창문이 독특한 게스트하우스"

@y_un_vely_

우드톤의 따뜻한 감성이 묻어나는 아치형 창문 앞 주방이 이곳의 메인 포토존. 안녕 제제 게스트하우스의 독채 숙소로, 잔디 마당을 지나 2층으로 올라가면 입구가 나온다. 경기전 바로 뒤편에 있어 한옥마을까지 도보로 이동할 수 있으며, 주차는 숙소 바로 옆 작은 언니네 가구점 앞에 가능하다. (p385 E:2)

■ 전북 전주시 완산구 전동성당길 33-9
■ #전주숙소추천 #전주감성숙소 #한옥마을숙소

올드브릭스 창가 욕조샷
"전통 창호 옆 반신욕 욕조"

@s_eoada

한옥과 조화를 이루고 있는 욕조에서 반신욕을 즐기며 사진을 찍어보는 건 어떨까. 한옥을 현대 감성에 맞춰 개조한 곳으로, 툇마루, 침실, 서재 등 다양한 공간에 포토존이 마련되어 있다. 숙소가 전주 웨딩의 거리에 있어 근처 맛집이 많아 배달이 용이한데, 한옥 특성상 간단한 조리만 가능한 점을 고려하면 큰 장점. 예약은 에어비앤비에서만 가능하다. (p385 E:2)

■ 전북 전주시 완산구 전라감영4길 16-14 위치(체크인 고객에게만 주소 제공)
■ #전주한옥숙소 #전주에어비앤비 #전주독채숙소

팔레트가든 정원 통창
"아늑하고 정원이 예쁜 곳"

플랜테리어를 볼 수 있는 정원뷰 통창을 가진 마루가 시그니처 포토존이다. 투숙객의 대다수가 이 뷰 하나를 보고 예약한다고 하는 만큼 감탄사가 절로 나오는 곳. 숙소는 1, 2층으로 구분되어 운영 중이며, 1층이 팔레트가든, 2층은 팔레트홈이다. 근처에 식당이 많아 배달이 편리하고, 한적한 주택가에 있어 조용히 쉬기 좋은 숙소다. (p385 E:2)

■ 전북 전주시 완산구 전룡로 8
■ #전주감성숙소 #전주통창숙소 #전주예쁜숙소

라온제나 한옥스테이
"정원이 보이는 한옥 숙소"

@_5o.o1n_

1940년대 건축된 한옥을 리모델링한 곳으로, 한옥 감성 낭낭한 사진을 찍을 수 있다. 본채 라누이와 별채 라 누이가 보락 슈로 나누어져 있으며, 마당은 공용 공간이다. 한옥 인테리어와 소품이 더해져 특유의 고즈넉함을 온전히 느낄 수 있는 곳이다. 전주 객리단길에 있으며, 전용 주차장이 없어 근처 유료주차장을 이용해야 한다. (p385 E:2)

■ 전북 전주시 완산구 전주객사1길 80-19
■ #전주한옥숙소 #전주감성숙소 #객리단길숙소

다가도원 자쿠지
"실내 자쿠지와 실외 노천탕"

@kimunene

마당을 바라보며 반신욕을 할 수 있는 실내 자쿠지가 메인 포토존이다. 실내, 실외 모두 노천탕이 있어 인기가 좋으며, 예약이 어려워 수개월 전에 일정을 잡아두어야 하는 곳이기도 하다. 노천탕은 실내, 외 상관없이 2회만 이용할 수 있고, 솔트 입욕제가 제공된다. 전주 한옥마을 근처에 있는 독채 프라이빗 숙소로, 객실 곳곳에 포토 스팟이 있어 흑

백사진을 찍을 수 있는 사진기와 삼각대가 구비되어 있다. (p385 E:2)

■ 전북 전주시 완산구 전주천동로 272-3
■ #전주한옥독채 #한옥마을근처숙소 #전주펜션추천

구프오프 카페 초록 테라스
"흰 벽과 우드톤 가구 인테리어 카페"

@ssul_.hi

파란 창과 초록 정원, 우드로 된 구프오프 조형물을 배경으로 사진을 담는 것이 메인 포토존. 테라스 곳곳에 포토존이 마련되어 있으니 잊지 말고 사진으로 남겨보자. 하얀 벽면에 아치형 문이 이국적인 느낌이다. 하얀 벽돌과 우드톤의 의자와 테이블, 통창을 통해 들어오는 자연광이 따뜻한 느낌이다. 야외로 나가는 문 옆의 의자와 거울도 인기 포토존이다. (p385 E:2)

■ 전북 전주시 완산구 천경로 27-1 구프오프
■ #전주 #한옥마을 #브런치맛집

경기전 대나무숲 한복샷
"하늘 끝까지 뻗은 대나무숲"

@with__ari

한복을 입고 경기전 대나무밭 사이에 서서 사진을 찍어보자. 전주사고 앞에 조성된 죽림과 그 사이로 난 문 앞에서 사진을 찍으면 마주 보고 자란 대나무 잎이 액자가 되어준다. 한옥과 대나무 그리고 한복의 조합으로 아름다운 이 길은 사극에서 꼭 한 번은 나오는 유명한 길이다. (p385 E:2)
■ 전북 전주시 완산구 태조로 44
■ #경기전 #사극촬영지 #대나무

전망 카페 한옥마을 전망
"한옥마을 전망 루프탑 카페"

@l_yoon_k

전망 카페는 전주에서 가장 전망이 예쁜 루프탑 카페로, 4, 5층을 함께 운영한다. 5층으로 올라가면 철제 테라스가 놓여있고, 이쪽에서 한옥마을 풍경뿐만 아니라 한옥 너머 전주 시내까지 조망할 수 있다. 테라스에 기댄 인물사진을 찍기 좋은 곳이라 사진을 목적으로 오는 손님들도 많다. (p385 E:2)
■ 전북 전주시 완산구 한지길 89
■ #한옥마을뷰 #루프탑 #테라스

쿤커피 라운드형 테이블
"화이트톤 감성적인 인테리어 카페"

@bellita_su

쿤커피 실내는 글라스와 돌, 나선형 선반과 원형 테이블로 화이트톤으로 꾸며져 있다. 이 원형 테이블에 커피를 놓고 음식사진이나 인물사진을 찍으면 화이트톤 감성이 물씬한 사진을 담아갈 수 있다. 돌 모양 커피 얼음에 달달한 우유를 뿌려 먹는 시그니처 음료 '스톤콜드'는 사진을 찍으면 예쁘게 나오는 메뉴다. (p385 E:2)
■ 전북 전주시 완산구 향교길 32
■ #화이트톤 #나선형테이블 #돌장식

디오니카페 크리스마스 포토존
"곰돌이 감성 귀여운 크리스마스 포토존"

@rrr_mee

아기자기한 감성이 돋보이는 크리스마스 사진 스팟. 대형 주류 스토어를 함께 운영하는 카페인만큼 입구에 스텔라 아르투아 맥주잔으로 만든 트리가 가장 먼저 눈에 띈다. 이밖에도 곰돌이 인형이 달린 크리스마스 액자, 다양한 오너먼트로 장식된 트리존 등 사진

을 찍기 좋은 스팟이 곳곳에 있다. 낮보다는 조명이 켜진 밤에 방문해야 더욱 분위기 있는 사진을 찍을 수 있으니 참고. (p385 D:2)
■ 전북 전주시 덕진구 원동로 16
■ #크리스마스 #트리 #곰인형

완산칠봉꽃동산 겹벚꽃과 철쭉
"겹벚꽃과 철쭉이 만개하는 꽃 스팟"

@eunjeong1223

꽃나무 1만 그루가 있는 동산으로, 4월이 되면 동산 전체가 꽃으로 가득 찰 정도로 만개한다. 특히 일반 벚꽃보다 풍성한 겹벚꽃과 사람 키보다 큰 철쭉나무가 있어 꽃 사진 스팟으로 제격이다. 꽃동산까지 올라가는 여러 코스가 있으며 가장 빠른 길은 완산 도서관 쪽 계단을 이용하는 것. 하지만 오르막이니 편한 옷과 운동화는 필수이다. 입장료 무료. (p385 E:2)
■ 전북 전주시 완산구 동완산동 산124-1
■ #꽃동산 #겹벚꽃 #철쭉

허브원 라벤더 밭
"보랏빛 라벤더 물결"

@yedinixxb

라벤더밭이 한눈에 보이는 언덕에 올라 보랏빛 라벤더를 내려다보며 사진을 찍어보자. 라벤더를 가까이서 찍는 것보다 멀리 보이는 풍경을 담으면 보라색 배경의 사진을 찍을 수 있다. 라벤더밭 사이사이에도 사진을 찍을 수 있는 의자와 포토존이 마련되어 있다. 라벤더와 함께 인생 샷도 찍고 라벤더 아이스크림도 먹어보자. (p385 D:2)

- 전북 정읍시 구량1길 188-29
- #허브원 #라벤더 #라벤더아이스크림

내장사 우화정 징검다리
"오색빛깔 단풍나무와 징검다리"

@lovely_kauai_

가을 하면 떠오르는 내장산 국립공원 내 내장사로 가는 길. 연못 한가운데에 있는 팔각 지붕의 우화정 징검다리 위에서 사진을 찍어보자. 연못으로 비치는 내장산 서래봉과 함께 우화정의 반영 사진을 찍으면 인생 샷 완성. 겨울에 눈이 내린 운치 있는 우화정도 한 폭의 그림처럼 아름다우니 겨울에도 방문해 보자. (p385 D:3)

- 전북 정읍시 내장동 산 231
- #내장사 #우화정 #징검다리

옥정호 구절초테마공원 꽃밭
"흰 구절초와 알록달록 백일홍"

@so_yeorning

알록달록한 백일홍 사이에 서서 사진을 찍어보자. 옥정호 물줄기가 휘감아 섬처럼 만들어진 부지에는 계절마다 오색의 꽃이 한가득 피어 어디에서 사진을 찍어도 꽃에 둘러싸인 사진을 찍을 수 있다. 정읍의 10월에는 대표적인 축제인 구절초 축제 기간에 맞춰 방문해 보자. 매표소 바로 앞 1주차장에서 도보로 10분 정도 걸으면 구절초 테마공원의 구절초 군락을 볼 수 있다. (p385 D:2)

- 전북 정읍시 산내면 매죽리 571
- #옥정호 #구절초테마공원 #꽃밭

엘리스테이 인피니티풀 마운틴뷰
"곽희수 작가가 디자인한 객실"

@2jjo__

산멍할 수 있는 내장산 뷰를 바라보며 루프탑 인피니티풀 수영장에서 사진을 촬영해보자. 내장산은 단풍 명소로 잘 알려진 만큼 가을에 방문하면 더욱 황홀한 뷰를 볼 수 있는 곳. 세계적인 건축가 곽희수 작가가 설계한 곳으로, 총 19개의 객실을 운영 중이다. 전

객실에서 내장산과 용산 저수지를 볼 수 있는 것이 큰 장점인 곳이다. (p385 D:3)

- 전북 정읍시 서당길 14 엘리스테이 리조트
- #정읍풀빌라 #인피니티풀숙소 #정읍내장산뷰숙소

제이포렛 카페 담쟁이 벽
"실내외 모두 예쁜 정원 카페"

@dollyu80

힐링 정원 카페 제이포렛 안에는 담쟁이덩굴이 무성히 자라나 초록 창틀을 만들어내는 공간이 있다. 푸른 카페 안쪽에 마련된 정원 또한 여느 식물원 못지않게 규모가 큰데, 이 창 너머로 정원 풍경이 보여 싱그러운 사진 배경이 되어준다. 건물 안에서 담쟁이 틀 앞에 앉아있는 사람을 찍어도 예쁘고, 건물 바깥쪽에 선 사람을 정방형으로 찍어도 예쁘다. (p385 D:3)

- 전북 정읍시 신월동 808
- #정원카페 #초록빛 #담쟁이덩굴

11

전라남도·광주

전라남도·광주

대석만도
상낙월도

대각이도

송이도

대신등대 라라랜드 조명
보리 카페 징검다리
백수해안도로 날개조형물

제비동굴
해식동굴 일몰

우앤유 카페 목장 잔디 광장

백제불교최초도래지 아치형 사원

고창군
백양사

장성댐 출

영광군

장성군
퍼슈 카
주펑 카페

영광백수풍력발전소
평야 풍력발전기

불갑사 꽃무릇

따뜻한섬온도 카페 한옥 통
수완호수공원 달

커프커프하우스
빅브로 카페
이이남

함평군

어의도

신안군

포베오커피 원형건물
돌머리해수욕장 일몰

아르티오 카
3917마중 한옥고택

임자도

사옥도
증도 병풍도 고이도
선도
마산도
대기점도
매화도

무안낙지공원 낙지전망대

무안군

나주학생운동독립기념관
구)나주역

영산강둔치
체육공원

나

인루트 카페
이국적 표지판

애모시옹풀빌라 오션뷰 수영장

자은도
암태도
추포도

신안 동백나무 파마머리 벽화

당사도

압해도

느러지전망대 수국

영산강

영

왕인박사
유적지 벚꽃

새실오브앰비언스
피크니처 카페 벚꽃

마샤 카페 캠핑오두막
카페델마르 목포대교 오션뷰

백련지 백련카페뷰

목포근대역사관 1관
호텔델루나 촬영지

비금도 하트해변

팔금도

안좌도

목포스카이워크 목포대교뷰

목포시

목포항

목포
갓바위

월출산 구름다리

못난이미술관
못난이조형물

월출산

흑산도 방향

다도해 해상
국립공원

도초도

퍼플섬 퍼플교

지라도

옥도

고하도전망대
시화골목길 연희네슈퍼

페이링 카페
빨간벽돌 외관

문가든 카페 하얀보트

강진

장산도

해남군

금호
호

하의도

상태도

트윈브릿지 카페 진도대교뷰

진도대교 진도타워

두륜산

가거도

가거도등대
액자 프레임

가시도

운림산방 운림지 반영샷
첨찰산

진도군

유선관 한옥 숲뷰

벙커 카페 오션뷰

흑산도-가거도
74Km 거리

포레스트수목원 우드 트라이앵글

가계해변 액자포토존

진도쏠비치 오션뷰 아치

금호도
모도

달마산

완도수목원 온실

상조도

접도

서거차도

하조도
대마도

다도해 해상 국립공원

완도군
완도항

죽도 동거차도

관매도 해식동굴
관매도

다도해 해상

406

커프커프하우스 카페 외관
"아늑한 크림톤 인테리어 감성카페"

크림 톤의 외벽에 차양막, 위글위글 스마일 꽃의 통창이 귀엽고 산뜻한 외관 앞에 메인 포토존이다. 햇볕이 좋은 날 입구 벤치에 앉아 있으면 이국적인 감성을 느낄 수 있다. 샛노란 문을 열고 들어서면 우드톤의 아늑한 인테리어와 큰 창으로 들어오는 자연광이 좋다. 엑설런트라떼와 후르츠치즈케익이 대표 메뉴다. (p406 C:1)
- 광주 광산구 수완로50번길 42-14
- #광주 #수완지구 #디저트맛집

수완호수공원 달 포토존
"진짜 초승달을 닮은 조명사진 맛집"

수완호수공원의 성장교 위 초승달 모양의 포토존은 이곳의 대표 사진 명소이다. 노란 조명의 달과 대조적인 회색의 아파트가 보이지만 묘하게 어울린다. 그 위에 앉아 사진을 찍어도 앞에 서서 찍어도 예쁘지만, 성장교 조명은 들어가지 않게 찍어야 달이 선명하게 잘 나온다. 음악 분수와 함께 조명이 켜진 성장교는 야경이 아름다워 사진 찍기 좋은 장소이다. (p406 C:1)
- 광주 광산구 장신로82번길 57
- #수완호수공원 #달 #성장교 #음악분수

아르티오 카페 주황벽
"주황색 외관 한옥 카페"

시선을 사로잡는 주황 외관이 매력적인 건물이다. 본관 2층은 화분과 커튼, 조명이 잘 어우러져 온화하고 따뜻한 분위기다. 벽면에는 빔프로젝터를 통해 영상이 나온다. 빨간 자갈이 깔린 별채 한옥으로 걸어가는 사진을 찍는 것도 좋다. 한옥 별채 주위에 얕은 돌담이 있는데 제주도 느낌이 물씬 풍기는 사진을 찍을 수 있다. 스콘 맛집으로 유명하다. (p406 C:1)
- 광주 남구 원산2길 3
- #광주 #제주감성 #스콘맛집

이이남스튜디오 카페 알파벳
"키치한 느낌의 갤러리 카페"

카페 외관 통창에 카페 이름을 키치하게 붙여놓았다. 입구에서 사진을 찍고 들어가 보자. 갤러리카페로 미디어아트와 전시까지 볼 수 있는 곳이다. 루프탑을 올라가는 원형 계단, 회색 벽과 초록 나무가 어우러지는 야외 좌석, 카페 로고가 새겨진 통창 좌석 등 포토존이 가득하다. 여유롭게 작품을 즐기며 인생 사진을 찍기 좋은 곳이다. (p407 D:1)
- 광주 남구 제중로47번길 10
- #광주 #양림동카페 #갤러리카페

펭귄마을 골동품 포토존
"골동품 시계가 벽화가 되어주는 곳"

세월의 흔적이 있는 여러 가지 모양의 시계 앞 파란 벤치에 앉아 사진을 찍어 보자. 펭귄마을은 어르신들이 손수 골동품을 모아 마을을 꾸며 놓아서 이곳저곳에 골동품들이 많고 학생들의 재능 기부로 그려진 귀여운 벽화도 많다. 양림 커뮤니케이션 센터 옆이 펭귄 마을의 입구이다. (p407 D:1)
- 광주 남구 천변좌로446번길 7
- #펭귄마을 #골동품 #시계 #벽화마을

모드니 카페 외관
"핑크빛 귀여운 디저트 카페"

@jin_1002

핑크빛 건물과 파란색 벽면이 대비를 이루는 입구에 앉아 사랑스러운 사진을 찍을 수 있다. 카페를 대표하는 푸들 캐릭터로 카페의 분위기를 짐작할 수 있다. 카페 어디를 둘러봐도 귀여운 소품들이 가득하다. 레터링 케이크로 유명해 특별한 날을 더욱 특별하게 만들어 줄 수 있다. 주차장이 따로 없어 골목길이나 유료 주차장으로 이용해야 한다. (p407 D:1)
- 광주 동구 동명로14번길 19 1층
- #동명동 카페 #케이크맛집 #레터링케이크

유유한 원형 프레임
"원형 프레임 속 화이트 인테리어"

@u.storyy

유유한의 상징인 다이닝룸 원형 프레임 안에 있는 나무를 배경으로 사진을 찍어보는 것은 어떨까. 화이트 인테리어에 한옥 감성이 더해져 예쁜 사진을 찍을 수 있다. 나무로 된 사각 창이 매력적인 부엌도 또 다른 포토존 중 하나. 광주 핫플레이스인 동명동 동리

단길 바로 앞에 있고, 쇼핑몰 촬영을 하는 곳으로도 잘 알려져 있다. (p407 D:1)
- 광주 동구 백서로224번길 6-6 1층
- #광주한옥독채 #프라이빗숙소 #광주감성숙소

카페얼씨 유리온실
"유리 별관이 있는 자연친화적 카페"

@dan._bi_

유리 온실을 연상케 하는 별관의 창에 새겨진 카페 이름을 배경으로 인스타 감성 샷을 찍을 수 있다. 자연 친화적 카페답게 어떤 좌석에서도 자연을 느낄 수 있다. 정원이 잘 가꿔진 카페로 정원 한쪽에 있는 돔하우스에서 프라이빗한 시간을 즐기기 좋다. 카페 내부에서 통창을 통해 들어오는 자연광과 함께 사진을 찍기 좋다. (p407 D:1)
- 광주 북구 금곡동 939
- #광주 #유리온실 #돔하우스

광주패밀리랜드 대관람차 앞
"이국적인 풍경의 대관람차와 시계탑"

@cumicoomi

우리나라에서 가장 크다는 광주 패밀리랜

드의 대관람차 앞에서 사진을 찍어보자. 대관람차 전체가 나오는 위치에 서서 대관람차를 가운데 두고 찍으면 근사한 사진을 남길 수 있다. 대관람차는 주차장에서 가까운 중앙광장 입구에서 매표하지 않아도 찍을 수 있다. 입구에 들어가서는 돌아서 찾아가야 하므로 기차를 타고 이동하면 편하다. (p407 D:1)
- 광주 북구 우치로 677 광주패밀리랜드
- #광주패밀리랜드 #대관람차 #놀이공원

빅브로 카페 내부 인테리어
"포토존 가득 대형 스트릿카페"

@bbbbaik_didi

입구에서부터 스트릿하고 힙한 카페임을 느낄 수 있다. 정문과 후문이 따로 있을 정도로 굉장히 넓다. 테이블 모양도, 의자 높이도 제각각이고 카페에서 보기 힘든 소품들도 많다. 2층에는 포토존이 많은데 구역이 나뉘어 있어 남의 시선 느끼지 않고 편하게 찍을 수 있다. (p407 D:1)
- 광주 서구 화운로220번길 2
- #화정동 카페 #스트릿감성

남미륵사 출구 해당화와 철쭉 프레임
"해당화 꽃 터널 프레임"

@zzeong_v

서부 해당화가 만들어낸 터널과 양쪽으로 핀 철쭉 사이에서 사진을 찍어 보자. 강진 남미륵사는 봄나들이 시기에 가면 어른 키보다 더 큰 철쭉과 서부 해당화를 볼 수 있다. 서부 해당화가 있는 길은 관람코스의 맨 마지막 구간이다. 철쭉은 4월 초부터 시작해 4월 중순이 되면 절정을 이루고 해당화는 철쭉과 함께 피어 조금 일찍 진다. (p407 D:2)
- 전남 강진군 군동면 풍동1길 24-13
- #강진남미륵사 #철쭉 #서부해당화 #꽃여행

벙커 카페 오션뷰 그네
"바다전망 그네와 해먹"

해 질 무렵 바다를 바라보며 그네를 타는 뒷모습을 찍으면 감성적인 인생샷을 찍을 수 있다. 노을이 예쁜 곳으로 그네는 물론 카페 내부에서도 노을을 담을 수 있다. 테라스의 해먹에 누워 바닷바람을 쐬며 힐링하기 좋다. 야외뿐만 아니라 실내에도 야자수 인테리어로 제주 감성을 느끼기 충분하다. 주차장이 없어 갓길에 주차해야 한다. (p406 C:3)
- 전남 강진군 마량면 까막섬로 73
- #강진 #오션뷰 #일몰맛집

월출산 구름다리
"아찔한 구름다리 인증사진"

월출산 국립 공원 내 매봉과 사자봉을 연결하는 구름다리 위에 서서 사진을 찍어보자. 월출산 구름다리는 폭이 좁고 붉은색이라 다리 뒤로 병풍처럼 우뚝 솟은 바위 위에서 자라난 나무의 초록색과 대조되어 사진이 잘 나온다. 천왕봉 코스로 올라가다 보면 구름다리 이정표를 만날 수 있다. (p406 C:2)
- 전남 강진군 성전면 백운로 148-4
- #월출산 #구름다리 #빨간다리

리피움미술관 다시 피어나다 포토존
"종이꽃 휘날리는 교실 풍경"

리피움 미술관의 교실에 있는 학교 의자에 앉아 떨어지는 한지 꽃을 표현한 작품을 배경으로 사진을 찍는 이곳이 대표 포토존이다. 폐교를 활용해 만든 미술관인 리피움미술관은 입구에 들어가는 복도부터 포토존이 시작된다. 복도 천장 위에 꾸며 놓은 작품과 함께 찍어도 예쁜 사진을 찍을 수 있다. 미술관 안에 전시 작품도 관람하고 예쁜 사진도 남길 수 있다. (p407 E:2)
- 전남 고흥군 남양면 송정옥천길 214
- #리피움미술관 #데이트 #고흥포토존

아로새기다 액자뷰
"당곡제 저수지 액자뷰 포토존"

당곡제를 배경으로 사진을 촬영할 수 있는 침실이 메인 포토존이다. 숙소는 은은하게, 잔잔하게 두 독채로 이루어져 있고, 1층과 2층 다락방으로 구성되어 있다. 액자 뷰 포토존뿐만 아니라 외부에도 여러 사진 스팟이 있고, 통나무집 아래 데크에서는 피크닉도 만끽할 수 있다. 바비큐장이 별도로 마련되어 있고, 벌교역과 벌교 터미널에서 픽업 서비스를 이용할 수 있다. (p407 E:2)
- 전남 고흥군 동강면 동강곡길 139-48
- #고흥감성숙소 #당곡제 #당곡제뷰숙소

한그루하우스 액자뷰
"통창 너머 바다 전망이 예쁜 숙소"

울창한 나무들 사이로 보이는 오션뷰를 배경으로 사진을 찍어보자. 큼직한 통창이 있는 H3 객실이 가장 인기가 좋으며, H1 룸은 파

노라마 볼 수 있다. 군더더기 없는 깔끔한 인테리어가 돋보이고, 발코니에서 전기 그릴로 바비큐를 이용할 수 있다. 근처에 나로우주센터, 해수욕장, 나로항 등이 있어 함께 둘러보기 좋다. (p407 E:3)

■ 전남 고흥군 동일면 덕흥음쪽길 272-7
■ #고흥펜션추천 #액자뷰숙소 #오션뷰숙소

두가헌 카페 한옥 야외정원
"섬진강 전망 한옥 갤러리 카페"

@so._.1118

웅장하고 깔끔한 한옥과 넓은 잔디밭을 한 장에 담으면 한옥 특유의 고즈넉한 분위기를 느낄 수 있다. 방안에서 창문을 열고 자연을 작품처럼 즐길 수 있는 곳이다. 넓은 정원에는 디딤돌로 산책로를 깔아놓았다. 담벼락까지도 멋스럽다. 야외 자리에 앉아 섬진강을 보며 여유로운 시간을 보낼 수 있다. 갤러리도 운영 중이다. (p407 E:1)

■ 전남 곡성군 고달면 두계길 35
■ #섬진강뷰 #한옥카페 #곡성

품안의 숲 액자뷰
"사방이 숲으로 둘러싸인 감성서점"

@06_o7

보기만 해도 힐링이 되는 마운틴뷰를 볼 수 있는 서점 내 좌식 좌석이 메인 포토존. 낮에는 서점, 밤에는 숙소로 운영되는 곳으로, 투숙객은 입실 후 서점까지 전부 이용할 수 있다. 이름처럼 사방이 숲으로 둘러싸여 있으며, 쏟아지는 자연광을 온전히 느낄 수 있는 곳. 공기 좋은 숲속에서 책멍, 숲멍을 즐기기에 안성맞춤인 장소다. (p407 E:1)

■ 전남 곡성군 곡성읍 묘전2길 11-4
■ #곡성독채숙소 #곡성감성숙소 #숲속북스테이

섬진강기차마을 구 곡성역
"추억을 떠올리게 하는 역 건물과 옛 증기기관차"

@yoonklavier

옛 정취 그대로 잘 보존된 근대 문화유산인 구 곡성역 앞에서 사진을 찍어보자. 곡성역 외에도 기차마을 내 여러 포토존이 있다. 실제 운행하고 있는 관광용 증기기관 열차와 구 곡성역 내 철길 위를 달려볼 수 있는 기차마을 레일바이크도 운행하고 있다. (p407 E:1)

■ 전남 곡성군 오곡면 기차마을로 232
■ #섬진강기차마을 #기차길 #곡성역

침실습지 퐁퐁다리
"안개 낀 풍경이 특히 아름다운 붉은 퐁퐁다리"

@hyang_nyonyo

섬진강의 아름다운 갈대가 보이는 습지를 배경으로 퐁퐁 다리 위에서 사진을 찍어보자. 퐁퐁 다리는 비가 많이 오는 날 다리가 잠겨 떠내려가지 않도록 바닥에 구멍을 퐁퐁 뚫어 놓아서 이름이 퐁퐁 다리이다. 특히 4월에서 5월경 일출 30분 전후로 유속이 느려지는 퐁퐁 다리 위로 올라오는 물안개와 함께 사진을 찍으면 좀 더 신비한 분위기의 사진을 찍을 수 있다. (p407 E:1)

■ 전남 곡성군 오곡면 오지리 1418-1
■ #침실습지 #퐁퐁다리 #물안개 #무릉도원

섬진강기차마을드림랜드 회전목마와 대관람차
"형형색색 레트로 감성 묻어나는 놀이기구"

@jinalee96

곡성의 작은 놀이공원 드림랜드의 대관람차 앞이 이곳의 대표 포토존이다. 특히 귀여운 기차 뒤로 보이는 대관람차와 함께 찍으면 놀이공원의 알록달록한 귀여움이 더해진다. (p407 E:1)

■ 전남 곡성군 오곡면 오지리 745-5

■ #섬진강기차마을 #곡성드림랜드 #회전목마

광양와인동굴 빛터널
"동굴을 촘촘히 수놓은 은하수빛 터널"

@jusunnyday

광양 와인동굴 안 빛 터널 안으로 쭉 들어가면 빛 터널 구간이 나온다. 빛 터널을 배경으로 가운데 서서 아래쪽에서 찍으면 반짝이는 빛이 가득한 예쁜 사진을 찍을 수 있다. 빛 터널 중간에 빨간 하트는 연인들이 가장 사진을 많이 찍는 구간이다. 터널 안에는 와인을 주제로 한 여러 포토존과 거울방 미디어 파사드 트릭아트 등 볼거리와 먹을거리도 많고, 와인동굴 바로 옆 에코파크도 있다. (p407 F:2)
■ 전남 광양시 광양읍 강정길 33
■ #광양와인동굴 #빛터널 #미디어파사드

중동근린공원 장미터널
"연분홍빛 로맨틱한 장미터널"

@nal___a

중동 근린공원 내 장미공원의 장미 터널에서 사진을 찍어보자. 분홍색 팝콘이 흐드러지게 핀 안젤라 장미 터널 안도 예쁘지만, 안젤라 장미는 바깥쪽이 훨씬 예쁘게 피어나기 때문에 터널 밖에서 분홍색 꽃이 빽빽하게 핀 터널 벽 앞에서 찍으면 귀여운 느낌의 사진을 찍을 수 있다. 장미 터널은 주차장 바로 옆에 있다. (p407 F:2)
■ 전남 광양시 중동 1690
■ #중동근린공원 #장미터널 #안젤라장미

천은사 수홍루
"아치형 다리 위 격조있는 누각"

@byulingya

천은사 올라가기 전 아치형 다리 위 수홍루에서 사진을 찍어보자. 드라마 촬영지로도 소개된 수홍루에서 사진을 찍으려면 수홍루 위쪽 다리 위에서 2배 줌으로 찍어야 한다. 단풍이 물드는 시기에는 더욱 예쁜 사진을 남길 수 있다. 구례의 단풍 시기는 10월 말이 절정이다. (p407 E:1)
■ 전남 구례군 광의면 노고단로 209
■ #천은사 #수홍루 #미스터션샤인

라플라타 카페 섬진강뷰
"섬진강 전망 포토존 한가득"

@ihye_young_92

섬진강을 배경으로 푸릇함을 담을 수 있다. 적벽돌과 벽 등, 아치형 창문까지 예쁜 공간이 많다. 루프탑뿐 아니라 야외 잔디까지 작은 공원에 온 듯한 느낌의 카페다. 특색있는 공간으로 구석구석 둘러보는 재미가 있고, 포토존이 많아 사진 찍기 좋다. (p407 E:1)
■ 전남 구례군 구례읍 산업로 270
■ #구례 #섬진강뷰

섬진강 대나무숲길 그네 포토존
"삼각 프레임 아래 걸려있는 그네"

@rozzberri

섬진강 대나무 숲 사이로 요정이 탈 것 같은 그네에 앉아 해바라기밭을 바라보고 뒷모습을 찍으면 근사한 사진을 남길 수 있다. 대나무밭이 어두워서 너무 밝게 찍으면 해바라기가 잘 보이지 않으니 밝기를 잘 조절해서 찍어야 한다. 섬진강 대나무 숲길 안내표지를 따라가다 보면 달이 그려진 땅콩 의자를 만나게 된다. 그길로 쭉 걸어가다 보면 그네 포토존이 있는 곳이다. (p407 E:1)
■ 전남 구례군 구례읍 원방리 1
■ #섬진강 #대나무숲길 #그네포토존

쌍산재 카페 고택 정원 뷰
"전통 한옥과 한국식 정원"

@he_kim07

가정문을 마주하고 있는 '서당채'가 메인 스팟. 한가로이 여유를 즐기며 근사한 사진을 찍을 수 있는 곳이다. '경암당'도 인기 스팟으로, 툇마루에 앉아 멋스러운 사진을 찍을 수 있다. 한옥, 정원, 마당이 멋스럽게 어우러져 전통 가옥의 정취를 느낄 수 있다. 윤스테이, 환혼 촬영지로 널리 알려져 있다. (p407 E:1)

- 전남 구례군 마산면 장수길 3-2
- #구례 #고택 #한옥카페

사성암 절벽사찰
"기암절벽 속 아찔한 풍경"

@ki_maesu91

사성암 약사전의 연꽃 모양 난간에 기대어 섬진강을 바라보며 사진을 찍는 이곳이 바로 사성암의 포토존이다. 사성암의 약사전은 절벽 위에 세워진 웅장한 절로 아래에서 바라만 보아도 입이 떡 벌어지고, 약사전 위

에서 보는 섬진강의 탁 트인 풍경도 시원해진다. 사성암으로 올라가는 길에 계단이 많다. (p407 E:1)

- 전남 구례군 문척면 사성암길 303
- #사성암 #절벽사찰 #섬진강뷰

오산활공장 섬진강 전망
"섬진강 따라 운치있는 시골풍경"

@2_ghyun

오산 활공장에서 섬진강이 보이는 탁 트인 전망을 배경으로 사진을 찍어보자. 높은 곳에서 바라보는 섬진강과 시원한 바람에 머리카락을 흩날리며 인생 샷을 찍을 수 있다. 오산 활공장의 포토존을 가려면 사성암 주차장에 주차 후 사성암 따라 올라가다 보면 해우소라는 안내판을 볼 수 있다. 그곳부터 비포장도로로 흙과 돌이 있는 길을 따라 계속 올라가다 보면 급경사로 된 길이 나온다. 거기에 보이는 건물을 바라보고 올라가면 보이는 나무로 된 계단이 포토존이다. (p407 E:1)

- 전남 구례군 문척면 죽마리 산6
- #오산활공장 #섬진강 #탁트인뷰

노고마주 침실 지리산 노고단뷰
"지리산 전망 통나무집"

@seeeeeeeul_

침실 침대에서 볼 수 있는 지리산 노고단 뷰를 배경으로 사진을 촬영해보자. 지리산의 3대 주봉 중 하나인 노고단을 바라보며 힐링하기에 제격인 곳. 숙소 마당에서 구례 전경을 볼 수 있고, 소나무 아래 자리하고 있는 통나무에 앉아 사진을 찍을 수도 있다. 구례 숙소로 이미 유명세를 탄 곳으로, 수개월 전에 예약해야 방문할 수 있다. (p407 E:1)

- 전남 구례군 용방면 죽정길 57-58
- #구례숙소추천 #구례힐링숙소 #마운틴뷰

지리산치즈랜드 수선화
"노란 물결 가득한 포토스팟"

@hyehehe716

수선화가 만개하는 3월 말~4월 초에 꼭 방문해야 할 봄 포토스팟. 동산에 수선화가 가득 핀 모습과 바로 앞에 위치한 저수지의 풍경이 어우러져 예쁜 사진을 찍을 수 있다. 위에서 내려다보는 구도로 찍는 것을 추천. 수선화 꽃밭 뒤에는 넓은 잔디가 있어 이곳에서 피크닉을 즐기기도 좋으니 돗자리를 가져가자. 양 먹이 주기 체험도 가능. 성인 입장료 5천원. (p407 E:2)

- 전남 구례군 산동면 산업로 1590-62
- #봄꽃 #수선화 #피크닉

오하라 카페 핑크건물
"핑크빛 사랑스러운 컨테이너 카페"

@bab_o_foto

카페 입구가 메인 포토스팟이다. 핑크빛 카페 외관이 사랑스럽다. 모던함과 부티키호텔 분위기가 어우러진 컨테이너 카페로 건물도 의자도 커튼도 모두 핑크. 2층으로 올라가는 핑크 계단, 전신 거울 샷 등 포토존이 가득하다. 딸기에이드와 크로플이 맛있다. (p407 D:2)
- 전남 나주시 남평읍 강변1길 33-10
- #나주 #핑크카페 #크로플맛집

나주산림자원연구소 메타세쿼이아 가로수길
"가을 단풍이 특히 아름다운 숲길"

@hyejii__s2

메타세쿼이아 길의 쭉 뻗은 나무 아래에 서서 사진을 찍어보자. 나주 산림자원 연구소의 포토존은 향나무 길과 메타세쿼이아 길이다. 향나무 길은 차가 다니는 도로이기 때문에 조심해야 한다. 단풍이 물드는 시기에

메타세쿼이아 길을 방문한다면 해 질 녘 더욱 붉어지는 단풍을 배경으로 찍으면 멋진 인생 샷을 남길 수 있다. (p407 D:2)
- 전남 나주시 다도면 풍산리 산1-1
- #나주산림자원연구소 #메타세쿼이아길

느러지전망대 수국
"여름철 보랏빛 수국 물결"

@heehanhada

쭉 뻗은 소나무 아래 보라색 수국을 배경으로 사진을 찍어보자. 진한 보라색의 수국과 함께 사진을 찍으면 신비로운 분위기의 인생 샷을 남길 수 있다. 수국은 6월 말이 절정이고 7월에는 수국꽃을 자른다. 느러지 전망대까지 올라가서 빨간 전화 부스 오른편이 수국 길이다. (p406 C:2)
- 전남 나주시 동강면 동강로 307-226
- #느러지전망대 #수국 #보라색

영산강둔치체육공원 유채꽃밭
"노란 유채꽃과 푸른 영산강의 대비"

@so.xxng

유채꽃 속에 앉아 노란 꽃에 파묻혀 사진을 찍어 보자. 넓은 유채꽃밭과 영산 대교를 배경으로 찍어도 예쁘고 사진에 노란 유채꽃이 가득 차게 찍으면 더 예쁜 사진을 남길 수 있다. 영산강 제1 주차장에 주차하면 바로 옆이 유채꽃밭이다. (p406 C:2)
- 전남 나주시 삼영동 117-6
- #영산강둔치체육공원 #유채꽃밭

나주학생운동독립기념관 (구)나주역
"민트색이 포인트가 되어주는 역 건물"

@seongimn

민트색과 흰색의 예쁜 나주역 건물 앞에서 사진을 찍어보자. 맑은 날 파란 하늘 아래 나주역에서 사진을 찍으면 멋진 인생 사진을 남길 수 있다. 나주역 안 대합실도 그대로 보존되어 있어 그곳에서도 사진을 남기고 전시도 볼 수 있다. (구)나주역은 나주 학생 기념관 옆에 있다. (p406 C:2)
- 전남 나주시 죽림길 26 나주학생독립운동기념관
- #나주학생운동독립기념관 #나주역

3917마중 한옥고택
"초록 정원에 나무평상이 있는 한옥카페"

@hwangduck_

드라마 '알고 있지만'의 주인공이 된 것처럼 나무 아래 나무 평상에 앉아 사진을 찍어보자. 고즈넉한 한옥과 예쁜 정원을 배경으로 한 포토존도 마련되어 있고 숙소에 묵으면 고택에서 촌캉스도 즐길 수 있다. '3917마중'은 근대 문화유산으로 음료에 공간 이용료 포함이다. (p406 C:2)
- 전남 나주시 향교길 42-16
- #3917마중 #한옥고택 #드라마촬영지

이장님댁 카페 계곡
"계곡 한가운데의 벤치와 물그림자"

@banhada4444

야외테라스 벤치에 앉아 강을 배경으로 사진을 찍는 것이 메인 포토존이다. 야외 테라스에서 물멍하기도 좋고, 여름에는 발을 담그기도 좋다. 사랑채, 소파, 거울, 전화기 등 앤틱한 인테리어로 꾸며져 있어 시골집에 놀러 온 듯한 느낌을 받는다. 이용 시간은 2시간이다. (p407 D:1)
- 전남 담양군 가사문학면 백아로 2609-14
- #담양 #물멍 #숲뷰

소쇄원 대나무숲길
"울창한 초록빛 병풍"

@joooolove

소쇄원의 시원한 대나무 산책로에서 사진을 찍어보자. 대나무 길로 쭉 들어오다 보면 시냇물 위 작은 돌다리가 있다 이곳이 메인 포토존이다. 시원하게 뻗은 대나무가 병풍처럼 둘러져 초록색 가득한 인생 샷을 남길 수 있다. 소쇄원은 유유자적 산책하기도 좋다. (p407 D:1)
- 전남 담양군 가사문학면 소쇄원길 17
- #소쇄원 #대나무숲길 #돌다리

명옥헌원림 배롱나무
"초록 연못과 진분홍 배롱나무"

@lovely_onyyy

연못을 에워싸며 자라난 분홍빛 배롱나무를 액자 삼아 사진을 찍어 보자. 조선시대에 심어져 고목이 된 배롱나무는 수형이 아름다워 어떻게 찍어도 작품이 된다. 명옥헌의 정자 위에 앉아 배롱나무를 바라보며 사진을 찍어도 인생 샷을 만날 수 있다. 공영 주차

장에 주차 후 명옥헌 원림으로 가다가 갈림길에서 오른쪽이 명옥헌 원림으로 가는 길이다. 배롱나무는 8월이 절정이다. (p407 D:1)
- 전남 담양군 고서면 후산길 103
- #명옥헌원림 #배롱나무 #핑크

어텐션플리즈 카페 잔디마당
"미국 하이틴 감성 카페"

@barbie._.mi

하얀 건물과 그 앞에 펼쳐진 잔디밭이 미국 하이틴 감성이다. 통창을 통해 푸릇한 잔디밭을 볼 수 있다. 교복 재킷과 백팩이 걸린 행거, 귀여운 캐비닛 등 미국 고등학교처럼 내부를 꾸며놓았다. 건물 바로 옆에 있는 농구 코트 포토존도 인기다. (p407 D:1)
- 전남 담양군 금성면 금성산성길 271 1층
- #담양 #미국감성 #카이막

에트글라스 카페 초록 테라스
"담양호수 전망 테라스 카페"

@nequidnimis92

야외 테라스가 멋진 카페다. 풍성한 나무 아래에 앉아 푸르른 자연을 담을 수 있다. 자연광과 풍경이 멋진 곳으로 야외 테라스에서 담양호수뷰를 즐길 수 있다. 내부 공간은 테이블 간격이 여유롭고, 탁 트인 느낌을 준다. 통창을 통해 보이는 초록 뷰가 멋지다. 자연과 함께 여유로운 시간을 즐겨보자. (p407 D:1)
- 전남 담양군 금성면 금성산성길 282-19
- #담양 #테라스카페 #숲뷰

추억의 골목 슈퍼
"달동네 슈퍼와 벼룩시장 풍경"

@jia_siu_ya

교복을 입고 추억의 골목에서 사진을 찍어보자. 슈퍼 앞, 추억의 과자집, 옛날 광고와 영화 포스터 앞, 학교 교실, 모든 곳이 포토존이라 다양한 컵셉의 인생 샷을 남길 수 있다. 추억의 골목에서 인생 샷도 남기고 추억의 과자도 사 먹으며 시간 여행을 즐겨 보자. (p407 D:1)
- 전남 담양군 금성면 금성산성길 282-6
- #추억의골목 #추억의슈퍼 #레트로

밀밀 카페 아치문
"파스텔톤 외관 논밭뷰 카페"

@s0___0j

파스텔톤의 외관에 양옆의 전등, 커다란 문의 입구가 메인 스팟이다. 벽만큼 커다란 문을 빙글 돌려 입장할 수 있다. 시골 자연 뷰를 만끽할 수 있는 카페로 초록 여름, 황금빛으로 물든 가을 등이 예쁘다. 논밭 뷰 통창 앞이나 안쪽 별도 공간 자리 등 포토스팟이 많다. 야외 정원에는 모래 놀이터가 있어 아이들과 함께하기 좋은 카페다. (p407 D:1)
- 전남 담양군 금성면 담순로 208
- #담양 #논뷰 #곰돌이큐브라떼

칠링스 카페 중세풍 샹들리에
"중세풍 인테리어 앤티크 카페"

@cherryxrin

입구에 들어서면 중앙의 샹들리에가 눈에 띈다. 중세풍 샹들리에 아래가 대표 포토 스팟. 전체적으로 엔틱한 느낌의 인테리어로 어디에서 찍어도 포토존이 된다. 카페 카운터 벽면에 빔프로젝트를 설치해 신전 느낌이 물씬 난다. 홍콩 감성의 빨간 조명, 카페 입구, 쇼파 등 포토존이 가득하다. 엔틱한 조명들과 네온들로 힙한 감성을 느낄 수 있다. (p407 D:1)

- 전남 담양군 담양읍 객사2길 14
- #담양 #창고형카페 #샹들리에

관방제림 달 포토존
"초승달 조명에 걸터앉아 찰칵"

@shy_for_scene

관방제림의 나무 위 별빛 조명을 배경으로 달 포토존에 앉아 옆모습을 찍으면 인생 샷을 찍을 수 있다. 달 포토존 주변 나무의 반짝이는 조명으로 신비로운 밤 분위기를 낸다. 관방제림은 단풍 명소로도 유명하다. 별빛 달빛길에 있는 달 포토존은 관방제림 주차장을 이용하지 말고 죽녹원 정문 입구 맞은편에 주차하면 가깝다. (p407 D:1)
- 전남 담양군 담양읍 객사7길 37
- #관방제림 #달포토존 #별빛달빛길

메타프로방스 프랑스마을
"유럽식 카페 레스토랑 거리"

@narcissist_j__

메타프로방스 마을의 알록달록한 벽이 이곳의 대표 포토존이다. 알록달록한 건물들 사이에서 사진을 찍어보자. 주황색 지붕의 프로방스풍 건물 앞 향나무 가로수 사이와 사람 키만 한 마카롱도 이곳의 포토존이다. 프로방스 마을은 담양 메타세쿼이아 길과 가깝다. (p407 D:1)

- 전남 담양군 담양읍 깊은실길 2-17
- #메타프로방스 #프랑스마을 #이국적

관방제림 메타세쿼이아길
"가을철 울긋불긋 단풍 풍경"

쭉 뻗은 메타세쿼이아 가로수 사이에 서서 사진을 찍어보자 담양의 메타세쿼이아가로수는 끝이 보이지 않는 긴 산책로와 나무 터널을 형성하고 있어 인생샷을 남기기 좋다. 관방제림에서 도보로 시간이 오래 걸리므로 기후체험관, 곤충박물관 건물에 주차하거나 중간 매표소에 주차하면 가깝다. (p407 D:1)

- 전남 담양군 담양읍 메타세쿼이아로 12
- #관방제림 #메타세쿼이아길 #담양

아우터베이크하우스 카페 입구
"이국적인 창고 개조 카페"

@chae_yomi.i

이국적인 외관이 인상적이다. 외관 전체를 담아도 좋고, 왼쪽의 작은 창문에서 사진을 찍어도 예쁘다. 샛노란 산수유가 피는 계절에 방문한다면 더욱 멋진 사진을 담을 수 있다. 창고를 개조한 곳으로 공간이 넓고 층고가 높다. 곳곳에 포토존이 가득하다. 2층 통창으로 보이는 대나무 풍경이 예쁘다. (p407 D:1)

- 전남 담양군 담양읍 시산1길 53
- #담양 #베이커리카페 #잔디

죽녹원 대나무숲
"하늘 끝까지 시원하게 펼쳐진 대나무숲길"

@hey__jihyo

쭉 뻗은 대나무를 배경으로 사진을 찍어보자. 나무 아래 대나무로 만든 시원한 해먹에 누워 명상에 잠긴 듯 사진을 찍으면 예쁜 사진을 찍을 수 있다. 해먹 외에 대나무 조형물과 의자도 있어 사진 찍기 좋다. 죽녹원은 언제 와도 조용히 산책하기 좋다. (p407 D:1)

- 전남 담양군 담양읍 죽녹원로 119

- #죽녹원 #대나무숲

소예르 카페 휴양지 인테리어
"구석구석 휴양지 느낌 카페"

@minshan_kk

카페 이름과 건물을 그려 넣은 회색 벽면 옆에 서서 제주 감성의 뒷모습을 배경으로 사진을 찍는 것이 포인트. 휴양지에 여행 온 느낌이다. 제주의 감성과 담양의 모습을 믹스한 듯한 모습으로 꾸며놓았다. 넓은 정원 곳곳을 휴양지를 온 듯한 파라솔과 의자 등으로 꾸며 놓아 편안한 마음으로 쉬며 사진찍기 좋다. (p407 D:1)

- 전남 담양군 담양읍 지침6길 78-6 1, 2동
- #담양 #제주감성 #휴양지감성

퍼프슈 카페 야구장 콘셉트 포토존
"라임색 야구장 콘셉트 카페"

@s00jini__

라임색으로 칠해진 외관이 눈길을 끈다. 야구장 콘셉트의 벽면에서 사진을 찍으면 색감이 예쁘고 인생샷을 남길 수 있다. 테이블의 분위기나 스타일이 달라 사진 찍는 재미가 있다. 층고가 높아 매장이 넓어 보이고, 카페 벽 한 면이 전체 통창으로 되어 있어 개방감이 좋다. 디저트 맛 집으로 다양한 종류의 슈페이스트리를 판매한다. 대표 메뉴는 퍼프크림커피다. (p407 D:1)

■ 전남 담양군 담양읍 태왕2로 149
■ #담양 #디저트맛집 #미국감성

다담한옥 마당뷰 툇마루
"한옥 마루에 앉아 힐링"

고즈넉한 한옥의 툇마루에 앉아 마당의 초록 풍경과 함께 사진을 찍는 곳이 이곳의 메인 포토존이다. 조용하고 한적한 달빛 무월마을 안에 자리하고 있으며, 천연 염색 공방도 운영하고 있어 사전 예약 시 체험이 가능하다. 마루에 앉아 있으면 새소리, 풍경소리, 바람에 나무 흔들리는 소리 등을 들으며 자연 속에서 힐링이 가능한 곳. (p407 D:1)

■ 전남 담양군 대덕면 무월길 17-15
■ #담양한옥펜션 #대나무뷰숙소 #힐링숙소추천

옥담카페 연못
"인공연못 사진 맛집"

인공연못 앞에 서서 하얀 건물을 배경으로 사진을 찍는 것이 시그니처다. 잔잔한 감동을 주는 연못 뷰가 멋지다. 프라이빗 룸에서 연못과 전원 풍경을 독점하듯 즐길 수 있다. 주차장에서 보는 카페 건물과 인공 연못은 한 폭의 그림 같다. 진짜 딸기우유가 대표 메뉴다. (p407 D:1)

■ 전남 담양군 봉산면 연산길 89-11
■ #담양 #연못뷰 #딸기우유맛집

주평 카페 유럽풍 동화 속 건물
"유럽풍 화려한 인테리어 카페"

빨간 대문으로 가는 길에 서서 사진을 찍어보자. 유럽풍 인테리어가 동화 속에 온 것처럼 예쁘다. 화려한 조명과 꽃무늬 쉬폰 커튼, 엔틱한 가구들과 예쁜 접시가 카페 분위기와 잘 어울린다. 잘 꾸며진 정원에서 예쁜 사진을 찍을 수 있다. 인위적인 느낌이 아니라

정원을 가꾼 이의 정성이 느껴진다. (p407 D:1)

■ 전남 담양군 수북면 용구동1길 53
■ #담양 #정원카페 #유럽감성

수풀잠 숲캉스
"독채 숙소에서 숲속 바캉스"

아름다운 자연을 바라보며 숲캉스를 즐길 수 있는 숙소 전체가 포토존인 곳. 침실, 거실, 욕실까지 모든 곳에서 숲멍을 누릴 수 있다. 숙소는 A, B동으로 나누어져 있으며, A동은 침실과 거실이 분리되어 있고 B동은 원룸 구조로 되어 있다. 바비큐는 이용할 수 없으며, 조식이 제공된다. (p407 D:1)

■ 전남 담양군 용면 월계길 11
■ #담양독채펜션 #숲캉스 #담양예쁜숙소

인우 카페 나이키 컬렉션
"나이키 매장에 온 듯 이색카페"

300족 이상의 희귀 신발 컬렉션이 나이키

매장에 온 듯한 느낌이다. 전남 최대 규모의 피규어 전시 카페답게 각종 피겨들과 신발들이 전시되어 있다. 푸릇한 배경에 네온사인이 곁들여진 포토존, 비비드한 컬러의 의자, 다양한 피겨 등과 함께 사진을 찍을 수 있다. 루프탑에서는 탁 트인 마운틴뷰를 즐길 수 있다. (p407 D:1)

■ 전남 담양군 용면 추령로 321
■ #담양 #나이키컬렉션 #피규어컬렉션

까망감스테이 통창숲뷰
"숲 전망 감성 휴식공간"

@mday_offf

침대 바로 옆에 있는 통창으로 숲과 정원을 바라보며 사진을 찍을 수 있다. 모든 객실에서 통창 숲뷰를 감상할 수 있고, 야외 테라스가 있으며 간단한 조식이 제공된다. 담양 시내에서 차로 15분 거리에 있으며, 추월산과 담양호를 끼고 있어 자연을 온전히 느낄 수 있는 곳이기도 하다. 바로 옆에 있는 까만감 카페에서 투숙객을 대상으로 무료 음료가 제공된다. (p407 D:1)

■ 전남 담양군 용면 추월산로 900-11
■ #담양감성숙소 #담양숙소추천 #담양통창숙소

리소프 담양호수뷰
"담양호 전망 개별 테라스"

@surrr93

담양 호수뷰 숙소로 잘 알려진 곳에서 인증 사진을 찍어보는 것은 어떨까. 군더더기 없는 깔끔한 내부 인테리어에, 베란다에는 캠핑 느낌 나는 의자와 테이블이 세팅되어 있다. 개별 베란다에서 담양호수를 볼 수 있고, 마당에는 투숙객이 모여서 불멍할 수 있는 공간이 마련되어 있다. 투숙객이 사 온 고기를 구워서 예쁘게 플레이팅 해서 가져다주는 서비스가 제공된다. (p407 D:1)

■ 전남 담양군 용면 추월산로 900-7
■ #호수뷰맛집 #담양감성숙소 #불멍숙소

고하도전망대
"판옥선을 격자로 쌓아 올린듯"

@mishony_

판옥선이 겹겹이 쌓여 있는 형상의 멋진 전망대 앞에서 사진을 찍어 보자. 마치 영화에 나올 것 같은 전망대 건물은 엘리베이터가 없지만 '단언컨대, 끝까지 올라간 보람을 느끼게 해드립니다'라는 문구처럼 끝까지 올라가 보면 한 폭의 그림 같은 해상 풍경을 감상할 수 있다. 목포 해상을 바라보며 사진을 남기기에도 좋다. (p406 B:2)

■ 전남 목포시 고하도안길 234
■ #고하도 #전망대 #판옥선

페어링 카페 빨간벽돌 외관
"빨간 벽돌이 인상적인 오션뷰 카페"

@roh_hee_jung_

3층 야외 테라스의 붉은 벽면에 카페 이름이 적힌 곳이 메인 포토존이다. 붉은색의 건물이 인상적이다. 빨간 색깔을 포인트로 인테리어를 했다. 테이블은 모두 우드톤으로 아늑한 느낌을 준다. 탁 트인 창 너머로 보이는 오션뷰에서 인생샷 찍기 좋은 2층. 3층은 바다를 한눈에 볼 수 있는 야외테라스다. 주차는 카페 앞이나 평화광장 공영주차장을 이용하면 된다. (p406 B:2)

■ 전남 목포시 미항로 139
■ #목포 #베이커리카페 #오션뷰

마샤 카페 캠핑오두막
"오두막 캠핑 콘셉트 카페"

@04__.09

야외 테라스의 오두막은 우드로 된 틀에 천으로 텐트 분위기를 내고, 캠핑 의자를 두어 캠핑장, 피크닉 느낌을 담을 수 있다. 양을산을 전경으로 둔 루프탑이 멋지다. 인조 잔디로 꾸며져 있어 더욱 푸릇한 느낌이다. 벽돌을 쌓아 올린 벽면 사이 공간에서 액자 뷰를 담을 수 있다. (p406 B:2)

- 전남 목포시 양을로397번길 29 송정빌딩
- #목포 #양을산카페 #오두막

목포근대역사관 1관 호텔델루나 촬영지
"주황색 외벽의 유럽식 호텔"

목포근대역사관 입구에서 호텔 델루나의 주인공 장만월처럼 사진을 찍어 보자. 건물 내부에 호텔 델루나 촬영 소품과 지배인 의상이 마련되어 있어 드라마 콘셉트 사진도 찍을 수 있다. 목포근대역사관은 1관과 2관이 따로 떨어져 있고 주차는 골목에 할 수 있다. (p406 B:2)

- 전남 목포시 영산로29번길 6
- #목포근대역사관 #호텔델루나 #드라마촬영지

목포 갓바위
"삿갓 쓴 두 사람이 반겨주는 곳"

갓을 쓰고 있는듯한 갓 바위 앞에서 사진을 남겨 보자. 맑은 날 햇빛에 비춰 더욱 하얗게 보이는 갓바위와 비취색으로 빛나는 강물과 함께 찍으면 인생 샷을 남길 수 있다. 갓바위 주변 데크 길과 갓바위에 조명이 들어오면 더욱 아름다운 야경 맛집이 된다. (p406 B:2)

- 전남 목포시 용해동 산86-24
- #목포 #갓바위 #버섯바위

목포스카이워크 목포대교뷰
"유리바닥 너머 푸른 바다 풍경"

목포대교가 보이는 목포 스카이워크의 대표 포토존 목포 스카이워크 조형물 위에 앉아 목포 해상을 바라보며 사진을 찍어보자. 선셋이 드리워진 목포 대교를 배경으로 찍어도 멋진 인생 샷을 찍을 수도 있다. 주차장은 따로 없어 갓길에 주차해야 한다. (p406 B:2)

- 전남 목포시 죽교동 465-151

- #목포스카이워크 #목포대교뷰 #선셋

시화골목길 연희네슈퍼
"시골감성 연희네슈퍼와 골목시장"

영화 '1987'의 촬영지인 연희네 슈퍼 앞 작은 벤치에 앉아 주인공이 되어보자. 연희네 슈퍼 맞은편 의상실에서 의상을 빌려 80년대 레트로 감성의 구부러진 골목길과 귀여운 벽화를 배경 삼아 사진 찍을 수도 있다. 연희네 슈퍼는 시화 골목길 입구에 있다. (p406 B:2)

- 전남 목포시 해안로127번길 14-2
- #시화골목길 #연희네슈퍼 #드라마촬영지

카페델마르 목포대교 오션뷰
"목포대교 무지개빛 방파제 전망"

통창을 통해 목포대교를 한눈에 담을 수 있다. 노을을 보며 데이트하기 좋은 곳이다. 목포대교뿐만 아니라 무지개 빛깔 방파제가 보여 뷰가 좋다. 좌석 형태도 다양하고, 배치 또한 다양해서 원하는 자리에 앉을 수 있다. 루프탑에서 한층 더 올라가면 있는 포토존.

바다에 빠질 듯 하늘에 떠 있는 듯한 사진을 찍을 수 있다. (p406 B:2)

- 전남 목포시 해양대학로 77 3층
- #목포 #목포대교뷰 #오션뷰

무안낙지공원 낙지전망대
"흐느적 낙지 모양 이색 전망대"

무안 낙지공원의 낙지 전망대는 이곳의 대표 포토존이다. 어마어마한 크기의 낙지다리 아래에서 사진을 찍어보자. 낙지공원에는 여러 조형물이 있어 사진 찍기 좋고 야경이 아름다운 밤에는 낙지 전망대를 배경으로 불이 들어오는 그네에 앉아 사진을 찍어도 좋다. (p406 B:2)

- 전남 무안군 망운면 송현리
- #무안낙지공원 #낙지전망대 #그네

애모시옹풀빌라 오션뷰 수영장
"일몰 때 가장 아름다운 오션뷰 풀장"

바다와 맞닿아 있는 듯한 미온수 인피니티 풀 수영장이 이곳의 메인 포토 스팟. 특히 일몰이 아름답다. 전 객실 프라이빗 수영장이 있고, 어닝이 설치되어 있어 비가 와도 물놀이를 할 수 있다. 1층 객실은 바다와 바로 연결되어 있어 해수욕이나 갯벌 체험 등도 즐

길 수 있다. 무안 공항에서 10분 거리에 있고, 목포와도 가까워 동선을 짤 때 참고하면 좋을 듯하다. (p406 B:2)

- 전남 무안군 망운면 피서리 803-45
- #무안고급풀빌라 #무안오션뷰숙소 #일몰맛집

백련지 백련카페뷰
"감성돋는 백련지카페 전망"

백련지의 등나무를 액자 삼아 벤치에 앉아 백련지의 연꽃과 유리온실인 백련 카페를 바라보며 사진을 찍어보자. 백련지의 여러 포토존이 있지만 등나무 아래에서 바라보는 이곳이 가장 예쁘다. 백련지를 가로지르는 출렁다리 가운데에 서서 양옆으로 펼쳐진 연꽃과 사진을 찍어도 멋지다. 무안 연꽃 축제 기간인 7월이 연꽃의 절정 시기이다. (p406 B:2)

- 전남 무안군 일로읍 복룡리 422-45
- #백련지 #백련카페뷰 #연꽃밭뷰

못난이미술관 못난이조형물
"볼 빵빵 귀여운 못난이 포토존"

보기만 해도 저절로 웃음이 나는 못난이 조형물과 사진을 찍어보자. 서로 손가락질을 하고 있는 못난이 조형물 사이에서 함께 손가락을 들고 찍으면 재미있는 사진을 찍을 수 있다. 정원에 있는 작가들의 재미난 작품도 감상하고 함께 사진을 찍어도 좋다. (p406 B:2)

- 전남 무안군 일로읍 상사바위길 125
- #못난이미술관 #못난이 #귀여운

윤제림 수국숲 오두막
"편백나무와 보랏빛 수국"

색색의 오색 수국이 피어있는 정원에 있는 작은 오두막에서 사진을 남겨보자. 백설 공주와 일곱 난쟁이가 살 것 같은 귀여운 오두막은 윤제림 내에 있는 성림원의 수국 정원 한가운데에 있다. 윤제림은 민간 정원으로 울창한 숲과 잘 가꾸어진 정원이 산책하기에

도 좋다. (p407 D:2)

- 전남 보성군 겸백면 주월산길 222
- #윤제림 #수국숲 #오두막

보성비봉공룡공원 공룡조형물
"실감나는 1:1 공룡 조형물"

@jiiiinuuuuuu

보성 비봉공룡공원 입구의 유리 돔과 브라키오사우루스 두 마리 사이에서 사진을 찍어보자. 공원 입구의 티라노사우루스 아래에서 도망가는 모습의 사진도 재미있게 찍어볼 수 있다. 전시장 내에도 공룡 조형물 전시와 실제 뼈도 관람하고 멋진 사진도 남겨 보자. (p407 E:2)

- 전남 보성군 득량면 공룡로 822-51
- #보성비봉공룡공원 #공룡 #브라키오사우루스

득량역 추억의거리 역사
"역무원 모자를 쓰고 역앞에서 사진찍기"

@things_ilove_

옛 시골 분위기의 득량역 앞에서 역무원의 모자를 쓰고 사진을 찍어보자. 역사 내에서 기관사 의상에 무전기를 들고 대합실을 배경으로 사진을 찍어 볼 수 있다. 추억의 거리에는 70년대 풍경의 골목길과 건물 등 여러 포토존이 있다. (p407 D:2)

- 전남 보성군 득량면 오봉리 909-35
- #득량역 #기관사 #추억의거리

벌교생태공원 갈대밭
"아름다운 갈대 지평선"

@_jk.eun

광활한 갈대밭 사이 데크길에서 갈색으로 익어가는 키 큰 갈대를 배경으로 사진을 찍어보자. 순천만의 미니 버전으로 통하는 벌교생태공원은 한적하게 사진 찍을 수 있다. 갈대 시기는 9월이 절정이고 데크길과 가까운 주차장은 벌교 생태공원 주차장이다. 벌교생태공원은 낙안읍성에서 15분 거리에 있다. (p407 E:2)

- 전남 보성군 벌교읍 신정길 4-131
- #벌교생태공원 #갈대밭 #데크길

보성여관 외관
"태백산맥의 그 목조건물"

@young_lizzy

일본 구옥의 보성여관 건물 입구와 고즈넉한 분위기의 건물 내 툇마루에 앉아 사진을 찍어보자. 일제강점기의 역사적 상징물이며 조정래 작가 소설 〈태백산맥〉에 소개된 장소로 유명한 보성여관은 실제 숙박도 가능

하다. 주차는 인근 공영주차장 이용. (p407 E:2)

- 전남 보성군 벌교읍 태백산맥길 19
- 보성여관 외관

대한다원보성녹차밭 능선
"줄지어 서있는 차밭능선"

@g.na_mi

능선 위 녹차밭의 녹차 나무를 배경으로 사진을 찍어보자. 녹차밭과 녹차밭 사이 홀로 서 있는 나무가 보이는 곳이 이곳의 포토존이다. 녹차밭의 키 큰 전나무가 병풍처럼 둘려 녹차밭과 함께 초록의 분위기 있는 사진을 찍을 수 있다. 녹차밭은 여름에도 좋지만, 특히 눈 내린 녹차밭의 풍경 또한 아름답기로 유명하다. (p407 D:2)

- 전남 보성군 보성읍 녹차로 763-43
- #대한다원 #보성녹차 #능선

춘운서옥 카페 툇마루
"정원 전망 툇마루 포토존"

@acbbnet

툇마루에 앉아 정원을 담아보자. 방에서 정원을 향해 사진을 찍으면 운치 있는 사진을 찍을 수 있다. 야외 테이블, 방으로 된 실내,

일반 카페 홀 등 다양한 공간이 있는데 곳곳이 포토존이다. 오래된 역사처럼 정원에는 큰 나무들이 많고, 소나무가 집 주변을 둘러싸고 있다. 카페 외부에는 동굴이 있는데, 색감이나 질감이 특이해 사진 찍기 좋다. (p407 D:2)

- 전남 보성군 보성읍 송재로 211-9
- #보성 #한옥카페 #동굴

매선당 한옥 자쿠지
"돌담으로 둘러싸인 야외 자쿠지"

@mc_the_sj

돌담으로 둘러싸인 별채에서 반신욕을 즐길 수 있는 자쿠지가 시그니처 포토존. 자쿠지와 함께 다도 공간이 있어 차를 마시며 피로를 풀 수 있는 곳. 매선당은 아담한 구옥을 리모델링한 곳으로, 정겨운 시골집에 와있는 느낌을 받을 수 있다. 한옥인 만큼 바비큐가 불가하고, 대신 에어프라이어가 구비되어 있다. (p407 D:2)

- 전남 보성군 보성읍 인사길 18-20
- #보성한옥독채 #자쿠지숙소 #보성감성숙소추천

초록잎이펼쳐지는세상 카페 녹차
"녹차밭 전망 테라스 포토존"

@hap.pyjin

2층 테라스에 포토존을 마련해놨다. 넓게 펼쳐진 녹차밭에서 카페 이름처럼 초록 잎이 펼치는 세상을 가득 담은 사진을 찍을 수 있다. 녹차를 활용한 음료, 쿠키, 아이스크림을 판매한다. 차밭과 연결되는 나무 계단이 있어 차밭을 둘러볼 수 있다. 차밭에 있는 풍차 앞에서 사진을 찍어도 예쁘고 차밭에 들어가 사진을 찍어도 싱그러운 사진을 찍을 수 있다. (p407 D:2)

- 전남 보성군 회천면 녹차로 613
- #보성 #녹차밭 #녹차아이스크림

보성율포해수욕장 손하트조각상
"흰색 손이 그려낸 하트사인"

@js_1222.

보성 율포해수욕장 손하트 조각상은 이곳의 인기 포토존이다. 조형물 앞에서 사진을 찍어도 좋고 엄지손가락 위에 앉아 사진을 찍으면 더 예쁜 사진을 남길 수 있다. 보성 율포해수욕장에는 손하트 조각상 외에 더 많은 포토존과 조형물이 있다. 보성 율포해수욕장에서 해수욕도 즐기고 추억도 남겨 보자. (p407 D:2)

- 전남 보성군 회천면 동율리 544-13
- #보성율포해수욕장 #손하트조각상 #포토존

순천만국가정원 네덜란드정원
"빨주노초파 오색빛 튤립"

@zzeong_v

봄을 알리는 꽃. 튤립이 핀 정원의 풍차 앞에서 사진을 찍어 보자. 드넓은 순천만 국가 정원에서 봄에 가장 돋보이는 이곳이 메인 포토존이다. 네덜란드풍의 풍차와 튤립은 네덜란드에 와있는 착각이 들게 한다. 네덜란드 정원 외에 세계 여러 나라 콘셉트의 정원이 있어 함께 둘러보길 추천한다. 튤립은 4월 중순이 절정이다. (p407 E:2)

- 전남 순천시 국가정원1호길 152-55
- #순천만국가정원 #네덜란드정원 #튤립

휴휴가 원형 창문
"대나무숲 전망 반신욕장"

@s_in__p

원형 창문으로 보이는 대나무를 바라보며 반신욕을 할 수 있는 욕조가 메인 포토존. 보기만 해도 힐링이 되는 뷰와 함께 따뜻한 물에 몸을 담그면 하루의 피로를 날릴 수 있을 것. 순천 문화의 거리 근처에 있어 이동이 편리하고, 식당, 카페 등을 편하게 이용할 수 있다. 차량 이용 시 전용 주차장이 없으므로 근처 공용 주차장을 이용해야 한다. (p407 E:2)

■ 전남 순천시 금곡길 58
■ #순천한옥숙소 #한옥독채펜션 #순천에어비앤비

낙안읍성민속마을 초가지붕
"초가집 한옥들과 고즈넉한 돌담길"

@mjbbang_90

낙안읍성의 성곽에 앉아 동글동글 귀여운 초가지붕을 바라보며 사진을 찍어 보자. 성곽을 따라 걷다 보면 언덕으로 올라가는 길 대나무밭이 있는 이곳이 낙안읍성을 한눈에 담을 수 있는 대표 포토존이다. 성곽은 그리 힘들지 않고 마을 전체를 조망할 수 있어 이곳이 아니어도 걷다 보면 또 다른 예쁜 풍경을 만날 수 있다. 올라가는 길이 여러 군데이니 어느 곳으로 가도 좋다. (p407 E:2)

■ 전남 순천시 낙안면 평촌리 6-4
■ #낙안읍성 #성벽투어 #초가지붕

헤이42 파스텔 풀장
"루프탑의 핑크벽 미니 풀장"

@j_jmin

파스텔톤으로 꾸며진 루프탑 미니 풀장이 이곳의 메인 포토존. 튜브, 물놀이 장난감, 구명조끼 등이 구비되어 있고, 수영장 물을 매일 교체한다는 장점 때문에 아이와 오기에도 좋은 곳. 총 5층의 독채 건물이며, 땅콩주택으로 아담한 사이즈의 규모지만 필요 물품은 다 구비되어 있다. 층마다 다른 색감의 인테리어가 인상적이며, 순천만 정원, 순천만 생태공원 등이 가까워 같이 둘러보기 좋다. (p407 E:2)

■ 전남 순천시 북부시장길 42
■ #순천독채숙소 #루프탑풀장 #아이와함께

순천드라마촬영장 복고 건물
"옛 영화관 사진관 극장골목"

@byeonbohyeon_

복고풍 건물을 배경으로 교복을 입고 사진을 찍어보자. 60~80년대 배경의 여러 드라마 촬영 장소인 순천드라마 촬영장은 입구부터 옛날 텔레비전 모양으로 되어 있어 거리 전체가 포토존이다. 건물과 학교, 산복도로위 집까지 그 시절 풍경을 재현해 놓아

어떻게 찍어도 재미난 사진을 찍을 수 있다. 교복과 교련복은 의상실에서 대여. (p407 E:2)

■ 전남 순천시 비례골길 24
■ #순천드라마촬영장 #레트로 #교복

순천만습지 갈대밭 데크길
"가을이면 은빛 금빛 일렁이는 곳"

@ooo.kay.eee

은빛 일렁이는 갈대와 갈대밭 사이로 길게 뻗은 데크길 가운데 서서 갈대를 배경으로 사진을 찍어보자. 순천만 습지는 언제 와도 아름답지만 그중 갈대가 피는 가을이 가장 유명하다. 넓은 습지에 조성된 갈대밭은 바람이 불면 햇빛에 비친 갈대가 은빛 바다를 연상하게 한다. 데크길도 여러 갈래로 조성되어 있어 산책하기도 좋다. 갈대를 보려면 9월에서 11월사이가 좋다. (p407 E:2)

■ 전남 순천시 순천만길 513-25
■ #순천만습지 #갈대밭 #가을여행

오르페우 카페 빈티지 감성
"빈티지 소품들로 꾸며진 카페"

@m.pine_9

빈티지한 느낌의 카페다. 빈티지 소품과 함

께 사진을 찍어보자. 유리 벽면에 가득 붙여진 스티커가 간판을 대신한다. 인테리어도 예쁘고 전시회에 온 듯한 느낌도 난다. 빈티지한 소품, 포스터, 전자기기들 등 사진 찍기 좋은 사진 맛집이다. 주차는 주변 골목에 해야 한다. (p407 E:2)

- 전남 순천시 연향번영3길 12-18
- #순천 #빈티지카페

호텔지뜨 논밭뷰 침실
"순천 논밭 뷰 인테리어 깔끔한 숙소"

@ssujin__a

깔끔하게 꾸며진 객실 안에서 순천의 광활한 논밭 뷰를 배경으로 사진을 찍어보자. 순천만정원 근처에 있는 이곳은 순천역에서 버스로 10분 거리에 있어 이동이 편리하고, 도보 3분 거리에 마트와 편의점이 있어 편의시설 이용도 용이하다. 숙소는 수영장, 스파, 키즈룸 등 다양한 객실이 있어 원하는 타입의 방을 골라서 예약하기 좋은 곳. (p407 E:2)

- 전남 순천시 팔마2길 11
- #순천논밭뷰호텔 #순천힐링숙소 #순천호텔추천

와온해변 일몰
"일몰 붉은노을 예쁜 곳"

@zzixx_you

와온해변의 일몰 시각에 사진을 찍을 수 있는 특별판 포토존이 있다. 반영샷을 찍을 수 있는 네모난 웅덩이에서 사진을 찍어보자. 이곳은 썰물 때에만 가까이 갈 수 있어 시간과 날짜를 잘 맞춰 가는 것이 포인트. 조각상 앞에 작은 물웅덩이에 비친 그림자 반영샷을 찍으면 보다 멋진 사진을 남길 수 있다. (p407 E:2)

- 전남 순천시 해룡면 와온길 133 와온관광문화관
- #와온해변 #일몰 #반영샷

앵무 카페 로고 붉은담
"붉은 담 루프탑 카페"

@aluv_eyelove

루프탑 붉은 담에 카페 로고가 그려져 있다. 이곳이 메인 포토존. 담 앞에 서서 귀여운 표정을 지으며 인증샷을 찍어 보자. 카페 입구 왼쪽 벽에는 예쁘게 앵무 글씨가 적혀 있다. 이곳도 인기 포토존이다. 통창으로 넓게 펼

쳐진 잔디밭을 볼 수 있고, 루프탑은 캠핑 의자로 꾸며놓아 캠핑하러 온 느낌이다. 넓게 펼쳐진 논이 평화롭다. (p407 E:2)

- 전남 순천시 해룡면 해룡로 802
- #순천 #정원카페 #붉은담

비금도 하트해변
"오른쪽으로 기울어진 하트해변"

@joian._joy_ian

연인이 함께 오면 사랑이 이루어진다는 하트해변을 배경으로 사진을 찍어보자. 해 질 녘 바다로 떨어지는 노을빛이 해변을 물들이면 붉게 물든 하트를 볼 수 있다. 드라마 봄의 왈츠에 나와서 유명해진 하트해변은 전망대까지 차를 타고 이동하며 밀물 때를 잘 맞춰야 선명한 하트를 만날 수 있다. (p406 A:2)

- 전남 신안군 비금면
- #비금도 #하트해변 #일몰

퍼플섬 퍼플교
"보랏빛 퍼플섬의 길목"

@su__in_2

푸른 바다 위 섬과 섬 사이를 이어주는 이색적인 퍼플교에서 보라색 옷을 입고 사진을

찍어보자. 퍼플교는 안좌면에서 박지도와 반월도를 이어주는 다리이다. 퍼플교를 가기 위해서는 입장료를 지불해야 하지만 보라색 의상을 입고 가면 무료로 들어갈 수 있다. 보라색의 아름다운 다리에 오색 등이 켜지는 밤에는 멋진 야경이 펼쳐진다. 주차는 두리 선착장에 하고 도보로 이동. (p406 A:2)

- 전남 신안군 안좌면 소곡리 709-7 두리선착장
- #퍼플섬 #퍼플교 #보라색

신안 동백나무 파마머리 벽화
"가장 유명한 뽀글머리 벽화"

@_oh__ej

동백나무 파마머리를 한 노부부 벽화 사이에 서서 사진을 찍어보자. 푸근하고 정이 넘쳐 보이는 벽화는 실제 주인공의 집 담벼락에 그려져 있다. 벽화가 그려진 담 바로 앞으로 차가 많이 다니는 도로에 있어 사진을 찍을 때 주의가 필요하다. 벽화는 암태도 기동 삼거리 버스 정류소에서 가깝다. 이곳은 신안 퍼플 섬과 가까우니 함께 들러보는 것도 좋겠다. (p406 A:2)

- 전남 신안군 암태면 기동리 기동삼거리
- #신안 #동백나무 #파마머리

가거도등대 액자 프레임
"검정 프레임 사이 푸른 해변"

@guambingo

하얀 가거도 등대와 함께 액자 포토존에 앉아 사진을 찍어보자. 대한 제국 시절 만들어진 국토 최서남단에 있는 가거도 등대는 등대 건물 자체만으로도 예뻐 앞에서 등대와 함께 사진을 찍는 사람들이 많다. 등대는 가거도 탐방길 5구간에 있다. (p406 A:3)

- 전남 신안군 흑산면 가거도리 산4
- #가거도등대 #액자포토존 #등대탐방

청수당 카페 대나무 입구
"대나무와 전등으로 꾸민 감성카페"

@sseoyeony

대나무가 우거진 청수당 입구가 메인 포토존. 대나무에 걸린 전등에서 일본 느낌이 물씬 난다. 입구 쪽 작은 연못엔 금붕어들이 살고 있다. 깔끔한 인테리어에 테이블 중앙 수로가 인상적이다. 수로 끝 통창으로 보이는 여수 바다가 멋지다. 실내도 대나무와 전등으로 꾸며져 어디에서 찍어도 분위기 있는 사진을 찍을 수 있다. 이순신광장 근처에 위치해 여수바다가 잘 보인다. (p407 F:3)

- 전남 여수시 고소3길 49
- #여수 #일본풍 #오션뷰

카페드몽돌 오션뷰 액자 프레임
"2층 오션뷰 라탄 파라솔 설치"

@chae_ah_zz

2층에 있는 큰 창문 앞이 메인 포토존. 통창을 통해 보이는 오션뷰, 흔들의자에 앉아 바다를 바라보며 여유로운 느낌의 사진을 찍을 수 있다. 푸른 바다와 대비되는 하얀 건물과 바다, 라탄 파라솔이 이국적인 느낌이다. 통창을 통해 조용하고 한적한 오션뷰를 즐길 수 있다. 여수 특산물을 이용한 브런치 메뉴가 유명하다. (p407 F:2)

- 전남 여수시 돌산읍 계동로 552
- #여수 # 오션뷰 #브런치카페

블루망고풀빌라 인피니티풀 그네
"여수 바다 전망 인피니티 풀"

@_in_2

대표 포토존으로 잘 알려진 스윙 그네에서 이국적인 느낌 가득한 사진을 촬영할 수 있다. 야외에 스카이워크, 테라스, 천국의 계단 등 여러 포토존이 있어 여수 바다를 배경으로 예쁜 사진을 남길 수 있다. 돌산대교를 지나 20분 가량 달리면 만날 수 있는 곳으로,

스파룸, 키즈룸, 풀빌라까지 다양한 객실 보유하고 있다. 야외 수영장은 메인 풀과 인피니티풀 두 곳으로 운영 중이다. (p407 F:2)

- 전남 여수시 돌산읍 계동해안길 90
- #여수풀빌라 #여수포토존숙소 #여수오션뷰숙소

로스티아 카페 오션뷰 수국
"바다와 수국 전망 다이닝카페"

6월 말~7월 초에 방문해 만개한 수국과 바다, 하늘을 한 장의 사진에 담을 수 있다. 창가에 앉으면 오션뷰를 제대로 감상할 수 있다. 루프탑에는 빈백이 있어 편안하게 오션뷰를 즐길 수 있다. 내부가 넓고 정원의 잔디도 잘 관리되어 있어 아이들이 뛰어놀기 좋다. 애견 동반이 가능하고, 다이닝과 카페를 모두 즐길 수 있는 곳이다. (p407 F:2)

- 전남 여수시 돌산읍 돌산로 3116 1F
- #여수 #오션뷰 #수국

디아크리조트 오션뷰 인피니티풀
"바다전망 대형 인피니티 풀"

두 곳의 대형 인피니티풀이 있는 숙소로, 특

히 바다와 맞닿아 있는듯한 스카이피니티풀이 메인 포토 스팟이다. 디아크리조트는 2019년부터 3년 연속 대한민국 숙박 대상을 받은 곳으로, 여수의 대표 숙소중 한 곳이다. 객실은 테라스룸, 패밀리룸, 원룸 등 여러 종류의 타입으로 나누어져 있다. 오션뷰 프레임으로 사진을 남길 수 있는 선셋룸이 가장 인기있는 방이다. (p407 F:2)

- 전남 여수시 돌산읍 돌산로 3169-30
- #여수인피니티풀 #여수럭셔리숙소 #여수숙소추천

돌산공원 돌산대교뷰
"밤 조명이 아름다운 돌산대교"

여수 밤바다의 아름다운 야경 명소 중 하나인 돌산대교를 바라보며 사진을 찍어보자. 반짝이는 다리의 불빛이 바닷물에 일렁이는 돌산대교를 제대로 보려면 돌산공원 전망대나 남산공원에 올라가야 한다. 횟집이 즐비한 돌산대교 아래 거리에서 바라보는 대교도 볼만하다. (p407 F:2)

- 전남 여수시 돌산읍 돌산로 3617-7
- #돌산공원 #전망대 #돌산대교

슈가브리움 인피니티풀 플로팅
"발리 감성 풀장에서 플로팅 조식"

오션뷰 인피니티풀에서 플로팅 조식과 함께 발리 감성 충만한 사진을 찍어보자. 야외에 그네, 그물, 다양한 조형물 등 다양한 포토존이 마련되어 있다. 예능 프로그램 미운우리새끼 촬영지로 유명한 곳으로, 전 객실 오션뷰와 개별 수영장을 보유하고 있고 애견 동반 객실이 따로 있다. 숙소 투숙객은 선착장 이용료 5천 원만 지불하면 선셋 요트투어도 즐길 수 있다. (p407 F:2)

- 전남 여수시 돌산읍 몰돔벙길 54
- #여수풀빌라추천 #플로팅조식 #애견동반숙소

하이클래스153 리조트 & 풀빌라 & 키즈랜드 바다 그네
"발리 느낌 오션뷰 그네 포토존"

발리 우붓 감성을 느낄 수 있는 하이 스윙 그네가 메인 포토존. 바닥과 찍는 사람 그림자

가 안 나오게 찍는 게 중요하다. 카페 주문이나 리조트 투숙 고객만 이용할 수 있고 드레스를 대여해 준다. 한쪽 벽면이 통창으로 되어 있는 시원한 오션뷰를 즐길 수 있다. 인피니티 풀 옆에 위치한 스카이 워크, 천국의 계단, 포토 프레임 등 곳곳에 포토존이 가득하다. (p407 F:2)
- 전남 여수시 돌산읍 무술목길 116
- #여수 #스윙그네 #발리감성

여수예술랜드 미다스의 손
"바다로 쭉 뻗어있는 거대한 손"

여수예술랜드의 대표 랜드마크 미다스의 손 바닥 위에 서서 아래를 내려다보며 사진을 찍어 보자. 밑에서 찍으면 커다란 손과 함께 멋진 사진을 찍을 수 있다. 미다스의 손은 오전에 일찍 가면 오래 기다리지 않고도 사진을 찍을 수 있지만 11시 이후에는 번호표를 받아 사진을 찍을 수 있다. 미다스의 손 외에도 신화 속 주인공과 멋진 조형물 포토존이 있다. (p407 F:2)
- 전남 여수시 돌산읍 무술목길 142-1
- #여수예술랜드 #미다스의손 #신화

라피끄 카페 오션뷰 레드 샹들리에
"오션뷰 계단 포토존이 인기"

@eunuemo

2층에 서서 1층을 담아보자. 핫핑크 샹들리에, 오션뷰를 한 프레임에 담을 수 있다. 창 너머로 보이는 어마어마한 풍경에 감탄하게 되는 곳이다. 카운터 옆 계단을 통해 천국의 계단 포토존으로 갈 수 있다. 계단에 올라 하늘에 오르는 사진을 찍을 수 있다. 통창에서 보는 오션뷰, 테라스에서 보는 오션뷰 등 어디에 앉아서 풍경이 좋은 곳이다. (p407 F:3)
- 전남 여수시 돌산읍 무술목길 142-1
- #여수 #오션뷰 #천국의계단포토존

모이핀 카페 오션뷰 테라스
"여수 바다를 한눈에 대형 오션뷰"

@s__hyunni_

4층 테라스에 선 모습을 반대편 루프탑에서 찍으면 된다. 카페 외벽이 대부분 통창으로 되어 있어 카페 내부 어디서든 반대편 내부 모습을 볼 수 있다. 탁 트인 바다와 화이트 인테리어의 건물을 함께 담을 수 있다. 숲속을

연상케 하는 1층 공간도 사진 찍기 좋다. 1층 안쪽의 거울 포토존은 마치 겨울의 숲속을 연상시킨다. 몽돌라테, 몽돌 케이크가 대표 메뉴다. (p407 F:2)
- 전남 여수시 돌산읍 무술목길 50
- #여수 #오션뷰 #대형카페

승월마을 벚꽃길
"봄이면 벚꽃 터널이 생기는 곳"

@ji._yeon93

승월 저수지를 따라 피어난 벚꽃 터널 아래에서 사진을 찍어보자. 돌산도 성월 마을 입구에서 시작되는 벚꽃은 오래전부터 벚꽃 터널로 유명하다. 저수지를 따라 조성된 데크 길을 따라 벚나무 아래 개나리와 함께 사진을 찍어도 멋진 사진을 남길 수 있다. (p407 F:2)
- 전남 여수시 돌산읍 서덕리
- #승월마을 #벚꽃길 #벚꽃터널

거북선대교 야경
"조명이 찬란하게 빛나는 야경맛집"

@j2vvoooo_o

여수 밤바다의 반짝이는 거북선대교를 배경으로 사진을 찍어보자. 아래에서 찍는 거

북선대교는 웅장해 보인다. 케이블카 탑승장에서 보는 거북선 대교 뷰도 이곳의 포토존이다. 매년 10월에 열리는 여수 밤바다 불꽃 축제와 케이블카를 타고 위에서 내려다보는 여수의 밤바다 풍경도 추천한다. (p407 F:3)

■ 전남 여수시 돌산읍 우두리 776-10
■ #거북선대교 #야경 #여수밤바다

하월 아치형 테라스
"감성 넘치는 초록빛 정원 테라스"

@kangmina_89

녹색과 베이지색이 메인 컬러로 꾸며진 거실에서 야외 정원뷰로 사진을 찍을 수 있는 테라스가 시그니처 포토존. 하월은 한 팀만 이용할 수 있는 프라이빗 독채 숙소로, 침실, 부엌, 거실, 테라스로 이루어져 있다. 특히 통유리 나무뷰를 바라보며 이용할 수 있는 자쿠지가 또 다른 포토존으로 유명하다. 실내 바비큐존이 따로 마련되어 있으며, 조식과 차가 제공된다. (p407 F:2)

■ 전남 여수시 돌산읍 평사로 160
■ #여수자쿠지숙소 #돌산감성숙소 #여수독채펜션추천

무슬목해변 몽돌
"동글동글 몽돌이 모인 풍경"

@yum_108

무슬목 해변의 동글동글한 해변에서 바다 위 떠 있는 두 개의 몽돌 같은 형제섬을 바라보며 사진을 찍어보자. 모래사장 위 흩어져 있는 큰 몽돌 위에 자라난 초록색 해초가 두 개의 형제섬과 닮아 귀엽다. 해변가의 해송 아래에 조각 공원도 이곳의 포토존이다. (p407 F:2)

■ 전남 여수시 돌산읍 평사리
■ #무슬목해변 #몽돌 #형제섬

큰끝등대 하얀등대
"지중해 감성 물씬 하얀등대"

@h.00.7

여수의 푸른 바다 위 동화 같은 풍경의 하얀 큰 끝 등대 앞에서 사진을 찍어보자. 멀리서 찍는 등대도 예쁘지만 직접 등대까지 올라가 바다 가까이에서 찍어도 시원한 파도를 느끼며 인생 샷을 남길 수 있다. 입구의 갓길에 주차하고 왼쪽으로 5분 정도 걸으면 등대가 있다. (p407 F:2)

■ 전남 여수시 돌산읍 평사리 산1-1
■ #큰끝등대 #하얀등대 #웹드라마촬영지

녹테마레 나무 미디어아트
"빛의 나무 미디어아트 전시"

@doidoi_lulu

빛이 내려오는 기억의 나무가 메인 포토존이다. 나무 아래서 여수의 봄, 여름, 가을, 겨울 사계절의 변화를 볼 수 있다. 내부 곳곳에 포토 스팟이 있어 사진 찍기 좋은 곳이다. 우리나라 최초 미디어아트 파빌리온으로 만들어진 곳이며, 빛과 기억의 공간이라는 주제로 총 8개의 전시관을 둘러볼 수 있다. KTX 여수역과 차로 10분 거리에 있어 접근성이 좋다. (p407 F:2)

■ 전남 여수시 만성로 294
■ #여수미디어아트 #여수가볼만한곳 #여수실내데이트

만성리검은모래해변
"백사장이 아닌 검은모래사장"

@kittymom.shernnie

만성리 검은 모래 해변에서 이색적인 검은 모래를 배경으로 사진을 찍어보자. 만성리 검은 모래 해변은 차박 성지로 검은 모래 위에 캠핑 의자만 하나 놓으면 멋진 그림이 완성된다. 인근 주차장에서 차박도 하고 인생 샷도 남겨보자. (p407 F:2)
■ 전남 여수시 만흥동
■ #만성리 #검은모래해변 #차박

미평산림욕장 맥문동
"보랏빛 맥문동 군락지"

@j.blanc_yeosu

빽빽한 전나무 숲 사이 데크길 양옆으로 핀 보라색 물결의 맥문동 앞에서 사진을 찍어보자. 빛이 사선으로 들어오는 오후의 자연광에 맥문동이 반짝거릴 때가 가장 예쁜 사진을 찍을 수 있다. 맥문동뿐 아니라 가을에는 빨간 꽃무릇이 피어, 또 다른 포토존을 만들어 준다. 맥문동을 8월에 가면 만날 수 있다. (p407 F:3)
■ 전남 여수시 미평동 산64-2
■ #미평산림욕장 #맥문동 #보라색

아르떼뮤지엄 여수 오로라 파도
"진짜 오로라보다 몽환적인 풍경"

@wedne_day

잔잔한 파도와 화려하게 반짝이는 오로라를 배경으로 사진을 찍어보자. 여수의 밤바다를 표현한 오로라 파도 작품 외에도 규모가 큰 아르떼 뮤지엄 여수에는 테마별 미디어 아트와 거울방 등 수많은 포토존이 있다. (p407 F:3)
■ 전남 여수시 박람회길 1 국제관 A동 3층
■ #아르떼뮤지엄 #미디어아트 #오로라파도

아이뮤지엄 여수점 풀문샷
"이색적인 미디어아트 전시"

@___hye_ni

은은하게 빛나는 풀 문과 함께 연인과 다정하게 사진을 찍어보자. 풀 문 포토존 외에도 플라워, 우주 등 아이 뮤지엄은 3개의 관으로 나누어져 있고 풀 문은 1관에 있다. 아름다운 미디어 아트도 관람하고 인생 샷도 남겨보자. 주변이 어두우므로 거울방을 지날 때는 조심. (p407 F:2)
■ 전남 여수시 박람회길 1 국제관 D동 3층

아이뮤지엄
■ #아이뮤지엄 #풀문 #미디어아트

카페에이 A 조명
"기하학 조명 맛집 카페에이"

@i_am_yerin

A를 형상화한 은은한 조명 앞에 서서 사진을 찍어 보자. 카페 이름처럼 조명이 A로 되어 있다. 조명에 비친 실루엣을 찍으면 멋진 사진을 남길 수 있다. 카페는 여수 엑스포 안 국제관 3층 아르떼 뮤지엄 앞에 있다. (p407 F:3)
■ 전남 여수시 박람회길 1 A동 3층
■ #카페에이 #A조명 #실루엣

여수테디베어뮤지엄 건널목
"귀여운 테디베어와 인증샷"

@hwa___1210

테디베어와 함께 건널목을 건너는 이곳이 대표 포토존이다. 귀여운 테디베어와 함께 전 세계를 여행하는 기분을 느끼며 사진을 찍어보자. 커다란 테디베어와 오토바이도 타고, 캠핑하거나 실험실, 서재에서도 함께 할 수 있다. 포토존은 3, 4층에 많이 있다. (p407 F:2)
■ 전남 여수시 소라면 안심산길 155
■ #여수테디베어뮤지엄 #건널목 #테디베어

유월드 루지 테마파크 천국의 계단
"바다로 뻗어있는 흰색 계단 포토존"

파란 하늘과 하양 구름 위로 올라갈 듯한 천국의 계단에서 사진을 찍어보자. 하얀 계단 위에 서서 문을 통과하듯 찍거나 연인과 함께 손을 마주 잡고 찍어도 예쁜 사진을 찍을 수 있다. 천국의 계단은 루지 탑승장 위에 있다. 유 월드 천국의 계단은 전국에서 제일 높은 곳에 있어 사진을 어느 방향으로 찍어도 파란 하늘과 찍을 수 있다 (p407 F:2)
- 전남 여수시 소라면 안심산길 155
- #유월드 #루지 #천국의계단

유월드루지테마파크 킹콩
"거대한 킹콩과 같이"

커다란 킹콩 아래에 서서 사진을 찍어 보자. 킹콩의 손 잡혀 있는 여자의 겁에 질린 얼굴이 실제 영화 속에 들어온 듯 실감 난다. 킹콩은 유월드루지 테마파크 입구에 티라노사우루스와 함께 있다. 루지를 타고 스피드도 즐

기고 멋진 사진을 남겨 보자. (p407 F:2)
- 전남 여수시 소라면 안심산길 155
- #유월드 #루지테마파크 #킹콩

소호동동다리 하트포토존 야경
"화려한 야간 조명이 아름다운 커플 포토존"

야경이 아름다운 소호동동다리의 하트 모양 포토존에 앉아 기타와 함께 사진을 찍어보자. 그 옆에 장미 의자에는 연인을 앉히면 된다. 시시각각으로 바뀌는 조명의 소호동 동다리 위를 산책도 하고 야경을 즐기기에 좋은 곳이다. 기타는 조형물에 붙어있으니 따로 준비하지 않아도 된다. (p407 F:2)
- 전남 여수시 소호동 498-1
- #소호동동다리 #야경 #하트포토존

오동도 바람골
"절벽 프레임 바다사진"

절벽 사이로 보이는 바다를 배경으로 기암절벽 위로 자라난 나무 프레임 앞에서 사진을 찍어 보자. 파란 바다와 함께 멋진 실루엣이 만들어낸 인생 샷을 찍을 수 있다. 바람골

의 기암 적벽의 웅장함을 담으려면 세로 사진은 필수이다. 희귀 수목과 기암절벽이 멋진 오동도는 섬 자체가 하나의 동백으로 불릴 만큼 동백꽃이 많다. 동백꽃이 피는 겨울에 찾아가 보길 추천한다. (p407 F:3)
- 전남 여수시 수정동 산1-11
- #오동도 #바람골 #기암절벽

오션오르간길 건반 펜스
"피아노 모양 울타리 둘레길"

파도가 만들어낸 오르간 소리를 들을 수 있는 오션 오르간 길의 메인 포토존은 오르간 건반 모양이 귀여운 펜스 앞이다. 바다를 배경으로 펜스 앞에서 사진을 찍어 보자. 건반 펜스 포토존은 오르간 길 전망대 쉼터 2층에 있다. 오션 오르간 길 입구는 화장실 옆에 있다. (p407 F:3)
- 전남 여수시 엑스포대로 320
- #오션오르간길 #건반 #바다뷰

플랜디맨션 카페 수영장
"수영장 딸린 캠핑감성 카페"

주택을 개조한 카페로 정원의 수영장이 메인 포토존. 수영장 주변으로는 캠핑 의자, 테이블, 파라솔이 놓여 있어 캠핑 분위기를 느낄 수 있다. 수영장 끝 쪽에는 작은 모래밭이 있어 모래놀이를 할 수 있다. 창이 많은 붉은 벽돌의 건물로 돌담에 넝쿨까지 외관이 멋스럽다. 노출 콘크리트와 색감 있는 테이블과 의자가 잘 어울린다. (p407 F:3)
- 전남 여수시 여서동7길 23
- #여수 #수영장카페 #캠핑감성

장도둘레길 얼굴포토존
"사람 옆모습을 닮은 솟대"

@minzi._.s2

푸른 바다를 배경으로 옆모습의 얼굴 포토존에서 사진을 찍어보자. 옆모습으로 똑같이 찍으면 근사한 사진을 남길 수 있다. 얼굴 포토존의 작품은 얼 솟대라는 작품이고 장도의 바다 조망 산책로를 걷다 보면 나오는 전망대에 위치한다. 장도는 예술섬으로 조성되어 둘레길을 산책하다 보면 여러 조형물을 볼 수 있다. 둘레길 30분 소요. 주차는 예울마루 아트센터에 한다. (p407 F:2)
- 전남 여수시 예울마루로 100
- #장도둘레길 #데크길 #얼굴포토존

아쿠아플라넷 수중터널
"몽환적인 수중터널 속"

@grace_ofsky

수조 터널 가운데에 서서 사진을 찍는 것이 가장 유명하다. 돔 형태로 된 수조 위, 양옆으로 헤엄쳐 다니는 여러 바다 생물들과 사진을 찍을 수 있다. 생태 설명회, 마술 뮤지컬, 아쿠아 보트 등 다양한 프로그램이 진행 중이며, 여러 해양 생물을 관람할 수 있다. 특히 아이와 함께 가기 좋은 곳이다. (p407 F:2)
- 전남 여수시 오동도로 61-11 아쿠아리움
- #여수여행지추천 #아이와가볼만한곳 #여수아쿠아리움

모사금해수욕장 선베드 카페
"외국 휴양지에 온 듯한 풍경"

@a2.9__

동남아 느낌 물씬 나는 카페의 서핑보드가 세워져 있는 자리가 이곳의 포토존이다. 안에서 해변을 바라보면 이곳이 외국인지 착각하게 만든다. 야외 테라스와 모래사장 위에서도 충분한 인생 샷을 남길 수 있다. 동남아의 해변에 온 듯 모사금 바다를 바라보며 브런치도 즐겨보자. (p407 F:2)

- 전남 여수시 오천3길 69
- #모사금해수욕장 #선베드카페 #동남아느낌

하이마레 카페 통창 오션뷰
"바다전망 통창이 예쁜 우드톤 카페"

@winsome__seo

3층의 통창을 바라보는 자리에 앉아 오션뷰를 사진 가득 담을 수 있다. 2층은 화이트와 그레이&우드 인테리어와 은은한 조명이 분위기 있다. 3층은 통창을 통해 들어오는 자연광이 멋지다. 왼쪽으로는 거북선대교, 오른쪽으로는 돌산대교가 보인다. 정면으로 보이는 케이블카의 움직임을 관찰하는 재미가 있다. (p407 F:3)
- 전남 여수시 이순신광장로 169
- #여수 #오션뷰 #종포해양공원

자산공원 오동도뷰
"오동도 케이블카 전망공원"

@many_0613

자산공원에서 파란 바다와 오동도를 감상하며 멋진 사진을 남겨보자. 엘리베이터를 타도 11층 자산공원 케이블카 탑승장 전망대에서 오동도를 바라보면 돌산공원으로 향하는 케이블카와 함께 오동도를 배경으로 사진을 찍을 수 있다. 케이블카에 불이 켜지는 밤에는 일몰과 함께 오동도의 멋진 풍경과 반짝이는 여수 밤바다를 함께 감상할 수 있다. (p407 F:2)
- 전남 여수시 자산4길 39
- #자산공원 #오동도뷰 #케이블카

하멜등대 여수밤바다
"야간 조명이 화려한 붉은등대"

여수의 푸른 바다와 대조되는 빨간 하멜 등대 앞에서 사진을 찍어보자. 바로 앞에서 찍어도 조금 멀리 서서 펜스에 기대어 찍어도 파란 하늘 아래 빨간 등대가 인생샷을 만들어 준다. 아름다운 여수 밤바다의 불 켜진 빨간 등대도 아름답다. (p407 F:2)
- 전남 여수시 종화동 458-7
- #하멜등대 #여수밤바다 #빨간등대

성산공원 장미원
"붉고 탐스러운 장미 산책길"

장미원 사잇길 가운데에서 서 위에서 내려다보며 여러 장미를 모두 담아 찍으면 인생샷을 찍을 수 있다. 그리고 시원한 분수의 물줄기와 함께 빨간 장미 앞에서 사진을 찍어보자. 해마다 더욱 풍성해지는 붉은 장미, 분홍장미, 노란 장미 등 여러 장미가 화사한 포토존을 만들어준다. 남쪽 주차장이 장미원과 더 가깝다. (p407 F:2)
- 전남 여수시 화산로 89
- #성산공원 #장미원 #꽃여행

카페공정 바다 돌담
"한적한 시골 바다 전망 모노톤 카페"

야외 테라스의 돌담과 갈대, 오션뷰가 마치 제주도에 온 듯하다. 화양면 바닷가 바로 앞에 위치해 한적한 시골 바다뷰를 즐길 수 있다. 직사각형 형태의 매장으로 길게 뻗어있는 특징이 있다. 탁 트인 통창을 통해 자연광이 잘 들어와 사진이 잘 나온다. 모노톤의 인테리어로 어플의 도움 없이도 색감이 예쁜 사진을 찍을 수 있다. (p407 F:2)
- 전남 여수시 화양면 장수로 634
- #여수 #오션뷰 #제주감성

하씨네민박 대청마루뷰
"한적한 여수 시골 마운틴뷰"

객실 내부에 있는 통창으로 마당뷰와 마운틴뷰를 한꺼번에 볼 수 있는 공간이 메인 포토존. 우드&화이트 인테리어와 라탄 소품들이 따스한 느낌을 더해준다. 아담한 크기의 원룸형 숙소로, 문자로만 예약이 가능하며 간단한 조식이 제공된다. 한적한 여수 시골 마을에 있어 입실 전 먹을거리 등을 미리 사서 오는 것을 추천. (p407 F:2)
- 전남 여수시 화양면 화양로 1575-1
- #여수감성숙소 #여수독채숙소 #여수예쁜숙소

개도 청석포 주상절리
"깎아 만든듯한 주상절리 절벽"

지중해를 닮은 듯한 에메랄드빛 바다 위 독특한 요새 같은 주상절리와 백패커들의 알록달록한 텐트를 배경으로 사진을 찍어보자. 백패킹의 성지인 개도는 얼핏 보면 커다란 돌침대 느낌의 이색적인 풍경으로 자리싸움이 치열하다. 개도는 배를 타고 들어간다.

섬에서는 현금만 사용이 가능하다. (p407 F:3)

- 전남 여수시 화정면 개도리
- #개도 #청석포 #주상절리

제비동굴 해식동굴 일몰
"제비가 날아오르는 듯한"

바위가 만들어낸 제비가 날아가는 듯한 모양의 아름다운 동굴에 서 사진을 찍어 보자. 백수해안공원에 주차하고 걷는 것을 추천한다. 산책로를 걷다 보면 멀리 풍력 발전기가 보이고, 거북이 조형물을 지나. 바닷가 쪽으로 계속 내려가다 보면 모자를 쓰고 있는 듯한 '모자 바위'라고 불리는 바위가 보인다. 그 근처에서 바위 사이 동굴을 찾으면 된다. 물때 시간표를 잘 보고 썰물일 때만 갈 것. (p406 B:1)

- 전남 영광군 백수읍 백암리 223-4
- #제비동굴 #해식동굴 #일몰

보리 카페 징검다리
"서해바다와 징검다리 풍경"

미로처럼 생긴 자갈길을 따라 걷다 보면 메

인 포토존이 나온다. 징검다리에 서서 잔잔한 서해바다를 배경으로 한 폭의 액자 같은 풍경을 담을 수 있다. 노을 질 때 오면 더 예쁜 사진을 찍을 수 있다. 카페 한쪽 벽면이 통창이라 넓은 보리밭과 바다를 한눈에 볼 수 있다. 야외 의자에 앉아 보리밭과 바다를 한 프레임에 담는 것도 멋지다. (p406 B:1)

- 전남 영광군 백수읍 해안로 787
- #영광 #오션뷰 #메밀꽃밭

백수해안도로 날개조형물
"바다배경의 날개 조형물"

해안 도로의 스카이워크 끝에서 만날 수 있는 날개 조형물은 이곳의 대표 포토존이다. 떨어지는 해와 함께 날개 앞에서 사진을 찍으면 인생 샷을 찍을 수 있다. 다른 곳의 날개 포토존과 달리 이곳은 괭이갈매기의 날개를 표현했다. 스카이워크는 백수 해안도로의 카페 쉘부르 바로 옆에 있다. (p406 B:1)

- 전남 영광군 백수읍 해안로 909(카페 쉘부르)
- #백수해안도로 #괭이갈매기 #날개조형물

대신등대 라라랜드 조명
"영화속 푸른 하늘과 등대"

일몰 직후 어스름하고 파란빛이 감도는 하늘과 등대의 빛이 만나 영화 라라랜드 속 한 장면을 연상시키는 등대 앞에서 인생 샷을 남겨 보자. 일직선으로 곧게 조성된 산책로 입구에서 사진을 찍으면 마치 하얀 성으로 걸어 들어가는 듯한 사진을 찍을 수 있다. 대신 등대는 백수해안도로의 바다 일번지 앞에 있다. (p406 B:1)

- 전남 영광군 백수읍 해안로 947-8(바다 일번지)
- #대신등대 #라라랜드

백제불교최초도래지 아치형 사원
"아치 프레임 누각"

부용루에서 영광 대교를 배경으로 아치를 액자 삼아 사진을 찍어보자. 사면 대불사 아래에 있는 부용루로 들어가는 입구는 아치 모양도 독특하다. 아치 가운데 서서 바

다를 바라보면 바다와 영광 대교를 모두 사진에 담을 수 있다. 부용루는 제2 주차장에서 산책로를 따라 들어가면 바로 볼 수 있다. (p406 B:1)

- 전남 영광군 법성면 진내리 828
- #백제불교최초도래지 #아치 #영광대교

불갑사 꽃무릇
"붉고 화려한 꽃무릇"

@na_.tour

바다처럼 펼쳐져 피어난 붉은 물결의 꽃무릇 꽃밭에 서 사진을 찍어보자. 나무 아래로 쏟아진 햇살이 붉은 꽃을 더욱 붉게 보여주어 어디를 찍어도 아름다운 불갑사는 꽃무릇의 단일면적 최대 군락지이다. 꽃무릇은 초가을인 9월 마지막 주가 절정으로 피는 시기다. (p406 C:1)

- 전남 영광군 불갑면 불갑사로 450
- #불갑사 #꽃무릇 #가을꽃여행

영광백수풍력발전소 평야 풍력 발전기
"하얀 풍력발전기와 노란 유채꽃"

@99_gy_lee

평지의 논길을 따라 걸으며 풍력 발전기를

배경으로 사진을 찍어보자. 한적한 시골길 따라 산책도 즐길 수 있고 풍력 발전 단지가 넓게 조성되어 있어서 걸어가는 길 어디에서나 찍어도 풍력 발전기를 사진으로 담을 수 있다. 또한 봄에는 주변으로 유채꽃밭이 조성되어 제주에 가지 않아도 인생 샷을 찍을 수 있다. 주변의 사유지나 염전에는 들어가지 않도록 주의해야 한다. (p406 B:1)

- 전남 영광군 염산면 봉덕로 221-65
- #영광풍력발전소 #풍력발전기 #유채

우앤유 카페 목장 잔디 광장
"너른 잔디밭 목장체험카페"

@hip_pp0

코발트블루 색의 외관과 넓게 펼쳐진 잔디밭을 한 프레임에 담을 수 있다. 화이트톤내부에서는 통창으로 잔디뷰를 보며 힐링을 할 수 있다. 젖소가 그려진 거울, 젖소 무늬 거울 등 거울 샷을 찍기 좋다. 경사가 없고 푹신한 잔디밭에서 아이들이 뛰어놀기 좋아 가족 단위 손님들에게 인기다. 목장을 함께 운영하여 직접 만든 젤라또, 치즈, 우유를 맛볼 수 있다. (p406 B:1)

- 전남 영광군 영광읍 월현로1길 154-20
- #영광 #젤라또맛집 #잔디뷰

왕인박사유적지 벚꽃
"4월 초 하얀 벚꽃길"

@shy_for_love

왕인박사 유적지의 작은 정자 앞 향나무 미로에서 벚꽃과 함께 사진을 찍는 이곳이 대표 포토존이다. 구림마을에서 왕인박사유적지까지 이어진 길을 따라 100리 벚꽃 터널이 조성되어 있다. 매년 4월 초 벚꽃이 활짝 비는 시기에는 영암왕인문화축제가 열린다. (p406 C:2)

- 전남 영암군 군서면 왕인로 440
- #왕인박사유적지 #100리벚꽃 #미로

피크니처 카페 월출산뷰 통창
"월출산 노을 전망 감성카페"

@jin_gbang

2층의 통창으로 보이는 월출산을 담아보자. 해 질 녘의 월출산이 특히 아름답다. 하얀 자갈이 깔린 마당과 다홍색 건물이 눈길을 끈다. 주차장 뒤편으로 캠핑 감성의 삼각캐빈에서 프라이빗한 시간을 보내며 사진을 즐기기 좋다. 건물 외부에도 포토존이 있으니 구

석구석 살펴보자. (p406 C:2)
- 전남 영암군 영암읍 천황사로 280-25
- #영암 #월출산뷰 #통창

새실오브앰비언스 카페 연못
"정원과 연못 전망 포토존"

@_hanheekim

1층 쪽문을 통해 나오면 작은 정원과 넓은 연못이 있다. 저 멀리 월출산뷰도 함께 담을 수 있다. 실내의 통창을 통해 연못 뷰를 담는 것도 멋지다. 2층은 통창 앞 바 테이블 형태로 되어 있어 월출산 뷰를 즐기며 힐링하기 좋다. 논뷰를 배경으로 한 노란 의자, 잘 가꾸어진 정원 등 포토존이 가득하다. (p406 C:2)
- 전남 영암군 영암읍 천황사로 99
- #영암 #월출산뷰 #연못

완도수목원 온실
"이국적인 선인장 온실"

@dxeyexn

높은 유리온실의 천장까지 닿을 듯 키가 큰

선인장 앞에서 사진을 찍어보자. 이국적인 이곳은 아열대 온실 중 가장 인기있는 선인장 온실이다. 완도수목원의 아열대 온실은 야자수와 몬스테라 등 아열대 식물이 사계절 정글처럼 자라고 사막의 모래에서 자라는 선인장이 있는 유리온실이다. 완도수목원의 잘 가꿔진 수목원 산책도 하고 인생 샷도 남겨보자. (p406 C:3)
- 전남 완도군 군외면 초평1길 156 전남완도수목원
- #완도수목원 #아열대온실 #선인장

생일도 케이크 포토존
"생일케이크 모양 포토존"

@_jlove

생일도 성서항에 도착하면 생일도라는 섬의 이름에 걸맞게 커다란 생일 케이크 조형물을 만날 수 있다. 생일도에 도착한 모든 이들이 인증샷을 찍는 포토존이다. 버튼을 누르면 세계 여러 나라의 생일 축하 노래가 나온다. 생일도에 도착하기 하루 전에 생일면 사무소에 생일 축하 메시지를 접수하면 선착장에 도착하자마자 대합실 건물 배너에서 축하 메시지를 볼 수 있다. (p407 D:3)
- 전남 완도군 생일면
- #생일도 #생일케이크 #생일축하

청산도 유채꽃
"계단식 논길 노란 유채밭"

@sungmini_v

청산도 바다가 한눈에 들어오는 멋진 길에서 유채꽃과 함께 인생 샷을 찍어보자. 썰물 즈음 드러나는 바다 위 하트 모양 가두리도 볼 수 있다. 이곳은 청산도 슬로길 1코스로 계단식 논의 유채꽃과 바다 뷰를 한 번에 담을 수 있는 코스로 유명하다. 1코스에 있는 서편제 주막에 들러 막걸리와 파전도 먹으며 아름다운 풍경을 담아보자. (p407 D:3)
- 전남 완도군 청산면 청산로 132
- #청산도 #유채꽃 #1코스

백양사 쌍계루 반영샷
"연못에 비친 쌍계루"

@everyday_eiyj

백학봉이 감싸고 있는듯한 쌍계루 앞 돌다리에서 쌍계루를 바라보며 사진을 찍어보자. 쌍계루가 잔잔한 연못에 반영되어 어른거리는 장면과 함께 찍으면 보다 근사한 사진을 남길 수 있다. 백암산 백양사는 내장산국립공원과 함께 단풍 관광지로도 유명하

다. 단풍이 붉게 물드는 11월 초 단풍 축제도 즐길 수 있다. (p407 D:1)
- 전남 장성군 북하면 약수리 쌍계루
- #백양사 #쌍계루 #단풍

장성댐 출렁다리
"장성호 황금빛 출렁다리"

@juhui._1111

장성호 위 승천하는 두 마리 용의 모습을 한 옐로우 출렁다리 위에서 사진을 남겨보자. 옐로우 시티 장성의 장성호 수변 산책로를 따라 출렁길 이정표를 보고 걷다 보면 두 개의 출렁다리인 옐로우 출렁다리, 황금빛 출렁다리를 만날 수 있다. 황금빛 출렁다리는 기둥이 없어 장성 호수와 거 너희 맞닿아 있어 아슬아슬하다. 수변 길은 입장료가 있고 수변 길 내 출렁 길은 반려견 출입이 안 된다. (p406 C:1)
- 전남 장성군 장성읍 용강리
- #장성댐 #옐로우 #출렁다리

따뜻한섬온도 카페 한옥 통창
"한옥 전망 유리통창 카페"

@zzyayo__

통창 너머로 보이는 한옥 풍경이 멋지다. 한옥 카페다운 인테리어 소품이 가득하다. 인테리어나 소품이 아기자기하고 전체적인 느낌이 따뜻하다. 통창을 통해 들어오는 자연광이 좋고, 초록초록한 외부를 즐기기 좋다. 출입구에 있는 하얀 벽면, 거울 포토존 등 곳곳이 포토존이 마련되어 있다. (p406 C:1)
- 전남 장성군 황룡면 행복1길 2
- #장성 #황룡강 #한옥카페

천관산 진죽봉
"웅장한 산 능선과 기암괴석"

@__sweet_mk

천관산에 올라 능선과 바다 그리고 멋진 바위 진죽봉과 함께 사진을 찍어보자. 천관산에는 등산객 눈을 사로잡는 거대하고 신비로운 기암석이많다. 그중 탑산사에서 출발해 구룡봉을 지나 능선을 따라가다 보면 거대한 옆모습을 한 바위인 진죽봉을 만날 수 있다. 천관산은 억새도 유명해 가을 산행을 추천한다. 탑산사 주차장에 주차. (p407 D:3)
- 전남 장흥군 대덕읍 천관산문학길 301
- #천관산 #진죽봉 #얼굴바위

장흥선학동유채마을
"노란 유채꽃 가득한 시골마을"

@___zzang

바다와 유채가 내려다보이는 유채 마을에서 인생 샷을 남겨보자. 선학동 나그네길 표지판을 따라 전망대를 향해 오르다 보면 작은 정자가 보인다. 정자에서 조금 더 올라가 바다를 바라보는 길이 마을의 가장 중심 길로 양옆으로 펼쳐진 유채꽃과 바다를 한 번에 담을 수 있는 곳이다. 선학동 유채 마을은 다른 곳보다 개화 시기가 늦어 5월 5일쯤이 절정이다. 마을 내 주차장이 따로 없어 교회 앞 마을 입구에 주차. (p407 D:3)
- 전남 장흥군 회진면 선학동길 36
- #장흥 #선학동유채마을 #바다전망

가계해변 액자포토존
"바다전망 액자 포토존"

@_hae_ssu

진도의 작은 해변인 가계해변에 있는 액자포토존에서 바다를 배경으로 사진을 찍어보자. 캠핑과 해수욕을 한번에 할 수 있는 가계해수욕장은 수심이 깊지 않고, 물이 빠지면 낙지와 조개를 잡을 수 있는 갯벌로 변한다. 가계해변에서 가까운 진도 신비의 바닷길도 함께 돌아보자. 쏠비치 진도에서 `10분 거리. (p406 B:3)
- 전남 진도군 고군면 금계리 153
- #가계해변 #액자포토존 #갯벌

진도대교 진도타워
"진도대교가 가장 멋지게 보이는 곳"

@cherryorkiwi

진도대교를 제대로 조망할 수 있는 전망대에서 바다 위 우뚝 서 있는 대교를 배경으로 사진을 찍어보자. 이곳은 망금산 꼭대기에 있고 이순신 장군의 명량대첩 승전 장소로 이순신 관련 조형물이 많다. 밤에는 일몰이 아름다워 떨어지는 해를 보며 케이블카를 타고 아름다운 바다를 감상해도 좋다. (p406 B:2)
- 전남 진도군 군내면 만금길 112-41
- #진도대교 #이순신 #케이블카

진도쏠비치 오션뷰 아치
"하얀 아치 프레임 너머로 보이는 바다"

@luv0323

웰컴센터와 라벤더 가든 사이에 있는 오션뷰 아치가 이곳의 메인 포토존. 지중해 근처 프로방스를 모델로 지어진 곳으로, 특유의 유럽 감성을 느낄 수 있다. 아름다운 야경을 볼 수 있어서 낮보다 밤에 더 유명한 곳으로, 숙소 외관과 인피니티풀 수영장을 배경으로 사진을 찍는 것도 유명하다. (p406 B:3)
- 전남 진도군 의신면 송군길 30-40

#진도인피니티풀 #진도숙소추천 #야경맛집

운림산방 운림지 반영샷
"운림지에 드리우는 물 그림자"

@d____j2

연꽃이 가득 핀 운림지 앞에서 소치 화실을 배경으로 사진을 찍어보자. 연지와 어울리는 한옥 건물인 소치 화실이 운림지에 거울처럼 반영되어 멋진 사진을 찍을 수 있다. 숲으로 둘러싸인 운림산방의 잘 가꾸어진 정원과 작품도 감상해 보자. 운림산방은 여름에는 배롱나무가 겨울에는 동백나무로도 유명하다. 운림산방은 입장료가 있다. (p406 B:3)
- 전남 진도군 의신면 운림산방로 315
- #운림산방 #운림지 #소치화실

관매도 해식동굴
"바다전망 해식동굴 프레임"

@mar____tial

관매도의 아름다운 해식동굴을 액자 삼아 바다에 비친 실루엣을 사진으로 남겨보자.

파도로 인한 침식 작용으로 만들어진 자연의 선물 해식동굴은 파도에 깎여 제각기 다른 모습의 절벽과 바위를 만들었다. 이곳은 관매도의 독립문바위라고 불리며 주변에 여러 모양의 동굴이 있다. 물이 빠지는 시간을 활용해 해안가를 걸어 들어갈 수는 있지만 위험하므로 안전에 유의. (p406 A:3)
- 전남 진도군 조도면 관매도리 독립문바위
- #관매도 #독립문바위 #해식동굴

인루트 카페 이국적 표지판
"강렬한 색깔의 이국적 표지판과 건물"

@yoon___zzi

이국적인 간판, 넓은 잔디밭이 이국적인 느낌이다. 간판 옆에 서서 흰색 외관을 배경으로 인생샷을 찍어보자. 통창을 통해 보이는 초록 뷰가 예쁘다. 화장실 입구, 야외 정원 옆의 예쁜 집, 옥상 등 포토존이 가득하다. 카페 정원 뒤로는 대나무숲이 있고, 캠핑존처럼 꾸며놓아 사진 찍기 좋다. 외부에는 아이들이 모래놀이를 즐길 수 있게 모래와 장난감이 준비되어 있다. (p406 B:2)
- 전남 함평군 엄다면 영산로 3280
- #함평 #브런치카페 #대형카페

돌머리해수욕장 일몰
"철새와 낙조 전망 멋진 곳"

@eun.__juju

바다 위로 떨어지는 낙조와 함께 사진을 찍어보자. 일몰이 아름다운 돌머리 해수욕장의 일몰 포인트는 나무로 된 데크를 걷다 보면 보이는 전망대 쪽이다. 데크는 원두막 옆에 있다. 특히 바닷물이 빠지거나 들어오는 시점 물속으로 사라지는 길과 함께 찍으면 근사한 사진을 남길 수 있다. 10월에는 돌머리 해수욕장의 송림 근처에서 핑크 뮬리도 볼 수 있다. (p406 B:2)
- 전남 함평군 함평읍 석성리 523
- #돌머리해수욕장 #일몰 #핑크뮬리

포베오커피 원형건물
"원형 외벽이 매력적인 카페"

@smiley_ej_

표주박과 같은 형태로 외부를 둘러싸고 있는 옹벽이 건물을 품고 있는 듯한 느낌이다. 카페 외관에 서서 원형 건물을 배경으로 담을 수 있다. 통창 및 루프탑에서 탁 트인 주포항을 감상할 수 있다. 카페 뒤편의 수공간을 바라보며 물멍 하기도 좋고, 마당의 캠핑존에서 캠핑 감성을 사진을 찍기도 좋다. 전신거울 샷도 잊지 말자. (p406 B:2)
- 전남 함평군 함평읍 주포로 395
- #함평 #오션뷰 #주포항

문가든 카페 하얀보트
"저수지와 하얀 보트 풍경"

@ajin_ann

저수지 근처 화이트 보트 포토존이 있다. 포토존 안내문을 참고하여 포즈를 취해보자. 수량이 풍부할 때 멋진 사진을 찍을 수 있다. 저수지 쪽 테이블도 인생샷을 찍기 좋다. 숲 속 느낌이 가득한 1층, 저수지와 산을 바라볼 수 있는 2층, 야외 민간 정원을 산책할 수 있는 카페. 정원의 캐빈, 온실 등에서 사진을 즐기며 여유롭게 산책하기 좋다. (p406 C:2)
- 전남 해남군 계곡면 오류골길 64
- #해남 #호수뷰 #화이트보트

트윈브릿지 카페 진도대교뷰
"진도대교 전망 카페"

@ hxxzl

야외 테라스에서 보이는 아름다운 진도대교를 바라보며 사진을 찍어보자. 카페 밖 테라스에서도 작은 정원과 진도대교를 조망할 수 있다. 밤에도 예쁜 트윈브릿지 카페는 따뜻한 커피를 마시며 진도대교의 야경을 바라봐도 좋다. (p406 B:2)
- 전남 해남군 문내면 관광레저로 5
- #트윈브릿지 #감성카페 #진도대교뷰

유선관 한옥 숲뷰
"숲 전망이 아름다운 백년고택"

@m_mm_mmmi

한옥 대청마루에 앉아 숲뷰를 바라보며 예쁜 사진을 찍을 수 있다. 우리나라 최초의 여관이자 유네스코 세계문화유산에 등재된 대흥사 앞 백년 고택으로, 두륜산 도립공원 내에 있다. 1호 객실만 독채이며, 나머지는 마당, 대청마루 등을 공용으로 사용하게 되어 있다. 1박당 1시간 스파를 무료로 이용할 수 있으며, 취사 및 조리는 불가하다. (p406 C:3)
- 전남 해남군 삼산면 대흥사길 376
- #해남한옥스테이 #해남한옥숙소 #땅끝마을숙소

포레스트수목원 우드 트라이앵글
"삼각지붕 프레임 전망대"

@exunxxeo

요정이 나올 것 같은 포레스트 수목원의 오두막 전망대에 서서 울창한 숲을 배경으로 사진을 찍어보자. 삼각의 뾰족한 지붕이 특이한 전망대에서 사진을 찍으면 삼각형 프레임의 액자 속에 담긴 멋진 사진을 찍을 수 있다. 포레스트 수목원은 여름에는 알록달록 색색의 수국이 가을에는 핑크 뮬리도 유명하다. (p406 C:3)

■ 전남 해남군 현산면 황산리 산1-33
■ #포레스트수목원 #숲속 #오두막

동구리호수공원 벚꽃
"저수지 둘러싼 벚꽃풍경"

@_sumniiii

한 폭의 그림처럼 펼쳐진 저수지와 벚꽃을 배경으로 사진을 찍어보자. 만연 저수지 둘레를 따라 조성된 벚꽃길을 따라 여유로운 산책도 하고 잔디광장에서 피크닉도 즐길 수 있다. 밤에는 길 따라 조명이 비춰 주어 반짝이는 꽃을 볼 수 있다. 호수 공원 주변 도로의 벚꽃 터널로 드라이브하며 꽃을 감상해도 좋다. (p407 D:2)

■ 전남 화순군 화순읍 동구리 123
■ #동구리호수공원 #벚꽃 #피크닉

세랑제 반영샷
"호수의 나무 물그림자가 아름다운"

@gourd.winsun

세랑제의 잔잔한 호수 위로 비치는 나무를 배경으로 사진을 찍어보자. 세랑 제는 화순에 위치한 작은 저수지로 봄에 물안개가 피어오르는 저수지에 산벚꽃, 버드나무가 반영되어 환상적인 풍광을 만들어 아마추어 사진작가들이 사랑하는 장소다. 아름다운 세랑제에서 피크닉도 즐길 수 있다. (p407 D:2)

■ 전남 화순군 화순읍 세랑리 98
■ #세랑제 #산벚꽃 #버드나무

남산공원 수레국화
"늦봄 보랏빛 수레국화"

@wansojun

수레국화의 작은 꽃봉오리들이 모여 파란 물결이 일렁이는 남산공원 전망대에서 사진을 찍어 보자. 남산공원 넓은 부지에 조성된 수레국화 동산 산책로를 따라 작은 쉼터와 정자 등이 있어 조용히 산책하며 꽃을 감상할 수 있다. 수레국화는 5월말에서 6월 초에 볼 수 있다. (p407 D:2)

■ 전남 화순군 화순읍 진각로 93
■ #남산공원 #수레국화 #꽃여행

12

제주특별자치도

제주도

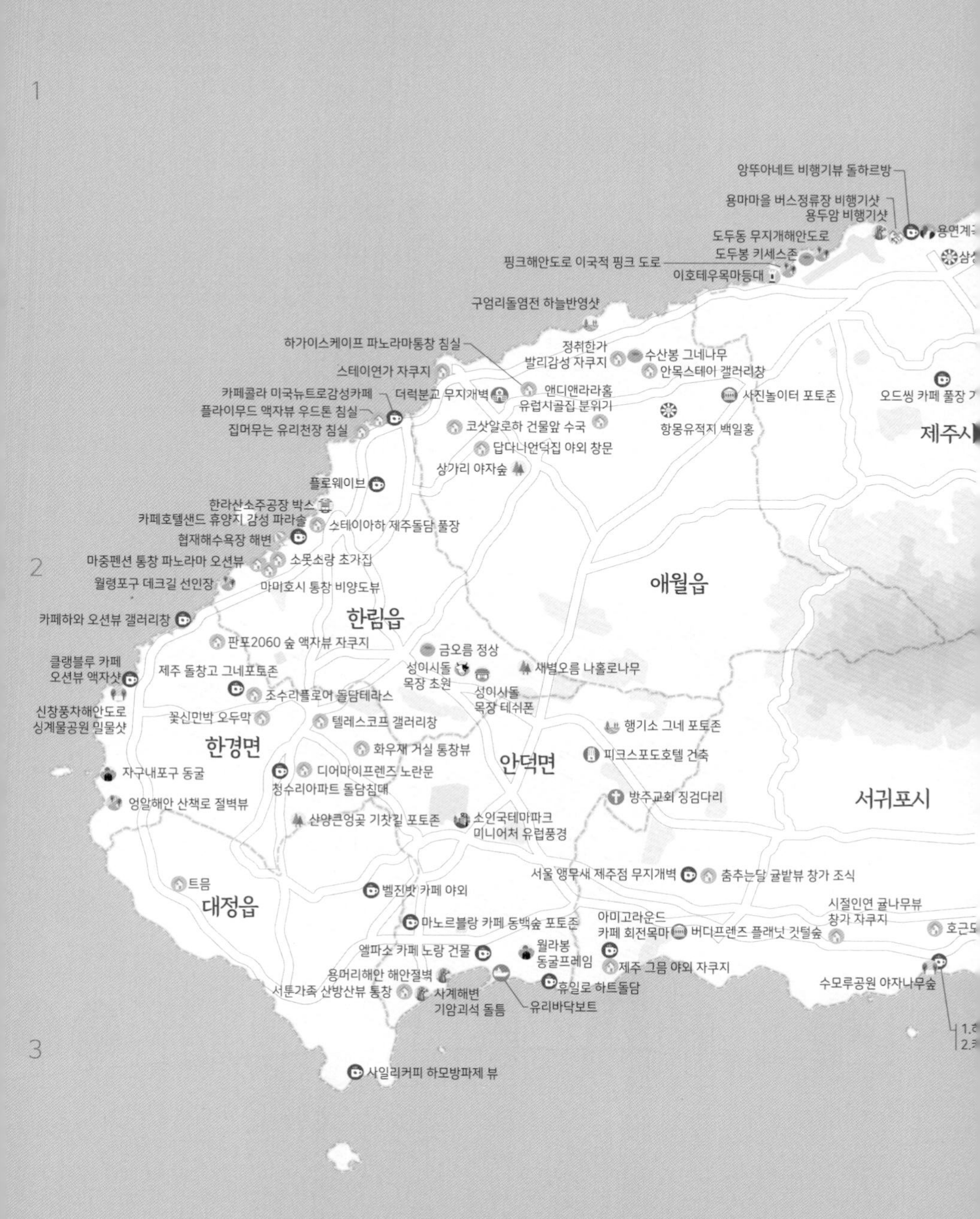

앙뚜아네트 비행기뷰 돌하르방
용마마을 버스정류장 비행기샷
용두암 비행기샷
용연계
도두동 무지개안도로
도두봉 키세스존
삼
핑크해안도로 이국적 핑크 도로
이호테우목마등대

구엄리돌염전 하늘반영샷

하가이스케이프 파노라마통창 침실
정취한가
수산봉 그네나무
스테이연가 자쿠지
발리감성 자쿠지
안목스테이 갤러리창
카페콜라 미국뉴트로감성카페
더럭분교 무지개벽
앤디엔라라홍
사진놀이터 포토존
오드씽 카페 풀장 기
플라이무드 액자뷰 우드톤 침실
유럽시골집 분위기
집머무는 유리천장 침실
코삿알로하 건물앞 수국
항몽유적지 백일홍
제주시
답다나언덕집 야외 창문
플로웨이브
상가리 야자숲

한라산소주공장 박스
카페호텔샌드 휴양지 감성 파라솔
소테이아하 제주돌담 풀장
협재해수욕장 해변
마중펜션 통창 파노라마 오션뷰
소못소랑 초가집
애월읍
월령포구 데크길 선인장
마미호시 통창 비양도뷰
카페하와 오션뷰 갤러리창
한림읍
판포2060 숲 액자뷰 자쿠지
금오름 정상
클랭블루 카페
성이시돌
새별오름 나홀로나무
오션뷰 액자샷
제주 돌창고 그네포토존
목장 초원
성이시돌
신창풍차해안도로
조수라플로어 돌담테라스
목장 테쉬폰
행기소 그네 포토존
싱계물공원 밀물샷
꽃집민박 오두막
텔레스코프 갤러리창
한경면
화우재 거실 통창
안덕면
피크스포도호텔 건축
디어마이프렌즈 노란문
서귀포시
청수리아파트 돌담침대
방주교회 징검다리
산양큰엉곶 기찻길 포토존
소인국테마파크
자구내포구 동굴
미니어처 유럽풍경
엉알해안 산책로 절벽뷰
서울 앵무새 제주점 무지개벽
춤추는달 귤밭뷰 창가 조식
벨진밧 카페 야외
아미고라운드
시절인연 귤나무뷰
대정읍
마노르블랑 카페 동백숲 포토존
카페 회전목마
창가 자쿠지
엘파소 카페 노랑 건물
월라봉
버디프렌즈 플래닛 깃털숲
호근도
동굴프레임
제주 그믐 야외 자쿠지
용머리해안 해안절벽
수모루공원 야자나무숲
서툰가족 산방산뷰 통창
사계해변
기암괴석 돌틈
휴일로 하트돌담
유리바닥보트
1.추
2.제
사일릭커피 하모방파제 뷰

어반정글 그레이방부 카페
휴양지 해변감성 액자뷰
모알보알 카페 빈백 테라스
북촌에가면
카페 장미
함덕해수욕장 무지개도로
새물깍무지개도로
글느낌 자쿠지
안 데크길
빈도롱이 야외
화목난로 자쿠지
스위스마을 스위스풍
알록달록한 거리
카페더콘테나 귤박스 앞
청굴물 돌길
조천늦장 하귤나무
창꼼바위
나즌 숙소 입구
카페 자드부팡 프랑스풍건물
선흘의자동굴 의자포토존
만장굴
제주드루앙
1236점
오저여 썬셋
코난해변 풍력발전기 뷰 해변
한동안제주 돌담
스테이빌레
통창 자쿠지
수선화민박
통창뷰
카페라라라 액자포토존
카페한라산 TV액자샷
구름의하루 야외수영장
메이즈랜드 미로숲
W728 오션뷰 갤러리창

조천읍

구좌읍

에코랜드 풍차

안돌오름 비밀의숲
민트 카라반
송당무끈모루 나무 프레임

스누피가든 스누피 포토존
백약이오름 나무계단

브라보비치 카페 야외배드

오조포구 돌다리

이스틀리 카페
나무아래 수국

샤이니숲길

사려니숲길

표선면

오늘은녹차한잔 동굴

제주 토끼나무존

덴드리 카페 파란대문

스테이삼달오름 외부

차와무드별채
돌담뷰 동그란 창
카페록록 이국적 선인장포토존
토끼썸 카페
오션뷰 피크닉
꼬스땐뇨 카페
야자수
종달리 고양난돌
우도정원
야자수
스테이무드인디고
제주돌담뷰 욕조
우도망루등대 등대
하고수동해변
인어동상
스테이서화우도
올실 온수풀
검멀레동굴
훈데르트바서파크
이국적인 건물

성산읍
혼인지 수국

호랑호랑 카페 배 포토존
드르쿰din성산 유럽성 스튜디오
아쿠아플라넷 제주 메인 수조
섭지코지 그랜드스윙

남원읍

효명사 천국의문
고살리숲길 속괴 계곡풍경
위미리동백
군락지 동백
하귤당 현무암
인테리어
베케
보목포구 바다계단
포토존

호빗집(요정의 집)

큰엉해안경승지
한반도포토존
풀개우영 인테리어
시류객잔 빈티지 인테리어

책계일주 책장 문
소노캄 제주 하트나무

443

호빗집(요정의 집)
"협재해변 전망 요정의 집"

귀여운 호빗이 걸어 나올 것 같은 호빗의 집 앞에 서서 사진을 찍어보자. 제주의 구멍 뚫린 현무암으로 만든 돌집에 작은 창문과 그 사이 아치형 나무 문이 귀여워 어떤 구도로 찍어도 영화 속 호빗의 집처럼 멋진 사진을 찍을 수 있다. 버려진 창고인 이 집은 주변에 아무것도 없이 숲에 둘러싸여 도롯가에 덩그러니 있다. 비 오는 날은 길이 흙탕물이 되니 주의. (p443 D:2)
- 제주 서귀포시 남원읍 한남리 1429
- #호빗집 #요정의집 #돌집

효명사 천국의문
"이끼와 덩굴로 감싸인 천국의 문"

이끼로 둘러싸인 숲길 한가운데 천국으로 통하는 천국의 문 앞에서 사진을 찍어보자. 제주의 변덕스러운 날씨 덕에 비가 오면 이곳은 안개가 자연스럽게 둘러져 신비로운 분위기의 사진을 찍을 수 있다. 볕이 들지 않는 깊은 음지에서 자라는 콩짜개난이 천국의문과 돌 틈 사이, 주변의 나무 끝까지 자라나 초록색의 포토존을 만들었다. 효명사 내

에 천국의 문 팻말을 따라가면 쉽게 찾을 수 있다. (p443 D:2)
- 제주 서귀포시 남원읍 516로 815-41
- #효명사 #천국의문 #신비로운문

시류객잔 빈티지 인테리어
"이국적인 분위기의 빈티지 소품"

벽난로, 통나무집, 이국적인 소품들이 어우러져 빈티지 인테리어를 느낄 수 있는 곳에서 사진을 찍어보자. 별장 같은 곳에서 특유의 감성 충만한 사진을 얻을 수 있다. 이곳은 제주 동남쪽 바닷가와 맞닿은 곳에 자리하고 있으며, 게스트하우스와 독채 펜션으로 운영 중인 곳. 숙소 바로 앞에 큰엉해안경승지 입구가 있어서 산책하기도 좋다. (p443 E:3)
- 제주 서귀포시 남원읍 남태해안로 11-11
- #제주통나무집 #제주나무펜션 #벽난로

위미리동백군락지 동백
"겨울철 붉게 피어나는 동백꽃"

수줍게 핀 새빨간 동백꽃 사이에 서서 사진

을 찍어보자. 동백 수목원 최고의 포토스팟 동백나무 전체를 담을 수 있는 전망대다. 동백나무 사이에 서서 카메라 중간에 피사체를 놓고 꽃에 둘러싸인 사진을 찍으면 인생 샷 완성. 동백나무 키가 크기 때문에 한낮에 해가 높이 떠 있을 때 그림자 없는 사진을 찍는 것이 좋겠다. 제주 동백은 11월 말부터 1월까지 볼 수 있다. (p443 D:2)
- 제주 서귀포시 남원읍 위미리
- #위미리동백군락지 #동백 #전망대샷

큰엉해안경승지 한반도포토존
"한반도 지형 바다 경관"

나무가 만들어낸 한반도 지형 앞에서 바다를 배경으로 사진을 찍어보자. 나무 사이로 보이는 바다를 담아 사진을 찍으면 인생 샷 완성. 큰엉해안경승지는 올레길 5코스에 포함되어 있고 산책하기 좋은 길로 바다를 바라보며 탁 트인 경관이 시원한 장소다. 특히 석양이 물든 바다의 한반도 지형도 아름답다. 주차는 금호 제주 리조트, 큰엉 해 올레 펜션 앞에 주차장이 있다. (p443 D:3)
- 제주 서귀포시 남원읍 태위로 522-17 큰엉전망대
- #큰엉해안경승지 #한반도포토존 #한반도지도

폴개우영 인테리어
"귤나무가 보이는 커다란 통창"

@rana_photo_diary

유럽의 시골 별장이 떠오르는 우드 인테리어와 숙소 곳곳에 감귤밭을 볼 수 있는 통창이 있는 감성 숙소. 특히 주방과 거실에서 인증사진을 가장 많이 남기는 곳으로 유명하다. 숙소는 본채와 중정, 다도 공간으로 나누어져 있고, 욕실에 있는 욕조도 사진 스팟 중 하나다. 제주 독채 펜션 중 큰 인기를 얻고 있는 곳으로, 광클 기술을 가진 자만이 예약할 수 있는 숙소다. (p443 E:3)
- 제주 서귀포시 남원읍 태위로894번길 13
- #정원스테이 #서귀포숙소추천 #제주힐링숙소

고살리숲길 속괴 계곡풍경
"초록색 이끼 낀 바위 호수"

@sseo_ji

한 폭의 동양화 같은 풍경의 호수. 초록의 이끼가 자라나 요정이 나올 것 같은 바위 위에 앉아 사진을 찍어보자. 이곳 속괴는 평소에는 물이 고여 거울처럼 주변 풍경을 그대로 비추며 신비로운 분위기를 풍기고 비가 오면 작은 폭포를 볼 수 있다. 고리 숲길은 여유 있게 산책하기 좋고, 탐방로를 따라가다 보면 석괴를 볼 수 있다. 주차는 선덕사 주차장에 주차하고 길을 건너 포장된 도로를 걷다 보면 산으로 들어가는 길이 나온다. 차가 빠르게 달리는 구간이니 주의. (p443 D:2)
- 제주 서귀포시 남원읍 하례리 산54-2
- #고살리숲길 #속괴 #요정

벨진밧 카페 야외
"박한별이 운영하는 야외 정원 카페"

@mymin0112

배우 박한별이 운영하는 벨진밧 카페는 해외 휴양지에 온 듯한 야외 정원이 매력적인 곳이다. 입구 바깥쪽에서 건물과 야자나무 정원이 모두 보이도록 사진을 찍어보자. 고소한 땅콩과 크런치가 올라간 땅콩크림라떼와 당근 모형이 올라간 당근케이크가 사진 찍기 좋은 메뉴다. (p442 A:3)
- 제주 서귀포시 대정읍 보성구억로 220-1
- #발리느낌 #야자수 #나무그네

사일리커피 하모방파제 뷰
"야자수와 하모 방파제 전망"

@show__jeeeu

사일리커피 마당 바로 앞에 바다를 향해 곧게 뻗은 하모 방파제가 들여다보인다. 이 방파제 앞에 심겨진 야자수 옆에 사람을 세우고, 곧게 뻗은 방파제가 잘 보이도록 바다 사진을 찍어보자. 사일리커피 카페 야외 테이블도 야자수와 짚으로 엮은 이색 그늘막으로 꾸며져 사진 찍기 좋다. (p442 A:3)
- 제주 서귀포시 대정읍 최남단해안로 412
- #방파제뷰 #오션뷰 #야자수

돈내코원앙폭포
"에메랄드빛 폭수수 배경"

@selsu

한라산 정상에서부터 흘러내린 에메랄드빛 물을 품고 있는 돈내코의 작은 폭포 앞 바위에 앉아 사진을 찍어보자. 계곡 사이에서 자라난 상록수가 돈내코 주변으로 하늘을 가릴 듯 자라나 커다란 바위 사이로 흘러내리는 원앙폭포의 풍경을 돋보이게 해준다. 돈내코 원앙폭포로 가는 길은 경사가 급하고 나무가 많아 주의하여 관람. 돈내코 계곡 주차장에 주차. (p443 D:3)
- 제주 서귀포시 돈내코로 137
- #돈내코 #원앙폭포 #상록수림

보목포구 바다계단
"바다와 돌담 뷰 계단 전망대"

계단 아래에 서서 바다를 바라보는 뒷모습을 사진으로 담아보자. 만조 때 바닷물에 잠겨 찰랑이는 파도를 볼 수 있는 계단과 돌담을 모두 담아 찍으면 멋진 사진을 찍을 수 있다. 보목 어촌계 창고와 보목 해녀의 집 중간에 있는 돌담길 사이 나무로 된 펜스가 있는 계단이 이곳의 포토존이다. 이곳은 주차된 차량에 가려 잘 보이지 않으므로 돌담 사이를 잘 보고 찾아가 보자. (p443 D:3)
- 제주 서귀포시 보목포로 46
- #보목포구 #바다계단 #천국의계단

서울앵무새 제주점 무지개벽
"알록달록 무지개벽 디저트 카페"

성수동에 본점이 있는 앵무새주점은 알록달록한 무지개벽으로 유명하다. 분점인 제주점에도 사진찍기 좋은 넓은 무지개벽이 마련되어 있는데, 성수점과 색상이 더 알록달록해 예쁜 배경이 되어준다. 서울 앵무새는 디저트 카페로도 유명하니 음식 사진 찍는 것

을 좋아한다면 알록달록한 과일 케이크도 함께 주문해보자. (p442 B:3)
- 제주 서귀포시 색달중앙로 162
- #알록달록 #무지개벽 #디저트맛집

황우지해안 선녀탕
"선녀가 목욕하고 갈 만큼 신비로운 곳"

푸른 바다가 일렁이는 선녀탕 바위 위에 앉아 바위섬을 배경으로 인어공주가 된 듯 사진을 찍어 보자. 두 개의 바위섬이 이어져 있어 선녀가 살짝 숨어 목욕할 것 같은 신비로운 공간이 만들어졌다. 바위 병풍이 둘러져 파도가 심하지 않은 자연 수영장으로 스노클링과 수영을 즐길 수 있다. 선녀탕은 외돌개와 이어지는 곳에 있고 가파른 85계단 아래에 있다. 외돌개 주차장 이용. (p442 C:3)
- 제주 서귀포시 서홍동 766-1
- #황우지해안 #선녀탕 #자연수영장

섭지코지 그랜드스윙
"성산일출봉 전망 이색사진"

성산 일출봉을 바라보며 그랜드 스윙에 앉아 사진을 찍어보자. 정면으로 보이는 탁 트

인 바다 위 성산 일출봉의 풍경을 한눈에 담을 수 있는 그랜드 스윙은 동그란 원형에 높이가 6미터에 달한다. 뒤로는 유명한 건축가 안도 타타 오가 설계한 글라스하우스를 볼 수 있다. 섭지코지 내에는 자연경관이 아름답고 한가로이 풀을 뜯고 있는 말도 만날 수 있으며 여유롭게 바다를 보며 산책도 즐기고 쉬어갈 수 있는 의자와 포토존이 많다. 그네는 유민 미술관 뒤에 있다. (p443 D:2)
- 제주 서귀포시 성산읍 고성리 21 유민미술관
- #섭지코지 #그랜드스윙 #성산일출봉a

이스틀리 카페 나무아래 수국
"나홀로나무와 오색 수국"

매년 7~8월이 되면 이스틀리 카페 정원에 있는 키 큰 나 홀로 나무 주변으로 푸른색, 보라색, 진분홍색 수국이 한가득 피어난다. 이 나무 아래 인물을 세우고, 건너편 수국 앞에서 인물사진을 찍으면 예쁘다. 나무가 전부 보이도록 조금 멀리 떨어져서 인물을 한 가운데 놓고 사진 찍는 것이 촬영 팁. (p443 F:2)
- 제주 서귀포시 성산읍 산성효자로114번길 131-1 2층
- #여름꽃 #수국 #나홀로나무

덴드리 카페 파란대문
"산토리니 감성 사진 맛집"

@hey0_hailey

새하얀 벽과 푸른 나무 창틀이 그리스 산토리니를 연상시키는 덴드리 카페는 건물 정면 사진이 예쁘게 나온다. 건물 앞 흰 자갈을 따라 마련된 나무길 가운데 인물을 세우고, 건물이 모두 카메라에 담기도록 뒤로 물러서서 정면 사진을 찍어보자. 정면 사진뿐만 아니라 카페 안에서 창문 밖 풍경을 찍어도 예쁘고, 우드 톤으로 꾸며진 싱그러운 카페 내부를 찍어도 예쁘다. (p443 F:2)

■ 제주 서귀포시 성산읍 삼달로 28-1
■ #그리스풍 #감성카페 #화이트톤

스테이삼달오름 외부
"바다 전망 루프탑 공간"

@lavir_laura

제주 오름의 형태를 그대로 옮긴 듯한 곳으로 말굽형 오름을 닮은 외부가 메인 포토존이다. 서귀포시 성산읍에 있으며, 예약 오픈과 동시에 마감이 되기로 유명한 숙소다. 넓

은 마당과 야외 바비큐 존, 프라이빗 개별 야외 수영장까지 모두 갖춘 곳. 숙박 최대 정원이 8명까지 가능해서 가족여행 숙소로 추천할만한 곳이다. (p443 F:2)

■ 제주 서귀포시 성산읍 삼달하동로17번길 15-3
■ #제주독채펜션 #제주숙소추천 #가족여행숙소

드르쿰다in성산 유럽성 스튜디오
"드레스 대여 가능한 유럽풍 카페"

@ji_sunnny

화려한 드레스를 입고 성 앞에 서서 마치 어느 유럽의 공주가 된 듯 사진을 찍어보자. 성 꼭대기에 올라 천국의 계단 샷을 찍어도 좋고 성산 일출봉도 한눈에 보인다. 밤낮없이 아름다운 이곳은 발길 닿는 곳마다 수많은 포토존을 보유한 곳이다. 드르쿰다in성산에 방문하면 제일 먼저 카페에 들어가게 되는데 카페 안에도 다양한 포토존이 마련되어 있고 실외에는 회전목마도 운영 중이다. (p443 F:2)

■ 제주 서귀포시 성산읍 섭지코지로25번길 64
■ #드르쿰다in성산 #유럽성 #포토존

브라보비치 카페 야외 베드
"동남아 휴양지 느낌 정자와 해먹"

@rookie__jeju

넓은 카페 정원에 원목 야외 선베드와 동남아 휴양지풍 정자, 해먹 등이 설치되어 있다. 선베드 바로 앞에 성산일출봉과 성산 바다 전망이 펼쳐져 있고, 선베드 주변으로 야자나무가 심겨 있어 다양한 연출사진을 찍을 수 있다. 선베드와 야자나무만 나오게 찍으면 휴양지 느낌이 물씬나고, 조금 멀리 떨어져 산방산 풍경까지 찍으면 제주 여행 느낌을 가득 담을 수 있다. (p443 F:2)

■ 제주 서귀포시 성산읍 시흥리 10
■ #발리감성 #해변전망 #썬베드

오조포구 돌다리
"푸른 바다에 떠오른 돌다리"

@jiaziagia_a

바다 위를 건널 수 있는 돌다리 위에 서서 사진을 찍어보자. 앉아서 뒤로 보이는 식산봉과 제주도의 푸른 바다를 함께 담은 한 폭의 그림 같은 사진을 찍어도 좋다. 이곳은 드라

마 '공항 가는 길'에 등장한 적 있는 특이한 돌다리이다. 구멍이 숭숭 뚫린 현무암으로 만든 돌다리는 길이가 생각보다 길고 실제로 바다 위를 건널 수 있다. 만조 때에 방문하는 것이 좋다. 주차 공간은 많지 않다. (p443 F:2)

- 제주 서귀포시 성산읍 오조리
- #오조포구 #돌다리 #현무암돌다리

호랑호랑 카페 배 포토존
"하얀 배와 그 너머 바다"

@mvii_gj

호랑호랑 카페 앞 해변에 사진찍기 좋은 흰 배 포토존이 있다. 바다를 향해 측면으로 정박해있는 배 위에 서서 배의 돛 부분까지 잘 나오도록 수직 수평을 맞추어 정면 사진을 찍으면 예쁘다. 수평선이 사진의 1/3 정도를 차지하도록 카메라를 아래로 두고 넓은 하늘이 잘 보이도록 찍는 것이 포인트. (p443 F:2)

- 제주 서귀포시 성산읍 일출로 86
- #바다전망 #감성적인 #흰배

하라케케 카페 새둥지 포토존
"거대한 새 둥지 속 인물사진"

@Lovely_som

넓은 야자수 정원으로 유명한 카페 하라케케에는 커다란 새 둥지 포토존이 있다. 동그란 새 둥지 사이로 들어가 둥지 밖에 있는 키 큰 야자수, 푸른 바다까지 잘 보이도록 살짝 떨어져 사진을 찍으면 동남아 휴양지에 온 듯한 인증사진을 찍어갈 수 있다. 바다 반대편 건물 방향에도 사진찍기 좋은 원형 프레임 포토존이 있으니 여기서도 사진을 찍어보자. (p442 C:3)

- 제주 서귀포시 속골로 29-10
- #휴양지느낌 #야자수 #새둥지

하귤당 현무암 인테리어
"현무암 식탁이 놓인 제주 전통가옥"

@mi_seoni

제주에 왔음을 온전히 느낄 수 있는 현무암 인테리어로 꾸며진 숙소에서 사진을 촬영해보자. 특히 현무암으로 만들어진 식탁이 있는 주방이 메인 포토존이다. 하귤당은 효돈마을 안 하귤나무 밭 안에 있는 곳으로, 제주 전통가옥 구조인 안거리, 밖거리 형태의 독채 숙소다. 두 채 모두 현무암으로 둘러싸인 야외자쿠지를 이용할 수 있다. (p443 D:3)

- 제주 서귀포시 신효중앙로26번길 21
- #제주독채숙소 #제주자쿠지숙소 #제주감성숙소

행기소 그네 포토존
"물웅덩이 그네에 올라 사진촬영"

@min_ing1018

행기소의 그네에 앉아 물웅덩이에 비친 파란 하늘과 함께 사진을 찍어보자. 웅덩이와 그네가 매달린 나무를 함께 담은 사진을 찍으면 인생 샷을 찍을 수 있다. 행기소는 놋 주발을 닮은 물웅덩이를 말한다. 광평리 복지회관에 주차 후 정자 오른쪽의 계단을 내려가면 그네를 찾을 수 있다. 그네까지 가는 길이 미끄러우니 주의. (p442 B:2)

- 제주 서귀포시 안덕면 광평리 205-2
- #행기소 #선녀 #그네포토존

휴일로 카페 하트돌담
"하트 돌담 사이 해바라기"

@arumi_lovee

오션뷰 카페인 휴일로에는 사진 찍기 좋게 하트모양으로 구멍이 뚫린 귀여운 포토존이 있다. 돌담 뒤쪽에는 넓은 해바라기밭이 있는데, 여름에 방문하면 하트 구멍 사이로 노란 해바라기가 피어나 노란 꽃 배경이 펼쳐진다. 돌담 구멍 안쪽에 들어가거나 돌담에 살짝 걸터앉아 하트모양이 온전히 잘 나오도록 정면 사진을 찍으면 예쁘다. (p442 B:3)

- ■ 제주 서귀포시 안덕면 난드르로 49-65
- ■ #커플사진 #해바라기 #오션뷰

마노르블랑 카페 동백숲 포토존
"동백나무 산책로가 인기있는 가든카페"

서귀포에 있는 가든 카페 마노르블랑 식물원을 함께 운영한다. 매년 10월부터 11월까지는 핑크뮬리가, 11월부터 이듬해 2~3월까지는 동백꽃이 예쁘게 피어난다. 키 큰 동백나무가 쭉 뻗어있어 인물을 가운데 두고 산책로 방향으로 사진 찍으면 예쁘다. (p442 B:3)

- ■ 제주 서귀포시 안덕면 덕수리 2952
- ■ #동백꽃 #핑크뮬리 #정원카페

용머리해안 해안절벽
"화산지층으로 이루어진 절벽"

화산이 만들고 바람이 조각해 놓은 멋진 절벽의 바위에 앉아 사진을 찍어보자. 겹겹이 쌓여있는 화산지층이 이색적인 이곳은 용이 머리를 세우고 바다로 들어가는 형상을 한 제주에서 가장 오래된 화산이다. 용머리해안에서 해녀가 직접 잡은 해산물도 먹어보자. 용머리해안은 기상 상황이 좋지 않거나 밀물 때에는 들어갈 수 없으니 관람 당일 전화로 확인하여 방문하자. (064-7942-940) (p442 B:3)

- ■ 제주 서귀포시 안덕면 사계리 112-3
- ■ #용머리해안 #해안절벽 #화산지층

서툰가족 산방산뷰 통창
"산방산 전망 화이트톤 객실"

산방산의 절경을 볼 수 있는 거실 소파 위 통창이 포토 스팟이다. 화이트 인테리어로 꾸며진 소파에 앉아 온 가족이 함께 사진을 찍으면 추억의 한 페이지를 남길 수 있을 것. 제주 작은 마을 안에 펜션이 있어서 '제주살이'를 테마로 지내기 좋은 곳이다. 키즈 펜션인만큼 아기 의자, 식기, 놀이공간 등이 마련되어 있고, 여름에는 마당에서 물놀이도 가능하다. (p442 B:3)

- ■ 제주 서귀포시 안덕면 사계중앙로 41-15
- ■ #제주키즈펜션 #아이랑여행 #산방산뷰숙소

방주교회 징검다리
"징검다리 너머 교회 반영샷"

물 위에 떠 있는 배의 모습을 한 방주교회 옆 징검다리 위에서 사진을 찍어보자. 방주교회 주변으로 조성된 작은 연못에 교회 건물이 거울처럼 반영되어 실제로 물 위에 떠 있는 노아의 방주를 연상하게 한다. 삼각형 모양의 패턴이 반복되는 교회의 지붕도 멋지다. 교회의 정면을 바라보고 물 위에 비친 모습과 함께 사진을 찍어도 멋진 사진을 찍을 수 있다. 교회 내부는 상시 개방. (p442 B:2)

- ■ 제주 서귀포시 안덕면 산록남로762번길 113
- ■ #방주교회 #징검다리 #노아의방주

소인국테마파크 미니어처 유럽풍경
"에펠탑 등 세계 랜드마크"

소인국 테마파크의 가장 인기 있는 포토존은 파리 에펠탑이다. 주변으로 에펠탑 외에 나무들뿐이라 마치 파이의 마르스 광장에서 에펠탑을 찍은 듯 똑같은 구도로 사진을 찍

을 수 있다. 이곳은 세계 여러 나라의 랜드마크를 미니어처로 만들어 놓아 사진을 찍으면 실제 해외에 여행을 다니는 기분을 느낄 수 있다. (p442 B:2)
- 제주 서귀포시 안덕면 중산간서로 1878
- #소인국테마파크 #에펠탑 #유럽여행

월라봉 동굴프레임
"올레길 9코스 동굴 포토존"

@bangapsudaye

월라봉에 비밀스럽게 숨어있는 신비한 동굴에서 사진을 찍어보자. 동굴 앞에 서서 숲을 배경으로 사진을 찍으면 인생 샷 완성. 대흥사에서 차가 갈 수 있는 최대한 가보면 올레길 9코스 표식이 있다. 말 머리 방향이 정방향으로 쭉 올라가다 내리막을 조금 걸으면 오른쪽으로 빠지는 길이 나온다. 올빼미 바위를 지나 걷다 보면 문을 지나고 올레길 파란색 표식을 따라 계속 걷다 보면 갈림길에서 왼쪽 길이다. 계속 걷다가 나무계단을 오르면 '월라봉 일제 갱도진지' 안내문이 나온다. (p442 B:3)
- 제주 서귀포시 안덕면 한밭로 160-8 대흥사
- #월라봉 #동굴 #일제갱도진지

사계해변 기암괴석 돌틈
"바위 틈 이색 프레임 사진"

@_____jung94

자연이 만들어낸 신비한 모양의 바위틈에 앉아 사진을 찍어보자. 노란색의 바위들은 모래가 퇴적되어 만들어진 암석이다. 바다만 보이지 않으면 그랜드캐니언의 한가운데에서 찍은듯한 사진을 찍을 수 있다. 사암이 단단하지만, 이끼가 낀 바위는 미끄럽고, 발이 빠질 수 있는 구멍이 많으므로 주의. 물때를 보고 간조에 방문하자. 이곳의 위치는 카페 뷰스트 바로 앞이며 주차장은 마련되어 있지 않다. 길가에 주차. (p442 B:3)
- 제주 서귀포시 안덕면 형제해안로 30 카페뷰스트
- #사계해변 #기암괴석 #그랜드캐니언

엘파소 카페 노랑 건물
"노랑색 벽과 파라솔 의자"

@carolinesuesue

엘파소 카페는 야외 테라스가 노란 벽으로 둘러싸여 있고, 파라솔과 의자 또한 샛노란

색으로 칠해져 있는데, 여기에 키 높은 야자나무가 심겨 있어 감각적인 배경이 되어준다. '시크릿 가든'이라고 써진 작은 문 앞에 서서 인물 사진을 찍어도 예쁘고, 벽 너머 산방산 전망이 나오도록 찍어도 예쁘다. 테라스 곳곳에도 노랑 감성 소품이 가득하다. (p442 B:3)
- 제주 서귀포시 안덕면 화순로 191-43
- #노란벽 #노란파라솔 #야자나무

시절인연 귤나무뷰 창가 자쿠지
"귤나무가 있는 마당을 바라보며 반신욕"

@eune__j

우드&라탄 인테리어로 꾸며진 공간에서 귤나무를 볼 수 있는 창가 자쿠지가 주요 포토 스팟. 자쿠지뿐만 아니라 다이닝룸, 침실, 거실 등 포토존이 가득한 곳. 야자수, 돌담, 귤나무 등을 한꺼번에 볼 수 있어 제주 느낌이 가득한 숙소다. 마당에는 바비큐와 불멍할 수 있는 공간이 조성되어 있다. (p442 C:3)
- 제주 서귀포시 용흥로 42
- #제주감성숙소 #제주자쿠지숙소 #귤나무뷰창가

춤추는달 귤밭뷰 창가 조식
"귤나무가 보이는 커다란 통창"

@60_u0

간단하게 준비된 조식을 먹으며 귤밭뷰가 보이는 창가에 앉아 사진을 찍어보는 것은 어떨까. 봄에는 유채꽃, 겨울엔 감귤로 둘러싸인 곳에서 조용히 휴식하기 좋은 곳. 숙소 옆 귤나무에서 귤을 따 먹을 수 있어서 제주 여행의 또 다른 묘미를 즐길 수 있다. 차로 5분 거리에 중문관광단지와 시내가 있어 배달 음식을 시켜 먹기도 좋다. (p442 C:3)

- 제주 서귀포시 중문상로 230-6 C동
- #귤밭뷰숙소 #제주숙소추천 #서귀포감성숙소

버디프렌즈 플래닛 깃털숲
"알록달록 깃털숲"

@merrylilac_

무지갯빛 깃털이 인상적인 버디 프렌즈 깃털숲에서 사진을 찍어보자. 카메라를 아래에서 위로 향하여 찍으면 깃털의 다양한 색감을 담아 찍을 수 있다. 높은 층고의 천장에서부터 바닥까지 이어진 깃털은 제주에서 살고 있는 다양한 종류의 새 깃털을 부드러운 천으로 표현했다. 깃털 숲은 1층에서 볼 수 있고, 다양한 포토존이 있다. (p442 B:3)

- 제주 서귀포시 천제연로 70 더 플래닛
- #더플래닛 #무지개 #깃털숲

아미고라운드 카페 회전목마
"놀이기구 설치된 키덜트 카페"

키치한 분위기가 매력적인 키덜트 카페 아미고라운드는 '회전목마 카페'라는 별명으로 불린다. 회전목마가 잘 보이도록 앞에 서서 사진을 찍거나, 직접 올라가서 근접 사진을 찍으면 예쁘게 나온다. 회전목마 말고도 수영장, 미끄럼틀, 크리스마스트리 등 사진 찍기 좋은 공간이 많다. (p442 B:3)

- 제주 서귀포시 특별자치도 예래동 1346-1
- #키덜트 #회전목마 #놀이기구

토끼나무존 나무터널
"토끼얼굴 닮은 나무 포토존"

@mmmmisssso

귀를 쫑긋 세운 토끼 얼굴을 닮은 나무 앞에서 사진을 찍어보자. 제주도의 거센 바람을 막기 위해 말 목장 주변을 빙 둘러 식재된 방풍림이 서로 붙어 자라나서 거대한 토끼 얼굴을 만들었다. 나무 사이로 들어가면 커다란 터널이 형성되어 안에서 밖으로 보이는 풍경을 배경으로 찍어도 예쁜 사진을 담을 수 있다. 이곳은 유채꽃 프라자 근처에 있고, 사유지이므로 조용히 사진만 찍고 오는 걸 추천한다. 주차장이 따로 없으므로 길옆에 주차. (p443 E:2)

- 제주 서귀포시 표선면 가시리 3108-1
- #토끼나무 #나무터널 #방풍림

사려니숲길
"나무가 빼곡한 신비의 숲"

@roa_ya_

사려니 숲의 우거진 나무 사이에 서서 하늘을 찌를 듯 높이 자란 나무와 함께 사진을 찍어보자. 사려니숲길은 꼭 맑은 날이 아니어도 비 오는 날 안개 낀 숲속을 우산을 쓰고 걸어도 운치 있는 숲을 볼 수 있다. 온통 나무뿐인 공간이지만 사진을 찍으면 특별한 것 없어도 인생 샷을 찍을 수 있다. 사려니숲길은 무장애 나눔 길인 데크길과 흙길인 미로 숲길이 있다. (p443 D:2)

- 제주 서귀포시 표선면 가시리 산 158-4
- #사려니숲길 #숲산책 #피톤치드

백약이오름 나무계단
"초록 자연 풍광 웨딩촬영 명소"

@perlei_bt

백약이 오름의 나무계단에 서서 듬성듬성

자란 초록 나무와 연둣빛 초원을 배경으로 사진을 찍어보자. 양옆으로 울타리가 쳐져 있는 이 나무 계단은 웨딩촬영 장소로도 유명하다. 정상 정상까지 가파르지 않고 올라가는 길마다 억새도 볼 수 있다. 정상까지는 20분 소요되며 분화구 형태의 정상에서 내려다보이는 제주 풍경이 예술이다. (p443 E:2)

- 제주 서귀포시 표선면 성읍리 산1
- #백약이오름 #나무계단 #쉬운오름

소노캄 제주 하트나무
"하트모양 프레임 너머 푸른 하늘"

@hanbok_lover

나뭇잎이 만들어낸 하트 사이로 파란 하늘과 함께 사진을 찍어보자. 나무 의자에 앉아 카메라를 아래에서 위로 찍어 하트와 하늘을 모두 담아야 멋진 사진을 찍을 수 있다. 호텔 건물을 통해 바다로 나가 우측 산책로를 따라 쭉 가다 보면 넓은 코스모스밭과 야자나무가 나오고 숲이 우거진 산책로를 따라 쭉 가다 보면 하트 나무가 있다. (p443 E:2)

- 제주 서귀포시 표선면 일주동로 6347-17
- #소노캄제주 #하트나무 #코스모스

오늘은녹차한잔 동굴
"녹차밭 속 비밀공간"

@yeonhee319

동굴 안에서 숲을 바라보고 동굴과 나무를 액자 삼아 사진을 찍어보자. 깊고 깊은 숲 한 가운데 있는 커다란 동굴 같지만, 이곳은 녹차밭 사이에 난 자연 동굴로 주변에 오래된 수림과 동굴의 조합으로 신비한 분위기를 만들었다. 오늘은 녹차밭이라는 다원의 녹차밭을 걷다 보면 언덕 아래로 내리막길이 있다 그곳을 내려가면 이끼와 수풀이 가득한 비밀 공간이 나온다. (p443 E:2)

- 제주 서귀포시 표선면 중산간동로 4772
- #오늘은녹차한잔 #녹차밭 #성읍녹차동굴

수모루공원 야자나무숲
"이국적인 야자수 인생샷"

@sxynn

쭉쭉 뻗은 야자수 나무 아래에서 동남아를 여행 온 듯 이국적인 풍경의 인생 샷을 찍어보자. 제주도 내 이국적인 풍경의 사진을 찍을 수 있는 이곳은 수모루공원에 있는 야자수 군락이다. 제주 올레길 7코스 중 하나이며 7코스는 풍경이 아름답기로 유명하다. 주차는 속 골 유원지 주차장 이용. (p442 C:3)

- 제주 서귀포시 호근동 1645
- #수모루공원 #야자나무숲 #동남아분위기

호근모루 야외 수영장
"프라이빗 풀과 아름다운 정원"

@angela_pkj

숙소 마당에 있는 프라이빗 야외 수영장이 이곳의 메인 포토존이다. 수심이 얕고, 수영장 크기가 커서 물놀이하기에 제격이며, 바로 옆에는 불멍 공간이 마련되어 있다. 숙소는 안끄레, 바꾸래 두 채로 이루어져 있고, 한 팀이 공간 전체를 이용하게 되어 있다. 계절에 따라 다양한 식물의 아름다움을 몸소 느낄 수 있는 정원이 잘 꾸며져 있다. (p442 C:3)

- 제주 서귀포시 호근북로 26 호근모루
- #제주프라이빗숙소 #야외수영장 #불멍숙소

베케
"제주 감성 정원 뮤지엄"

조경 전문가가 만든 제주 정원. 본래 카페였으나 24년 5월 리뉴얼 후에는 정원 뮤지엄 겸 카페로 확장했다. 커다란 창을 통해 올려

다보는 이끼 정원과 미로 같은 나무 포토존이 가장 인기. 정원이 넓으므로 천천히 산책하며 숨은 포토 스팟을 찾아보자. 정원을 차분하게 감상할 수 있도록 사전 예약제로 운영되며 정원 입장료는 12,000원이다. 음료 주문은 선택. (p443 D:3)

■ 제주 서귀포시 효돈로 48
■ #제주도 #이끼 #정원

아쿠아플라넷 제주 메인 수조
"제주 바다를 한눈에 보는 포토존"

@crystal_sj_1113

아시아 최대 규모를 자랑하는 아쿠아리움으로, 지하 1층에 있는 메인 수조 앞에서 바다 속에 들어간 듯한 사진을 찍을 수 있다. 가로 23m 세로 8.5m 초대형 수조로, 시간에 따라서는 해녀 물질 시연 등 다양한 공연이 진행되기도 한다. 다만 사진을 찍을 때는 생물들의 안전을 위해 카메라 플래시는 끄는 것이 올바른 에티켓이니 참고할 것. (p443 F:2)

■ 제주 서귀포시 성산읍 섭지코지로 95 아쿠아플라넷 제주
■ #아쿠아리움 #독특한 #이색사진

유리바닥보트
"제주 바다 위를 걷는 느낌"

@jjujjujjuu

산방산, 용머리해안, 주상절리 등 제주도의 대자연을 바다 위에서 감상할 수 있는 보트투어 액티비티. 게다가 보트 가운데는 에메랄드빛 투명한 유리 바닥으로 되어 있어 잠수함처럼 바다 속을 볼 수 있다는 점이 가장 독특하다. 유리 바닥 위에 올라가서 사진도 찍을 수 있으니 다양한 포즈를 취해보자. 서핑을 하는 듯한 포즈나 유리 바닥 위에 누운 포즈가 인기. (p442 B:3)

■ 제주 서귀포시 안덕면 화순해안로106번길 81층
■ #이색체험 #액티비티 #보트투어

제주 그믐 야외 자쿠지
"귤밭 속 자쿠지 감성 숙소"

@hongsung.gu

작은 귤밭 한가운데에 야외 자쿠지가 있는 제주 감성의 독채 펜션. 숙소 바로 앞에는 서귀포 예래해안으로 바다가 위치해 있어서 자쿠지와 함께 오션뷰를 즐길 수 있다. 특히 해질녘 이곳에서 노을을 배경으로 하는 사진을 꼭 찍을 것. 또한 숙소 마당에서 귤 따기 체험, 글램핑장 등 다양한 즐길거리가 갖춰져 있어 낭만적인 시간을 보낼 수 있다. (p442 B:3)

■ 제주 서귀포시 예래해안로 179-23 제주그믐
■ #자쿠지 #귤밭 #오션뷰

책계일주 책장 문
"책장 뒤 숨은 비밀 공간"

@eueujhjh

책장처럼 생긴 비밀의 문을 열고 들어가면 만날 수 있는 여행 서점. 여행, 술, 제주, 사진 분야의 책 위주로 큐레이팅되어 있으며 세계 각국의 술, 음료, 타파스를 판매하는 바로도 운영하고 있다. 진한 초록색 외관과 잘 어울리는 책장 문 앞에서 인생 사진을 찍을 수 있다. 내부에서는 창가 앞 자리가 가장 인기이자 또 하나의 포토존이다. 일부 좌석은 예약 필수. (p443 E:2)

■ 제주 서귀포시 표선면 토산중앙로49번길 41 1층(진한초록건물)
■ #이색서점 #비밀의문 #책장

카페 귤꽃다락
"귤밭 포토존이 있는 감성 카페"

@sh_sucre

1978년 지어진 귤밭 돌창고를 카페로 개조한 곳으로, 빈티지한 돌담 감성이 분위기를 더한다. 본관, 별관, 야외 정원 모두 포토존으로 가득한 곳. 본관에는 창문 앞 포토존이 따로 마련되어 있어 사진을 찍기 편하며, 야외에는 귤과 함께 사진을 찍을 수 있도록 다양한 소품이 마련되어 있다. 여름에는 수국이 피고 겨울에는 크리스마스 콘셉트로 꾸미며 사계절 방문하기 좋은 곳. (p442 C:3)
- 제주 서귀포시 이어도로1027번길 34
- #귤밭 #포토존 #인생사진

트름
"피라미드를 닮은 이색 숙소"

@stay_trimmen

피라미드와 같은 삼각형 모양의 지붕이 인상적인 독채 숙소. 아치 모양의 입구로 들어서면 원형 계단이 펼쳐지며, 가로로 긴 통창이 있어 파노라마 뷰를 볼 수 있다 계단 위 2층 침실에는 자쿠지가 있으며 삼각형 모양의 창문으로 바다를 감상할 수 있다. 숙소 외부와 내부 모두 사진을 찍지 않을 수 없는 곳. 예능 프로그램 〈전지적 참견 시점〉에도 등장해 유명해졌다. (p442 A:3)
- 제주 서귀포시 대정읍 무릉전지로35번길 26-32
- #피라미드 #이색숙소 #프레임샷

오드씽 카페 풀장 가운데원형의자
"넓은 수영장과 유리온실"

@hjw0218

오드씽은 넓은 정원과 수영장이 딸려있는 카페로, 밤에는 분위기 좋은 펍으로 운영해 파티가 열린다. 풀장 한가운데 거대한 원형 테이블이 있는데, 바닥이 비쳐 보이는 투명한 재질로 되어있어 여기에 앉으면 마치 물속에 폭 들어가 앉은 듯한 느낌을 준다. 오드씽 카페 내부도 유리온실처럼 꾸며져 있어 사진찍기 좋은 공간이 많다. (p442 C:2)
- 제주 제주시 고다시길 25
- #수영장 #투명의자 #파란색

수선화민박 통창뷰
"유채꽃밭 전망 통창"

@sweet.aeae

아늑한 거실에서 ㄱ자로 된 통창 앞에서 사진을 찍어보자. 특히 봄에는 드넓게 펼쳐진 유채꽃을 바라보며 사진도 찍고 힐링할 수 있는 곳. 남쪽과 서쪽, 양쪽으로 창이 나 있어서 일출과 일몰을 한꺼번에 감상할 수 있다. 구좌읍에 자리하고 있는 곳으로, 차로 15분 이내에 평대해변, 비자림, 세화 오일장, 용눈이 오름 등이 있어 동쪽 주요 관광지를 둘러보기에도 좋다. (p443 E:1)
- 제주 제주시 구좌읍 계룡길 25-11
- #제주독채숙소 #제주통창숙소 #뷰맛집

모알보알 카페 빈백 테라스
"빈백에 누워 해변 감상하기 좋은 테라스"

@chayucha_u

모알보알은 필리핀의 해변 휴양지를 닮은 동남 감성 카페로, 실내외가 동남아풍 조명과 러그 등으로 꾸며져 있다. 커다란 통창 너머 테라스로 넓은 해변이 펼쳐지고 여기에 눕거나 앉아 해변 감상하기 좋은 폭신한 빈백이 마련되어 있는데, 이 통창이 다 보이도록 건물 안쪽으로 들어와 바다 전망 사진을 찍으면 예쁘다. 동남아풍 조명과 장식품이 잘 보이도록 카메라 각도를 잘 조절해보자. (p443 E:1)
- 제주 제주시 구좌읍 구좌해안로 141
- #동남아휴양지감성 #오션뷰 #빈백

스누피가든 스누피 포토존
"스누피와 함께 호숫가 데이트"

@chibiusa_j

웜 퍼피 레이크 테마정원에서 사랑스러운 스누피와 친구가 되어 다정하게 어깨동무하고 나란히 앉아 사진을 찍어보자. 스누피가든에 오면 누구든지 스누피와 다정한 친구가 되어 함께 사진을 찍을 수 있다. 실내에도 많은 포토존이 있지만 야외에는 스누피 친구들과 캠핑도 하고 언덕에 함께 누워 사진도 찍고 살아서 움직일듯한 커다란 스누피와 친구들을 다양한 장소에서 볼 수 있다. (p443 E:2)
- 제주 제주시 구좌읍 금백조로 930
- #스누피가든 #스누피 #친구샷

제주드루앙 1236점 돌담자쿠지
"돌담 노천탕에서 감성사진 찰칵"

@piurola

야외에 마련된 돌담 자쿠지에서 노천탕을 즐기며 사진을 찍어보자. 밤이 되면 알전구 조명이 켜져 더욱더 감성 충만한 사진을 얻을 수 있다. 자쿠지 사이즈가 상당히 크기 때문에 미리 물을 받아 두는 것을 추천. 침실이 있는 본채와 자쿠지와 보조 주방이 있는 별채로 나누어져 있고, 마당에 넣 놓고 불멍 가능한 파이어피트가 있다. (p443 E:1)
- 제주 제주시 구좌읍 김녕로17길 20-1
- #제주도독채숙소 #제주동쪽숙소 #제주자쿠지숙소

청굴물 돌길
"돌길과 푸른바다가 만드는 이색풍경"

@sxynn

두 개의 동그란 구멍 사이 돌길 위에 서서 푸른 바다와 함께 사진을 찍어보자. 맑은 날 밀물이 빠져나갈 때쯤 용천수가 가득 찼을 때 바닷물로 사라져가는 돌길을 찍으면 신비로운 사진을 찍을 수 있다. 특이한 돌담의 전체적인 모양은 카페 청굴물에서 찍을수 있다. 밀물에 물이 가득 차면 길이 사라지므로 주의. (p443 E:1)
- 제주 제주시 구좌읍 김녕리 1296
- #청굴물 #돌길 #용천수

만장굴
"용암유선이 늘어서 있는 곳이 포인트"

@veryjoo_35

신비로운 만장굴에서 사진을 찍어보자. 어두워서 플래시는 필수지만 용암 유선이 가로로 이어져 있는 구간의 굴이 직선으로 이어져 있고 조명이 밝아 사진을 찍으면 멋지게 나온다. 천연기념물인 만장굴은 180만 년 전에 형성되어 종유석과 석주가 장관을 이루는 규모가 큰 동굴이다. 제주말로 아주 깊다는 의미의 만장이 거머리 굴로 불린다. 만장굴 안은 여름에도 추워서 외투를 준비해야 한다. 2025년 8월까지 임시 폐쇄 중 (p443 E:1)
- 제주 제주시 구좌읍 만장굴길 182
- 만장굴 #용암유선 # 천연기념물

카페한라산 TV액자샷
"세화 해변 전망 TV 프레임사진"

@mayvier_

카페한라산에는 세화 해변이 그대로 들여다 보이는 커다란 유리 통창이 있는데, 창에 아날로그 TV 모양 액자 프레임이 있어 귀여운 감성 사진을 찍을 수 있다. 건물 유리창 밖에서 TV 프레임 가운데 선 인물을 건물 안쪽에

서 촬영하면 실제로 TV에 출연한 듯한 독특한 연출사진이 완성된다. (p443 F:1)
- ■ 제주 제주시 구좌읍 면수1길 48
- ■ #해변전망 #아날로그 #TV프레임

구름의하루 야외수영장
"제주 돌담 뷰 야외풀장과 노천탕"

@nation.top

제주를 상징하는 돌담과 푸릇푸릇한 뷰를 바라보며 물놀이를 즐길 수 있는 야외 수영장이 포토 스팟이다. 수영장 옆 그네에서도 예쁜 사진을 찍을 수 있으며, 수영장은 6월부터 9월까지 이용할 수 있다. 마당에 불멍할 수 있는 공간이 마련되어 있어서 캠핑 느낌을 내며 마쉬멜로와 고구마도 구워 먹을 수 있다. 추가 요금을 내고 야외 노천탕도 이용할 수 있다. (p443 F:1)
- ■ 제주 제주시 구좌읍 면수2길 32-1
- ■ #제주독채풀빌라 #제주예쁜숙소 #제주감성숙소

메이즈랜드 미로숲
"키큰 초록 미로숲 속에서"

@evergrowmin

동글동글 곡선으로 잘 다듬어진 미로 사이에 서서 사진을 찍어보자. 키 큰 나무 사이에 서서 곡선으로 굽어지는 미로 벽이 잘 나오게 찍으면 인생 샷 완성. 메이즈랜드는 세계 최장 석축 미로를 자랑하며 제주의 상징인 돌, 바람, 여자를 주제로 미로를 조성했다. 미로를 따라 사진도 찍고 출구까지 통과해보자. (p443 E:1)
- ■ 제주 제주시 구좌읍 비자림로 2134-47 메이즈랜드
- ■ #메이즈랜드 #미로숲 #세계최장석축미로

송당무끈모루 나무 프레임
"방풍림 나무 터널"

@wealways_pray

방풍림 사이로 나뭇가지가 만나 터널을 만든 길 사이에 서서 사진을 찍어보자. 나무 터널 뒤로 보이는 안돌오름과 산 아래 방풍림을 함께 찍으면 신비로운 분위기의 사진 완성. 흐린 날보다는 맑은 날 파란 하늘이 선명한 프레임의 사진을 찍을 수 있다. 이곳은 카페 안도르 앞에 있고 터널 끝까지 걸어가는 산책로가 예쁘다. 송당무끈모루는 묶다는 의미의 제주 방언 무끈 과 작은 언덕을 의미하는 모루가 합쳐져 생긴 지명이다. (p443 E:2)
- ■ 제주 제주시 구좌읍 송당리 2148-5 카페 안도르
- ■ #송당무끈모루 #방풍림 #터널프레임

안돌오름 비밀의숲 민트 카라반
"민트색 카라반 포토존"

@becca_yelim

쭉쭉 뻗은 삼나무 길 사이 덩그러니 있는 민트색 카라반과 함께 사진을 찍어보자. 숲길을 따라 조성된 산책로에는 나 홀로 나무, 편백 숲 등 멋진 포토존이 많지만, 숲속에 비밀스럽게 놓여있는 카라반이 있는 곳이 이곳의 대표 포토존이다. 비밀의 숲은 개인 사유지이며 입장료가 있다. 민트 카라반이 이곳의 매표소 겸 카페. (p443 E:2)
- ■ 제주 제주시 구좌읍 송당리 산66-1
- ■ #안돌오름 #비밀의숲 #민트카라반

W728 오션뷰 갤러리창
"제주 바다와 전경이 아름다운 곳"

@eee_haa

아름다운 제주 바다와 하늘, 그리고 야경을 볼 수 있는 침실에 있는 갤러리창이 포토 스팟. 이 갤러리창은 A, B동에서만 볼 수 있으며, C동은 창문 대신 자쿠지가 마련되어 있다. 각자 취향에 맞게 객실을 선택할 수 있고, 월정리 해변 바로 앞에 있어 해수욕을 즐기기에도 좋은 곳. 일출, 일몰을 감상할 수 있으

며, 숙소 근처 숨어있는 맛집들이 많아 투어하기에도 좋다. (p443 E:1)

■ 제주 제주시 구좌읍 월정1길 101
■ #월정리오션뷰숙소 #오션뷰맛집 #제주통창숙소

종달리 고망난돌
"바위 틈 사이로 푸른 바다"

@haniszwhale

커다란 바위 사이에 반원형의 구멍 사이로 보이는 파란 바다를 담은 사진을 찍어보자. 구멍이라기보다는 안에서 보면 동굴 같은 느낌의 커다란 구멍이 뚫려있다. 바위 위에 앉아 구멍 액자 삼아 찍으면 인생 샷을 찍을 수 있다. 주변으로 비슷한 바위가 많아 헷갈릴 수 있지만 커다란 바위와 풀 뜯는 소들이 있어 그림 같은 풍경을 볼 수 있다. (p443 F:1)

■ 제주 제주시 구좌읍 종달리10
■ #종달리 #고망난돌 #제주동쪽코스

스테이무드인디고 제주돌담뷰 욕조
"바다와 돌담이 한눈에 담기는 욕조"

@subin3227

제주 바다와 돌담을 한눈에 담을 수 있는 욕조가 메인 포토존. 거품 입욕제를 풀고 바다

를 바라보며 피로도 풀고, 예쁜 사진도 담을 수 있는 일석이조의 공간. 숙소 바로 앞 미니테라스도 포토존으로 유명하며, 감성 넘치는 숙소에서 하루를 보내기 좋은 곳. 이곳은 연박을 우선으로 4개월 전부터 예약이 가능하다. (p443 F:1)

■ 제주 제주시 구좌읍 하도서문길 39
■ #제주동쪽감성숙소 #제주오션뷰숙소 #욕실뷰맛집

카페록록 이국적 선인장포토존
"세화해변 전망 선인장 카페"

@173.9__2

카페록록은 2층 테라스에서 세화해변 전망을 즐길 수 있는 오션뷰 카페다. 2층으로 올라가는 계단에 해변 전망 통유리창이 설치되어있고, 계단 길을 따라 키 높은 선인장 화분이 여러 개 놓여있어 계단에 살짝 앉아 감성적인 사진을 찍어갈 수 있다. 건물 입구로 들어서면 바로 보이는 따뜻한 목제 소품들과 화려한 스테인드글라스도 사진찍기 좋은 포인트다. (p443 F:1)

■ 제주 제주시 구좌읍 하도서문길 41
■ #해변전망 #선인장 #통유리

꼬스뗀뇨 카페 야자수
"야자수와 돌로 꾸며진 인테리어 카페"

@daisy.n.andy

갤러리 카페 꼬스뗀뇨는 실내외 인테리어가 잘 되어있어 사진 찍을만한 공간이 많다. 건물 입구에 커다란 돌이 설치되어 있는데, 이 돌과 문 가운데 선 인물을 돌 맞은편에서 찍으면 유리 통창이 액자처럼 보이는 예쁜 사진을 찍어갈 수 있다. 돌과 식물로 꾸며진 테이블 조경이나 카페 건물 밖 2층으로 향하는 계단 구간도 사진 찍기 좋은 포인트. (p443 F:1)

■ 제주 제주시 구좌읍 해맞이해안로 2080
■ #돌조형물 #투명입구 #야자나무

오저여 썬셋
"태양을 손으로 잡는 콘셉트 사진"

@s2_tjdgml

아름다운 선셋으로 유명한 오저 여의 바위 위에 서서 떨어지는 태양과 함께 사진을 찍어보자. 엄지와 검지로 동그란 원을 만들어 그 사이로 해가 들어오게 찍으면 태양을 손

으로 잡은 듯한 사진을 찍으면 인생 샷 완성. 오저 여는 일몰 못지않게 일출 장소로도 유명하다. 떠오르는 태양을 두 손으로 잡는 듯한 사진의 실루엣을 찍어도 멋진 사진을 남길 수 있다. (p443 E:1)

■ 제주 제주시 구좌읍 행원리
■ #오저여 #썬셋 #일출

코난해변 풍력발전기 뷰 해변
"까망 돌과 하얀 풍력발전기"

@damvely_

코난 해변의 에메랄드색 바다 사이 까만 돌과 풍력 발전기를 배경으로 사진을 찍어 보자. 바닷속 모래 사이 섬처럼 형성된 까만 바위들이 이색적인 풍경을 만들어준다. 풍력 발전기가 보이는 까만 바위 위에 서서 풍력 발전기를 배경으로 찍어도 멋진 사진을 찍을 수 있다. 바위 위에 돗자리 하나 펼치고 피크닉을 즐기기에도 좋다. 맑은 물에 깊지 않은 수심으로 스노클링하기 좋은 명소지만 정식 해변은 아니므로 샤워장은 따로 없다. (p443 E:1)

■ 제주 제주시 구좌읍 행원리 575-6
■ #코난해변 #풍력발전기뷰 #바위언덕

플라이무드 액자뷰 우드톤 침실
"우드톤 오션뷰 숙소"

@no.18_ryustar

따뜻한 느낌을 주는 우드톤 침실에서 오션뷰 창문을 바라보며 사진을 촬영해보자. 노란 조명과 플랜테리어가 더해져 감성 가득한 인생 사진을 찍을 수 있다. 2층 단독 독채 숙소로, 주차장에 주차 후 콘크리트 벽 오른편으로 들어가면 숙소를 만날 수 있다. 오션뷰에 더해 일출, 일몰을 전부 볼 수 있는 곳으로, 좋은 경치를 보고 쉬기 좋은 숙소다. (p442 B:2)

■ 제주 제주시 귀덕9길 19
■ #제주오션뷰숙소 #오션뷰독채 #제주숙소추천

차와무드별채 돌담뷰 동그란 창
"거실 원형 창으로 비치는 돌담"

@byunsuhwan

대나무와 돌담을 한꺼번에 볼 수 있는 거실의 동그란 창이 포토 스팟. 창 앞에 스툴을 두고 앉거나, 바닥에 앉아서 사진 찍는 것을 추천. 숙소 이름에 걸맞게 다양한 다기 세트와 내려 마실 수 있는 차가 준비되어 있다. 평대

해수욕장 바로 앞에 자리하고 있어 마당에서 오션뷰를 감상할 수 있다. 취사 불가 숙소인 만큼 주변에 맛집이 많은 것이 큰 장점인 곳. (p443 E:1)

■ 제주 제주시 대수길 31
■ #제주에어비앤비 #제주구좌숙소 #제주예쁜숙소

도두동 무지개해안도로
"해안 전망 무지개 난간"

@n_m.duri

귀여운 파스텔톤의 무지개색 난간에 앉아 바다와 함께 사진을 찍어보자. 난간 위에 서서 빨주노초파남보의 일곱 가지 색을 모두 담으려면 길 건너 조금 떨어진 곳에서 사진을 찍으면 된다. 해안가에서는 비행기가 지나다니므로 비행기가 날아가는 순간을 포착하면 보다 근사한 사진을 남길 수 있다. 주차는 도두동 주차장에 할 수 있다. (p442 C:1)

■ 제주 제주시 도두일동 1734
■ #도두동 #무지개 #비행기

도두봉 키세스존
"나무 사이 종(키세스)모양 프레임"

@dain__n2

햇빛 한 줌 들어오지 않는 우거진 나무 사이 키세스 모양의 터널이 이곳의 포토존이다. 나뭇잎들이 만들어낸 모양이 키세스 초콜릿 모양이다. 바깥으로 보이는 시원한 바다 풍경과 함께 실루엣 사진을 찍으면 인생 샷 완성. 도두봉 정상의 탁 트인 평지에 나무들이 우거진 숲이 있는데 나무 사이 산책로를 걸어 들어가면 그 끝에서 키세스 존을 만날 수 있다. (p442 C:1)
- 제주 제주시 도두항길 4-17
- #도두봉 #키세스존 #나무터널

삼성혈 벚꽃
"제주 도심에 위치한 벚꽃 스팟"

탐라국 개국 전설과 관련있는 유적지로, 3월이 되면 벚꽃이 흐드러지게 펴서 사람들이 발길이 끊이지 않는다. 특히 숭보당 앞 벚꽃나무가 가장 인기 있는 포토존이라 줄을 서서 사진을 찍을 정도. 아름다운 색감의 한옥과 탐스러운 벚꽃이 어우러져 분위기 좋

은 사진을 찍을 수 있다. 입장료 성인 4천원이며 네이버 예매시 할인 혜택이 있으니 참고하자. (p442 C:1)
- 제주 제주시 삼성로 22
- #3월 #벚꽃스팟 #유적지

핑크해안도로 이국적 핑크 도로
"소녀감성 핑크빛 해안도로"

@___spearmint

파스텔톤의 핑크 해안 도로에서 소녀 같은 분위기의 원피스를 입고 상큼한 사진을 찍어보자. 핑크 도로 옆에는 이국적인 분위기를 만들어 주는 야자수가 심겨 있어 파란 바다와 함께 초록색의 야자수가 멋진 인생 샷을 만들어 준다. 핑크색으로 꾸며진 도로는 카페 진정성 종점 앞에 있다. (p442 C:1)
- 제주 제주시 서해안로 124
- #핑크해안도로 #야자수 #핑크거리

용두암 비행기샷
"비행기를 향해 인사하기"

@0.62_0

용담 포구 방파제와 제주 서해안로 스타벅스 DT 점 앞 용두암 해변에서 바닷가로 내려가 까만 현무암 위에서 바다와 함께 날아오르는 비행기를 향해 손을 흔드는 사진 찍어보자. 비행기가 날아오르는 속도가 빨라 비

행기를 담기 위해선 연속 촬영이나 동영상으로 찍어 스크린샷으로 사진을 남길 수 있고 너무 빨라 못 찍었더라도 5분마다 한 번씩 비행기가 지나가므로 여러 번 시도해 멋진 사진을 남겨 보자. (p442 C:1)
- 제주 제주시 서해안로 624
- #용두암 #해변 #비행기샷

용마마을 버스정류장 비행기샷
"비행기와 정류장을 한 프레임에"

@pearl1__21

용마 마을버스 정류장은 버스보다는 비행기를 기다리는 장소로 더 유명하다. 정류장 가운데 서서 이륙하는 비행기를 바라보고 사진을 찍으면 인생 샷 완성. 버스 정류장은 반대편 주차장에 주차 공간이 있다. 차가 많이 다니는 길이니, 주의하여 사진을 찍어보자. (p442 C:1)
- 제주 제주시 서해안로 626
- #용마마을 #버스정류장 #비행기샷

앙뚜아네트 비행기뷰 돌하르방
"돌하르방과 비행기 사진 찍기 좋은"

@yun__chichi

바닷가 바위 위 돌하르방 앞에 서서 떠나는

비행기에 인사하는듯한 사진을 찍어보자. 베이커리 카페인 앙뚜아네트 용담점은 나무로 지어진 오두막 같은 외관의 건물과 바로 앞에는 제주의 푸른 바다를 한눈에 볼 수 있는 테라스가 있다. 나무계단을 따라 내려가면 바위 위에 서 있는 돌하르방을 볼 수 있는데 이곳이 포토존이다. 카페에서 하늘을 날아가는 비행기가 자주 오가는 것을 볼 수 있어서 비행기와 함께 사진 찍는 것은 어렵지 않다. (p442 C:1)

■ 제주 제주시 서해안로 671

■ #카페앙뚜아네트 #비행기뷰 #돌하르방

상가리 야자숲

"한담해변뷰 동남아풍 야자나무숲"

@pink_duck0110

이국적인 야자나무 앞에서 동남아 여행을 온 듯 사진을 찍어 보자. 키 큰 야자나무 사이 벤치에 앉아 휴양지에 온 공주처럼 사진을 찍어도 좋고, 카메라를 위에서 찍어 나무에 둘러싸인 난쟁이 콘셉트의 사진도 좋다. 애월읍 작은 동네에 숨어있는 상가리 야자 숲은 사유지이지만 마음씨 좋은 주인분이 사진을 찍을 수 있는 작은 의자도 곳곳에 마련해 두었다. 한담해변에서 차로 10분 (p442 B:2)

■ 제주 제주시 애월읍 고하상로 326

■ #상가리 #이국적인 #야자숲

앤디앤라라홈 뮤즈 유럽시골집 분위기

"멋스러운 빈티지 숙소"

@si_o.on

앤티크 인테리어와 빈티지 소품으로 꾸며져 유럽 시골 마을에 온 듯한 숙소 전체가 포토존이다. 객실은 2인실과 4인실로 나누어져 있고, 2박 이상부터 예약이 가능하다. 스테이와 스튜디오룸이 구분되어 있는데, 스튜디오룸은 촬영용으로 렌탈할 수 있다. 귤밭, 유리 온실, 돌 창고 등 볼거리가 다양하고, 곳곳에서 유럽 감성을 느낄 수 있다. (p442 B:2)

■ 제주 제주시 애월읍 광상로 538 에이동

■ #유럽느낌숙소 #스튜디오렌탈 #앤티크인테리어

구엄리돌염전 하늘반영샷

"일몰 때 비치는 노을이 예술"

@ye__riny

너럭바위 위 염전에 비친 하늘을 담은 사진을 찍어보자. 일몰에 물든 빨간 하늘이 염전에 비칠 때 염전의 둑 사이에 서서 실루엣 사진을 찍어도 멋진 사진을 찍을 수 있다. 이곳은 조선시대에 돌 위에 만들어진 염전으로 지금은 운영하지 않고 있어서 늘 물이 차 있지 않다. 비 온 다음 날 빗물이 고인 파란 하늘을 볼 수 있는 날을 노려보자.

(p442 B:2)

■ 제주 제주시 애월읍 구엄리 609-1

■ #구엄리돌염전 #하늘반영샷 #비온다음

정취한가 발리감성 자쿠지

"따스한 우드톤 인테리어 숙소"

@84raina

우드&라탄 인테리어로 완성된 발리 감성 충만한 자쿠지에서 사진을 찍어보는 것은 어떨까. 밤의 자쿠지는 운치가 더해져 더욱더 분위기 있는 사진을 촬영할 수 있다. 마당에는 장작에 불을 피워 불멍할 수 있는 공간이 마련되어 있다. 마당에는 동백나무가 심겨 있어 겨울에는 동백꽃을 볼 수도 있는 곳. 다만 층고가 낮아 이동이 불편할 수 있어 키가 큰 경우 예약 시 확인이 필요하다. (p442 B:2)

■ 제주 제주시 애월읍 근처(체크인 고객에게만 주소 제공)

■ #제주자쿠지숙소 #발리느낌숙소 #애월숙소추천

답다니언덕집 야외 창문
"초록 덩굴로 뒤덮인 야외 건축물"

@yuun_d

로즈마리 덤불이 가득해 허브밭이 떠오르는 야외 공간 창문을 배경으로 사진을 찍을 수 있다. 오래된 제주 전통 주택을 개조하여 만든 곳으로, 애월 감성 숙소로 유명한 곳. 숙소 입구부터 야외 공간, 우드 인테리어로 만들어진 내부까지 숙소 전체가 포토존이기도 하다. 야외 마당에 있는 자쿠지에서 별을 보며 반신욕을 즐길 수 있다. (p442 B:2)
■ 제주 제주시 애월읍 납읍로2길 10
■ #제주애월숙소 #제주독채펜션 #제주숙소추천

수산봉 그네나무
"한라산 전망 그네 포토존"

@_wooonvely_j

소나무에 매달린 그네를 타고 저수지 주변의 푸른 배경과 함께 사진을 찍어보자. 맑은 날에는 그네에 앉아 한라산의 모습도 볼 수 있다. 수산봉의 울창한 숲과 함께 언덕 위에서

내려다보이는 풍경도 감탄사가 절로 나온다. 수산 유원지에 주차하면 그네가 바로 보이고, 수산봉 입구 나무계단으로 2분 정도 올라가면 된다. 그네 아래는 바로 낭떠러지이므로 주의. (p442 B:2)
■ 제주 제주시 애월읍 수산리 738 수산유원지
■ #수산봉 #저수지뷰 #그네

안목스테이 갤러리창
"오각형 창문과 미니 카페 포토존"

@iinoyhad

거실에 있는 오각형 창문이 메인 포토존. 햇살이 들어오는 시간에 찍으면 더욱 감성 충만한 사진을 찍을 수 있다. 침실에 미니 카페존이 있어 통창뷰를 즐기며 커피나 야식을 먹기에도 좋은 곳. 야외 정원이 예쁘게 꾸며져 있고, 봄에는 유채꽃, 여름에는 장미를 감상할 수 있다. 조식은 별도로 추가하면 1층 식당에서 먹을 수 있다. (p442 B:2)
■ 제주 제주시 애월읍 예원북길 29
■ #제주독채숙소 #제주서쪽숙소 #제주감성숙소

제주홀릭뮤지엄 포토존
"다양한 콘셉트 사진 촬영"

@uu_dinee

힙한 콘셉트는 다 모여 있는 사진 놀이터에서 사진을 찍어 보자. 하이틴 콘셉트의 포토존과 발리 여행 콘셉트, 호러 콘셉트까지 찍을 곳이 너무 많아 고민되는 사진 놀이터는 600평 규모의 다양한 포토존이 있어 시간 가는 줄 모르고 무한으로 인생 샷을 찍을 수 있다. 사진 놀이터에는 메이크업 룸이 마련되어 있고, 개화기 의상, 교복, 웨딩드레스까지 구비되어 사이즈별 콘셉트 의상을 대여할 수 있다. (p442 B:2)
■ 제주 제주시 애월읍 평화로 2835 사진놀이터
■ #사진놀이터 #우정여행 #포토존천국

VT 하가이스케이프 파노라마 통창
"제주 돌담과 산 전망 통창"

@jju_dresser

제주 돌담과 마운틴뷰를 한눈에 담을 수 있는 파노라마 통창 침실이 시그니처 포토존. 이곳은 세 채의 독채로 이루어진 곳인데, 파

노라마 통창 침실은 오직 C동에서만 볼 수 있다. A, B동은 일명 달팽이 집으로 불리며, 프라이빗하게 묵을 수 있는 숙소다. 전 객실 자쿠지와 테라스가 있으며, 내부 곳곳에 통창이 있어 통창 뷰로 사진 찍기 좋은 곳이다. (p442 B:2)

- 제주 제주시 애월읍 하가로 184
- #애월감성숙소 #제주독채숙소 #파노라마통창뷰

더럭분교 무지개벽

"파스텔톤 무지개 벽화"

@wonluv__

알록달록 무지개색 벽 앞에 서서 사진을 찍어보자. 건물 앞, 옆에도 알록달록 파스텔 색조의 예쁜 색으로 어디에서 찍어도 멋진 사진이 완성된다. 심지어 수돗가마저 무지개색이다. 4월 초에 방문하면 벚꽃이 핀 학교를 볼 수 있다. 학생들이 수업받는 학교이므로 평일 6시 이후와 주말에만 출입할 수 있다. (p442 B:2)

- 제주 제주시 애월읍 하가로 195
- #더럭교 #무지개벽 #파스텔톤

항몽유적지 백일홍

"분홍빛 백일홍 군락지"

@sehwio

핑크색의 커다란 꽃송이를 자랑하는 백일홍 꽃밭 사이에서 사진을 찍어보자. 항몽 유적지의 넓은 공간에 조성된 백일홍 꽃밭은 제주 공항 근처에 있어 공항 가기 전 잠깐 들러 인생 샷을 찍기에 좋다. 백일홍은 8월에 피어 100일 동안 볼 수 있다. 항몽 유적지의 토성도 둘러보고 나 홀로 나무에서도 사진을 남겨보자. 토성은 문화재이므로 훼손하지 않도록 주의. (p442 B:2)

- 제주 제주시 애월읍 항파두리로 50
- #항몽유적지 #백일홍 #토성

용연계곡 계곡뷰 계단

"돌계단 너머 에메랄드빛 물빛"

@sun_ae

아름다운 에메랄드빛 계곡을 내려가는 길에 서서 사진을 찍어 보자. 용연계곡의 용연정 정자 바로 옆으로 계곡 산책로로 내려가는 돌계단이 있다. 돌계단 중간까지 내려가서 위에서 아래로 내려다보고 계곡의 푸른 물과 함께 사진을 찍으면 인생 샷 완성. 돌계단이 가파르니 주의. 용연계곡은 제주시 서쪽 해안 용두암에서 동쪽으로 약 200m 지점에 있는 한천의 하류 지역의 기암 계곡이다. 근처에 용연 구름다리도 있다. (p442 C:1)

- 제주 제주시 용담1동 2581-4
- #용연계곡 #계곡뷰 #계단샷

검멀레동굴

"동굴 프레임 아래 파도 실루엣"

@heoni.s

동굴의 멋진 프레임 아래 서서 굴속으로 들어오는 파도와 함께 멋진 실루엣을 사진으로 담아보자. 우도 8경 중의 하나인 고래 굴 또는 검멀레 동굴에는 무료 해설사가 있어 해설도 들을 수 있다. 해설사의 안내대로 쭉 따라가다 보면 검멀레 동굴의 멋진 포토 스팟으로 갈 수 있다. 검멀레 동굴 안에는 넓은 공간이 있어 가끔 음악회도 열린다. (p443 F:1)

- 제주 제주시 우도면 연평리
- #검멀레동굴 #동굴프레임 #실루엣샷

우도망루등대
"소원을 빌며 쌓은 봉수대 돌탑"

@kk721

우도의 까만 돌로 쌓은 봉수대 옆 하얀 망루 등대 앞에서 사진을 찍어 보자. 우도의 귀여운 교통수단인 스쿠터를 타고 우도를 여행한다면 스쿠터와 함께 등대 앞에서 사진을 찍으면 귀여운 사진을 찍을 수 있다. 우도에는 등대가 3개 있지만 그 중 망루 등대가 가장 인기 있는 포토스팟이다. 이곳은 조선시대 군사 통신시설이었다. (p443 F:1)
- 제주 제주시 우도면 연평리 우도봉수대
- #우도 #망루등대 #등대샷

훈데르트바서파크 이국적인 건물
"유럽 건축가의 이색 건축물"

@ssseongmiii

오스트리아의 대표 화가이자 건축가 훈데르트바서의 시그니처인 양파 돔 그리고 곡선의 타일 건물을 떠오르게 만드는 이색적인 건물 앞에서 사진을 찍어보자. 이국적인 건물이 마치 오스트리아의 어느 거리를 여행하는듯한 사진을 찍을 수 있다. 파크 내에 있는 건물은 모두 훈데르트바서의 건축물과 똑 닮아있고 똑같은 기둥이 하나 없이 개성 있다. 파크 내 전시관에서 훈데르트바서의 작품도 감상하고 이국적인 건물들과 인생 샷도 남겨보자. (p443 F:1)
- 제주 제주시 우도면 우도해안길 32-12
- #훈데르트바서파크 #이국적인 건물 #아벤스베르크

우도정원 야자수
"야자나무의 이국적인 풍경"

@_imsooo

야자수 나무에 둘러싸여 사진을 찍을 수 있는 우도 정원의 야자 숲에서 사진을 찍어보자. 우도 정원에는 넓은 야자수 군락이 있다. 입구에서 조금만 걸어 들어가면 열대 밀림에 들어가 있는 듯한 배경의 사진을 찍을 수 있다. 야자나무 사이에 서서 야자나무 잎이 화면에 꽉 차게 찍는 방법과 야자나무가 일직선으로 심겨 있는 길을 찾아 그 가운데에 서서 사진을 찍는 방법이 있다. 야자나무 앞에는 드넓은 핑크 뮬리 밭도 있다. (p443 F:1)
- 제주 제주시 우도면 천진길 105
- #우도정원 #야자수 # 열대밀림

이호테우목마등대
"하얀 등대와 목마모양 방파제"

@bodong_s3

이호 방파제에는 흰색과 빨간색의 귀여운 목마 모양의 방파제가 있다. 방파제 둑 위에 앉아 하얀 등대와 함께 사진을 찍는 이곳이 포토존이다. 둑 위에 앉아 속 바닥 위에 등대를 올리고 찍어도 귀여운 사진이 된다. 하얀 등대 뒤로는 푸른 바다가 펼쳐져 있고 가끔 날아오르는 비행기도 보인다. 주차장에 주차하면 보이는 뒤쪽 둑이 모두 사진 찍기 좋은 장소다. (p442 C:1)
- 제주 제주시 이호일동 375-43
- #이호테우 #목마 #등대

샤이니숲길
"웨딩촬영 명소 편백나무 터널"

@b_ddgi

빼곡하게 심어진 편백나무 사이 작은 길 위에 서서 사진을 찍어보자. 웨딩 촬영 숨은 명소인 샤이니 숲길은 목장 길 사이 작은 트랙터 하나 지나갈 수 있는 길의 방풍림이다. 목장으로 들어가는 짧은 길이지만 빼곡한 편백나무 터널로 울창한 숲속 어딘가에 서 있는 듯한 사진을 찍을 수 있다. 사유지이므로 깊이 들어가지 않도록 주의. 주차장은 없다. (p443 D:2)

- 제주 제주시 조천읍 교래리 719-10
- #샤이니숲길 #목장길 #방풍림

제주가옥 동굴느낌 자쿠지
"동굴처럼 거대한 프라이빗 대형 자쿠지"

@j.0419_

동굴 느낌이 물씬 나는 프라이빗 대형 자쿠지가 이곳의 포토 스팟. 성인 4명이 들어가도 충분한 크기이며, 준비된 와인과 함께 반신욕을 즐길 수 있는 곳. 침실이 있는 본채와 별개로 다이닝룸이 마련되어 있고, 야외 바비큐와 불멍이 가능하다. 루프탑이 있어서 바다와 일몰을 동시에 바라보며, 시원한 맥주 한 잔을 곁들인다면 이곳이 지상낙원. (p443 D:1)

- 제주 제주시 조천읍 근처(체크인 고객에게만 주소 제공)
- #제주조천숙소 #제주감성숙소 #제주루프탑숙소

에코랜드 풍차
"하얀 삼각 풍차 포토존"

@mwi_nni

에코랜드의 하얀 풍차와 함께 사진을 찍어보자. 에코랜드 기차를 타고 한 바퀴 돌다 보면 각 역에 내려 주변 풍경을 감상할 수 있는데 풍차는 레이크사이드 역 옆에 있다. 하얀 풍차는 초코송이의 삼각 모자를 쓴 듯 귀여운 로켓처럼 생겼다. 풍차에는 바람의 집이라고 적혀 있고 내부에도 들어갈 수 있다. 그 밖에 삼다 정원의 작은 유리온실과 기찻길을 배경으로 사진을 찍어도 멋지다. 에코랜드 정원을 산책도 하고 귀여운 포토존에서도 사진을 찍어보자. (p443 D:2)

- 제주 제주시 조천읍 번영로 1278-169
- #에코랜드 #초코송이 #풍차

북촌에가면 카페 장미
"장미터널 산책로와 정원"

@joy__neo

5월 중순부터 8월 무렵까지, 북촌에 가면 카페 야외 정원 산책로에 진분홍색, 붉은색 화려한 장미 길이 생겨난다. 산책로가 좁기 때문에 정면 사진을 찍기보다는 산책로 길을 따라 인물사진을 찍어가는 것이 좋다. 성인 키만큼이나 높은 장미 나무가 화면 가득 보이도록 찍는 것이 포인트. 살짝 앉은 자세로 사진을 찍으면 장미 배경을 더 많이 담아갈 수 있다. (p443 D:1)

- 제주 제주시 조천읍 북촌리 1262-1
- #5월 #꽃길산책로 #장미벽

카페 자드부팡 프랑스풍건물
"프로방스풍 감성 카페"

@s10_06h

나란히 세워진 프랑스풍 건물 사이 디딤돌에 서서 수줍은 시골 소녀처럼 사진을 찍어보자. 주황색 지붕의 벽돌 건물이 이국적인 카페 자드부팡은 폴 세잔의 그림 '자드부팡'의 이름을 딴 카페다. 카페의 왼쪽 건물은 유리온실로 되어 있어 독특하다. 유리온실 앞에서 뒤로 보이는 벽돌 건물과 함께 사진을 찍어도 멋진 사진을 찍을 수 있다. 귤 따기 체험 가능. 반려동물 가능. (p443 D:1)

- 제주 제주시 조천읍 북조로 385-216
- #카페 자드부팡 #프랑스풍건물 #이국적

나즌 숙소 입구
"계단과 테라스가 메인 포토존"

@aing.an

외관 맛집으로 잘 알려진 곳으로, 숙소 입구가 메인 포토존이다. 아래로 내려가는 독특한 구조로 되어 있는 독채 스테이로, 숙박 정원은 2인이다. 화이트 인테리어와 감성 넘치는 라탄 소품들이 어우러진 감각적인 숙소다. 함덕해수욕장에서 10분 거리에 있으며, 사려니숲길, 월정리 해변 등이 주변에 있어 제주 동쪽을 여행한다면 추천할만한 곳. (p443 D:1)
- 제주 제주시 조천읍 선흘동1길 31-48
- #제주커플숙소 #제주동쪽숙소 #허니문숙소추천

닭머르해안 데크길
"바다 전망 해돋이 명소"

@__like.sunday

해안 길 따라 난 길의 끝에 팔각 전망대가 있다. 전망대를 중심으로 전망대와 약간 떨어진 데크 난간에 기대어 사진을 찍어보자. 닭머르는 닭이 흙을 파헤치고 양 날개를 펼친 모습이라 하여 붙여진 이름이며 해안 누리

길 50코스에 포함된다. 가을에는 길 양옆으로 은빛으로 출렁이는 억새가 장관을 만든다. 억새는 10월에 볼 수 있다. (p443 D:1)
- 제주 제주시 조천읍 신촌리 3403
- #닭머르해안 #데크길 #억새명소

새물깍무지개도로
"알록달록 무지개 난간"

@lshpjb

알록달록 귀여운 정사각형의 무지개 난간 위에 앉아 사진을 찍어보자. 네 개의 구멍이 뚫려 있어 멀리서 보면 주사위를 놓아놓은 듯 보이는 커다란 정사 각의 난간은 색색별로 하나씩 사진을 찍어도 예쁘게 나온다. 무지개 도로는 다른 곳 보다 난간의 높이가 높으므로 그 위에 앉아 사진을 찍을 때 주의가 필요하다. 새물깍 주변의 마을로 들어가는 도로 양옆으로 무지개 난간이 설치되어 있다. 주차는 신흥리 복지 회관이나 인근 무료 주차장 이용. (p443 D:1)
- 제주 제주시 조천읍 신흥리 59-9
- #새물깍 #무지개도로 #주사위도로

어반정글 카페 휴양지 해변감성 액자뷰
"대나무 숲길과 패들보드 체험"

@ye__one2

함덕해수욕장 앞에 마련된 어반정글 그레이 밤부 카페는 대나무로 된 외벽과 소품들로 발리 휴양지처럼 꾸며져 있다. 카페 안쪽에 커다란 유리 통창이 있고, 그 밖으로 흰 패들 보드와 우드톤 테이블, 체어, 파라솔 등이 비쳐 보인다. 창문 안쪽에서 정면에 있는 기다란 스툴에 앉은 인물을 찍으면 예쁘게 나온다. 창문 위쪽 대나무 천장에 매달린 목제 실링팬이 살짝 보이도록 찍어도 감성적이다. (p443 D:1)
- 제주 제주시 조천읍 일주동로 1611
- #발리느낌 #유리통창 #오션뷰

빈도롱이 야외 화목난로 자쿠지
"자쿠지와 불멍하기 좋은 화목난로"

@uni_mon

화목난로에 불을 피워 멍하니 불을 바라보며 반신욕을 할 수 있는 자쿠지가 시그니

처 포토존. 돌담에 둘러싸여 있는 자쿠지에서 제주 감성 충만한 사진을 찍을 수 있다. 1980년대에 지어진 구옥을 개조한 곳으로, 앞에는 바다가 뒤에는 산이 있어 온전히 자연을 느낄 수 있다. 캠핑 느낌이 나도록 만들어진 바비큐 존에서 솥뚜껑 바비큐를 즐길 수 있다. (p443 D:1)

■ 제주 제주시 조천읍 조천5길 16
■ #제주조천숙소 #제주자쿠지숙소 #오션뷰숙소추천

조천늦장 하귤나무
"노란 귤나무 풍경이 아름다운 곳"

@__hwony

A동 숙소 입구에 심겨 있는 하귤나무가 메인 포토존. 하귤나무의 싱그러움과 현무암 돌담이 더해져 제주 감성 넘치는 사진을 찍을 수 있다. 야외 테이블, 실내 통창, 거울 등 다양한 포토존이 있는 숙소. 이곳은 A동과 B동으로 나누어진 프라이빗 독채 숙소이며, 숙박 정원과 부대시설이 다르니 예약 전 반드시 확인이 필요하다. (p443 D:1)

■ 제주 제주시 조천읍 조천9길 24-7
■ #귤나무포토존 #제주감성숙소 #조천숙소추천

카페더콘테나 귤박스 앞
"귤 담는 콘테이너 상자 테마카페"

@mmmaaae3

콘테나는 제주도 특산물인 귤을 담는 상자를 말한다. 카페 건물이 거대한 귤 상자 모양으로 되어있고, 주황색으로 칠해져 있어 카페 앞 기념사진을 남기기 좋다. 정문 입구 쪽보다는 건물 반 측면에서 콘테나 박스로 향하는 길이 보이도록 찍으면 예쁘다. 음료를 주문하면 도르래로 배달해주는 것으로도 유명한데, 이 도르래가 작동하는 순간을 영상으로 남겨도 좋겠다. (p443 D:1)

■ 제주 제주시 조천읍 함와로 513
■ #주황색 #귤박스 #도르래

스위스마을 스위스풍 알록달록한 거리
"유럽 감성 컬러풀한 건축물"

@hyunazure.film

빨강 주황 쨍한 색감의 건물을 배경으로 사진을 찍어보자. 날씨가 맑은 날은 건물의 색감이 진하게 보여 더욱 멋진 사진을 찍을 수

있다. 건물 하나를 정해놓고 한 개의 색만 나오게 사진을 찍어도 멋진 사진이 된다. 스위스 마을의 건물은 모두 숙소로 운영되고 있고 스위스 대표 화가 파울 클레의 영감을 받아 건물에 색을 입혔다. (p443 D:1)

■ 제주 제주시 조천읍 함와로 566-27
■ #스위스마을 #알록달록

엉알해안 산책로 절벽뷰
"경이로운 해안 절벽"

@hhhye_j

화산재가 겹겹이 쌓인 클리프 라인이 선명한 해안절벽을 배경으로 사진을 찍어보자. 산책로 끝과 끝 탁 트인 바다 전망과 함께 웅장한 절벽이 장관을 이루는 이 산책로 전체가 이곳의 포토존이다. 절벽의 겹겹이 쌓인 라인이 선명하게 드러나는 오후 1시 이후, 절벽에 그림자가 없을 때 사진을 찍어야 가장 멋진사진을 찍을 수 있다. (p442 A:2)

■ 제주 제주시 한경면 고산리 3671-1
■ #엉알해안 #산책로 #절벽뷰

클랭블루 카페 오션뷰 액자샷
"오션뷰 정방형 통유리창"

@nxxhyun

신창풍차해안도로 맞은편에 자리한 클램블루카페에는 바다 전망을 오롯이 즐길 수 있는 정사각 통유리창이 있다. 유리창 아래에는 투명한 재질의 벤치가 놓여있는데, 여기 앉아서 커다란 창을 수직 수평을 맞추어 정방형 사진을 찍으면 예쁘다. 바다 너머로 커다란 풍차가 돌아가는 모습까지 사진에 담아갈 수 있다. (p442 A:2)
- ■ 제주 제주시 한경면 신창리 1293-1
- ■ #오션뷰 #통유리창 #투명의자

신창풍차해안도로 싱계물공원
"바다 가운데 산책로와 하얀 풍차"

@bboori_k

신창 해안 도로의 풍력 발전기와 함께 바다 한가운데를 가로지르는 산책로 사진을 찍어보자. 예전에는 물이 차오르는 산책로를 걸어 들어가는 듯한 사진으로 유명했지만, 안전 문제로 만조 시간에는 입장이 금지되었다. 방문시 만조시간을 꼭 확인하고, 안전에 유의하자. 정면에서 찍기보다는 위에서 아래로 찍어 휘어진 길도 함께 담는 것이 좋다. (p442 A:2)
- ■ 제주 제주시 한경면 신창리 1322-1
- ■ #신창풍차 #싱계물공원 #하얀풍차

꽃신민박 오두막
"나무 오두막집과 아기자기한 정원"

@jihoraengyi

영화에서 본 듯한 나무 오두막집에서 사진을 찍어보자. 오두막과 연결된 계단이 메인 포토존이며, 실내는 러그, 쿠션, 소품 등과 함께 감성 사진을 얻을 수 있다. 아기자기하게 꾸며진 정원, 돌담집 등 영화 리틀 포레스트가 생각나는 숙소다. 안채에 있는 큰 방, 작은 방에서도 묵을 수 있고, 오두막 독채도 투숙이 가능하다. (p442 A:2)
- ■ 제주 제주시 한경면 용금로 552-3
- ■ #제주촌캉스 #한경면숙소 #제주오두막집

텔레스코프 갤러리창
"싱그러운 마당과 귤나무"

@choi_ee__

싱그러운 마당 뷰를 배경으로 사진을 남길 수 있는 거실 갤러리창이 메인 포토존. 여름에는 초록 내음 가득한 배경을, 겨울에는 올망졸망 달린 귤나무를 배경으로 사진을 찍을 수 있다. 독립된 가든과 테라스가 있는 독채 세 채로 이루어진 곳으로, 화이트 인테리어를 콘셉트로 꾸며져 있어 쇼핑몰, 룩북 등 촬영 장소로도 인기 있는 곳. 예스키즈존으로 예약시 요청하면 젖병소독기, 분유 포트, 아기 욕조 등이 제공된다. (p442 A:2)
- ■ 제주 제주시 한경면 저지6길 20 텔레스코프
- ■ #제주서쪽숙소 #제주예쁜숙소 #예스키즈존

조수리플로어 돌담테라스
"돌담 테라스에서 즐기는 조식"

@u.kyungmi

햇살이 비추는 아침에 준비된 조식을 먹으며 돌담 테라스에 앉아 사진을 찍어보는 것은 어떨까. 제주 감성 가득한 돌담 테라스는 2동에서 만날 수 있다. 이곳은 1, 2, 3동으로 객실이 구분되어 있으며, 방마다 숙박 인원과 테라스 뷰가 다르니 예약시 확인은 필수다. 2개월 전 문자로 예약이 진행되며 시간 맞춰서 문자를 보내야 할 만큼 예약이 치열한 곳. (p442 A:2)
- ■ 제주 제주시 한경면 조수7길 6
- ■ #조식맛집 #한경숙소추천 #제주가성비숙소

제주 돌창고 카페 그네포토존
"수영장 한가운데 나무 그네"

@sihyun_ibnida_

제주 돌창고 야외 풀장 위에 돌창고의 영어 이름인 'STONESHED' 간판이 달린 감성적인 나무 그네가 설치되어 있다. 수영복을 입고 방문한다면 이 그네 위에 올라 이색 사진을 찍어갈 수 있다. 일반 의류를 입고 입장할 수 없으며, 긴 머리는 묶고 입장해야 한다는 점을 주의하자. 물에 젖은 상태에서 카페 입장이 불가능하니 개인 수건도 지참하는 것이 좋다. (p442 A:2)
■ 제주 제주시 한경면 조수7길 8
■ #풀장 #나무그네 #수영복

화우재 거실 통창뷰
"밭과 귤나무 전망 통창과 윈도우시트"

@choeunju12

밭뷰를 볼 수 있는 거실 통창이 메인 포토존이다. 창틀에 올라가서 앉거나 걸터앉아서 찍는 것이 대표 포즈. 숙소는 1, 2층으로 분리되어 있으며, 야외 테라스와 돌담, 귤나무

가 제주에 와 있음을 실감하게 해주는 곳. 예스키즈존으로 키즈룸과 다락방 등 아이들이 좋아할 만한 공간이 있고, 패밀리 침대가 준비되어 있다. (p442 A:2)
■ 제주 제주시 한경면 주가흘길 32-1
■ #가족펜션추천 #아이와함께 #뷰맛집

산양큰엉곶 기찻길 포토존
"동화속에 나올 듯한 나무문"

@geunyi_

산책길 끝 돌담 사이 나무 문을 열어보면 동화 속 이야기처럼 또 다른 공간으로 들어가는 듯한 기찻길이 등장한다. 나무 문을 열고 들어가는 듯한 사진을 찍어 보자. 우거진 곶자왈의 숲길을 따라 산책하다 보면 곳곳에 마련된 작은 쉼터와 귀여운 오두막집, 빗자루 탄 마녀, 난쟁이 집 등 포토존을 볼 수 있다. 달구지와 소, 말을 심심치 않게 만날 수 있어 볼거리도 다양하다. (p442 A:2)
■ 제주 제주시 한경면 청수리 956-6
■ #산양큰엉곶 #기찻길 #나무문

청수리아파트 돌담침대
"돌담 침대와 모던한 인테리어"

@uji.sunny

제주에 온 느낌이 물씬 풍기는 돌담으로 둘러싸인 침대가 메인 포토존이다. 돌담 침대

하나만 보고 숙소를 예약한다는 사람들이 많은 만큼 인기 있는 곳. 객실 안에 큰 통창이 있어 초록빛이 가득한 볼 수 있고, 욕실에 욕조도 마련되어 있다. 시골길 안쪽에 있어 한적해서 조용하게 편히 쉬다 오기 좋은 곳이다. (p442 A:2)
■ 제주 제주시 한경면 청수서2길 96 2층
■ #제주서쪽감성숙소 #돌담인테리어 #제주힐링숙소

하와 카페 오션뷰 갤러리창
"판포구 전망 갤러리카페"

@l_oo_hhh

화이트톤의 갤러리카페 하와는 판포구가 그대로 들여다보이는 커다란 통창이 설치되어 있다. 창문 바로 너머 넘실대는 바다와 파도 풍경이 멋지다. 카페 인테리어가 예쁘기 때문에 바다 풍경만 촬영하기보다는 건물 안쪽에 마련된 폭신한 소파에 앉아 창밖 풍경과 카페 인테리어가 함께 보이도록 사진 촬영하는 것을 추천한다. (p442 A:2)
■ 제주 제주시 한경면 판포리 2877-2
■ #바다전망 #소파 #화이트톤

집머무는 유리천장 침실
"침실 유리천장으로 비치는 맑은 하늘"

@_dueiii

파란 제주 하늘을 마음껏 볼 수 있는 침실의 유리천장이 시그니처 포토존. 아침에 눈을 떴을 때는 제주의 맑은 하늘을. 잠들기 전 밤에는 쏟아지는 별을 감상할 수 있다. 이곳은 안채, 바깥채 1, 2로 나누어져 있고, 유리천장이 있는 침실은 바깥채 2에서만 누릴 수 있다. 제주 집의 특성을 그대로 살린 곳으로, 한적한 동네에서 온전히 제주를 느낄 수 있는 곳이다. (p442 A:2)
■ 제주 제주시 한림읍 귀덕3길 13-2
■ #제주힐링숙소 #제주독채펜션 #유리천장

마중펜션 통창 파노라마 오션뷰
"파노라마 오션뷰가 펼쳐지는 침실"

@da_somi.2

아름다운 제주 바다를 한눈에 담을 수 있는 파노라마 오션뷰를 가진 통창이 메인 포토존. 침대에 편히 누워 일출을 볼 수도 있다. 이곳은 6개의 객실로 이루어져 있는데, 메인 포토존을 가진 룸은 카페 룸이다. 숙소 내, 외부에서 오션뷰와 비양도뷰를 즐길 수 있으며, 특히 마당 테이블에서 바라보는 뷰가 예술인 곳. 금능해수욕장, 협재해변 등 바다와 가깝고, 주변에 편의점, 식당, 카페 등이 있어 접근성이 좋은 숙소다. (p442 A:2)
■ 제주 제주시 한림읍 금능9길 10-1
■ #제주오션뷰숙소 #금능숙소추천 #일출맛집

소못소랑 초가집
"오션뷰 테라스 딸린 제주 전통가옥"

@hyenppeu

제주 전통 가옥을 체험할 수 있는 숙소로, 돌담과 어우러진 초가집을 배경으로 사진을 찍는 것이 유명하다. 이곳은 바다가 보이는 테라스가 있는 사랑채와 안채, 그리고 가장 큰 객실인 밖거리로 구성되어 있다. 테라스에서는 오션뷰와 함께 비양도뷰도 볼 수 있어서 물멍을 하기에 좋은 곳이다. 금능해수욕장 바로 앞에 있어 물놀이를 마음껏 즐길 수 있다. (p442 A:2)
■ 제주 제주시 한림읍 금능길 81-2
■ #제주전통숙소 #한옥스테이 #제주숙소추천

새별오름 나홀로나무
"새별오름이 보이는 넓은 들판 위 홀로선 나무"

@mom_daughter_travel

새별 오름이 뒤로 보이는 나 홀로 나무 앞에 서서 사진을 찍어보자. 기울어진 나뭇가지가 마치 너의 손을 잡아줄게 하고 말하고 있는 듯 보인다. 고개를 들어 나무와 이야기하고 있는듯한 사진을 찍으면 인생 샷 완성. 아무것도 없는 벌판에 나무만 덩그러니 있는 이곳은 왕따 나무라고도 불린다. 주차는 갓길에 하고 농수로의 낡은 나무판자를 건널때는 주의가 필요하다. (p442 B:2)
■ 제주 제주시 한림읍 금악리 산 31
■ #새별오름 #나홀로나무 #왕따나무

금오름 정상 분화구
"움푹 들어간 분화구와 노을 전망"

@yizhen_2

금오름 정상의 움푹 들어간 분화구와 함께 사진을 찍어보자. 분화구의 동쪽에 서서 해가 지는 방향으로 분화구를 내려다보며 사진을 찍는 이곳이 대표적인 포토 스팟이다. 정상에서 분화구와 함께 선셋을 찍어도 인생 샷을 찍을 수 있다. 올라가는 길이 아스팔트로 닦여 있어 편한 산행을 할 수 있다. 올라온 길의 반대편이 사진이 잘 나온다. 금오름의 분화구에 물이 차 있는 모습은 우기에만 볼 수 있다. 정상까지는 20분 정도 소요. (p442 B:2)
■ 제주 제주시 한림읍 금악리 산1-1
■ #금오름 #노을 #분화구

성이시돌 목장 테쉬폰
"색다른 돔형 건물"

푸른 초원 위 이국적인 건물인 테쉬폰 앞에서 사진을 찍어보자. 테쉬폰 앞 나무와 함께 테쉬폰을 배경으로 찍어도 이국적인 사진을 남길 수 있다. 테쉬폰 안에 들어가 창틈으로 보이는 제주 감성 가득한 목장 뷰도 좋다. 성이시돌 테쉬폰은 문화재로 지정된 오래된 서양식 건축물로 성이시돌목장의 입구에 있다. 여유롭게 풀을 뜯는 말도 보고 목장에서 운영하는 우유부단 카페의 아이스크림을 먹으며 우유갑 모양의 테이블에서도 사진 찍고 가자. (p442 B:2)
- 제주 제주시 한림읍 산록남로 53
- #성이시돌목장 #테쉬폰 #우유부단아이스크림

성이시돌 목장 초원
"푸른 초원과 동물들"

초원 위 한가로이 풀을 뜯는 말들을 배경으로 목장의 펜스 앞에 서서 사진을 찍어보자. 윤기가 흐르는 갈색의 말 앞에 서서 하얀 원피스를 입고 사진을 찍으면 푸른 초원이 돋

보이는 멋진 사진을 찍을 수 있다. 성이시돌 목장에는 말 외에 양도 만날 수 있고 목장 주변에 억새밭도 볼 수 있다. 말은 11월 중순에는 야외 목장에서 볼 수 없다. (p442 B:2)
- 제주 제주시 한림읍 산록남로 53
- #성이시돌목장 #초원뷰 #말뷰

한라산소주공장 박스
"한라산 소주 박스 포토존"

높다란 성벽처럼 쌓여 있는 빨강 파랑의 소주 박스 앞에서 사진을 찍어보자. 이곳은 한라산 소주를 만드는 투어를 하면 반드시 거쳐 가는 포토존이다. 투어 중간 공병을 활용한 미디어 아트 벽도 이곳의 또 다른 포토존이다. 소주 공장 투어도 하고 시음도 할 수 있는 투어 신청은 네이버 예약으로 한다. 제주에서만 판매되는 한라산 동백 에디션은 맛도 좋고 선물용으로도 좋다. (p442 B:2)
- 제주 제주시 한림읍 옹포리 396
- #한라산소주공장 #박스 #공장투어

스테이아하 제주돌담 풀장
"돌담과 청보리밭 전망 야외 풀장"

돌담으로 둘러싸인 1층 야외 풀장이 주요 포토존이다. 돌담 밖으로는 청보리밭을 볼 수 있고, 해가 질 때 일몰이 장관인 곳. 내부는 화이트&우드 인테리어로 깔끔하게 꾸며져 있고, 싱글 침대가 두 개 놓인 아담한 사이즈의 규모다. 협재 해수욕장 근처에 있어, 주변에 유명한 맛집과 카페가 많아서 동선을 효율적으로 짜기에도 좋다. (p442 A:2)
- 제주 제주시 한림읍 옹포리 774-2
- #제주수영장숙소 #제주숙소추천 #제주가성비숙소

카페콜라 미국 뉴트로 감성
"코카콜라 감성 가득한 빨강과 하양 배경"

코카콜라와 관련된 소품들이 한가득 장식되어 있는 감성 카페 카페 콜라에서 붉은색, 미국 레트로 감성 사진을 찍어갈 수 있다. 검은 벽에 붉은 간판과 지붕이 인상적인 건물 출입구 쪽에서 간판 옆에 서서 정면 사진을 찍어도 예쁘고, 카페 내부에 있는 콜라 워터 저그, 콜라 선풍기, 콜라 정수기 등 다양한 소품들을 붉은빛이 잘 나오도록 색감을 조절해 찍어도 예쁘다. (p442 B:2)
- 제주 제주시 한림읍 일주서로 5857
- #붉은색 #코카콜라 #감성소품

호텔샌드 카페 휴양지 감성 파라솔
"협재해변 전망 파라솔 설치"

@_aa_yomi

카페호텔샌드에서 협재해수욕장을 바라보며 쉬어갈 수 있는 파라솔을 빌릴 수 있다. 솔방울을 닮은 나무 소재의 파라솔과 바다 풍경이 잘 보이도록 사진을 찍어갈 수 있다. 단, 차량 이동 시에는 카페 주차장이 협소하므로 협재해수욕장 공용주차장에 주차하는 것이 좋다. (p442 A:2)
- 제주 제주시 한림읍 한림로 339
- #협재해수욕장 #파라솔대여 #일광욕

협재해수욕장 해변
"에메랄드빛 맑은 해변"

@ha._.dim_

협재 해수욕장의 까만 바위 위에 서서 사진을 찍어보자. 에메랄드빛 맑은 바닷물에 하얀 모래, 그 사이로 자라고 있는 초록색의 해초들이 작은 섬처럼 보여 이국적인 풍경을 더해준다. 협재 해수욕장은 수심이 깊지 않아 물속에 들어가 사진을 찍는 것도 좋다. 해초가 자라는 바위는 미끄러우니 주의. (p442 A:2)
- 제주 제주시 한림읍 협재리 2497-1
- #협재해수욕장 #해변 #이국적인

플로웨이브
"용암과 낙화놀이를 즐기는 이색 카페"

@eun_9707

용암을 컨셉으로 하는 독특한 카페로, 6월부터 약 100일 동안은 낙화놀이가 함께 진행된다. 소원을 적은 낙화봉 매단 뒤 해질 무렵 버스킹 공연과 함께 점화를 진행한다. 별처럼 내리는 불꽃이 연못에 반사되며 황홀한 풍경을 자아낸다. 〈환승연애3〉에 등장해 더욱 유명해졌으며, 다만 기상 상황에 따라 취소되기도 하니 방문 전 인스타그램 공지를 꼭 확인할 것. (p442 A:2)
- 제주 제주시 한림읍 장원길 63-12 플로웨이브 카페
- #낙화놀이 #용암 #이색카페

토끼썸 카페 오션뷰 피크닉
"피크닉 세트 대여 감성카페"

@h_animo

토끼썸 카페는 구좌 앞바다가 보이는 야외 공터에서 피크닉을 즐길 수 있는 피크닉 카페다. 피크닉 세트를 대여하면 천으로 된 피크닉 매트와 라탄 바구니, 화관, 꽃팔찌, 나무 도마, 양산, 꽃다발 등 사진찍기 좋은 소품을 함께 제공한다. 피크닉 세트에 포함된 이즈니버터와 과일잼, 귤칩 초콜릿도 예쁜 촬영 소품이 되어준다. 바다가 잘 보이는 곳에 매트를 깔고 피크닉 감성 사진을 찍어보자. (p443 F:1)
- 제주 제주시 해맞이해안로 1860
- #피크닉감성 #라탄소품 #드라이플라워

선흘의자동굴 의자포토존
"신비로운 분위기의 의자 포토존"

@nul2_

의자에 앉아 머리 위 동굴 사이로 들어오는 빛을 바라보며 요정이 된 듯 사진을 찍어 보자. 이곳은 유아의 숲의 아이라는 뮤직비디오에 등장해 신비로운 분위기를 자랑하던 곳이다. 선흘 의자 동굴은 탱귤탱귤꿀이라는 양봉장에서 팻말을 따라가다 보면 수풀로 둘러싸인 동굴 입구로 갈 수 있다. 좁은 동굴 입구를 들어가서 왼쪽 동굴이 의자가 놓여 있는 포토존이다. 주차장에서부터 100미터 정도 걸린다. 주차는 탱귤탱귤꿀 주차장이나 인근 공터에 한다. (p443 E:1)
- 제주 조천읍 선흘리 161-1
- #선흘의자돌굴 #유아숲의아이 #뮤직비디오

창꼼바위
"바위 구멍 틈 바다전망"

@xeesua

창꼼 바위의 구멍 앞에 서서 구멍 사이로 보이는 다려도 와 푸른 바다를 배경으로 사진을 찍어보자. 창꼼의 까맣고 동그란 구멍이 액자가 되어 푸른 바다가 돋보인다. 이상한 변호사 우영우에 등장한 이 구멍은 창을 들어 올린 듯한 기암에 구멍이 있고, 석양이 아름답기로 유명한 고려 시대 북촌 환해 장성이라는 성벽이 있는 곳에 있다. 주차장은 따로 없다. (p443 D:1)
■ 제주시 조천읍 북촌리 393
■ #창꼼바위 #이상한변호사우영우 #구멍포토스팟

자구내포구 동굴
"타원형 동굴 너머 바다전망"

@do.songhee

타원형의 동굴을 액자 삼아 차귀도를 바라보며 바위 위에 앉아 사진을 찍어보자. 바다를 바라보고 오른쪽으로 걷다 포장된 길이 끝나는 지점에 용찬이 굴 표석이 있다. 비포장길의 바윗길을 쭉 걸어가면 동굴 포토존을 볼 수 있다. 입구에서 깊게 파인 곳까지 들어가 보면 깊이가 얕고 협소한 동굴 프레임에 예쁜 바다를 볼 수 있다. 길이 험하고 밀물에는 위험하므로 꼭 썰물시간을 확인할 것. 자구 내 포구는 선상 낚시 체험과 일몰 명소로 유명하다. (p442 A:2)
■ 제주시 한경면 노을해안로 1161
■ #자구내포구 #해식동굴 #동굴포토존

월령포구 데크길 선인장
"선인장과 풍력발전기 전망"

@kmk_3880

월령 포구의 해안 산책로 길을 따라 양옆으로 자라고 있는 선인장과 그 길 앞으로 보이는 풍력 발전기를 바라보며 사진을 찍어 보자. 교회 건물 뒤 골목으로 직진하면 군락이 있고, 넓고 걷기 편한 데크 길로 산책로가 잘 되어 있다. 길가의 정자 근처에서 사진을 찍으면 보다 근사한 사진을 찍을 수 있다. 월령 포구의 손바닥선인장은 천연기념물이며 함부로 채취해서는 안 된다. (p442 A:2)
■ 제주시 한림읍 월령리 317-2
■ #월령포구 #해안길 #선인장군락

SPECIAL THANKS TO

에이든 인스타 핫플레이스 가이드북은 1622명의 인스타그래머들의 사진으로 제작되었습니다.

사진에 도움을 주신 모든 분들께 감사의 인사를 전합니다.

@_____zzang
@_____hoya0425
@_____siro
@____jung94
@____seulgi_
@___ej__
@___hje
@___jlove___
@___jung92
@__12.25
@__122h
@__belle_mer
@__hees2
@__hye_ni
@__hyun_ah
@__jhye
@__k.x.x.___
@__savely
@__spearmint
@__sson.j
@_0.0___
@_0ansu0_
@_11.3ys____
@_c_boss
@_ch__ch__ch__
@_chanvely
@_hoya._
@_hwony_
@_inhye
@_jjoongs
@_jk.eun
@_like.sunday
@_limish
@_mmirann__
@_oui.oui_
@_qhdud
@_s_z_i_i
@_s_.e_
@_s.y.o.u.n.g
@_sweet_mk
@.ah.yoon._
@.0_9_27.hrj
@.052.9
@.170_0.
@.2006_05_29_
@.4.14p
@.5o.o1n_
@.9.26
@.920114
@.aa_yomi
@.areumxxi_
@.byyunee
@.chae.eun__
@.chaeyuni_
@.chickweed
@.choisoojin_
@.crystal__e
@.daheeee_
@.dahyeya_
@.darc_yeun
@.dayeya
@.ddudomim
@.dueiii

@_gayoung_v
@_h_i_ss
@_h.jj0
@_ha._naa1
@_hae_ssu
@_haewonee.j
@_hanheekim
@_heee_jiin
@_heejeongim
@_hongzzzi_
@_hxxzl
@_hy_dong
@_hye_been_
@_hyesu___
@_im_bang_
@_im_jin
@_imsooo_
@_in_2
@_j_.h2
@_jeungim_l_
@_ji._0o
@_ji.eunii
@_jini_jin
@_jjinymong
@_kwon_da0
@_limsuuu_
@_lucybloom
@_luvchaeyeon
@_luvly_lily_
@_lyuim
@_maji._.0
@_mattmam
@_min._chaee
@_minhngoc2111_
@_mmmm_j_
@_mo_aaai
@_monica_cha
@_mwooo
@_nayyyyy2
@_nsoiuna
@_oh__ej
@_oh.mini
@_oor4._3
@_pinkvely
@_ri.yaaa1
@_rosesitive
@_rrrrrrrrrri
@_s._._hee
@_seolram_
@_seunghyeee___
@_shyun.s
@_sooo_zy
@_sora.93
@_soso_is_soso
@_sso_oy
@_ssovely0_
@_su_woooooo
@_sumniiii
@_surplus_human_
@_taete.oh_
@_uu.bin
@_uuiinn_
@_uzzinn

@_victor.kim
@_withroha_
@_wjoio_
@_wooonvely_j
@_ye__na
@_yeahthree
@_yeonininna_
@_yoon_nni
@_z.aaaaaxx
@.0.62_0
@.0.im_
@.00_in_y
@.00.12.20orin2
@.04_._.09
@.04.14n
@.0421._.hj
@.05._.06
@.06_o7
@.07_28.p
@.0r_jeong
@.0sun_vely
@1_ayeon710
@1.5_59
@10.3pdj
@1000._.s.hyunn
@1004boyun
@1009_hyunji
@100jin_a
@102.s
@11.3
@11o.o11
@11z01ni
@12.21____
@1204.1106
@1304___h
@157gram__
@17171771.hs
@173.9__2
@197.811
@1eehs__
@1weekbro
@1z_ol
@2____s.j
@2_ghyun
@2_harry_potter
@2_jini_x.x
@2_.goning
@2.1mg
@22youjiniee
@24_1222
@27_sj_1113
@2jjo._
@3.7_travel
@33unnn
@3hwan.m
@421yunyun
@4321168h
@5._.5hm
@504.p
@60_u0
@7.06com
@75yujin
@8__min

@821512_9
@84raina
@88.1227
@8m_____m8
@9.7.h.a
@93_k.jh
@94_eunhwa
@94llll._lllhi
@95_ini
@96_c.s
@97_05.28
@977jinn_y
@98._0316_
@98vin_i
@99_gy_lee
@99s_tuna
@9v_v3
@a_young_1.20
@a2.9_
@a5768_
@aaaa_yyo
@aalso.o
@aareum_ii
@aareummi
@acbbnet
@active_hwa
@adorable_u2s
@adorehyo
@aeiou_bana
@afatamo_35
@ahhnnjiyoooung
@ahzzin
@aing.an
@ajin_ann
@alliebellie04
@alotof_present
@aluv_eyelove
@amk5214
@amour_97
@amoureuxeg
@amy__gyl
@amy_yumvely
@an._.sunyi
@and_nbeauty
@angang_a
@angela_pkj
@anna_byul
@anna_kim_ju
@annmn_
@anssam_jjin
@ansunset_
@anyeaheun12
@applemint_____
@april_hyuna
@aqua_su98
@areum.917
@arial_____pt
@arjoonhee
@armvely
@arumi_lovee
@aster._.y
@aube_star
@ayajin9

@ayoung_825
@azirang2_
@b__sbin
@b_ddgi
@b_rabbit.xx
@b_sssum
@b_wonha
@b.bo._o
@b.jimi_
@bab_o_foto
@baejisuuuuu_
@balna392
@ban_ddobagi
@bangapsudaye
@banhada4444
@barbie._.mi
@bb.r__
@bbangjin__h82
@bbb._.hy
@bobbaik_didi
@bbo._.ii
@bboori_k
@bbosong_i
@beautyella_ji_min
@becca_yelim
@bee_o_nee
@belief_meee
@bellita_su
@bellwest_9515
@benny_min_
@biri0036
@binidul_mom
@binna____
@black_minji5
@bling_beige
@blueplayg77
@bmr_1110
@bodong_s3
@bom.___2017
@bominlish
@bona.1022
@bonheur11_u19
@bon.ta_chuu
@book_jun
@bora.331_kk
@borabora.bom
@boralala__
@borami_da
@borami._
@borayo_
@bright_lily1
@bright_m.h
@brillant_lk
@brille_bijou
@brow_by_taeri
@browway__
@by_chaechae
@by.jumi
@byeon.gal
@byeonbohyeon_
@byulingya
@byuns.jhwan
@c___0.0_
@c_.by.dy

@c._.sson_
@c1apmini
@cae._.cozy
@caeeun_96
@cafe_ddoonne
@cafejoah_go
@camperbunny19
@carolinesuesue
@cathy248216
@ccclo2022
@ccccsssssjjjjj
@cchae._s
@ceonxa
@ceruleanblue_2021
@cgy03970628
@ch__u_m
@cha_aligator
@chacha1626
@chae_ah_zz
@chae_lim96
@chae_velyy
@chae_yomi.i
@chae.vly
@chaebinn_l
@chaeeun.shin
@chaem___mini
@chatoyer__eun
@chayucha_u
@cheonble_30
@cheri_shit
@cherie_chu_
@cherish__ranji
@cherish._.__00
@cherishriah
@cherryorkiwi
@cherryxrin
@chibiusa_j
@choeunju12
@chohee617
@choi_ee__
@choi_spring2
@choi_yoga.pilates
@choo_57
@choonghyo928
@chouchou_hee
@chung_a_hae
@chuujin2
@cindyyyyyyy7
@clap.water_melon
@cloeh_songyi
@coco_._.__12
@collour
@combine_n.w.k
@comely_so
@crong__han
@crystal_sj_1113
@cumicoomi
@czhuooo_o
@d___j2
@d_noir
@d_._0on
@d_biiiiiiii
@d_lliinn

481

@d_sr__d_
@d._.hey_
@da_02_99
@da_r_
@da_somi.2
@da._.ssol_
@da.hvvi
@da.hye.11
@da1__d
@daegu_insurance
@dagu.kang
@dahyeon7_21
@daily_eun.i
@dailyoo.n
@dain._n2
@daisy.n.andy
@dalgona_1na
@damvely_
@dan._.bi_
@dandani.o_o
@dani_unnie_
@davely22
@day_jooo
@daysi_am_2023
@dazero
@dbdd___
@dbyu1119
@dd_rri
@ddd_k_x
@ddo22e
@ddobiin_niian
@ddon99euli
@ddongle_0502
@ddrueluv
@ddu_bbbbbb
@dear_hyunsun
@dear_sun__
@dear.suji
@dearx.x
@deepwhiteblue
@deom_bo
@deozi.bear
@dew0855
@ding_pupuding
@dj.0902
@dk.jeong
@dlgywls2828
@dlom_mild
@dlwodhr_
@dn_0505
@do.onng
@do.songhee
@do0_095
@doavely___
@dobiunni
@dohee_2
@doheeeehdo
@doidoi_lulu
@dollyu80
@dondehayamor_
hayvida
@dong5ive
@doongdoong_camp
@dudrn0502
@dxeyexn
@dyoni_24
@dys0228
@e.u.n___
@e.zzzzzzzi
@easyoh99
@ee_zi2
@eee_haa

@ejej1215
@ejlovevn
@elle.lee.daily
@enter_the_dprk
@eruph_
@esun_hpy
@eu___._.ni
@eu_jji
@eueujhjh
@eun_____8
@eun__din
"@eun_9707
@julia1991_daily"
@eun_sun_sunny
@eun._._juju
@eun._.hee330
@eun.ai_
@eun.sung___
@eunbiniayo
@eune._.j
@euneun.h
@eunho_lee89
@eunhye.son.87
@eunhye1230
@eunii1055
@eunjeong1223
@eunjisdaily
@eunjo_me
@eunkyoung2120
@eunma_emma
@eunmi_0410
@eunuemo
@eunyounghaha
@eunzal
@eunzinx
@eunzz_0326
@euuuu_n
@evelina_70
@evergrowmin
@everyday_ejyj
@evilmeenie
@evywrx
@ew_bl
@ex_riming
@exunxxeo
@eyhiji._
@ez_hyung
@farmer.yoon
@feifei.wen
@find__found_
@flooriarocio
@floral_97
@flower_s.c
@flowercafe_mybom
@flowers_in__u
@flying_ashley
@foodinlove99
@for_eunjung9775
@forenooooon
@free3481
@from___seoa
@from.yomi
@g__yaa
@g.b1n
@g.na_mi_
@ga__ln
@gaeun00231
@gaga.ss
@garam_y
@garamigram
@garden_lee.92
@geum_seonyeong

@geun_0.__
@geunyi_
@ghdekdms8964
@ghkfk124
@gi._.mi
@gimieony
@gnirps_b.o.m_
@go_m1z1
@god__u
@gold_ka0
@golfjoa_
@golfwang_zzithree
@gom_scuba
@gonzu.nim
@good_news_at_dawn
@gourd.winsun
@grace_ofsky
@grace_yeonhee
@guambingo
@gun._.x1
@guuuna_
@gwam2017
@gy._.won
@h___delight
@h_animo
@h_h.s_s
@h_ji_4.14
@h_yerann
@h._._.rin2
@h._.0_0n
@h._.gildong
@h._.tak
@h.0_0_
@h.00.7
@h.71hy0
@h.aew0n
@ha_yeongi
@ha._.dim_
@ha.younggg__2
@haadiya90
@habom0714
@hae__miiiii
@hae.a_
@haedeun._._e
@hahagunj
@hahaha__n
@haily.uu
@hair_waxing
@hami2886
@hamvly
@han__b.95
@han_xol
@hanbok_lover_
@handy_travelog
@hanfks37
@haniszwhale
@hanjooyes
@hanjoung.lee
@hanna2ee
@hannahrosieblue
@hanxia19
@hap.pyjin
@happ__._y_
@happy_ssil
@happy_temperature
@harypotter_o
@hayun.mom47
@hcharm.tour
@he_kim07
@hee_.o._love
@hee_b0ngs
@heedong_____

@heeeeeee.ya.92
@heehanhada
@heejinn___
@heezvely
@heo_yeonji
@heoni.s
@heonyyy_
@hershey_.o_o
@hey_jihyo
@hey0_hailey
@heyhy0
@hh_gongju
@hhg._.___
@hhhye__j
@hi_dkkdk
@hi_jheeya33
@hi_s_yy
@hi_yooon
@hidden_929
@hiiiiimjjjjjj
@hiker_10k
@hip_pp0
@hisuya_98
@hiwoohihi
@hj_makeup17
@hjlle
@hjnee_j
@hjw0218
@hm_02_23
@hohoho_25i
@hong__g_
@hongaejiny
@hongik3003
@hongjida_un
@hongssi_0.0
@hongsung.gu
@hooo.ooui
@hr_j112
@hrj_hye
@huizoo_
@hun__gga
@hushda_
@hw___s
@hwa___1210
@hwangduck_
@hwangye_seul
@hwawon__
@hxnseul
@hxx_sol
@hxxjn__e
@hyang_nyonyo
@hye___wony
@hye__ryun
@hye_lin_728
@hye_memory.zip
@hye_milk
@hye_mummy_97
@hyeg__g
@hyehehe716
@hyeinzz_
@hyej2_93
@hyejiii__s2
@hyejunnnnn
@hyemmminnn
@hyenppeu
@hyeon_.a_new
@hyeon222222
@hyeongsub2
@hyepppinesss
@hyerim_1053
@hyewon_.k
@hyewonlog

@hyey0ung_lee
@hyeyoni_kim
@hyo___.ju_
@hyo__chi
@hyo_bari
@hyo_ohhh
@hyu__nook
@hyun_38
@hyun_zz
"@hyun_zz
/p__the_world"
@hyun9999999999
@hyuna043
@hyuna95
@hyunamong
@hyunazure.film
@hyunj00__
@hyunji__ch
@hyunnnn___jj
@hyuxlee
@hzzz_ij
@i__yeon2
@i_am_yerin_
@i.yunseul.you
@iam_eunsol
@iam._.ka
@iamchorong
@iamsh__
@ibluesmi__
@ihye_young_92
@ii.jia.17
@iiiina.h
@iiin_hii
@iinoyhad
@iiraraii
@ik_50n
@ikek.0
@im_hyo0
@im.yeony
@imchicagom
@imericasol
@imjanznd
@imnot_res
@impressive_hoon
@ims_oy
@in__seung_tagram
"@in_broad
@lovely.jye"
@in_ggggg
@ini_o3o
@ins_hair_geumbin
@invely__s
@inzyoung
@iqo_opi2
@iridesecnte
@itsboram_
@ivoryyyy._y
@iyunhyi4844
@j__hyeeeee
@j__wonyy
@j_byeol0.0
@j_jmin__
@j_lily_27
@j_seoheehee_
@j_._.hy_._
@j.0.jo
@j.0419_
@j.blanc_yeosu
@j.chae_hyun
@j.eong_s
@j.heeesu
@j.hyunbly

@j.silver_g
@j0o__on
@j2vvoooo_o
@jaeeeeeun_a
@jaeunydang
@jan_nuine
@janet0231
@jang_su302
@jay_secondworld
@jayne__jj
@jdsh_house
@jee__za
@jee1n
@jeehye_yun
@jeju_rusticnomad
@jejudo_life
@jennyunnie_
@jeon_silverstar
@jeondahee
@jeongah_813
@jerry._84
@ji__hyomi
@ji_hoon._.mom
@ji_sunnny
@ji_yeon_1.20
@ji_yo_nee
@ji_you0313
@ji_young420
@ji._.__soouu
@ji._.yeon93
@ji.eun_14
@ji.nni
@jia_siu._ya
@jiaziagia_a
@jiddosan
@jih__ni
@jihoraengyi
@jihyeo_v
@jihyeonham
@jihyun__0525
@jihyun._.90
@jii._.ann
@jiiiinuuuuuu
@jimin_41
@jin_1002
@jin_b01.08
@jin_qbang
@jin0l._.l
@jin2zzzang
@jina__718
@jina1000
@jinalee96
@jini__jini__
@jini_soo_
@jinigugi_c
@jinny__0.0
@jinsour_
@jinu_behappy
@jirung4284__
@jiseon_trip
@jisuly_
@jiyeong1994
@jiyoung_yoon0806
@jiyunleee
@jj_ii903
@jj_miiiiii
@jj_oon_22
@jj_._.ws
@jjji.vely
@jjieun__e
@jjin_3297
@jjiyong01

@jjj_._ee
@jjj._._h
@jjjjjeony
@jjjunng__
@jjmming_624
@jjojjoyun
@jjoy.join
@jju_dresser
@jju._.hee2
@jjujjujjuu
@jjuvelyee
@jjyui7323
@jk._happymoment
@jke_st_96
@jo._.yh
@jo.a_rang
@johnny._.way2
@joian._.joy_ian
@jongborism
@joo__ok
@joohwa._.coin
@joon0602
@joongjae_park
@joooolove
@jose0hee
@joy__neo
@joycook77
@joyvely_427
@js__1222._
@jstt_.7
@ju.___mom
@juhui._.1111
@jul.hye
@julia_chuu33
@jun_27july
@jun_k_mo
@jun.11th_
@jun02_0304
@jun1._.2
@jung_jo.sin
@jungg_e
@juni.or.naver
@junie_joony
@junyunhee
@juri1102
@jusunnyday
@juu_hn
@juxxu_k
@juy.note
@juyo_oung
@juyoung__o131
@jx_on.1
@jy._.3.21
@jy.1230
@jye_0312
@jyejye_travel
@k_hahaa
@k_meeji
@k_se_min
@k_ssil1014
@k.dk__26_
@kaje_j95
@kang_du_na
@kang_seok_ha
@kangmina_89
@kate_ljh
@kei32.1
@ki_maesu91
@kim__halla
@kim_red7
@kim_yu_1209
@kim185769

@kimjihyoni
@kimna_riiiii
@kimu_nni
@kimunene
@kittymom.shernnie
@kiyeoun2
@kjh_nail_2760
@kjy0867
@kjy282
@kk721_____
@kka_mi93
@kkeeemmmmm
@kkieunn
@kkkovii
@kkyynn_luv
@kmdngyn_
@kmk_3880
@komobibi
@kongjiny_
@kongjyeong
@kounmal23
@ks_bomi
@kwonjihyae
@kxgubn
@kyeomiiii_
@l_eunseo_o
@l_oo_hhh
@l_yoon_k
@l_ze_._ze
@l.jaeweon
@l.ovely._.som
@ladylady_loveyourself
@lavir_laura
@le_hjjj
@lee_9228
@lee_sangyoung1224
@lee0g
@leeeunchyo
@leegaeun1112
@lets_agoo
@leundk
@lhy_1003
@life_do.o
@life_of_ranzi
@lilly__log
@lilys2_s2
@lilyshop_1
@lim_young_soo
@lims_____
@lin_a_97
@live_for_today_s
@lizy_silver
@lizzle_flower
@lje_01
@lky_kjk
@ll.soo.ll
@lminjjj
@loa_haru
@lol5403lol
@lololo_a_
@lotus_flower30
@loveddyujin
@lovelife.bk
@lovely____i
@lovely_bom226
@lovely_kauai_
@lovely_onyyy
@lovelybambi22264
@lovelydew_
@loveyyeonnie
@lshpjb
@lucky_jjunsu

@lucyjj_123
@lucyyy_eon
@lululala_j__
@luucyi.i
@luv__haim__joy
@luv_ce
@luv_kong__
@luv_mean
@luv_minjik
@luv_u_kong
@luv_you_toooo
"@luv.bomi
@.___hyunii"
@luv0323
@luvahn_
@luvddoul
@luvely_mom
@luvluvleen_
@luvly_jian
@lydan_2
@lyooonj
@m_4570
@m_mm_mmmi
@m._.2na_
@m._.niy_
@m.j_j.w
@m.ki_0722
@m.pine_9
@maaang_ju
@mallangsunhwa
@man_ji_da
@many_0613
@mar.___tial
@marine_o_o
@mayvier_
@mc_the_sj
@mday_offf
@me22u22
@mermaid_mountains
@merrylilac_
@merrymm_e
@merryroom.kr
@mi_in7
@mi._.nam129
@mi._.seoni
@mi.huing
@midal87
@miiiidomi
@miiiiiiijin
@mikyoung9582
@milk._____k
@mill7aroo
@mimiclx
@min_____31
@min_da_bang
@min_dley
@min_ing1018
@min_ji_050
@min_k_sh
@min_seo926
@min._.vely_
@min.j__ii
@mindu._.57
@ming_min7
@ming.___.9
@mingddo._.o
@minggg_02
@mingmi_zip
@mini._.mei
@mini._.minnn
@minieqql
@minimini_minn

@minimini._.b
@minimini.mg
@minisoll_
@minj_eongxoxo
@minjeong._.96
@minn.kk
@minnnnnn_hong
@minnnns2
@m:no_kims
@minshan_kk
@mint_mini8
@minzi._.s2
@mir0065
@miregi_.i
@mirror_.rabbit
@mishony__
@miso_.o_
@miso_jung_e
@mj_mjmarket
@mjbbang_90
@mji._.iii
@mk_228_
@mmm.in
@mmmaaae3
@mmminakim
@mmmmisssso
@mo_vie.u
@modo_113
@moeb_02
@mom_daughter_travel
@momo_koreacafe
@monchouchouroro
@monet.park
@mong_hoya_dogs
@mongnaem
@moongahee_
@moonjoung0412
@moran_park_
@more_than_well
@mori_d0201
@mvii_gj
@mwi_nni
@my_ssseul_
@my.daixy_
@myeongjiii
@mygummy_bear
@mymin0112
@mzzji
@n._.yoon
@n._a._.day22
@n_m.duri
@n.hyeun
@n.jina
@na_.tour
@na_baegopa_
@na002_95
@nadejdakirov
@naji_freediver
@nal._____a
@nam._._.su
@namminixx
@namuarae_nail
@nan.kyung
@nana_friends_u_u
@narcissist_j__
@nargnuoy
@nari_milri_o_97
@naryblossom
@nation.top
@nawusmik
@nayoni90

@nayoumis
@neatyj01
@nequidnimis92
@nk.kkk
@nmmyj_
@nn_and_yy
@nna_yomi
@no_kwoo
@no_zzang
@no.18_ryustar
@no.1cow
@noh_maa
@nohminsun
@nohvely56
@nolu_80
@nooooon_y
@nouveau.n
@novely_ootd
@nuh_snag
@nul._.e
@nul2_
@numim._
@nxxhyun_
@ny_lee._.0820
@o._____ssh
@o__xinn
@o_jinga
@o_sm__ss
@o.o._sophia
@o0_breeze_0o
@o3_dm5
@ohd.e_
@ohhhhhhhyo
@ohpic_
@one.lucete
@onion_ring__
@cojhami
@ooo.kay.eee
@ostrich.11
@outdoor.awh
@oxdoor
@oyh_jjini
@oz_rin.1203
@p___mijin
@p._.eji
@p.k.jin
@parkjonghye83
@parknr
@past__passed
@peach.rim___
@pearl1__21
@peepbo_h
@pellong._
@pepero._0
@perlei_bt
@pickydahang
@pinedevil
@pink_duck0110
@pinkdoll_dori
@piurola
@pm01.13
@pogny93
@poison4000
@potatie_0330
@povoqv
@ppigist_._
@ppomp.y
@psr3556
@pu1eum
@pureis._
@purple_laver0_0
@q_o_o_p_jjj

@q.u.erencia
@qkf__al
@qssjy
@queen_j_oon
@r_n_r_papa
@ralan_n
@rami_loveme
@ran2_18
@rana_photo_diary
@rang_rang_home
@raramme
@ray0831
@re___miya
@ree.yu
@remon0528
@reummmy_
@review_traveler
@ri_nano__
@rich21_sinari
@rin_ee2
@rin.rin_5959
@rinirini_v
@rlo_00__
@rlo.lfo_xx
@rlo.or_h
@ro_ijel
@roa_ya__
@road_yenzzang
@roh_hee_jung_
@rookie__jeju
@rose_.sis
@roseline_bk
@roshako___kkk
@rounxsol
@roxane.ellaa
@roygbnv_p
@rozzberri
@rrr_mee
@rudwls43
@rui_v.art
@ryung323
@ryunsue
@ryusooky
@ryuzln
@s__hyunni_
@s__lim
@s__sunyy
@s__velyy
@s_e_lee_
@s_eoada
@s_hyun_._
@s_in__p
@s_o_ae
@s_syong_94
@s_u_ji_ni
@s_u1014
@s_wish_0310
@s._._naaaa
@s0____0j
@s00jini__
@s10_06h
@s2_tjdgml
@s2eunjiiiii
@sae._.bom
@saeb_bo
@sallyshin
@salt.desert_
@sang__ri
@santa_hatwo
@saraviolet25
@sashasashi_h
@se1tree